功能性木材

李　坚　吴玉章　马　岩等　编著

科学出版社

北　京

内 容 简 介

近年来，木材功能性改良技术得到木材加工企业的高度重视，该技术对提高企业科技创新能力和市场竞争力具有重要的影响。本书针对最为引人关注的几种木材功能性改良技术——热处理、压缩、阻燃、乙酰化、重组加工、疏水化处理和防腐处理等进行了介绍，重点阐述了木材经过功能性改良处理后性能的变化和商业价值；同时对这几种功能性改良技术的加工工艺、工业化应用现状进行了分析和论述。另外，还对这几种功能性改良技术的发展现状和趋势进行了介绍。

本书突出了功能性木材的实用性，可供相关生产企业的工程技术人员和高等院校相关专业师生学习参考。

图书在版编目(CIP)数据

功能性木材／李坚，吴玉章，马岩等编著.—北京：科学出版社，2011
ISBN 978-7-03-031306-5

Ⅰ.功… Ⅱ.①李…②吴…③马… Ⅲ.木材学 Ⅳ.S781

中国版本图书馆CIP数据核字（2011）第102837号

责任编辑：周巧龙 孙 青／责任校对：林青梅
责任印制：徐晓晨／封面设计：王 浩

科学出版社出版
北京东黄城根北街16号
邮政编码：100717
http://www.sciencep.com
北京凌奇印刷有限责任公司印刷
科学出版社发行 各地新华书店经销
*
2011年6月第 一 版 开本：720×1000 1/16
2020年3月第五次印刷 印张：31 3/4
字数：620 000

POD定价： 98.00元
（如有印装质量问题，我社负责调换）

前　　言

木材是树木在自然界中天然生长形成的一种绿色材料，是森林生态系统中储量巨大的生物质。木材作为工业和生活用材，与国民经济建设和人类生活息息相关，并拥有诸多优良品质。

木材是“木材－人类－环境”关系中的天然元素，具有独到的生态学属性，能够为人类生活和工作构建一个健康自然的绿色环境。大自然赋予木材朴实的颜色、柔和的光泽、天然的花纹，给人们以美的享受和艺术品味，当人们看到和接触它们时会有一种特殊的舒适感和愉悦感。

木材和木制品具有储碳功能，是碳的储库（carbon store）。树木在生长过程中通过光合作用，将大气中的 CO_2 固定在木材内；木材作为原料或制品，在使用期内以及后续的循环利用过程中继续碳的储存。因此，扩大木材和木制品的科学利用就是扩大木材的碳汇功能。

分析木材所具有的特性，我们可以看到木材具有以下几方面的优势：①生产加工所需要的能量少；②生产过程中对环境的污染小；③可再资源化；④废弃材可重新再利用；⑤废弃材的处理对环境污染小；⑥可持续生产。在钢铁、水泥、铝材、塑料、木材等几大基础材料中，木材加工过程中的能耗最低，CO_2 排放甚少，而其他材料远大于木材。

20 世纪后期，人们开始重视环境问题，特别是进入 21 世纪，降低碳排放已经成为关系到人类生存发展的重大问题。联合国粮食及农业组织（FAO）林业处及一些国家政府部门和组织就气候变化及对策开展了广泛研究，认为增加木材利用是减缓气候变化、改善地球大气层碳平衡的简单易行的办法之一。具体措施包括：增加木材的利用比例；尽可能延长木制品的使用寿命；扩大木材和木制品的回收利用和循环利用；用于生产能源，减少化石燃料的消耗等。

木材利用过程中也存在一些不良属性，如易燃、易腐、生物耐久性差；生长(残余）应力大、湿胀干缩、尺寸不稳定；力学强度与某些特殊使用场合需求的指标不适应等，消费者直观上担心木材及木制品不如其他材料耐用，在一定程度上限制了木材的使用价值和应用范围。近年来木材资源发生变化，表现在大径材和优质材资源越来越少。这些都给木材加工利用提出了新课题。因此，人们越来越关注“功能性木材”，即采用有效的处理方法，克服木材自身存在的缺陷，增强或赋予木材适应用途需要的某些功能。同时，在任何一种处理过程中，保持木材原有的优良性质和绿色品质，既有利于工业化应用，又有益于环境和健康。

针对人们较为关注的功能性木材，即热处理材、压缩木材、阻燃木材、乙酰化木材、重组木、疏水性木材和防腐木材等，作者通过查阅大量相关资料，吸收国内外相关领域的先进技术和有益经验，汇编成本书，从制造方法、形成工艺、性能评价、市场前景和商业价值等方面作了详尽介绍，突出实用性，期望能为相关的木材加工企业传送有价值的技术信息，产生预期的积极作用。

全书共9章，由李坚统稿，吴玉章校阅，编著人员分工如下：前言及第1章、第2章由李坚（东北林业大学教授）编写；第3章由李坚和孙伟伦（东北林业大学博士研究生）编写；第4章、第6章由吴玉章（中国林业科学研究院木材工业研究所研究员）编写；第5章由李坚和吴玉章编写；第7章由马岩（东北林业大学教授）编写；第8章由王成毓（东北林业大学副教授）编写；第9章由许民（东北林业大学教授）编写。

限于时间和水平，书中难免存在不妥之处，诚请读者和同行不吝赐教，深致谢忱！

作　者

2011年2月

目　　录

第 1 章　木材的宏观结构与化学组成

为了改变木材固有的缺点或为了某种用途的需要赋予木材新的功能，研究者们常常采用物理的、化学的或生物的方法对木材进行功能性改良。无论采用何种方法，其处理工艺和产品性能均与原本木材的生物结构和化学组成相关联。本章重点讲述相关的木材构造学特性和木材的主要化学成分的结构及其性质。

1.1　木材的宏观生物结构[1-3]

木材的宏观生物结构是指在肉眼或借助 10 倍放大镜所能看到的木材构造特征，主要包括生长轮（年轮）、早材和晚材、边材和心材、管孔、轴向薄壁组织、木射线和胞间道等。

1.1.1　木材的三切面

木材的构造从不同的角度观察表现出不同的特征，通常从 3 个切面观察木材的结构，即木材的横切面、径切面、弦切面。通过三切面，可以全面了解木材的构造。木材的三切面如图 1-1 所示。横切面是与树干纵轴或木纹相垂直的切面，也称端面或横截面。在这个面上可以观察到木材的生长轮、早材和晚材、边材和心材、管孔、木射线、胞间道等构造。径切面是沿着树干的纵轴方向，与木射线平行或与生长轮相垂直的切面。在这个面上可以看到相互平行的生长轮或生长轮界线、边材和心材的颜色、导管或管胞沿纹理方向的排列和木射线等。

弦切面是沿着树干的纵轴方向与木射线垂直或与生长轮相平行的切面。在弦切面上，生长轮呈抛物线状或“V”字形花纹。

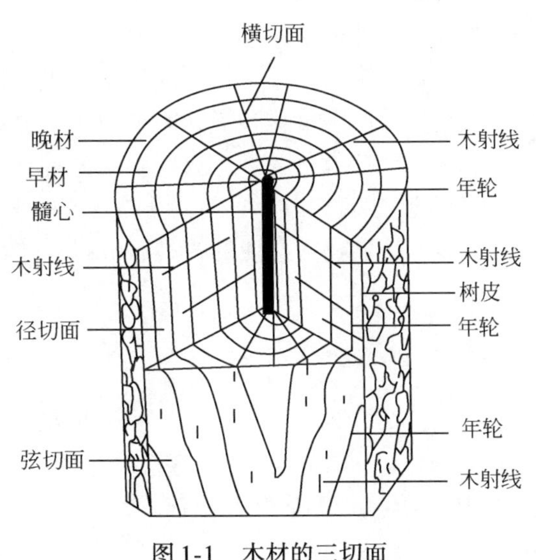

图 1-1　木材的三切面

1.1.2 生长轮、早材和晚材

1.1.2.1 生长轮

形成层在每一个生长周期中向髓心一侧所产生的次生木质部，在横切面上呈现一个围绕髓心的同心圆，称为生长轮。在寒带和温带地区，气候四季变化相一致，树木在一年里只有一个生长季，故生长轮即是年轮。在热带地区，气候在一年内变化很小，树木生长几乎四季不间断，树木生长受雨季和旱季的影响，一年之间可以形成多个生长轮。

寒带、温带树木在生长季节内，由于受气候突变（霜、雹、干旱危害）、生物因素（菌虫危害）和非生物因素（火灾等危害）等的影响，生长停止，一段时期以后，生长又重新开始，在同一生长周期内，形成两个或两个以上的生长轮，这种生长轮称为假年轮或伪年轮。伪年轮的界线不像正常年轮那样明显，往往也不形成完整的圆圈状。杉木、柏木、马尾松木材常出现伪年轮。

1.1.2.2 早材和晚材

树木在一年的生长初期形成的沿年轮靠近髓心的木材，细胞分裂速度快、细胞的体积较大、胞壁较薄，材质比较松软，颜色较浅，称为早材。

沿年轮靠近树皮的部分是在一年的生长后期形成的木材，其细胞分裂速度变慢并逐渐停止，细胞体积小、胞壁厚，材质比较坚硬，颜色较深，称为晚材。

寒带、温带树木由早材、晚材构成了一个年轮，而热带树木由早材、晚材构成了一个生长轮。在一个年轮或生长轮里，由于构成早材、晚材细胞的形体及颜色等的差异，使得早材和晚材间形成了明显或不明显的分界线。将分界线明显的称为早材至晚材为急变，分界线不明显的称为早材至晚材为缓变。通过观察木材的早材、晚材的急变或缓变，可以鉴别一些木材。例如，油松、马尾松、樟子松、柳杉等是早晚材急变的树种，红松、华山松、杉木、白皮松等是早晚材缓变的树种。

1.1.2.3 边材和心材

形成层原始细胞分生的新生木质部细胞，在形成的最初数年内是有生机的。这部分新生木质部称为边材。边材靠近树皮，颜色较浅，在立木时期具有生理功能，即便砍伐后因为含水率高，含有适于菌虫生活的养料，故易招致腐朽和虫蛀。

心材由边材转化而来，已无生理功能。心材靠近髓心，颜色较深，含水率较低，含有单宁、色素、树脂、芳香油或碳酸钙等沉积物，对菌类有毒害作用，其天然耐久性较边材强。

一株成熟材树干的边材与心材的位置如图1-2所示[2]。

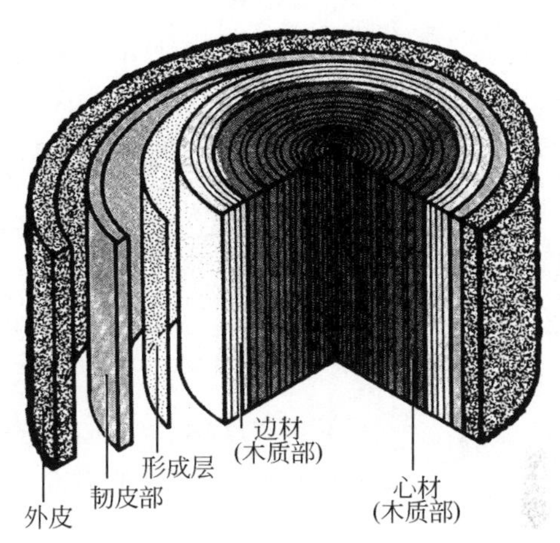

图1-2　成熟材树干中的边材与心材

1.1.2.4　木射线

从木材的横切面上看，有多数颜色较浅、从髓心向树皮呈辐射状排列的组织称为木射线。起源于初生组织，后来由形成层再向外延伸的射线，从髓心穿过年轮直达内树皮，称为韧皮射线（髓射线）。起源于形成层的射线，达不到髓心，称次生木射线。在木质部的射线部分称木射线，在韧皮部的射线部分称韧皮射线。

同一条木射线在不同的切面上，表现出不同的形状，如图1-1所示。在横切面上呈辐射线条状，显示其宽度和长度；在径切面上呈带状，显示其长度和高度；而在弦切面上呈短线或纺锤形状，显示其宽度和高度。

木射线由许多薄壁细胞组成。薄壁细胞力学强度小，在木材干燥时易沿木射线方向开裂而影响木材的利用。

1.1.2.5　管孔

1）管孔

绝大多数阔叶树材由无数中空的管状细胞组成输导组织，即导管。导管在横切面上宏观下可见或略可见，呈孔穴状，称为管孔。导管在纵切面上呈沟槽状，称为导管线或导管槽。

具有导管的阔叶树材称为有孔材。不具有导管的针叶树材称为无孔材。管孔的有无是区别阔叶树材和针叶树材的重要依据。但阔叶树材中也有不具有导管的树种，如水青树属和昆栏树属的树种；针叶树材中也有具有导管的树种，如麻黄属、百岁兰属、买麻藤属的树种。

2）管孔的类型

在一个生长轮中，管孔的大小和分布情况因树种而异，大体上可分为散孔材、环孔材和半散孔材（或称半环孔材）3个类型，如图1-3所示。管孔的分布类型在木材的识别上是一个重要的特征。

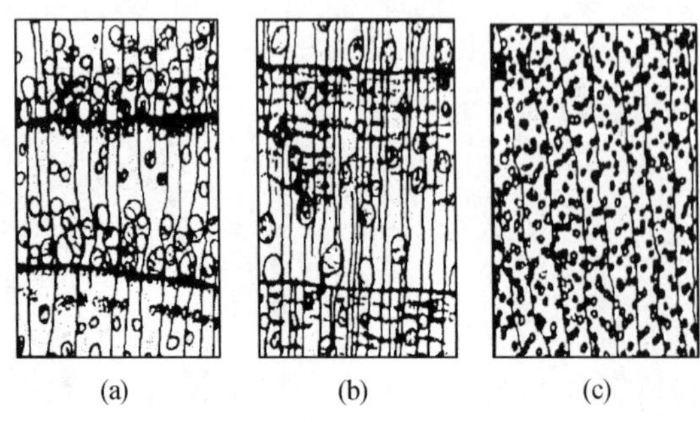

图 1-3　管孔分布类型

（a）环孔材（梓木）；（b）半环孔材（核桃楸）；（c）散孔材（旱柳）

（1）环孔材。在一个生长轮内，早材管孔和晚材管孔区别明显，早材硕大，晚材细小，并沿生长轮呈环形排列的树种称为环孔材，如刺楸、刺槐、麻栎、梓木等。

（2）散孔材。在一个生长轮内，早材管孔和晚材管孔的大小没有明显区别，分布也比较均匀，如桦木、槭木、杨木、椴木等。

（3）半环孔材（也称半散孔材）。在一个生长轮内，管孔的排列介于环孔材和散孔材之间，早材起始部分管孔明显大于晚材末端。早材管孔到晚材管孔由大到小逐渐变化，界限不明显，如核桃楸、枫杨、香樟、柿树等。

3）管孔内含物

管孔内含物有侵填体、树胶或无定形沉积物（矿物质或有机沉积物）。

侵填体存在于某些阔叶树材的心材导管中，是一种泡沫状的填充物。侵填体来源于邻近的射线或轴向薄壁组织细胞，通过导管管壁的纹孔腔、局部或全部地将导管堵塞。具有侵填体的木材，因管孔堵塞，降低了气体和液体对木材的渗透性，但增加了木材的天然耐久性。例如，天然耐久性较好的刺槐、山槐、麻栎等均含较丰富的侵填体。侵填体的有无和数量的多少，有助于木材的识别和木材的特殊利用。

树胶和其他沉积物是由不规则的暗褐色点状或块状物填塞在导管内，不像侵填体那样有光泽，如楝科、香椿、蔷薇科等。

1.1.2.6　轴向薄壁组织

轴向薄壁组织的细胞是由形成层纺锤形原始细胞分裂所形成的，细胞腔体大，沿树干纵轴方向成串排列。

针叶树材的轴向薄壁组织不发达或根本没有，仅在少数树种，如杉木、柏木中存在，通常不易辨别。阔叶树材的轴向薄壁组织较多，在横切面上看，颜色浅，与具有厚壁的颜色较深的木纤维很容易区别，用水湿润后更容易看到。所以，轴向薄壁组织是宏观下识别阔叶树材的主要特征之一。

根据轴向薄壁组织与导管的连生关系，可将轴向薄壁组织分为离管型和傍管型两大类型。

1）离管型薄壁组织

离管型薄壁组织是指在横切面上，轴向薄壁组织不依附于导管周围，而是独立分布于木质部。根据其分布又可具体细分为以下几种。

（1）星散－聚合状。轴向薄壁组织在木射线间聚集成短弦线，如大多数壳斗科树种。

（2）带状。轴向薄壁组织与年轮相平行，组成较宽的带状线，如榕树、红豆树等。

（3）网状。轴向薄壁组织在木射线间聚集成短弦线，其弦线间的距离与木射线间的距离大致相等，互相交织呈网状分布，如青冈栎属、胭脂木属、柿树等。

（4）轮界状。轴向薄壁组织沿生长轮分布，单独或形成不同宽度的浅色的细线，如杨属、柳属、木兰、鹅掌楸等。

2）傍管型薄壁组织

傍管型薄壁组织是指轴向薄壁组织环绕于导管周围与导管相连生，有以下几种分布形式。

（1）环管束状。轴向薄壁组织围绕在导管周围呈不同宽度的鞘状，如水曲柳、红楠、香樟、白蜡木等。

（2）翼状。轴向薄壁组织环绕导管并向两侧展开，形似鸟翼状分布，如皂角木、合欢、泡桐等。

（3）聚翼状。上述的翼状轴向薄壁组织相互连生在一起，如洋槐、梧桐、红豆树等。

（4）宽带状。轴向薄壁组织在横切面上形成同心线或同心带，而导管包藏于此宽度的薄壁组织中，如黄檀、榕树、铁刀木等。

轴向薄壁组织是树木的储藏组织，它的存在往往是导致木材干燥时容易开裂的重要原因，不过也可以借助它识别木材。

1.1.2.7　胞间道

胞间道是分泌细胞围绕而形成的狭长的细胞间隙。胞间道有轴向胞间道和径向胞间道（在木射线内）两种。有的树种只有一种胞间道，有的树种则两种胞间道都有。按针叶、阔叶树种分，胞间道有树脂道和树胶道两种。

1）树脂道

部分针叶树材中所具有的储藏树脂的胞间道称为树脂道。针叶树材的轴向树脂道在木材横切面上呈浅色的小点，星散状分布于年轮中；径向树脂道存在于纺锤状木射线中，非常细小，除松属木材外，其他树种只有用显微镜才能看见。具有正常树脂道的针叶树材，主要有松属、云杉属、落叶松属、黄杉属、银杉属和油松属。前五属树种具有轴向与径向两种树脂道，而后一属树种仅具有轴向树脂道。

2）树胶道

部分阔叶树材中所具有的储藏树胶的胞间道称为树胶道。阔叶树材，如油楠、青皮、柳桉等具有正常轴向树胶道，多数呈弦向排列，不如树脂道容易判别，易与管孔混淆。

活立木因受伤而形成的胞间道，称为创伤胞间道。针叶树材中可以见到轴向和径向创伤树脂道。轴向创伤树脂道常出现在早材带内，呈弦向排列。例如，冷杉属、铁杉和雪松等树种本无树脂道，但在其受气候因子或损伤后可生成创伤树脂道。阔叶树材通常只有轴向创伤树胶道，在横切面上呈长弦线排列，肉眼下容易看见，如枫香、山桃仁、木棉等。

1.2 木材的化学组成[4-6]

木材由高分子物质和低分子物质组成。构成木材细胞壁的主要物质是三种高聚物——纤维素、半纤维素和木质素，占木材质量的97%~99%，热带木材中的高聚物含量略低，约占90%。在高聚物中以多糖居多，占木材质量的65%~75%。除高分子物质外，木材中还含有少量的低分子物质。木材的化学组成如图1-4所示。

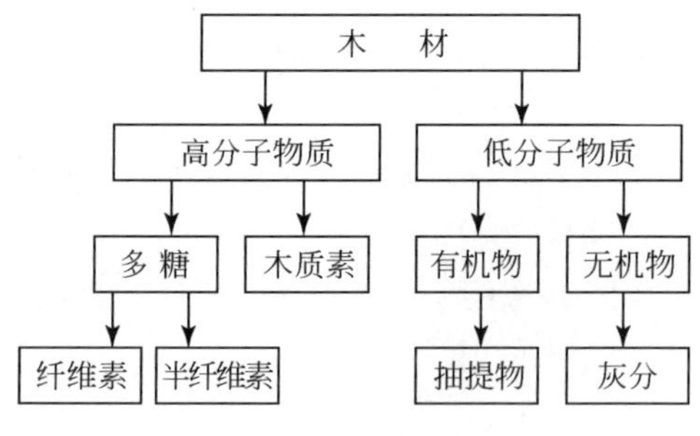

图1-4 木材的化学组成

1.2.1 高分子物质

纤维素是木材的主要组分，约占木材质量的50%，可以简单地表述为一种

线性的由 β-D-葡萄糖组成的高分子聚合物。它在木材细胞壁中起骨架作用，其化学性质和超分子结构对木材性质和加工性能有重要影响。

半纤维素是细胞壁中与纤维素紧密联结的物质，起黏结作用，主要由己糖、甘露糖、半乳糖、戊糖和阿拉伯糖五种中性单糖组成，有的半纤维素中还含有少量的糖醛酸。其分子链远比纤维素的短，并具有一定的分支度。阔叶树材中含有的半纤维素比针叶树材的多，而且组成半纤维素的单糖种类也有区别。

木质素是木材化学组成中的第三种高分子物质，其分子构成与多糖的完全不同，是由苯基丙烷单元组成的芳香族化合物。针叶树材中含有的木质素多于阔叶树材，并且针叶树材与阔叶树材的木质素结构也有不同。在细胞形成过程中，木质素是沉积在细胞壁中的最后一种高聚物，它们互相贯穿着纤维，起强化细胞壁的作用。

针叶、阔叶树材中所含有的三种高分子物质——纤维素、半纤维素和木质素含量如表 1-1 所示。

表 1-1　针叶、阔叶树材中的高分子物质含量

高分子物质	针叶树材/%	阔叶树材/%
纤维素	42 ±2	45 ±2
半纤维素	27 ±2	30 ±5
木质素	28 ±3	20 ±4

一般地，阔叶树材中纤维素和半纤维素含量高于针叶树材，而木质素含量较针叶树材低。此外，在木材中含有少量的低聚合物质，如淀粉和果胶质。

1.2.2　低分子物质

低分子物质仅占木材质量的一小部分，但它影响着木材的性质和加工质量。木材中所含有的化学组分种类繁多，很难十分准确地划分开来，通常简单地把这些物质分为有机物和无机物。一般这些有机物为木材抽提物，无机物为灰分。木材的低分子物质主要包括以下一些化合物。

1.2.2.1　木材中的有机物质

(1) 芳族（酚）化合物。芳族化合物中最重要的一类化合物是单宁，分为水解单宁和缩聚单宁。此外，还有芪、立格南、黄酮类及其衍生物。

(2) 萜烯化合物。这是来源于异戊间二烯的一类范围很宽的化合物。由两个或多个异戊间二烯单元可以合成单半萜烯、倍半萜烯、二萜烯、三萜烯、四萜烯和多萜烯等化合物。

（3）酸。木材中饱和的、未饱和的高级脂肪酸大部分是以它们相应的酯和甘油（脂肪和油）或高级醇（蜡）的形式存在。乙酸以酯基的形式联结在半纤维素分子中。二羧酸和羟基羧酸主要以钙盐的形式出现。

（4）醇。木材中的脂肪族醇主要以酯基化合物的形式存在，属于甾族化合物的芳基甾醇主要以苷的形式存在。

1.2.2.2 木材中的无机物质

木材的主要组分为有机物质，但还有少量的次要组分——无机物质。木材燃烧后无机物成为灰分。木材中的灰分含量，一般占绝干木材质量的 0.3% ~ 1.0%。灰分可分为两类，一类能溶于水，为全部灰分的 10% ~25%，其中主要是钾、钠的碳酸盐类；另一类不溶于水，占全部灰分的75% ~90%，其中主要为钙、镁的碳酸盐、硅酸盐和磷酸盐。已知木材的灰分中含有下列一些元素：硫（S）、磷（P）、钾（K）、钙（Ca）、镁（Mg）、铁（Fe）、锰（Mn）、锌（Zn）、硼（B）、铜（Cu）、钼（Mo）等。据文献报道，美国五叶松木材灰分中有 27 种无机元素，巨冷杉（*Abies grandis*）灰分中有 28 种元素。

寄生于木材的菌类，其生长需要相当数量的磷（P）、钾（K）、硫（S）、镁（Mg）及少量的铁（Fe）、锌（Zn）、铜（Cu）、锰（Mn）和钼（Mo），所以说这些无机物的存在，也为木腐菌寄生于木材提供了条件。

树木的灰分含量，因树种、树木生长条件、土壤、采集样木的季节及树龄等不同而异。即使一株树木，在不同的部位，灰分的含量也不相同。例如，云杉和桦木的树枝和树梢的灰分含量比树干木质部多。

1.2.3 纤维素

纤维素是木材的主要化学组分，是构成木材细胞壁的结构物质，是树木在生长过程中通过光合作用、生物化学作用产生的一种天然的高分子聚合物。在木材中的含量为 40% ~50%。

1.2.3.1 纤维素的化学结构

纤维素是由许多吡喃型 D-葡萄糖基，在 1→4 位置上彼此以 β-糖苷键联结而成的线型高聚物。

纤维素的元素组成：C 为 44.2%，H 为 6.3%，O 为 49.5%，化学实验式为 $(C_6H_{10}O_5)_n$（n 为聚合度，一般测得高等植物纤维素的聚合度为 7000 ~ 15 000）。

纤维素大分子的化学结构如图 1-5 所示。

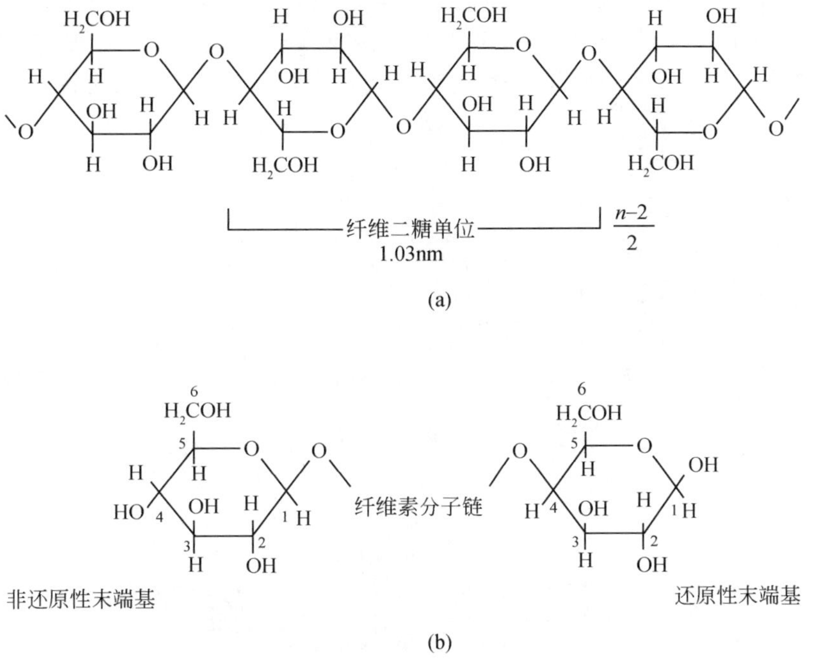

纤维二糖单位
1.03nm
$\frac{n-2}{2}$

(a)

纤维素分子链
非还原性末端基
还原性末端基

(b)

图 1-5　纤维素大分子的化学结构

(a) 纤维素分子链的中间部分；(b) 纤维素分子的还原性末端基和非还原性末端基

纤维素的化学结构具有以下特点。

(1) 纤维素大分子仅由一种糖基，即葡萄糖组成，糖基之间以 1→4β-糖苷键联结，即在相邻的两个葡萄糖单元 C1 和 C4 位上的羟基（—OH）之间脱去一个水分子而形成新的联结。

(2) 纤维素链的重复单元是纤维素二糖基，长度为 1.03nm；同时，每一个葡萄糖基与相邻的葡萄糖基依次偏转 180°。

(3) 除两端的葡萄糖基外，中间的每个葡萄糖基具有 3 个游离的羟基，分别位于 C2、C3 和 C6 位置上，所以纤维素的分子式也可以表示为：$[C_6H_7O_2(OH)_3]_n$。其中，C2、C3 位上的羟基为仲醇羟基，C6 位上的羟基为伯醇羟基，它们的反应能力不同，对纤维素的性质具有重要影响。

(4) 纤维素大分子两端的葡萄糖末端基，其结构和性质不同。左端的葡萄糖末端基在 C4 位上多一个仲醇羟基，而右端的在 C1 位上多一个伯醇羟基，此羟基的氢原子在外界条件作用下容易转位，与基环上的氧原子相结合，使氧环式结构转变为开链式结构，从而在 C1 处形成醛基，显还原性。由于此羟基具有潜在的还原性，故有隐性醛基之称。左端的葡萄糖末端基是非还原性的，由于纤维素的每一个分子链只有一端具有还原性，所以纤维素分子具有极性和方向性。

（5）除了具有还原性的末端基、在一定的条件下氧环式和开链式结构能够相互转换外，其余每个葡萄糖基均为氧环式结构，具有较高的稳定性。

1.2.3.2　纤维素的结晶结构

1）纤维素的结晶区与无定形区

纤维中的纤维素聚集态是十分复杂的。一相结构理论没有得到公认，即纤维素是以无定形相（形成无定形区）存在的。较为普遍承认并沿用至今的是两相结构理论，即纤维素是以结晶相（形成结晶区）和无定形相共存的。但对两相的分布和组成情况的观点还没有一致的意见。纤维素的两相结构示意图如图 1-6 所示。

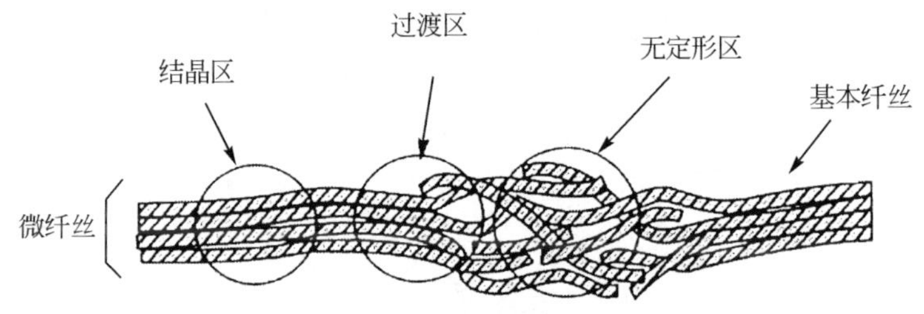

图 1-6　纤维素的两相结构示意图

在结晶区，纤维素分子链的排列定向有序，具有完全的规模性，靠侧面的氢键缔合构成一定的结晶格子，呈清晰的 X 射线衍射图。在无定形区，纤维素分子链的排列不呈定向有序，规则性不强，不构成结晶格子，但也不像液体那样完全无序，只是排列不整齐，结合松散而已。结晶区与无定形区之间无严格的界面，是逐渐过渡的。在无定形区和过渡区不显示 X 射线衍射图。由于纤维素分子链很长，所以一个分子链可以连续穿过几个结晶区和无定形区。纤维素除结晶区与无定形区以外，尚包含许多空隙，形成空隙系统。空隙的大小一般为 1～10nm，最大可达 100nm。

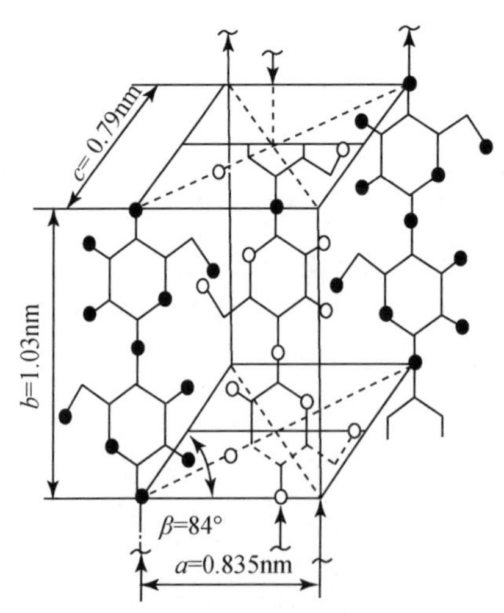

图 1-7　天然纤维素单位晶胞模型

2）纤维素的结晶结构

生物化学合成的天然纤维素称为纤素Ⅰ，其结构属于单斜晶系，单位晶胞在各个方向重复延展形成结晶区。图 1-7 所示为迈耶和米希提出的天然纤维素单位晶胞的模型。单位晶胞三个轴的长度为：a = 0.835nm，b = 1.03nm（纤维轴），c = 0.79nm，a 与 c 的夹角 $\beta = 84°$。

在 b 轴方向，晶格的4个角，各角的一个纤维素分子链单位（纤维苷糖）为相邻4个角所共有，即每个角只占有1/4，实际4个角的总和为一个纤维素链分子单位，即一个纤维苷糖。单位晶胞中心的分子链单位为单位晶胞所独有，但其高度与4个角上的分子链单位相差半个葡萄糖基，而方向相反。从整体上看，每个单位晶胞共有4个葡萄糖基，即2个纤维苷糖，并且方向相反。

将图1-7所示的单位晶胞垂直投影于 ac 面上，则得图1-8。由图1-8测得，在 a 轴方向相邻基环间的距离为0.25nm，基环中的羟基完全可以形成氢键；在 c 轴方向相邻基环间的距离为0.31nm，基环间只能以范德华力结合；b 轴方向基环间以氧桥连接。由于基环间三个轴向上的连接键型不同，因而纤维素的力学强度沿各个轴的方向也不同，此乃木材各向异性的基本原因所在。

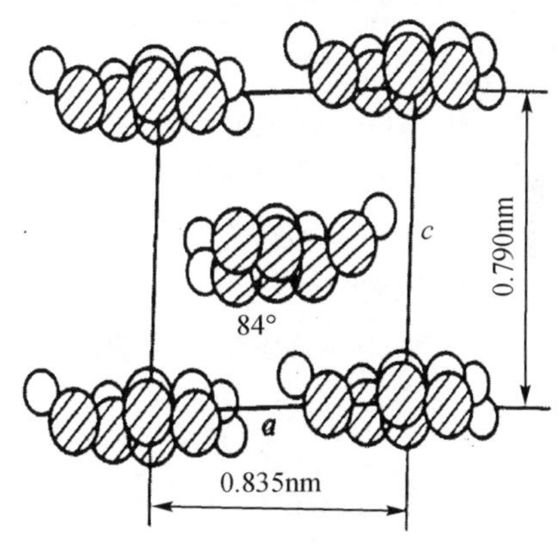

图1-8　天然纤维素的单位晶胞垂直投影于 ac 平面上的投影图

许多研究证明，纤维素晶体属单斜晶系和斜方晶系。因此，纤维素是同质多晶的高分子化合物，其结晶结构的差异，会影响到纤维素性质的变化。

纤维素Ⅰ经过处理可以形成许多变体，目前已知的有纤维素Ⅱ、纤维素Ⅲ、纤维素Ⅳ和纤维素Ⅴ四种变体。它们是纤维素Ⅰ经过某些化学药剂或高温处理而获得的，其结晶结构与纤维素Ⅰ有差异。除海囊藻属外，从各种植物原料，如棉花、木材、禾草类等制取的纤维素均称为天然纤维素，其结晶区均具有纤维素Ⅰ的单位晶胞模型。

3）纤维素的结晶度

结晶度是指结晶区所占纤维整体的百分率。结晶度增加，纤维的抗拉强度、弹性模量、硬度、密度及尺寸的稳定性均随之增大，而纤维的伸长率、吸湿性、染料的吸着度、润胀度、柔顺性及化学反应性均随之减小。因此，纤维的结晶度对于纤维的性质具有很大的影响。

可达度是指只能进入无定形区而不能进入结晶区的化学药剂，所能到达并发生反应的部分占其纤维整体的百分率。

纤维素是木材的主要组分，约占木材组分的50%。因此，纤维素的结晶度和可达度与木材的物理、力学及化学性质有着不可分割的关系，二者之间必然具有相关性。结晶度大，即结晶区多，则木材的抗拉强度、抗弯强度和尺寸稳定性也高。反之，结晶度低，即无定形区多，上述性质必然降低，而且木材的吸湿性、吸着性和化学反应性也随之增强。

1.2.3.3 纤维素的降解

纤维素的化学性质。由于纤维结构的特殊性，决定其化学性质的复杂性。其特征一是化学反应和降解作用能使纤维素的聚合度和聚合物结构发生变化；二是化学反应及其反应产物的不均一性；三是在某种程度上纤维素具有多元醇的反应性能。因为在纤维素 C2、C3 和 C6 上的羟基均为醇羟基。

纤维素的降解。纤维素在受各种化学、物理、机械和光等作用时，大分子中的糖苷键和碳原子间的碳—碳键，都可能受到破坏，结果使纤维素的化学、物理和机械性质发生某些变化，并且一般都导致聚合度降低，所以称之为降解。

1）纤维素的水解

纤维素大分子在酸性水溶液中受热，会引起糖苷键断裂，聚合度降低，这种反应称为酸性水解。水解初期可得到水解纤维素，最后的水解产物是葡萄糖。

$$(C_6H_{10}O_5)_n \xrightarrow[H^+]{H_2O} nC_6H_{12}O_6$$

葡萄糖经酶的作用发酵可以制得乙醇。木材水解制取乙醇便是基于这一机制。

2）纤维素的碱性降解

纤维在热碱溶液中能够发生剥皮反应、终止反应和碱性水解。剥皮反应开始于纤维素链分子的还原性末端基，在 150℃以下，剥皮反应是引起纤维素降解的主要原因，超过 150℃就会发生碱性水解。在 170℃左右，碱性水解反应激烈，引起糖苷键的任意断裂，生成碱化纤维素。

$$[C_6H_7O_2(OH)_3]_n + nNaOH \longrightarrow [C_6H_7O_2(OH)_2ONa]_n + nH_2O$$

纤维素在稀碱液中的反应与碱法制浆工艺关系密切。

3）纤维素的氧化降解

纤维素经氧化剂作用后，羟基氧化成醛基、酮基或羧基，形成氧化纤维素。一般来说，随着官能团的变化，纤维素的聚合度也同时下降，这种现象称为氧化降解。发生氧化降解后，纤维素的机械强度降低。在纸浆漂白过程中，经常会发生纤维素的氧化反应，因而需要选择适宜的漂白剂和反应环境，控制纤维素的氧化作用，以提高浆的得率和强度。

4）纤维素的热解

在加热作用下，纤维素会发生一定程度的降解，其程度大小取决于加热温度、时间以及加热介质的组成等多种因素。纤维素热解不仅引起分子链断裂，而且还有脱水、氧化等反应发生，在 240℃下，松木纤维素的结晶结构明显地受到破坏，聚合度也明显下降。温度为 325～375℃时，纤维素热解迅速，生成大量的挥发性产物；400℃以上时，纤维素结构的残余部分进行芳环化；800℃以上时，逐步形成石墨化结构。研究纤维素的热解过程与木材干馏、刨花板、纤维板以及防火纤维和耐高温碳纤维的制造工艺有关系。

5）纤维素的光化学裂解

许多纤维材料在使用过程中常暴露于日光下，而纤维素在光的长期辐射下可发生降解作用；光波长度越短，光作用的强度越大，则纤维素的降解也越剧烈。紫外光对纤维素的降解和破坏严重。光对纤维素的破坏作用有两种类型：一是光照对于化学键的直接破坏，它与氧的存在无关，称为光解作用；二是由于某种光敏物质的存在，而且必须在氧及水分同时存在时，才能使纤维素发生破坏，这种光化作用称为光敏作用。实际上，纤维素的破坏多数是光敏作用的结果。了解纤维素的光化学裂解机制有利于寻求防止室外用纤维材料的劣化以及提高耐候性的方法。

1.2.4　半纤维素

除纤维素外，存在于木材和其他植物组织中的另一种多糖称为半纤维素。其组成与纤维素不同，含有多种糖基，分子链很短，具有分支度。构成半纤维素的最基本的糖基主要有：戊糖、己糖、己糖醛酸和脱氧己糖，如图 1-9 所示。半纤维素的主链可以由一种糖基组成（如木聚糖），形成均聚物，也可以由两种或两种以上糖基组成（如葡甘露聚糖），形成杂聚物。在主链上时而或常常带有侧链，如 4-*O*-甲基葡萄糖醛酸、半乳糖等。大多数半纤维素具有多而短的支链，但主要还是线型的。在半纤维素的主链上一般不超过 150～200 个糖基，因而与纤维素相比，半纤维素是相对分子质量颇小的高分子化合物。

半纤维素具有吸湿性强、耐热性差、容易水解等特点，在外界条件的作用下易于发生变化，对木材的某些性质和加工工艺产生影响。

1.2.4.1　针叶树材中的半纤维素

组成针叶树材半纤维素的主要多糖是半乳葡甘露聚糖，含量占木材质量的 15%～20%，这种多糖的主链由 β-D-吡喃葡萄糖基与 β-D-吡喃甘露糖基以 1→4 联结而成，含有一个单一的 α-D-吡喃半乳糖基侧链，联结在主链的 C6 位置上，还有乙酰基联结在 C2（3）位置上，其结构如图 1-10 所示。葡萄糖与甘露糖的比例约为 1∶3，半乳糖与葡萄糖的比例为 1∶1～1∶10。

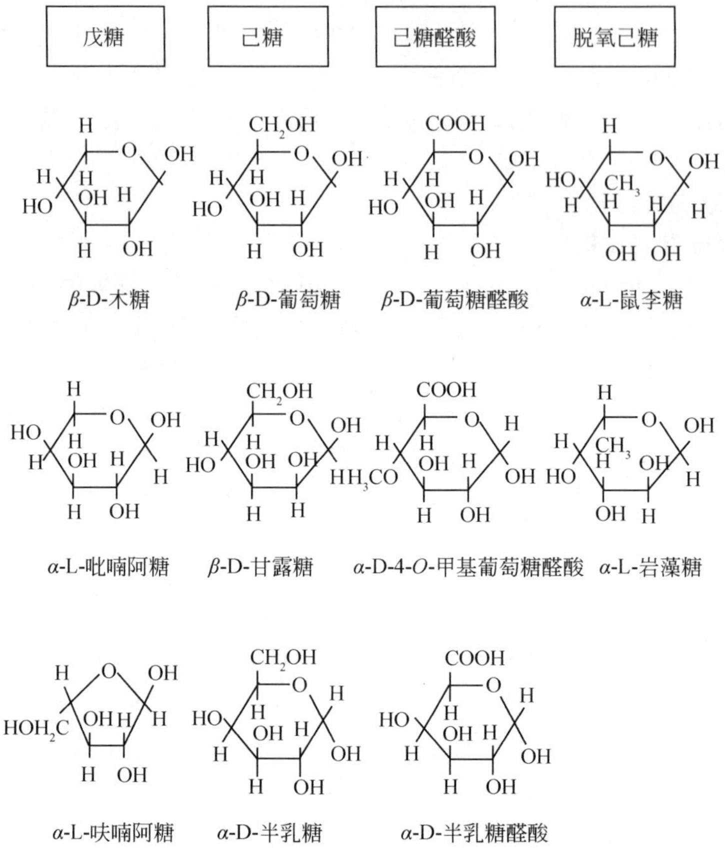

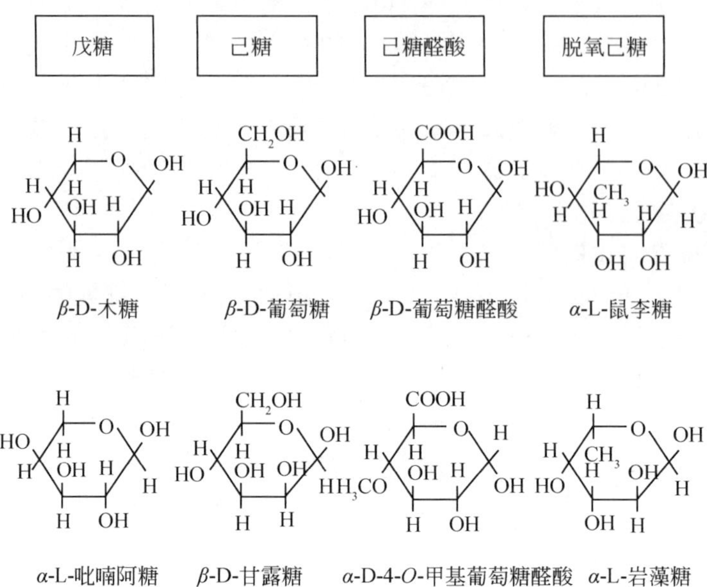

图 1-9 半纤维素中的各种单糖

β-D-Glcp 1 → 4β-D-Manp 1 → 4β-D-Manp 1 → 4β-D-Glcp 1 → 4β-D-Manp 1 → 4

6 ↑ 1 α-D-Galp (at the first 4β-D-Manp); 2(3) | Acetyl (at 4β-D-Glcp)

图 1-10 针叶树材半乳葡甘露聚糖的结构略图

Manp 甘露糖基；Glcp 吡喃葡萄糖基；Galp 吡喃半乳糖基；Acetyl 乙酰基

组成针叶树材半纤维素的另一种主要的多糖是木聚糖，含量约为 10%，其主链由 β-D-吡喃木糖基 1→4 联结形成，带有两种侧链；一个是 4-O-甲基-α-D-葡萄糖醛酸，联结在主链的 C2 位置上；另一个是 α-L-呋喃阿拉伯糖，联结在主链的 C3 位置上。每 5 个木糖基含有一个酸基侧链，每 7 个木糖基含有一个阿拉伯糖基侧链，其结构如图 1-11 所示。

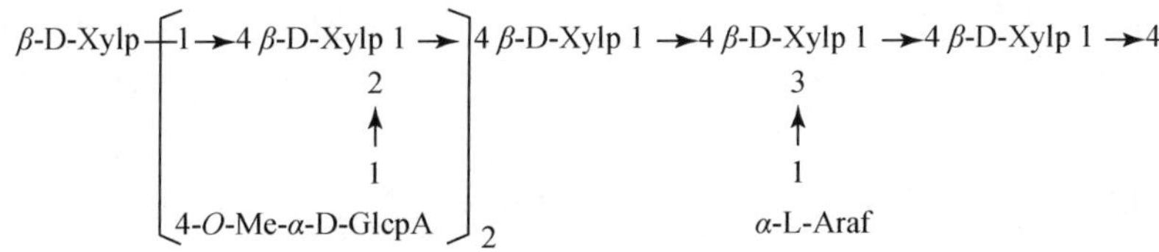

图 1-11　针叶树材阿葡糖醛酸木聚糖的结构略图

Xylp 吡喃木糖基；GlcpA 吡喃葡糖醛酸；Araf 呋喃阿糖基

此外，在落叶松属木材半纤维素中独有一种多糖——阿拉伯半乳聚糖，含量为 5% ~30%。与所有其他种木材的半纤维素不同，落叶松属木材中的阿拉伯半乳聚糖是一种具有高分支度的聚合物，这种聚合物的主要组成是：以 1→3 联结的 β-D-吡喃半乳糖基为主链，并带有几种不同长度的侧链，主要有 1→6 联结的 β-D-吡喃半乳糖基、β-D-葡萄糖醛酸以及吡喃型和呋喃型的阿拉伯糖基。其结构式如图 1-12 所示。

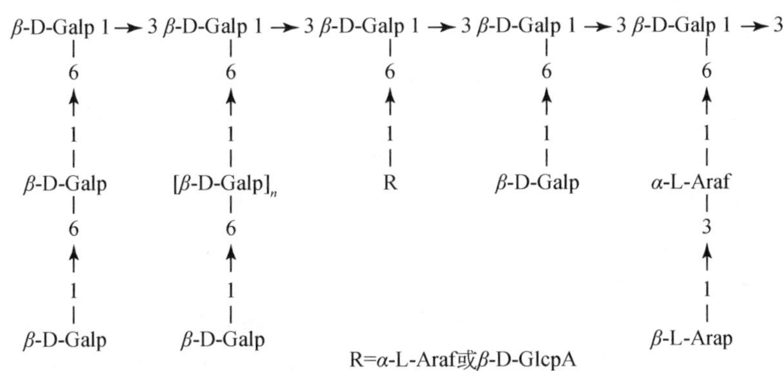

图 1-12　落叶松属木材阿拉伯半乳聚糖的结构略图

Galp 吡喃半乳糖基；Araf 呋喃阿糖基；GlcpA 吡喃葡萄糖醛酸；Arap 吡喃阿糖基

与其他种半纤维素不同，落叶松属木材中的阿拉伯半乳聚糖是细胞壁外之物，仅存在于心材中的管胞和射线细胞腔内，其组成独特，即由两种结构相似但分子大小不同的聚合物组成。其中相对分子质量为 70 000 的占大多数，相对分子质量为 12 000 的占少数。在活立木中，这两种聚合物均易流动和产生酸性水解。

1.2.4.2　阔叶树材中的半纤维素

阔叶树材半纤维素中的一种主要多糖是酸性木聚糖，含量约为除去抽提物木材质量的 25% ±5%。在少数树种，如桦木中其含量最高可达 35%。阔叶树材中的木聚糖是线性的，主链由 1→4 联结的 β-D-吡喃木糖基组成，带有两种不同单元的侧链，一种是 4-O-甲基-α-D-葡萄糖醛酸基以 1→2 联结，沿着木聚糖主链随机分布，通常平均每10个木糖基有一个侧链；另一种是乙酰基，与木聚糖主链的羟基相联结，一般每10个木糖基含有7个乙酰基。这种多糖的结构如图1-13所示。阔叶树材中酸性木聚糖的聚合度（DP）较低，约为200。它们是无定形物质，但是移出一些侧链后可由无定形结构转化为结晶结构。

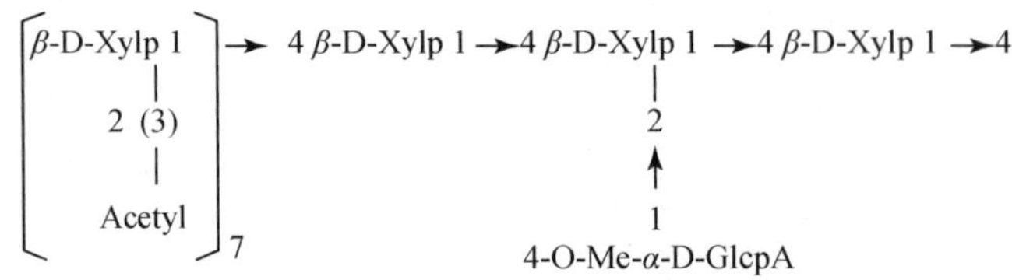

图1-13 阔叶树材葡糖醛酸木聚糖的结构略图

Xylp 吡喃木糖基；GlcpA 吡喃葡萄糖醛酸；Acetyl 乙酰基

阔叶树材中半纤维素的另一种多糖是葡甘露聚糖，由β-D-吡喃葡萄糖基与β-D-吡喃甘露糖基1→4联结形成。这两种糖基的比例多数为1∶2。葡甘露聚糖含量约占除去抽提物木材质量的5%。

比较起来，针叶树材与阔叶树材中的半纤维素不仅总的含量不同，而且半纤维素的组成和各种糖基的比例也有明显的区别。就非葡萄糖单元而论，针叶树材中含有的甘露糖和半乳糖单元的比例比阔叶树材高，而阔叶树材中含有的木糖单元和乙酰基比针叶树材高。

1.2.4.3 半纤维素对木材材性和加工利用的影响

半纤维素是木材聚合物中对外界条件最敏感、最易发生变化和反应的一种多糖。它的存在和损失、性质和特点对木材材性及加工利用有重要影响。

1）对木材强度的影响

木材经热处理后多糖的损失主要是半纤维素，因为半纤维素对高温的敏感性高于纤维素，即耐热性差。半纤维素的变化和损失不但削弱木材的韧性，而且也使抗弯强度、硬度和耐磨性降低（表1-2）。因为半纤维素在细胞壁中起黏结作用，受热分解后能削弱木材的内部强度。高温处理后阔叶树材的韧性降低远较针叶树材来得剧烈，因为阔叶树材中含有的半纤维素戊聚糖较针叶树材多2~3倍。

表1-2 不同温度下针叶树材经加热10min后力学性质和体积稳定性的变化

温度/℃	质量损失/%	抗弯强度损失/%	硬度损失/%	韧性损失/%	耐磨性损失/%	减少膨胀与收缩/%
210	0.5	2.0	5.0	4.6	40	10
245	3.0	5.0	12.5	20.0	80	25
280	8.0	17.0	21.0	40.0	92	40

2）对木材吸湿性的影响

半纤维素是无定形的物质，其结构具有分支度，并由两种或多种糖基组成，主链和侧链上含有亲水性基团，因而它是木材中吸湿性最大的组分，是使木材产生吸湿膨胀、变形开裂的因素之一。另外，在木材热处理过程中，半纤维素中的某些多糖容易裂解为糖醛和某些糖类的裂解产物。在热量的作用下，这些物质又能发生聚合作用生成不溶于水的聚合物，因而可降低木材的吸湿性，减少木材的膨胀与收缩。

3）对木材酸度的影响

在潮湿和温度高的环境中，半纤维素分子上的乙酰基容易发生水解而生成乙酸，因而使木材的酸性增加，当用酸性较高的木材制作盛装金属零件的包装箱时，可导致对金属的腐蚀。木材的窑干过程中，由于喷蒸和升温，能加速木材中的半纤维素水解生成游离酸，因而时常发现干燥室的墙壁和干燥设备出现腐蚀现象。

1.2.5　木质素

从木材中除去纤维素、半纤维素和抽提物后，剩余的细胞壁物质便是木质素。木质素和木材多糖在一起，构成木材细胞壁，在细胞壁中起硬固作用。木材组织中含有木质素则增加了强度，使活立木能够挺立，并使一些树木高达百米以上而依然挺拔茂盛。

木质素在数量上仅次于地球上含量最多的有机物——纤维素。但与纤维素不同，木质素只存在于高等植物之中，菌类、藓类和藻类中是没有木质素的。木质化程度差异很大，不同树种的木材中木质素含量为20%～40%。同种树木或同株树木内，其木质素含量也有变化，如应力木的木质素含量平均比正常材高9%左右。

1.2.5.1　木质素的分布

木质素在木材中的分布不均匀，随树干高度和径向位置产生变异。一般采样部位越高，木质素含量则越低；在同一树干高度上，心材木质素含量多于边材；在同一生长轮中，早晚材木质素含量也因取样部位而不同，在树干下部，早材木质素含量多，在树干中部两者近于相同；在树干上部，晚材木质素含量多。生长地域不同，木质素含量也有差异，一般热带木材比温带木材的木质素含量高。

木质素在细胞壁层中的微观分布。一般认为，细胞中的木质素浓度以胞间层为最高，可高达60%～90%，随着移向细胞内部而减少，在次生壁内层又增加。由于胞间层或复合胞间层的壁层宽度窄，所以木质素浓度高。就其木质素含量来说，有70%以上的木质素分布在次生壁，在细胞角隅处几乎全部是木质素；就组织类型来说，木材的射线细胞比管胞和木纤维的木质素含量多些。此外，在细胞中分布的木质素分子的化学结构具有不均一性，如有人认为导管次生壁的木质素是愈创木基型，木纤维次生壁是紫丁香型木质素。

1.2.5.2　木质素的结构

木质素的结构十分复杂，通常所说的木质素结构是指木质素基本结构单元的形式、比例及它们之间的联结方式等。

1）木质素的基本结构单元

1954 年 Lange 将不同波长紫外显微镜直接应用于薄木片，取得了芳香族化合物的典型光谱，由此确认了在 1940 年就得出的木质素是由苯丙烷单元构成的结论。现在公认，木质素是具有芳香族特性的、非结晶的、三维空间结构的高聚物，其基本结构单元是苯丙烷，彼此以醚键(—C—O—C—)和碳—碳键（—C—C—）连接。其中有 2/3 以上的苯丙烷单元以醚键联结，其余的为碳—碳键。图 1-14 表明木质素的基本结构单元的联结形式，各种键型的比例见表 1-3 和表 1-4。

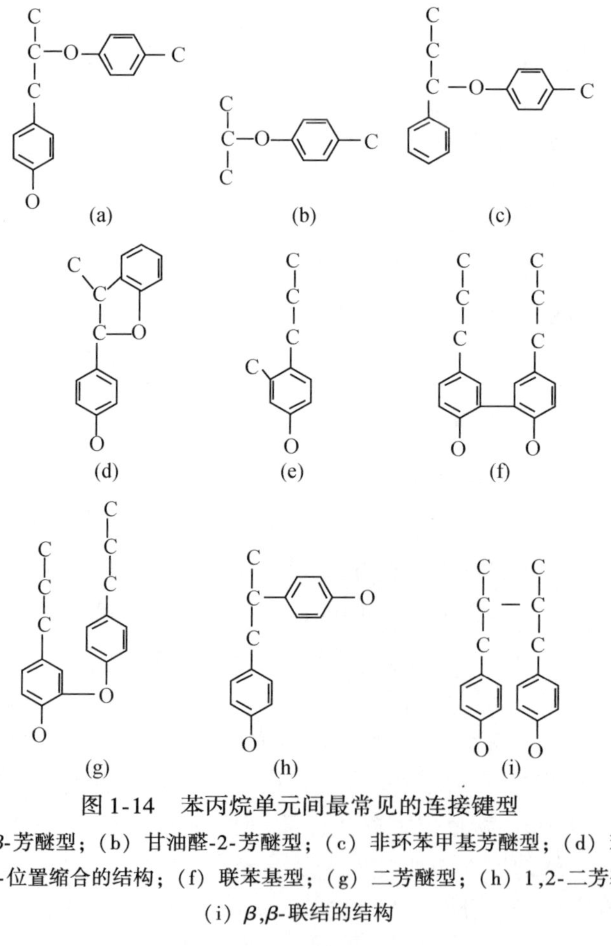

(a)　(b)　(c)

(d)　(e)　(f)

(g)　(h)　(i)

图 1-14　苯丙烷单元间最常见的连接键型

（a）芳基甘油-β-芳醚型；（b）甘油醛-2-芳醚型；（c）非环苯甲基芳醚型；（d）苯基香豆满型；（e）2-或 6-位置缩合的结构；（f）联苯基型；（g）二芳醚型；（h）1,2-二芳基丙烷型；（i）β,β-联结的结构

表 1-3　云杉磨木木质素中的不同键型

键型	百分比/%
芳基甘油-β-芳醚型	48
甘油醛-2-芳醚型	2
非环苯甲基芳醚型	6 ~ 8
苯基香豆满型	9 ~ 12
2-或 6-位置缩合的结构	2.5 ~ 3
联苯基型	9.5 ~ 11
二芳醚型	3.5 ~ 4
1,2-二芳基丙烷型	7
β,β-联结的结构	2

表 1-4　桦木磨木木质素中的不同键型

键型	愈创木基/%	紫丁香/%	总计/%
芳基甘油-β-芳醚型	22 ~ 28	34 ~ 39	60
甘油醛-2-芳醚型	—	—	2
非环苯甲基芳醚型	—	—	6 ~ 8
苯基香豆满型	—	—	6
2-或 6-位置缩合的结构	1 ~ 1.5	0.5 ~ 1	1.5 ~ 2.5
联苯基型	4.5	—	4.5
二芳醚型	1	5.5	6.5
1,2-二芳基丙烷型	—	—	7
β,β-联结的结构	—	—	3

注："—" 为未测其值。

针叶树材与阔叶树材木质素中的基本结构单元有所不同。针叶树材木质素中存在大量的愈创木基丙烷和少量的对羟苯基丙烷；阔叶树材木质素中存在大量的紫丁香基丙烷和愈创木基丙烷，还有少量的对羟苯基丙烷，其含量比针叶树材的少。3 种丙烷的结构式如下：

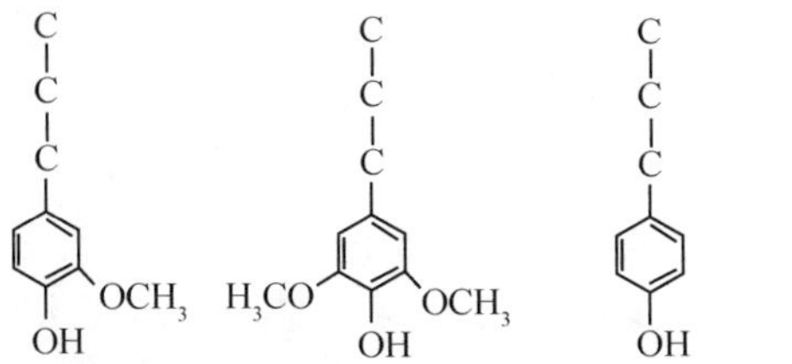

愈创木基丙烷　紫丁香基丙烷　对羟苯基丙烷

目前，针叶树材的木质素结构大多用云杉木质素结构的研究结果来代表，它的基本结构单元主要是愈创木基丙烷。

2）木质素的官能团

木质素中存在多种官能团，主要有甲氧基（—OCH_3）、羟基（—OH）和羰基（>C=O）等。木质素大分子结构中每 100 个 C_6C_3 单元存在的官能团数量如表 1-5 所示。

表 1-5　木质素每 100 个 C_6C_3 单元的官能团

官能团①	云杉木质素/%	桦木木质素/%
甲氧基	92～96	139～156
游离酚羟基	15～30	9～13
苯甲醇	15～2	
非环苯甲基醚	7～9	
羰基	20	

①含量可随木质素来源而有所变化（胞间层或次生壁）。

（1）甲氧基。甲氧基含量因木质素的来源而异，一般针叶树材木质素中含 13%～16%，阔叶树材木质素中含 17%～23%。阔叶树材木质素中甲氧基含量高于针叶树材，因为阔叶树材木质素既含有愈创木基结构单元，也含有紫丁香基结构单元。

（2）羟基。木质素的羟基有两种类型，即存在于木质素结构单元苯环上的酚羟基和存在于木质素结构单元侧链上的脂肪族羟基或苯甲醇羟基。苯环上的酚羟基，一小部分以游离酚羟基形式存在，大部分与其他木质素结构单元联结，以醚化了的形式存在。木质素结构单元侧链上的脂肪族羟基，有的分布在 α 碳原子上，有的分布在 β 碳原子和 γ 碳原子上，它们既以游离的羟基存在，也以醚键形式和其他烷基、芳香基联结。羟基的存在对木质素的化学性质有较大影响。

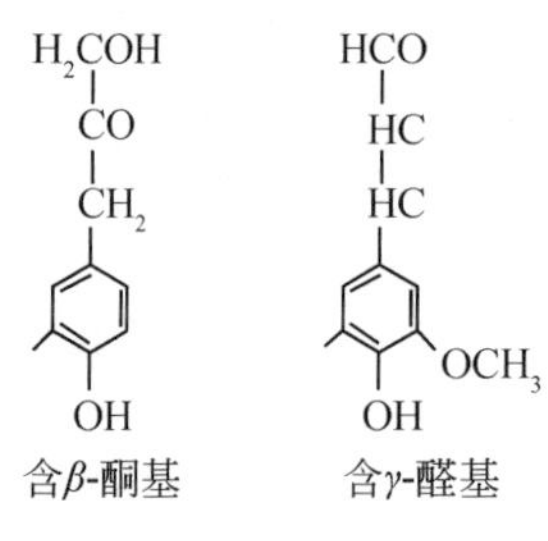

图 1-15　木质素结构单元侧链上的羰基

（3）羰基。羰基主要存在于结构单元的侧链上，其中一部分为醛基，醛基多数位于结构单元的 γ 碳原子上，木质素中的松柏醛基就是侧链上含羰基的一种结构单元。另一部分为酮基，位于侧链的 β 碳原子上。木质素结构单元侧链上羰基存在的形式如图 1-15 所示。

木质素分子中最重要的键是 β-*O*-4 键和 α-*O*-4 键，约占全部键的一半。第二个常见的键在针叶树材木质素中是 β-5 键，在阔叶树材木质素中是 β-1 键。木质素分子结构中常见的键型如表 1-6 所示。

表 1-6　木质素分子结构中常见的键型（每 100 个 C_6C_3 单位中的数目）

键型	针叶树材	阔叶树材
β-O-4	55	65
α-O-4	55	65
β-5	16	6
β-1	9	15
5～5	9	2
α/γ-O-γ	10	—
α-β	11	2

注：“—”为未测其值。

针叶树材木质素中愈创木基含量高，因而也被称为 G-木质素；阔叶树材木质素愈创木基与紫丁香基含量比较相近，因而称为 GS-木质素；草类（如竹子）木质素中含有的对羟苯基高，故称为 GSH-木质素。几种不同树种木材和竹材木质素中存在的愈创木基（G）、紫丁香基（S）和对羟苯基（H）结构单元的百分含量见表 1-7。

表 1-7　不同木质素中 G、S 和 H 的百分含量

树种	木质素/%		
	G	S	H
云杉	94	1	5
松	86	2	13
山毛榉	56	40	4
竹材	35	40	25

1.2.5.3　木质素的性质

1）木质素的颜色反应

木材本身有天然色调，染色后还会产生多种多样的颜色。影响木材颜色的产生与变化的因素很复杂，其中木质素是主要成因之一。

在木质素大分子中含有许多发色基团，如苯环（—⟨苯环⟩—）、羰基（>C═O）、乙烯基（—CH ═CH—）和松柏醛基（O═C—C═C—⟨苯环（OCH_3）⟩—O—）等。其中松柏醛基由苯环、羰基和乙烯基三个基本发色基团组成，是一种含有 C ═O和 C ═C 共轭结构的大型发色基团。在共轭结构中含有 π 电子，而 π 电子活

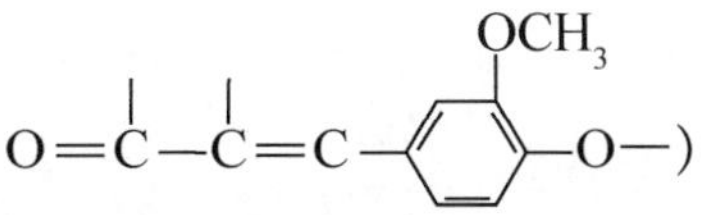

性大，跃迁时所需要的激发能量较小，因此吸收光谱的波长较长，可以使吸收由紫外光区移至可见光区，而显现颜色。此外，木质素分子中还含有羟基、羧基及以醚键结合的基团，它们常常与外加的某些化合物发生反应，使这些化合物颜色加深，常称为助色基团。由于这些助色基团与外加的化合物在一定的条件下，形成某种形式的化学结合，使吸收光谱发生红移，而使木材的颜色变得鲜明。

木质素能与酚类化合物、芳香族胺类化合物、杂环化合物和无机化合物发生特殊的颜色反应，而使木材显色（表 1-8 ~ 表 1-10）。

表 1-8　木质素与酚类和芳香族胺类化合物的颜色反应

酚酸类化合物	显色	芳香族胺类化合物	显色
苯酚	蓝绿色	苯胺	黄色
邻甲酚、间甲酚	蓝色	邻硝基苯胺	黄色
对甲酚	橙绿色	间硝基苯胺、对硝基苯胺	橙色
邻硝基苯酚、间硝基苯酚	黄色	邻氯苯胺、间氯苯胺、对氯苯胺	橙黄色
对硝基苯酚	橙黄色	对氨基苯磺酸	黄橙色
氢醌	橙色	邻苯二胺、间苯二胺	橙褐色
间苯三酚	紫红色	对苯二胺	橙红色
均苯三酚	红紫色	联苯胺	橙色
α-萘酚	绿蓝色	喹啉	黄色

表 1-9　木质素与杂环化合物的颜色反应

杂环化合物	反应颜色	杂环化合物	反应颜色
鼠李醛	绿色	N-苯基吡咯	紫罗蓝色
呋喃	绿色	吲哚	樱桃红
甲基呋喃	绿色	N-甲基吲哚	红紫色
吡咯	红色	N-烯丙基吲哚	黑红色
N-乙基吡咯	深红	N-苯基吲哚	蓝紫色
α-甲基吡咯	樱桃红		

表 1-10　木质素与无机化合物的颜色反应

试剂	显色
浓硫酸、浓盐酸	绿色
硫酸铁 - 赤血盐	深蓝色
氯 - 亚硫酸钠	黄褐色、红紫色
高锰酸钾 - 盐酸 - 氨	黄褐色、红紫色
五氧化二钒 - 磷酸	黄褐色
硫代氰酸钴	深蓝色
硫化氢 - 浓硫酸	红色

2）木质素的玻璃化转变

木质素为无定形聚合物，而无定形聚合物最重要的性质是具有玻璃化转变特性。聚合物的玻璃化转变是玻璃态和高弹态之间的转变，其转变温度（T_g）为玻璃化温度，而玻璃化温度是表示玻璃化转变最重要的指标。温度低于 T_g 时为玻璃态，温度为 $T_g \sim T_f$ 时为高弹态，温度高于 T_f 时为黏流态（图 1-16）。当温度低于玻璃化温度时，分子的能量很低，链段运动被冻结，即链段运动的松弛时间远远大于力作用时间，以致测量不出链段运动所表现的形变。因此，从宏观上看，玻璃态高聚物的形变是很小的。随着温度的升高，高聚物的分子热运动能量和自由体积逐渐增加。当温度达到玻璃化温度时，分子链段运动开始被激发，此时链段运动的松弛时间与观察时间（约 10s）相当，表现出形变或模量的迅速变化，即出现无定形高聚物力学状态的玻璃转变区。温度高于 T_f 时，转变成黏流态，使高聚物像黏性流体一样，产生黏性流动。

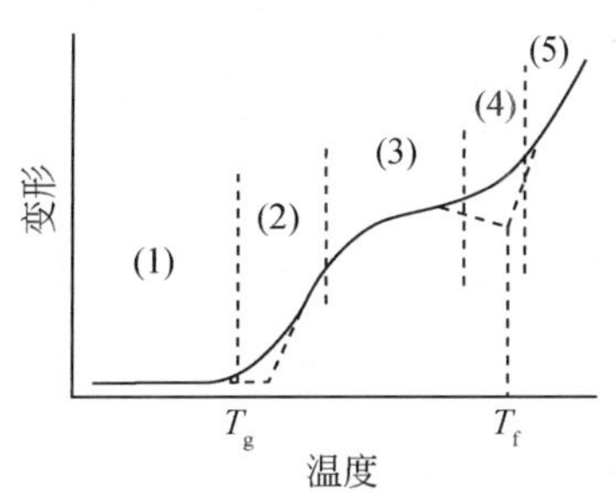

图 1-16　线性无定形聚合物的温度 – 形变曲线

区域（1）：玻璃态，形变很小，类似于刚硬的玻璃体；区域（2）：玻璃态和高弹态的转变区；区域（3）：高弹态，形变值可达原长 5 ~ 10 倍，成为柔软弹性固体；区域(4)：高弹态和黏流态的转变区；区域（5）：黏流态，高聚物类似黏性流体

许多研究者的研究结果表明，木质素具有一般无定形高聚物的玻璃化转变特性。当加热木质素达到玻璃化转变温度（T_g）时，木质素迅速软化，其软化温度（T_s）与 T_g 相当。木质素的软化温度因木质素的来源和分离方法、相对分子质量和含水率的不同而差异显著（表 1-11）。

表 1-11　不同木质素的软化和胶合温度

试样	干时温度/℃		吸收的水分	湿时温度/℃	
	T_s	T_b	/（g/100g）	T_s	T_b
云杉高碘酸木质素	193	190	12.8	116	70
桦木高碘酸木质素	179	180	12.2	128	70
云杉二氧六环木质素（Ⅰ）	127	110	7.7	72	50
云杉二氧六环木质素（Ⅱ）	146	150	7.8	92	90
杨木二氧六环木质素	134	120	7.2	78	—

注：T_b 为试样存在的过量水分然后干燥测定值；T_s 为软化温度；T_b 为胶合温度。

从表 1-11 可见，低相对分子质量的云杉二氧六环木质素（Ⅰ）的软化温度最低（127℃），云杉高碘酸木质素的软化温度最高（193℃）。云杉二氧六环木质素的软化温度，当相对分子质量 $M_r = 85\ 000$ 时，为 146℃；相对分子质量 $M_r = 4300$时，为 127℃。含水率低的木质素，其软化温度高，随着含水率增加软化温度降低（表 1-12）。显然，水分是木质素的增塑剂，可使木质素的玻璃化转变发生在低温，即可使木材的软化温度降低，因而木材经水热处理后易于软化，热磨时能促进纤维分离。

表 1-12　木质素含水率与软化温度

木质素	含水率/%	软化点/℃
云杉过碘酸木质素	0	193
	3.9	159
	12.6	115
	27.1	90
	0	179
	10.7	128
云杉二氧六环木质素（低相对分子质量）	0	127
	7.1	72
	0	146
	7.2	92

聚合物材料软化时，常常变得发黏并自动胶结。这是由于温度达到玻璃化转变温度以上时，分子链段运动加快，自由体积增加，高聚物的膨胀系数急剧增大，表面适应性增强的缘故。木质素的胶合性能是温度的函数，并且干燥的木质素比含水木质素的胶合温度高（表 1-11）。木质素干压时，温度达不到一定高度没有胶合现象发生；当达到一定温度后，胶合强度随温度的升高而增大。由表 1-11 可知，木质素的胶合温度 T_b 和它的软化温度 T_s 极为相近。当加热温度达到木质素软化温度后，有利于木材及木质素材料的界面胶结。

木质素的玻璃化转变特性在木质人造板生产工艺中有重要的实际意义。在热压制板中，当温度加热到玻璃化转变温度时，由于木质素的热塑性作用，能使材料迅速成板而不会引起材料的过分降解。

3）木质素与木材保护

木材是天然高聚物的复合体，它的外表面大多是通过机械加工而形成的，并且常常在储存、使用过程中受到光的辐射作用而使木材性状劣化。在光辐射期间，由于木材表面高聚物分子共价键发生断裂而产生自由基，这些自由基又可与大气中的氧气发生反应，导致木材表面产生羰基、羧基等新的官能团。这些新的基团在吸收紫外光后又有新的电子被激发而产生新的自由基。这样循环下去，促使木材表面的高聚物分子不断发生光化降解，导致木材或木质材料表面性状变劣。

木材表面的光化降解反应首先且主要发生于木质素，因为木质素是一种无定形的具有芳香族特性的苯基丙烷衍生物，对波长 280nm 的紫外光极易吸收，易于发生光化降解产生自由基。研究认为，木材上稳定的自由基多来源于木质素。试验表明，木质素在高压汞灯照射下自由基含量迅速增长（图 1-17）。木质素的光化学反应较为复杂，除了能发生直接的光化降解反应外，木质素结构单元中所含的大量酚羟基、羰基和双键等助色基团和生色基团，均能使木质素吸收光的波长范围向可见光区移动。此外，木质素分子的三维网状结构的空间障碍和苯环 π 电子诱导效应，使木质素分子中的自由基具有较大的稳定性。在高压汞灯照射下，针叶树材自由基的增长大于阔叶树材，这可能是由于针叶树材中木质素含量高于阔叶树材的缘故。通过顺磁共振波谱仪（ESR）观察和分析光辐射过程中木材表面自由基的形成与变化规律发现，木质素是木材中吸收紫外光的主要组分，是导致木材及木制品表面劣化的主要根源。

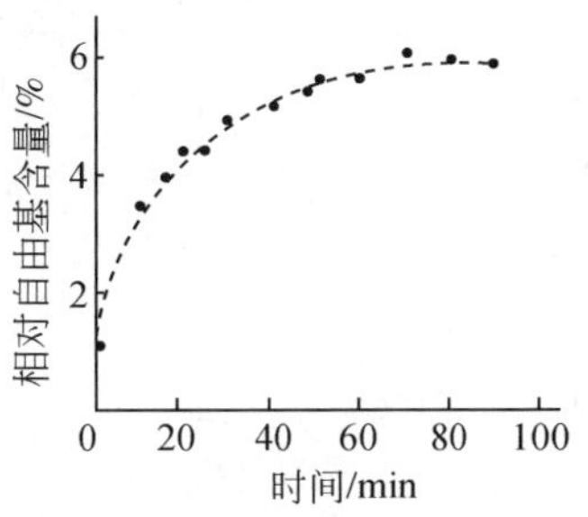

图 1-17　木质素在光辐射下自由基含量的增长

近年来，研制出一类含有紫外光吸收剂的清漆或涂料，涂饰在木材和木制品的表面上，旨在防止室外用木材表面的光化降解，达到保护木材的目的。

1.2.6　木材抽提物

木材是天然生长形成的一种有机物，除了含有数量较多的纤维素、半纤维素和木质素等主要成分外，还含有多种次要成分。其中比较重要的是木材的抽提物，木材中有它们存在，对材性、加工及其利用均产生一定的影响。

木材抽提物是用乙醇、苯、乙醚、丙酮或二氯甲烷等有机溶剂以及水抽提出来的物质的总称。例如，用有机溶剂可以从木材中抽提出树脂酸、脂肪和萜类化合物，用水可以抽提出糖、单宁和无机盐类。

木材抽提物包含有许多种物质，主要有单宁、树脂、树胶、精油、色素、生物碱、脂肪、蜡、甾醇、糖、淀粉和硅化物等。在这些抽提物中主要有 3 类化合物：脂肪族化合物、萜类和萜类化合物、酚类化合物。

木材抽提物比较大量地存在于树脂道、树胶道和薄壁细胞中，它们的成因十分复杂，有的是树木生长正常的生理活动和新陈代谢的产物；有的是突然受到外界条件的刺激引起的。在树木生长过程中，由于薄壁细胞的死亡而逐渐形成心材，在由边材转变为心材的过程中木材发生了复杂的生理生化反应，同时产生了大量的抽提物沉积在木材的细胞组织中，因而心材中所聚积的较丰富的酚类化合物已成为心材的特征。

木材抽提物的含量及其化学组成，因树种、部位、产地、采伐季节、存放时间及抽提方法而异。针、阔叶树材中树脂的化学成分不同，针叶树材树脂的主要成分是树脂酸、脂肪和萜类化合物；阔叶树材树脂成分主要是脂肪、蜡和甾醇。而单宁主要存在于针叶、阔叶树材的树皮中，如落叶松树皮中含有30%以上的单宁。木材中树脂含量的变化与生长地域和树干部位有关。据记载，生长在斯堪的纳维亚半岛北部的挪威云杉树木中的树脂含量要比生长在南部的高得多；同一树干树脂含量的变化很不规则，总的来说，心材比边材含有更多的树脂。在针叶树材中，树种不同其树脂含量差异很大，如红松木材中含有苯醇抽提物7.54%，马尾松木材中含有3.20%，鱼鳞云杉木材中仅含有1.63%。

木材抽提物是化工、医药及许多工业部门的重要原料，具有一定的经济价值。在木材加工工业中，抽提物不仅影响木材的某些性质，而且也影响木材的加工工艺，有的还关系到操作者的身体健康。

1.2.6.1 抽提物对木材颜色的影响

木材具有的不同颜色与细胞腔、细胞壁内填充或沉积的多种抽提物有关。材色的变化因树种和部位不同而异，如云杉洁白如雪，乌木漆黑如墨，心材的颜色往往比边材深得多，后者是分布在心材中的抽提物明显高于边材的缘故。

有些树种的木材含有天然色素，如黄酮类和酮类物质等。再如，苏木含有苏木素，在空气中易氧化成苏木色素，使木材泛红色；紫檀心材中含有紫檀香色素，其心材显红色；红木中含有洋红色的苏木精色素，使红木呈红色。

1.2.6.2 抽提物对木材气味、滋味的影响

树种不同，其木材中所含抽提物的化学成分有差异，因而从某些木材中逸出的挥发物质不同，所具有的气味也不同，未挥发的成分具有不同的滋味。

具有香味的木材有降香木、檀香木、印度黄檀、白木香、香椿、侧柏、龙脑香、福建柏和肖楠等。其中檀香木具有馥郁香气，可用来气熏物品或制成工艺美术品，如檀香扇等，其香气来源于抽提物中的主要化学成分白檀精。

少数热带木材，如爪哇木棉树，在潮湿的条件下会间或发出臭气；八宝树木材微具酸臭气味；冬青木材微有马铃薯气味；新伐杨木有香草味；椴木有腻子味等。日本研究者对具有臭味木材进行过分析，鉴别证明，在这类木材中均含有粪臭素、丁酸、异戊酸、己酸、辛酸及二氢肉桂酸等。一般认为，木材气味的来源一是木材

自身所含有的某种抽提物化学成分所挥发出的气味；二是木材中的淀粉、糖类物质被寄生于木材中的微生物进行代谢或分解时而生成的产物具有某种气味。

少数木材还具有特殊的滋味，如板栗、栎木具有涩味，因为它们都含有单宁。苦木的滋味甚苦，是因为其木材中含有苦木素；檫木具辛辣滋味；八角树木材显咸略带辣味；糖槭有甜味等。木材的滋味是由于木材细胞里含有某种可溶性抽提物，如将这些木材用水抽提，木材的滋味便可清淡或消失。一般新伐材味道较干材显著，边材较心材显著。这是因为新伐材和边材的含水率较高，可溶性抽提物较多的缘故。

1.2.6.3 抽提物对木材强度的影响

含树脂和树胶较多的热带木材其耐磨性较高。据记载，抽提物对木材强度的影响随作用力的方向有变异。顺纹抗压强度受木材抽提物含量的影响最大，冲击韧性最小，而抗弯强度则介于二者之间。有人研究美国红杉、北美香柏和刺槐木材的结果表明，木材的抗弯、顺压和冲击强度随着木材抽提物含量的增加而增加。另有人研究表明，北美红杉木材的抗弯强度与抽提物的含量无关，而弹性模量随抽提物含量的增加而减少。

1.2.6.4 抽提物对木材渗透性的影响

据记载，木材的心材含有较丰富的木材抽提物，不利于液体的渗透。但分别经热水、甲醇－丙酮、乙醇－苯和乙醚等溶剂抽提后，其渗透性可增加3～13倍。一般来说，心材的渗透性小于边材，这是因为心材所具有的抽提物高于边材的缘故。

1.2.6.5 抽提物对胶合性能的影响

1）抽提物使木材表面污染

抽提物是污染木材表面有碍木材胶合的最主要、最普遍的根源之一，常以下列方式降低木材的胶合质量：

（1）大量抽提物沉积于木材表面，增加了木材表面的污染程度，从而降低界面间的胶合强度；

（2）憎水性抽提物降低木材表面润湿性，不利于木材－胶黏剂的界面胶结；

（3）抽提物的氧化有增加木材表面酸性的趋势，促进木材表面的降解，降低表面强度。

2）抽提物使胶黏剂固化不良

抽提物移向木材表面或接近表面时，可干扰胶－木界面的形成，在界面处形成障碍，从而可能阻止材面润湿或导致胶合强度变低；同时，还可以改变胶黏剂的特性、胶液的正常流动及其在木材表面的铺展，妨碍和延长界面间胶层的固化。有人研究了木材热处理对花旗松单板表面胶合的影响，认为单板在过分干燥时，于单板表面产生了憎水层，钝化了木材表面，从而阻止胶液润湿和渗入木材，使胶层固化不良。其原因在于在加热过程中木材抽提物向表面迁移使单板表面钝化而改变了木材表面的润湿性。

一般认为，抽提物对碱性固化胶黏剂及胶合强度的影响不十分敏感，而对酸性固化胶黏剂，抽提物可能会抑制或加速胶黏剂的固化速度，这取决于缓冲容量和树脂反应的 pH，如柚木和红栎的水溶性抽提物会延迟脲醛树脂和脲醛－三聚氰胺树脂的胶凝时间。

1.2.6.6　抽提物对涂饰性能的影响

许多实例证明，当油漆木材时，会发生漆膜变色，这是由于木材含水率高时，木材内部的抽提物向表面迁移、析出的结果。含有树脂较多的木材，特别是硬松类木材，涂刷含铅及锌的油漆时，木材中的树脂酸能与氧化锌作用，从而促使漆膜早期变坏。木材表面的油分和单宁含量高时，会妨碍亚麻仁油的油漆固化。美国红杉等木材中常含有一种水溶性抽提物，这种抽提物常常自然渗溢到木材表面，从而使乳胶漆或水基底漆产生由红到褐的轻微变色。在日本紫杉心材抽提物中，有一些化学成分对不饱和聚酯漆具有较强的阻止固化的作用。

参考文献

[1] 李坚，王清文. 生物质复合材料学. 北京：科学出版社，2008：40-45.
[2] Bowyer J L，Shmulsky R，Haygreen J G. Forest Products & Wood Science. 5th ed. USA：Blackwell Publishing，2007：10-11，55-56.
[3] 李坚. 木材科学. 北京：高等教育出版社，2002：19-27，84-143.
[4] 南京林业大学. 木材化学. 北京：中国林业出版社，1990.
[5] 葛明裕. 木材加工化学. 哈尔滨：东北林业大学出版社，1985.
[6] Sjostrom E. 木材化学. 王佩卿，丁振森译. 北京：中国林业出版社，1985：73-89.

第 2 章 与环境相关的木材属性[1]

本章所叙述的木材性质是指与木材处理过程和环境保护关系较密切的一些基本性质。以木材为原料的任何加工工艺均应遵循固碳减排、保护环境的原则，因此须了解木材自身的天然形成的生态学属性以及木材对环境和低碳经济的响应特性，以使加工处理后形成的新材料或新产品仍然拥有与环境友好、有益健康的特性和绿色品质。

2.1 木材的酸碱性质[1,2]

人们曾发现这样的现象：储存在仓库的木箱中的金属制品遭受的腐蚀比在大气中还要严重得多；木材干燥室的墙壁和一些干燥设备也时常出现受腐蚀的痕迹……是什么物质引起的腐蚀呢？应该说是木材。那么，木材为什么会引起腐蚀呢？因为木材具有天然的酸碱性质，这一性质不但能腐蚀金属，而且还明显地影响着木材的某些加工工艺与合理利用。

2.1.1 木材中的酸性成分

世界上绝大多数木材呈弱酸性，仅有极少数木材呈碱性。这是因为木材中含有天然的酸性成分。木材的主要成分是高分子的多糖，它们是由许许多多失水糖基联结起来的高聚物。每一个糖基都含有羟基，其中的一部分羟基与乙酸根结合形成乙酸酯，乙酸酯水解能放出乙酸，其反应方程式如下：

$$R—OCOCH_3 + H_2O \rightleftharpoons R—OH + CH_3COOH$$

这是一个平衡反应，它使得木材中的水分常带有酸性，而且因为乙酸有挥发性，会从平衡体系中逸出，使水解反应不断向生成乙酸的方向移动。木材中含有1% ~6% 的乙酸根，阔叶树材的乙酸根含量比针叶树材的高。乙酸根的含量越高，体系内形成的乙酸就越多，木材的酸性就越强。木材水解时释放出乙酸的快慢因木材树种而异，对同一种木材而言，其释放速率取决于周围的温度和木材自身的含水率。除乙酸外，木材中还含有树脂酸以及少量的甲酸、丙酸和丁酸。木材含有 0.2% ~4% 的矿物质，其中，硫酸盐占 1% ~10%，氯化物占 0.1% ~5%，它们电离、水解后也可使木材的酸性提高。

2.1.2　木材的 pH

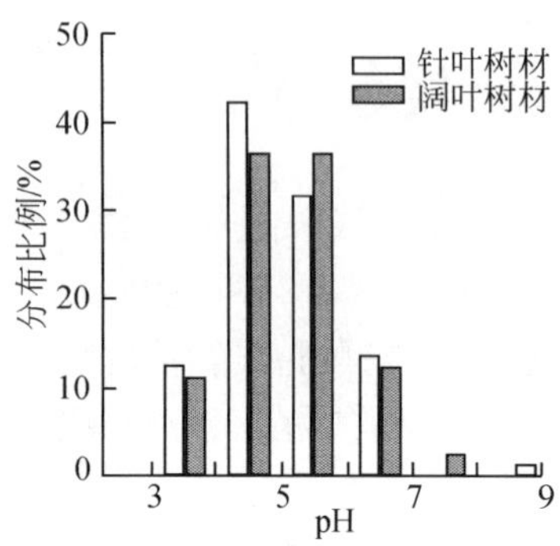

图 2-1　世界重要树种木材 pH 的分布比例

木材的 pH 一般泛指木材中水溶性物质的酸性或碱性的程度，通常以木粉的水抽提物的 pH 表征。经国内外一些研究者测试证明，世界上绝大多数木材的 pH 为 4.0～6.0。日本的往西弘次和后藤辉男，用不同方法测定的世界重要木材（针叶树材 44 种，阔叶树材 252 种）的 pH 分布状况如图 2-1 所示。中国林业科学研究院李新时和相亚明在所测定的中国 45 种木材 pH 中仅有 1 种木材的 pH 为 7.5，其余的 44 种均分布于 4.0～6.2（表 2-1）。

表 2-1　45 种中国木材的 pH

树种	Ⅰ法测得的 pH	Ⅱ法测得的 pH	树种	Ⅰ法测得的 pH	Ⅱ法测得的 pH
针叶树材			马蹄荷	4.8	5.0
臭冷杉	4.6	5.1	水曲柳	5.3	5.6
杉木	4.6	5.0	大果木姜	5.3	5.4
黄花落叶松	4.4	4.7	广东润楠	5.1	5.2
红皮云杉	4.4	4.8	绿兰	5.5	5.8
红松	4.3	4.4	杨梅	4.5	4.6
鸡毛松	5.2	5.7	香果断木姜	4.4	4.5
阔叶树材			木荚红豆	4.0	4.2
槭木	5.7	5.6	桢南	4.3	4.5
臭椿	5.9	5.9	椤木石楠	4.8	5.0
榅树	5.4	5.7	青杨	7.5	8.0
南洋榅	5.3	5.4	大关杨	5.6	5.9
千年桐	6.0	6.5	异叶杨	4.6	4.5
拟赤杨	4.5	4.9	钻天杨	6.2	6.7
糙叶树	5.5	5.6	小叶杨	6.0	6.3
白桦	4.5	4.8	大青杨	4.6	4.8
苦槠	4.2	4.3	豆梨	5.0	5.2
山枣	4.5	4.6	柞栎	4.7	4.8
华南桂	5.2	5.6	檫木	4.3	4.2

续表

树种	Ⅰ法测得的 pH	Ⅱ法测得的 pH	树种	Ⅰ法测得的 pH	Ⅱ法测得的 pH
香樟	5.8	5.7	鸭脚木	5.0	5.2
盘壳青冈	5.9	6.1	荷木	4.8	4.9
杨梅蚊母树	4.6	4.7	线枝苹桃	4.5	4.6
大叶桉	4.5	4.7	紫椴	5.1	5.3
吴茱萸	4.9	5.2			

有人建议根据木材的 pH 大小将木材分成两大类：①酸性木材，木材的 pH 小于 6.5 者，绝大多数树种的边材和多数树种的心材均在此列；②碱性木材，木材的 pH 大于 6.5 者，为极少数木材及少数木材的心材所具有。

木材的 pH 随树种、树干部位、生长地域、采伐季节、储存时间、木材含水率以及测试条件和测试方法等因素的变化而变化。所以，在表示木材的 pH 时，应尽可能地注明测定时的各种条件。例如，同一株树木不同部位的 pH 有变化，边材与心材的 pH 相差明显。麦克纳马拉（McNamara）研究了从生材到绝干材时木材 pH 的变化，证明木材的含水率降低，其木材的 pH 随之降低，因为随着木材的干燥，木材抽提物及木材组分受到氧化或分解，木材中不挥发的生物质浓度增加而木材的酸度升高。

2.1.3　木材酸碱性质与木材加工的关系

木材的酸碱性质对木材的某些性质、加工工艺和木材利用有重要影响。

2.1.3.1　关于木材的易病性

木材易受菌腐虫蛀，使材质变劣，即木材呈现易病性，然而木材的 pH 对于木材的易病性有着重要作用。

木材的腐朽是由木腐菌的寄生而引起的。所有危害木材的真菌，无论在其孢子萌发阶段，还是菌丝生长期间，均明显地喜于生活在酸性介质中。据 Cartwight 等报道，木腐菌生长时所需 pH 的最佳范围为 4.5 ~ 5.5；若基质的 pH 高于 7，则许多木腐菌不能赖以寄生和繁殖。而木材的 pH 多为 4.0 ~ 6.5，恰恰构成木腐菌寄生的优良基质。此外，寄生在木材中的木腐菌在繁殖和生长过程中还可释放出二氧化碳等酸性挥发物，有助于提高木材的酸度，越发加速木材腐朽。

对于火烧木、雷击木和新砍伐的原木要比健旺的挺立生活着的树木和正常原木更容易遭受昆虫和木腐菌的危害。因为树木在火烧或雷击过程中由于高温和静电的作用，能从木材中释放出一些挥发性的化学物质和酸性成分，现已发现的有单萜烯、脂肪酸、安息酸和乙醇等。这些物质能为一些昆虫和木腐菌提供初级引诱。因此，火烧木、雷击木等诸如此类的受伤木材更易招引昆虫和木腐菌而使木材受到危害，增加木材的易病性。

2.1.3.2 关于木材对金属的腐蚀

人们常常把木材加工成包装箱，以盛金属仪器和铁钉、螺栓等金属零件。当它们在潮湿、温度高、通风不良的仓库中长期储存时，对于酸性较高的木材而言会产生对金属的腐蚀。因为在这样的环境下，木材中的化学组分——半纤维素发生水解，产生乙酸等物质使木材的游离酸含量增加，其挥发蒸气能促进木材对金属的腐蚀；并且，一般来说，阔叶树材较针叶树材明显，因为阔叶树材中的半纤维素含量高于针叶树材。

木材的酸度和挥发出的乙酸蒸气是导致金属腐蚀的主要原因。一般说来，木材的 pH（以 pH 表示木材在温带气温与湿度下储存时的木材酸度）越低，即酸度越高，其蒸气腐蚀的危险性越大（表 2-2）。S. G. Clarke 等较为系统地研究和分析了在不同相对湿度下乙酸蒸气对镉、锌、钢、铜 4 种金属的腐蚀，测定了在 30℃和浓度为 1% 乙酸溶液在各种相对湿度下的腐蚀率，其结果如表 2-3 所示。从表 2-3 中可见，相对湿度对乙酸蒸气腐蚀有显著影响。因此，在潮湿的环境中储存包装之物，木材可使金属器件的腐蚀现象加重。

表 2-2 木材的酸度与蒸气腐蚀的危险性

木材	pH	蒸气腐蚀的危险性	木材	pH	蒸气腐蚀的危险性
栎木	3.35～3.90	高	松木	5.20～8.80	中
栗木	3.40～3.65	高	云杉	4.00～4.45	中
山毛榉	3.85～4.20	颇高	榆木	6.45～7.15	中
桦木	4.85～5.35	颇高	红木	5.10～6.65	中
冷杉	3.45～4.20	颇高	胡桃	4.40～5.20	中
加蓬榄	4.20～5.20	颇高	绿柄杉	5.40～7.25	中
麻栗	4.45～4.65	颇高	棱柱木	5.25～5.35	中
雪松	3.45～4.15	颇高	梧桐木	4.75～6.75	中

表 2-3 不同相对湿度下乙酸蒸气对金属的腐蚀率

金属	对金属的腐蚀率/[g/(dm² · d)]			
	相对湿度 72%	相对湿度 85%	相对湿度 96%	相对湿度 100%
镉	0.003	0.035	0.04	很大
锌	0.003	0.0188	0.0263	大
钢	微	0.0225	很大	很大
铜	微	微	0.0163	0.025

2.2　木材的生态学属性[3,4]

木材是“木材 - 人类 - 环境”关系中的天然元素，具有独到的生态学属性，从而能够为人类生活和工作构建一个健康自然的绿色环境。木材是绿色环境和人体健康的贡献者。

亘古以来，人类的生命活动与树木及木材息息相关，人木共存，其乐无穷。大约在100万年前，在遥远的朦胧期，自从出现了人类，人、树木和木材就相依为伴。最初出现的是树木，它发展进化，经历了1.5亿~3亿年。

早先，人是居住在林中树上的。在攀登树木时，他们的手习惯地要抓住树枝。孩子们也是这样。一有机会，他们不仅攀登树木，而且利用伸展开来的粗大树枝建造“藏身之处”。这是他们最大的娱乐，他们从中得到无限的满足。

气候在变迁，植物界也在变化，人类也在适应环境而生存；过了几个世代，由于气候逐渐干燥，而导致森林减少，草类覆盖了大部分土地。如此生境，只有直立的动物占有优势，能够透过又高又密的草类顶端向远方探视。渐渐地人类就直立起来，发展为用脚跟和脚趾走路，这是地球上任何其他动物所不具备的。有趣的是，人类是哺乳动物中唯一直立行走的，而树木是高大植物领域中唯一直立生长的。人和树木都有所谓的“躯干”和“肢体”。人和树木都是一种生命体，均随着时间的延续而成长成才。在立木生长时，由形成层细胞向外生成树皮，向内分生形成木质部，木质部是树干的主体，当树木采伐后制成木材时，虽然外观、形态改变，但仍是一种生命的延续。树木的年轮记载着大自然的风风雨雨，人们的脸谱铭刻着岁月的沧桑；树木挺拔不凡，人类耕读坚毅；彼此之经历和品格，有许多神奇的相似之处。

木材是大自然的杰作。与人类生活相伴，展现了朴实幽雅的品质，价值无与伦比。我们的祖先学会了钻木取火，秦始皇用木材修造阿房宫，现代建筑的精雕细刻，都表明中国文化与木材有着紧密的联系。随着生活质量的提高，人们越来越希望，在他们生活的空间中要更多地使用木材和木制品。今天，人们已被木结构和木制品包围了。假如把纸张也计算在内，木材至少提供了5000多种产品。说明木材与人的紧密联系。这是因为木材具有其他材料无法比拟的环境学特性，即木材具有良好的视觉特性、触觉特性、听觉特性和调节特性；由木材构成的空间，可以调节室内小气候，可进行生物生存和心理感觉的调节。由于木材具有生物结构，独有的光泽、独特的颜色、千姿百态的花纹，给人们一种自然美的感觉和艺术享受，有益于人们的休憩、娱乐和健康；当接触木材、注视木材时，人们具有稳静感和舒畅感。因为木材中的一些解剖分子，如生长轮，早材、晚材的间隔分布所呈现的波动现象与人的心脏跳动形式相吻合。

住宅是休养和“充电”的场所；工作单位是劳动和“放电”的场所。居室内导入何物会对人们的身心健康有利呢？可以肯定地说，首选物件就是木材，木材有益于健康。木材依树种不同，具有不同的香气与色调。例如，花柏的香味很浓，用花柏建造的居室，因花柏中散发出来的松烯类化合物可在几年内不见蚊子靠近；松木有消炎、镇静、止咳等作用；杉木会刺激大脑而使脑力活动更活跃；银杏对治疗高血压有益；白桦具有抗流行性感冒之功效；冷杉和杜鹃能杀灭黄色葡萄球菌等。总之，木材的视觉特性和嗅觉特性使人感到舒服，木材中含有的挥发成分或抽提物质具有抗菌和杀菌作用，可以保障人们的健康。因此，在木材和木质材料构成的居室中生活，可以真正享受回归自然的欢乐，真正做到“人＋木＝休”。人们经过休憩和欢乐，可以全身心地投入工作，提高工作效率和工作质量[4]。

木材是一种具有生态学属性的材料，它是由几种天然高聚物形成的复合体，其中含有的生命元素——“碳素”占50%之多。木材是陆地植物中蓄量最大的碳素储存库不无道理。由于碳素在木材中以有机物的形式得以牢固的储存，起到了固碳减排的作用，从而有利于抑制生态系统中所产生的“温室效应”，保护着人类赖以生存的地球环境。

木材具有天然的环境学品质，潜伏着至今尚未引起人们普遍关注的生态学属性，它是绿色环境和人体健康的贡献者，下文将具体阐述。

2.2.1　木材的自然美与艺术性

大自然赋予木材的颜色、光泽、结构、纹理和花纹是独具匠心的，并且又因树种不同、部位不同以及切割方式不同而千变万化。它们朴实无华，给予人们美的享受和艺术品味，当人们看到和接触它们时会有一种特殊的舒适感和愉悦感。

2.2.1.1　朴实的颜色

当我们用肉眼观察木材时会发现，木材的颜色是多种多样的。例如，云杉几乎洁白如雪，乌木漆黑如墨，红胶木红褐色，黄杨木浅黄色，绿心木泛绿色等。木材颜色因树种而异，即使同一树种，因产地、树龄及其他条件不同木材颜色也不同；就是同一株树木，也因木材的部位不同而有变化，如心材与边材的色调大有不同，不同的木材切面木材颜色也有差别。

我国人民自古以来就珍爱木材天然具有的香、色、质、纹等特性，并将其广泛地应用于建筑、家具和人居环境中。木材表面所呈现的不同颜色给予人们的视觉印象不仅是美的享受，而且由它所构建的生活、学习和工作空间有利于身心健康。

通过对木材颜色与人的心理感觉的关系测验得知，木材颜色会使受验者产生温暖感和舒适感。木材树种不同，其明度、色饱和度给人以不同的视觉感知。明度越高，明快、华丽、整洁、高雅的感觉越强；明度低，则有深沉、厚重、沉静、素雅的感觉。色饱和度高的木材则有华丽、刺激、豪华之感，而色饱和度低的木材给人以素雅、厚重、沉静的感觉。作为家具用材的上等材料均给人以温馨、优雅的视觉感受，如桦木、云杉具有稳重感，柚木、花梨木给予人们庄重感和豪华感。

木节（节子）本是树木生长过程中产生的天然缺陷，但木节的材色深于附近的正常材，独特的花纹和深重的颜色给人以美的刺激，有动态的飘浮感，赋予环境以豪华感。以前，东方人、西方人对节子曾有不同的印象。东方人一般认为节子是缺陷，有价廉质次的感觉；西方人则认为节子有自然、亲切、高贵之感。基于感知和追求的差异，东方人要想尽一切办法消除材面上的节子，而西方人则设法寻找有节子的木材表面。现在则不然了，东方人的环境意识和审美观正在变化。东北落叶松木材的节子甚多，现在已成为家具、胶合板用材及室内环境装饰材料，而且备受人们喜爱。

木材颜色的产生与变化受多种因素影响，主要有：①木材自身的化学成分中含有发色基团以及含有色素的木材抽提物；②在生长过程中，由边材转变为心材时的心材化作用；③周围环境，如微生物、光化学及氧化作用的影响等。

为了保障木材天然颜色的色视觉品质，在木材保管和木材加工中要注意采取各种生物的、物理的和化学的方法与技术防止木材的变色与褪色。

2.2.1.2　柔和的光泽

木材的光泽是指光线反射到木材上的光亮度，是木材反射光的性能，换言之是木材显示光泽的性质。木材有光泽或者暗淡取决于木材具有这种特性的程度。光泽的强弱与树种、木材构造特征、木材抽提物与表面物质、光线射至板面上的角度、木材的切面等因素有关。一般，具有侵填体的木材，如檫木等，常具有强的光泽；木材径切面对光线的反射较弦切面为强，因为在径切面上具有许多反射光的射线斑纹；一些结构细、含有蜡质的木材，光泽较强。光泽比较强的树种，如肾形果、山枣、栎木、槭木、桦木、椴木、红椿等，其劈开面或刨光面反射光较强，显得材色更加艳丽。

当一束光照射到木材、塑料、漆膜等非金属物表面之后，其反射光有一部分是在空气与物体的界面上反射，这部分称为表面反射；还有一部分光会通过界面进入到内层，在内部微细粒子间形成漫反射，最后再经过界面层形成反射光，这部分称为内层反射。内层反射实际上是极靠近表面层内部微细粒状物质间的扩散反射，与表面反射相比，更加接近于均匀扩散。由于选择吸收的原因，能显示物体的固有色。

木材表面具有双层反射特性，使得木材具有独特雅致的光泽。木材的光泽与反射特性直接相关，而木材的颜色取决于反射光的波长。在日常生活中，人们可以靠光泽度的高低来判断木材（或其他物体）的粗滑、软硬和冷暖。光泽度高的木材，给人的硬、冷感觉强些；而光泽度低且变化平稳的木材，给人的温暖感明显些。透明涂饰可提高木材表面的光泽度，使光滑感增强。由于清漆本身都不同程度地带有颜色，因此涂饰后会使木材的豪华、华丽、光滑、沉静等感觉增强。为此，人们越来越喜欢对木材家具和人居空间的装饰用材应用透明涂饰。

木材对光线具有吸收和反射特性。虽然紫外线（380nm 以下）和红外线（780nm 以上）是肉眼看不见的，但对人体的影响是不能忽视的。强紫外线刺激人眼会产生雪盲病；人体皮肤对紫外线的敏感程度高于眼睛。木材可以吸收阳光中的紫外线，减轻紫外线对人体的危害；同时木材又能反射红外线。这一点是木材使人产生温暖感的原因之一。从不同材质工作面上辉度分布的比较中可以看出，木材及木质材料的炫辉对比非常小，可以大大地减轻眼睛的疲劳程度；有研究结果表明，在保持木材本身颜色（一般为浅黄色）的工作台面上，室内照度为 320lx 时，长时间阅读，没有疲劳感，学习效率高。可见，用木材制作的工作台（写字台）以其素有的品质，可以保障空间舒适，并有利于健康。

在家具涂饰上，对于一些特别名贵的木材，几乎不涂饰任何涂料，只在表面上打一层蜡，让木材保持其天然的色彩、质感。人们之所以喜欢这种自然状态的木材，主要在于木材的颜色及木材特有的肌理。这种肌理是以光泽感为主因，由材质感产生的。光泽感就是原本木材的光反射特性，由木材的表层反射及内层反射特性组合在一起产生的。

住宅、办公室、商店、旅馆、体育馆、饭店等场所室内装修所用的木材用量比率（木材装饰表面积与总表面积之比，简称木材率），对人的心理感觉有直接影响。木材率的高低与人的温暖感、沉静感和舒畅感有着密切关系。木材与金属材料、石材相比，显示出优越的环境学特性。在选择室内装饰材料时，也可依木材的光泽性质辅助判明外观形貌相似的两种木材。例如，初学者对北美洲东部云杉类（*Picea* spp.）与北美乔松（*Pinus strobus*）常易混淆，但是根据云杉较强的光泽就易于区别开来。在有孔材中，光泽有助于区别黄金树（*Catalpa speciosa*）与美国檫树（*Sassafras albidum*），前者木材光泽强，后者木材暗淡，白蜡树类因其具有较强的光泽，易与黑白蜡树（*Fraxinus nigra*）区别开。

2.2.1.3　天然的花纹

木材花纹常常与木材的解剖分子及其天然形成的生物结构密切关联。木材花纹是指木材表面上因纹理、结构、生长轮、木射线、轴向薄壁组织、导管、木纤维、木节、锯切方向及色素物质等因素所产生的自然图案。

木材花纹类型繁多，千姿百态，其类型变换因花纹形成的方式和原因而不同。归纳起来，主要由以下几种类型[5]。

1）由不同切面或切割方式所产生的花纹

由于生长轮内早材、晚材的差异，木射线和轴向薄壁组织的宽窄不同等，采取不同的切割方法，会使板面上呈现出各式各样的花纹。对于一些生长轮明显的树种，如水曲柳、落叶松、马尾松等，由于早材和晚材致密程度不同，在旋切单板或弦锯板表面（通常为弦切面）上显示出抛物线或“V”形花纹；而一些外轮廓形状不规则的木段，板面常具不规则的同心圆图案；利用树基部分的木段加工出来的板材，常具有窝穴状或抛物线状图案。此外，刨切单板或径锯板表面、弧形或半圆形旋切单板表面以及锥形旋切单板的表面均显现出各具特色的花纹。

2）由不同纹理类型所产生的花纹

这种花纹是由于木材细胞排列方向的变化所引起的。木材纹理有直、斜之别，在斜纹理中又有交错、波状或扭曲纹理之分，因此在木材的弦面或径面上产生多种美丽花纹。

这类花纹有：由交错纹理产生的花纹；由波状或扭曲纹理产生的花纹，如波状花纹、泡状花纹、鸟眼花纹、断带状花纹以及树叉木、树基木和树瘤木花纹等。其中树瘤木花纹备受人们喜爱，这种花纹是由于纹理方向极不规则所引起的，可从任何树种的茎干或大枝上所形成的大而不正常的膨胀或树瘤部分制得。例如，因树木受伤或病菌寄生所形成的树瘤，经锯切后，构成很美丽的圆圈状花纹。

3）由材色分布不均匀所引起的花纹

此类花纹是由于木材中色素物质分布不均匀而产生的。在木材表面呈现许多颜色不规则的条纹或斑块，较木材的其他部分为深，如香樟，心材常杂有紫红褐色斑块或条纹。降香黄檀的红色心材内常杂有黑褐色条纹等。

4）由人工镶拼所形成的花纹

利用木材表面不同的纹理人工镶嵌成各种不同的图案。镶拼用的单板或微薄木，多为花纹色泽美丽的阔叶树材，此外还有树基木、树叉木和树瘤木等。

由木材的颜色、光泽、纹理结构和花纹浑为一体，构成了木材的自然美；这种自然美或许带有一定的朦胧性，只有细心观察，认真品味，才能够更加深刻的认识和体会到它的内涵和魅力。其实，人们早已把木材之美应用于人居环境及人类活动频繁的场所，哪里有人群，哪里就有木材（或木制品）相伴。木结构建筑、木质家具、木地板、木壁板、木桥梁、木栈道、乐器、文具和儿童玩具等，比比皆是；那些能工巧匠还以木材为原料，将其雕刻、创造出各种工艺品，尽展木材的艺术风格。从下面展现的几幅图案（图 2-2 ~ 图 2-8）中可以更明晰地感受到木材的自然美和艺术性[6]。

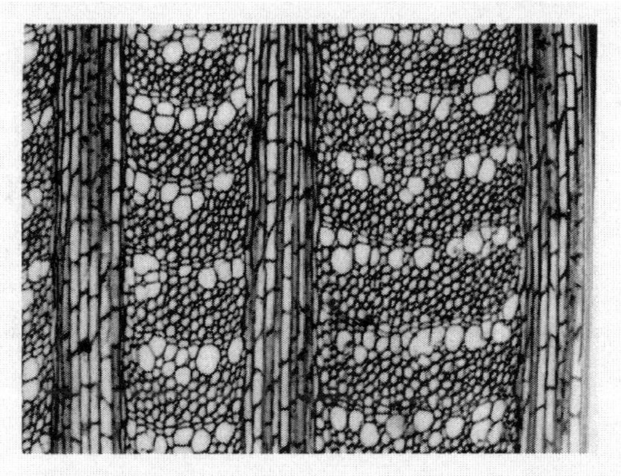

图 2-2 山龙眼（横切面）——管孔、薄壁组织和木射线组成“云杉飘彩球”图案

图 2-3 科技木虎斑花纹

图 2-4 虎虎生威——树瘤木艺术

图 2-5 椅与几——椅几之美因树木年轮之美而升华

图2-6　木艺摩托车

图2-7　瑞典哥德堡——水上木栈道

图2-8　虎目炯炯——白桦树皮艺术（哈尔滨航科文化艺术品公司制）

2.2.2　木材的碳素储存与环境效应

2.2.2.1　碳素的形成与储存

构成木材的元素中有50%的碳、43%的氧和6%的氢；木材是陆地植物中蓄积量巨大、碳储量最高的生物质，是一种无公害、具有固碳作用、可回收、可再生和循环利用的“4R”材料。

树木是一种生命体，在生长过程中形成木质部（木材），这是生物质的主体。通过光合作用二氧化碳被转化成糖类，糖类进一步聚合形成高分子化合物——纤维素和半纤维素，这是构成木材的主要高分子物质，为人类提供了可再生的永续利用的生物质和生物质能。

树木的光合作用反应式如下：

$$6CO_2+6H_2O\xrightarrow{\text{光能}}C_6H_{12}O_6\text{（葡萄糖）}+6O_2\uparrow$$

正是由于光合作用使树木吸收的二氧化碳以有机物的形式储存起来，固定在树木的各个部分，木材是树木全部生物量中碳素储存最多的寄存体（碳汇）。

据文献记载[7]，通过光合作用树木每生产 1t 生物质（纤维素等）就要吸收 1.6t 二氧化碳，释放出 1.1t 氧气，可固定约 0.5t 碳。也可以说，森林的立木蓄积每增长 $1m^3$，净吸收二氧化碳量为 1t，同时释放 730kg 氧气，储存 270kg 碳。

据资料记载，我国森林面积为 1.75 亿 hm^2，活立木总蓄积为 136.18 亿 m^3，森林蓄积量为 124.56 亿 m^3，森林覆盖率为 18.21%（1999～2003 年，第六次全国森林资源清查）。以资源计算得出的碳素储存量为 59.2 亿 t。根据历次森林资源的清查结果计算得出的我国林木生物量碳素储存量列于表 2-4。

表 2-4　我国森林资源历次清查结果和林木碳素储存量情况

资源清查	清查时间	森林覆盖率/%	森林面积/亿 hm^2	森林蓄积量/亿 m^3	林木生物量碳储量/亿 t	森林碳储量/亿 t
1	1973～1976 年	12.70	1.22	86.56	41.1	100.3
2	1977～1981 年	12.00	1.15	90.28	42.9	104.6
3	1984～1988 年	12.98	1.25	91.41	43.4	105.9
4	1989～1993 年	13.92	1.34	101.37	48.2	117.4
5	1994～1998 年	16.55	1.59	112.67	53.5	130.6
6	1999～2003 年	18.21	1.75	124.56	59.2	144.3

由表 2-4 中显示的碳汇情况可见，我国的森林碳汇总量与辽阔的疆土和众多的人口相比尚有不足。这是因为：①森林资源总量不足。我国人均森林蓄积量仅为 $9.421m^3$，不足世界人均水平的 1/6，居世界第 122 位。②林地流失严重。第六次森林资源清查间隔期内有 1010.68 万 hm^2 林地被改变用途或征占变为非林业用地，全国有林地转变为非林地面积达 369.69 万 hm^2，年均达 73.94 万 hm^2。研究表明改变林地用途会造成大量的碳排放，减少碳汇总量。对此国家和林业部门已采取了积极措施。大力倡导植树造林和加强了现有林的经营管理。

第六次森林资源清查表明，我国人工林保存面积达到 0.53 亿 hm^2，蓄积量 15.05 亿 m^3，人工林面积居世界首位。近年来全国人造林的面积飞速发展，每年人造林面积都在 600 万 hm^2 左右。近年来实施了“天然林保护”等六大工程，为森林碳汇的增长提供了资源保障。另外，我国森林固碳能力潜力巨大，因为我国现有林的绝大部分属于中幼龄林，正处于比较旺盛的生长期，森林固碳能力也正在提升。可以预见，我国森林的增长速度和单位面积蓄积量还会提高，那么森林碳汇容量增长能力也必将会不断增强。

2.2.2.2　减排节能与环境[7]

木材是树木生长的主要产物，是森林资源中数量最多的生物量。因此，木材的固碳总量在森林碳汇中占有相当比例是不言而喻的。树木采伐后，进行造材和制材，再由木材加工成家具等各种木制品或用于建筑材料等；无论是木材或木材制品或将其作为各种用途，均是森林固碳作用的延伸，都是将林木生长过程中所形成的碳，转变为以木材或林产品的形式予以储存。它们储碳的生命周期因用途和使用场所而异；据资料记载[7]，建筑用材一般可以储存 30 ~ 50 年，甚至更长的时间；家具用材储碳时间要比建筑用材短一些，一般为十几年到几十年，然后这些材料所储存的碳又会以各种形式回归到大气中；人造板材储存碳的时间一般为 10 ~ 25 年；造纸材储存时间较短，但是由于废纸的循环利用，又可延长其储存时间。一般，造纸材储碳时间在数月到数年，有的更长（书籍用纸）；木材纤维及木材化工产品的储碳时间一般为 2 ~ 5 年。

计算林木产品整体的储碳时间是一个很重要的问题，也是一个很复杂和棘手的问题。国外专家认为林木产品整体储碳时间为 10 ~ 30 年。在计算时多数采用 20 年为计算期。法国在计算木材产品平均寿命时，一般取值为 18 年（纸和纸板除外）。

木材作为生物质材料或制品的健康使用寿命越长，其固碳的生命周期就越长，就越发延长了“大气二氧化碳（吸收）→森林碳汇→木材（木制品）固碳→大气二氧化碳（排放）”的循环链。抑制二氧化碳的排放，就是减少排入大气中的“温室气体”。可见，木材的碳素储存功能与保护生态安全密切关联。

为了有效地延伸固碳周期和实现高附加值利用，须采取低碳工艺进行木材加工。例如，人们以木材为原料，以不同形态、不同组合方式和加工工艺制成具有不同功能的木质复合材料（如木材 - 塑料复合材可提高原本木材的尺寸稳定性，木材 - 金属复合材可赋予木材电磁屏蔽功能，木材 - 无机物复合材可提高木材的阻燃性和抗生物危害性等）。木质复合材不但可以使低质木材、小径材、废旧木材得以高效利用，而且具有鲜为人知的生态效应。木材、木质材料经复合加工后，能使碳素进行再次固定和封存，并且在整个加工过程中二氧化碳排放少，从而减轻“温室效应”，这是对人类生存环境的贡献。

木材可以替代水泥、钢材等其他材料作为建材，从而可以减少由其他材料生产过程中排放的二氧化碳数量。木材生产和加工过程中能源消耗也比较少。据测算，生产同等质量材料所消耗的能源，水泥是木材的 3 ~ 4 倍，塑料是木材的 35 ~ 45

倍，钢铁是木材的 50 ~ 60 倍，铝是木材的 100 ~ 130 倍。木材是一种强重比极高的材料（质轻、强度大），是其他建筑材料所无法比拟的。

用木材代替石化类能源也能明显地减少二氧化碳的排放量。薪炭材、家具及其他木制品、木质建材等，在结束生命周期时，可以作为能源来生产热量或电力，木材能源是一种可再生的绿色能源，与石化能源相比较，具有许多优势。据测算，1t 木材所释放的热量相当于 500kg 石油，而所释放的二氧化碳却很少，从而减少了二氧化碳的排放。

为了保持和提高碳汇容量，应注意采取以下技术措施。

（1）加强现有林的经营管理，保证林木生长旺盛。因为在林木生长最旺盛的时期，正是光合作用最强劲、碳素形成最多的时期。

（2）树木采伐后及时造材、及时运输、及时加工，以防腐朽分解。因为木材在山场或储木场存放时间过长，由于木腐菌等微生物的侵入，可能导致木材腐朽变质，排出二氧化碳。

（3）要科学管护，提高木材的耐久性。特别是在潮湿、高温或菌、虫活动猖獗的场所，要采取有效措施保护木材，以避免腐朽、变色和燃烧，提高木材的耐久性，延长木材的使用寿命，这就相当于延长固碳的生命周期，有助于固碳减排。

（4）提高木材的综合利用率。目前我国木材加工剩余物利用率较低，而废旧木材、木制品数量又巨大，通过科学加工或处理使之变成新产品。这样，既提高了木材的综合利用率，又减少了碳素损失的机会，从而使碳素得以重新固定。

（5）尽力采取节能、低碳加工技术加工木材及创造各类木质材料产品。某些具有潜伏性的毒性物质不用或拒绝超标用于人造板和家具制造等生产企业。

木材（或林产品）的固碳作用，可以直接抑制二氧化碳向大气中排放；木材作为替代材料或作为生物质能源，与其他材料相比，可以间接地减少二氧化碳的排放量。总之，木材的固碳减排，可以有效地抑制“温室效应”，以保障生态系统有益于人类的生活环境，有利于低碳经济的建设和发展。因此说木材具有与生俱来的生态学属性，是一种与环境友好、净化和美化环境的绿色材料。

2.2.3　木材的智能性调节功能

由于木材自身的生物结构和形成物质，赋予了它某些智能性调节作用的性质。例如，隔热性与温度调节，吸湿性与湿度调节，生态性与生物调节，以及具有吸音抗震、色泽柔和、感觉舒适等环境学特性[8]。下面重点阐述温度调节、湿度调节和生物调节功能。

2.2.3.1　温度调节

木结构建筑在暑夏时具有隔热性，寒冬时具有保温性。这是因为木质墙壁可以缓和外部气温变化所引起的室内温度变化。在夏季，木质墙壁的房屋室内气温比非木质墙壁房屋的室温低 2.4℃，在冬季高 4.0℃。因此，木结构建筑具备防止夏季炎热或冬季寒冷的性能，即“冬暖夏凉”。相同厚度的木材与混凝土或玻璃棉等隔热材料相比较，木材的隔热性能和温度调节性能好。王松永等在台北地区对所建混凝土红砖结构房屋的室温进行观察实验，房屋 A 用 9mm 厚杉木板材内装墙壁及天花板，地板为 12mm 厚柳桉材，房屋 B 为不加木材内装的对照组。经温度、湿度的连续测试结果表明，室温日平均值在春季、秋季及冬季均为房屋 A 比房屋 B 高 0.2 ~ 1.5℃；夏季则相反，房屋 A 的温度比房屋 B 低 0.1 ~ 2.0℃，有“冬暖夏凉”之效果[4]。

人体感觉最舒适的室温在 20℃左右。为了保持室温不受外界温度明显变化的影响，地板、天窗，特别是墙体等应具有隔热性和适当的热容量。隔热效果比较好的有玻璃棉、泡沫混凝土等，更为优良的是较厚的木材墙壁。

则元京等采用温度、湿度自动记录仪对大型木造房屋室内外的温湿度进行测量，发现夏季室内外的温度变化较为平缓，而钢筋混凝土造房屋的温度变化范围较大，与秋季室内外温度差异相比，夏季室内外温差较小[9]。

2.2.3.2　湿度调节

由于木材组分中含有大量的亲水性基团，又具有极为巨大的比表面积，使木材具有吸湿与解吸性质。当空气中的蒸汽压力大于木材表面蒸汽压力时，木材从空气中吸着水分，称其为吸湿；反之，则有一部分水分自木材表面向空气中蒸发，称为解吸。木材吸湿性的变化取决于木材的构造学特性、木材的化学组成及其所在周围环境的湿度与温度。

人们居住的室内空间，不希望湿度有过大的变化，应稳定在使人们感到舒适的范围之内，而木材及木质材料在某种程度上能起到调节和稳定湿度的作用。在通常情况下，如果室内木材用量较多，当室内温度提高时，室内湿度将相应下降，此时，由于木材解吸可以放出水分，室内湿度可以提高；反之，当室内温度降低时，室内湿度将相应升高，此时，木材吸湿可以吸收水分，室内湿度可以降低。如此作用，可保持室内的湿度不会有大的变化。如果室内木材用量很少时，就起不到这种调节作用，室内湿度较低时，空气便显得干燥，而湿度高温度低时，室内则会有结露现象。可见，木材及木质材料对调节室内小气候起着一定的作用，这是人类自古以来喜爱以木材为家具或室内装饰装修用材的道理所在。

除木质家具外，室内墙壁的装饰材料也常常使用实体木材、各种木质人造板及其他各类材料。研究结果表明，木材和木质材料的调湿性能最佳；同一种木材或人造板，其厚度增大，调湿性能相应提高。

一般的住宅内都有热源和湿源，而且温度和湿度共处于一种动态变化之中。温度变化会在装修材内产生温度梯度，发生热流；湿度变化则产生蒸汽压力梯度，发生蒸汽的流动。如果室内和墙壁间没有蒸汽压差，则在两者之间不会产生湿空气的移动。可是，当室内温度提高或下降时，即使蒸汽压没有变化，湿度也会变化，即温度升高时湿度下降，反之则上升。在这种情况下，木质材料就会放出湿空气或吸着湿空气，抑制湿度的变化。这就是木材的气候调节能力。室内表面装修材料所占有的木材或其他具有吸湿和解吸能力的材料量越多，湿度变化幅度就越小，室内的湿度就越趋于稳定。

木材厚度对调湿作用的影响很大。当室内温度变化时，木材或吸收或放出水分，以调解室内的湿度，最终导致木材含水率发生变化。木材表层和心层含水率同样受着室内温度、湿度变化的影响，但由于水分传导需要一定的时间，因此心层含水率变化将滞后于表层。同样，由于表层与室内空气直接接触，表层含水率的变化幅度也比心层大。实验结果表明，木材越厚，平均含水率的变化幅度越小。室内装修用木材的厚度具体应采用多大为宜，需要由实验来测定。从已有的实验结果来看，3mm 厚的木材，只能调节 1 天内的湿度变化；5. 2mm 厚的木材可调节 3 天；9. 5mm 厚的木材可调节 10 天；16. 4mm 厚的木材可调节 1 个月；57. 3mm 厚的木材可调节 1 年。室内的湿度处于动态变化状态，它与外界湿度一样有其周期性的变化，大周期是以年为单位，再小一点是以季节为单位，更小一点则是以月或天为单位。要想使室内湿度保持长期稳定，必须要加大用材厚度，提高室内的木材拥有量[4,9]。

2. 2. 3. 3 生物调节

木材是一种具有生态学属性的生物质，与人的生命活动息息关联；环境是指赋予人的感觉及适当的刺激。三者之间形成了“木材 - 人类 - 环境”的关系。其中木材是这关系中十分重要的元素。

1）心理、生理应答

自古以来适于人类居住的木质环境，比较适合人们生理的、心理的需要，现在由于科学的发展，开发出各种新材料，工厂里的劳动环境，变成由人工材料代替了木质材料的新环境，这种环境使从业人员在各种应力反应下产生疲劳，工作效率低下，其中主要原因是人对环境的心理应答不能油然而生。

由于木材仍保留着原生命体的幽雅的生物结构和宜人的环境学品质，所以常常用于制造家具、日常用品和室内装修；有时，人们也仿照木材的颜色、光泽、结构、纹理和花纹，设计、制造一些全新复合材料用于室内设置。其内在的奥秘是什么呢——木材的视感与人的心理生理学反应遵循 1/f 涨落的潜在规则。

王松永通过大量的试验研究，解释了这个十分有趣的“人木合一”的内涵和科学意义。以木材（樟木）的横切面结构为例，说明木材结构的 1/f 涨落特征。图 2-9 为在显微镜下观察到的樟木横切面显微构造。这是比较典型的阔叶树材的宏观构造，导管和木纤维等细胞的排列状态和年轮宽度（年轮间隔）清晰可见。在此照片上采用水平扫描时，将水平线与细胞壁的交点记为“L”，不相交点记为“O”，即可求出此波形的能谱（功率谱），如图 2-10 所示[4,8-10]。

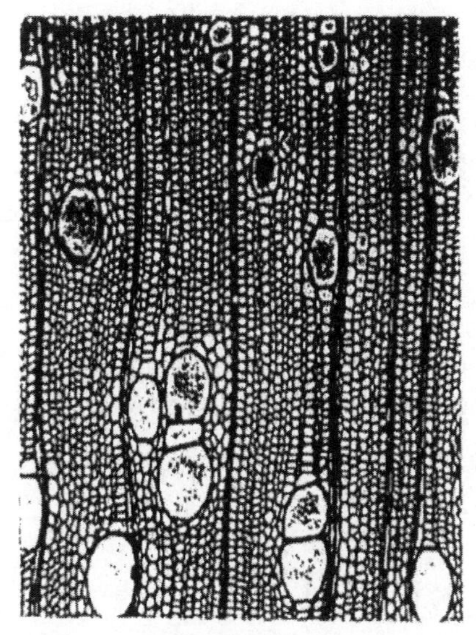

图 2-9　樟木横切面显微结构

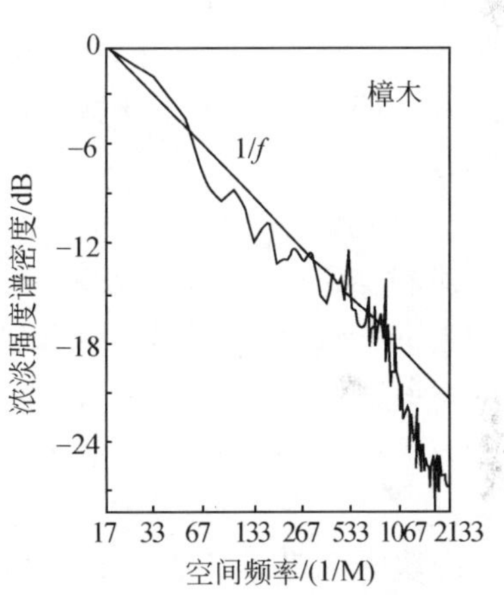

图 2-10　水平扫描樟木横切面显微照片的能谱图

具有 1/f 波谱涨落特征的物体视后可使人感到舒适。木材具有天然生长形成的生物结构、纹理和花纹，还有独特的光泽和颜色，使人们在视觉上有自然感、亲切感和舒适感。因此，木结构房屋、木质家具和木质材料的内装，无一不得到人们的喜爱。其原因是：映入人们眼帘的木材（木质材料），它所具有的 1/f 波谱涨落与人体中所存在的生物节律（节奏）的涨落一致时，人们就产生平静、愉快的心情而有舒适感，就像人们听到一部优美的音乐作品一样心情舒畅。因为音乐作品的频率涨落具有 1/f 型波谱，此时人体内的生物时钟的涨落与音乐的声音的涨落刺激相吻合，因此听到音乐作品时有舒适感。

随着科学技术的进步，人们模仿木材的结构纹理和花纹制造出多种多样的非木材（木质材料）产品，其目的是让人们感到它们像木材一样的美丽和舒服。事实上，由于珍贵木材、花纹美丽的木材蓄积量的减少，这种仿木材制品也常常应用于室内装饰和公共场所之中，单从视觉而言，也具有良好的效果。因为在观察这些产品的表面性状时，人的心理感受也具有 $1/f$ 涨落特性。

2）木材与室内卫生[4,8-10]

木材具有自然的独特的嗅觉品质（气味和滋味）。不同树种的木材，其气味和滋味也不尽相同。海南岛的降香木和印度黄檀具有名贵香气，这是因为该种木材中含有具有香气的黄檀素，宗教人士常用此种木材制成小木条作为佛香。檀香木具有馥郁的香味，是因为木材中含有白檀精，它可用来气熏物品或制成散发香气的工艺美术品，如檀香扇等。此外，侧柏、肖楠、柏木、福建柏等木材也具有香味。樟科一些木材，如香樟木、龙脑香等常具有特殊的樟脑气味，因为该种木材中含有樟脑，用这种木材制作的衣箱，耐菌腐、抗虫蛀，可长期保存衣物。一些木材具有特殊的滋味。例如，板栗、栎木具涩味，肉桂具辛辣味及甘甜味，黄连木、苦木具苦味，糖槭具甜味等。这是由于木材中含有带滋味的抽提物的缘故。

我国有着悠久、文明的木文化历史，保存百年、千年的古镇、古乡中的木结构建筑及庭院、卧室、厨房、餐厅中的木制品依然拥有优雅的环境学品质；当人们走进寺庙时，有的依然可以嗅到木材的香气。新建造的木结构建筑以及用实体木材设置的家具、日用品和室内装饰同样给人以清馨、卫生的感觉，因此，在装点人居空间时，要有选择地将拥有香气、具有卫生健康气息的木材进行科学设置。

（1）杀菌、抑螨。木材中含有一类抽提物质——精油，在室温下能够挥发，具有杀菌、抑螨作用，也可以淡化室内存在的空气污染物质，如甲醛等有机挥发物等，从而净化室内空气，保证空间环境卫生。

研究发现，杜鹃和冷杉木材对金黄色葡萄球菌的抑制，坚木和白桦木材对流行性感冒的滤过性病毒的抑制均有明显效果。吴金村等对台湾扁柏与红桧木材精油的抗菌活性试验结果表明，红桧和扁柏心材精油具有不同的抑菌效果。谢瑞忠等进行杉木精油对不同细菌的抗菌活性试验结果表明，杉木心材精油含量为1.8%～3.3%，而边材含精油甚少。杉木精油对葡萄球菌、产生性杆菌、绿脓杆菌、变形杆菌及大肠杆菌的50%菌株最低生长抑制浓度分别为0.09mg/mL、0.1mg/mL、0.5mg/mL、0.7mg/mL及0.75mg/mL，可见杉木精油对各种细菌均具有良好的抑制效果，对葡萄球菌和产生性杆菌的抑制作用明显。

螨类，在分类学中属于节肢动物，其大小从数厘米到0.1mm不等，在地球上无处不有。在家居中生活的螨类数量繁多，并与人类共生。家居的温度（25～30℃）和湿度（60%～85%）很适宜螨类繁殖，且螨类晚间的行为较白天活跃。以家螨为代表的螨类常使居住者发生下列病状：①皮肤炎，皮肤痒痛难忍；②气喘，儿童的气喘为螨类引起。

实践证明，抑制螨类增殖，减少对居住者的危害，其最自然、最简便的办法是：在室内铺置木质地板。这对消除螨类最为有效。王松永的试验是在混凝土建造的公寓中，原来铺置绒毯、地毯的房间，全部改铺成木质地板后，对铺置前后的螨类数目变化进行调查，结果表明，其螨类的数目减少至改装木质地板前的50%以下。相应的木材，对螨类增殖具有明显的抑制力。选择扁柏、柳杉、铁杉、云杉、花旗松、美国西部侧柏和铅笔柏 7 种木材进行了螨类培养增殖试验，试验结果表明，扁柏与铅笔柏对于螨类增殖有良好的抑制功效，其中扁柏木材的效果最佳，因为扁柏中含有的精油对螨类有较强的抑制作用[4,8,9]。

（2）调节“磁气”和减少辐射。

尽人皆知，地球是一块大磁石。人类和地球上的全部生物体生活在地球磁场之中，地球提供给人类在地球表面生活所必需的适度的安定性“磁力”（“磁气”）。动物的感觉器官很敏锐，尤其对于微小磁场的变化也有所感知，这正表明其具有与“磁力作用”不可分离的关系，而磁力感觉是人类生活环境所必需的。空间中的钢筋混凝土或铁金属材料和器具会将地球磁力变弱或屏蔽，易引起生物体各种生物机能的紊乱或使生物体出现异常行为。相反，在木质环境中，因木材不能屏蔽地球磁力作用，所以，生物体可以保持正常、安定的生活节奏。一些研究者已通过对小白鼠的试验对这种影响和作用进行证实。木材对于人体不足的磁气又具有自然补充的机能，所以可以促进自律神经活动，适宜的磁气对降低高血压、风湿症、肾病等多种疾病的发生有一定影响。因此，木结构建筑和室内木材设置较多的微环境空间有利于人居健康。

建筑过程和装修时所用的混凝土和石材，常用在地板和墙壁上。石材中含有辐射性元素——氡。此外，冬季施工的建筑物，为了防止混凝土在低温下结冻，施工人员在混凝土中添加了一些防冻剂，其中主要是富氨类化合物，还有涂料、油漆、染料等所含有的刺激性物质。

这些辐射性和挥发性有害物质影响室内空气质量，且日复一日地、无形地伴随着人的生活、学习和工作，给人以危害，尤其是氡的辐射应引起人们普遍关注。氡辐射源于氡的裂变行为。α 射线，对生物体有很强的电离作用，尤其是对人的支气管上皮组织，会使其染色体突变而引起肺癌。降低室内氡浓度最简单、有效的办法就是经常开启门窗，使室内外空气对流，从而稀释室内氡浓度。因为木结构建筑的住宅氡的浓度远远低于砖混结构和钢混结构，混凝土、石材类材料比木质材料的氡放射量高达数十倍。因此，应该相应增加室内木材设置，如地板、天花板、墙壁板等应尽量多的使用木材或木质材料。对于已经形成的混凝土和石材类地面、墙壁可采用木板或木质人造板贴面的方法屏蔽氡的辐射[11]。

综上所述，木材（包括无污染的各类木基复合材料）用于室内微环境中，显示出其优越的嗅觉品质，并具有杀菌、抑螨、减少辐射、调节“磁气”的作用，净化室内环境，有益于人体健康。因此，设计师们要以保护人类健康为宗旨的“绿色设计”为理念，科学合理地在室内空间设置木材（木质材料），以更好地构建清新、卫生的人居微环境。

3）对生物体生长发育的影响

一些研究者以小鼠为研究对象，探寻木材和木质材料对动物体生长发育的良性调节功效。

由木质形成的环境可以调节动物的生存状态。佐藤就生物体调节与木质环境的影响，通过小鼠的饲养提出了研究报告。小鼠的饲养箱共选择了木材、混凝土、铝三种，铺于地板的材料有木材碎片及塑料膜，共组合了6种饲育条件，涉及小鼠的三代，其中主要是小鼠的日常生活、性周期、妊娠、生产等情况。各种饲育条件都不改变，但是经过一定时间观察，其生产结果却不相同。在生产的89例小鼠中，有20例生育异常是发生在混凝土和铝制箱中，在木质的铺上木材碎片地板的饲育箱中，没有一例生育异常。可见，经过三代的观察，木质环境的饲育条件对于小鼠的生产、保育是能够起到良好调节作用的。从小鼠的活动轨迹模式来看，在木制饲育箱中育成的小鼠生活安定，在混凝土制的饲育箱中小鼠生活不安定。

马孝礼等采用木材和几种其他材料做成饲养箱对小鼠的生长繁衍进行了试验观察，结果表明，木质饲养箱的小鼠（23日龄）存活率高，体重明显高于在铝质和混凝土饲养箱的小鼠。其卵巢、子宫和睾丸质量亦明显好些[9]。

赵荣军等以中国北方常用的针阔叶树材树种（红松、冷杉、白桦、水曲柳）、两种人造板（三层胶合板与中密度纤维板）、铝皮和混凝土为基本材料，制作相同尺寸的饲养箱，进行小鼠生长、发育和繁殖的对比试验研究工作，侧重分析不同的居室小环境对小鼠生长因子、生理指标及机体免疫力等健康状况的影响，探索不同层次的居室环境与动物体的生理反应特性和健康水平之间的相关关系[12]。研究结果表明：

不同材料建造的饲养箱对小鼠的生长、发育的影响效果有明显差异，木质饲养箱更优于动物体的生长、发育。存活率：木质饲养箱中小鼠的存活率明显高于混凝土饲养箱中的小鼠；体重：木质饲养箱内小鼠的体重高于铝板饲养箱和混凝土饲养箱中的小鼠；脏器质量：木质饲养箱中小鼠脑重高于其他材质的饲养箱中的小鼠。

不同材料建造的饲养箱对小鼠的生殖、繁衍的影响效果不同，而以木质饲养箱中的小鼠繁殖器官发育良好，生育数量高，明显优于其他材质的饲养箱。

不同材料建造的饲养箱中，小鼠的行为学表现差异较大。木质饲养箱中的小鼠活泼可爱，喜于嬉闹，看上去毛色发亮，发育健康。

在不同材料建造的饲养箱中生活的小鼠，其机体免疫力也有所不同。观测结果表明，在木质饲养箱中的小鼠，其免疫力好于其他材料箱体中的小鼠。

可见，在木质饲养箱内小鼠发育正常，生殖率和存活率高，躯体健康，行为活泼。

因为木材及木质材料具有调湿、调温、隔热、吸收紫外线等多种智能性功能，由此所形成的微环境有利于动物体自身的生理调节，有利于动物体的生长、发育和繁殖。

在各种建筑材料的比较中，人们发现木造住宅比其他材料造的住宅更有利于居住者的身心健康。

中尾哲也、中尾宽子对木造住宅与癌症患者死亡率进行了调查研究。从日本西部女性肺癌、乳腺癌、肝癌的死亡率来看，随着木造住宅率的降低，钢筋混凝土住宅等非木造住宅增多，上述各种癌症的死亡率呈上升趋势。其中 1968 年、1978 年、1988 年这三个年度的肺癌、乳腺癌及肝癌的死亡率与木造住宅率之间呈单一负相关性。另外，对居住在这两种住宅的人们心理压抑情况也做了深入调查，结果表明，钢筋混凝土住宅的人们感觉比较压抑的人数居多。这说明，钢筋混凝土住宅的居民，在“郁闷”这种精神疲劳，特别是气力衰退方面，心理压抑呈现较高的状态。橘田做了同样的调查，在木造校舍中劳动时，比在钢筋混凝土校舍中劳动时的肌肉疲劳程度要轻。究其原因，他认为木材对劳动环境中的步行感起到良好的作用[9]。

信田聪认为木造住宅与人体的心理和生理特性、舒适性等健康指标有密切关系。冈崎泰男等研究发现木造住宅的碳释放量很小，而混凝土住宅碳释放量是木造住宅的 4 倍，钢预制住宅碳释放量约为木造住宅的 3 倍。因此，随着木造住宅增加，大气中二氧化碳的含量将逐渐减少，木造住宅不仅可以净化空气，减弱温室效应，而且其本身就是碳素的储藏库[10]。

不同的居室材料对人体的调节和健康影响十分重要。研究测试结果表明，由木材构成的木质生活空间优于其他材料构成的空间。

据报道，人的出生率与居住环境有关。在由 40 岁以下的父母亲所组成的家庭中，18 岁以下的小孩人数，木质住宅为 2.1 人，混凝土造住宅为 1.7 人，出生率与住宅的木材占有率有较高的相关性。长期居住在木造住宅中可以延长人的寿命。

据调查，木造住宅居住者死亡年龄的平均值较钢筋混凝土造住宅居住者高 9 ~ 11 岁。可见木质环境具有一种利于人类健康的神奇力量[13]。

综上所述，木材源于自然，拥有大自然赐予的诸多生态学属性，构建了舒适的人居空间，是绿色环境、人体健康的贡献者。对木材而言，人们要珍爱它的绿色品质，有效地减少人为破坏，实施科学保护、加工和利用，使它的生命延续与人类的生命活动紧密链接。

2.3　木材对环境保护与低碳经济的响应特性

木材作为工业和生活用材比同种用途的其他材料彰显固碳减排、低碳节能的优越性。在经济社会和工业化生产高速发展的今天，须用“低碳经济”的理念、低碳科学理论与技术，规划、设计和创新我国的木材工业。顺应“低碳经济”之路发展木材工业是时代进步的必然。

2.3.1　二氧化碳排放与低碳经济

随着人类经济社会的飞跃发展，现代工业生产和生活方式造成了二氧化碳的大量排放，超量的二氧化碳是温室气体的主要组成，由此引发“温室效应”，导致全球气候变暖。据统计资料记载，在 20 世纪的 100 年中，人类共消耗 2650 亿 t 煤炭、1420 亿 t 石油，同时排放出大量的温室气体，使大气中二氧化碳浓度在 20 世纪初的不到 300mg/L 上升到目前的接近 400mg/L[14]。

若不采取有效的应对措施，如此发展下去，预计在未来 20 年中，气温约将以 10 年 0.2℃的速度升高[15]。气温的不断升高，严重破坏着自然生态系统，严重威胁地球上赖以生存的人类和生物体的安全。由此，在人类生产、生活及所从事的一切生命活动中必须采取有效措施，坚持不懈地减少向大气碳库中排放二氧化碳等温室气体。今天，我国正处于工业化高速发展时期，能源消费处于“高碳消耗”状态。在人们重新审视以往的生产和生活方式的时候，当人们经历着气候的极端变化的时候，越来越多的企业和国民开始接受“低碳经济”的理念、转变经济发展方式的“低碳产业”的变革以及减少自然灾害，保障环境友好、人体健康的“低碳生活”……

所谓低碳经济就是以低消耗、低排放、低污染为基础的绿色经济。以应对碳基能源对于气候变暖影响为基本要求，以实现经济社会的可持续发展为基本目的。低碳经济的实质在于提升和应用能效技术、节能技术、可再生能源技术、温室气体减排和储存技术，以促进产品的低碳开发和维持全球的生态平衡。这是从高碳能源时代向低碳能源时代演化的一种经济发展模式[16]。我国政府十分重视中国经济社会发展方式由高碳经济向低碳经济的转变。2007 年 9 月 8 日，胡锦涛总书记在 APEC 会议上，向与会各国提出“发展低碳经济，努力建设资源节约型、环境友好型社会”的建议，得到了各国政要的认同和响应。低碳经济之所以受到世界各国的普遍关注，与全球环境问题的日益突出有着密切的关系。

2.3.2　木材的多“R”特性与环境响应

木材是树木在天然环境中生长形成的一种绿色材料。是森林生态系统中储量巨大的一种生物质。

树木在生长过程中，作为“生产者”（有生命部分）和环境（无生命部分）共处于一个生态系统之中。它们之间有着天然的密不可分的关联。树木被采伐后，其木质部就是木材。木材仍可视为是树木生命的延伸。因为木材保留着生长时形成的生物结构以及色、气、质、纹等天然形成的品质。与其他材料相比，木材拥有与环境和谐、永续利用和实现节能减排，利于经济社会可持续发展的多“R”特性。

2.3.2.1　“4R”的由来与意义

日本曾在 1990 年提出发展“3R”型社会的基本方针，旨在通过节省资源（reduce）、废旧产品再使用（reuse）、废弃物再资源化（recycle），实现资源的循环利用，并且已经取得了很大的进展，积累了成功的经验。

继“3R”（reduce、reuse 和 recycle）之后，中华人民共和国香港特别行政区环境保护署提出了环保“4R”守则，即以 4 个“R”为首的环保守则，又称为环保四用，是用来解决环境问题的 4 个原则。至于第四个“R”有不同的说法：有的认为应该是“replace”（替代），也有认为应该是“recovery”（回收再用）。国际公认的环保“4R”是：reduce、reuse、recycle 和 recovery，其内涵和意义如下。

reduce——减少用量。例如，选择双面影印与打印，并采用电子通信方式，从而减少用纸量。

reuse——重复使用。例如，将包装物料（如纸箱、胶袋等）重复再用，要求供应商收回包装材料，清洁或修缮后反复使用，不要用一次就丢弃；重复再用设备零件与装置，以及修补家具等，以减少制造废物。

recycle——循环使用或重制再用。是指收集本来要废弃的材料，分解再制成新产品，或者是收集用过的产品，清洁、处理之后再出售。就是把使用过的物品经过再一次处理后成为新的产品，像再生纸、再生玻璃就是最好的例子。

recovery——回收再用。主要是指回收能源或改变其化学性质再利用。可从垃圾中找回可利用的资源，经处理后再用。例如，猪、牛等动物的排泄物可以制成肥料或燃料。

出自于要减少污染的最终目的，也有人认为“3R”和“4R”还不够完全，应该增加 repair 和 refuse。repair（再修复）也就是要重视维修保养，延长物品使用寿命。refuse（拒绝使用）拒用无环保观念产品。例如，拒用一次性筷子。因为一次性筷子要消耗竹材或木材，而且其并不卫生，运送过程加入防腐剂，制造过程中加入二氧化硫或双氧水漂白，长期使用可能影响身体健康。拒用塑胶袋，塑胶袋曾经被称为万年垃圾，难于在自然界中分解。

上面所描述的用于环境保护的“4R”守则，其目的是将污染减到最低，同时又充分利用了废弃物资源。

2.3.2.2　木材加工的设计理念

比对环保“4R”守则，依据家具等木制品设计、木结构建筑等建筑设计及其构建人居微环境的设计理念，人们会领悟到在人类生活和工业利用中，以木材为原料，与环保“4R”的理念和意义有多么相似！木材的性质和行为与环境保护的目的和要求有着高度的响应性。

以木材或木质材料（如竹材、人造板等）为原料制造家具和进行室内设计，遵循“绿色设计”的理念。绿色设计理念是 20 世纪 80 年代在世界范围内提出，并迅速在多领域设计部门予以重视和实行。例如，建筑及室内设计、家具设计、产品设计、包装设计等。其主要设计原则：节省能源，即着力从节约资源的角度开发产品和服务，如对节能、节水、节材等技术研究成果的应用；降低污染，即通过着力于减少、消除污染的途径开发产品和服务，如无氟冰箱、无铅油墨、绿色包装等；回收及再利用，即实施绿色设计，使产品可以翻新和循环利用，最大限度减少丢弃物，变废为宝，最有效地综合利用资源；消除污染，即着力于净化生态环境，提高生活质量而开发产品与服务。我国著名的家具与室内设计专家胡景初指出，“4R”理念属于绿色设计的一种设计方法，符合信息社会，使现代家具设计体现高新技术，又是以环境和环境资源保护为核心，以保护人类生态环境、维护人类身体健康为目的的设计理念及行为。这一设计是基于人们工业化发展中对能源浪费、环境污染、生态破坏的认识。“4R”是由英文的 recovery、recycle、reuse 和 reduce 4 个词的第一个字母组合而来，这 4 个词的词意构成了现代环保设计（即绿色设计）的内涵之一。这种设计方法充分考虑产品原材料的特性和产品各部分零件容易拆卸，使产品废弃时能将其材料或未损坏的零部件进行回收、再循环或再利用。“减量”的含义是：在设计开发之初，尽量减少资源的使用量，将生产产品所需材料降到最低限度。在造型设计时要尽量做到简洁、明快、适度，细部设计要质朴而不乏精致，体现出高雅的设计品味；在包装设计上要避免过分奢华和超过产品自身价值，以合理满足产品的保护、运输及消费者审美需求为宜。把绿色设计的“4R”理念作为产品生产策略，将为企业创造一个“量少、质精和避免对环境造成污染”的绿色设计文化。

一般而言，一件同时具有实用性和宜人性的物品必须满足健康、安全和环境的标准要求。对产品设计的研究不仅要考虑产品的实效设计，而且还要强调它所放置的环境，势必要考虑到利用有限而珍贵的地球资源，循环利用再生材料和可持续发展等问题[17]。

2.3.2.3　木材性质响应“4R”守则

比较环保“4R”守则的内涵和目的，木材及木质材料的利用比相同场合下使用的表现同一用途的其他材料更适应“4R”守则。就木材而言，还具有与另外“2R”（regrowth、replace）响应的特点。下面具体阐述木材加工、利用时所具有的多“R”行为和效果。

reduce：木材易于加工。木材是一种硬度低、密度小、多孔性的植物纤维材料，具有良好的加工性能。对它可以进行任何形式的机械加工、功能性化学加工和表面装饰，在彼此之间及与其他材料之间容易进行良好的多种形式的连接，可以成型为家具、各种各样的木材制品及木结构建筑等；应用高新技术和现代加工设备可以获得低消耗（资源、能量、加工费用等）、无污染和高质量的产品。木材的强重比高。强重比是材料的极限强度与密度的比值。木材的强重比较一般工程材料大。例如，与钢同样断面的桦木，强度相当于钢的1/5～1/4，而质量只为钢的1/15。木材强重比的这个特点，使它很适合做结构用材。因木材细胞壁物质呈薄壳状分散分布，这对木材的弯曲刚度有重要作用。一定量的材料排列成散布的管状结构就会大大地增加梁、柱用材的弯曲抗力。所以，在长梁和柱的应用中木材比其他实心结构材料的刚性指标好[2,18]。

由于木材具有易于加工、强重比高的特点，自然会在加工利用中达到资源用量少和成品效率高的要求。

reuse：最明了的例子，如家里用过的塑料袋，不要用过一次就丢弃，可以把它洗干净再用；对木材而言，这一方面就更具优势了。使用多年的家具、木制品、木地板、木天棚及木壁板等可以通过砂光、涂饰或简单修补等方法使之焕然一新，重复使用会使人爱不释手，这是其他一些材料所不能比拟的。由于木材极易进行各种修补性的加工，不但使原来的产品可以重复使用，而且也节省能源的消耗。

recycle：木质废弃物具有广泛的来源，主要有两大类。第一类产生于加工产品、制品的全过程，主要有森林采伐剩余物、原木造材剩余物、木材加工剩余物

(即三剩物)，也包括果壳、核等森林副产品的废弃物；另一类产生于人们生活中使用后作为垃圾被废弃的木质制品和木质纤维制品。木质废弃物的形式也非常复杂，有木屑、锯末、刨花、板皮、枝桠、截头和木片、废旧纸箱、纸板和废旧木材等，据统计，这些废弃物甚至可以占到原木材积的50%。如此之多的木质废弃物，急需全面回收、重制，提高我国木材的综合利用率和综合利用的技术水平。随着科学技术的进步，我国相关领域的科技工作者和生产企业，针对木质废弃物的形态、尺寸等自身特点全面地进行了多种途径的重制利用。例如，利用木质废弃物制造各种人造板、新型木质复合材料；生产生物质洁净能源；采用热解、水解、萃取等方法制造出多种化学精细产品等，已大大推动了我国林产工业的迅速发展，创造了巨大的经济价值，保障了国民消费，减少了环境污染。

recovery：对木质废弃物而言，其内涵与 recycle 相似，只是更侧重于能源回收和经化学处理后再用。与其他类别的废弃物相比，木材也具有很好的符合度，在此不再赘述。作者认为根据木材自身的性质，以下的两个“R”也顺应环境保护的需要，因此可以说木材拥有与环境保护守则相适应的多“R”特性。

replace（替代）：以水溶性油漆代替溶剂油漆，以耐用的用具代替用完即弃的物品，尽量选用环保的代替品，如可天然分解的清洁剂和垃圾袋，并使用毒性较弱的化学物质。

用于同一目的，在选择使用何种材料时，若比较加工或生产过程中所消耗的能源，则木材具有明显的优势。研究结果表明：木材与水泥、钢材、塑料和铝等材料的能源消耗相比，只相当于后者的1/10、1/20、1/30和1/30。我国由于技术上的原因，这些材料生产过程中能源消耗比较大，除了水泥以外，木材耗能与其他材料耗能比值更大（表2-5）[7]。

表2-5　木材与常规材料能耗比较（相对比值）

国家	材料				
	木材	水泥	钢材	铝材	塑料
美国	1	10	20	30	30
中国	1	5～7	27～40	300～400	34～45

从表2-5中可见，木材代替其他原材料节省能源消耗，形成的二氧化碳减排效果呈倍数增加。

regrowth（再生长）：通过植树造林，加强森林经营管理，增加木材的年生长量，成熟后即可采伐利用，也可实现木材资源的永续利用。木材是四大建材中唯一在自然界可天然生长形成的有机材料，具有与环境友好、有益于人体健康等一系列优良的环境学品质，是人类生活中不可缺少的耐久性好的材料。产品使用的生命周期很长，其废弃物可以经过不同的处理方法，按照环保“4R”的要求，可重复再用、循环使用，是响应环保守则的首选材料，并且在加工利用时还具有固碳、节能作用。

2.3.3　木材储碳的延伸与低碳加工的必然性[19]

木材中含有 50% 的碳元素。树木生长时由于光合作用，吸收了大气中的二氧化碳，经过生物化学作用，形成了有机高分子聚合物，这就是木材的主体。因此木材的碳储量丰富，是树木碳汇的延伸。而当木材进行加工、利用时，须采取科学的加工和保护方法，使碳素的储存继续稳固，以减少二氧化碳的排放量。目前，世界各国十分重视发展低碳经济，走“低碳”发展之路。低碳经济的关键是“低碳科技”和“低碳产业”，木材加工工业是其中的重要组成部分。如何在全行业实施木材的低碳加工和科学保护具有十分重要的意义。下面阐述关于深入研究和逐步实施以木材或木质材料为原料的节能减排、低碳加工的相关问题。

2.3.3.1　加强木材的科学防护

当木材、木质材料和制品被燃烧和腐朽时，原本被封存在其中的以有机物形式储存的二氧化碳又会被释放出来，所以实施木材的阻燃处理和防腐处理是十分必要的。世界上科技发达国家非常重视木材防护技术的研究与开发；美国每年木材防腐处理量为 1800 万～2000 万 m^3，相当于每年减伐林木 4000 多万 m^3；新西兰每年处理量约为 270 万 m^3；英国约为 230 万 m^3；美国、英国和新西兰年处理量分别占木材消耗量的 15.6%、20% 和 43%。我国年防腐处理材约为 60 万 m^3，约占木材消耗量的 0.3%，说明木材防护能力很低；并且每年约有 60% 的商品木材没被立即加工利用，要经过夏季储存，其中又有 40% 的木材遭受真菌的腐蚀和虫蛀，严重影响木材品质和使用寿命。木材的阻燃处理量与木材消耗量相比更是微乎其微。木材燃烧不仅消耗资源，危害安全，更重要的是木材燃烧时，将储存的碳素又以二氧化碳等气体的形式排放到大气中，加剧破坏自然界的生态平衡。因此必须提高木材防护意识，加强木材阻燃和防腐处理能力。优化木材防腐、阻燃等防护处理技术。木材防腐技术的关键是改良、优化传统的防腐剂和研制低污染、高效率的新型防腐剂。目前，生物防腐剂引人注目，这类防腐剂包括：植物提取物及其分子修饰产物用于木材的微生物和虫害防治；微生物用于木材的防霉；生物酶用于木材的微生物防治[20]。此外，要不断探寻新的木材防腐途径。例如，采用超高温缺氧的方式对木材进行热处理，可得到“热处理材”。而“热处理材”具有优良的尺寸稳定性和生物耐久性，一次处理可达到多种效果。因为超高温热处理破坏或断绝了木腐菌生长繁衍所必要的生活条件，如水分、硫胺素、酸碱度等，使木材中的木腐菌或其他微生物因饥饿而死或离散迁移。

2.3.3.2　研究木制品和复合材料的低污染加工技术

由于木材具有独特的自然美感和环境学特性，所以常常用来制作室内家具和日常生活用品，装饰人居空间和建筑房屋；以木材为原料的各种加工形式制得的人造板、纸张及各种木质基复合材料广泛地应用于人们生活和生产的方方面面。木材制品及各种林产品和复合材料则是将林木生长吸存的碳继续固定和储存，在木材或木质材料加工时，注意研究采用高新技术，在低碳工艺和技术指导下进行加工，以节省能源，减少或避免这些材料所储存的碳又会以各种形式回归到大气中去，增加二氧化碳浓度和温室效应。

（1）研制低污染、无污染的木工胶黏剂和人造板用胶黏剂以及新型的胶合方法。例如，非甲醛系列胶黏剂，水性高分子复合型胶黏剂……

开发、研制低甲醛释放量的脲醛树脂胶黏剂。一些研究者通过改变脲醛树脂的摩尔比（F/U）和合成方法及固化体系，研制低毒性低甲醛释放量的新型脲醛树脂胶黏剂。这种胶黏剂用于室内装修和家具用材，可以减轻具有强刺激性的挥发性甲醛对环境和人体的危害。研制、使用不含甲醛的胶黏剂，它属于非甲醛系合成树脂胶黏剂。国外已将其用于刨花板、定向刨花板、华夫板、中密度纤维板及其他人造板的生产，日本和西欧的一些国家已部分取代了甲醛系列胶黏剂。我国研究者经过多年科技攻关，已成功地开发使用异氰酸酯胶黏剂用于生产刨花板和湿木材胶接等，制造出用于木质材料和木材胶接的系列产品，这些产品用于室内家具制造和装修，彻底解决了室内环境污染和危害人体健康的弊端[21]。

（2）采用“无胶胶合”或“弯曲”、“整形”方法制造素材或家具等木制品。这些产品用于室内可堪称“绿色产品”。一些研究者利用木材中含有的水溶性天然物质在高温高压下处理，使之自生胶接制造中密度纤维板和胶合板。选择白蜡木、榆木等塑性好的木材在湿热共同作用下弯曲定型，制作的弯曲木家具轻盈、优雅，具有抽象性和艺术性。经过预处理和高温、高压或高频处理可以制成整形木，然后根据用途的需要制造各种家具或木制品。

（3）研制绿色涂料。木器油漆是指各种木制品和家具采用涂饰和涂料进行的表面装饰。国内外历史最久而至今应用最广泛的仍属油漆装饰。油漆时所用的涂料常用相应的溶剂来配成。这些溶剂，诸如烃类溶剂、酯类溶剂、酮类溶剂、醇类溶剂和萜烯类溶剂等，含有大量具有毒性的有机挥发物（如苯类、汽油、酮类、醛类等），这些物质在室内会慢慢释放出来造成污染和危害，因此必须选用“绿色”涂料进行木制品和家具的涂饰。①木制品、家具用涂料和涂饰必须接受环境保护法规的制约，必须使用有利于室内环境、减少挥发性有机物（VOC）排放量的涂料；②考虑现实可能使用的涂料，如高固体份涂料（不挥发份的目标值为 60% ~70%）、紫外线固化型树脂涂料、水性涂料、粉末涂料、粘贴涂料等；③为变革传统的涂饰技术，提高涂饰效果，采取科学环保型的木材前处理技术，如壳聚糖处理、聚乙二醇涂布、等离子体处理等。

总之，加强研究木材加工过程的低碳节能技术，进行工艺和设备的创新，以此发展木材低碳加工产业，走低碳经济发展之路已成为时代的必然选择。

2. 3. 3. 3　拓展生物质能源的开发和利用

以各种木制品、林产品的加工剩余物以及废旧木材和制品等木质废弃物为原料，直接使用或通过相应的加工处理手段应用于生物质能源。以煤和石油为主的能源消耗是温室气体二氧化碳的主要排放源。国家对此高度重视。节能减排和应对气候变化已经成为我国当前经济社会发展的一项重要而紧迫的任务。

目前我国能源资源严重短缺，50% 的石油靠进口，石油、天然气剩余可采储量仅为世界人均水平的 7. 7% 和 4. 1%。石油化工、交通运输业是我国的重要支柱产业，它既是高能耗、高污染大户，更是高碳排放重点行业。仅就机动车而言，到 2007 年底，已达到 1. 598 亿辆；机动车船和机械设备所消耗的润滑油达 600 万 t 左右，而且这两项每年均以 10% 以上的速度递增。大力发展低碳能源和低碳经济，是我国应对气候变化和实现“十一五”节能减排目标的战略选择[22]。

2. 3. 3. 4　对木结构建筑固碳减排的认识

出自于改善人居微环境或所处地域的地理条件等因素的需要，一些国家比较重视民居的木结构住宅木结构建筑建设。我国因木材资源的限制以及人们的生活习惯和爱好的需求，木结构建筑尚未兴起，但在度假村、旅游胜地等一些区域也可见到木结构的木屋、别墅、宾馆等。以固碳减排的视角来认识木结构建筑的优越性。一些研究者试验研究了采用不同建筑材料建造住宅的固碳状况，得出了相同面积的住宅具有不同的固碳减排效果，如图 2-11、图 2-12 所示[7]。

由图 2-11 和图 2-12 可见，木结构建筑固碳量约是钢筋混凝土结构建筑固碳量的四倍，而以木材为主要材料建造的住宅，其碳的排放量不到钢筋混凝土结构建筑碳排放量的 1/4，木材固碳和减排效果放大了十几倍。

综上所述，木材具有的多“R”特性与环境保护的要求有着紧密相连的一致性，为木材和林产品的低碳加工、利用及其发展低碳产业奠定了理论基础。面对着我国工业化和经济发展的进程，以低碳经济的理念和视角，须重新审视以往的木材工业发展沿革、技术和生产状况，查找与“低碳技术”、“低碳产业”水平的差距，加强木材工业的加工工艺、设备和节能减排的一体化研究和综合实施，

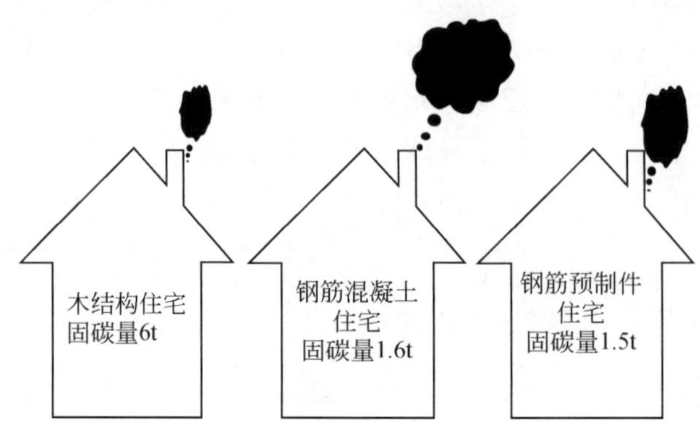

图 2-11 平均一栋面积为 $136m^2$ 住宅中储存的碳

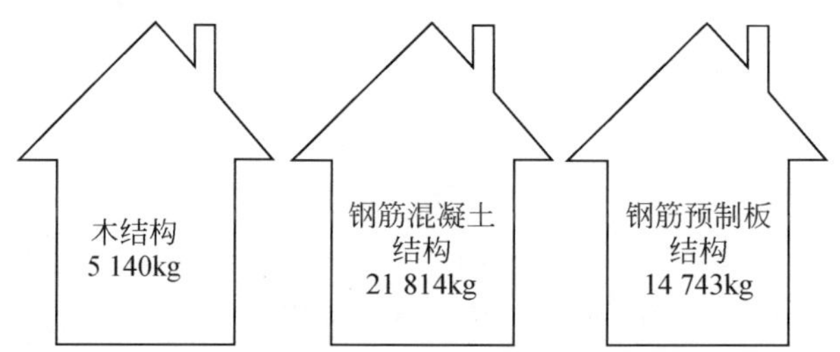

图 2-12 平均一栋面积为 $136m^2$ 住宅主要材料制造时碳的排放量

卓有成效地推动木材工业的低碳经济发展进程。

参 考 文 献

[1] 李坚．木材科学．北京：高等教育出版社，2002：135-143.
[2] 尹思慈．木材学．北京：中国林业出版社，1996：79-106，138-139.
[3] 李坚．木材的生态学属性．东北林业大学学报，2010，38（5）：1-8.
[4] 王松永．木质环境科学．台北："国立编译馆"，2004.
[5] 周崟．中国胶合板用材树种及其性质．北京：中国林业出版社，1985：12-26.
[6] 罗建举．木材美学引论．南宁：广西科学技术出版社，2008：84，113，145，210.
[7] 李顺龙．森林碳汇问题研究．哈尔滨：东北林业大学出版社，2006：78-85.
[8] 李坚．木材科学研究．北京：科学出版社，2009.
[9] 山田正．木質環境の科学．日本大津：海青社，1987.
[10] 武者利光．自然界的涨落现象．日本东京：NHK 出版社，1995：32-66.
[11] 刘一星．木质环境学．北京：科学出版社，2007.
[12] 李坚，赵荣军．木材与环境．哈尔滨：东北林业大学出版社，2001：37-50.
[13] 铃木正治．木造住宅の居住性研究．木材学会志，1987，33（11）：829.

[14] 刘焕彬．低碳经济视角下的造纸工业节能减排．中华纸业，2009，30（12）：10-12.
[15] 秦大河．中国气候与环境演变．北京：科学出版社，2005：8.
[16] 冯之浚，金涌，中文元，等．关于推行低碳经济促进科学发展的若干思考．政策瞭望，2009，8：39-41.
[17] 胡景初，方海，彭亮．世界现代家具发展史．北京：中央编译出版社，2005：501-503.
[18] 李坚．木材保护学．北京：科学出版社，2006：33-34.
[19] 李坚．木材的碳素储存与环境效应．家具，2007，3：32-37.
[20] 李坚，王清文．中国木材保护基础研究存在的问题及其对策．中国木材保护，2009，2：5-6.
[21] 顾继友．人造板生产技术与应用．北京：化学工业出版社，2009：16-30.
[22] 司林．低碳经济：节能环保的绿色新标签．中国建设报，2008-05-08，002.

第3章　热处理材

3.1　热处理材的意义

3.1.1　何谓热处理材

以木材为原料，在150～260℃（荷兰150～190℃、德国180～260℃）温度下，用蒸汽、空气（乏氧）、氮气等气体或植物油为介质，进行加热所得到的产品为“热处理材”。在我国的加工企业和商业流通领域习惯称其为“炭化木”。木材在该加热温度期间内，只是经历了木材热解过程的预炭化阶段，是热解过程中的产物；由于木材实质物质并没有炭化，所以俗称其为“炭化木”是不确切的，荷兰称其为热改性木材，芬兰称其为热处理材[1-3]。

“热处理材”是一种采用单纯的物理方法，在选定的介质中，进行超高温处理，使其生物结构、化学组成和基本性能发生某些变化的木材产品。

3.1.2　热处理材的突出特点[4,5]

在选定的介质中，经超高温加热处理所得到的热处理材与原本木材相比，其性能具有三个突出的特点。

3.1.2.1　颜色稳定、视觉舒适

超高温处理后，木材颜色变深，一般为浅褐色至褐色，近似于热带产的一些珍贵木材的颜色，且颜色内外一致，使用中保持稳定，热处理材的颜色因处理工艺不同而异。其颜色视感舒适，具温暖感和贵重感，与环境亲善，人们喜爱使用。为此，低质木材经超高温加热处理后可提高其利用价值和获得超值享受。

3.1.2.2　生物耐久性提高

国外研究者试验表明，热处理材的生物耐久性得到显著改善。经过超高温热处理（210℃或更高），木材的生物结构和化学组成发生变化，去除或破坏了菌、虫和多种天然微生物生存所需要的条件。危害木材的生物要在木材中栖息和生存下去就必须满足它们对氧气、水分、温度、酸碱度和营养等条件的需求，这些条

件恰恰均在木材及其使用的环境中具备。因此可以说，木材是一些微生物天然而适宜的寄生体。如果设法破坏微生物生存的任何一个条件，微生物就不宜在木材中生长和发育了，这样就可以使木材得以长期保存。经超高温处理后，木材中的半纤维素发生热解反应，生成甲酸、乙酸，同时木材中的低分子营养物质挥发或受到破坏，热处理材中的平衡含水率较原本木材降低50%左右。总之，由于木材酸碱度、营养物质和含水率的变化，破坏了真菌和其他微生物的生存之本，使热处理材的生物耐久性提高，但至今没有试验证实，热处理材具有抗白蚁侵蚀的性能。

3.1.2.3 尺寸稳定性良好

热处理材的吸水性、吸湿性明显降低。据周建斌等研究报道，当加热温度为160℃、190℃和220℃时，其热处理材的吸水率分别下降至47.34%、50.25%和45.61%，其膨胀和收缩明显减少，减少了弦向与径向湿胀干缩的差异，改善了原本木材的尺寸稳定性能，提高了木材的抗胀（缩）率。据法国制造商提供的数据，热处理杨木的抗胀（缩）率（ASE）为53.4%，海岸松的为25.2%，苏格兰松和挪威云杉的为45.5%，白冷杉的为28.7%，苏格兰松体积收缩率约为7%，冷杉、海岸松为9%。未处理材体积收缩率为11.4%（白冷杉）和13%（挪威云杉）。增加热处理时间将提高热处理材的尺寸稳定性能，减少体积收缩率。

吸湿性降低、尺寸稳定性提高的主要原因有以下几个。

（1）半纤维素热解。木材在超高温介质中进行加热处理时，吸湿性最强的半纤维素耐热性差，先行发生分解，生成低分子有机酸，从而减少了木材中羟基数量，使热处理材与外界水分的交换能力显著下降，从而大大减小了木材在使用中因水分变化引起的干缩和湿胀变形。

（2）平衡含水率降低。法国研究者的试验结果表明，在所研究的材种范围内，山毛榉、杨木的平衡含水率减少52%～62%，冷杉和松木减少43%～46%。山毛榉的平衡含水率减少受相对湿度的影响比较大，其他三个材种受相对湿度影响比较小。芬兰的ThermoWood® 热处理的结果也是降低了木材的平衡含水率。高温（220℃）处理的木材，其平衡含水率比未处理材降低40%～50%。这表明木材经超高温热处理后，其自身的吸附机制发生了变化，明显地减少了吸着和解吸时的水分数量。

（3）木材中的生长（残余）应力减小。树木在生长过程中形成的内应力常称为生长应力，对木材而言，也可称其为残余应力。

树木的生长应力来自于形成层，可认为是木材成熟过程中由于细胞壁加厚和不断木质化时形成的，即伴随着细胞壁的横向扩张和木质化作用产生了不同类型的生长应力，包括纵向和横向（弦向和径向）应力、拉伸和压缩应力，并使木材的细胞结构发生一些变化，因此使材性变异，影响木材的利用。

树木生长应力的分布与生长轮宽度、木材密度和细胞壁微纤丝倾角有关系，并且随着季节而发生变化，在树木生长旺盛季节，生长应力达到最大值。

树木在每一个生长期所形成的生长应力年复一年地累积或叠加在木材中而形成木材的残余应力。换句话说，木材中残余应力的分布是由于树木年生长应力积聚而产生的。试验结果表明，树干最外层的生长应力与木材的残余应力相等，木材的残余应力具有各向异性，其纵向最大，横向次之，而且弦向与径向的残余应力也有差异。具体地说，纵向拉伸残余应力在靠近树皮处最大，可达到50MPa，在半径方向由外向内逐渐降低。纵向压缩残余应力在髓心处最大，高达10MPa。径向拉伸残余应力在树皮和髓心附近呈现压应力，在横断面的其他部位残余应力为零或表现出少许拉应力。由于木材的纵向残余应力最大，所以在采伐和制材时常出现纵向劈裂；由于朝向髓心方向压应力升高，当超过一定强度时，常常导致树干中心部分木材质脆或心材开裂。这将使木材的质量降低，影响利用。据Nicholson等报道，树木产生生长应力是所有树种的共性，但应力强度不同，一般说来阔叶树材的生长应力高于针叶树材；次生林和人工林的生长应力比原始林高。

木材的残余应力（或树木的生长应力）是木材开裂、翘曲和体积（尺寸）发生变化的主要原因之一。

为了减少木材的残余应力，人们曾试验了多种办法，其中通过超高温加热处理材，收到了较好的效果。若木材原料、工艺参数的选择和控制得当，将大大减少木材的内部开裂和变形，尺寸稳定性明显改善。原因是经高于200℃的高温处理后，木材生物结构和部分化学组分的变化。例如，木材密度降低，低分子挥发物去除，半纤维降解，无定形区减少，结晶度增加等，而使木材的弦向、径向收缩率差异变小，残余应力得以释放，而使木材的尺寸稳定性提高。

3.1.3 基本性能[6-8]

热处理材的基本性能较未处理材均发生一些变化，其变化程度与原本木材的树种、天然结构和化学组成有关，与热处理过程中的工艺参数和技术参数有紧密关联。

3.1.3.1 木材密度

由于超高温加热处理，木材的质量减轻了，密度取决于质量和体积，因此木材密度降低。芬兰的ThermoWood®热处理材的密度平均降低了10%左右。法国的Retification®和Le Bois Perdure处理技术的测试结果指出：由于半纤维素的降解和水分的失去，热处理材密度比未处理的木材低。阔叶树材比针叶树材变化大，山毛榉绝干密度降低9.4%，杨木、冷杉和松木分别降低7.9%、5.4%和3.3%。密度降低主要发生在80℃前干燥阶段的水分损失，和热处理开始以及180~200℃的半纤维素降解，其后一直到260℃，质量减少呈线性关系。玻璃化阶段质量减少最少。

3.1.3.2 木材强度

木材强度与木材密度相关，一般而言，热处理材的密度降低，自然导致强度下降，由于热处理过程中木材的质量减少，故强重比基本保持不变；另外，木材强度与含水率密切相关，热处理材的平衡含水率大幅度降低，也有利于改善木材强度。

热处理材（法国Retification®）的力学性能，如静曲强度（MOR）有些减少：苏格兰松的静曲强度减少27%，挪威云杉减少15.5%，白冷杉、海岸松和杨木减少比较小，为9.5%~6.7%。

芬兰研究报道，在低于200℃的温度下处理的木材，其静曲强度没有显著降低，高于200℃时，其水平方向的静曲强度会明显降低。ThermoWood®处理工艺可以保持甚至少许改善处理材的弹性模量（MOE)，但不宜用于水平方向承载的建筑物上。

压缩强度：压缩强度主要取决于木材的实际密度。从试验结果发现，ThermoWood®处理对木材的压缩强度没有负面影响。

断裂强度：热处理使木材的断裂强度降低30%~40%，热处理温度高，木材断裂强度降低多。

荷兰的Plato热处理材与未处理材相比，其弹性模量增加0%~10%，静曲强度降低5%~25%。不同树种木材经超高温热处理后其力学强度与未处理材的比较见图3-1、图3-2。由此可知，热处理材适用于家具和细木工制品。

德国以天然植物油为介质对木材进行超高温热处理，在处理温度为200℃时，热油处理材的MOE最大可达11 000N/mm^2。在油或空气中对针叶树材进行热处理，其MOE基本不降低。在220℃时热油处理材的MOR降至未处理材的70%；处理材的抗冲击强度显著降低，木材变脆，热油处理材的抗冲击强度降至未处理材的51%，空气热处理材降至未处理材的37%。热油处理材的耐久性随处理温度的升高而提高，但静曲强度却随处理温度的升高而降低。

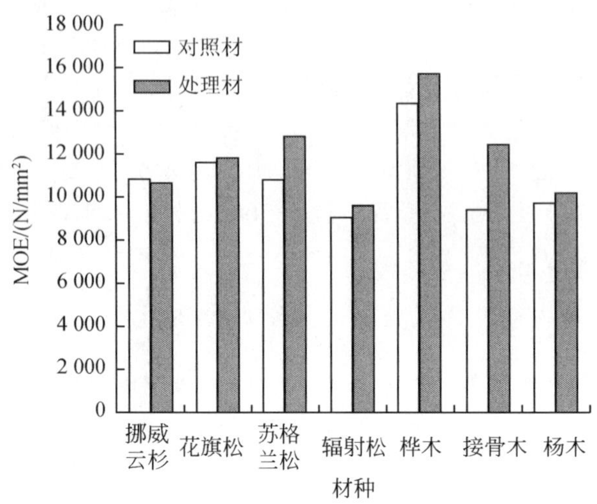

图 3-1　不同材种热处理和未处理材弹性模量的比较

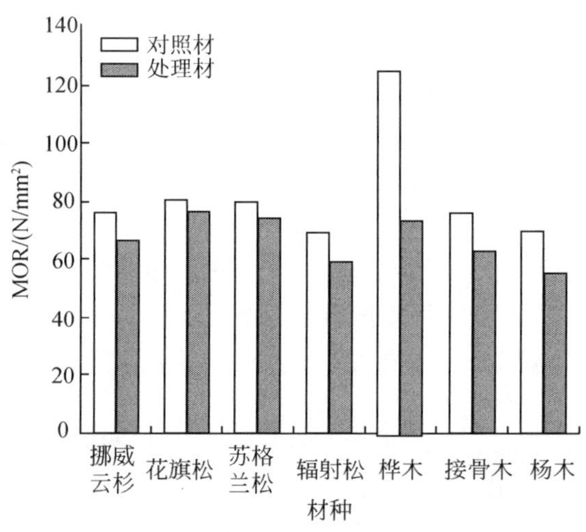

图 3-2　不同材种热处理和未处理材静曲强度的比较

ThermoWood®（芬兰）处理工艺对木材的布氏硬度影响微小。测试结果表明，热处理温度升高，木材硬度随之提高，但增加的相对值很小。硬度的差异主要取决于所用木材树种和木材密度。

3.1.3.3　耐候性

法国研究者的试验测定结果：对在240℃下热处理2h的白蜡木、山毛榉、海岸松和杨木进行人工老化试验，其颜色变化比未处理材小。在人工老化试验开始时，未处理材颜色变化非常快，白蜡木对于紫外光降解是不敏感的，杨木没有耐紫外光能力，山毛榉、海岸松居中。总体说来，热处理材的耐候性好于未处理材。

3.1.3.4 加工与工艺性能

1）机械加工

荷兰的 Plato 热处理材的锯、刨、铣等机械加工性能，与其他木材没有差异。在制作窗框、门和护墙板等加工时证明，其木材的加工性能有所改善。由于 Plato 热处理材内外处理均匀一致，所以比较容易加工。

芬兰的 ThermoWood® 热处理材的加工性能的研究测试结果表明：对热处理材的加工要比对一般窑干木材更加小心些，热处理材加工时容易出现机械损伤；可仿照对硬木的加工程序进行加工，最好采用锋利的工具；和所有木材加工一样，要根据加工场地的相对湿度预先调整木材含水率。

锯解：在热处理过程中，木材释放了其内应力，因此在锯解时不会发生变形。热处理材中不含松脂，因而所需锯材设备的功率降低，设备的连续工作时间显著增加。锯解热处理材与一般的窑干材没有区别。需要注意的是由于热处理材很干燥，因此产生的锯末很细，容易扩散到周围环境中去，因此需要有很好的除尘装置。

刨切：在热处理过程中，木材可以发生横弯，因此为降低发生表裂的危险，板材进料时需采用窄式进给轮。刨切热处理材时，进给速度和切削转速要适当降低，以避免木材表面出现灼烧情况。刨切加工效果与所用的设备有关，与进给轮的种类和压力、木纹方向、横弯、刀具的锐利程度及从头到尾的速度等因素有密切联系，处理好其间的关系，即可获得良好的刨切效果。

铣削：刀具必须锋利，否则会出现撕裂。横纹铣削会更明显一些。刀具进入或离开工件时最容易出现撕裂。对热处理材的铣削类似于对硬而脆的阔叶材的铣削。刀具的磨损速度比铣削未经热处理的木材慢。

砂光：对热处理材的砂光同未处理材。很多情况下，由于热处理材在刨、铣之后，表面质量良好，因此可不进行砂光处理。

2）油漆性能

德国的热油处理材对丙烯酸水基漆和醇酸溶剂漆的油漆性能良好。经两年耐候性试验，热油处理材表面漆膜附着力好于空气介质热处理材。荷兰的 Plato 热处理材油漆性能好于或至少等于未处理的木材，使用醇酸漆油漆的产品，经过老化试验没有渗色现象，有比较好的干湿胶合强度，漆膜干燥、稳定、均匀。

3）胶合性能

德国研究者的试验结果是：云杉热处理材刨平后黏接没有问题。但是对吸油量高的热油处理松木，只有用改性胶黏剂才能得到好的结果。

荷兰研究人员以 Plato 热处理材为试材，使用一般木材用的胶黏剂，如白乳胶（PVAc）、聚氨酯（PUR）等，进行胶合试验，表明热处理材胶合性能优于未处理材。这种热处理材可以指接、层积。

芬兰的 VTT 用单组分和双组分胶黏剂研究了热处理材的胶合性能，并用显微镜观察了胶合情况。结果表明：热处理材的胶合性能随着热处理温度升高而降低。要注意遵循每种胶黏剂的使用要求。与所有的木材黏结一样，对热处理材要注意正确的工作条件，如木材的温度、含水率和表面清洁度等。

用各种指接方法对热处理材进行指接试验，都得到了成功。由于在热处理过程中可能发生横弯，因此，在指接前应先进行刨切，有利于得到好的指接质量。

4）握钉力

握钉力与密度有密切关系，对握钉力的主要影响是木材密度的变化，而非热处理过程本身。试验表明，对于密度低的材料，如果预先钻孔再钉着效果为好。

3.1.3.5　与环境的关系

经不同国别采用的不同热处理方法所得到的热处理材均带有烟味，初始阶段味道较浓，过一段时间这种烟味由于逐渐挥发而减小。

热处理材在处理过程中没有加入任何化学品，如果未经黏结或涂漆，则使用后的废弃物可与未处理材的废弃物同样进行再次加工利用。

热处理材燃烧时产生的热量比未处理材少 30%，因为在热处理过程中，富含能量的抽提物已经挥发了。因此，热处理材燃烧时火焰小、烟少。

热处理材无毒，可以在户内户外应用。采用热处理材制造电柱，与用传统的木材防腐剂（如 CCA、杂酚油等）处理的相比，具有对人、畜无毒，对环境无污染和生产成本低等优点。

3.1.3.6　储存与保管

热处理材需要储存在干燥的地方。对储存地方的温度没有特别要求，室温即可。但应有房盖，以减少气候因子产生的不利影响。如无房盖，则应对产品加以妥善覆盖。包装的产品应水平放置，并有足够数量的垫板支撑，以避免下面的板材变形。在后续对储存的热处理材进行黏接或表面处理之前，要有足够的时间使其获得适宜的含水率和温度。使用前不要打开包装，以减少由于人为的操作不当而导致变形开裂。

综上所述，热处理材是一种与环境和人类友善的环保型材料，根据它所具有的特点和基本性能，可广泛应用于人居环境以及特别要求具有疏水性和生物耐久性的场所。某些树种的热处理材可应用于室内和厨房家具、浴室装饰和镶木地板等。这种采取单一的物理方法（超高温加热）改良原本木材某些缺点所获得的新型木材产品将越来越受到普遍关注。

3.2 热处理材的研究进展

重点叙述自20世纪90年代芬兰、法国、荷兰和德国等欧洲国家关于采取不同的方法加热处理材的工艺及其着力改进产品性能方面的研究进展。

3.2.1 木材热处理工艺的研究

早在远古时代，热处理方法就已经被应用于处理木柱接触地面的一端以增强其耐久性，非洲一些国家木制矛的矛尖就是经锤击和加热反复交替处理而制成，使得矛尖更加坚硬和耐用。北欧的海盗们早在8～10世纪也采用这种方法处理材，并且将其应用于户外的篱笆围栏上。我国在远古时期就直接用明火喷烤木材表面来进行表面高温处理并将其应用于户外的篱笆围栏上[9]。木材热处理工艺始于20世纪。按照所使用的加热介质，热处理材主要有3种方法：第一种气相介质加热法，在蒸汽中或氮气（惰性气体）环境中进行，其中氧气含量低于2%[10]；第二种水热法，木材在水介质中，在相应的饱和蒸汽压条件下加热处理，然后干燥，固化；第三种是在以油为介质的环境中进行[11]。

1）气相介质处理

芬兰的木材热处理工艺主要使用ThermoWood®专利技术生产热处理材。该项木材热处理技术是由VTT（Technical Research Center of Finland，芬兰国立技术研究中心）研究开发，芬兰热处理材协会（Finnish ThermoWood Association）拥有注册商标，其所属会员拥有使用权。VTT对木材热处理开展了大量的综合性的研究工作，包括热处理工艺技术、产品性能测试及应用，并与工业界一起建立起第一条木材热处理示范生产线。该项技术在进行木材热处理时使用的介质是蒸汽，处理温度为150～240℃，处理时间为0.5～4h，根据不同树种，设置不同工艺参数生产相应的产品。目前芬兰的VTT、Enso Timber公司、UPM-Kymmene Timber公司和Valmet UTEC公司都在利用此项技术进行热处理生产。

法国开发了Torrefaction和Retification®工艺。Torrefaction工艺采用蒸汽作为介质对生材进行处理。首先在炉中对生材进行人工干燥，然后将温度升高到230℃，以木材蒸发出来的水分作为热传递介质来处理材。处理过程中，温度越高，产品的耐久性越好，但其力学性能下降。在温度230～240℃范围内，处理材可以得到很好的耐久性，但其MOR降低40%，材质变脆。在210℃处理条件下，根据不同树种，处理材除略有发脆外，力学性能接近未处理材。Retification® 工艺是采用氮气为传热介质，处理材的含水率为12%左右，在一个特殊的容器内慢慢升温到210～240℃，其中的氧气含量不超过2%。处理后的木材可以得到很好的耐久性，但其力学强度降低。此工艺中，温度的微小变化会对处理材的最终材性产生非常重要的影响，因此需要非常精确的控制温度。例如，在210℃下处理，木材的某些力学强度降低很少，其耐久性也没有明显的增加；在230～240℃范围内处理材，可以得到更高的耐久性能，但木材的静曲强度同时会降低40%，材质变脆。

2）水热处理

20世纪70年代初，由于石油危机的冲击，从可再生资源中寻找石油代用品成为欧美国家着力研究的项目。水热处理首先是在潮湿条件下加热木材使之水解。在这一过程中，乙醛和苯酚会从半纤维素和木质素中分离出来。其次是干燥固化过程。在此过程中，乙醛和苯酚相互作用并围绕细胞壁已有结构形成新的聚合物。水热解过程中，温度为160～190℃。干燥固化过程中，温度为170～190℃。每一步的时间分别为：热解4～5h，干燥3～5天，处理14～16h，陈放2～3天。该工艺改性木材的耐久性取决于工艺条件，抗弯强度降低5%～18%，弦向胀缩系数减少15%～40%。

3）油热处理

德国Menz Holz公司采用油作为介质来处理材。油可以用菜籽油、亚麻籽油或葵花籽油、大豆油等植物油，还可以使用塔尔油。这些油可以相互混合使用，但为了保证传热均匀，一般都是单独使用。根据每种油因受热而产生的不同浓缩程度，工艺中采用不同的处理温度，一般来说在220℃处理材，可以得到最好的耐久性能和最小耗油量。整个处理过程由计算机控制。在加工处理过程中油介质可以提供一个均匀的热量传导，并且很好地保证了木材与空气完全隔离。此外，油中保存了大部分的过程热，在进行连续操作时，加工过程的能量需求量低。处理过程中，不但在木材中心热量保持2～4h非常必要，而且适当延长升温和降温时间也是很必要的。用热油处理的木材硬度不变，然而当温度在220℃时，强度减少30%，尺寸稳定性提高40%。

加拿大也对油热处理材进行了研究。王洁瑛分别用豆油、棕榈油做介质，在200℃和220℃对白云杉分别处理2h和4h。研究结果表明，热处理能够显著提高木材的抗吸湿、抗腐性及抗霉菌性。棕榈油处理后的木材的抗吸湿效果高于豆油处理的效果，但就木材的抗腐性和抗霉菌性来说，豆油处理的效果要好于棕榈油。处理后的木材的失重率低于20%。

3.2.2 热处理材性能的研究

Stamm 和 Hansen[12]研究了不同气体对热处理后木材的干缩湿胀性的影响，发现在相同热处理条件下，木材的吸水性在氧化气介质中比在还原气介质中降低得更多，如果提高处理温度，在还原气介质中木材的吸水性也可以得到相同的降低量。Stamm 等[13,14]还研究了热处理后木材的抗干缩湿胀性与强度之间的关系，研究表明：热处理后，木材的尺寸稳定性和耐久性提高，木材的机械强度降低，木材的抗湿胀性提高 40% 时，木材的抗弯强度降低 20%。Pétrissans 等[15]对热处理材的吸湿性进行了研究，结果表明：热处理后，接触角变大，疏水性有了显著提高。Bekhta 和 Niemz[16]研究了不同相对湿度、不同温度和不同处理时间为组合条件下的热处理材的力学性质、尺寸稳定性和颜色变化，结果发现木材热处理主要导致木材颜色暗化和尺寸稳定性的改善及力学特性的降低。Wang 和 Cooper[17]研究了不同处理时间、不同热处理温度和不同类型的油类介质（棕榈油、豆油和软石蜡）热处理材时对木材吸湿性能的影响。结果发现软石蜡比棕榈油和豆油更能改善热处理材吸湿性能，220℃时用软石蜡热处理过的木材的吸湿性能好于 200℃用软石蜡处理过的吸湿性能，4h 处理过的木材的吸湿性能好于 2h 处理过的木材吸湿性能，经油浴热处理可使木材获得较好的抗吸湿性能。Tariqur 和 Nobuyuki[18]研究了二次处理对已热处理过的木材的影响，热处理材再以 85% 的相对湿度、冷水和沸水分别进行二次处理，观察木材纤维素的结晶变化。结果表明，样品的结晶度增加幅度不大。在沸水处理阶段，结晶度先快速增加，之后又逐步下降。Ayadi 等[19]使用氮气作为热处理介质，240℃高温热处理材 2h，热处理材在紫外灯管照射下暴露 835h，发现热处理材的抗紫外光的特性好于对照材。这可能是由于在热处理过程中，木材中的一些成分发生了变化，生成了许多酚化合物及抗氧化成分，从而束缚了因氧或自由基而引起的变色。Buro[20]等研究了木材在不同的导热介质及金属浴下性能的变化，结果表明就尺寸稳定性和耐腐性而言，金属浴木材比在气体保护下热处理材的要好，但是在气体保护下热处理材的强度要比金属浴处理后的木材降低的比例少。Giebeler 等[21]对在 180 ~ 200℃热处理材的力学强度研究发现，经热处理后的木材其 MOR 减少了 20% ~ 50%；同时由于热处理的结果，木材脆性增强。Schwanninger 等[22]利用傅里叶变换红外光谱方法研究了热处理材的性质和化学基团的变化，提出可将傅里叶变换红外光谱方法应用于热处理材的质量控制和检测，利用傅里叶变换红外光谱方法的基本原理并加以改进，可用于热处理材诸如抗胀缩性、耐久性及确定强度损失程度等方面的检测，并以此为依据最终确定热处理材最适宜的应用领域。日本的 Kubojima 等[23]对热处理后云杉的性能进行了分析表征，采用的热处理介质为氮气和空气，研究结果表明：在 160℃热处理 0.5 ~ 16h 后，云杉的抗弯强度和硬度均有不同程度的降低，静态杨氏模量、抗弯强度和冲击韧性在热处理初期增加，然后又降低，在空气中处理的木材要比在氮气中处理的木材降低的更多，随着处理时间的延长，木材的力学强度降低，在氮气中处理的木材比在空气中处理的木材降低更多。Oner 和 Nadir[24] 在 2001 年研究了利用过热蒸汽处理的山毛榉木材，对热处理后的和未处理的山毛榉木材的物理力学和化学性质的变化进行了系统分析，研究结果表明：利用过热蒸汽热处理降低了山毛榉木材的物理性能和力学强度，山毛榉木材在过热蒸汽中热处理 100h 后，抗压强度和弹性模量分别下降 13.2% 和 16.5%，同时木材的径向和弦向干缩率也略有增加；半纤维素含量降低了 7% ~ 9%；随着半纤维素含量的降低，木材的乙酰基含量和酸性也有所降低。Tjeerdsma 和 Militz[25] 利用傅里叶红外光谱分析仪分析了利用热水对山毛榉和欧洲赤松进行水热处理细胞壁物质的基团变化和改性木的特性进行了分析和表征，研究结果显示，木材在水热处理下，160℃时只有少数的乙酰基团发生了裂解反应，大部分的乙酰基团裂解发生在 180℃高温热处理阶段，在中等温度阶段仅发生部分脱乙酰化作用。通过乙酰化作用手段间接测量易受影响的羟基含量，发现高温处理之后木材的羟基减少。酯化发生在高温加工阶段，它有助于降低木材的吸湿性，从而改善木材的尺寸稳定性，但它的作用没有木材高温处理发生的交联作用大。Michel[26] 研究了木材热处理在法国的研究和应用现状。研究显示，木材的热处理会带来下列效果：尺寸稳定性的提高，力学性能的降低，吸水性的降低以及耐腐性和耐久性的提高，木材颜色变深；作者认为，相同条件下杨木处理后的力学性能的降低不如其他树种明显。Sami 等[27] 利用核磁共振技术研究了热处理材的结构，结果表明热处理后木材的管孔变大，这可能是由于细胞壁内的物质移动引起的，水分的扩散系数沿着管胞轴方向变大了，但在纵轴方向和水平方向上基本没有变化。Hanne 等[28] 利用核磁共振技术对热处理材的化学成分变化进行了研究，结果表明：温度对木材各化学成分的影响不同，在高温下纤维素和木质素的降解速率比半纤维素的降解速率要低，半纤维素从 180℃开始降解，温度高于 200℃时，自由基含量迅速增加，芳环间发生缩合反应，从而增强木材的抗生物性能，但机械强度通常会有所降低，同时在此温度下，甲氧基含量下降，木质素相互交联，从而增强了热处理材的尺寸稳定性，减小了吸水性。

Kamdem 等[29] 对热处理材的耐久性进行了研究，结果表明阔叶树材比针叶树材对温度变化更为敏感，在提高耐久性的同时，木材的机械强度会有相应的降低。Weiland 和 Guyonnet[30] 利用漫反射傅里叶红外光谱对热处理材的化学变化及真菌类危害性进行了研究，结果表明：在木材的酸性水解过程中，生成了新的醚键，戊聚糖降解后仍发现存在有真菌类的危害现象，同时观测到了解聚反应和缩合反应。Francis 和 Melanie[31]就褐腐菌对热处理材的影响做了研究，结果表明：木材经湿热处理并密实化处理后，不仅提高了其尺寸稳定性，而且还减缓了菌丝在管胞的次生壁方向和木射线组织方向上的生长速度，因此降低了菌类对木材的侵蚀程度。日本学者花田健介和土居修一[32]以 JISZ2101 为检测标准，对 Plato 热处理材的耐腐性和耐蚁性进行了分析研究，结果表明参照日本木材防腐剂性能检测方法和检测标准，Plato 工艺热处理材质量损失率超过 3%，不能代替防腐剂处理效果。Repellin 和 Gugonnet[33]利用差示扫描量热仪对 Retification 工艺处理后的木材的湿胀性进行了研究，通过研究处理材的平衡含水率，认为热处理后的山毛榉木材湿胀性减少，不能仅仅解释为半纤维素降解而导致其吸附点减少所引起，还应该考虑木质素的化学变化也是导致湿胀性减少的重要原因，木材热解过程中发生的一些诸如化学物质重聚等现象也起到了一定的作用。Mohammed 等[34]也对热处理材的湿胀性进行了研究，结果表明：100～160℃温度范围内，木材的湿胀性发生变化，接触角增大，此时未发生失重现象；160～260℃范围内，木材的接触角基本上保持在 90℃，但当热处理温度超过 200℃时，木材就会发生失重现象。Hillis[35]研究了高温和化学处理对改善木材尺寸稳定性的影响，认为在 100℃加热 2h，可塑化的半纤维素和木质素物质对尺寸稳定性影响很大，随着木材吸湿性的减小，尺寸稳定性提高。D-yakonov 等[36]对欧洲赤松和桦木分别在 80℃、100℃、115℃、130℃、140℃下进行热处理 48h 和 96h 后两种木材的吸湿性能和尺寸稳定性进行了分析，研究结果表明随着热处理温度的升高，两种木材的吸湿性能和尺寸稳定性都有不同程度的提高，其中，桦木的吸湿性能和尺寸稳定性都比欧洲赤松改善地要好。

Jämsä 等[37]对热处理材的油漆性能进行了长达 5 年的监控调查研究，通过对油漆过的热处理材和素材，未油漆过的热处理材和素材的分析，结果表明，油漆过的热处理材和未油漆过的热处理材都比相应的素材的尺寸变化小，漆膜剥落程度低，同时热处理材在户外的各项性能同比都有不同程度的提高，为热处理材的户外应用提供了很好的研究借鉴资料。Sundqvist[38]对热处理后木材的材色进行了系统研究。热处理的桦木边材、云杉和松木边心材，经紫外线照射后，发现松木和云杉的处理材与素材之间颜色变化的差异比白桦处理前后差异要大；处理温度越高，处理时间越长，木材处理前后的颜色变化就越大。Mitsui[39]研究了木材受热处理与未受热处理在光辐射下的颜色变化情况，结果表明：在光辐射时，热处理材的明度远高于未处理材的明度；色品差的变化与处理温度和时间的变化呈正比关系，在短时期热处理情况下黄蓝色品差先锐增后又降低；低温高湿能使照射木材的颜色变化显著，热和水的存在能够加速照射木材的颜色变化。

综上所述，国外热处理材工艺和性能的研究已比较系统和深入。木材经不同工艺热处理后吸湿性能下降，尺寸稳定性和抗生物危害性大大提高，平衡含水率减小。但处理材的抗弯强度和抗弯弹性模量、抗冲击性、表面硬度及表面耐磨性等有所变化，指标有升有降。这些研究为我国热处理材的发展提供了很好的借鉴意义和理论分析基础。

我国木材热处理研究起步比较晚，在20世纪90年代后期才逐渐开展这方面的研究，在最近这几年逐渐被人重视。刘元[40-42]以多枝桉、扁柏为研究试材，通过热处理研究了热处理材接触角的变化，并根据木材的接触角的大小来判断热处理材的亲水性能的变化。研究结果表明，热处理温度、时间、木材含水率和在空气中暴露的时间等都对接触角有一定的影响，树种不同影响程度也不一样，但是接触角都会随热处理温度的升高和延长有不同程度的增加，并且多枝桉的接触角要比扁柏的大。随后他又在《林业科学》上发表热处理对于桉材皱缩作用影响的研究论文，研究对象为多枝桉、细叶桉和赤桉，采用了恒温调湿干燥法测绘了试材经过热处理后的含水率－收缩曲线。研究结果表明，多枝桉和细叶桉无论是否经过热处理均具有典型的“皱缩”型含水率－收缩曲线，但热处理材少有“二段皱缩”，“肩点”处收缩率和全缩率比未处理材小，热处理效果明显，而赤桉则无明显分别。翟冰云[43]认为窑干可以提高处理材的尺寸稳定性和起到固定变形作用。在热处理过程中，蒸汽的存在可使这些变化明显加剧。控制氧化的热处理，在短时间内能得到高的抗胀（缩）率。张守娟等[44]认为加热温度和时间对木材材色变化均有影响，其中温度的作用更大，而时间的作用随温度的升高而增大，并解释了相关原因，热处理材颜色的加深是由于木材中的化学组分在高温下急剧氧化导致的“深色化”的效果。曹金珍等[45]研究了热处理材的水吸附动力学过程。结果表明，热处理材的水吸附机制发生了变化，随着处理温度的升高，吸湿性能强的半纤维素在处理的过程中降解产生糠醛等物质，使得木材的含水率下降。李大纲等[46]对热处理消除水曲柳木材弯曲变形内应力的影响进行了研究，对弯曲木制品进行了不同温度处理下的曲率半径回复试验。结果表明，弯曲木的曲率半径回复率随热处理时间的增加而减小，随处理温度的提高而减小。谢桂军等[47]对马尾松木材热处理进行了研究，认为热处理材的颜色随着热处理温度的升高和热处理时间的增加而变黑，并且热处理温度对热处理材的影响比热处理时间的影响要大。低温热处理时生产的热处理材的湿胀率比高温热处理生产的热处理材的湿胀率高，尺寸稳定性差。热处理材的MOR和MOE随着热处理温度和热处理时间的增加而降低，顺纹抗压强度变化较小；热处理材对甲醛有明显的吸收作用，是用于室内装饰的良好环保型材料。李延军等[48]做了高温热处理材工艺的初步研究，以我国杉木木材为试验材料，采用自制小型热处理材试验装置进行了高温热处理材工艺试验。结果表明，热处理后的木材具有高尺寸稳定性，可广泛应用于室外建筑、室内装修。顾炼百和丁涛[49]研究了超高温热处理实木地板性能，认为热处理可以提高其尺寸稳定性，而且弦向弹性模量和顺纹抗压强度分别得以提高，但弦向抗弯强度明显降低。王洁瑛和赵广杰[50]研究了热处理过程中木材的颜色变化，结果表明：在相同条件下随着热处理时间的延长，木材明度减小，色差增大；同时红外吸收光谱表明，热处理过程中木材中羰基（C═O）峰的变化趋势最为明显。栗山旭[51]的研究表明：在200℃左右高温下，木材成分，特别是半纤维素会发生降解，木质素和纤维素也会发生一些化学变化。刘君良等[52]对高温蒸汽处理固定大青杨木材横纹压缩变形进行了研究。结果表明，无论是加热处理还是高温蒸汽处理，木材中的某些化学成分在水和热的作用下，发生了降解，从而导致质量损失，主要原因是木材细胞壁物质在加热或蒸汽处理条件下，微纤丝之间相互靠拢，当微纤丝与微纤丝之间的距离小于一定距离时，羟基与羟基之间形成化学键。梅瑞仙等[53]利用热处理方法研究了木材表面纹理的强化工艺。发现影响最大的因素是热处理温度，其次是处理剂使用的浓度和热处理时间，处理剂浸泡时间影响非常小。国内一些学者对木材热处理的国内外研究状况和发展趋势所做的深入分析和研究，为我国木材热处理技术的发展奠定了基础[54-62]。

热处理材凭借其优良性能不仅可以应用于房屋建筑中，而且还大量地应用于庭院家具、木栅栏、门窗和乐器等领域。我国人工林木材由于速生，密度低、材质松软，特别易于变形，变异性大，难以加工，而利用热处理技术能够改良其中的某些缺点，实现劣材优用。随着热处理工艺研究的不断进展，能够做热处理的树种也日益增多，加之国际新标准的制定及人们环保意识的不断提高，采用化学改性木材的应用领域受到限制，热处理材作为一种新型的绿色材料，必将不断拓展其应用范围，造福于人类。

3.3 热处理材制备的工艺过程

各国家的研究者采取不同的工艺过程对木材进行超高温热处理，过程不同，各有特点。我国首次自主研发的利用木材（生物质）废弃物燃烧时产生的混合气体作为热源和加热介质具有明显的优越性和创造性。

3.3.1 芬兰 ThermoWood® 热处理材

除 VTT 外，YTI（Institute of Environmental Technology）也进行了大量富有实践意义的研究工作。按 ThermoWood® 处理工艺，木材在蒸汽保护下被加热到180℃以上，蒸汽除保护木材外，还影响木材中的化学变化。处理后生产出环境友好的热处理材（ThermoWood®），其颜色变深，在湿度变化的环境中比一般木材稳定，隔热性能也得到改善。如果处理温度足够高，也可使处理材具有抗腐性，但同时也降低了木材的静曲强度。

3.3.1.1 处理工艺

处理工艺分为3个阶段，如图3-3所示。

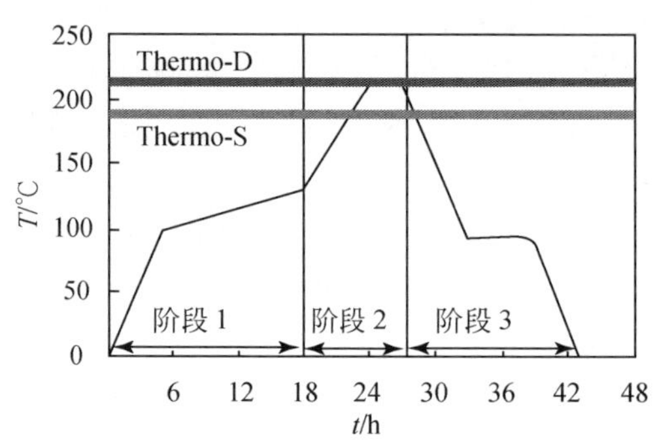

图3-3 ThermoWood® 热处理材生产工艺

1）升温和高温干燥阶段

这是在热处理材中耗时最多的阶段。这一阶段也被称为高温干燥。在这一阶段中木材含水率降到接近于零。干燥阶段所需的时间取决于木材的初始含水率、树种和木材的厚度。被处理的木材可以是生材或经过干燥的木材。良好的干燥对避免发生内裂很重要。由于在高温下木材所具有的弹性能更有效地消除木材的残余应力，因此比在常规干燥窑中干燥时抗变形能力更好些。

2）热处理阶段

热处理在密闭室中进行，按照处理要求，室内温度升至185～215℃。在高温干燥后立即开始进行热处理。在热处理阶段也要用蒸汽作为保护气体，使木材不能燃烧，控制木材中的化学变化。热处理阶段进行2～3h。

3）冷却和湿度平衡处理阶段

热处理后进入冷却和湿度平衡处理阶段。热处理后木材在受控条件下冷却。要特别注意，热处理后的木材处于高温，与外部空气温差很大，容易造成木材开裂。此外，需重新适当加湿木材，以便使木材得到适合于用户需要的含水率。木材的最终含水率对木材的加工性能有重要影响，对过分干燥的木材进行加工是困难的。冷却和湿度平衡处理之后，木材的最终含水率应为5%～7%。该阶段需5～15h，具体时间与处理温度和木材树种有关。ThermoWood® 的处理成本为100～150欧元/m^3，随着处理工艺的逐步成熟，处理成本会逐渐降低。

3.3.1.2 处理等级

芬兰热处理材协会将ThermoWood® 热处理材的处理等级分为两级，再多的级别没有必要，因为起初温度升高时，木材的性质缓慢变化，处理温度一旦超过200℃，材性便快速变化；如果采用两个以上处理等级，会出现不同等级间性能的混杂。对软材和硬材因其性能不同，各自分级。湿度变化时木材的膨胀、收缩，颜色的变化，生物耐久性等是处理等级的关键参数。热处理材最后要供工业加工，也可由供需双方达成一致，按实际需要对木材进行热处理，其性能可与标准不同。

1）稳定性处理（Thermo-S）

在这一处理等级中，外观和稳定性均是产品最终使用中的关键性能。稳定性处理等级的产品，在湿度变化时木材的平均弦向胀缩率为6%～8%，产品的耐久性符合EN113标准，达到3级耐腐要求。建议产品的使用范围如表3-1所示。

表3-1 稳定性处理材使用范围

稳定性处理软材	稳定性处理硬材
建筑部件	装置
干燥条件下的装置	型架
干燥条件下的型架	家具
家具	地板
庭园用具	桑拿建筑、装置
桑拿椅	庭园用具
门、窗部件	

2）耐久性处理（Thermo-D）

对这一等级处理的产品，耐久性与外观是用户瞩目的关键性能。湿度变化引起的产品弦向平均胀缩率为5%～6%。按EN113标准，耐久性处理的产品属耐久性产品，符合2级耐腐要求。建议产品的使用范围如表3-2所示。

表3-2 耐久性处理材使用范围

耐久性处理软材	耐久性处理硬材
护墙板 （室）外门 百叶窗	同稳定性处理产品 使用场所，产品颜色较深
环保建筑	
桑拿和浴室装置	
地板	
庭园用具	

3.3.1.3 热处理设备与能源

ThermoWood® 木材热处理过程中需要水、蒸汽和高温。在热处理过程中，有些组分会从木材中挥发出来，并具有腐蚀性。因此，木材热处理设备需由不锈钢制成，在高温下需用非标风机、传热器和安全装置。可以使用以生物燃油、燃油或气体为燃料的锅炉作为热源。也可以直接用电加热，此外所用的设备应该具有提供蒸汽的功能，以满足热处理过程的需要。还要注意由于木材组分的蒸发可能产生的气味对环境的影响。在升温和降温时，需使用特殊的调节装置，保持温度平稳升降，以避免木材发生表裂或内裂。

3.3.1.4 环境问题

ThermoWood® 木材热处理过程中只需要水和热，不需要任何化学品，因此这一处理过程是环境友好的。由于在处理过程中从木材中释放出抽提物的挥发成分，对此要作处理，如将其烧掉，以避免令人不快的气味散发到周围环境中。处理过程产生少量废水，废水中的固体组分在专门的池中分离，再对其余的废水进行处理。

3.3.2 荷兰 Plato 热处理材

2000 年 Plato 热处理材吸水性能、尺寸稳定性能、耐腐性能也通过了 SHR Timber Research 的检测和认证，达到高质量木材的要求，可以使用到室外场所。近 10 年中，Plato 的工程技术人员又完成该技术开发工作，完成了几个树种木材的试验，取得其工艺参数及设备参数，并投资 250 万美元，取得该产品在栅栏、水道内衬、门窗，建筑等方面的应用成果。此外在能源利用和废物处理等方面，为了使该技术达到欧洲标准，他们也做了很多工作。从 2000 年以来，在荷兰、比利时、德国已经有数百个工业项目上马，反映了该技术的经济潜力。目前该产品已经出口到亚洲，价格有的可达到 400 美元/m^3。Plato 热处理材生产工艺分 5 个阶段[1]。

木材预干燥阶段：木材含水率超过了水热解阶段的要求，必需在干燥窑中干燥处理。

水热解处理阶段：木材在水介质中，加压条件下，加热到 150～180℃，进行水热解处理。在这一阶段，木材的两个主要组分，即半纤维素和木质素，部分分解为醛和有机酸（糠醛类化合物和乙酸），同时木质素被活化，增进了其烷基化反应的活性，为第三阶段的固化创造条件。在这一阶段，纤维素保持不变，这是 Plato 改性木材保持较好强度的关键。

干燥阶段：水热处理后的木材在通常使用的干燥窑中干燥，以达到固化阶段要求的较低含水率。

固化阶段：木材在干燥状态下，再一次被加热到150～190℃。在这一阶段，进行缩合和固化反应，生成的醛与活化的木质素分子反应，生成非极性化合物交联到主结构上，这类化合物是憎水性的。

含水率平衡阶段：按照制造要求提高木材含水率，含水率的平衡在通用的干燥窑中进行。

Plato热处理材工艺流程如图3-4所示。

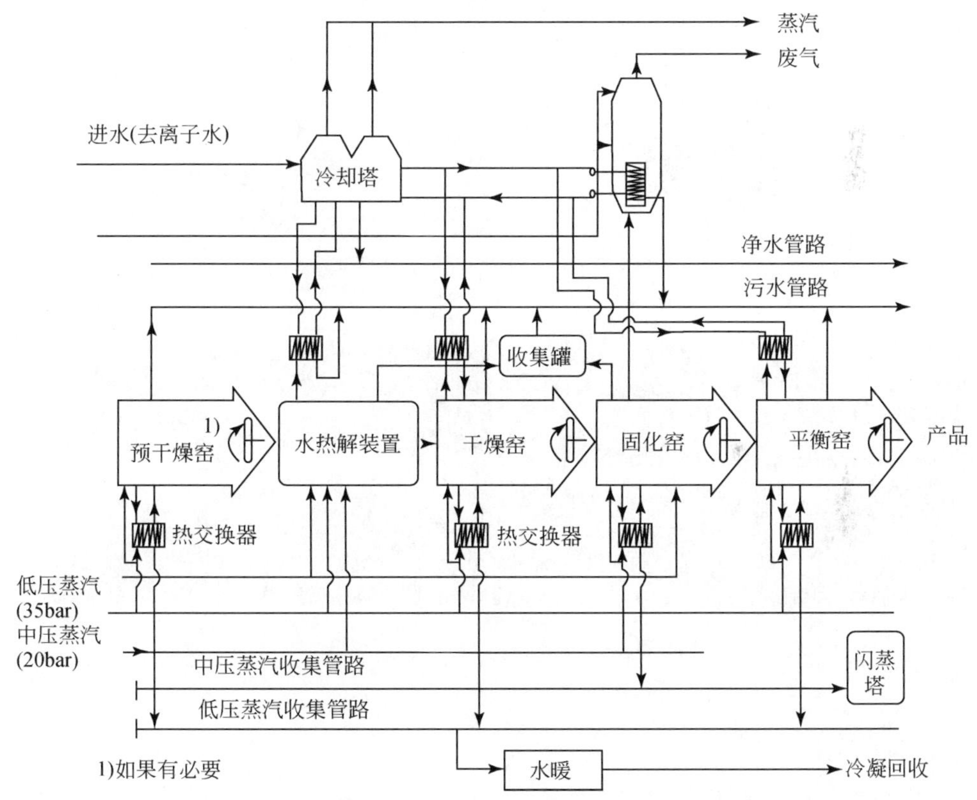

图3-4　Plato热处理材工艺流程

从整个工艺流程看，该技术没有加入任何化学品，处理过程中木材内发生的化学反应是复杂的。图3-5和图3-6分别是Plato热处理材制备的板方型材及其应用场所。

图 3-5 Plato 热处理材板方型材

图 3-6 Plato 热处理材应用场所

3.3.3 法国热处理材

法国热处理材的工业化有两个技术，即以 Retification ® 注册的技术和 Le Bois Perdure 技术。Retification 由两个字根组成，即由于加热使木材的分子链段排列的变化，即网状化（Reticulation）的“Reti”和由于诱发的木材弱热解的烤焙（Torrefaction）的“faction”复合而成，具有深刻的含义。20 世纪 70 年代后期，法国科学技术研究生学院（ENSMSE）为了减少对石油的依赖，通过木材的热解，即烤焙，致力于木材燃油技术的研究；80 年代中期，该项目将重点转到通过在 280℃以下，在低氧含量的氛围中弱热解，制造具有良好的物理性能和高耐久性能的木材制品。1995年NOW（New Option Wood）协会以Retification®将该技术注册。该制品主要特征如下：①低亲水性，减少了木材的平衡含水率；②比较好的尺寸稳定性能，降低了热处理材的膨胀性；③除去白蚁外，具有比较高耐腐性能；④降低了木材的弹性和柔韧性；⑤提高了表面硬度。用来处理的木材为针阔叶树材，已经商品化的材种有苏格兰松、海岸松、挪威云杉、白冷杉、山毛榉、橡树、杨木、桦木等。待处理材的含水率为10%～18%，低者为阔叶树材，高者为针叶树材。生产过程中使用的热能来自于电能，工业炉中的氛围要求氧含量低于2%，因此需要经常充氮。Four公司开发的工业炉主要适用于小型可移动木材厂，因此容量小，容积为4～8m^3，热处理材生产能力为每年1700～3500m^3，市场上也有中等容量工业炉，木材装载量达到12m^3，年生产能力达到7000m^3。

Retification®热处理材生产工艺包括4个阶段，均在氮气氛围中进行。

干燥阶段：反应器中温度按4～5℃/min速度，升到80～100℃，保持该温度，使木材中心部位也达到此温度。这阶段的持续时间与材种、用材树种木材尺寸有关，27～28mm厚的板材至少需要2h。

玻璃化阶段：以4～5℃/min速度升到玻璃化温度时，玻璃化阶段即开始，玻璃化温度一般为170～180℃，与树种有关，在此温度下木材组分从弹性区向塑性区移动。这表明，超过这个温度，在应力解除后木材不能回到它最初的形状(尺寸)，而在这个温度以下，木材在应力解除后，总会回到原来形状。反应器内温度保持在玻璃化温度，大约3h，使木材从表面到内部都达到这个温度。

热处理或者热固化阶段：热处理或者热固化阶段，当木材整体达到玻璃化温度时，固化阶段就已经开始。反应器温度继续提高，以达到热处理温度200～260℃，这个温度因树种、木材尺寸以及制品的最终用途而定。固化阶段为了监视木材中的变化，作为半纤维素降解的指标，可以检测乙酸、二氧化碳、一氧化碳的排出量。这个阶段大约持续20min到3h，持续时间与树种和用途有关。

冷却阶段：在热处理后，反应器中温度在4～6h内降下来，与最终用途有关，木材的含水率也要增加到3%～6%。

最终产品质量与原木材的缺陷、含水率、锯解方式、木材尺寸、几何形状、工艺参数（如每个阶段的温度、升温速度、氛围气质量及反应器内的通风质量）等有关。高密度材比低密度材处理困难，高密度材热处理容易开裂，大大降低力学性能。杨木是该热处理工艺中非常成功的材种，处理后在力学性能和耐久性能方面均有比较好的结果。

3.3.4 德国热处理材

人们早就知道，在高温下可以改变木材的某些性质，由此开发出木材热处理工艺和技术。由于木材是易燃物质，因此木材的热处理一般在惰性气体中进行。木材的热处理温度一般为 180 ~260℃，很多天然油和树脂的沸点高于木材热处理所需要的温度，于是产生了用热油改性木材的方案。德国 Menz Holz 公司开发出所需设备。工艺流程和主要工艺参数如下。

3.3.4.1 工艺流程

德国的油热处理材（the German oil heat treatment）工艺原理如图 3-7 所示，处理过程在密闭的容器——处理罐（PT）中进行。首先将要处理的木材装入处理罐，然后将热油从储油罐（VT）泵入处理罐，在处理罐中热油保持高温状态，在木材周围循环。处理罐卸载前将热油泵回储油罐。

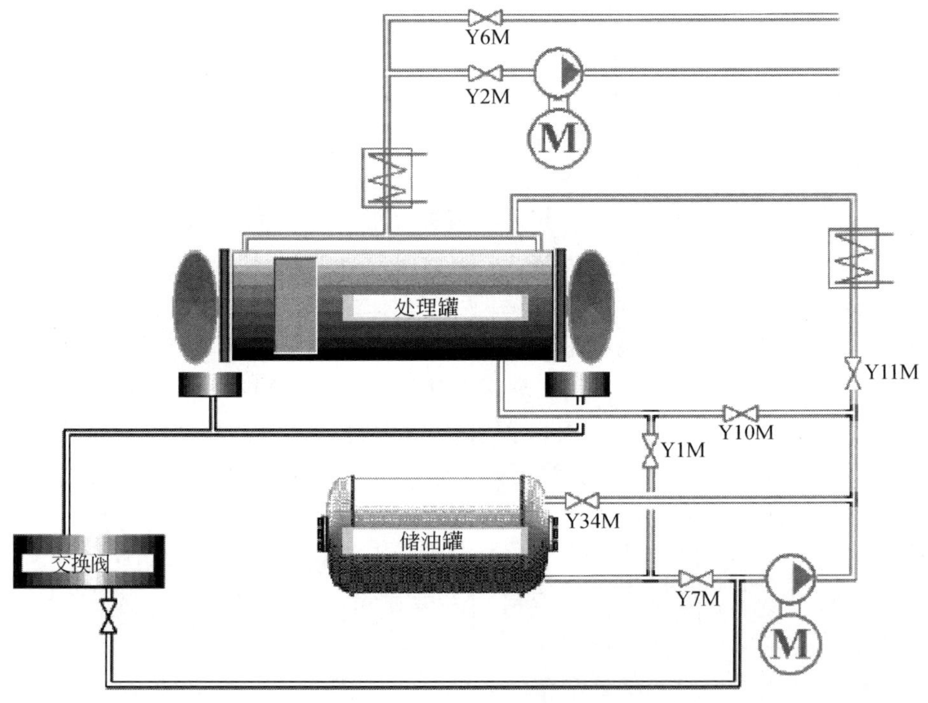

图 3-7 德国 Menz Holz 油热处理材工艺流程

3.3.4.2 主要工艺参数

1）处理温度

处理温度取决于对木材改性程度的要求。要使木材获得最大的耐久性而且油耗最小，处理过程在 220℃温度下进行；要使处理材达到最大的耐久性和强度损失最小，则处理过程的温度为 180 ~200℃，而且要控制木材的吸油量。

2）处理时间

实践证明，使被处理材中心部位的温度达到工艺要求的温度（如220℃）后保持2～4h是必要的。加热和冷却的辅助时间与处理材的尺寸有关。图3-8给出木材的加热时间和温度变化情况。

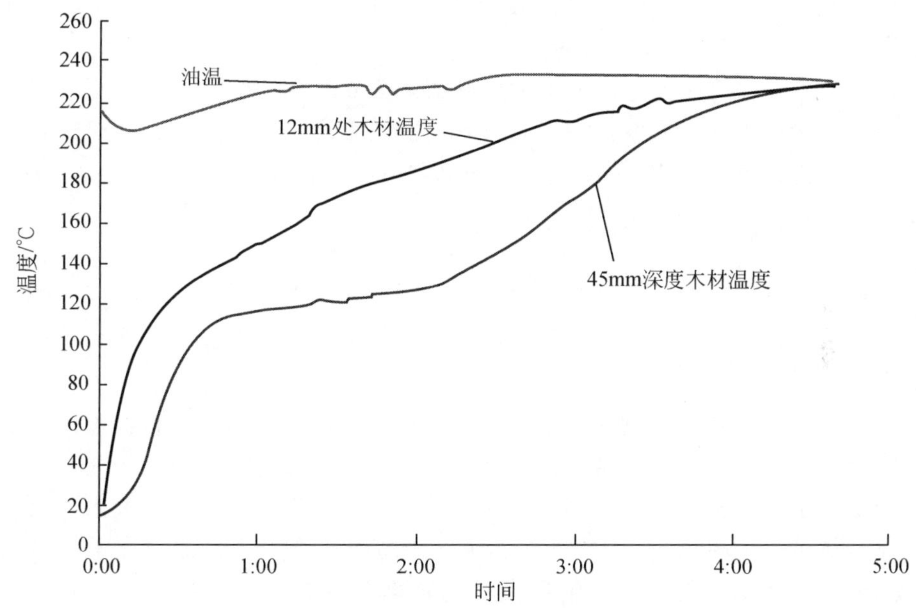

图3-8 加热过程中油和木材内部温度变化过程

横截面尺寸为90mm×90mm的云杉材

3）加热介质

加热介质是天然植物油，如菜子油、亚麻子油或葵花子油等。当处理材横截面为100mm×100mm，长度为4000mm时，处理周期（包括升温和降温）约为18h。油的作用表现在两个方面：一是迅速而均匀地向木材传递热量，使整个处理罐各处均处于同样的受热条件下；二是使木材与氧气完全隔离。从环境影响和其本身的物理化学性能考虑，植物油适合对木材进行热处理。植物油作为可再生材料对 CO_2 排放是没有影响的。其他植物油，如豆油、妥尔油（木浆浮油）及其转化产品等均可用于木材热处理。虽然在热处理过程中亚麻油有散发出气味的缺点，但事实证明这并不影响使用。油的发烟点及其聚合性能对油在木材中的可干性和每一次运行用油量的稳定性是重要的。最低要能承受230℃是木材热处理用油必须具备的先决条件。在热处理过程中，油的稠度和颜色会发生变化。由于易挥发成分的挥发，木材分解产物的积累使油的组成发生变化。这些变化改善了油的凝结性能。

4）成本

任何一种新产品是否具有市场开发前景，除环境因素外，产品生产成本，包括生产线建设成本和运行成本等有重要影响。Menz Holz 公司油热处理材的各项成本如下。

建设成本：年处理能力为 8500m^3 的生产厂的投资为 45 万欧元。如果运行 10 年，则折旧费为 5.2 欧元/m^3。

运行成本：根据吸油量，云杉的处理成本为 60 ~ 90 欧元/m^3。

每立方米处理材的成本：如果未处理材为 200 欧元/m^3，则 1m^3 油热处理的云杉的成本为 265 ~ 295 欧元。

3.3.5 中国生物质燃气热处理材

使用热处理工艺对材质相对较差的木材进行功能性改良是世界范围内的研究趋势。当前存在的主要问题是处理时使用的气体成本高，排放 CO_2 等气体。

生物质燃料的来源十分广泛。木材加工过程中的废弃物、木材加工后剩余的木屑、各种农作物收割后剩余的秸秆等，大自然中各种生物质材料都可以为之所用。利用生物质材料作为燃料的优点：第一，对这些材料加以利用，变废为宝，同时也扩大了生物质材料的利用范围和领域；第二，生物质材料的有效利用，一定程度上缓解了木材供不应求的供需矛盾，保护了木材资源；第三，根据《京都议定书》中相关条款的规定，生物质材料燃烧产生的 CO_2 不计入 CO_2 排量，所以利用生物质燃气作为加热介质生产热处理材，纯绿色无污染，符合低碳环保原则，是生产热处理材的一条重要途径。本方法生产的产品可用在房屋建筑、户外园林、户外墙板、室内装饰、户内外家具、桑拿板等场所。

3.3.5.1　热处理工艺

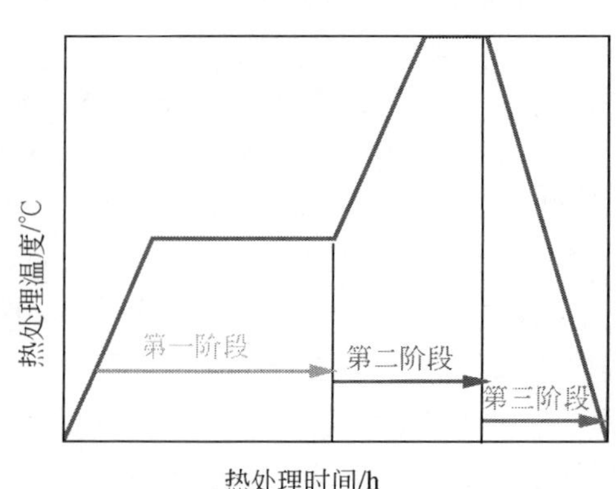

图 3-9　热处理工艺的 3 个阶段

在木材热处理之前，将生物质材料或剩余物自然干燥后颗粒化处理，作为待用燃料。木材热处理工艺的 3 个阶段如图 3-9 所示。

第一阶段：烘干，点燃燃烧室内燃料，在 4 ~ 6h 内缓慢升温对拟处理干燥木材加热至 103℃，烘干木材至绝干。

第二阶段：升温处理，调整风量，蒸汽喷蒸，在 3 ~ 4h 内将木材加温至要求的处理温度并保温，调整混合烟气中氧气、CO_2、CO 和蒸汽的气体比例以及处理环境的相对湿度，保持处理温度不变，持续3～4h。

第三阶段：降温，熄灭生物质燃料，密闭条件下缓慢自然降温至100℃以下，喷蒸调湿至含水率为4%～6%，温度40℃左右出炉，处理结束。

生物质燃气法工艺特点：①采用生物质燃料，可以再生，永续利用；②在第二、第三阶段处理阶段产生的木醋液、木焦油及其他挥发物质，通过特定的燃烧方式，完全燃烧后变成 CO_2 和水；③由排气孔排出的烟气含有不完全燃烧成分，在排放至大气之前，采用低温高能等离子技术对其二次处理，仅以蒸汽及 CO_2 的方式排入大气中；④采用非强制循环热气流方式热处理材，整个处理过程耗费电量很少。

3.3.5.2 生产流程

生产流程如图3-10所示。

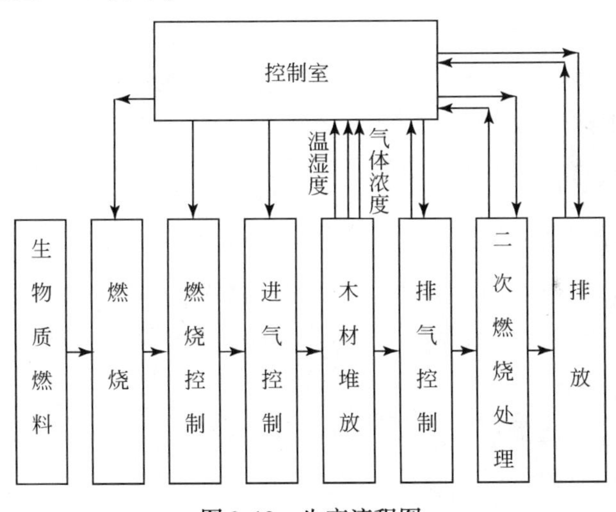

图3-10 生产流程图

3.4 热处理材的性能及评价与波谱分析

3.4.1 芬兰ThermoWood® 产品性能及评价

3.4.1.1 物理力学性能

1）密度

密度由试样的质量和体积决定。密度单位是 kg/m^3。由于热处理过程中木材的质量减少了，ThermoWood® 处理的木材密度平均降低约 10%。

2）强度

一般而言，木材的强度与其密度密切相关。ThermoWood® 处理使木材密度稍有降低，因此会使其强度有所降低，但强重比实际上可以保持不变。木材强度与其含水率有密切关系，热处理材的平衡含水率低，有利于改善其强度。

静曲强度和弹性模量：在低于 200℃的温度下处理的木材，其静曲强度没有显著降低。在高于 200℃的温度下处理的木材，其水平方向的静曲强度会明显降低。ThermoWood® 处理工艺可以保持甚至改善处理材的弹性模量。ThermoWood® 处理的木材不宜用于水平方向承载的建筑物上。

压缩强度：压缩强度主要取决于木材的实际密度。从试验结果发现，ThermoWood® 处理对木材的压缩强度没有负面影响。

断裂强度：试验表明，热处理使木材的断裂强度降低 30% ~40%，热处理温度高，木材断裂强度降低地多。

握钉力：握钉力与密度密切相关，对握钉力的主要影响是木材密度的变化，而非热处理过程本身。试验表明，对于密度低的材料如果预先钻孔效果好。

硬度：热处理温度升高，木材硬度随之提高，但增加的相对值很小，ThermoWood® 处理工艺对布氏硬度影响有限。硬度的差异主要取决于所用木材的密度和树种。

3）平衡含水率

ThermoWood® 热处理的结果是降低了木材的平衡含水率。高温（220℃）处理的木材，其平衡含水率比未处理材降低 40% ~50%，如图 3-11 所示。

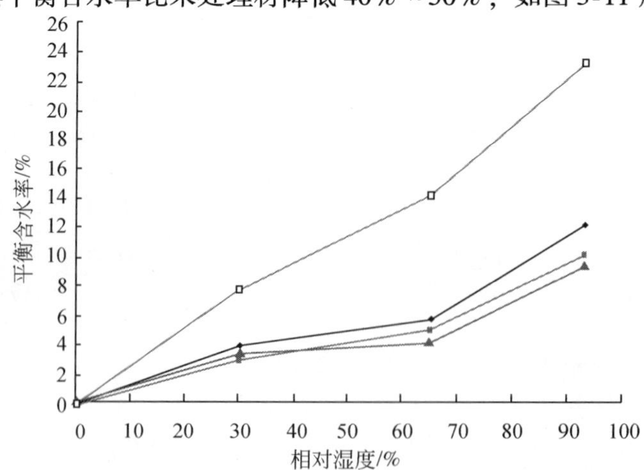

图 3-11 相对湿度对云杉处理材的平衡含水率的影响

—◆— 1h,T=220℃；—■— 2h,T=225℃；—▲— 3h,T=220℃；—□— 对照

4）尺寸稳定性

由于平衡含水率的降低和化学结构的变化，处理材的弦向和径向膨胀与未处理材相比显著降低，有时尺寸变化可减少40%～50%，如图3-12所示。

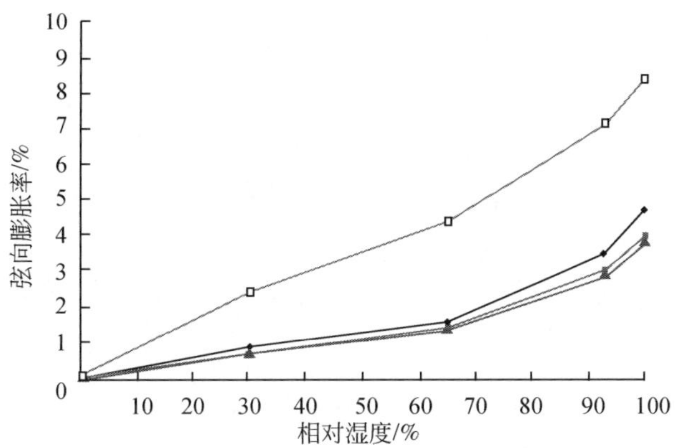

图3-12 相对湿度对云杉处理材弦向膨胀的影响

1h,T=220℃；2h,T=225℃；3h,T=220℃；对照

5）吸水性

ThermoWood® 处理降低了木材对水分的吸收，降低的程度因木材树种而异。

6）导热性

试验表明，ThermoWood® 处理材的导热性比未处理材降低20%～25%，因而绝热性得到改善。

3.4.1.2 耐久性能

1）耐腐性

按标准（EN113，ENV807）进行的实验室试验表明处理材的耐腐性得到显著改善，如图3-13所示。这是由于经过热处理去除了木材中菌、虫的天然食物，并改变了木材的化学和结构组成。用高温处理提高了木材的抗菌性。按标准（EN-335-1），ThermoWood® 处理材可在不加任何化学防护的情况下用于耐久性1～3级的环境中。该处理贯穿木材整体，并且没有其他处理方式中化学品渗出问题。截至目前的试验表明，热处理材尚未表现出抗白蚁的性能，这方面还需结合各地区白蚁的种类继续进行试验研究。试验表明，处理材的耐久性取决于处理温度和处理时间，要达到3级（EN-335-1）要求，处理温度需高于220℃，处理时间超过3h。

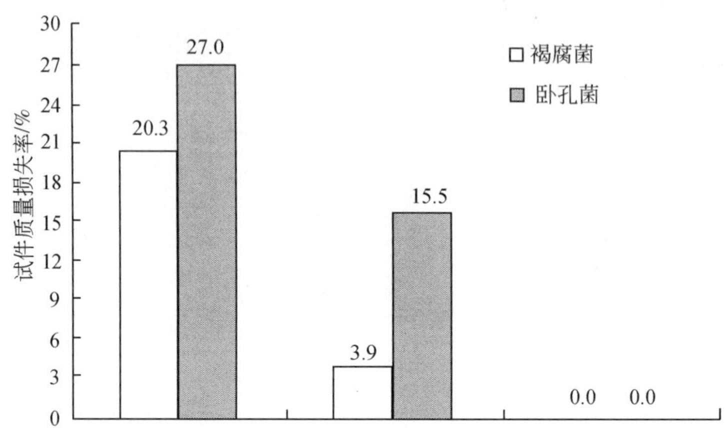

图 3-13 4 小时热处理松木 EN-113 试验对褐腐菌的耐腐性

2）耐候性

和许多其他材料类似，ThermoWood® 处理材不抗紫外线辐射。如果 ThermoWood® 处理材直接暴露于阳光下，很短时间内其颜色就会由褐色变成灰色。而且紫外线能引起木材表面出现细小裂纹。因此需要采用表面防护措施，以免发生变色和开裂。

3.4.1.3 加工性能

总的说来对热处理材的加工要比对一般窑干木材更加小心。在加工热处理材时容易出现机械损伤。可仿照对硬木的加工程序进行加工。最好采用锋利的工具。和所有木材加工一样，要根据加工场地的相对湿度预先调整木材含水率。

1）锯解

在热处理过程中，木材释放了其内应力，因此在锯解时不会发生变形。热处理材中不含松脂，因而所需锯材设备的功率降低，设备的连续工作时间显著增加。锯解热处理材与一般的窑干材没有区别。需要注意的是由于热处理材很干燥，因此产生的锯末很细，容易扩散到周围环境中去，因此需要有很好的除尘装置。

2）刨切

在热处理过程中，木材可能发生横弯，因此为降低发生表裂的危险，需用如图 3-14 所示的窄式进给轮。刨切热处理材时，进给速度和切削转速要适当降低，以避免木材表面出现灼烧情况。采用的具体速度与所用的设备有关。进给轮的种类和压力、木纹方向、横弯、刀具的锐利程度及从头到尾的速度等因素间有密切联系，处理好其间的关系，即可获得好的刨切结果。

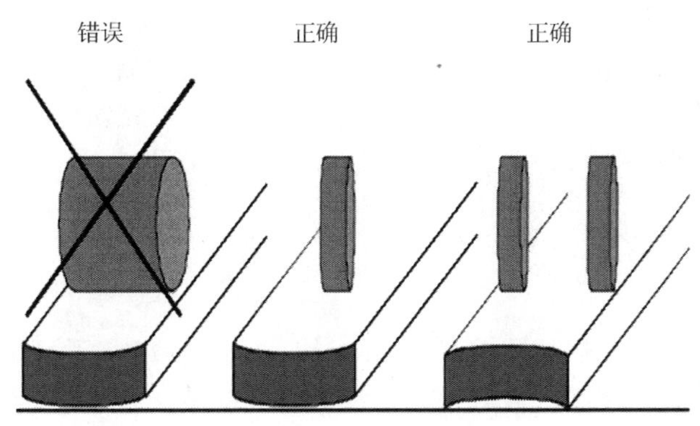

图3-14 进给轮的正确安置

3）铣削

刀具必须锋利，否则会出现撕裂。横纹铣削会发生严重撕裂。刀具进入或离开工件时最容易出现撕裂。对热处理材的铣削类似于对硬而脆的阔叶树材的铣削。刀具的磨损速度比铣削未经热处理的木材慢。

4）砂光

总体说来对热处理材的砂光同未处理材。很多情况下，由于热处理材在刨、铣之后，表面质量良好，因此不需再进行砂光。

5）黏接和指接

VTT用单组分和双组分胶黏剂研究了热处理材的胶合性能，并用显微镜观察了胶合情况。热处理材的胶合性能与热处理等级有关，胶接头的剪切强度随热处理温度升高而降低。要注意遵循每种胶黏剂的使用要求。和所有的木材黏接一样，对热处理材要注意正确的工作条件，包括木材的温度、含水率和表面清洁度。试验表明，用各种指接方法对热处理材进行指接都取得了成功。由于在热处理过程中可能发生横弯，因此指接前先进行刨切，有利于得到好的指接质量，并可改善设备的运行。两端施胶可使结合牢固。

3.4.1.4 热处理材使用后废弃物的处理

热处理材需要储存在干燥的地方。对储存地方的温度没有特别要求，没有采暖的仓库也可以，但应有房盖，如无房盖，则应对产品加以妥善覆盖。包装的产品应水平放置，并有足够数量的支撑，以避免下面的板材变形。在后续对储存的热处理材进行黏接或表面处理之前，要有足够的时间使其获得适宜的含水率和温度。使用前不要开包。

热处理材在处理过程中没有加入任何化学品，如果未经黏结或涂漆，则使用后的废弃物可与未处理材的废弃物同样处理。热处理材燃烧时产生的热量比未处理材少30%，因为在热处理过程中，富含能量的抽提物已经挥发了。由于同样的原因，热处理材燃烧时火焰小，烟少。热处理材与未处理材燃烧时，烟的成分没有显著区别。热处理材对人、畜无毒，可在户外使用。

3.4.1.5 热处理材对原料的要求

1）树种的影响

木材的质量对最终热处理材产品的质量有显著影响。原则上说来，所有树种的木材都可以进行热处理，但对每一个树种的木材要分别确定其最佳处理工艺参数。在芬兰用于热处理的树种是欧洲赤松（*Pinus sylvestris*）、挪威云杉（*Picea abies*）、垂枝桦（*Betula pendula*）、欧洲山杨（*Populus tremula*）。对辐射松、槐树、落叶松、桤木、山毛榉和桉树等树种的木材也取得了处理的经验。

2）锯材质量的影响

由锯材质量分等系统控制作为木材热处理原料的锯材的质量。按节子和其他瑕疵的数量、质量、尺寸和位置将原料木材分为三组，即A、B和C，A组又分为A1、A2、A3和A4。此外，制材厂还有应用户需要的分等。木材的节子各种各样，大多数情况下只有带健全节的锯材才可被选为热处理的原料。芬兰热处理材协会分别为松、云杉及硬木制定了作为热处理原料的最低要求。

3）木材湿度的影响

对木材热处理而言，木材初始含水率对处理材质量没有显著影响。对生材或经过干燥的木材均可进行热处理。在两种情况下，在处理的第一阶段中，木材均被干燥至绝干状态。

3.4.1.6 在热处理过程中木材组分变化对性能的影响

ThermoWood® 在热处理过程中，木材的物理和化学结构发生很多变化。木材的主要组分，纤维素、半纤维素和木质素受热后以不同的方式降解，纤维素和木质素比半纤维素降解慢，并需要较高的温度。抽提物更易降解，在热处理过程中从木材中挥发出去。在热处理过程中发生的各种物理和化学变化，改变了木材的性能。ThermoWood® 热处理过程中木材组分的变化及其与性能的关系如图3-15所示。表3-3和表3-4分别显示了不同热处理等级对针叶树材和阔叶树材性能的主要影响。

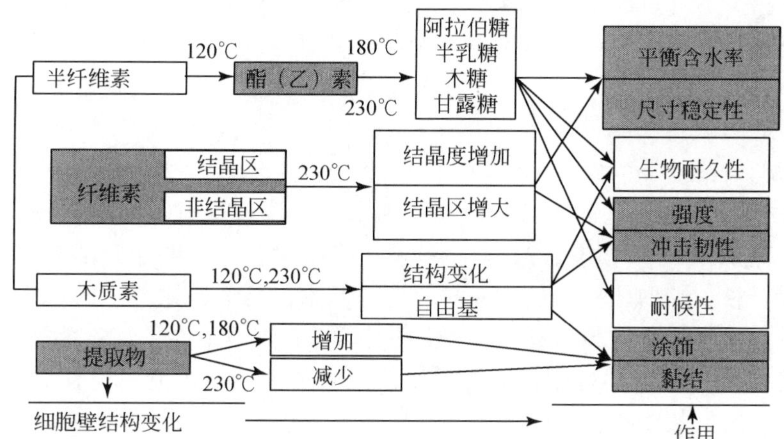

图 3-15 ThermoWood® 热处理过程中木材组分变化与性能的关系

表 3-3 不同热处理等级对针叶树材产品性能的影响

项目	稳定性处理	耐久性处理
处理温度	190℃	212℃
耐候性	+	+ +
尺寸稳定性	+	+ +
抗弯强度	不变	–
颜色变深	+	+ +

注：“+”表示提高；“–”表示降低。

表 3-4 不同热处理等级对阔叶树材产品性能的影响

项目	稳定性处理	耐久性处理
处理温度	185℃	200℃
耐候性	不变	+
尺寸稳定性	+	+
抗弯强度	不变	–
颜色变深	+	+ +

注：“+”表示提高；“–”表示降低。

由此可见上述处理等级适合于各种软材和硬材，但须对每一个树种分别确定其最佳工艺参数。

3.4.2 荷兰 Plato 热处理材性能及评价[1]

Plato 热处理材，其组分结构发生变化。木材吸水性减少，原先菌类可食的物质变为菌类不可食物质，提高了木材尺寸稳定性和木材耐腐性。在其处理过程中，没有加入任何杀菌剂，也没有有毒物质产生，Plato 热处理材与原木材一样对于人畜无毒。正因为如此，使其可以在很多场合应用，并更具竞争力，得以在欧洲推广应用。

1）耐久性能

Plato 热处理材耐久性能可以通过欧洲木材防腐标准试验说明，图 3-16 是一些木材土埋试验（ENV807，24 周）结果，从左到右是辐射松、苏格兰松、花旗松、挪威云杉、硬白梧桐、热处理材、娑罗双木、翼形红铁木、松木边材，热处理材质量损失率最少。翼形红铁木被欧洲标准（EN 350-2）认定为耐久性 1～2 级的天然木材，Plato 热处理材的损失率仅是它的一半，由此可以认为 Plato 热处理材具有比较好的耐久性能。

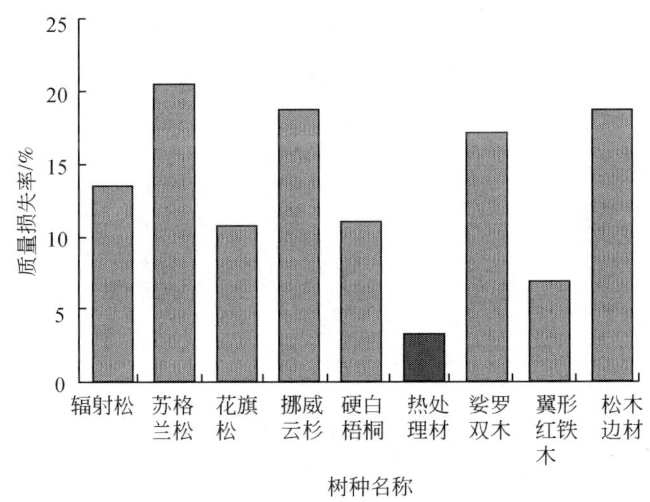

图 3-16　Plato 热处理材与其他木材耐久性能
木材土埋试验，ENV 807，24 周

2）机械加工性能

Plato 热处理材的机械加工性能（锯、刨、铣）与其他木材没有差异。对于一些试验，如制作窗框、门和护墙板等，Plato 热处理材的加工性能表现出有所改进。由于 Plato 热处理材里外都是同样处理的，加工后的制品耐久性能也完全一样，而经过防腐剂处理的其他木材就没有这种优点。

3）吸水性能和尺寸稳定性

Plato 热处理材吸湿、膨胀和收缩明显减小，改进了产品的尺寸稳定性能。图 3-17 是处理材与对照材在不同相对湿度时的平衡含水率，无论是吸湿或解吸湿，处理材均低于对照材，平衡含水率越低，其尺寸稳定性越好。此外，Plato热处理材减少了弦向和径向膨胀和收缩的差异，也改进了稳定性能。

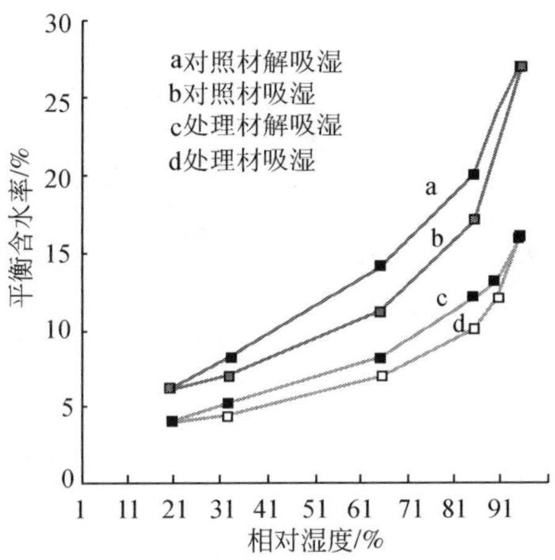

图 3-17 处理材、对照材吸湿/解吸湿曲线

4）强度

Plato热处理材与对照材对比，强度有些变化：弹性模量增加0～10%，静曲强度降低5%～25%。总体讲，Plato热处理材强度使它适用于细木工制品、室外制品和水工制品。图3-18和图3-19为处理材和未处理材的弹性模量和静曲强度的比较。

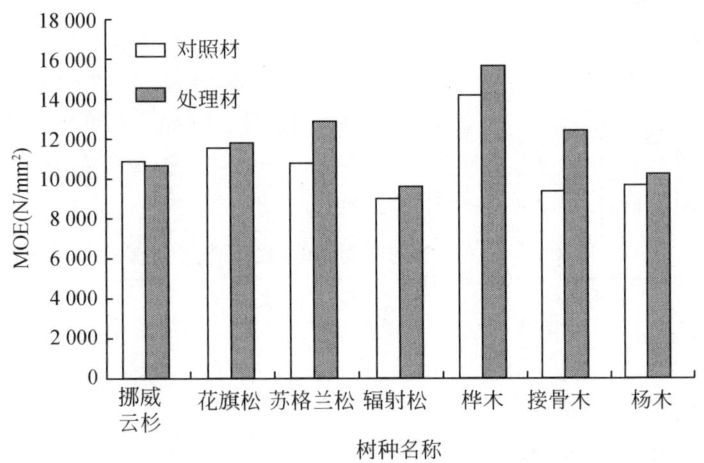

图 3-18 不同树种热处理和未处理弹性模量

5）油漆性能

Plato热处理材油漆性能好于或至少等于现在的木材，使用醇酸漆油漆的产

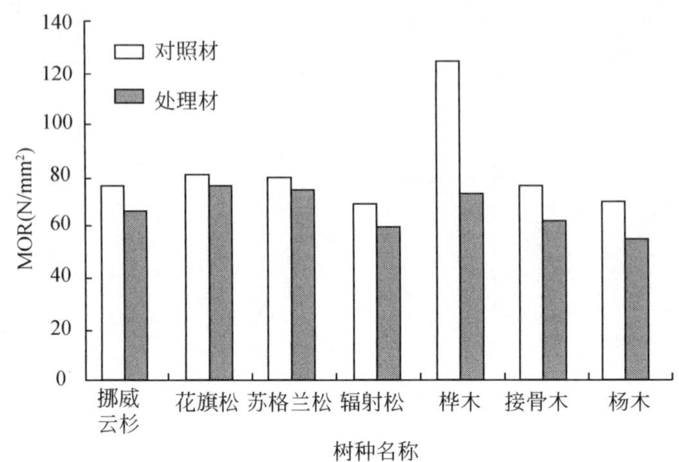

图 3-19　不同树种热处理和未处理静曲强度

品，经过老化试验（荷兰标准 NEN 5337）没有渗色现象，有比较好的干湿胶合强度，漆膜干燥、稳定、均匀。Plato 热处理材的疖子也变得比较稳定，不会影响漆膜性能。Plato 热处理材油漆性能的改进对于油漆制品维护也有正面效果，使维护周期延长，成本降低。

6）胶合性能

使用一般木材用胶黏剂，如白乳胶（PVAc）、聚氨酯（PUR）进行胶合试验，Plato 热处理材胶合性能优于未处理材，这与 Plato 热处理材尺寸稳定性能有关。Plato 热处理材可以指接、层积。

7）环境 – 生态的影响

通过生命周期评价（life cycle assessment，LCA）法和生命周期费用评价法（life cycle cost，LCC）法，从制造、运输、使用、废弃等阶段评价 Plato 热处理材及其他对照材料对于环境的冲击（LCA）和环境维护及制品成本（LCC）。对比试验选择两个应用对象：电线杆和窗框（表 3-5）。

表 3-5　不同材料用于制造电线杆和窗框一览表

电线杆	窗框
Plato 热处理材电线杆	Plato 热处理材窗框
混凝土电线杆	油漆并处理的松木窗框
PVC 电线杆或可循环塑料电线杆	PVC 窗框
铜铬砷防腐剂（CCA）处理（浸或涂）云杉电线杆	钢窗框
CCA 处理（真空加压处理）云杉电线杆	热带阔叶树材窗框
杂酚油处理的松木电线杆	铝窗框

(1) 关于电线杆制作的评价

在环境负荷方面比较大的是：CCA处理（浸/涂）云杉电线杆和杂酚油处理的电线杆。使用时对人畜有毒，对环境产生污染。

在环境负荷方面最小的是：热处理材电线杆和混凝土电线杆。与环境友善，对人畜无污染。

环境维护成本和生产成本见图3-20。环境维护成本是指控制排放量和污染源，使其产品或生产过程达到环境要求的标准所消耗的成本；制造成本是指消耗的原材料、人力和资本。由图3-20可见，杂酚油和CCA处理的电线杆其环境维护成本远远高于其生产成本，Plato热处理材电线杆的环境维护成本和制造成本的总和是最小的。

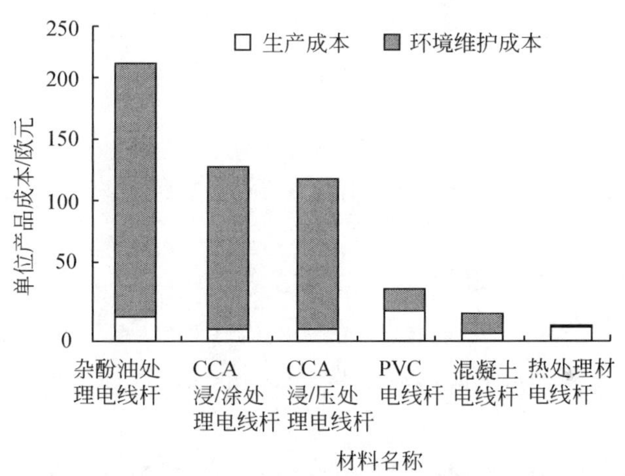

图3-20 不同材料制造电线杆的生产成本和环境维护成本

(2) 关于窗框制作材料的评价

各种材料所制的窗框，由于对人的毒性酸化和富营养化，以及温室气体和光化学作用对环境的影响，其环境负荷、环境维护成本和生产成本的比较如图3-21所示。铝制窗框、热带木材窗框和钢窗框对环境负荷最大；Plato热处理材和松木窗框环境负荷最低。铝、热带材（娑罗双木）、钢制窗框具有最高的环境维护成本和生产成本。PVC、Plato热处理材、松木窗框有着比较低的生产成本和低的环境维护成本。在荷兰减少二氧化碳排放量计划框架中，也将Plato热处理材制造和废弃过程的二氧化碳效应与CCA处理材、铝、PVC及热带材作了比较。评价由IVAM环境机构复查。结果表明与CCA处理材相比，在Plato热处理材制造过程中仅用少许能量，生成少许二氧化碳。

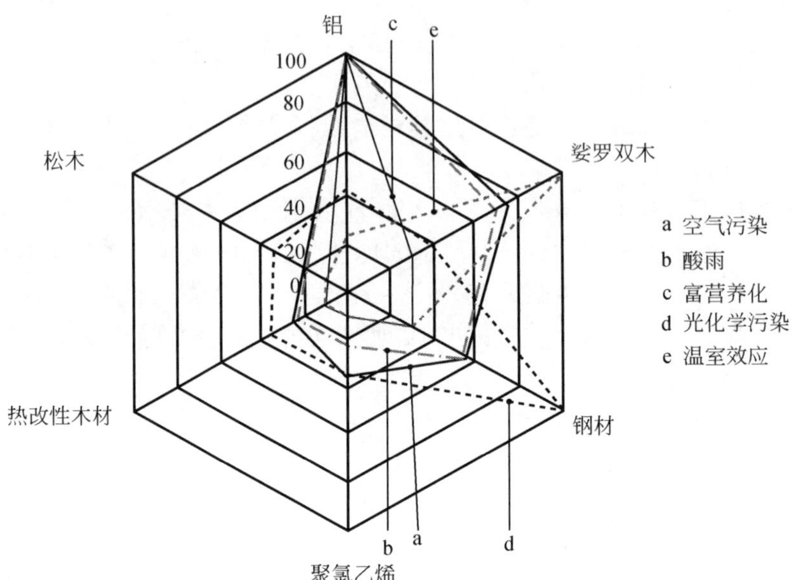

图 3-21　不同材料制造窗框时其环境负荷和生产成本及环境维护成本比较

3.4.3　法国热处理材性能及评价

1）颜色

热处理材比未处理材的颜色加深，颜色深度与热处理温度和时间有关。

2）气味

热处理材具有气味，放置数日后气味变小，保持数月之久可能消失。

3）密度

由于半纤维素的降解和水分的失去，热处理材密度比没有处理的木材低。阔叶树材比针叶树材变化大，山毛榉炉干密度降低 9.4%，杨木降低 7.9%，冷杉降低 5.4%，松木降低 3.3%。密度减少主要发生在 80℃前干燥阶段的水分损失，和热处理开始及 180～200℃的半纤维素降解，其后一直到 260℃，质量减少呈线性关系。玻璃化阶段质量减少最少。

4）平衡含水率

在所研究的树种范围内，山毛榉、杨木的平衡含水率减少 52%～62%，冷杉和松木减少 43%～46%。山毛榉的平衡含水率减少受相对湿度的影响比较大，其他三个材种受相对湿度影响比较小。

5）尺寸稳定性能

根据制造商提供的数据，热处理杨木的抗胀（缩）率（ASE）为 53.4%，海岸松为25.2%，苏格兰松和挪威云杉大约为45.5%，白冷杉为28.7%。这表示杨木、云杉、苏格兰松体积收缩率大约为7%，冷杉、海岸松为9%。没有处理材体积收缩率为11.4%（白冷杉）~13%（挪威云杉）。增加热处理时间将提高热处理材的尺寸稳定性能，减少体积收缩率。

6）力学性能

热处理材（如 Retification®）的力学性能，如静曲强度（MOR）有所减少：苏格兰松静曲强度减少27%，挪威云杉减少15.5%，白冷杉、海岸松和杨木减少从9.5%到6.7%不等。

7）润湿性能

在240℃热处理5h的云杉、杨木、山毛榉、苏格兰松其润湿性能均有减少，山毛榉的热处理材亲水性能减少发生在130~160℃。原来木材使用的涂料不能使用，但是可以找到一些改进办法，有可能使用一些添加剂调节表面能，即可将涂料使用于热处理材。热处理材使用的胶黏剂要做相应的研究，提高适用性。

8）耐腐性能

热处理材的抗菌降解能力有明显的提高，没有一个热处理材例外。海岸松、云杉、山毛榉、杨木在200~260℃，处理1~24h，其抗褐腐菌、白腐菌能力提高，质量损失减少。即使热处理材的抗腐能力有了很好的提高，但也不能达到4级标准（与地面接触使用的要求），可以达到3级标准（地面上使用的标准）。处理温度增加，热处理材的抗腐能力增加，抗腐试验中损失质量减少。正是由于热处理材表现出的耐腐性能，生产使用过程又没有环境污染问题，使热处理材在西方国家得到高度重视。

9）耐候性能

在240℃热处理2h的白蜡木、山毛榉、海岸松、杨木，进行人工老化试验（QUV），其颜色变化比未处理材变化小，这可能是由于热处理过程中木质素发生弱的降解所致。在人工老化试验开始时，未处理材颜色变化非常快，白蜡木对于紫外光降解是不敏感的，杨木没有耐紫外光能力，山毛榉、海岸松居中。不过即使有高的耐紫外光能力，Retification® 热处理材与其他热处理材一样也成为浅褐色。

3.4.4 德国热处理材性能及评价

以新鲜的、未经处理的欧洲赤松（*Pinus sylvestris* L.）和欧洲云杉（*Picea abies* L. Karst）作为油热处理的原料材。含水率为6%的试件在排除氧气、不加压的情况下，在三种温度（180℃、200℃和220℃）下于精炼的亚麻油中加热。油温一旦达到希望值，立即将试材浸入油浴中，并保持4.5h。在热处理阶段，木材吸不了油，为得到要求的吸油量，必须将试件在油浴中冷却15min。对照试件在相应温度的干燥室中在常压下加热4.5h。

3.4.4.1 生物耐久性

1）耐腐性

按照DIN EN 113（1996），对油热处理的试件和热空气处理的试件的褐腐菌（*Coniophra puteana*）耐久性进行测试。试件由云杉和松木边材制作，由于两种木材的浸渍性能不同，即使在相同的处理条件下其吸油量也不同。将处理材与对照材的试件放在培养瓶（Kolle flash）中培养19周，测试试件质量损失，计算该质量损失与处理后试件的质量比，以此评价处理材的耐腐性。未处理的云杉和松木边材质量分别减少48%和40%。油热处理材的耐久性取决于树种和温度，油热处理的云杉和松木对褐腐菌的耐腐性能随温度升高而改善。热空气处理材没有阻止褐腐菌的侵蚀，苏格兰松的平均质量损失为11%，云杉为5.5%（表3-6）。油热处理材的质量损失明显低于在空气中热处理材的损失。在200℃热油中处理的松木边材的质量损失低于2%，以热油处理云杉要得到高耐久性，温度必须达到220℃。

表3-6 热处理试件褐腐菌耐腐性能

处理温度/℃	油热处理				空气热处理			
	松木边材		云杉材		松木边材		云杉材	
	材重/g	平均质量损失率/%	材重/g	平均质量损失率/%	材重/g	平均质量损失率/%	材重/g	平均质量损失率/%
180	1.1	13.0	1.2	15.0	2.3	25.0	2.5	31.2
200	0.1	1.9	1.1	13.1	1.0	15.8	2.2	26.7
220	0.1	2.0	0.0	0.0	0.9	11.0	0.4	5.5

2）变色与发霉

室外耐候试验表明需要对油热处理材进行外表面处理以便防止其褪色。

3）抗虫性

一年空气热处理材和油热处理材耐受海生钻孔动物的试验表明，热空气处理材和热油处理材都不能阻止海生钻孔动物的侵袭。在德国尚未进行热处理材对白蚁及其他昆虫的耐受试验。

3.4.4.2 物理力学性能

弹性模量（MOE）、静曲强度（MOR）和脆性：MOE和MOR由三点弯曲试验检测，试件的尺寸为150mm×10mm×10mm，在万能试验机上沿顺纹方向加载。冲击强度试验在冲击试验机上进行，可由此得到试件的动态稳定性的信息，和对照试件比较，计算出冲击强度的变化。在处理温度为200℃时，油热处理材的 MOE 最大可达11 000N/mm²。在油或空气中对针叶树材进行热处理，其 MOE 基本不降低（图3-22）。在220℃时处理材的冲击强度（impact bending strength）显著降低，木材变脆，油热处理材降至未处理材的51%，空气热处理材降至未处理材的37%（图3-23）。油热处理材的耐久性随处理温度的升高而提高，但处理材的静曲强度却随处理温度的升高而降低（图3-24）。

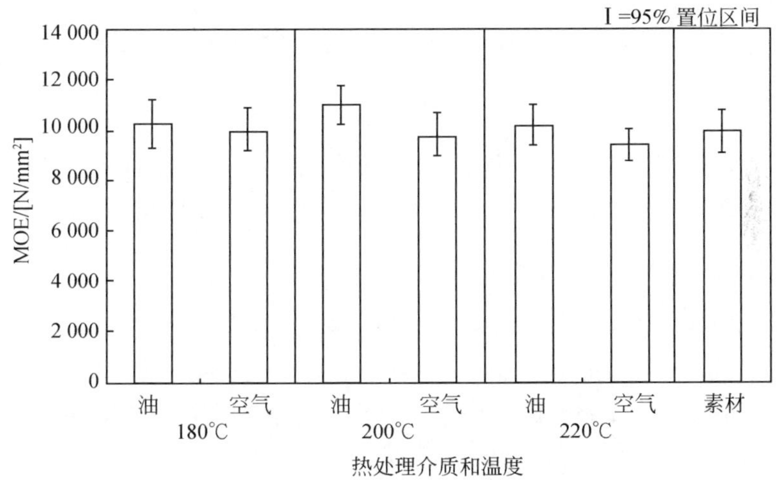

图3-22　两种方法处理后木材顺纹弹性模量

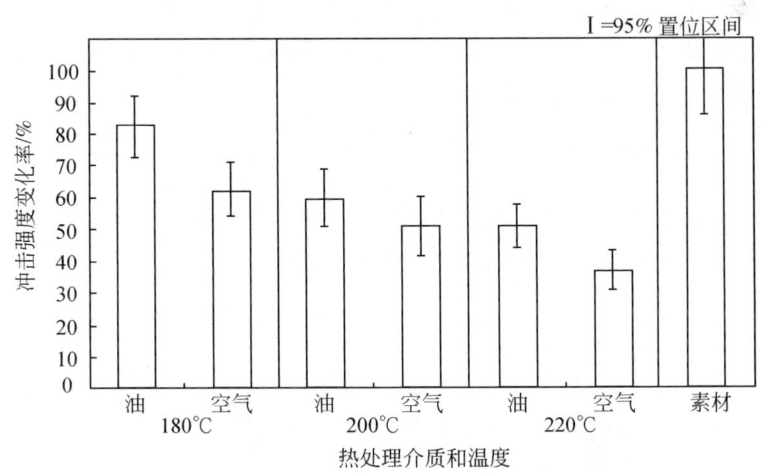

图3-23　两种方法处理后木材冲击强度的变化

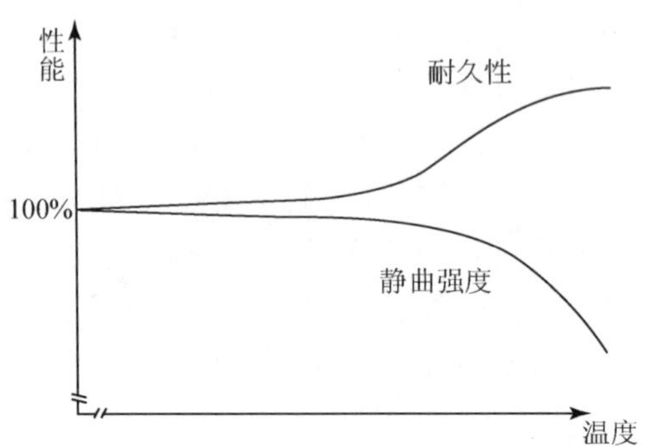

图 3-24　油热处理材耐久性和静曲强度与处理温度的关系

3.4.4.3　气味

和所有热处理材一样，油热处理材有种烟味。虽然过段时间这种烟味会蒸发掉，但仍可能影响在室内的应用，但不会对室外应用有影响。

3.4.4.4　颜色和表面质量

处理周期结束后，残留在木材表面的油在冷却过程中被木材迅速吸收，因而几分钟后木材表面即成干燥状态。在较低温度下处理的木材，其表面呈淡褐色；在较高温度下处理的木材，其表面呈深褐色。与空气热处理的情况不同，在油热处理的木材表面没有因树脂渗出形成的斑点。

3.4.4.5　油漆性

两年的树脂漆耐候试验证明，油热处理材对丙烯酸水基漆和溶剂基醇酸树脂漆的油漆性能良好。令人惊奇的是两年之后，油热处理材表面漆的附着力更加好于空气热处理材。

3.4.4.6　黏接性

初始的试验结果是：云杉热处理材刨平后黏接没有问题。但是对吸油量高的油热处理松木，只有改性胶黏剂才能得到好的结果。

3.4.4.7　耐候性

未经表面处理的热处理软材的初始褐色不耐紫外线。半年的室外试验后，油热处理云杉材的颜色接近于经耐候试验的落叶松心材的颜色。

3.4.4.8　吸湿性

经 220℃，4h 处理的油热处理材，其纤维饱和点的含水率为 14%，而未经处理的对照材饱和含水率为29%。

3.4.4.9 尺寸稳定性和裂纹

将油热处理后的试件分别放在20℃，相对湿度分别为35%、65%和85%的环境中。在试件的质量稳定后，测量其尺寸。在220℃高温下，两种处理方法处理试件测定抗胀（缩）率（ASE）改善的程度类似，大约为40%。改善的程度与湿度有关，湿度增加时，ASE降低，高温处理材试件和低温处理材试件的差别不大（图3-25～图3-27）。油热处理材的吸湿性显著降低，可以预料，由于油的耐水性，油热处理材的尺寸稳定性优于用传统方法在不含氧气的空气中热处理材。此外油热处理也提高木材表面的稳定性并减少裂纹的形成。

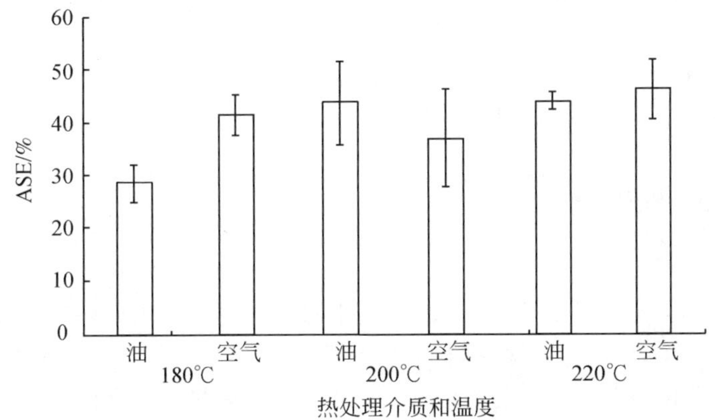

图3-25 热处理欧洲赤松（*Pinus sylvesirics* L. 10mm×20mm×20mm，相对湿度变化为0～35%）的ASE

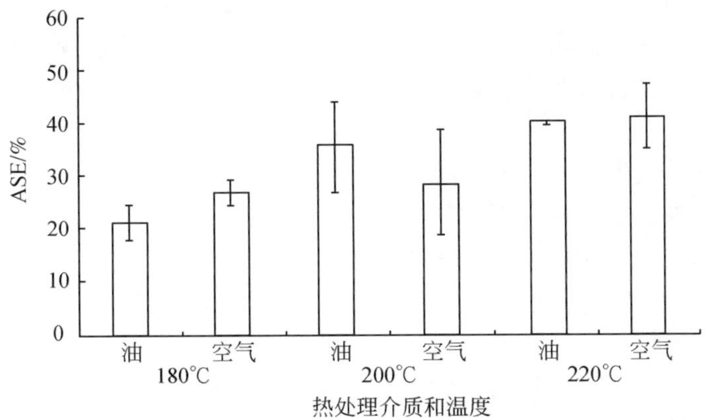

图3-26 热处理欧洲赤松（*Pinus sylvesirics* L. 10mm×20mm×20mm，相对湿度变化为0～65%）的ASE

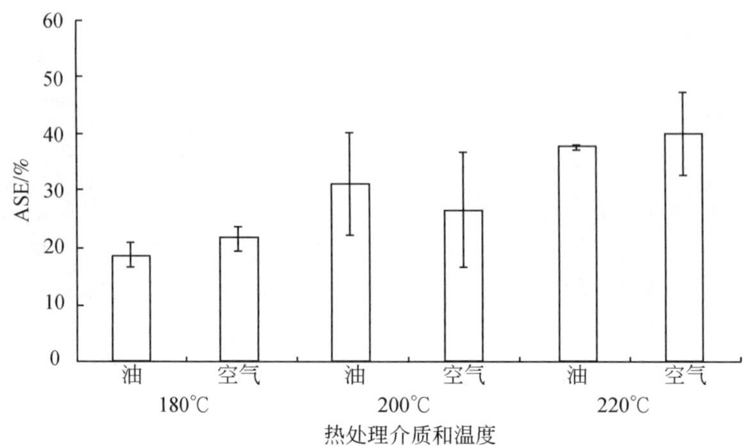

图 3-27 热处理欧洲赤松（*Pinus sylvesirics* L. 10mm × 20mm × 20mm，相对湿度变化为 0 ~ 85%）的 ASE

3.4.4.10 树种的影响

1）适宜的树种

和浸渍处理不同，甚至难浸渍的大尺寸的木材也可以用油热处理使其最里面的区域得到保护。在德国油热处理材特别用于云杉，因为在德国这种木材的用量大，价格好。从基础研究、标准试验到工艺优化整个体系都针对云杉和松木进行。

2）不同树种的工艺参数

难浸渍的云杉材和易浸渍的松木边材的吸油量可以在广泛的范围变化。在不加压情况下，可使油热处理云杉材的最小吸油量为 20 ~ 60 kg/m^3（取决于处理材的尺寸）。如果希望得到高耐久性和高强度，可以在较低温度下，以较高的吸油量处理松材。在处理过程中，通过加压可以很容易地调节处理材的吸油量。

3）对耐久性的影响

植物油和热处理相结合使油热处理材的褐腐菌耐腐性显著优于热空气处理材。除纯粹的高温下的热处理以外，吸油也有助于提高处理材的耐久性。在比欧洲 3 级危险标准（European Hazard 3）更加恶劣的条件下，可采用高吸油量的油热处理。在欧洲 4 级危险标准（European Hazard 4）的条件下，与无吸油的热处理相比，高吸油量可以延长油热处理材的使用寿命。

4）建议进行油热处理的树种

没有哪一种木材不能用油热处理，但现有的经验大多针对挪威云杉和苏格兰松。油热处理的挪威云杉适合于制造大多数的物品，满足欧洲 3 级危险标准的要求。

3.4.4.11　应用范围

油热处理材可用于护墙板、室外装修、庭院用具、楞台、围栏、音障以及和土壤接触的场合（在高温下处理，并有高吸油量）等。

3.4.5　中国生物质燃气热处理材性能及评价与波谱分析

3.4.5.1　燃气热处理材的性能及评价

1）密度

利用生物质燃气处理后的热处理材的密度与没有任何气体保护直接高温处理的落叶松木材相比，密度降低约2%，与常用的热处理介质氮气热处理后得到的木材相比，相同温度下密度同比略有升高或者持平，充分说明利用生物质燃气处理后的产品性能较利用成本较高的氮气相比，其性能改变不大（图3-28）。

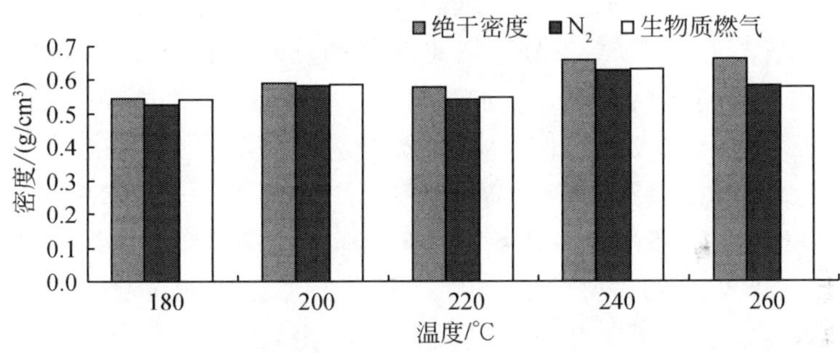

图3-28　不同温度不同热处理介质下的密度变化

2）平衡含水率

220℃氮气和生物质燃气生产的热处理材的平衡含水率随着时间的变化差异不大，说明可以利用生物质燃气来热处理材（图3-29）。

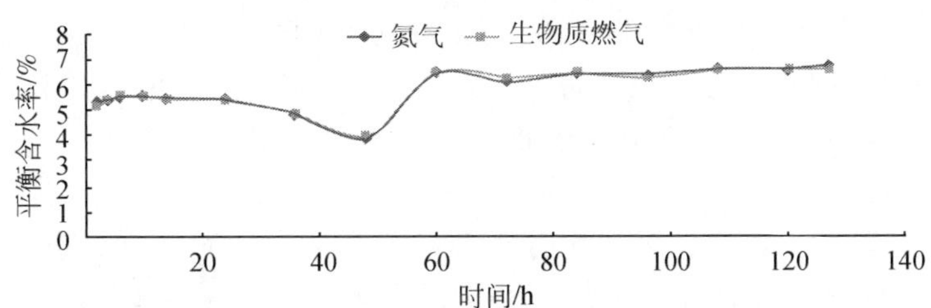

图3-29　220℃下氮气和生物质燃气热处理落叶松木材平衡含水率

3）尺寸稳定性

本研究对在不同热处理介质中不同温度下热处理落叶松木材的 ASE 进行测定，测定结果如图 3-30 所示。

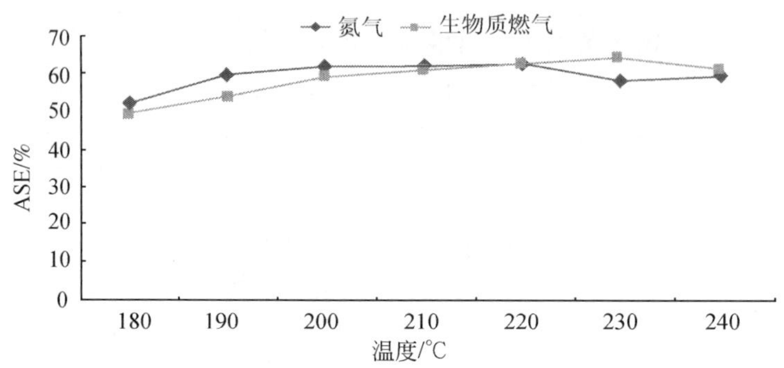

图 3-30　不同温度下生物质燃气和氮气的落叶松木材的 ASE 变化规律

由图 3-30 可以看出，随着热处理温度的升高，无论是热处理介质是氮气还是生物质燃气，落叶松木材的 ASE 值总体趋势均随着温度的升高而增加，说明落叶松木材通过超高温热处理后，木材的尺寸稳定性得到了提高。当热处理介质为氮气时，在 180 ~ 220℃ 范围内，落叶松木材的 ASE 一直随温度的升高而升高，在 220℃ 时达到最大值 62.16%，随后随温度的升高略呈减低趋势，在 230℃ 和 240℃ 时的 ASE 分别为 58.33% 和 59.21%，降幅和 220℃ 时相比分别为 6.2% 和 4.7%。当热处理介质为生物质燃气时，在 180 ~ 230℃ 范围内，落叶松木材的 ASE 一直随着温度的升高而升高，最大 ASE 值为 63.9%，说明当热处理介质为惰性气体时，木材的热处理温度可以更高以获得更大的尺寸稳定性，同时惰性气体氛围中木材的力学强度破坏也可能较小。二者均在 240℃ 时 ASE 值下降，生物质燃气保护下 ASE 值的降幅为 4.7%，和热处理介质为氮气的相同。本研究中木材 ASE 值的变化一方面说明了通过热处理材可以提高木材的尺寸稳定性，另一方面也说明了木材的热处理温度并不是越高越好。图 3-30 还表明，相同温度下不同热处理介质热处理材时，在 180 ~ 220℃ 范围内时，热处理介质为生物质燃气的热处理材的 ASE 值低于热处理介质为氮气的，但是随着温度的升高，生物质燃气下热处理材的 ASE 值就会高于相同温度下热处理介质为氮气的。木材 ASE 值随温度升高在一定范围内增加的原因可能是：在高温作用下，细胞壁中的一些结合水上的羟基发生缔合，因为水分子间的缔合能量相对较低，形成新的氢键，减小了纤维素分子间的距离；纤维素、半纤维素间的游离羟基与羟基和羧基间发生脱水反应，降低了游离羟基的含量。

3.4.5.2 燃气热处理材的波谱分析

1）X射线衍射分析技术

X射线照射在物质上，将会产生各种复杂的物理、化学和生化过程，可能引起多种效应。例如，用X射线照射木材，可以增加木材表面的自由基数目，从而产生降解作用，也可以使气体电离，或使一些物质发出可见的荧光等。X射线作用于物质时，可能产生如下效应。

（1）光电效应。当X射线穿过物体时，其量子与物质原子的轨道电子发生相互作用，如果X射线光子的全部能量传递给一个电子，其中一部分能量用于克服轨道电子的结合能，其余的能量转变为电子的动能，使电子脱离了原子核的束缚成为自由电子——光电子，X射线光子消失了，这种相互作用过程称为光电效应。

（2）俄歇效应。原子中的内层电子被电离后出现一个空位，接着发生较外层的一个电子跃入填空时，所释放的能量即在该原子内部被吸收而逐出较外层的另一个电子的物理现象称为俄歇效应。这种现象也称为次级光电效应、内转换或无辐射跃迁（radiationless transition）。

（3）荧光效应。物质原子受X射线光电子激发后，放射的次生标识辐射称为荧光辐射。

（4）电子对效应。当X射线量子的能量大于1.02MeV时，在物质的原子核场中一个X射线光子可以转化为一对正负电子，这种作用过程称为电子对效应。

（5）瑞利（Rayleigh）散射。也称为相干散射，即X射线量子与物质原子中的电子，主要是内层轨道电子发生弹性碰撞，入射X射线光子被散射，只改变方向，而没有改变能量。这种弹性散射主要发生在低能范围，当入射X射线光子能量加大时，这种散射效应急剧地减小。相干散射能引起衍射效应，它是取得衍射实验数据的基础。

（6）康普顿（Compton A H）散射。也称为不相干散射，当X射线光子与原子的外层电子（结合能很小）相互作用，光子的一部分能量和动量传给电子，因而光子的运行方向发生改变，并且能量减少，变成比入射线波长更长的X射线。这种散射是不相干散射，它不能参与衍射，但是它却是无法防止的，会使衍射图像的背底发黑，对衍射工作极为不利。

（7）热效应。当X射线与物质作用时，有极少部分能量转变成了热能。

除了上述效应外，X射线与物质作用时，还有折射、偏振等现象。但这些现象不明显，一般不予考虑。

综上所述，X 射线与物质发生作用时，从物体透射出来的 X 射线中将包括复杂的成分。除了减弱强度的入射 X 射线外，还有从瑞利散射和康普顿散射产生的散射 X 射线，从光电效应和康普顿效应等产生的电子，此外，还有特征辐射等，亦即透射的 X 射线中包含了多种波长和多种方向的 X 射线，而不是像入射的单一方向的 X 射线，这样就增加了问题的复杂性，给无损检测木材带来了许多困难。而采用特征辐射，可使问题变得简单些。热处理材因其突出的特点和性能引起科研工作者的极大兴趣，通过使用 X 射线衍射技术可以分析在不同温度下的热处理材结晶度的变化（图 3-31），也可以对这种材料的组成、结构有着深入的分析，可为发挥其应用潜力、扩大使用范围、提高使用价值等方面提供基础数据和理论基础。下面对生物质燃气和氮气热处理后得到的产品的 X 射线衍射特征进行分析（表 3-7）。

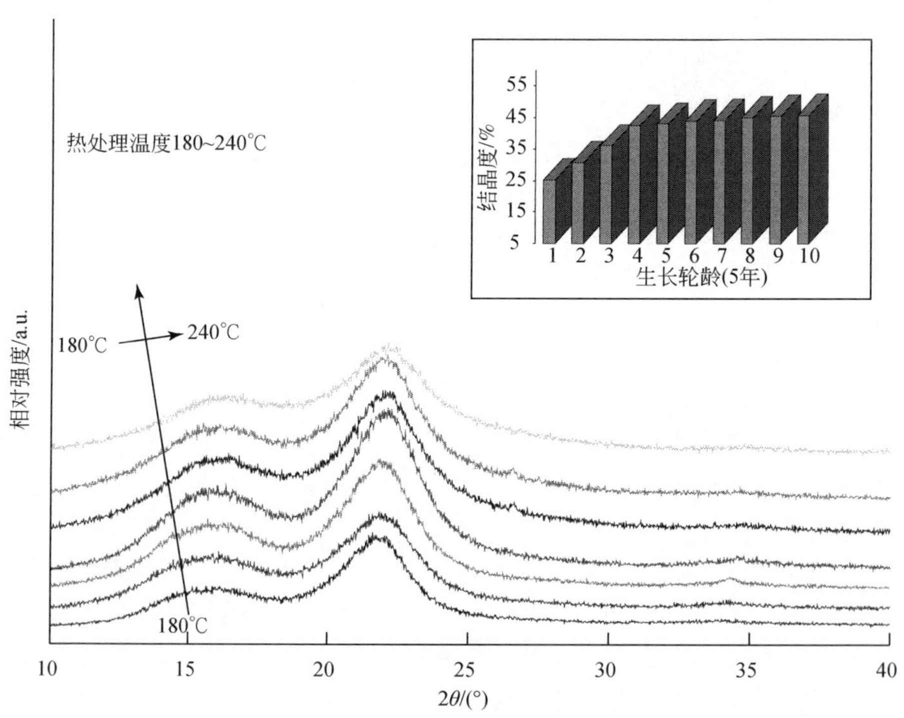

图 3-31　不同温度下热处理材 X 射线衍射图

表3-7 生物质燃气和氮气热处理落叶松木材X射线衍射特性

热处理介质	热处理温度/℃	002晶面角度/(°)	相对结晶度/%	结晶区宽度/nm
氮气	180	22.20	50.77	4.04
	190	22.34	52.48	4.07
	200	22.47	56.46	4.11
	210	22.52	57.88	4.13
	220	22.35	43.59	4.05
	230	22.09	62.13	4.21
	240	21.96	64.15	4.30
生物质燃气	180	22.22	51.98	4.02
	190	22.19	54.60	4.05
	200	22.38	57.92	4.17
	210	22.41	61.58	4.21
	220	22.64	63.72	4.3
	230	22.54	47.18	4.06
	240	22.38	67.29	4.32

木材细胞壁中纤维素的结晶结构的变化影响着其晶区大小、晶胞参数和结晶度。木材的相对结晶度实质就是纤维素结晶区占纤维素整体的百分率。结晶度的变化与木材的尺寸稳定性、硬度、抗拉强度及密度有着密切的关系。热处理过程中由于高温作用致使纤维素的结构发生变化，也必然影响着结晶度的变化。本研究中使用X射线衍射仪系统地研究了落叶松木材在超高温度下的结晶学特性，对002晶面衍射峰位置、纤维素的结晶度及结晶区宽度进行了计算、分析和表征，计算结果见表3-7。从表3-7中可以看出，不同热处理介质下落叶松木材的002晶面衍射峰的位置在22.3°附近（21.96°~22.64°），结晶区宽度约为4nm（4.02~4.32nm），采用Sega法计算纤维素的相对结晶度。

由表3-7可以看出，无论热处理介质是氮气还是生物质燃气，落叶松木材结晶度随温度的变化规律都是先增加，后减小，再增加的趋势，结晶度的变化非常明显。当热处理介质为氮气时，相对于180℃处理的相对结晶度，在190℃、200℃、210℃、230℃、240℃下处理的相对结晶度分别提高3.37%、11.21%、14.00%、22.38%和26.35%，变化差异为显著，但在220℃时，相对结晶度突然下降，与180℃的相比，下降了14.14%。当热处理介质为生物质燃气时，相对于180℃处理的相对结晶度，在190℃、200℃、210℃、220℃、240℃下处理的相对结晶度分别提高5.04%、11.43%、18.47%、22.59%和29.45%，变化差异为显著，但在230℃时，相对结晶度突然下降，与180℃的相比，下降了9.23%，此研究结论与Mehmet的研究结果一致。同比相同温度下不同热处理介质木材的结晶度，生物质燃气下木材的结晶度大于热处理介质为氮气的。

落叶松木材在不同热处理介质下木材纤维素的结晶度随温度升高而增加的原因是：木材在高温作用下，纤维素无定形区内的纤维素大分子链上的羟基互相结合，脱去一分子水形成—O—结构，这样造成纤维素非结晶区内的纤丝间距离减小，分子间力增大，从而使得纤丝间排列更为紧密，同时由于新的化学键的形成使得非结晶区间的纤丝变得有序并且向结晶区取向排列，从而导致纤维素结晶度增加；另外，无论是纤维素的结晶区还是非结晶区内游离羟基间及与羰基间发生氢键缔合，同样减小了分子间的距离，增大了分子间力也使得木材的结晶度增大。但是结晶度随温度升高突然呈现降低趋势的原因可能是由于半纤维素上的脱乙酰基形成乙酸，而乙酸在高温下使得纤维素发生部分酸解，破坏了纤维素的化学结构，使得纤维素的聚合度下降从而导致结晶度降低，而后结晶度又重新随温度升高而增加的原因可能是随着热处理温度的升高，破坏了的纤维素分子链和非结晶区内部分裂解的微纤丝产生重结晶，从而导致纤维素的结晶度再次增加。而当热处理介质为生物质燃气时，由于具有惰性气体的保护作用，延缓了这种现象，所以当热处理介质为生物质燃气时，木材结晶度的降低发生在温度为230℃时。总之，相同热处理时间，不同热处理介质下，落叶松木材结晶度随温度的升高呈现先增加，后减小，再增加的趋势。同等条件下，生物质燃气氛围下木材的结晶度大于氮气的。

2）傅里叶变换红外光谱（FTIR）

分子的振动能量比转动能量大，当发生振动能级跃迁时，不可避免地伴随有转动能级的跃迁，所以无法测量纯粹的振动光谱，而只能得到分子的振动－转动光谱，这种光谱称为红外吸收光谱。红外吸收光谱也是一种分子吸收光谱。当样品受到频率连续变化的红外光照射时，分子吸收了某些频率的辐射，并由其振动或转动运动引起偶极矩的净变化，产生分子振动和转动能级从基态到激发态的跃迁，使相应于这些吸收区域的透射光强度减弱。记录红外光的百分透射比与波数或波长关系曲线，就得到红外光谱图。

木材主要由纤维素、半纤维素和木质素三种天然有机高分子物质组成，此外含有烃类、羧酸、酯类、多酚类等少量而种类繁多的抽提物，其化学组成和结构极为复杂。纤维素是由D-吡喃葡萄糖基通过β-1,4糖苷键相互结合形成的线型高分子，聚合度一般为7000～15 000，其结构如图3-32所示。羟基是纤维素的主要红外敏感基团。半纤维素也是线型的天然多糖，但分子中所含的单糖基种类不止一种，常常带有各种短支链，并且常常含有乙酰基、羧基等红外敏感基团，不同树种木材的半纤维素组成差别较大。

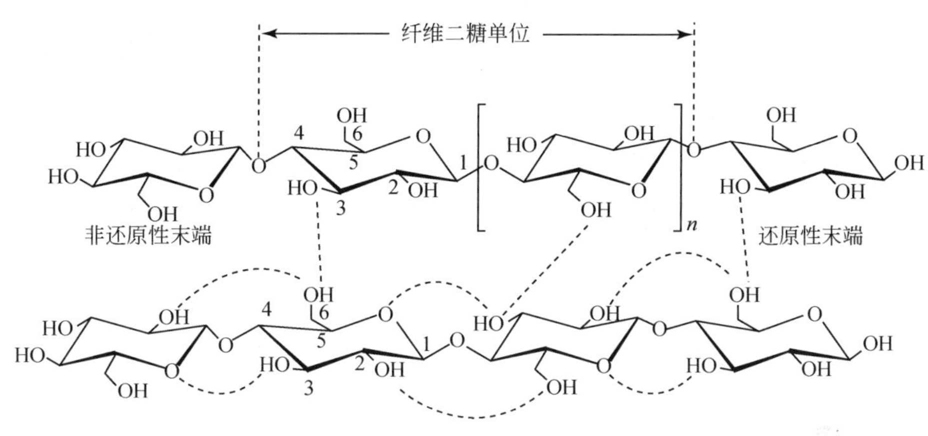

图3-32 纤维素分子立体结构示意图

与纤维素、半纤维素相比，木质素的组成和结构要复杂得多，并且目前一般认为在木材中木质素与半纤维素通过化学键联结形成木质素－碳水化合物复合体。

针叶树材与阔叶树材木质素的基本结构单元有所区别。针叶树材木质素中含有大量的愈创木基丙烷结构和少量对羟基苯基丙烷结构；而阔叶树材木质素中则存在大量的紫丁香基丙烷和愈创木基丙烷，此外，它含有比针叶树材中还少的对羟基苯基丙烷结构。木质素分子中含有甲氧基、羟基、羰基、双键和苯环等多种红外敏感基团。

图3-33、图3-34分别表示落叶松木材在热处理介质分别为氮气和生物质燃气下经过不同超高温度处理后的FTIR谱图，波数范围是400～4000/cm^{-1}，试样处理温度从下至上依次为180℃、190℃、200℃、210℃、220℃、230℃和240℃，也就是温度范围为180～240℃，每间隔10℃做一次表征测定，热处理时间均为4h。

木材主要是由纤维素、半纤维素和木质素构成的天然有机高分子物质，导致木材尺寸稳定性不好的原因主要是由于大量的游离羟基存在于纤维素、半纤维素的结构中。木材在受热过程中纤维素和半纤维素都要发生变化，含氧量高的半纤维素最先发生降解，从而会使游离羟基的数量大大减少，从而提高木材尺寸稳定性。采用红外光谱来分析木材经过热处理后的一些化学官能团变化，可以为揭示高温热处理过程中木材内部发生的化学变化和制定合理的落叶松木材热处理工艺提供科学依据。

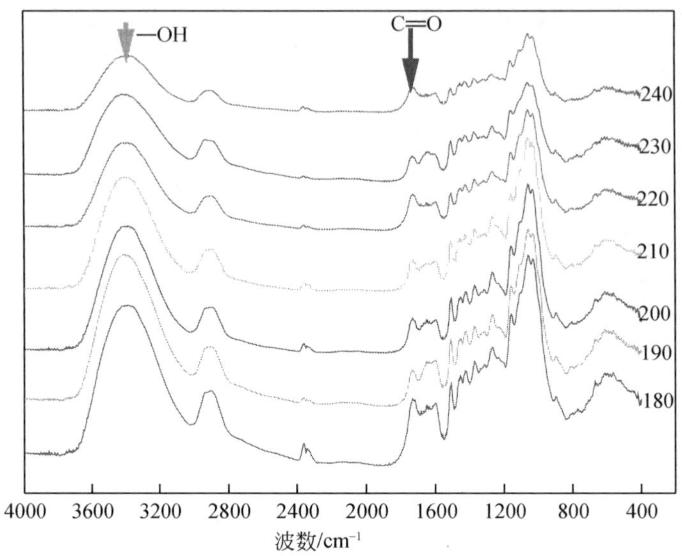

图 3-33 热处理介质为氮气时不同热处理温度木材的 FTIR 谱图

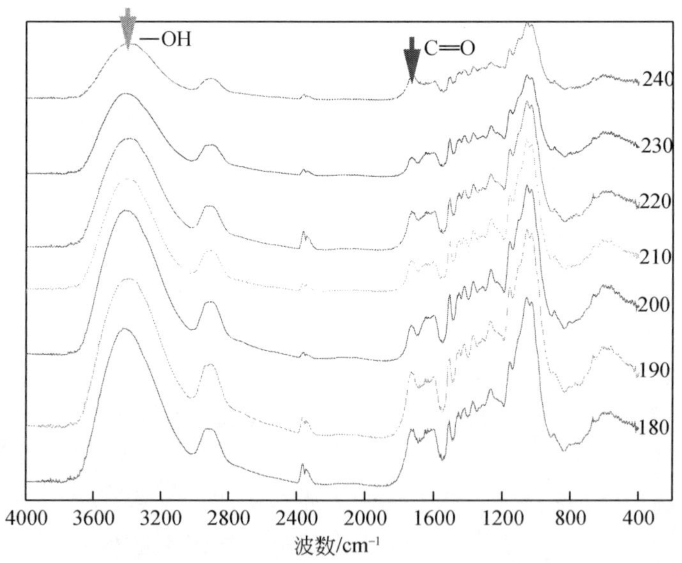

图 3-34 热处理介质为生物质燃气时不同热处理温度木材的 FTIR 谱图

由图 3-33、图 3-34 可以看出，无论热处理介质是氮气还是生物质燃气，3380/cm^{-1}附近的羟基基团的伸缩振动强度随着热处理温度的升高而减少且变化显著，这说明木材中羟基数量随温度升高而减少；木材中纤维素内的游离羟基在高温作用下会发生缩合反应，2 个羟基反应形成—O—键，脱去 1 分子水，水在高温下形成蒸汽自木材中挥发出去，从而减少了游离羟基数量，同时木材细胞壁中各成分的羟基与羟基、羟基与羰基之间在高温下会发生氢键缔合或以范德华力结合，又进一步降低了游离羟基数目。所以经过超高温热处理后的落叶松木材由于其内部游离羟基数量的减少而致使其吸湿性下降，尺寸稳定性得以改善。

由图3-33和图3-34同样可以看出，1730/cm^{-1}附近的乙酰基和羧基上的C═O伸缩振动随着热处理温度的提高变化趋势比较明显，该吸收带的C═O键是半纤维素的特征吸收峰，C═O基的伸缩振动的强度变化强弱说明了在热处理过程中木材内半纤维素发生热解，化学组分发生变化，从而引起特征吸收峰的变化。由图3-33和图3-34可以看出，随温度的升高1730/cm^{-1}附近的羰基的吸收强度降低，原因可能与下列因素有关：首先，半纤维素的乙酰基在高温下裂解，与游离羟基发生了脱乙酰基反应，形成乙酸，而随着温度的升高进一步促进了半纤维素的热解，使得羟基的数量下降；其次，落叶松木材在热处理过程中，半纤维素中的某些多糖裂解为糠醛或一些具有短链结构的某些糖类化合物，而这些物质在高温作用下可以发生聚合反应，重新生成一些不溶于水的聚合物。正是由于上述因素的作用，在木材热处理过程中进一步减少了木材中游离羟基的数量，同时增加了一些难溶于水的化合物的基团，因而可以改良木材的尺寸稳定性。

3）X射线光电子能谱（XPS）

X光电子能谱分析的基本原理是：一定能量的X光照射到样品表面，和待测物质发生作用，可以使待测物质原子中的电子脱离原子成为自由电子。该过程可用下式表示：$h_n = E_k + E_b + E_r$。其中，h_n 为X光子的能量；E_k 为光电子的能量；E_b 为电子的结合能；E_r 为原子的反冲能量。其中 E_r 很小，可以忽略。对于固体样品，计算结合能的参考点不是选真空中的静止电子，而是选用费米能级，由内层电子跃迁到费米能级消耗的能量为结合能 E_b，由费米能级进入真空成为自由电子所需的能量为功函数 Φ，剩余的能量成为自由电子的动能 E_k，上式又可表示为：$h_n = E_k + E_b + \Phi$，或者 $E_b = h_n - E_k - \Phi$。仪器材料的功函数 Φ 是一个定值，约为4eV，入射X光子能量已知，这样，如果测出电子的动能 E_k，便可得到固体样品电子的结合能。各种原子、分子的轨道电子结合能是一定的。因此，通过对样品产生的光子能量的测定，就可以了解样品中元素的组成。元素所处的化学环境不同，其结合能会有微小的差别，这种由化学环境不同引起的结合能的微小差别称为化学位移，由化学位移的大小可以确定元素所处的状态。例如，某元素失去电子成为离子后，其结合能会增加，如果得到电子成为负离子，则结合能会降低。因此，利用化学位移值可以分析元素的化合价和存在形式。

X射线光电子能谱技术是研究很多木质材料表面化学组分非常有效的手段，

而表面化学组分对木质材料的性质有着非常重要的影响。所以使用XPS研究热处理材表面元素的化学变化，对深入了解热处理材功能改良机制有着十分重要的帮助。木材主要由纤维素、半纤维素、木质素和抽提物组成，其元素组成主要为C、H、O。除H元素外，C元素和O元素均可由XPS探测分析，其中C元素的分析尤有价值。C原子的电子结构为$1s^2 2s^2 2p^2$，其中2s和2p的电子是形成杂化轨道而构成化学键的价电，XPS探测分析的主要对象是C原子内层的1s电子。由于电子结合能之大小与所结合的原子或原子团有关，故可依C1s峰强度和化学位移来了解木材经过热处理后的化学元素的变化，从而得到有关木材表面化学性质的信息。木材中的碳原子划分为4种结合形式，分别记为C1、C2、C3和C4，它们的各结构特征和化学位移如图3-35所示。

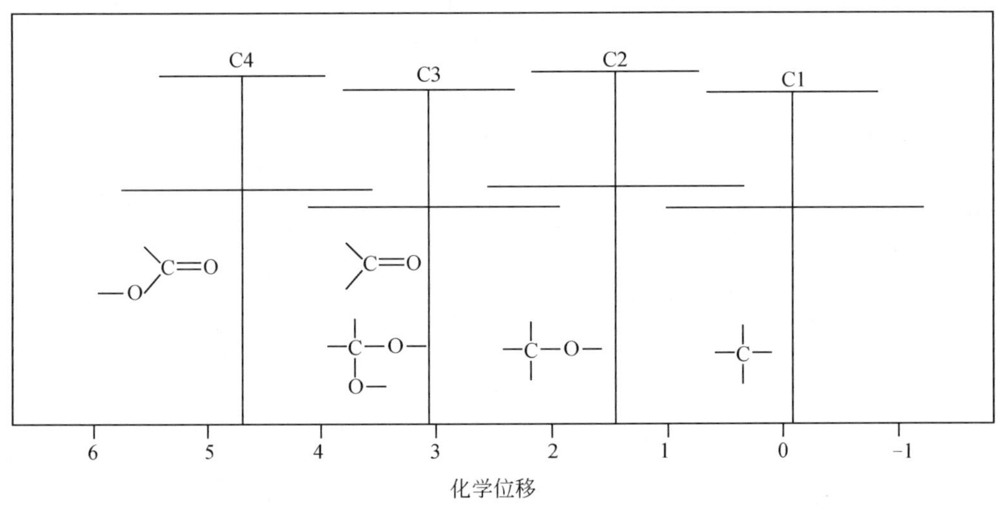

图3-35　C原子4种结合形式的结构特征与化学位移

C1——仅与其他碳原子或氢原子相结合。这主要来自木质素苯基丙烷和脂肪酸、脂肪和蜡等，其电子结合能较低，约为285eV。

C2——与一个非羰基氧结合。纤维素和半纤维素分子中均有大量碳原子与羟基（—OH）相连，尤其是纤维素，是由D-吡喃型葡萄糖基以β-1,4糖苷键相互结合而成的一种高聚物，每一个葡萄糖基上有三个羟基（一个伯醇羟基，两个仲醇羟基），这种结合方式是纤维素的化学结构特征之一。羟基具有极性，电负性大，故电子结合能相应增大，约为286.5eV。

C3——与两个非羰基氧或与一个羰基氧结合。主要来自木质素分子中的酮基和醛基，也是木材表面的化学组分被氧化的结构特征。这种结合碳的氧化态较高，表现为较高的电子结合能，约为288eV。

C4——同时与一个羰基氧和一个非羰基氧结合。这实际上源于羧酸根，来自木材中原有的或加工过程中产生的有机酸。这种结合碳的氧化态更高，电子结合能在289eV以上。

图3-36为未处理落叶松木材的XPS谱图，即落叶松的C1s和O1s的XPS光谱图。图3-36显示木材中含有碳元素和氧元素。落叶松木材主要是由49%的纤维素、25%的半纤维素、24%的木质素和1%的抽提物组成。通过计算O/C值进行XPS谱图的深入分析。纤维素分子主要由5种C2型原子和1种C3型原子构成，O/C值约是0.83；半纤维素分子中含有阿拉伯半乳聚糖，含有不少于5种C2型碳原子和至少一种C4型原子（主要是乙酰基和羰基）及一种C3型原子，O/C值约是0.8；木质素由于其组分的复杂性很难进行判定，但至少有4种不同类型的C元素出现，主要是由C1型和C2型组成，O/C值约是0.33。通过上述分析可知，C2型也就是和一个氧原子相连的碳元素是占主要地位的，而C1型（和氢相连）和C3型（和两个氧原子相连）是占次要地位的。据此3种类型的C元素在未处理材中所占比例分别是48.5%、6.0%和45.5%，而O/C值分别为0.68和0.70。

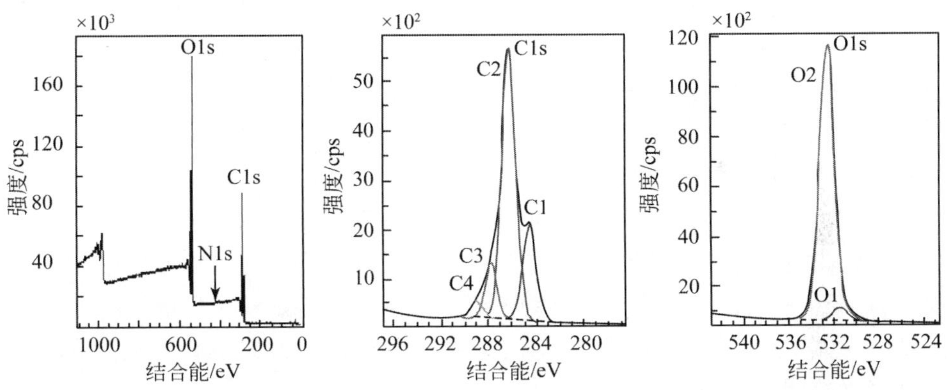

图3-36 未处理落叶松木材的XPS光谱图

对热处理后落叶松木材的XPS谱图（图3-37）分析表明，热处理O/C值降低，分别是0.56和0.63。热处理材中半纤维素首先降解，半纤维素是细胞壁中与纤维素紧密联结的物质，起黏结作用，是基体物质，半纤维素吸湿性强、耐热性差、容易水解，在外界条件作用下易于发生变化。木材经热处理后多糖的损失主要是半纤维素，在高温热处理过程中，半纤维素中的某些多糖容易裂解为糠醛和某些糖类的裂解产物，在热量的作用下，这些物质又能发生聚合作用生成不溶于水的聚合物，因而可降低木材的吸湿性，减少木材的膨胀与收缩，提高了热处理材的尺寸稳定性。

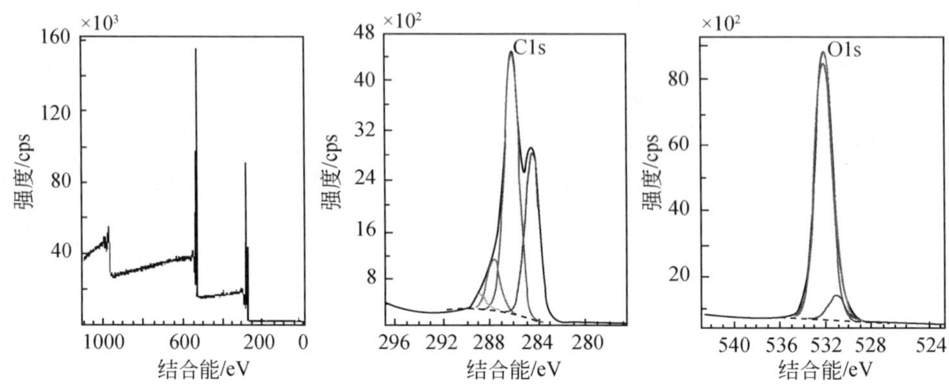

图 3-37 热处理后落叶松木材的 XPS 光谱图

纤维素在木材细胞壁中起骨架作用，其化学性质和超分子结构对木材的强度有重要影响。木材经过高温热处理之后，羟基的浓度减少，化学结构发生复杂的变化，使炭化木的吸湿性降低，尺寸稳定性提高，但由于纤维素聚合度的降低，氢键被破坏，使得热处理材的力学强度有所损失。无定形区的纤维素较易热解，具有和半纤维素中已糖成分相似的性能。结晶区纤维降解的温度范围是 300 ~ 340℃。纤维素降解速率因水的存在会降低，是由于水分的失去会致使无定形区结构发生变化，使其转化为受热稳定的结晶区。随着温度的继续升高，纤维素发生裂解，产生碱溶性低聚糖，同时伴随着聚合度和结晶度的降低。

木质素还是影响木材颜色的产生与变化的主要因素。木材经过超高温处理之后，发色基团和助色基团发生复杂的化学变化，抽提物部分被汽化，使得木材颜色发生改变。一般认为木质素是细胞壁组成成分中热稳定性最好的。DTA 对氮气下分离木质素的检测表明，其放热温度和剧烈程度均与升温速率有关。同时残余多糖也会对结果造成不同影响。

4）拉曼（Raman）光谱分析

1928 年印度科学家 Raman 发现了拉曼散射光谱，之后的 30 年里，由于激发光源太弱，拉曼光谱研究停滞不前。直到 1962 年脉冲红宝石激光器作为拉曼光谱的激发光源被首次采用，才使得激光拉曼散射成为研究振动谱的重要工具。近年来随着激光、微信号检测及纳米技术的应用，拉曼光谱技术发展迅速，与其他技术（如荧光显微技术和电子显微技术）不同，拉曼光谱技术能获得分子、原子水平上的样品信息。拉曼光谱技术的突出优点是样品制备无特殊要求，直接通过光纤探头或玻璃、石英、光纤测量；误差小，能够提供快速、简单、可重复、且更重要的是无损伤的定性定量分析。目前拉曼光谱技术已广泛应用到材料、化工、石油、生物、地质等领域的分析测量、结构分析等研究，特别是在珍贵样品和生物活体的检测中发挥着重要作用。

拉曼光谱技术已逐渐成为木材科学与技术领域越来越重要的分析方法，在木材科学研究中对于木材宏观与微观结构研究，特别是在纤维细胞壁微观结构、木质素和纤维素在细胞壁中的分布，木化组织纤维的化学组成和排列特征等方面的研究中发挥着重要作用。拉曼光谱在国外木材科学与技术研究及工业生产中应用广泛，而我国对该项技术的研究起步较晚，技术发展较慢，在热处理材中的应用更少见。

拉曼光谱的原理是，光照射到物质上发生弹性散射和非弹性散射。弹性散射的散射光是与激发光波长相同的成分。非弹性散射的散射光有比激发光波长长的和短的成分，统称为拉曼效应。拉曼效应起源于分子振动（和点阵振动）与转动，因此从拉曼光谱中可以得到分子振动能级（点阵振动能级）与转动能级结构的知识。运用基态与虚态的能级概念可以说明拉曼效应，假设散射物分子原来处于基态，振动能级如图3-38所示。

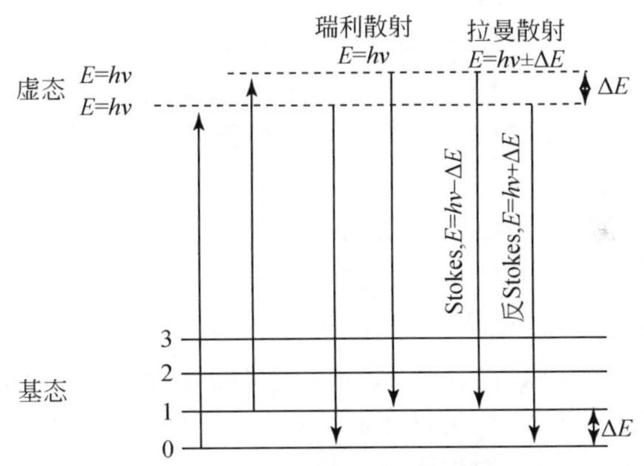

图3-38 拉曼光谱振动能级示意图

当受到入射光照射时，激发光与此分子的作用引起的极化可以看作为虚的吸收，表述为电子跃迁到虚态（virtual state），虚态能级上的电子立即跃迁到下能级而发光，即为散射光。假设仍回到初始的电子态，则有如图3-38所示的3种情况。因而散射光中既有与入射光频率相同的谱线，也有与入射光频率不同的谱线，前者称为瑞利线，后者称为拉曼线。在拉曼线中，又把频率小于入射光频率的谱线称为斯托克斯线，而把频率大于入射光频率的谱线称为反斯托克斯线。斯托克斯线和反斯托克斯线通常称为拉曼线，其频率常表示为 $\nu_0 \pm \Delta\nu$，$\Delta\nu$ 称为拉曼频移，这种频移和激发线的频率无关，以任何频率激发这种物质，拉曼线均能伴随出现。因此从拉曼频移，可以鉴别拉曼散射池所包含的物质。

有关拉曼光谱在木材及其组分研究中的应用报道很少。根据不同化学组分拉曼光谱的不同可以分辨针叶木及阔叶木的等级及种类。木材种类不同，化学组分也不尽相同，其拉曼图谱也不同。木材拉曼光谱主要产生于纤维素、半纤维素和木质素等，根据纯组分的拉曼光谱及其归宿对图谱进行解释。据报道，黑云杉的拉曼光谱特征图谱主要产生于纤维素和木质素，尽管半纤维素含量较高（20%～30%），但是很难检测到它的拉曼光谱。紫外共振拉曼技术（UVRR）可以用来鉴定木材性质，确定木材中的各种芳香结构和其他未饱和结构。在对桉木的研究中发现，FT拉曼光谱技术不仅可以鉴定细胞类型、细胞形态、木材组分（α纤维素、半纤维素和半纤维素糖组分、木质素、紫丁香基与愈创木基的比值、抽提物等），还能用于硫酸盐浆生产时快速定量测定木材性质。拉曼光谱还可用于非破坏性研究木材腐朽性与酸碱性。学者们根据C—O和糖苷键谱带研究彩绒革盖菌等导致的木材腐朽，根据2936cm^{-1}和1657cm^{-1}处的谱带变化来测定木材的酸碱性。

采用拉曼光谱仪可以获得木材主要组分纤维素、半纤维素及木质素的拉曼光谱。3种主要组分中纤维素的拉曼光谱已被确定，可以借此来分析木材及纸浆的光谱特征。木质素是非均一性的结构，其拉曼光谱相对比较复杂，一直是学者们研究的焦点。近年来采用拉曼光谱技术对木质素、化学改性木质素及木质纤维素的研究取得了显著进展。

共聚焦拉曼显微镜法能够研究微细结构中的化学组分，通过分析组分的拉曼显微图像获得木材纤维细胞壁中纤维素和木质素分布的重要信息。在细胞壁拉曼图像中，根据纤维素和木质素的散射特征来确定其分布，不需要外部标记。目前，共聚焦拉曼显微镜法已经用于研究微米区域范围的纤维细胞壁。在对杨木、云杉及山毛榉的细胞壁区域化学分布研究中，采用633nm激光的共聚焦拉曼显微镜新技术检测云杉横切面上细胞壁组分分布，获得了细胞壁各个不同的形态区的化学信息，以及木质素与纤维素空间分布的拉曼图像。结果表明，木质素浓度在细胞角隅区最高，复合胞间层中与次生壁较低。松柏醛和松柏醇的分布与木质素分布相似。纤维素的分布与木质素相反，在CC和CML层浓度分布较低，而S2层浓度分布较高。

将拉曼光谱技术应用于热处理材中对于深入了解热处理改良木材性能的机制有着十分重要的意义。图3-39为不同温度热处理落叶松木材的拉曼光谱图。2889cm^{-1}和1093cm^{-1}归属为纤维素的单独振动，1656cm^{-1}和1597cm^{-1}归属为木质素的单独振动；1455cm^{-1}、1373cm^{-1}、1327cm^{-1}、1267cm^{-1}、1116cm^{-1}、1038cm^{-1}、898cm^{-1}和791cm^{-1}处为纤维素和木质素的共同振动。

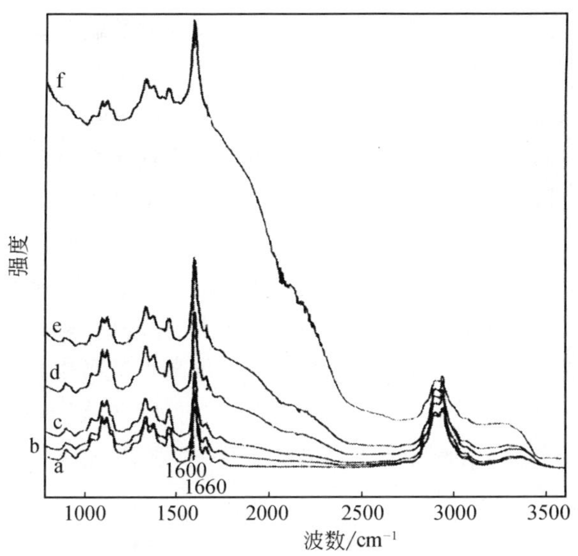

图3-39 不同温度热处理落叶松木材的拉曼光谱

a 未处理；b 170℃；c 180℃；d 190℃；e 200℃；f 210℃

拉曼光谱技术是目前无损伤地独立研究木材的重要分析方法。随着激光和纳米技术的发展，拉曼光谱技术在木材研究领域涉及范围越来越广，不仅能够宏观地研究木材，而且能研究微观结构获得更加多样化的全新信息，已经成为木材科学前沿领域具有重要价值的研究方法，未来在热处理材化学研究方面具有很大的发展潜力。

3.4.6 影响热处理材质量的因素与热解机制分析

3.4.6.1 影响热处理材质量的因素

在各种木材的热处理方法中，恰当的处理方法对热处理材的性质有着非常重要的影响。需要优化的重要的工艺技术参数主要有处理时间和温度、加热介质、密闭或开放环境、木材树种、木材尺寸、干湿氛围以及催化剂的使用。

1）处理温度和处理时间

木材受热时，初始质量下降，主要是由于化合水和挥发性的抽提物的损失引起的，同时少部分挥发性抽提物会迁移到木材表面。随着处理温度的升高和时间的增加，构成细胞壁的高聚物组分发生化学变化，木材失重更为严重，颜色也发生较大变化。已有研究表明木材失重以及其他性质的变化服从一阶动力学变化过程。

2）热处理介质

木材热处理常在空气中、真空或在惰性气体中进行。早期的一些研究中空气是不被考虑在内的，很显然，氧气的存在会加速木材的氧化从而导致木材降级和性质发生较大变化。也有用油作为那些传热介质隔离木材与氧的接触，其中最具代表性的是德国 MenzHolz 工艺。如果水的含量足够的话，它同样可以担当像热油一样的角色，像一张毛毯一样包覆在木材表面使其与氧气隔绝。本研究所采用的加热介质与其他国家的不同，是生物质燃气，有独到之处。

3）处理环境

在密闭环境中热处理材会使降解产物在其间形成从而导致木材发生化学变化，同时也使得反应器的压力增加。半纤维素上乙酰基在热解时产生的乙酸加速了细胞壁上多糖成分的降解。在开放系统中这些产物就可以挥发掉。如果生材在密闭环境中处理，这样就会导致高压蒸汽的产生，反之就会逸出。有些循环系统中，在未通入处理介质之前就先将挥发性产物和水以及易分解产物（如乙酸）处理掉。

4）树种

不同树种采用不同的热处理方法间存在一定的差异，但针叶树材和阔叶树材间差距最为显著。无论是热处理、水热处理还是温湿处理，阔叶树材的失重总是大于针叶树材。

5）水热和湿热处理

水或蒸汽的存在都会影响木材的传质传热性质。在干燥环境下，木材先进行干燥，此时水分或蒸发或被冷凝。在密闭环境下，水分化成高温蒸汽，此时高温蒸汽可作为传热介质，同时又可隔绝空气避免木材氧化。

6）木材尺寸

木材内部非均质性结构导致木材热处理的变异，因此热传递的速率是确保木材在某恒定温度下处理非常重要的因素，由于木材导热系数低，所以要尽可能使其受热均匀，使用蒸汽加热可以传热至木材内部，在热处理大尺寸木材时传热效率是非常重要的因素。

7）催化剂

在木材降解过程中也会使用一些化学物质来加速其降解过程，经常使用的催化剂是固体酸催化剂，用来加速多糖的降解。催化剂在商业中没有使用。Stamm 曾对一系列催化剂在木材热处理中的尺寸稳定性作用做过研究。结果表明，催化剂在木材热处理中不仅能减少加热时间和提高尺寸稳定性，而且对木材力学性质和抗胀缩率、木材失重没有影响。使用固体酸催化剂的热处理同时还增加了糠醛和呋喃衍生物的析出量。

总之热处理材的性质主要由所使用的热处理方法决定，只有这样才能对不同热处理方法间的热处理材性质进行比较。通过比较才能鉴别、确定对不同树种的木材进行超高温热处理时最适宜的方法及其相应的工艺参数和环境氛围。

3.4.6.2 木材组分在木材热解过程中的变化

木材热处理过程中发生的各样变化取决于不同的木材热处理工艺。热处理工艺不同，木材在热处理过程中各组分发生的化学变化也不一样。所以，在判定热处理材的化学组分变化时必须依据相应的热处理工艺。一般来说，木材中的半纤维素在热处理过程中会首先发生降解，相对稳定的纤维素和木质素是否发生热解或者发生什么类型的反应直至目前尚无明确的结论。一般来说，180℃以上时木材中存在的多糖容易发生降解从而导致热处理材质量损失，木材中不同组分降解的相对精确速率主要与试验方法有关。对木材中各组分的变化，公认的标准评价方法是质量的损失，但是热处理后木材质量的损失并不能成为木材由于在受热过程中发生降解而导致质量损失的唯一证据。有许多研究都试图通过对木材各独立成分的热解分析来阐明木材热处理过程中的化学变化，对此 Beall[56] 做过综述性报道。他利用热分析技术进行分析，结果发现试验参数、样品制备的方法，特别是加热速率和加热介质的不同都会导致结果差异很大。木材受热是逐渐升温的，在140℃以下主要是水分和易挥发性物质的流失，高于140℃，细胞壁上一些不稳定的高聚物开始降解，主要是源自半纤维素的乙酸的流失，但还伴有甲酸和甲醇的产生，同时不凝结物质（主要是 CO_2）随着温度的升高也开始产生，同时木材开始脱水反应，也就是木材中羟基开始被降解，随着温度的升高越来越明显，CO 和 CO_2 也随之产生。在270℃左右时，木材开始放热。

如前所述，木材热处理环境对其化学变化十分重要。氧气存在的条件下会导致羧基化合物的增加，但在少氧条件或者惰性气体条件下会导致含氧基化合物的减少。木材在有氧气存在的情况下热处理，在很长的加热时间段内，羰基初始是增加随后再减少的。在含氮气环境下木材在热处理过程中羰基化合物是减少的，虽然其间略有增加，原因与处理温度和木材挥发物有关。

水分也影响木材热处理中的化学性质。木材受热产生的水分或者蒸汽都会加速有机酸（主要是乙酸）的形成，而这些有机酸能催化半纤维素的水解，同时也可略为加速无定形纤维素的水解。这些有机酸由于空气中氧的存在自身也得以强化（湿法氧化）。但是，水或蒸汽也同时把木材与氧气隔绝开来。尽管在乙酸中电离产生的羟基离子的作用更为重要，但是由于水本身自电离产生的羟基离子在水热作用下仍会引起多糖的水解。

半纤维素、纤维素和木质素是木材的结构性物质，木材抽提物是木材中重要的内含物质，在超高温处理过程中它们均发生程度不同的变化，下文分别予以分析和讨论。

1）半纤维素

半纤维素是细胞壁中与纤维素紧密联结的物质，起黏结作用，是基体物质，半纤维素吸湿性强、耐热性差、容易水解，在外界条件作用下易于发生变化。木材经热处理后多糖的损失主要是半纤维素，半纤维素是无定形的物质，其结构具有分支度，并由两种或多种糖基组成，主链和侧链上含有亲水性基团，因而它是木材中吸湿性最大的组分，是使木材产生吸湿膨胀、变形开裂的因素之一。木材在高温热处理过程中，半纤维素中的某些多糖容易裂解为糠醛和某些糖类的裂解产物，在热量的作用下，这些物质又能发生聚合作用生成不溶于水的聚合物，因而可降低木材的吸湿性，减少木材的膨胀与收缩，提高了热处理材的尺寸稳定性。又因为半纤维素在细胞壁中与木质素有黏结作用，受热分解后木材的内部强度被削弱。不仅削弱木材的韧性，而且也使抗弯强度和耐磨性降低。

如上所述，当木材受热时，最容易热解的聚合物开始降解（半纤维素），产物主要是甲醛、乙酸和各种杂环化合物（呋喃，γ-戊内酯等）。半纤维素随温度的增加和受热时间的延长而加速降解。半纤维素的减少致使木材结晶度的增加和无定形纤维素的重新排列。Stamm 提出木材热解最初的过程中是半纤维素的降解和吸湿性较小的糠醛聚合物的形成过程。化学分析表明木材在100℃的温度下处理48h具有较好的稳定性，在此温度以上，由于半纤维素的降解，综纤维素减少，纤维素要到150℃以上才会发生改变。由于酸性挥发物催化了多糖的水解，故此半纤维的降解在密闭系统中较为迅速。尽管一致认为半纤维的热稳定性较纤维素低，但对于二者准确的开始降解的温度尚有争议。DTA 曲线表明独立的木材细胞壁各组分与木材的热解是不同的。Beall 运用热重曲线（TGA）研究了在氮气、空气环境下9种分离出来的半纤维素的失重情况，200℃以上其会失重10%，氮气下 DTA 曲线表明针叶树材的木聚糖或者树脂在180℃开始放热，但是其葡萄糖－甘露聚糖降解温度却高于此温度。DTA 和 TGA 研究表明木材降解发生在其放热之前。Ramiah 认为云杉半纤维素在100℃左右时就开始热解，但其葡萄糖－甘露聚糖热分解的温度始于140℃。半纤维素热解的一个重要因素就是热稳定性差的乙酰基的脱去，乙酸的形成，从而导致酸催化条件下多糖的降解。通过核磁共振分析发现，在蒸汽中热处理的松木，随着半纤维素的降解和去乙酰化，其多糖的结晶度开始增加。即便试样在115℃，饱和蒸汽中干燥，其结晶度仍会略有增加。通过顺磁共振波谱仪（ESR）对其自由基进行分析，结果表明自由基随温度的升高呈比例地大量增加，这些自由基非常稳定，即便处理数月后仍能发现。半纤维上乙酰基的脱去通过 IR 也能证明。图 3-40 是一种半纤维素热解的可能途径。半纤维素聚合物先解聚形成低聚糖和单糖，再脱水形成戊糖和已糖。由于半纤维素和所含的戊聚糖（受热较已聚糖更易降解）含量的差异，阔叶树材的热稳定性较针叶树材差。阔叶树材半纤维素及乙酰基的含量都较针叶树材高。

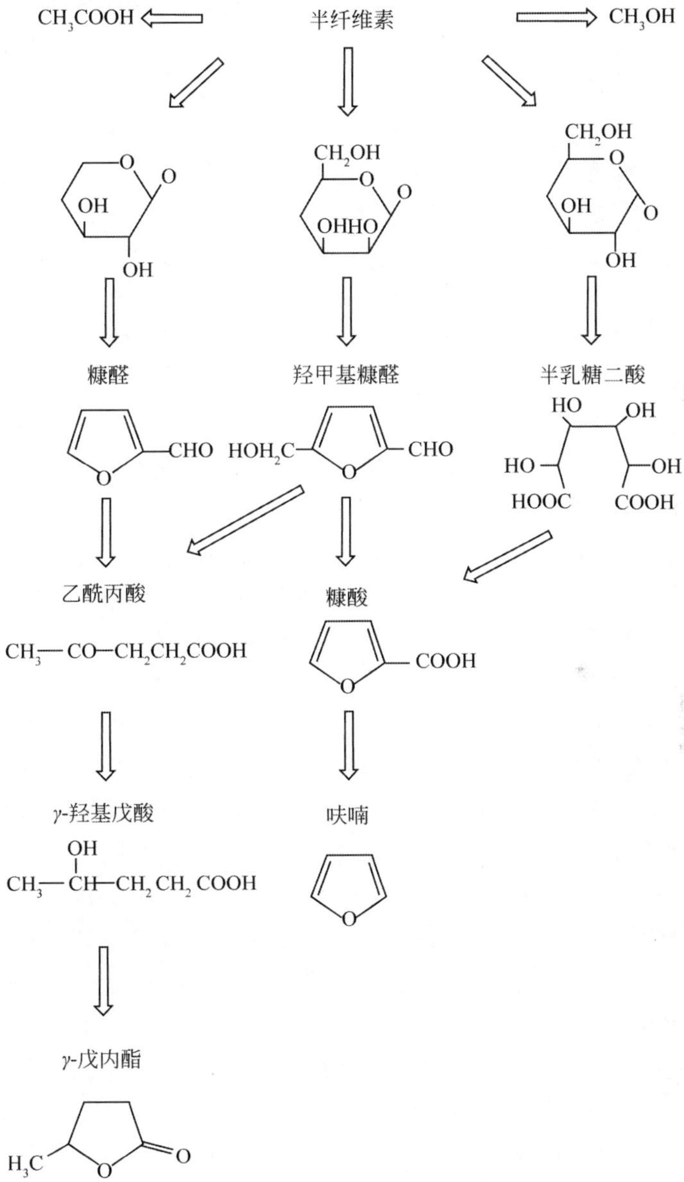

CH_3COOH ⇐ 半纤维素 ⇒ CH_3OH

糠醛　羟甲基糠醛　半乳糖二酸

乙酰丙酸　糠酸

$CH_3—CO—CH_2CH_2COOH$

γ-羟基戊酸　呋喃

$CH_3—CH(OH)—CH_2CH_2COOH$

γ-戊内酯

图3-40　半纤维素热解的可能途径

2）纤维素

纤维素在木材细胞壁中起骨架作用，其化学性质和超分子结构对木材的强度有重要影响。纤维素上的主要功能基是羟基（—OH），—OH 之间或—OH 与 O—、N—、S—基团能够形成特殊的联结，即氢键。氢键的能量弱于配价键，但强于范德华力。纤维素分子上的羟基可以形成两种氢键，即分子内氢键和分子间氢键，分子内氢键赋予单一分子链一定的刚度，分子间氢键赋予大分子聚集态结构一定的强度。纤维素中的羟基和水分子也可形成氢键，不同部位的羟基之间存在的氢键直接影响着木材的吸湿和解吸过程。且纤维素的聚合度为 200～700 时，聚合度增大，纤维素的强度增大。可见，大量的氢键可以提高木材的强度，减少吸湿性，降低化学反应性等，且纤维素的吸湿性直接影响到木材的尺寸稳定性和强度。木材经过高温热处理之后，羟基的浓度减少，化学结构发生复杂的变化，使热处理材的吸湿性降低，尺寸稳定性提高，但由于纤维素聚合度的降低，氢键被破坏，使得热处理材的力学强度有所损失。

普遍认为纤维素降解较半纤维素的温度高，但也有证据显示未必如此，纤维素中很少的一部分会在相对比较低的温度下，以较半纤维素低的速率热解。无定形区的纤维素较易热解，具有和半纤维素中己糖成分相似的性能。结晶区纤维降解的温度范围是 300～340℃。纤维素降解速率因水的存在会降低，是由于水会致使无定形区结构发生变化，使其转化为受热稳定的结晶区。随着温度的继续升高，纤维素发生裂解，产生碱溶性低聚糖，同时伴随着聚合度和结晶度的降低。值得一提的是由于纤维素裂解产生的碱溶性低聚糖会对半纤维素的定量产生误差。纤维素聚合度下降在 150℃就可察知，其在空气中受热下降更快。Fengel 和 Wegener[63] 对热处理云杉的纤维素聚合度研究发现其在 120℃开始下降，但是分离出来的纤维素的聚合度却在低于 100℃就开始下降。空气中加热由于纤维素羟基氧化，会产生羰基和羧基及极不稳定的过氧化氢等物质。随着加热时间的增长，羧基化合物中部分会分解为羰基化合物。纤维素在氮气中受热同样会导致羰基化合物少量增加。由于该物质的形成，会致使纤维素质泛黄。纤维素在 170℃时就会产生 CO_2 和 CO，并且在空气中产生的要比在氮气中产生的多。300℃以上时热分解动力学就发生了改变。木材中的纤维素即与其他大分子聚合在一起的纤维素的热解化学性质与分离的纤维素性质是不一样的，木材中的纤维素与分离出来的纤维素相比更易与其他大分子进一步相互作用。纤维素热解中的初始产物是左旋葡萄糖（图 3-41）。少量的左旋葡萄糖在 250℃以下时即被发现，超过 300℃时就非常明显，主要来自结晶区纤维素的降解。

3）木质素

木质素贯穿着纤维，起强化细胞壁的硬固作用。木质素还是影响木材颜色的

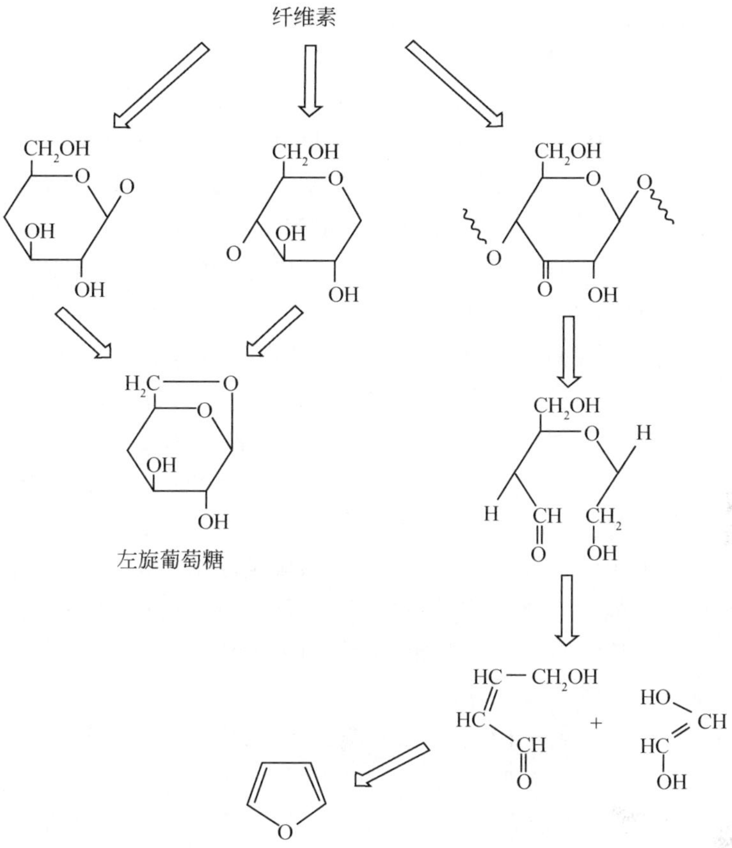

图3-41 纤维素热解过程

产生与变化的主要因素。因为木质素中含有许多（如苯环、羰基、乙烯基和松柏醛基等）发色基团，还含有羟基等助色基团，这些助色基团常与外加的化合物在一定的条件下形成某种形式的化学结合，使吸收光谱发生变化，而使木材的颜色变得显明。木材具有不同颜色还与细胞壁、细胞腔内填充或沉积的多种抽提物有关。抽提物对木材强度也有一定的影响，含树脂和树胶较多的木材其耐磨性较高。木材经过超高温热处理之后，发色基团和助色基团发生复杂的化学变化，抽提物部分被汽化，使得木材颜色发生改变。

一般认为木质素是细胞壁组成成分中热稳定性最好的。DTA对氦气下分离木质素的检测表明，其放热温度和剧烈程度均与升温速率有关。同时残余多糖也会对结果造成不同影响。DTA曲线表明木质素在50～200℃时一直吸热，220℃时略有放热，此后发热开始加剧。木质素降解在280℃及以上尤为剧烈。Haw和Schultz使用DTA/TGA和CP-MAS NMR及FTIR对氮气下蒸汽爆破和盐酸分离出的木质素的热解进行分析，结果表明烷基芳基醚于220℃及以上时发生热解，而甲氧基在低于335℃不会断裂。

尽管DTA分析结果表明木质素在200℃以上时开始降解，但仍有证据表明在低温下还是有很多变化。空气下热处理橡树刨花，结果发现愈创木基165℃以下时开始降解，而丁香基丙烷却影响不大，说明甲氧基上的芳香环增加了其热稳定性。丁香基丙烷/愈创木基含量随温度升高而升高。在175～195℃时，木质素单体的降解物在水或乙醇抽提物中含量甚高，但当温度高于195℃时就开始下降，可能是此时交联反应已占主导地位。

Sudo等对山毛榉刨片使用热压蒸汽在183～230℃时不同处理时间对木质素的降解产物作了研究。木质素的变化与处理温度和时间密切相关，同时发现蒸汽处理刨片及处理温度增加都会导致二氧杂环已烷抽提木质素的萃取率升高。但是，当温度在230℃及以上时，木质素抽提物含量就开始下降，即交联反应开始发生。通过凝胶渗透色谱法对木质素抽出物进行检测发现，低分子质量物质含量随蒸汽温度升高而增加。蒸汽处理同样会导致酚羟基含量的增加，随温度的升高会下降。据此推断蒸汽处理使β-芳基醚键断裂生成酚羟基。215℃时，蒸汽处理的木质素富含丁香基丙烷。说明丁香基丙烷有着相对稳定的热稳定性，但一些学者指出它们在水热反应中却不稳定。

Nuopponen等发现欧洲赤松在180℃蒸汽下处理3h，其木质素部分会转变为丙酮可溶物，并且其量随温度呈比例增加。木质素中的酚羟基的含量同样增加，原因主要是β-O-芳基的断裂，虽然水的存在会致使酚羟基含量的增加和丁香基丙烷以及愈创木基上甲氧基的减少。蒸汽处理下的松木的核磁共振谱图像显现甲氧基含量减少的信号。木材在200℃以上热处理后，表面自由基大量增加。这些变化与芳香环间交联反应密切相关。水热反应初始阶段会导致可溶性木质素降解物含量增加，随温度升高，它们开始重新聚合，会带进糠醛和一些多糖分子降解物。Sanderman和Augustin也曾报道过随温度升高木质素间交联反应的形成。Tjeerdsma等[64-66]曾用CP-MAS核磁共振对两步Plato法处理的木材中分子的变化做过研究，证明木质素裂解是在C_α和O-4位置，在C_α位置时木质素开始液化。使用Plato法处理后的木材因其木质素的降解导致其对紫外光吸收位置发生改变。数据表明此时主要吸收以280nm为中心的紫外光，原因主要是由于诸如糠醛等一些碳水化合物的降解所致。然而，在330nm时对紫外光的吸收又开始增加，主要是由于羰基交联成α-β双键所致。虽然木材经过热处理，木质素内会有新的交联形成，但是否对木材尺寸稳定性的提高和其他性质的改变造成影响尚不清晰。

4）木材抽提物

橡树木材在加热干燥时，其抽提物单宁含量降低，同时鞣花酸增加，木酚素在低温时不受影响，但在250℃时就会降解。欧洲赤松在100～160℃蒸汽热处理3h，油脂和一些蜡质物会沿轴向薄壁组织向表面迁移。温度高于180℃时，这些物质会在表面挥发。树脂酸在100～180℃存在于木材内部，当温度到达200℃时这些物质就会移向表面，200℃以上时就消失了。

木材热处理中的挥发性抽提物可通过VOC检测仪测定，在VOC检测室中木材在230℃下处理24h发现，挥发物种类较多，有少量的挥发性萜类化合物，还有呋喃甲醛、乙酸和2-丙酮等。

3.5 热处理材的生产企业生产状况与运行趋势

3.5.1 芬兰ThermoWood® 企业生产状况

芬兰木材热处理协会（Finnish ThermoWood Association，FTWA）成立于2000年12月，现有14个会员，其中热处理材生产厂11个，热处理窑制造厂3个，设4个办公室。协会的目的是保证对具体的用户热处理材的质量始终如一，为热处理材行业创造更好的可信性。FTWA非常重视产品质量，于2004年11月提出了质量控制手册，对原材料的接收和检验、堆放、热处理程序、生产后热处理材的质量控制、产品包装说明、库房、索赔处理、质量控制说明、档案整理等各项都做了详细规定，确保产品出现问题时能回朔全过程，以发现并解决问题。据统计，FTWA成员2006年的生产能力达88 000m^3/a。热处理材原料消耗、产品生产、销售等情况如下列各图（图3-42～图3-46）所示。现在奥地利和爱沙尼亚也开始生产ThermoWood®，小型ThermoWood® 生产线于2004年末在加拿大投入运行。

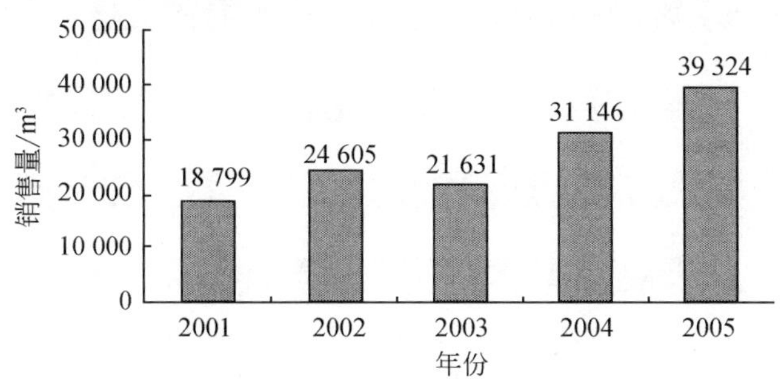

图3-42 热处理材销售情况

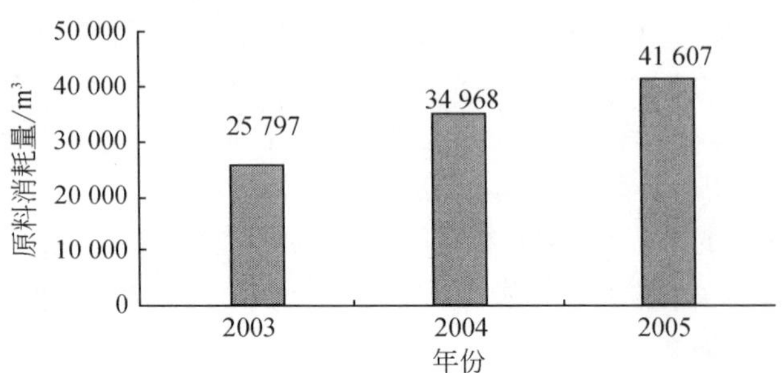

图 3-43　热处理材原料消耗

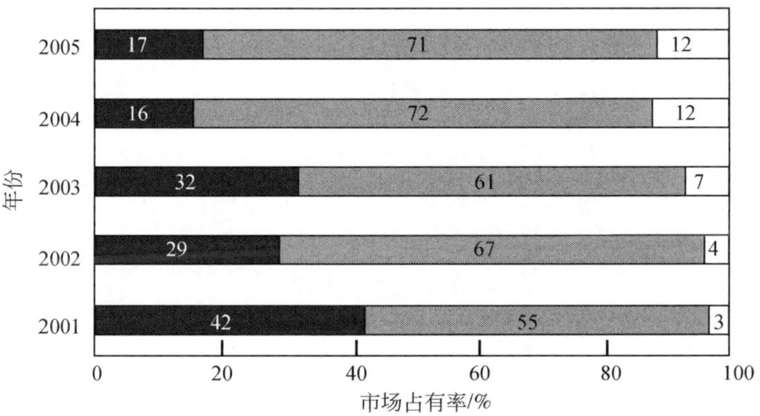

图 3-44　热处理材销售市场分布

■ 芬兰；■ 欧洲其他国家；□ 其他地区

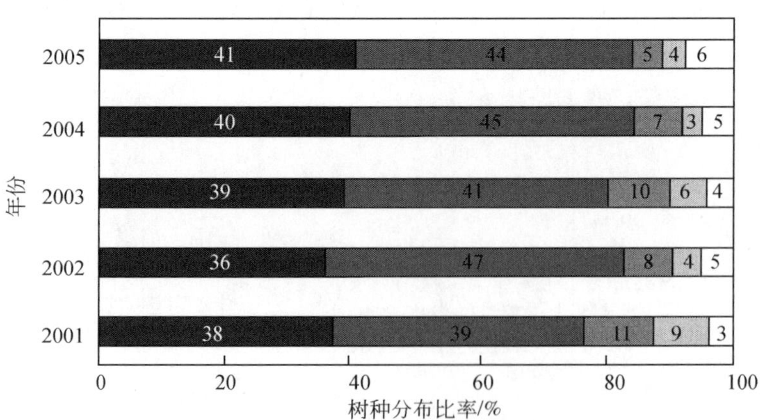

图 3-45　热处理材制品的树种的分布

■ 松；■ 云杉；■ 桦木；■ 杨木；□ 桤木；■ 其他

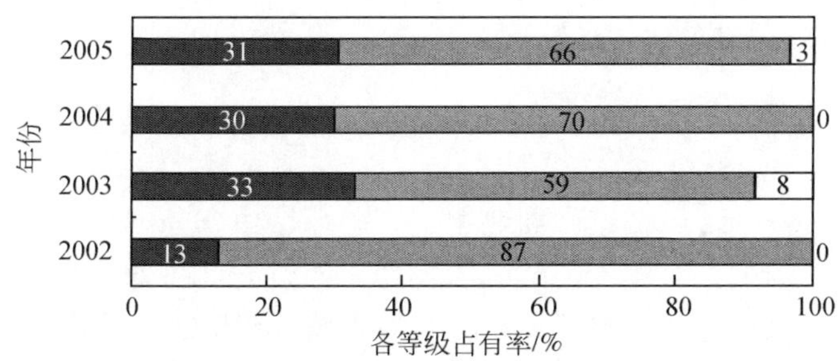

图3-46 热处理材制品的等级分布

■稳定性处理；▩耐久性处理；□其他

3.5.2 法国热处理材企业生产状况

到2004年，Retification® 热处理材生产能力达到2万 m^3/a，共有6套生产装置，按照NOW协会统计其产量不超过1.5万 m^3。Retification® 木材已经商品化的树种有挪威云杉（*Picea abies*）、杨木（*Populus* sp.）、欧洲赤松（*Pinus sylvetris*）、海岸松（*P. pinaster*）、欧洲水青冈（*Fagus sylvatica*）、欧洲冷杉（*Abies alba*）。市场现有产品为室外护墙板和音障墙板。

Perdure 热处理材是法国另外一个商品化的热处理材。该技术由 PCI industries Inc（加拿大的 Quebec）商业化。该过程是将湿木材（生材）直接加工，木材首先干燥，然后在蒸汽（由木材中的水分产生的）氛围中加热至200～230℃成为热处理材，产品性能与芬兰热处理材接近。该公司生产两种热处理炉，即 PC5（8.75m^3）和 PC6（10.5m^3）。该过程处理成本为100欧元/m^3。该过程使用可燃气作为能源，在木材热处理过程中产生的有机挥发物（VOC）也可以回到燃气系统，得到充分利用，比较环保，比较节能。处理设备见图3-47，由 BCI-MBS 公司开发。由于木材在炉中要求精确控制温度，又要有特定设备加压，其产量比较小。

图3-47 Perdure 热处理材车间状况

3.5.3 德国热处理材企业生产状况

3.5.3.1 工业生产情况

在德国现有一个工厂在进行商业化生产。该厂由 Menz Holz 公司自 2000 年 8 月开始运行，目的是占有德国的庭院家具和建园所需油热处理材市场。现有处理罐的处理能力为 $2900m^3/a$，Menz Holz 公司计划未来处理罐的典型处理能力为 $8500m^3/a$。如图 3-48 所示。

图 3-48 德国 Menz Holz 公司的处理罐

3.5.3.2 质量控制与质量保证

1）工艺参数控制

处理过程的工艺参数由计算机控制。控制和记录的数据包括：时间、油耗（等于吸油量）、木材内部的温度、油温和压力。对每一罐都由计算机处理的全套数据制成文件。根据德国联邦林业和林产品研究中心 BFH（Federal Research Center of Forestry and Forest Products，Hamburg，Germany）热处理材的研究项目开发出的处理步骤和方法，对每一罐都进行采样测定其耐久性能（durability indicator value，DIV）和强度（strength indicator value，SIV）。

2）外观控制

Menz Holz 公司准备使用外观质量控制方法控制油热处理材的质量。

3）标志要求

Menz Holz 公司准备建立质量不同的油热处理材的标签系统。

4）出厂后质量检测的可能性

DIV 和 SIV 是由对处理材料的分析得到的，与处理批次无关，因此处理材出厂后即以此作为对其质量的评价。

3.5.3.3 正在进行的研发项目

BFH 正在开展的项目有：开发基于 DIV 和 SIV 的热处理材质量控制系统；开展对在4个不同国家使用的4种不同工艺生产的热处理材产品质量的对比评价；和大学（如 Swedish University of Agricultural Sciences Uppsala）合作进行野外试验，以评价热处理材的长期耐久性能。单纯的油热处理材在抗虫，如抗白蚁方面没有明显效果，这激发了对提高油热处理材抗虫性的研究。美国、德国两国科技人员合作，对苏格兰松和挪威云杉材在油热处理的基础上进行热油真空－加压浸渍的办法，提高处理材对美国南方白蚁（Formosan subterranean termites）的抗性并取得初步效果。

3.5.4 中国热处理材生产工业发展状况与展望

我国物质流通领域和生产厂家将热处理材习惯称之为“炭化木”。

进入20世纪80年代以来，我国经济快速增长，同时也付出了沉重的资源和环境代价，经济发展与资源环境的矛盾日趋尖锐，这与我国资源利用效率相对低下密切相关。以上问题严重制约了我国未来的发展，需要在科学发展观的指导下，通过发展循环经济等途径加以解决。国际国内的经验证明，发展循环经济意义重大：一是为经济发展开辟新的资源；二是可以有效减少污染物的排放；三是有利于提高经济效益。热处理材是作为绿色环保的新型木材工业产品，对于改善木材的使用性能、延长木材及其制品的使用期限，节约和合理利用木材资源，对建设资源节约型社会和环境友好型社会，保护森林资源改善生态环境，具有现实意义。

因此，我国热处理材工业发展从无到有，发展快速，这与国家经济发展政策层面导向有着直接关系。另外，现代人们越来越偏重追求生活环境的舒适、温馨，即人性化。而热处理材所构成的局部环境，则更接近自然，符合人类追求。经济发达地区和大城市木制房屋和别墅的兴起，便是其中最明显的例证。

3.5.4.1 发展状况

1）企业数量增多，生产规模扩大

目前，我国从事热处理材生产的企业已有数十家，年生产能力约为25万 m^3。近两年，每年向社会提供“炭化木”约22.5万 m^3。从企业生产条件看，很多企业已经建设或正在建设新的厂房，生产规模和产品品种也在不断增加。木材行业内的部分企业已经看到了市场发展空间，将主打产品转向热处理材的生产。

2）科研水平提高，产品应用范围扩大

我国一些高校院所及部分木材保护产品生产企业对热处理材技术研究与开发

水平取得明显进展，生产设备自动化水平不断提高，木材保护产品应用范围不断扩大。这种新型木材保护产品已经越来越多地应用于建筑木结构、园林景观、家具和门窗等。

3）市场需求扩大

随着国外热处理材产品涌进国门及一些先进的生产技术和设备接踵而来，从而使我国木业界明显感觉到与国际水平的差异，如产品使用上的经济性、耐久性、安全性和实用性等。尽管当时投资成本要高一些，但由于其使用寿命长，而减少了今后的维修费、更换费以及由此带来的隐性损失（如因维修不得不搬迁或停工停业等）。因此，热处理材产品在建设和生活方面的使用越来越深入人心。现代建筑以及家居生活使用耐腐性木材的覆盖面加大了，现代家居外环境使用木制人行道、栅栏、楼梯、扶手、走廊、小桥等，甚至户外使用的木制地板、木制家具也已大量出现。所有这些现实需求，都构成和加大了对这类产品的需求力度。

4）亟需建立相关标准

为更好地贯彻国务院办公厅“国办发［2005］58 号”文件精神，解决我国木材资源严重不足的矛盾，提高木材利用率，延长木制品使用寿命，保护和节约木材，规范热处理材的生产，提高产品质量和技术水平，中华人民共和国国内贸易行业标准——《炭化木》（SB/T10508—2008）行业标准已批准发布，目前，根据《关于下达 2008 年资源节约与综合利用、安全生产等国家标准制修订计划的通知》（国标委综合［2008］168 号）文件，《炭化木》国家标准启动了快速制定程序，直接进入国家标准征求意见阶段。本标准规定了炭化木的分类，技术条件，检验与试验方法，检验规则，标志、包装、运输与储存的要求。

5）质量监督体系和质量控制检测手段

目前我国尚没有热处理材相应的质量监督体系和质量控制检测手段，急需建立和成立相关质量监督部门和研究先进的质量控制检测手段，如超声波检测、红外检测等多种无损检测方法。通过国家监督抽查、行业抽查、企业自检、委托检验等方式，加强木材保护产品质量监督管理。国家质检、工商、商务、建设等有关部门要将木材保护产品，特别是热处理材产品纳入市场重点监管范围。要充分发挥现有木材保护产品质量专业检测机构的作用，强化对市场上木材保护产品质量监督检测，减少或避免假冒伪劣木材保护产品进入市场。

3.5.4.2 前景与展望

1）加强科学研究

近几年，东北林业大学、北京林业大学、南京林业大学、中南林业科技大学等高校与科研院所相继开展了热处理材的研发工作，并取得可喜的成绩，今后应进一步加强热处理材基础理论和形成机制的研究，建立比较完善的科学理论体系。相信随着基础研究的扩大和深入，我国热处理材的整体技术水平将会逐渐达到国际水平和国际先进水平。

2）创立自主的品牌产业

目前我国热处理材生产技术及开展的相关研究主要是依托世界上相关的专利技术，尚无本质上的根本性改变，尽管我国有了自己的专利技术，并依此生产出了适合使用要求的热处理材产品，但如何创立自己的品牌产业还有很长的路要走。

3）加大宣传力度和社会认知度

热处理后木材吸湿性能下降，湿胀可下降达50%以上，极大地改进了木材的尺寸稳定性；热处理材的平衡含水率也较低，所制造的木制品使用时含水率能保持在6%左右；因此，由热处理材制成的产品不易变形和开裂，能应用于干燥或潮湿的环境。另外，热处理材的耐腐性能得到提高，能够应用于户外装饰、建筑。但抗冲击韧性及表面耐磨性等有所降低。目前这类产品在我国主要用于户外园林，少量用于室内高档装修和地板。而我国多数家具企业、地板企业和消费者对热处理材了解甚少，尚未见到利用这种材料生产家具。应采取有效手段开展宣传工作，同时每个生产企业要建立自己的网站或网页。通过各种方式的宣传，让热处理材得到社会的认可。

4）实行行业培训和提高人员素质

开展行业培训，提高相关人员对这种新型木材产品的认识，从根本上为热处理材的发展创造良好的基础和环境。

5）加强国际技术交流和合作

我国木材资源匮乏，资源总量、人均占有量均低于世界平均水平，人均森林面积为1.9亩①，仅为世界人均占有量的1/5，森林覆盖率只相当于世界平均水平的3/5。把热处理材生产经营、科研教学等单位或专业人士组织起来，加强国际技术交流与合作，促进我国该行业健康和科学发展，不断增强科技创新能力，增强我国热处理材企业的国际竞争力。坚持引进技术与消化、吸收、创新相结合，加强木材资源节约技术的科技开发及产业化示范，组织重大科学难题进行攻关，加大科研经费投入的力度和强度，推广热处理材及其制品在建筑、园林、包装、道路与桥梁、煤矿等各个领域中的应用，提高木材综合利用率，节约和合理利用木材资源，促进我国经济和社会可持续发展。

① 1亩≈667m^2，后同。

3.5.5　热处理材的应用与问题讨论

木材在超高温处理过程中只涉及蒸汽和温度，不添加任何化学药剂，所以，热处理材产品是环境友好型材料。另外，经加热处理后显著提高了木材的稳定性和耐腐性。虽然欧洲热处理材的商业化才几年的时间，但是由于商家、大学及科研机构的大力合作，使这种木材商业化速度非常快，极大促进了热处理材市场的发展与繁荣，这也充分体现了科学技术是第一生产力的巨大作用。具体到应用领域，针对不同的处理工艺以及不同的木材，使用场合也略有差别。在欧洲市场，热处理的松木与云杉主要用于室外建筑材料，如花园家具、门、窗及墙壁等。热处理白桦和白杨木材可以用于室内家具、厨房家具、浴室装饰、镶板材料及镶木地板等。热处理过的松木、杉木因为树脂基本被排出，所以特别适合做桑拿房。随着热处理技术的发展，一些密度较大的硬阔叶树材也可用于超高湿热处理，如水曲柳、栎木、榆木、纤皮玉蕊等，以满足家具、地板等的使用要求。现在热处理材主推两个方向，以水曲柳、栎木、枫桦等树种所做的热处理材实木，用作地板（阳台、露台、游泳池、居家地板、地热地板）；以樟子松、马尾松等推出的户外材，用作装饰墙板（室内墙板、屋顶吊板、户外装饰板、桑拿板）、庭院家具（桌子、椅子、凳子、休闲椅）、园林景观（花坛、花架、阳台、露台、围栏、亲水平台、码头、桥）。热处理材的应用情况如图 3-49 所示。

木材热处理技术已成为新一代的木材新型功能性改良技术，随着基础研究的进展，其工业应用潜力也日益受到重视。为了提高产品质量、优化产品性能和进一步形成生产能力，对以下一些技术方面的问题尚需深入研究和探讨。

（1）寻求热稳定性好、价格低廉、能耗少的导热介质，以降低成本。

（2）设计合理的热处理设备，提高设备的自动化水平；平衡和调节处理工艺参数，寻求尺寸稳定性增加、耐久性提高与强度降低的平衡点，从而获取性能更加优异的产品。

（3）综合利用微观分析仪器，进一步探讨热处理时木材变化的机制，为优化处理工艺，提高处理材的质量打下坚实的基础。

（4）扩大热处理的木材树种范围。研究主要人工林木材对于热处理工艺的适应性，寻找最佳工艺条件，探索利用低质木材模拟珍贵阔叶树材颜色的技术，提高低质木材的附加值，扩大利用范围。

（5）在获得锯材热处理成熟工艺的基础上，将其工艺推广至原木 、胶合板等产品。产品应用由初级产品推广到高端制品，如户外、地板、墙板、集装箱材料、室内家具和浴室用具等。

（6）热处理材的加工性能，如旋切、握钉力、涂饰性能、耐候性、环境学

图 3-49 热处理材的用途与场所

特性和使用过程颜色的稳定性等。

(7) 建立我国的热处理材产品质量标准，明确评价指标，规范产品市场。同时，健全热处理企业内部质量控制程序。

(8) 热处理材质量的无损检测技术，研制便携式测试设备，促进热处理材的规模化生产。

热处理材是一种无污染、环保、安全且可持续利用的材料，是人工林木材拓展实木加工利用的有效途径之一，应引起足够重视，促进该项技术的研究与应用，与先进国家在技术上保持同步，从而减少技术性贸易壁垒的限制。木材经过有效的热处理技术处理后，可解决木材的尺寸稳定性问题，将极大地促进人工林木材的使用范围，为人工林木材发掘出更大的潜在市场机会。因此，不论是从对外贸易，还是从对人们身体健康和环境保护方面考虑，都应大力发展无化学药剂处理的木材制品，相信在不久的将来，这一符合环境与发展资源理念的新型材料，在国家的经济建设中将发挥重要作用。

总之，热处理材的研究正在蓬勃展开，随着研究的逐渐深入，诸多意想不到的问题和现象将会不断出现。在未来，学科间的交叉和融合将是科学技术实现新发展和突破的有效途径。随着热处理材基础研究领域的进一步拓宽，其与传统技术和领域，与生命科学、信息科学、纳米技术、资源和环境科学等领域的交叉与融合，应该是未来木材热处理技术发展的方向之一。

参考文献

[1] 孙振鸢．荷兰热改性木材——“platowood”．中国木材保护，2007，1：27-30.

[2] Finnish Thermowood Association Thermowood® Handbook. Finland，2003：1-50.

[3] Militz H. Heat treatment of wood by the PLATO-process. Proceedings of Special Seminar held in Antibes. France，2001：25-34.

[4] 顾炼百，涂登云，于学利．炭化木的特点及应用．中国人造板，2007，5：31-32.

[5] Rapp A O. Oil heat treatment of wood in Germany-State of the Art. Proceedings of Special Seminar held in Antibes. France，2001：45-60.

[6] Rapp A O. Review on heat treatments of wood. Proceedings of Special Seminar Held in Antibes. France，2001：11-26.

[7] Denis J. Strenght and colour response of solid wood to heat treatment. Licentiate Thesis，France，2005：1-4.

[8] Nuopponen M. FT-IR and UV Raman spectroscopic studies on thermal modification of scots pine wood and its extractable compounds. Helsinki University of Technology，Espoo，Finland，2005：1-28.

[9] 李延军，孙会，鲍滨福，等．国内外木材热处理技术研究进展及展望．浙江林业科技，2008，28（5）：75-79．

[10] Vernois M. Heat treatment of wood in France state of the art. *In*：Review on heat treatments of wood. Proceedings of Special Seminar of Cost Action. Stockholm，Sweden，2000：65-70.

[11] Vernois M. Menz Holz：une première unité industrielle de traiement loéothermique. CTBA Info.，2004，104：25-27.

[12] Stamm A J，Hansen L A. Minimizing wood shrinkage and swelling：Effect of heating in various gases. Industrial & Engineering Chemistry，1937，（7）：831-833.

[13] Stamm A J. Thermal degradeation of wood and cellulose. Journal of Industrial and Engineering Chemistry，1956，（48）：413-417.

[14] Stamm A J，Burr H K，Kline A A. Staybwood-a heat stabilized wood. Industrial and Engineering Chemistry Research，1946（38）：630-634.

[15] Pétrissans M, Gérardin P, Bakali I E, et al. Wettability of heat-treated wood. Holzforschung, 2003, (57): 301-307.

[16] Bekhta P, Niemz P. Effect of high temperature on the change in color, dimensional stability and mechanical properties of spruce wood. Holzaz, 2003 (57): 539-546.

[17] Wang J Y, Cooper P A. Effect of oil type, temperature and time on moisture properties of hot oil-treated wood. Holz als Roh-und Werkstoff, 2005, (63): 417-422.

[18] Tariqur R B, Nobuyuki H. Study of crystalline behavior of heat-treated wood cellulose during treatments in water. Journal of Wood Science, 2005, (51): 42-47.

[19] Ayadi N, Lejeune F, Charrier F, et al. Color stability of heat-treated wood during artificial weathering. Holz als Roh-und Werkstoff, 2003, (61): 221-226.

[20] Buro A. Die wirkung von hitzebehandlung auf die pilzresistenz von kiefern-und buchenholz. Holz als Roh-und Werkstoff, 1954, 12: 297-304.

[21] Giebeler E, Bluhm B, Alscher A, et al. Process for the modification of wood. US Patent: 43770401. 1983.

[22] Schwanninger M, Hinterstoisser N, Gierlinger N, et al. Application of Fourier transform near infrared spectroscopy (FT-NIR) to thermally modified wood. Holzforschung, 2004, (62): 483-485.

[23] KubojimaY, Okano T, Ohta M. Bending strength and toughness of heat-treated wood. Journal of Wood Science, 2000 (46): 8-15.

[24] Oner U, Nadir A. Variations in compression strength and surface roughness of heat-treated Turkish riverred gum (Eucalyptus camaldulensis) wood. Journal of Wood Science, 2005, (51): 405-409.

[25] Tjeerdsma B F, Militz H. Chemical changes in hydrothermal treated wood: FTIR analysis of combined hydrothermal and dry heat treated wood. Holz als Roh-und Werkstoff, 2005, (63): 102-111.

[26] Michel V. Heat treatment of wood in France. Proceeding of Special Seminar of Cost Action E22, Antibes, France, 2001.

[27] Hietala S, Maunu S L, Sundholm F, et al. Structure of thermally modification wood studied by liquid state NMR measurements. Holzforschung, 2002, (56): 522-528.

[28] Sivonen H, Maunu S L, Sundholm F, et al. Magnetic resonance studies of thermally modified wood. Holzforschung, 2002, (6): 648-654.

[29] Kamden D P. Durability of heat-treated wood. IRG WP: International Research Group on Wood Preservation 30. Rosenheim, Germany, 1999, June, 6-11.

[30] Weiland J J, Guyonnet R. Study of chemical modifications and fungi degradation of thermally modified wood using DRIFT spectroscopy. Holz als Roh-und Werkstoff, 2003, (61): 216-220.

[31] Francis W M R S, Melanie S. Resistance of thermo-mechanically densified wood to colonization and degradation by brown-rot fungi. Holzforschung, 2005, (59): 358-363.

[32] 花田健介，土居修一，加文字栄治．Plato 熱処理材の耐朽性・耐蟻性．木材保存，

2006，32（1）：13-19.

［33］Repellin V，Guyonnet R. Evaluation of heat-treated wood swelling by differential scanning calorimetry in relation to chemical composition. Holzforschung，2005，（59）：28-34.

［34］Hakkou M，pétrissans M，Idriss E B，et al. Wettability changes and mass loss during heat treatment of wood. Holzforschung，2005，（59）：35-37.

［35］Hillis W E. High temperature and chemical effects on wood stability. Part 1. General considerations. Wood Science and Technology，1984，（18）：281-293.

［36］D-yakonov K F，Kur- yanova T K，Shchekin V A. The hydroscopicity of heat-treated wood. Journal of Izvestiya Vysshikh Uchebnykh Zavedenii Lesnoi Zhurnal，1990，（3）：63-67.

［37］Jämsä S，Ahola P，Viitaniemi P. Performance of coated heat-treated wood. Surface Coatings International，1999，（82）：297-300.

［38］Sundqvist B. Colour changes and acid formation in wood during heating. PHD Thesis，Luleå University of Technology，2004，10：150-154.

［39］Mitsui K. Changes in colour of spruce by repetitive treatment of light irradiation and heat treatment. Holz als Roh-und Werkstoff，2006，（64）：243-244.

［40］刘元．木材干燥皱缩机理及其特性研究．中南林学院学报，1994，14（2）：97-101.

［41］刘元．热处理对桉材皱缩的作用．林业科学，1994，30（2）：140-144.

［42］刘元．热处理对水与木材接触角的影响．中南林学院学报，1993，13（2）：136-141.

［43］翟冰云．木材的热处理及蒸汽处理．国外林业，1995，25（4）：38-41.

［44］张守娟，张士成，张守慧．加热处理对不同树种材色的影响．林业科技，1995，（21）：41-46.

［45］曹金珍，赵广杰，鹿振友．热处理木材的水分吸着热力学特性．北京林业大学学报，1997，19（4）：26-33.

［46］李大纲，李坚，刘一星．热处理对消除水曲柳木材弯曲变形的影响．南京林业大学学报，2004，28（3）：23-26.

［47］谢桂军，刘磊，廖红霞．马尾松木材热处理研究．广东林业科技．2007，23（4）：6-10.

［48］李延军，唐荣强，鲍滨福，等．高温热处理木材工艺的初步研究．林产工业，2008，（2）：16-18.

［49］顾炼百，丁涛．高温热处理木材的生产和应用．中国人造板，2008，（9）：14-18.

［50］王洁瑛，赵广杰．热处理过程中杉木压缩木材的材色及红外光谱．北京林业大学学报，2001，23（1）：59-64.

［51］栗山旭．木材炭化遇程的研究．林場試驗場研究報告，1979，（304）：71-76.

［52］刘君良，李坚，刘一星．高温水蒸气处理固定大青杨木材横纹压缩变形的研究．林业科学，2003，39（1）：126 -131.

［53］梅瑞仙，殷宁，张帝树．木材表面纹理强化工艺的研究．北京林业大学学报，1997，19（1）：8-12.

［54］马世春．汽蒸处理改善木材尺寸稳定性初探．木材工业，1998，12（5）：36-39.

［55］齐华春，程万里．高温高压过热蒸汽处理木材的力学特性及化学成分变化．东北林业大

学学报，2005，33（3）：44-46.
[56] Beall F C. Thermogravimetricanalysis of wood lignin and hemicellulose. Wood and Fiber，1996，(1)：215-226.
[57] 吴帅，于志明．木材炭化技术的发展趋势．中国人造板，2008（5）：3-6.
[58] 龙超，郝丙业，刘文斌，等．热处理木材的工艺及应用．木材工业，2007，71（6）：44-46.
[59] 曹永建，吕建雄，孙振鸢，等．国外木材热处理工艺进展及制品应用．林业科学，2007，43（2）：104-110.
[60] 王正，姜阳春，饶鑫，等．热改性木材的加工与应用．木材工业，2006，20（6）：46-47.
[61] 周永东，姜笑梅，刘君良．木材超高温热处理技术的研究及应用进展．木材工业，2006，20（5）：1-3.
[62] 程大莉．高温热处理杉木木材的工艺及性能研究．南京：南京林业大学硕士学位论文，2007.
[63] Fengel D，Wegener G. Wood：chemistry，ultrastructure，reactions. W de Gruyter，Berlin，1989：613-628.
[64] Tjeerdsma B F，Boonstra M，Militz H. Thermal modification of non-durable wood species. Part 2. Improved wood properties of thermally treated wood. International Research Group on Wood Preservation，Document No. IRG/WP，1988：98-124.
[65] Tjeerdsma B F，Boonstra M，Pizzi A ea al. Characterisation of thermal modified wood：molecular reasons for wood performance improvement. Holz als Roh-und Werkstoff，1998，（56）：149-153.
[66] Tjeerdsma B F，Militz H. Chemical changes in hydrothermal treated wood：FTIR analysis of combined hydrothermal and dry heat-treated wood. Holz als Roh-und Werkstoff，2005，(63)：102-111.

第4章　压缩木材

由于天然林木材资源的日渐减少，如何有效利用人工林木材资源已成为全世界研究的重要课题。人工林生长速度快，轮伐期短，其木材材质材性与天然林木材有较大差异，突出表现在材质松软，强度和表面硬度低，如作为桌椅、地板等用材，由于表面硬度低而不能以实木形式用在表面，难与硬质阔叶树材抗衡，影响了其应用范围和市场竞争力。目前，人工林木材只能以低价值形式应用，如单板（芯板或背板）、刨花板、纤维板等。因此，改善软质人工林木材的材质，提高其利用价值，扩大其应用范围，最终替代天然林木材，已经成为木材工业迫切需要解决的问题。

木材压缩技术是提高人工林木材材质和性能，并利用其性能开发新产品最有前景的方法之一。近20年来，木材压缩研究主要是以提高人工林软质木材的硬度和强度，扩大人工林木材的用途和应用领域为目标，研究内容主要是“木材横向压缩变形”和“木材压缩变形的固定”两个方面，而“木材压缩变形的固定”是研究的重中之重。1988年日本有关压缩木的研究报告、论文只有1篇，而在10年后的1998年仅公开发表的报告就达28篇，申请专利也从1973年的1项增加到1997年的52项[1]，其中，主要内容就是探讨经济、合理、环境友好型“木材压缩变形的固定技术”。

随着森林资源的变化，木材资源结构发生了根本的变化，人工林木材逐渐成为资源的主体，而有关速生软质木材压缩技术的研究与开发正方兴未艾。

4.1　压缩木材的应用

4.1.1　地板[2]

日本将国产软质柳杉和扁柏木材通过压缩处理使其强度和耐磨性如同阔叶树材的栎木和水青冈一样，开发出面向学校、体育馆等文教设施和家居使用的地板（图4-1～图4-3）。

通过对杨木单板的压缩处理制成强化单板，将强化单板应用在多层实木复合地板的表板，以替代目前常用的进口木材（图4-4）。

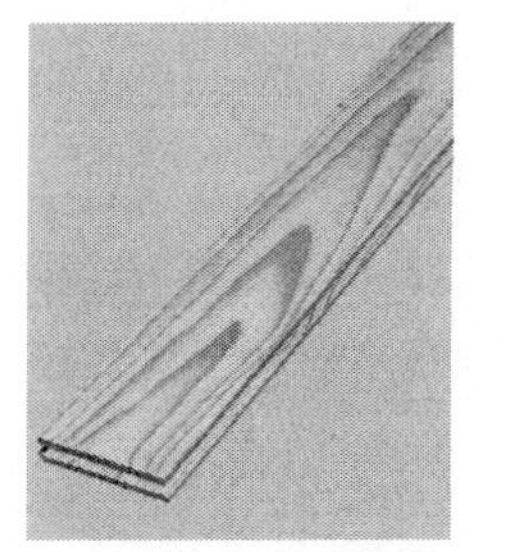

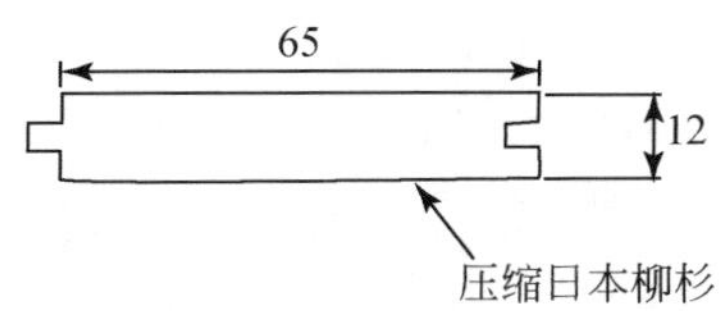

规格：12mm(T)×65mm(W)×1820mm(L)
压缩率：50%

图 4-1 压缩处理柳杉实木地板

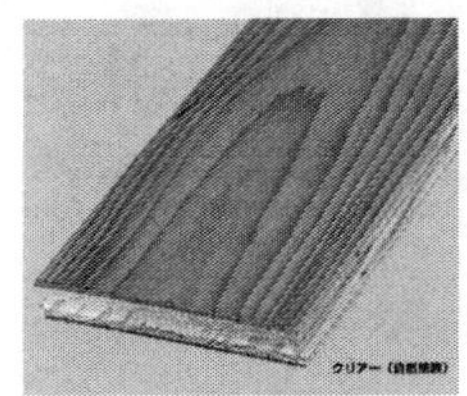

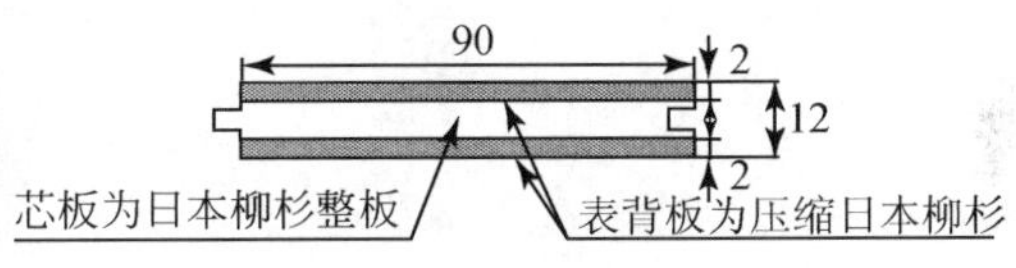

规格：2mm(T)×90mm(W)×1820mm(L)
压缩率：50%

图 4-2 压缩处理柳杉三层结构实木复合地板

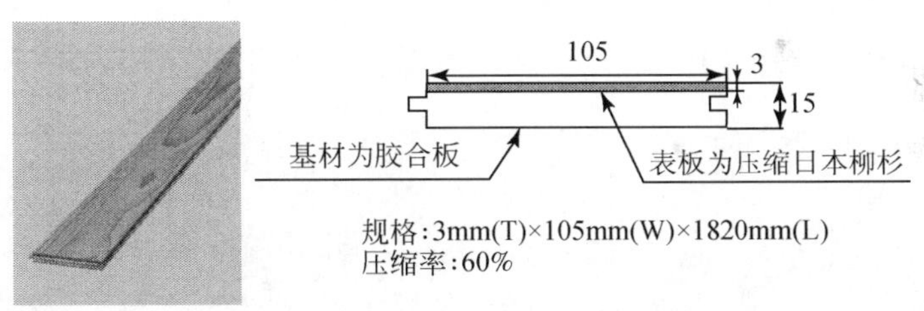

图 4-3 压缩处理柳杉实木多层复合地板

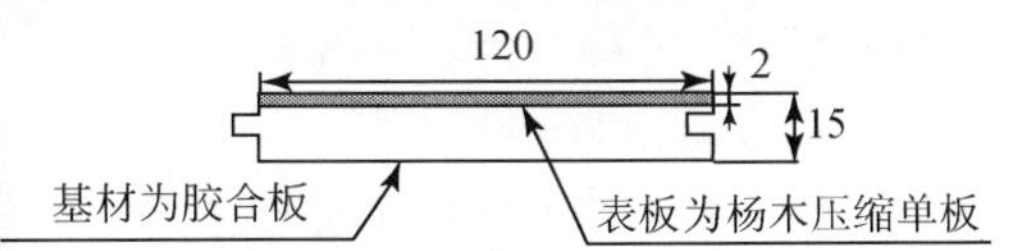

规格：2mm(T)×120mm(W)×910mm(L)
强化单板压缩率：50%

图 4-4 强化杨木单板为表板的多层实木复合地板

4.1.2 工艺品[3]

利用压缩的柳杉和扁柏木材制成圆珠笔和笔盒以及筷子和筷子盒。充分发挥了木材纹理美观的视觉特性、木材触觉特性以及针叶树材特有香气（图 4-5 和图 4-6）。

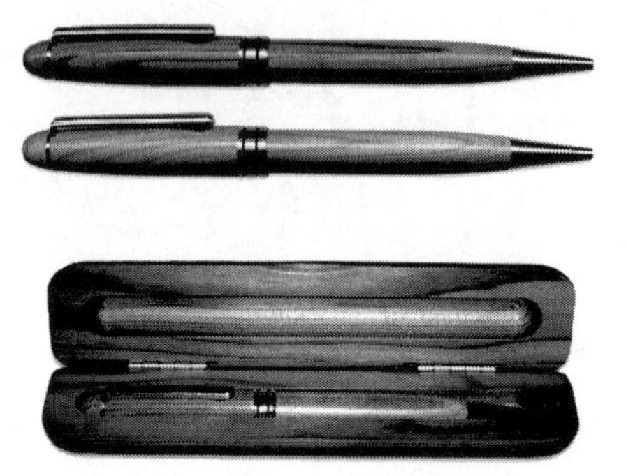

图 4-5　柳杉和扁柏压缩材制作的圆珠笔及笔盒

图 4-6　压缩材制作的筷子及筷子盒

4.1.3 压缩木材在建筑中的应用[4]

日本公司采用特殊压缩技术将本国产的柳杉、扁柏等软质木材应用在体育馆、建筑内部装潢等场所。以下是几种施工实例。

（1）利用柳杉和扁柏压缩木材制作的墙壁板（图 4-7）。

左为扁柏 右为柳杉

柳杉材

图 4-7　墙壁板

（2）利用扁柏压缩木材制作体育馆运动地板（图 4-8）。

（3）压缩木材在几种公共场所应用实例（图 4-9 ~ 图 4-13）。

图4-8 运动地板

图4-9 日本大佐海洋中心
2005年竣工。使用材料：
柳杉压缩木材地板、橱柜等

图4-10 日本朝来町生涯学习设施
2005年竣工。使用材料：
柳杉压缩木材地板

图4-11 森林环境交流中心
2004年竣工。使用材料：
柳杉压缩木材地板

图4-12 美甘厅舍保健文化中心
2004年竣工。使用材料：柳杉压缩木材长凳、
桌椅、会议桌等；扁柏压缩木材幼儿用椅子

图4-13 山崎学遊馆
2003年竣工。使用材料：
柳杉压缩木材会议用桌椅、床

4.1.4 在集装箱底板中的应用[5]

利用强化杨木单板制造15层结构集装箱底板，其组合结构如图4-14所示，共采用6层杨木压缩单板，4层3mm厚杨木单板，5层2.2mm厚杨木单板。

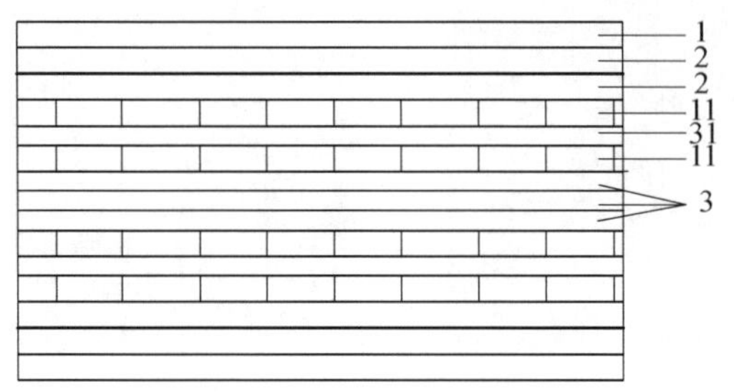

图4-14 集装箱底板组合结构的截面示意图

承压面和受拉面分别由1层顺纹压缩单板1和2层3mm厚顺纹杨木单板2组成，且所述顺纹压缩单板分别形成该集装箱底板的上表板和下表板；中心区采用3层2.2mm厚顺纹单板3，自上表板起的第4、第6层和第10、第12层分别为横纹结构的杨木压缩单板11，且第4、第6层横纹压缩单板之间和第10、第12层横纹压缩单板之间分别为顺纹结构设置的2.2mm厚杨木单板31。

按照以上结构胶合所形成的集装箱底板整体以中心区为对称轴，具有对称结构。该底板物理力学性能指标如下：密度0.754g/cm^3，纵向静曲强度90MPa，横向静曲强度51MPa；纵向弹性模量12 187MPa，横向弹性模量5224MPa。力学强度指标达到国家标准要求。

4.1.5 在信息产业中的应用[6]

日本Olypus公司开发了一种从三个方向对木材实施压缩成型的技术。该技术首先将木材加工成立体状，将木材放入成型金属模具中，通入高温高压蒸汽软化木材，并从三个方向同时压缩木材。为使变形不回复，在压缩状态下热处理固定变形，最后还要加热使其表面硬化并带有一定光泽。加工前密度只有0.4～0.5g/cm^{3}的木材，压缩后其密度可以提高1倍或2.5倍，可以达到相当于PC工程塑料（聚碳酸酯，polycarbonate）、ABS树脂2倍的表面硬度。另外，将目前应用在数码相机、显微镜、内视镜透镜加工所用的、具有高面精度的、非球面玻璃透镜金属模具加工技术，移植到木材压缩上，压缩成型后无须研磨，材料具有自然光泽感，可适合制作手机、数码相机、电脑的外壳，替代目前使用的金属或塑料，扩大木材的用途。图4-15为NTT Do Co Mo在2009年10月召开的IT·电子产品综合展览会“CEATEC Japan 2009”上展示的，利用扁柏间伐材经过压缩处理制作的手机样机“Touch Wood”。另外，2006年9月在德国Koln召开的“Photokina 2006”展览会上同样展示了利用压缩扁柏木材作外壳的便携式数码相机的试制品。

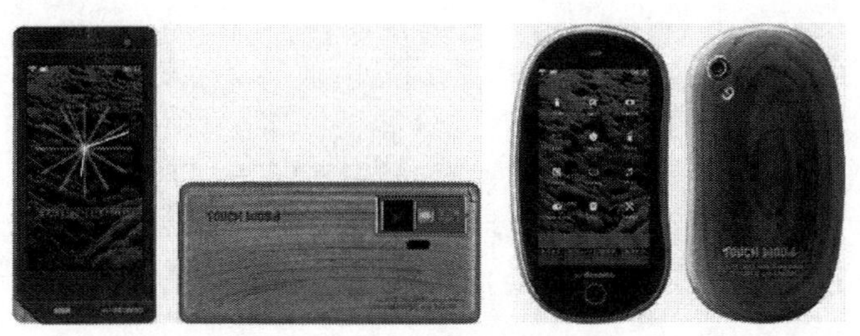

图4-15 NTT Do Co Mo制作的手机样机“Touch Wood”

4.2 压缩木材的物理力学性能

软质木材经过压缩处理可以在以下几个方面得到改善。

表面特性 由于软质木材表面硬度过低，木材抵抗能力较弱，在应用过程中一旦受到重物或较大外力的冲击，容易被压溃而破坏，特别是应用在像地板、桌子表面等人频繁接触的场合。因此，软质木材的应用范围受到很大限制。在没有油漆保护的情况下，软质木材的表面耐磨性较差。经过压缩处理，单位体积内木材实体物质增加，空隙减少，硬度和表面耐磨性得到提高。

木材质感 压缩处理提高了木材的密度和硬度，从而使其质感增强，木材显得更加致密；热处理固定变形的过程中，由于热的作用会使浅色木材的颜色略微加深，给人一种高档感觉。

强度性能 压缩处理使木材的密度显著提高，而密度与强度、模量等强度性能指标又有密切的正相关性，因此压缩木材可以应用在对强度要求较高的场合，如住宅内的扶手、家具框架材料、木质结构件的结合部等。

加工性 软质木材加工表面不光滑、密度低而不适宜雕刻等。压缩处理使木材的密度更加均匀，加工后表面光洁度增加，适合雕刻加工等，如可以做成印章、各种工艺品以及工具类的柄等。

4.2.1 原木整形压缩[7]

原木整形压缩是通过加热塑化木材，再经过压缩及变形固定过程，将原木直接加工成正方形、矩形或其他形状的木材，是有效利用中小径级间伐材的一种处理技术。利用该技术，不经过制材工序就可以从原木获得方形或矩形木材，而且经过压缩处理，木材密度增加，力学性能改善，表面硬度和耐磨性提高，克服了中小径级间伐材由于以未成熟材为主而造成的材质低劣缺点。

一般处于湿润状态的木材加热到100℃左右，半纤维素、木质素被软化而呈橡胶状，弹性降低，黏弹性增加。与20℃含水率10.8%、20℃饱水状态相比，98.7℃饱水状态下给予木材很小的载荷就可以使其产生较大的挠曲变形，因此，水分和温度对木材变形的影响是显著的。如果将高含水率木材在100℃左右的温度下软化处理，可以使木材在不被破坏的情况下赋予其大的变形。日本柳杉幼龄材这种性质显著，小林好纪将日本柳杉原木软化处理后，进行了圆变方的整形压缩处理（图4-16）。

图4-16 原木整形压缩成方材

木材的热可塑性与水分的存在有很大关系，一般含水率越高热可塑性越大。但是，对原木实施整形压缩，需要考虑加热和干燥的能耗成本，在能够得到充分的热可塑性前提下，以含水率越低越好。另外，采用微波加热方式，原木含水率分布状态对其内部温度的分布均匀性有很大影响。如果原木边材含水率高，心材含水率低，则表层部分先被加热，然后才是中心部分，加热相同时间内，原木表层和中心部分的温度差可以达到20℃；如果边材和心材含水率相近时，加热初期仍是表层先被加热，但是表层、原木半径中央以及中心部分之间的温度差异较小，三部位的升温过程基本一致。因此，为了不使原木压缩时产生破坏，而且使原木能够得到均匀压缩，原木内的最低温度必须达到构成木材细胞壁基质（matrix）的玻璃转化点的温度（约为80℃）以上。

由于加热温度对木材热可塑性程度起着决定性作用，所以对原木实施整形压缩处理前的加热温度，对整形是否容易以及压缩载荷等有很大影响。例如，以含水率约为145%的原木为试样，加热温度（原木中心部位达到的温度）分别选取120℃、100℃和80℃，压缩率（整形后原木横切面面积减少量与原木原横切面面积之比）为 30%，那么，各温度下的压缩载荷分别是 9kgf[①]/cm^2、10kgf/cm^2、11kgf/cm^2，即随着加热温度的提高，压缩载荷降低。如果温度提高到 130℃，压缩载荷更低。

图 4-17 表示的是原木整形压缩过程中压缩率与整形所必需的压缩载荷及冷却过程中应力松弛的过程曲线，表 4-1 表示的是含水率约为 145% 的日本柳杉小径原木加热后，其中心部位温度达到 100℃ 时，压缩率与最大压缩载荷间的关系。

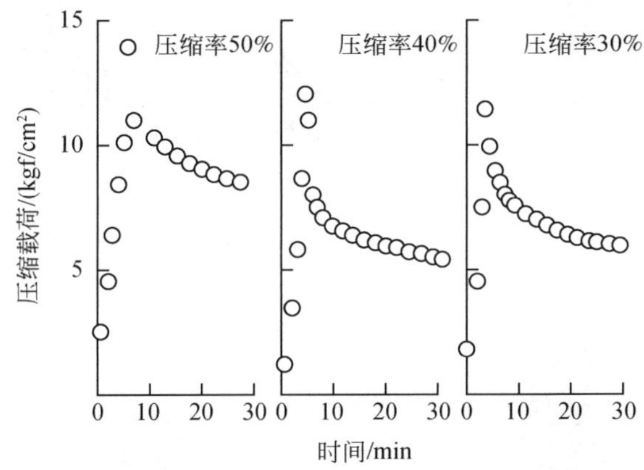

图 4-17　压缩载荷与应力松弛过程

表 4-1　压缩率与最大压缩载荷的关系

压缩率/%	最大压缩载荷 /（kgf/cm^2）		原木直径 /mm		平均年轮宽度/mm	年轮数
	左右	上下	大头	小头		
29. 7	11. 2	7. 7	145	145	4. 0	18
39. 8	13. 1	9. 1	160	155	4. 0	20
49. 7	15. 2	12. 0	175	166	5. 1	17
56. 7	19. 7	17. 1	180	175	3. 1	29

由图 4-17 和表 4-1 可知，在含水率一定时，压缩率越大，压缩载荷也越大。压缩率 56. 7% 时，最大压缩载荷为 19. 7kgf/cm^2；压缩率为 49. 7% 时，最大压缩载荷为 15. 2kgf/cm^2；压缩率为 39. 8% 时，最大压缩载荷为 13. 1kgf/cm^2；压缩率为 29. 7% 时，最大压缩载荷为 11. 2kgf/cm^2。随着压缩率的提高木材内的空隙越来越少，含水率高时，水也会产生反作用力。

① kgf 为非法定单位，1kgf = 9. 806 65N。

原木整形横向压缩（压缩方向垂直于纤维方向）和纵向压缩（压缩方向平行于纤维方向）圆变方的工艺如图 4-18 和图 4-19[8] 所示。原木在 150℃饱和蒸汽中处理几分钟使之软化；然后在模具中压缩成方形或六角形材；最后将饱和蒸汽温度提高到 180℃，处理几分钟，固定压缩变形。

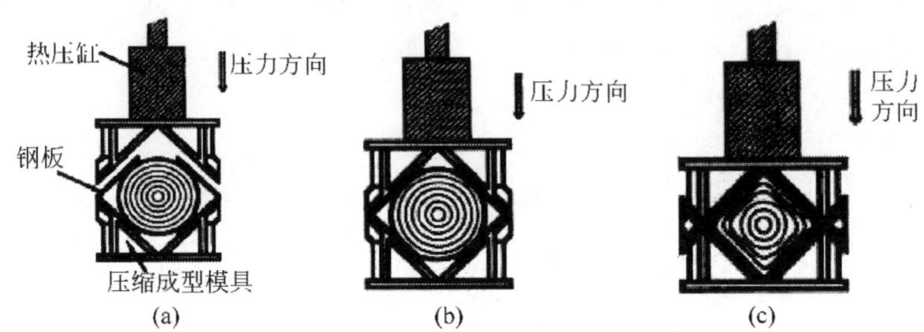

图 4-18　原木整形横向压缩圆变方的工艺图

（a）压缩前；（b）压缩中；（c）压缩后

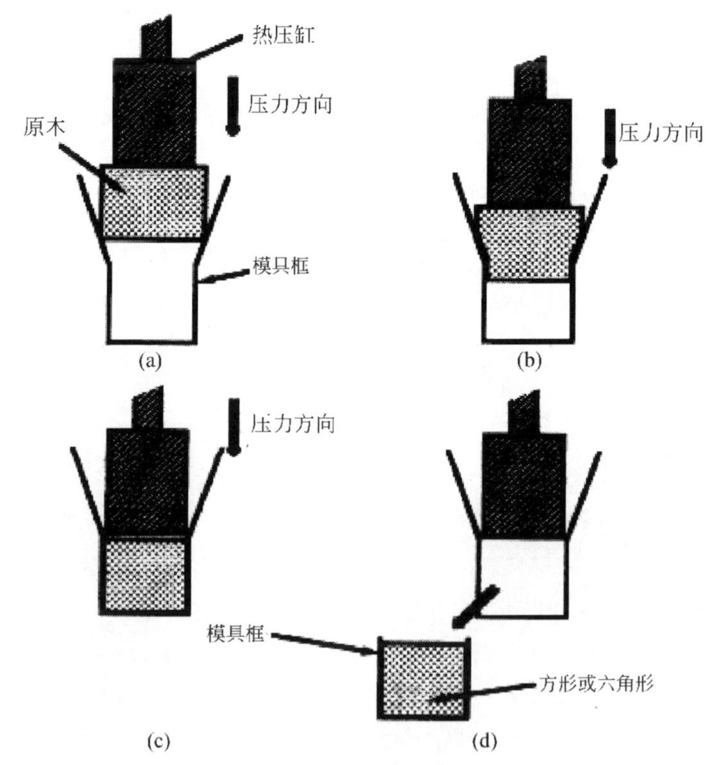

图 4-19　原木整形纵向压缩圆变方的工艺图

（a）压缩前；（b）压缩中；（c）压缩后；（d）成品

刘一星等[9]应用自行设计制造的木材高温蒸汽处理成型设备和模具，实验室制作了截面为正方形的压缩整形木，并对整形木材的密度分布、表面硬度及耐磨耗度等物理力学性能进行了分析和评价。采用 X 射线衍射仪和配件组装的木材微密度测量仪对不同树种的素材和整形木的密度值以及密度分布进行测量，结果见图 4-20。

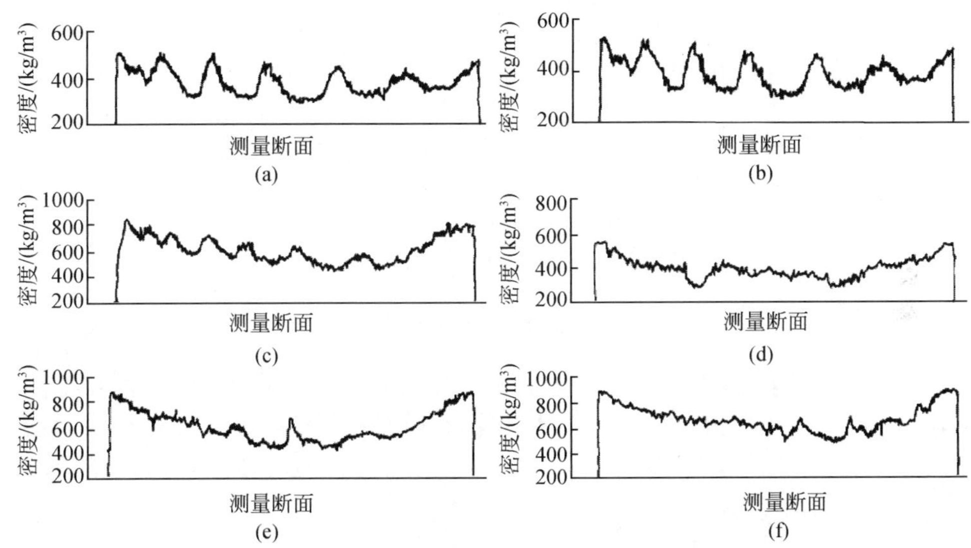

图 4-20　不同树种素材和整形木 X 射线密度分布谱图

(a) 杨木素材；(b) 冷杉素材；(c) 杨木压缩率为 28% 时木方对角线样本；(d) 冷杉压缩率为 20% 时木方对角线样本；(e) 冷杉压缩率为 20% 样本；(f) 杨木压缩率为 28% 样本

从图 4-20 可知，杨木和冷杉素材密度相近，平均密度分别为 394kg/m^3 和 403kg/m^3。无论是杨木还是冷杉，其压缩整形后的密度均高于素材。由于对角线压缩率小，所以密度低于中心点连线的密度，并且密度梯度分布不均匀，仍然可以明显看出早晚材的变化趋势。压缩率为 28% 的杨木对角线样本，平均密度值为 613kg/m^3，而对面中心点连线样本的平均密度值为 747kg/m^3，并且表层到中层分布比较均匀。冷杉木材对角线样本的平均密度值为 498kg/m^3，而过中心且与边平行方向上样本的平均密度为 643kg/m^3，表层到中层密度梯度分布比较均匀，早晚材的密度差异也变小。由此可以看出，在压缩和处理过程中，整形木的密度已获得了比较合理的重新分布。与素材相比，这种密度重新分布的处理材应具有抗弯强度和弹性模量增大、表面硬度增高以及早材与晚材密度差减小等优点。

如图 4-21 所示，随着压缩率的增加，压缩整形木的表面硬度值增大。当压缩率为15%时，杨木硬度为21.4MPa，冷杉硬度为19.7MPa，压缩整形木的表面硬度比素材分别提高了27.4%和34.0%；当压缩率为30%时，杨木硬度为46.7MPa，冷杉硬度为42.6MPa，压缩整形木的表面硬度同素材相比分别提高了177.9%和189.8%。

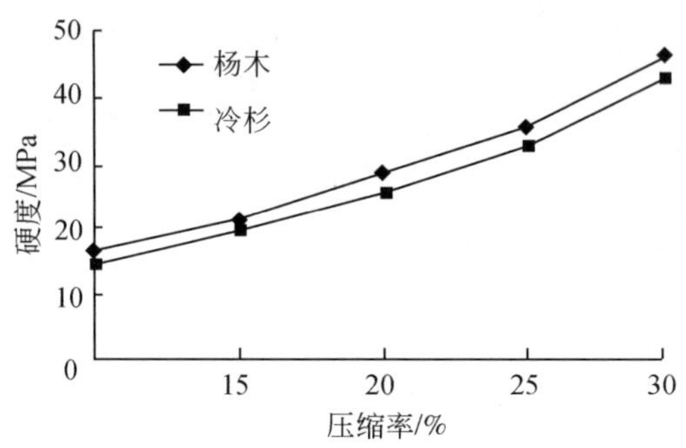

图4-21　木材硬度与压缩率之间的关系

如图4-22所示，随着压缩率的增加，磨耗量下降，说明耐磨耗度增加。同素材相比，当压缩率为15%时，杨木和冷杉的磨耗量分别为0.26mm和0.21mm，比素材降低27.7%和38.2%；当压缩率为30%时，杨木和冷杉的磨耗量均为0.12mm，分别比素材降低66.7%和64.7%。

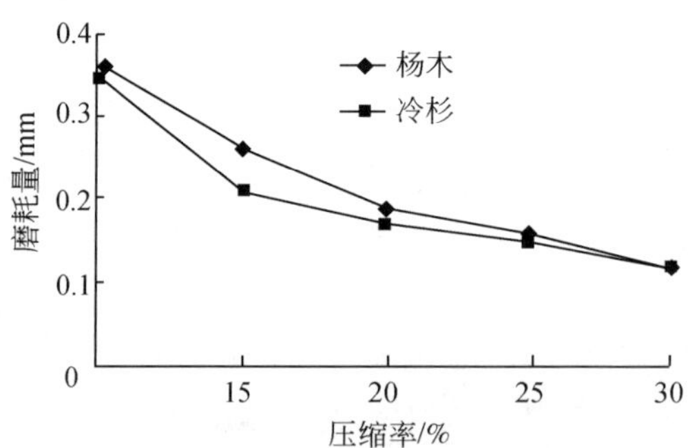

图4-22　磨耗量和压缩率之间的关系

钱俊等[10]利用自行设计制造的带有侧向加压装置的压缩成型设备，对直径50～70mm小径速生杉木原木进行了压缩整形试验，并对整形后的杉木木材，参照GB/T17656—1999分别进行弹性模量、静曲强度和含水率测试分析。首先将杉木原木除去树皮，自然干燥至含水率50%左右；将原木截取500mm长，然后用高压蒸汽蒸煮（0.23MPa，125℃）100min；将木段置于成型设备上，匀速加压（5～7MPa）至预定的压缩率，然后冷却，卸压，陈放72h。物理力学性能试验结果见表4-2。

表4-2 小径杉木原木整形材物理力学性能

试验序号	整形温度/℃	整形速度/(mm/min)	体积压缩率/%	静曲强度/MPa	弹性模量/MPa	终含水率/%
1	175	10	55	83.0	9 020	6.3
2	175	15	60	81.8	9 710	6.4
3	175	20	65	74.7	10 360	6.2
4	160	10	60	105.7	11 010	7.5
5	160	15	65	94.1	7 390	7.5
6	160	20	55	79.9	6 160	7.8
7	145	10	65	102.2	10 140	14.2
8	145	15	55	84.7	7 590	8.7
9	145	20	60	94.5	7 570	12.4
对照	—	—	—	51.7	7 860	—

注："—"表示无数据。

由表4-2可知，整形材平均静曲强度为89.0 MPa，弹性模量为8772MPa，与素材相比分别提高72%和12%。

赵钟声[11]利用高压蒸汽处理模压成型机对大青杨、落叶松、冷杉等实体小径原木（直径为140～220mm）进行了压缩矩形材及变形固定的研究。预先将试验材浸泡在水中（或在水中预热至80℃左右）；取出试材，放入预热好的高温高压蒸汽处理罐，软化并压缩成型（压缩率为30%～50%）；高温定型后冷却出罐。

图4-23是大青杨、落叶松压缩材密度的分布情况。其中，大青杨压缩矩形材的横截面尺寸是190mm（长轴方向）×140mm（短轴方向），压缩率为34%；落叶松压缩矩形材的横截面尺寸是190mm（长轴方向）×145mm（短轴方向），压缩率为31%。通过试验发现，压缩矩形材随着压缩率的增加其平均密度呈递增的趋势；在同一压缩矩形材中，密度在横截面上的分布是有差别的。由图4-23可以看出，两树种相同部位有相近的密度分布规律，在压缩材长轴方向的压缩矩形材表面（平均距表面0.5cm）中点（距侧表面95mm）的密度最大，为0.93g/cm^3（大青杨）、0.89g/cm^3（落叶松）；距侧表面30～50mm密度最低，为0.79g/cm^3（大青杨）、0.72g/cm^3（落叶松）。在压缩材短轴方向上，压缩矩形材的密度呈由表至里递减的趋势，表面层中心（平均距表面0.5cm）处的密度最大，为0.93g/cm^3（大青杨）、0.89g/cm^3（落叶松）；芯部（距表面5cm处）密度最低，为0.47g/cm^3（大青杨）、0.55g/cm^3（落叶松）。在压缩材短轴方向上，压缩矩形材的密度呈由表至里递减的趋势，这是因为压缩方向为木材的径向，木

材细胞单元可看成在径向为串联结构，细胞为中空状，压缩内力非刚性传递（有能量损失）使内力、变形由表至里递减，密度则呈由表至里递减。

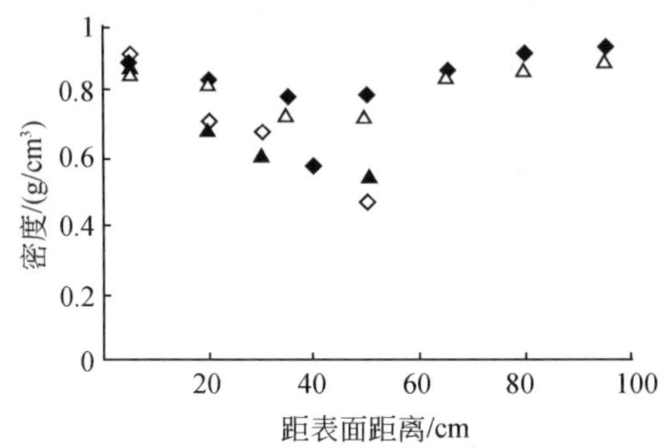

图 4-23　压缩矩形材密度分布

◆ 大青杨表面沿长轴方向；△ 落叶松表面沿长轴方向；
◇ 大青杨中央沿短轴方向；▲ 落叶松中央沿短轴方向

图 4-24 是大青杨、落叶松、冷杉木材压缩率与木材径面和弦面硬度间的关系。从图 4-24 中可以看出，随着压缩率的增加各树种的平均径面硬度呈递增的趋势。大青杨素材平均径面硬度为 15MPa；当压缩率为 23%（短轴方向）时，大青杨的平均径面硬度为 25MPa，比素材提高了 66.7%；当压缩率为 32%（短轴方向）时，大青杨的平均径面硬度为 29MPa，比素材提高了 93.3%。落叶松素材平均径面硬度为 32.4MPa；当压缩率为 20%（短轴方向）时，落叶松的平均径面硬度为 52MPa，比素材提高了 60.5%；当压缩率为 30%（短轴方向）时，落叶松的平均径面硬度为 56.7MPa，比素材提高了 75%。冷杉素材平均径面硬度为 16.3MPa；当压缩率为 22%（短轴方向）时，冷杉的平均径面硬度 23.6MPa，比素材提高了 45%；当压缩率为 31%（短轴方向）时，冷杉平均径面硬度为 31.6MPa，比素材提高了 94%。

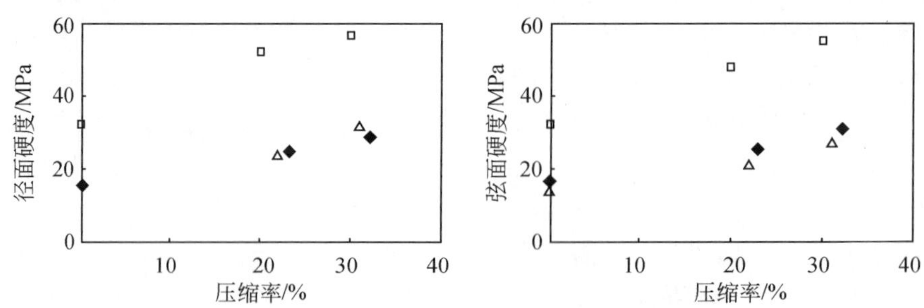

图 4-24　径面和弦面硬度与压缩率间的关系

◆ 大青杨；△ 冷杉；□ 落叶松

从图4-24可以看出，随着压缩率的增加各树种的平均弦面硬度呈递增的趋势。大青杨素材平均弦面硬度为17MPa；当压缩率为23%（短轴方向）时，大青杨平均弦面硬度为25.5MPa，比素材提高了50%；当压缩率为32%（短轴方向）时，大青杨平均弦面硬度为31.4MPa，比素材提高了85%。落叶松素材平均弦面硬度为32.1MPa；当压缩率为20%（短轴方向）时，落叶松的平均弦面硬度为48MPa，比素材提高了49.5%；当压缩率为30%（短轴方向）时，落叶松平均弦面硬度为55MPa，比素材提高了71%。冷杉素材平均弦面硬度为14.3MPa；当压缩率为22%（短轴方向）时，冷杉的平均弦面硬度为21.4MPa，比素材提高了49.7%；当压缩率为31%（短轴方向）时，冷杉平均弦面硬度为27.2MPa，比素材提高了90%。

由图4-25可以看出，随着压缩材密度的增加，蒸汽处理落叶松、大青杨压缩材的动态弹性模量（储存模量）呈增加趋势；压缩矩形材密度是从芯部至表面递增，即压缩材从芯部向表面动态弹性模量（力学强度）是递增的。

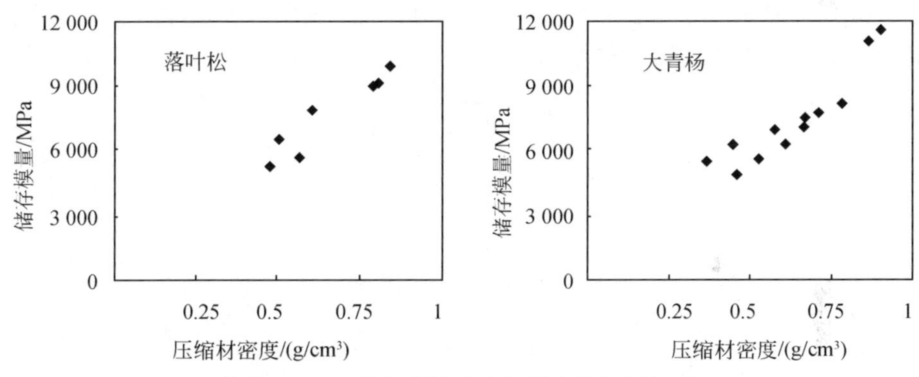

图4-25 压缩矩形材密度与储存模量间关系

通过对落叶松和大青杨实体压缩矩形材不同部位与各自素材的DMA热力学性质对比分析可知，两树种蒸汽处理压缩材表面的力学强度（动态弹性模量）都比素材提高很多：落叶松储存模量比其素材高40%以上，大青杨比其素材高70%以上；在距压缩材表面0.5cm处，落叶松试件的DMA储存模量值（吸收峰2处）比素材高90%以上，而大青杨的高100%以上；大青杨压缩材距表面5cm处的储存模量最低，比素材低大约20%，而落叶松压缩材距表面4cm处的储存模量最低，比素材低大约10%。

4.2.2 锯材整体压缩

所谓锯材整体压缩，就是将原木制材得到的锯材在横纹方向压缩，并使锯材在厚度方向得到均匀压缩。这种处理方式的压缩率较高，一般在50%以上。

柳杉是日本国内种植面积最大的人工林树种。由于其木材强重比高，是结构用材的优质材料，但作为家具、地板材料使用时，由于表面过软而无法使用。为了扩大其用途，首先提高其表面硬度成为研究重点，而所用改性方法主要是压缩处理方法。

井上雅文等[12]以日本柳杉（*Cryptomeria japonica* D. Don，气干密度为 0. 36g/cm^3）边材、日本扁柏（*Chamaecyparis obtusa*，气干密度为 0. 42g/cm^3）边材以及异叶铁杉（*Tsuga heterophylla* Sarg.，气干密度为 0. 41g/cm^3）等软质木材为对象进行了压缩处理的系统研究开发。试件尺寸为 30mm（纤维方向）×20mm（径向）×30mm（弦向）。首先将试件用相对分子质量约为 200 的酚醛树脂（PF 树脂）溶液真空浸渍处理 1h，然后在常压下浸泡 7 天；取出用微波加热 1 ~ 2min 后，立即放入平板热压机中（压板温度 130℃）沿着试件的径向压缩，保压时间 3h，压缩率为 0 ~ 60%。

图 4-26 表示的是日本柳杉压缩材的密度、MOE、MOR 与压缩率的关系。由图 4-26 可知，在压缩初期，木材密度、MOE、MOR 的增加程度比较低；随着压缩率的提高，当压缩率达到 40% 以上，木材密度、MOE、MOR 等迅速上升。日本扁柏、异叶铁杉也有同样的结果。

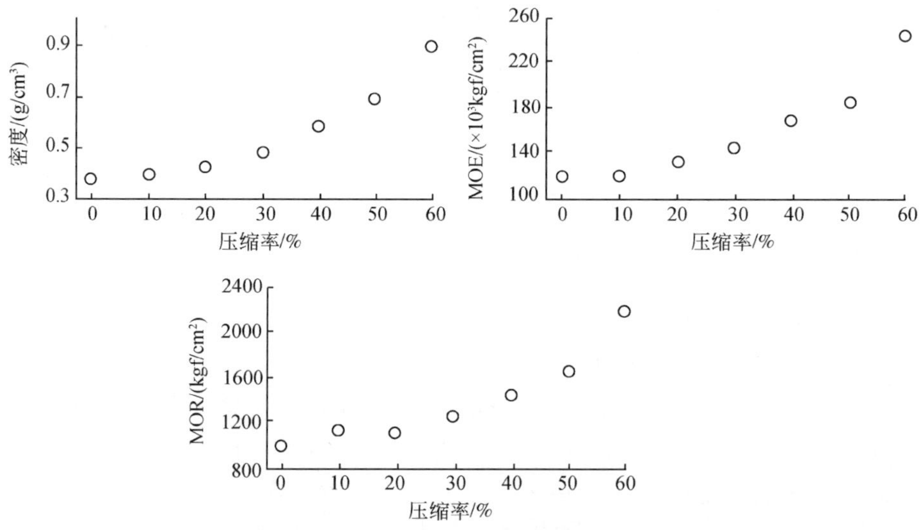

图 4-26 日本柳杉压缩材压缩率与物理力学性能的关系

图 4-27 表示的是日本柳杉压缩材表面性能与压缩率的关系。由图 4-27 可知，随着压缩率的提高日本柳杉表面耐磨耗度和硬度均呈增加趋势。用 PF 树脂固定变形的试件，压缩率在 30% 以下时，表面耐磨性比未加 PF 树脂试件的低；当压缩率达到 50% ~60% 时，才与未加 PF 树脂试件的相当。对日本扁柏、异叶铁杉的试验结果表明，树种之间差异不明显。

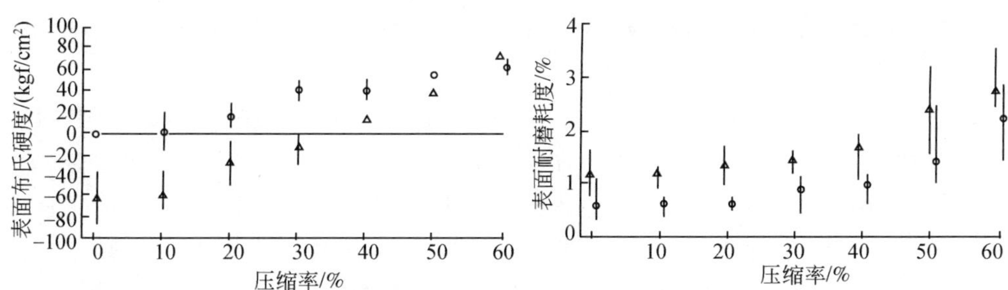

图 4-27 日本柳杉压缩材压缩率与表面性能的关系

PF 树脂液浓度：○ 0；△ 15%

图 4-28 表示的是柳杉压缩处理材与其他树种木材物理力学性能的比较。由图 4-28 可知，压缩处理柳杉木材的物理力学性能随着压缩率的提高而大幅度改善。

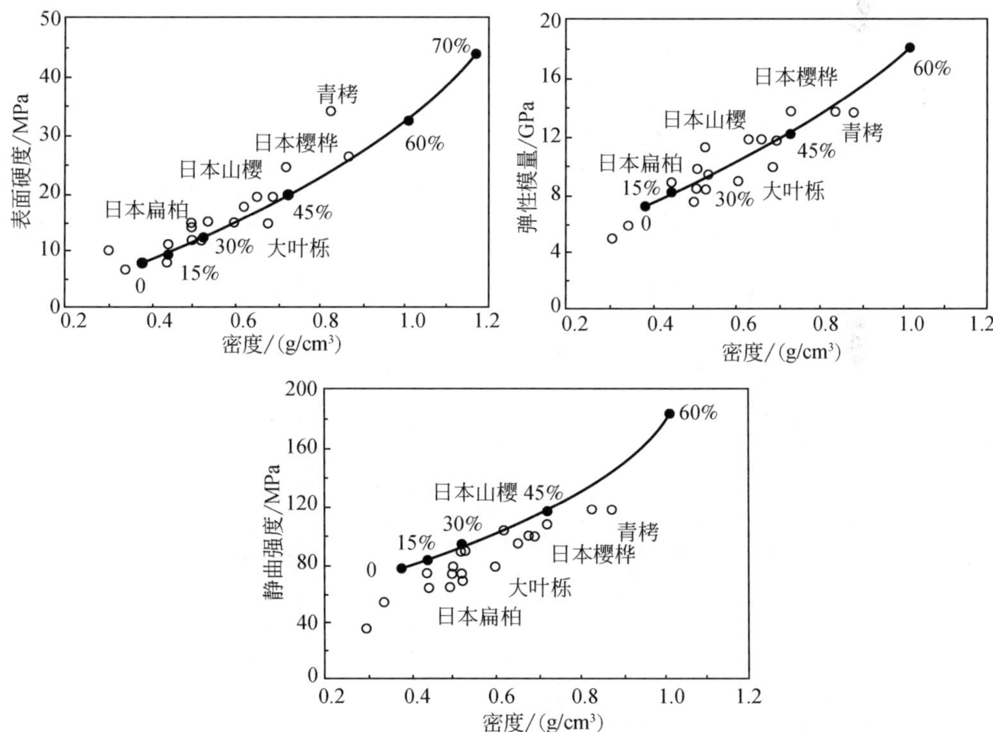

图 4-28 日本柳杉压缩材与其他树种木材物理力学性能的比较

青栲（*Quercus myrsinaefolia*），日本樱桦（*Betula grossa* Sieb. Et Zucc.），日本山樱（*Prunus jamasakura*），大叶栎（*Quercus crispula*），日本扁柏（*Chamaecyparis obtuse* Sieb. Et Zucc.）

● 柳杉压缩材；○ 日本国产主要用材树种；图中数字代表压缩率

我国学者对国产人工速生材和竹材以及国外材等进行压缩处理并就压缩木材的物理力学性能进行了研究。

丁可力[13]应用自行设计与制造的模具，将经过软化处理的杉木间伐材进行高温加热、压缩成型，并测定了处理材的密度、压缩变形回复率和硬度等物理力学性能，以探求较佳的工艺条件。研究结果表明：杉木间伐材经高温加热、压缩成型处理，能大大改善其各项性能。未经处理的杉木间伐材由于其密度较小（0.315g/cm^3）而各项力学性能较差，南方地区通常只作为纤维板、刨花板的原材料。研究表明，经压缩成型处理的杉木间伐材，密度有较大提高。由于木材密度与力学性质的密切相关，压缩处理的间伐材的各项力学性能也有一定程度的提高（图4-29），如硬度最高为70.73MPa，最低为33.55MPa；顺纹抗压强度最高为57.34MPa，最低为37.13MPa。但各项性能提高的程度并不一致，主要因为各工艺参数对各指标的影响程度不同。根据极差分析，可以确认压缩率是影响各项指标的重要因子。

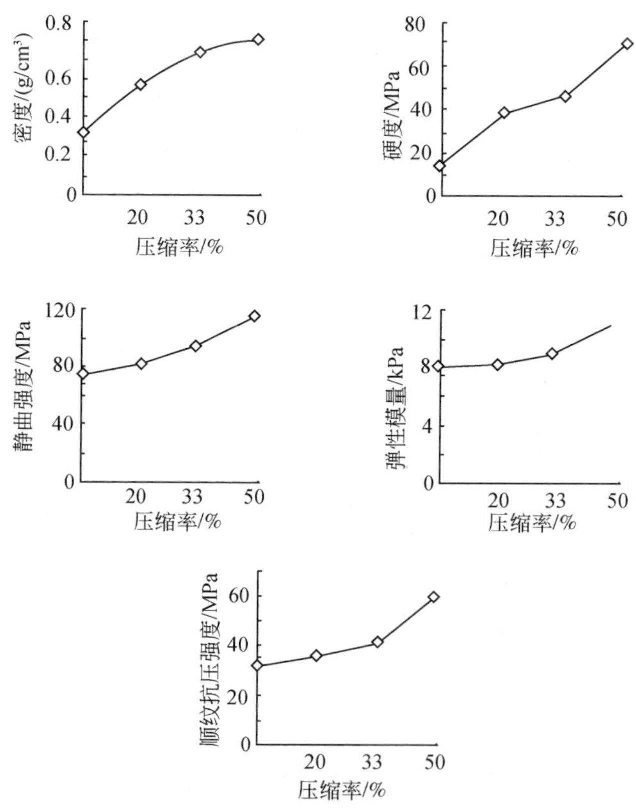

图4-29 压缩处理杉木间伐材的物理力学性能

龙传文等[14]用PF树脂溶液对杉木木材进行浸渍处理，然后将浸渍处理后的杉木木材经热压缩处理，通过这种浸渍压缩的改性处理，探索出提高杉木木材的密度、静曲强度等物理力学性能的方法。由表4-3可知，经浸渍热压改性处理后的杉木木材性能优越，其密度和静曲强度均比未经改性处理的杉木有很大的提高。

表4-3 改性前后杉木木材性能对比

材料名称	密度/（g/cm^3）	回弹率/%	增重率/%	静曲强度/MPa
未改性杉木	0.38	—	—	34.5
改性杉木	0.69	7.4	6.9	95.7

注：“—”表示无数据。

刘君良等[15,16]对大叶山杨（*Populus davidiana* var. *macrcphylla*）和美国产人工林火炬松（*Pinus taeda*）木材压缩工艺和物理力学性能进行了研究。大叶山杨研究结果表明，随着压缩率的增加，压缩处理材的硬度明显增加。当压缩率为10%时，硬度增加1倍；当压缩率为20%时，硬度增加2.5倍；当压缩率为50%时，硬度增加6倍。随着树脂质量分数的增加，硬度值有所增加，但增加幅度不大。随着压缩率的增加，顺纹抗压强度、弹性模量和静曲强度都明显增加，当压缩率一定时，树脂质量分数的变化对力学性能指标的影响不大。人工林火炬松木材的试验条件：首先将木材在浓度15%的改性异氰酸酯树脂中常压浸泡30min，然后在热压机中压缩处理，热压工艺为热压温度180℃，单位压力10MPa，热压时间10min，压缩率15%。研究结果表明，未处理材的静曲强度和弹性模量分别为170.24MPa和18.53GPa，处理材的静曲强度和弹性模量分别达到244.97MPa和24.11GPa，分别提高了43.9%和30.1%。表面耐磨试验结果表明，素材质量损失平均值为1.842g，磨痕深度为0.479mm，而压缩率为15%的压缩处理材的质量损失平均值为1.606g，磨痕深度为0.301mm。表面硬度测试结果表明，素材表面硬度为31.8MPa，压缩率15%的压缩处理材的表面硬度达到62.7MPa，明显高于素材。说明压缩处理可使木材的表面耐磨耗性和硬度明显提高。

贺宏奎等[17]研究了三倍体毛白杨（triploid *Populus tomentosa*）木材压缩和树脂浸渍密实化处理的力学效果。研究结果表明（图4-30～图4-32），三倍体毛白杨素材的压缩率由11%增加到33%，其静曲强度和抗弯弹性模量均缓慢增加，其中抗弯弹性模量的增加幅度稍大；当压缩率为50%时，静曲强度和抗弯弹性模量均比压缩率为33%时略有下降；表面硬度随压缩率的增大而增加，且增幅比较明显，压缩率为11%和50%时的表面硬度分别为未压缩素材的1.77倍和2.81倍。由此可见，木材经一定程度的压缩密实后，机械强度得以提高，但当压缩量接近木材最大压缩率时，由于产生了一定程度的机械破坏，静曲强度可能会下降。

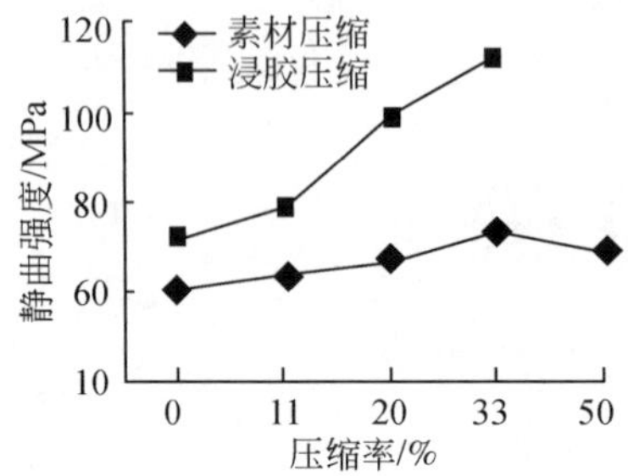

图4-30 三倍体毛白杨木材静曲强度随压缩率的变化

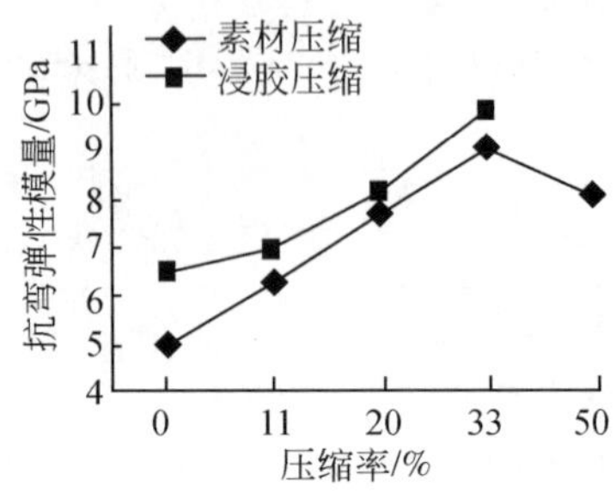

图4-31 三倍体毛白杨抗弯弹性模量随压缩率的变化

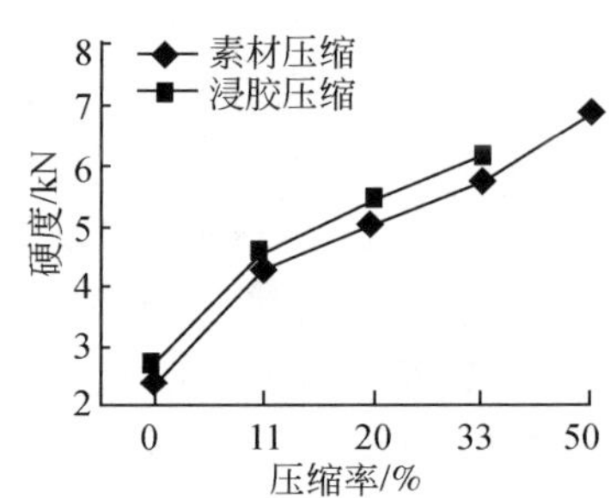

图4-32 三倍体毛白杨木材表面硬度随压缩率的变化

人工林巨尾桉具有生长快、产量高、适应性强等优点，但生长应力大，木材容易开裂变形及材性差异大，利用受到限制。黄广华和陈瑞英[18]对巨尾桉进行压缩密化处理，其物理力学性质明显改善（表4-4）。从表4-4可知，处理材力学性质有很大的提高，压缩率不同，提高的程度也不同。素材的顺纹抗压强度、抗弯弹性模量、抗弯强度、冲击韧性分别为59.10MPa、19.39GPa、246.65MPa、71.21kJ/m^2，压缩率50%试件的顺纹抗压强度、抗弯弹性模量、抗弯强度、冲击韧性分别为87.15MPa、28.39GPa、446.61MPa、123.25kJ/m^2，与素材相比，处理材顺纹抗压强度提高47.46%，抗弯弹性模量提高46.42%，抗弯强度提高81.07%，冲击韧性提高73.08%；在硬度方面，素材的端面硬度、弦面硬度、径面硬度分别为122.82MPa、95.51MPa、95.41MPa，压缩率50%试件的端面硬度、弦面硬度、径面硬度分别为178.86MPa、135.56MPa、127.49MPa，与素材相比，处理材端面硬度提高45.63%，弦面硬度提高41.93%，径面硬度提高33.62%；

素材的顺纹抗剪径面、弦面分别为12.42MPa、14.71 MPa，压缩率50%试件的顺纹抗剪径面、弦面分别为30.40MPa、26.72MPa，与素材相比，处理材顺纹抗剪径面、弦面分别提高144.77%、81.65%；素材磨耗量为0.19mm，压缩率50%试件的磨耗量为0.092mm，与素材相比，处理材耐磨性提高51.58%。从处理材微观结构观察，细胞被挤压，细胞腔变小，细胞壁未受到破坏。

表4-4 巨尾桉木材改性处理前后力学性质的变化

测试项目		处理前			处理后		
		样品数/个	平均值	变异系数	样品数/个	平均值	变异系数
顺纹抗压强度/MPa		33	59.10	9.22	24	87.15	11.1
抗弯弹性模量/GPa		29	19.39	11.73	25	28.39	6.03
抗弯强度/MPa		30	246.65	10.59	25	446.61	0.71
冲击韧性/（kJ/m^2）		26	71.21	12.32	25	123.25	0.98
密度/（g/cm^3）	基本密度	30	0.41	2.32	25	0.63	4.88
	气干密度	30	0.52	6.36	25	0.81	6.27
	全干密度	30	0.44	6.41	25	0.78	6.47
硬度/MPa	端面	30	122.82	12.57	25	178.86	2.01
	弦面	30	95.51	9.37	25	135.56	3.71
	径面	30	95.41	13.37	25	127.49	9.08
顺纹抗剪/MPa	径面	30	12.42	13.54	26	30.40	12.05
	弦面	30	14.71	9.28	26	26.72	0.56
磨耗量/mm		28	0.19	8.96	27	0.092	6.79

常德龙等[19]合成一种低分子质量的三聚氰胺甲醛树脂，对泡桐进行表面强化处理，压缩率为50%～55%。经压密改性处理的泡桐木材，其硬度随着树脂浓度的提高而增加，磨耗质量损失随着树脂浓度的提高而降低，即耐磨性提高（图4-33和图4-34）。

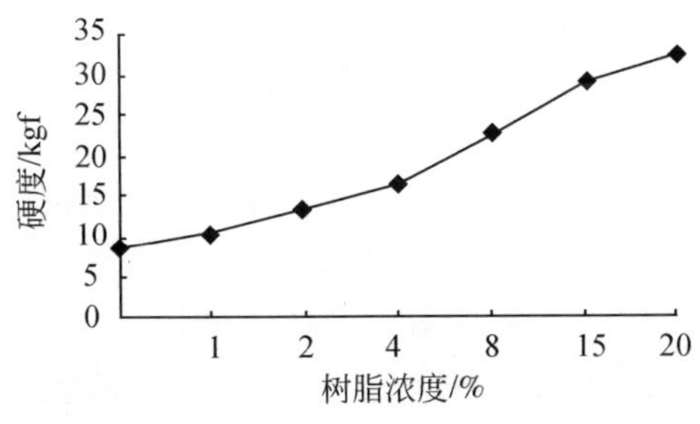

图4-33 树脂浓度对压缩木材硬度的影响

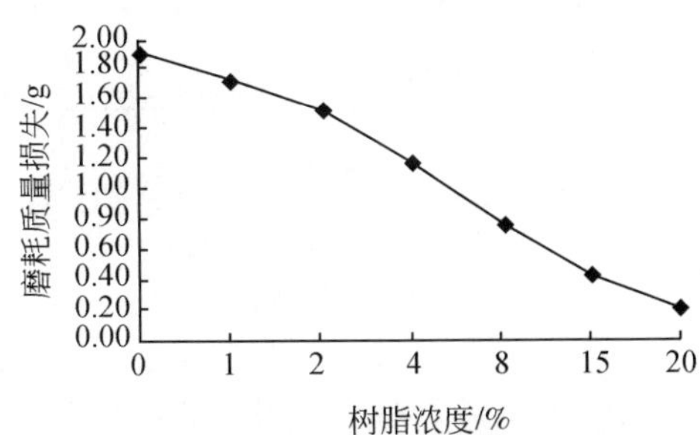

图4-34 树脂浓度对压缩木材耐磨性的影响

4.2.3 锯材表层压缩

表层压缩，即通过一定手段仅使表面一定深度层内的木材被压缩，而内部木材压缩率较低或不被压缩的处理技术。通过表层压缩处理，木材表面密度增加，而内部密度较少增加或不增加，从而实现提高木材表面硬度和耐磨性的目的。该方法既可提高木材的表面性能以及物理力学性能，又节约成本，减少了木材材积损失，是一种理想的人工林软质木材材性改良方法[20]。

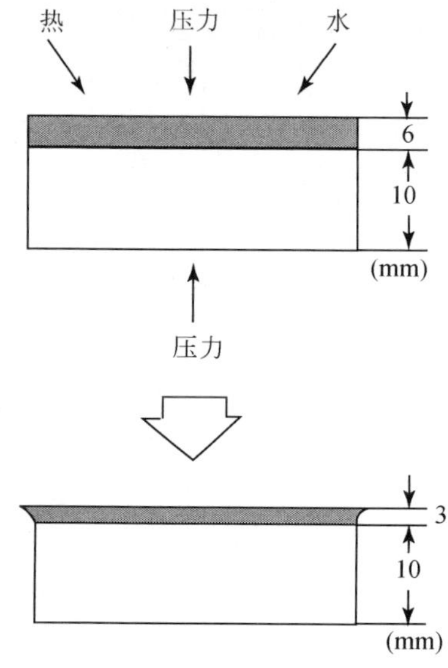

图 4-35 表面压缩处理示意图

井上雅文等[21]以日本柳杉（*Cryptomeria japonica* D. Don）、日本扁柏（*Chamaecyparis obtusa*）以及异叶铁杉（*Tsuga heterophylla* Sarg.）等软质木材为对象进行了表层压缩处理的研究。所用试件尺寸 100mm（纤维方向）×16mm（径向）×100mm（弦向），弦切面材。首先将试件表面层保留 6mm 的厚度，其他部分用硅树脂橡胶密封处理；将 PF 树脂液浸注到表面层（真空处理 30min，常压浸泡 30min）；用功率 3kW 的微波加热 90 ~ 110s，立即用平板热压机沿试件的径向压缩。压缩处理时间 2h；最初热压板温度 130℃，保持 30min，然后自然冷却保持 90min；压缩后试件厚度 13mm（图 4-35）。图 4-36 和图 4-37 表示的是经过处理后的木材的表面耐磨性和硬度。

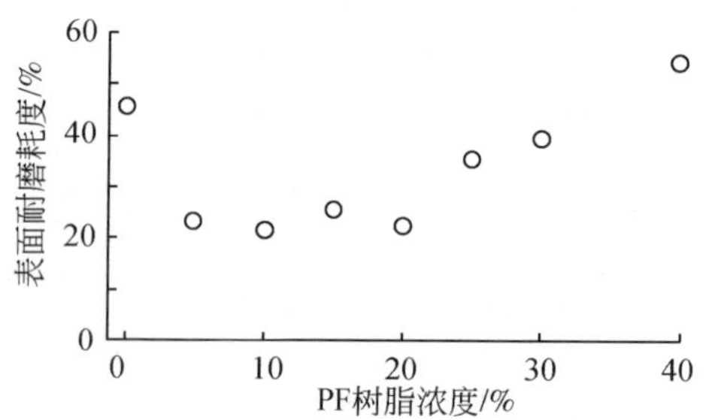

图 4-36 表面压缩材表面耐磨耗度与树脂浓度关系

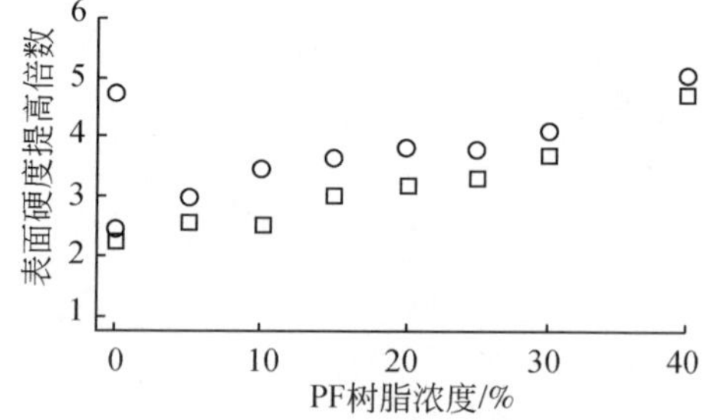

图 4-37 表面压缩材表面硬度与树脂浓度关系

□ 试件端部；○ 试件中心部

由图 4-36 可知，表层压缩但未采用 PF 树脂固定变形的试件（图中 PF 浓度为 0），表面耐磨耗度约为 45%，与其压缩率 45% 相当；用浓度 5% ~20% PF 树脂液处理的试件，表面耐磨耗度比未用PF树脂的低；浓度达到25%以上，随着浓度的增加表面耐磨耗度呈增加趋势；当树脂浓度达到40%时，比素材的耐磨耗度提高50%以上。

图4-37中纵坐标表示的是日本柳杉表面压缩材的表面硬度与素材硬度的比值。由图4-37可知，压缩率约为45%，未采用PF树脂固定变形的试件（树脂浓度为0），表面硬度约为素材的2倍；采用PF树脂处理的试件，随着树脂浓度的增加表面硬度呈增加趋势；当树脂浓度达到40%时，处理材的表面硬度约为素材的5倍；试件端部硬度较中心部的低，从细胞壁变形情况来看，可能是试件端部的压缩率低于中心部的原因。日本扁柏的试验结果与柳杉的结果相同。

长谷川良一等[22-24]利用辊压装置使日本柳杉木材表层部分被选择性压缩，然后利用热处理、树脂处理等方式固定压缩变形。所用装置辊直径为200mm，辊速5m/min，每次辊压压缩量为1mm，设定1～5mm的压缩量。开放式热处理（简易热处理）热压板温度180～200℃，处理时间10min；密闭热处理热压板温度180～200℃，内部压力15MPa，处理时间5min；树脂处理是先对木材试件进行辊压处理，然后在树脂水溶液中浸泡30s，用热压板或高频加热固化树脂，所用树脂为PF树脂、三聚氰胺树脂、乙二醛树脂。

经落球冲击试验（落球高度300mm），压缩量为1mm、2mm、3mm时，简易热处理固定变形处理材的平均凹痕深度分别为0.78mm、0.49mm、0.42mm，而密闭热处理固定变形处理材的平均凹痕深度分别为0.84mm、0.57mm、0.51mm，未处理日本柳杉材和橡木的平均凹痕深度分别为1.16mm和0.5mm，压缩量3mm的日本柳杉处理材的抗冲击能力与橡木相当。

经热处理固定变形处理材的表面硬度、耐磨性见图4-38。由图4-38可知，压缩量2mm处理材的表面硬度（平均0.70kgf/cm^{2}左右）是未处理材（平均0.26 kgf/cm^{2}左右）的2倍多；经耐磨试验，处理材的厚度减少量（平均

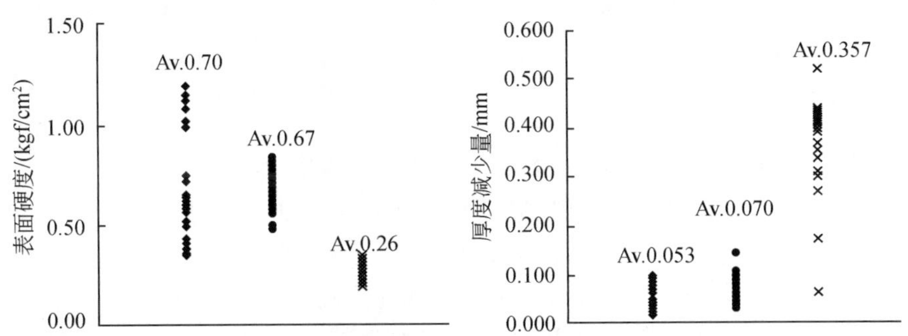

图4-38 日本柳杉表面压缩处理材的表面性能

◆ 简易热处理；■ 密闭热处理；× 未处理

0.053mm 和 0.070mm）比未处理材（平均 0.357mm）的小得多。

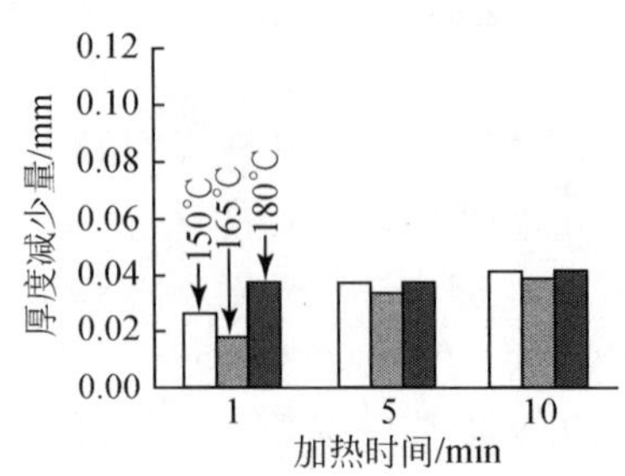

图 4-39 MLB 树脂处理材的表面耐磨性

经具有架桥功能三聚氰胺（MLB）树脂固定变形的处理材，其表面耐磨性见图 4-39。由图 4-39 可知，压缩量 2mm 处理材的厚度减少量不超过 0.04mm。

经 PF 树脂和乙二醛树脂固定变形的处理材，其表面性能见表 4-5。由表 4-5 可知，PF 树脂处理材的各项指标均比素材的高，基本达到了目标值的要求；乙二醛树脂处理材的落球冲击性能较素材高，但未达到目标值；乙二醛树脂处理材，当热压时间短时，游离醛含量高。

表 4-5 树脂固定变形处理材的表面性能

树脂类型	压缩量 /mm	热压温度 /℃	热压时间 /min	表面性能			HCHO /（mg/L）
				凹痕深度④ /mm	厚度减少量 /mm⑤	表面硬度 /（kgf/cm^2）	
P05-3①	3	180	5	0.51	0.04	10.5	0.36
P10-3②	3	180	5	0.43	0.09	0.96	0.41
L10-3③	3	180	5	0.77	0.08	1.26	1.07
			10	0.83	0.06	1.99	0.29
未处理材				1.5	0.13	0.63	0.07
目标值				0.6↓	0.1↓	1.0↑	0.4↓

①P05-3：浓度 5% 低游离醛 PF 树脂。
②P10-3：浓度 10% 低游离醛 PF 树脂。
③L10-3：低游离醛乙二醛树脂。
④落球冲击试验，落高 300mm。
⑤表面耐磨试验。

利用 X 射线仪对乙二醛树脂固定变形处理材密度分布状态进行了研究，密度分布状态见图 4-40。由图 4-40 可知，由于辊压处理方法压缩时间短，试件中心部位密度增加较少，而表面密度增加比较明显。

刘君良等[16]以大叶山杨（*Populus davidiana* var. *macrophylla*）和柳杉（*Cryptomeria fortunei*）为研究对象，试件加工按照国家标准 GB 1929—91 ~ GB 1934—91 进行。用 PF 树脂浸注处理试件后，在热压机上沿径向压缩处理，并对压缩处理材的物理力学性能进行了评价。

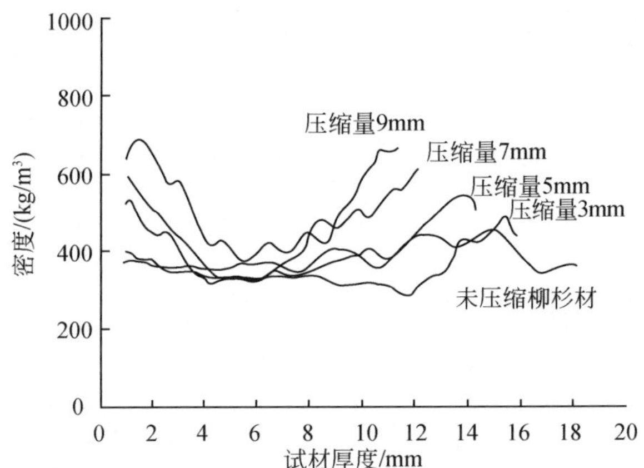

图4-40 乙二醛树脂固定变形处理材密度分布状态

图4-41表示的是压缩率与处理材密度和硬度的关系。随着压缩率的增加，两树种木材的密度和硬度均呈增加趋势；压缩率分别为10%、20%、50%时，木材硬度分别提高1倍、2.5倍、6倍。

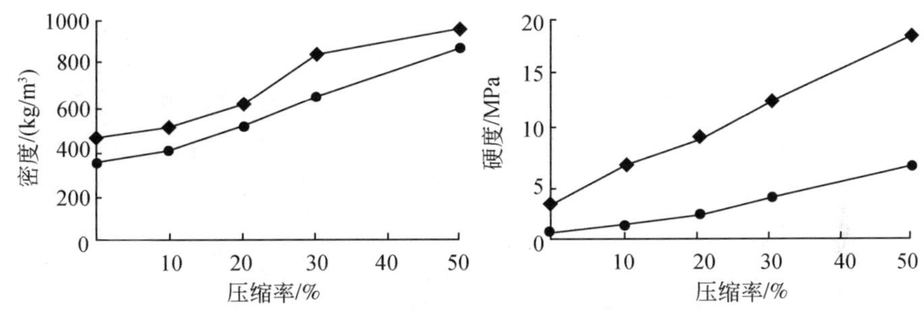

图4-41 压缩处理材密度、硬度与压缩率的关系

◆ 大叶山杨；● 柳杉；以下同

图4-42表示的是压缩率对处理材MOR、MOE、顺纹抗压强度的影响。结果表明，随着压缩率的增加，处理材MOR、MOE、顺纹抗压强度明显增加。

贺宏奎和常建民[25]以三倍体毛白杨（triploid *Populus tomentosa*）为研究对象，采用浓度为15%和30%的PF树脂液体真空加压浸注处理试件，气干至含水率18%~20%，然后在热压机上（热压温度150~180℃、加压10~20min）将试件压缩定型至径向厚度20mm，得到表面压密的试件。压缩率分别为11%、20%和33%。

图4-43为用浓度为15%的PF树脂浸渍处理并表面压密后的试件密度分布。通过计算可得：压缩率为11%时，表面压密木材试件表层1~2mm处密度值约为

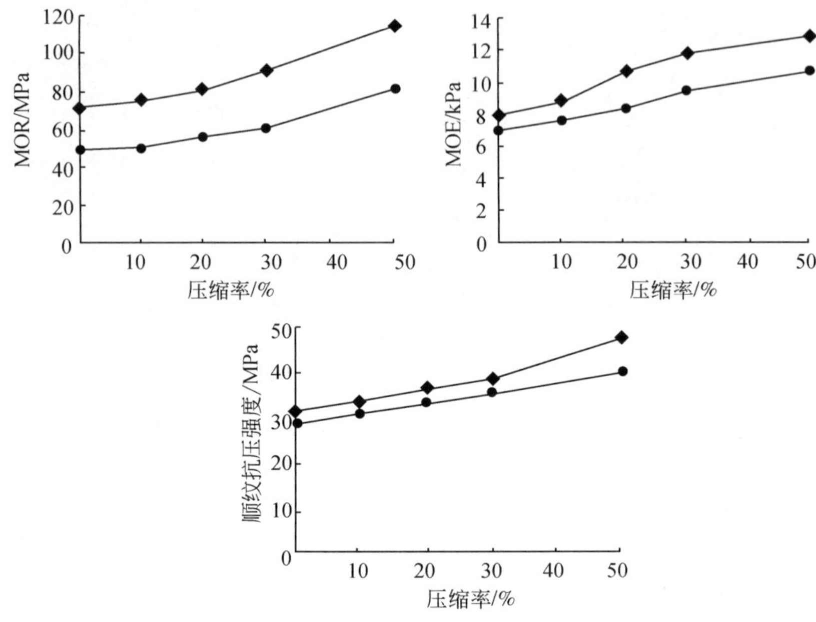

图 4-42　压缩处理材 MOR、MOE、顺纹抗压强度与压缩率的关系

587kg/m³，内层密度较小，平均为 489kg/m³；压缩率为 20% 时，表面压密木材试件表层 3mm 内木材密度为 751kg/m³，平均密度为 634kg/m³；压缩率为 33% 时，表层 1 ~ 3mm 压缩比较均匀，密度为 950 ~ 1100kg/m³，平均密度为 908kg/m³。

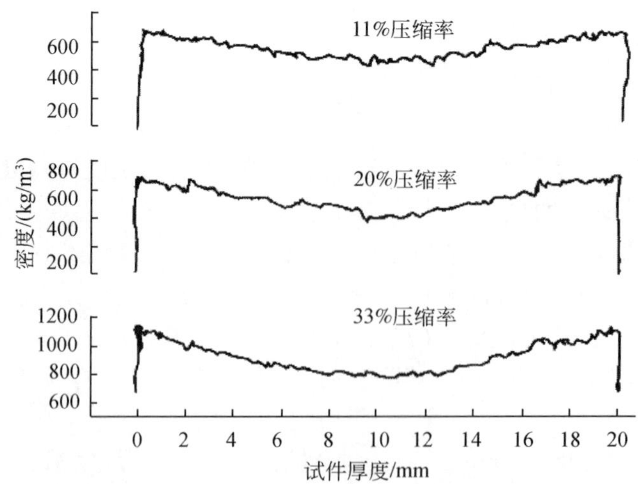

图 4-43　树脂浸渍处理并表面压密后的试件密度分布

当树脂固体含量为30%时，表面压密木材试件有类似的密度分布。压缩率为11%时，表层密度为824kg/m^3，平均密度为710kg/m^3；压缩率为20%时，表层密度为962kg/m^3，平均密度为838kg/m^3；压缩率为33%时，表面密度为1190kg/m^3，平均密度为1034kg/m^3。

按GB/T1941—1991《木材硬度试验方法》检测表面压密木材的硬度。结果表明，浓度20%的PF树脂液浸渍的试件，其表层弦向硬度平均达到71.8MPa，比未处理试件提高4倍；试件在20℃、65%RH的容器内放置一周后进行耐磨试验，结果，质量损失下降8.5倍。

4.2.4　单板压缩

Cloutier等[26]以欧洲山杨（*Populus tremuloides*）单板为研究对象，利用具有喷蒸功能的热压机进行压缩处理，以蒸汽处理方式进行压缩变形固定。所用单板厚度为3.2mm，幅面尺寸为700mm×700mm。压缩处理前，在20℃、50%RH下平衡处理单板。选用三种热处理温度：200℃、220℃和240℃。单板预先用蒸汽处理；然后压缩处理，厚度从3.2mm压缩到1.6mm，并保持一定时间；停止喷蒸，并从热压板排气口排出蒸汽；压缩处理结束，获得压缩率在50%左右的压缩单板。

图4-44表示的是未处理单板和压缩单板的绝干密度。用200℃蒸汽处理获得的压缩单板，绝干密度为374～924kg/m^3，提高了147%；用220℃和240℃蒸汽处理获得的压缩单板，绝干密度分别增加到755kg/m^{3}和706kg/m^3，随着处理温度的增加，压缩单板的绝干密度在降低。密度降低的原因是处理温度超过200℃后，木材细胞壁的化学组成发生了降解的缘故。

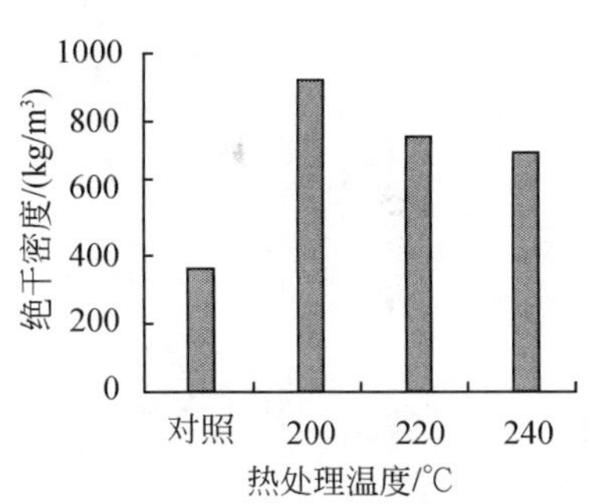

图4-44　压缩处理对欧洲山杨绝干密度的影响

图4-45表示的是压缩单板饱水含水率（水中浸泡）和平衡含水率（20℃，50%RH）。由图4-45可知，压缩率在50%左右的压缩单板，其饱水含水率和平衡含水率都降低了。究其原因，是因为木材压缩后孔隙率降低，细胞壁吸湿性降低的缘故。

图4-46和图4-47表示的是压缩处理后欧洲山杨单板的抗拉和抗弯性能以及硬度的变化。由图4-46（a）可知，用200℃蒸汽处理获得的压缩单板，其抗拉和抗弯弹性模量（MOE）约为未处理材的2倍；随着处理温度的提高，压缩单板

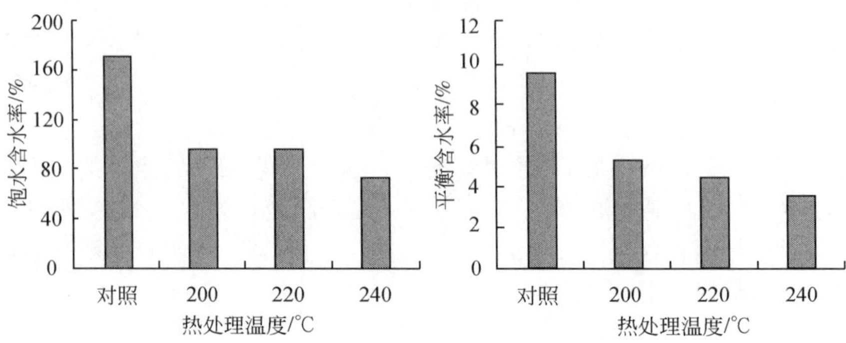

图 4-45 压缩处理温度对欧洲山杨饱水含水率和平衡含水率（EMC）的影响

的抗拉和抗弯弹性模量呈降低趋势。对于压缩单板的抗拉和静曲强度（MOR）也有相同的表现［图 4-46（b）］，但与抗拉性能增加相比，抗弯性能的增加更重要。

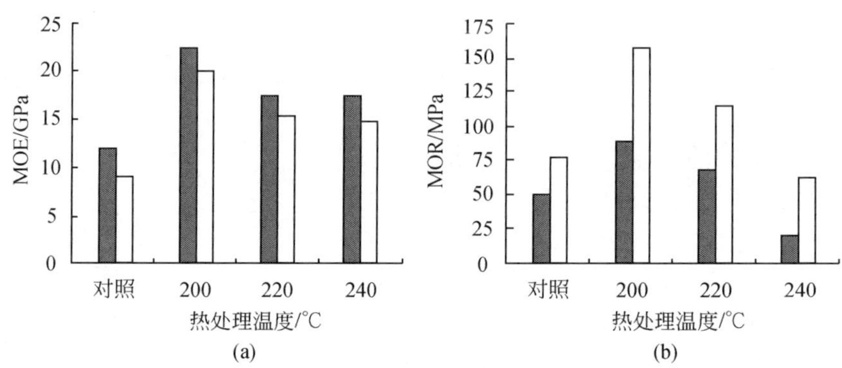

图 4-46 处理温度对压缩单板抗拉和抗弯性能的影响

■拉伸；□弯曲

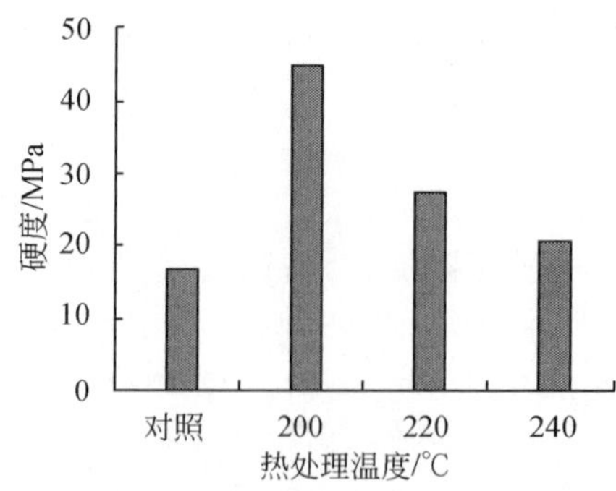

图 4-47 处理温度对压缩单板硬度的影响

由图 4-47 可知，用 200℃蒸汽处理获得的压缩单板，硬度从未处理材的 17MPa 增加到 45MPa，但随着处理温度的提高，硬度呈降低趋势。

笔者以国产人工林杉木边材和杨木单板为对象进行了压缩试验，以 PF 树脂固定压缩变形，压缩率为 45% ~60%。表 4-6 给出了杉木压缩单板的表面硬度。由表 4-6 可知，压缩处理后杉木表面硬度显著提高，是未处理材的2～3倍；压缩率越高，表面硬度提高的程度越明显；压缩率为55%～60%时，杉木的表面硬度可以接近柞木，比水曲柳的高。表面硬度最高值22.5MPa，与柞木的最高值25.5MPa接近。

表4-6 人工林杉木压缩单板的表面硬度

压缩率/%	树脂含量/%	表面硬度/MPa			
		平均值	最大值	最小值	标准偏差
55～60	13.8	15.7	22.5	7.6	3.8
	3.3	11.4	15.3	5.5	2.4
45～50	13.8	12.8	18.7	7.2	2.7
	3.2	11.2	17.5	5.0	2.7
杉木素材	—	4.3	9.0	2.1	1.4
水曲柳	—	4.6	7.2	2.7	1.2
柞木	—	16.9	25.5	2.2	7.2

注：“—”表示无数据。

按照GB/T17657—1999和ASTM D3500—90（Reapproved 2003）对杨木压缩单板的密度、拉伸强度及模量进行了检测，结果见表4-7。由表4-7可知，在压缩密度相当的情况下，杨木单板的拉伸强度比对照的提高60%～150%，拉伸模量比对照的提高45%～64%。

表4-7 杨木压缩单板的物理力学性能

材料名称	单板厚度/mm	树脂含量/%	拉伸强度/MPa	拉伸模量/GPa	密度/(g/cm^3)
杨木压缩单板	1.22	14	204.40	27.51	1.253
	1.30	13	181.56	31.16	1.174
	1.38	14	133.18	28.78	1.303
	1.24	7	208.02	28.50	1.175
对照①	1.35	0	82.53	18.95	1.002

①对照是指未浸注树脂，只进行热压缩处理的样品。

将6层1.5mm厚的杨木压缩单板胶合制成单板层积材（LVL），按照GB/T17657—1999检测了其密度和MOR、MOE，按照ASTM D3500—90（Reapproved 2003）检测了拉伸强度及模量，按照ASTM D3501—94（Reapproved 2003）检测了压缩强度及模量，结果见表4-8a及表4-8b。文献［27］报道了桦木LVL以及A级竹篾层压板的性能（表4-9）。比较可知，杨木压缩单板制成的LVL的性能优于桦木的LVL，某些指标与A级竹篾层压板的相近。

表 4-8a 杨木压缩单板制成的 LVL 的物理力学性能（一）

项目	密度/(g/cm³)	拉伸				压缩			
		模量/GPa	强度/MPa	比模量	比强度	模量/GPa	强度/MPa	比模量	比强度
平均值	0.984	22.4	135.7	22.7	137.9	25.4	123.3	26.0	125.3
标准偏差	0.015	2.0	13.7	2.0	13.9	4.3	5.2	5.6	5.2
变异系数/%	1.6	9.0	10.1	9.0	10.1	17.1	4.2	21.6	4.2

表 4-8b 杨木压缩单板制成的 LVL 的物理力学性能（二）

项目	静曲强度/MPa		弹性模量/MPa	
	单个试件	平均值	单个试件	平均值
顺纹	134.7	128.6	15 505	14 910
	121.1		14 609	
	129.9		14 615	
横纹	21.1	21.5	1 143	1 171
	23.4		1 298	
	20.1		1 071	

表 4-9 文献报道的桦木 LVL 及 A 级竹篾层压板的性能

材料名称	相对密度	拉伸模量/GPa	拉伸强度/MPa	压缩强度/MPa	比模量	比强度
桦木 LVL	0.7	13.8	29	29.6	19.7	41.4
A 级竹篾层压板	0.98	21.2	200.6	124.1	21.6	204.7

利用杨木压缩单板制成 28mm 厚集装箱底板，其表面分别选取普通杨木单板和压缩单板 2 种情况，按照 JIS Z2101—1994 进行表面硬度测试，结果表明（表 4-10）：用压缩单板做底板表面，其表面硬度得到显著提高，硬度增加了 5 倍左右。

表 4-10 表面硬度测试结果

底板表面材料	表面硬度/MPa	最大值	最小值	标准偏差
普通杨木单板	4.3	5.6	3.6	0.9
杨木压缩单板	20.3	38.1	10.6	7.2

以杨木压缩单板为水泥模板的表面材料，表面耐磨试验结果表明，500 转的磨耗值为 0.05g，而且未露底，而普通杨木木材 500 转的磨耗值达到 0.38g，耐磨性提高 7 倍多。

利用旋切桦木单板（厚度 1.6mm）制作的几种平行层压板（17 层）的力学

性能见表4-11[28]。

表4-11 由1.6mm桦木单板制成的平行层压板的力学性能比较①

性能	普通层压板②	浸渍木③	压缩木④	未树脂处理压缩木⑤
相对密度	0.67	0.9	1.35	1.4
顺纹拉伸				
比例极限强度/psi	14 800（102）	13 800（95）	22 100（152）	21 900（151）
极限强度/psi	22 200（153）	17 000（117）	30 300（209）	43 700（301）
弹性模量/10^6 psi	2.3（15 859）	2.5（17 238）	3.7（25 512）	4.6（31 717）
顺纹压缩				
比例极限强度/psi	6 400（44）	7 600（52）	16 400（113）	9 700（67）
极限强度/psi	9 800（68）	15 600（108）	27 800（192）	22 100（152）
弹性模量/10^6 psi	2.3（15 859）	2.6（17 927）	3.6（24 822）	4.6（31 717）
顺纹抗弯				
比例极限强度/psi	11 500（79）	14 600（101）	21 600（149）	20 100（139）
静曲强度/psi	20 400（141）	20 700（143）	35 600（245）	39 400（272）
弹性模量/10^6 psi	2.3（15 859）	2.5（17 238）	3.5（24 132）	4.4（30 338）
剪切强度（平行于纤维方向，垂直于层积方向）/psi	2 800（19.3）	2 580（17.8）	5 010（34.5）	5 670（39.1）
抗冲击韧性（林产品实验室）/(in.-lb)⑥	215	151	161	248
悬臂梁式冲击强度有缺口/(ft-lb per inch of notch)⑦	10～12	1～3	4～5	11～14

①所有数据为测试12次的平均值；括号内数字为将psi转化成MPa的结果，1psi=6.895kPa。

②采用Tegofilm胶黏剂，在1.2MPa单位压力下胶合，测试性能时试件含水率9%～10%。

③浸渍木（Impreg）：即酚醛树脂浸渍木，树脂为预聚物，树脂含量56%（基于未处理材干重）。

④压缩木（Compreg）：即酚醛树脂压缩木，树脂及其含量与前同，压缩固化。

⑤未树脂处理压缩木（Staypak）：即单板未进行树脂处理，而在180℃（360℉）、单板含水率6%条件下压缩处理。

⑥in.-lb扭矩单位，国际单位为Nm，1in-lb=0.113Nm。

⑦ft-lb per inch of notch为悬臂梁式冲击强度（有缺口）单位，国际单位为J/m，1ft-lb per inch of natch=53.4J/m。

用醇溶性和水溶性酚醛树脂处理1.6mm厚桦木单板，经平行层压而制成的酚醛树脂压缩木（compreg）和不完全压缩木（semicompreg），其力学性能见表4-12[29]。

表 4-12 压缩木和不完全压缩木的力学性能[①]

性能	普通层压板	醇溶性 PF 树脂		水溶性 PF 树脂[②]	
		压缩木	不完全压缩木	压缩木	不完全压缩木
树脂含量/%	0	28.5	28.0	29.7	30.2
相对密度	0.67	1.36	1.22	1.36	1.24
成型压力/psi	175（1.2）	1 500（10.3）	600（4.1）	1 500（10.3）	600（4.1）
顺纹抗拉					
极限强度/psi	22 200（153）	53 700（370）	43 600（301）	52 900（3651）	45 700（315）
弹性模量/10^6 psi	2.3（15 859）	4.12（28 407）	3.7（25 650）	4.21（29 028）	3.9（26 891）
顺纹压缩					
极限强度/psi	9 800（68）	24 200（167）	22 700（157）	25 600（177）	24 000（166）
弹性模量/10^6 psi	2.3（15 859）	4.21（29 028）	3.81（26 270）	4.25（29 304）	4.00（27 580）
剪切强度（平行于层积方向）/psi	2 800（19.3）	4 840（33.4）	3 640（25.1）	4 400（30.3）	3 920（27.0）
悬臂梁式冲击强度有缺口/（ft-lb per inch of notch）[③]	10 ~ 12	1 ~ 3	4 ~ 5	11 ~ 14	—
厚度膨胀率[④]/%		14.2	13.9	10.6	11.0
回复率[⑤]/%		2.90	2.97	2.02	2.11

①括号内数字为将 psi 转化成 MPa 的结果，1psi = 6.895kPa。

②该平均值由两种不同的水溶性树脂获得。

③fl-lb per inch of notch 为悬臂梁式冲击强度（有缺口）单位，国际单位为 J/m，1ft-lb per inch of notch = 53.4J/m。

④厚度为 1/8in. 的横切面试件，水中浸泡 48h 后，于压缩方向上测量厚度。

⑤试件润胀再干燥后，其厚度（横切面上）超过原始绝干厚度的百分率。

4 种树种用不同浸渍剂充填与酚醛树脂浸渍木（impreg）、酚醛树脂浸渍压缩木以及未经树脂处理压缩木（staypak）等的相对表面硬度模数（modulus of hardness）的比较见表 4-13。虽然浸渍剂填充所引起的木材硬度的增加大于相对密度的增加，但是并不像压缩方法那样有效[30]。

表 4-13 4 种树种不同处理方式下相对表面硬度模数的比较

树种	处理方式	干体积相对密度	相对表面硬度模数
北美黄杉	未处理	0.60	1.0
	浸渍木	0.67	1.3
	压缩木	1.35	19.8
	未树脂处理压缩木	1.32	11.5

续表

树种	处理方式	干体积相对密度	相对表面硬度模数
北美黄杉	熔化硫浸渍	1.3	3.5
	低熔点合金浸渍	6.14	7.4
红桦	未处理	0.61	1.0
	浸渍木	0.79	2.0
	压缩木	1.30	10.0
	未树脂处理压缩木	1.36	11.6
	熔化硫浸渍	0.98	2.6
	低熔点合金浸渍	4.31	2.9
火炬松	未处理	0.60	1.0
	甲基丙烯酸甲酯浸渍	—	7.0
	苯乙烯-丙烯腈浸渍	—	4.0
美国鹅掌楸	未处理	0.57	1.0
	甲基丙烯酸甲酯浸渍	—	6.9
	苯乙烯-丙烯腈浸渍	—	6.0

注："—"表示无数据。

4.2.5 竹材压缩

刘君良和沈亮亮[31]对国产毛竹的压缩处理工艺和物理力学性能进行了研究。随着压缩率的增加，毛竹（*Phyllostachys phbescens* Mazel *ex* H. de Lebaie）材的密度、静曲强度、弹性模量等呈增加趋势。当压缩率为0.42%时，竹材密度为0.78g/cm^3，静曲强度、弹性模量分别为173.5MPa和15.19GPa；当压缩率提高到24.79%时，密度增加到1.02g/cm^3，静曲强度、弹性模量分别增加到222MPa和22.78GPa；当压缩率提高到48.85%时，密度增加到1.39g/cm^3，静曲强度、弹性模量增加到274.4MPa和29.12GPa。

4.3 木材压缩变形的永久固定

压缩处理可以使木材、竹材等获得优良的物理力学性能。如果在保持压缩状态下通过热处理可以使变形得到暂时固定，而且在干燥状态下使用时也是比较稳定的。但是，在实际应用过程中这是很困难的，一旦接触水，并在热的作用下，或者在水和热的共同作用下，变形会完全回弹，压缩木材可以回复到原来的形状。压缩木材产生变形回复，对其使用性能产生不利影响。因此，木材压缩处理技术中最关键、最重要的就是压缩变形的固定问题。

4.3.1 木材压缩及其变形的回复[32]

图 4-48 为木材压缩成型技术的示意图。依靠外力将木材细胞的空腔挤压收缩，单位体积内木材实质物质增加，因此密度增加，相应的木材硬度、强度等指标也得到提高。

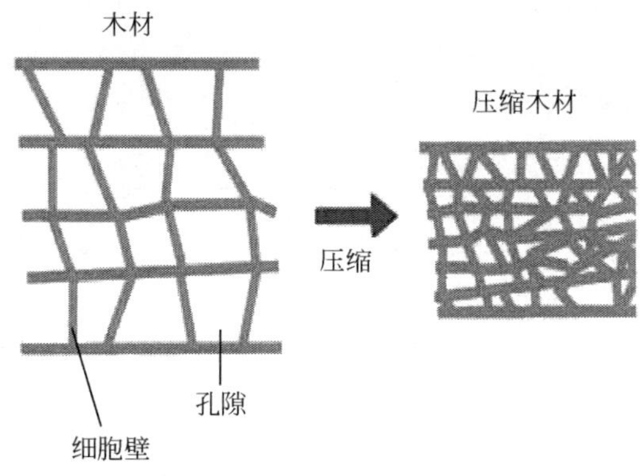

图 4-48 木材压缩成型技术示意图

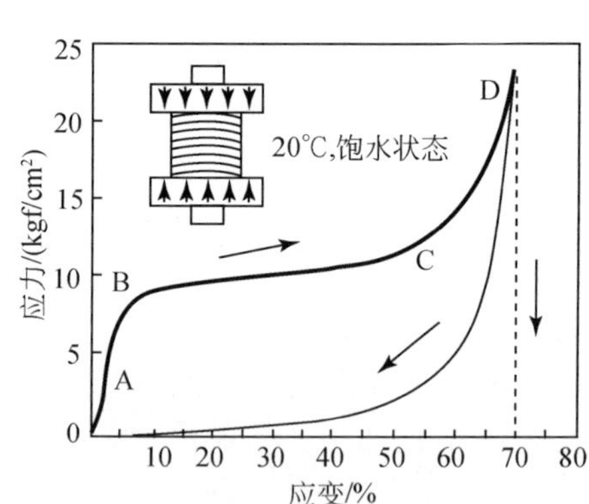

图 4-49 木材沿径向压缩时的应力应变曲线
日本柳杉木材，在 20℃、饱水状态下

图 4-49 为木材沿径向压缩时应力应变关系（图 4-49 中粗实线）。如图 4-49 所示，压缩起始的微小变形（图 4-49A）是弹性变形，随着应力的增加，变形呈直线增加；当应力超过屈服点（图 4-49B）后，应力增加缓慢，此时表现为木材细胞壁皱曲、细胞腔基本消失（图 4-50），再压缩下去细胞壁之间开始接触（图 4-49C）；进一步压缩下去，应力呈直线急剧上升，当应力再增加时，木材将发生显著破坏。图 4-49 中细实线表示压缩后立即解除载荷后的应力应变关系曲线。由图 4-49 可知，变形基本全部回复（图 4-50）[1]。

评价压缩材尺寸稳定性常用变形回复率（recovery of set）指标来衡量。变形回复率的计算公式如下：

$$\text{Recovery of set} = (l_R - l_C)/(l_0 - l_C) \times 100$$

式中，l_0 和 l_C 分别为压缩处理前后的试件厚度；l_R 为变形回复处理后的试件

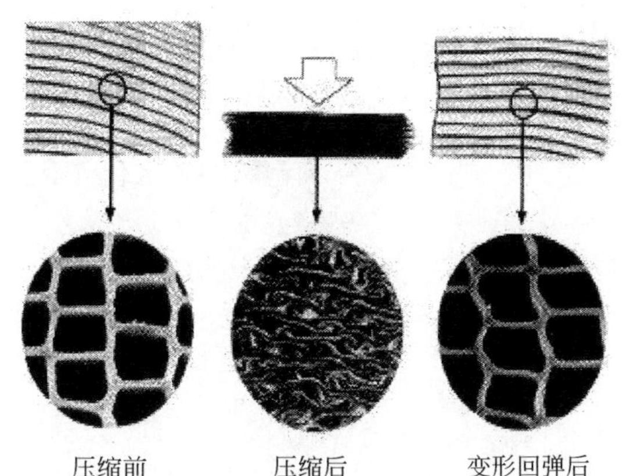

图4-50 细胞水平观察木材压缩变形及变形回弹

细胞图片为实体木材扫描电镜图片

厚度。

压缩变形在水和热作用下回复情况见图4-51（a）。60℃下压缩处理的试件，经饱水处理后，在30℃、60℃、90℃温度下分别进行变形回复试验。由图4-51可知，各处理温度下，处理开始后的短时间内（1～2min），变形回复率就分别达到84%、94%和99%，并趋于稳定。

图4-51（b）表示的是在不同温度下获得的压缩处理材，变形回复率随变形回复处理温度变化情况。由图可知，在相同变形回复处理温度下，压缩处理温度越高，变形回复率越小。

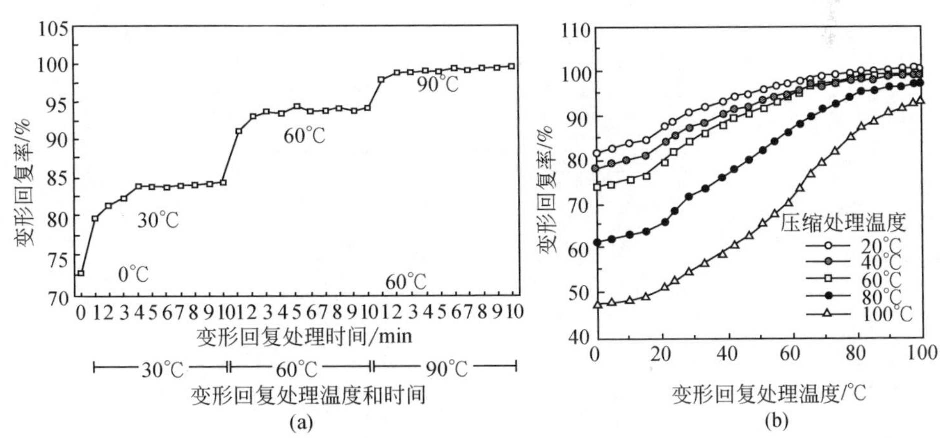

图4-51 在饱水状态下温度对变形回复率的影响

综上所述，压缩变形遇水和热就会迅速回复；采取有效措施，控制变形的回复对保证压缩材的物理力学性能具有重要作用。

4.3.2 木材压缩变形的永久固定

从干燥处理可以使变形得到暂时固定以及在水、热作用下变形又完全回复的机制来看，永久固定变形的方法可以从细胞壁的疏水化（达到阻止水分进入，防止木材再软化的目的）、形成架桥、解除应力三个途径来实现（图 4-52）[32]。下面介绍已经得到广泛研究，甚至已经开发出产品的变形固定方法。

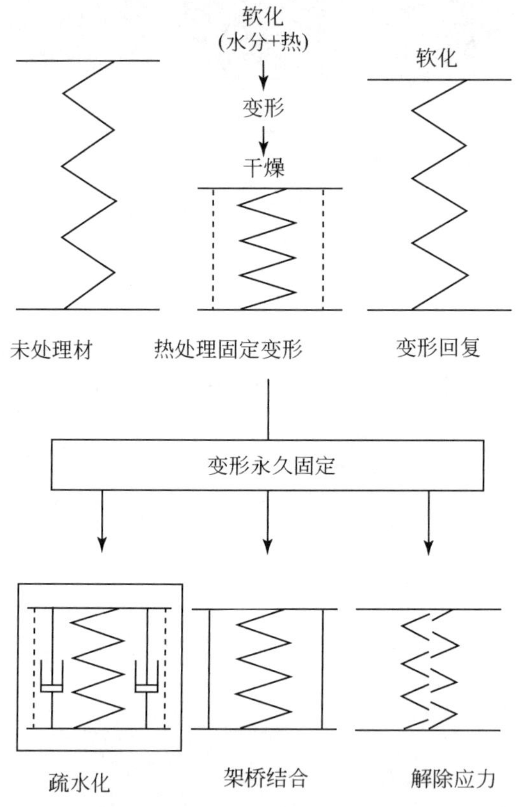

图 4-52 变形固定机制示意图

4.3.2.1 树脂处理

将一定分子质量树脂水溶液浸注到木材内，干燥到气干状态后，加热固化树脂的同时压缩木材，通过树脂固化来固定压缩变形。对树脂的具体要求：①要很容易浸注到木材内，且分布均匀；②所用树脂必须具备一定的耐水性和耐候性；③树脂液的本身要有一定储存稳定性，可以反复使用；④树脂所含有害挥发物，如游离醛、游离酚等要少。

1）PF 树脂

井上雅文等[12]以相对分子质量约为200、不同浓度的PF树脂水溶液固定日本柳杉压缩材的变形。木材试件［30mm(L)×20mm(R)×30mm(T)］在各树脂浓度中真空浸注1h，然后常压下浸泡7天；取出用微波加热1～2min后，立即放入平板热压机中（压板温度130℃）沿着试件的径向压缩，保压时间3h，压缩率0～60%；沿压缩试件L方向加工成5mm的小试件，进行干燥、吸水、水热处理并重复几次循环。吸水试验是先在20℃水中真空处理1h，然后在常压下浸泡5h；水热试验是将吸水试件用95℃水处理1h；干燥试验是先气干24h后，再在40℃下干燥20h，105℃下干燥4h。在每个处理过程中测量径向尺寸，计算变形回复率。

PF树脂浓度和压缩率对变形回复率的影响见图4-53和图4-54。由图4-53可知（压缩率55%情况），随着树脂浓度的增加，变形回复率在降低；当树脂浓度达到15%时，变形得到完全固定。由图4-54可知，压缩率对变形回复率无影响，而且不论压缩率如何，树脂浓度为15%时，压缩变形可以得到完全固定。

干燥、吸水、水热循环处理结果见图4-55。由图4-55可知（压缩率55%情况），只进行热处理和用5%浓度树脂固定变形处理的试件，随着循环过程的增加，变形回复率呈增加趋势；而用10%～20%浓度树脂处理的，虽然吸水试验中有所膨胀，但干燥后又回复到原尺寸，压缩变形不受处理条件的影响，变形基本得到固定。不过，浓度10%的情况，煮沸处理后变形略有些回复。

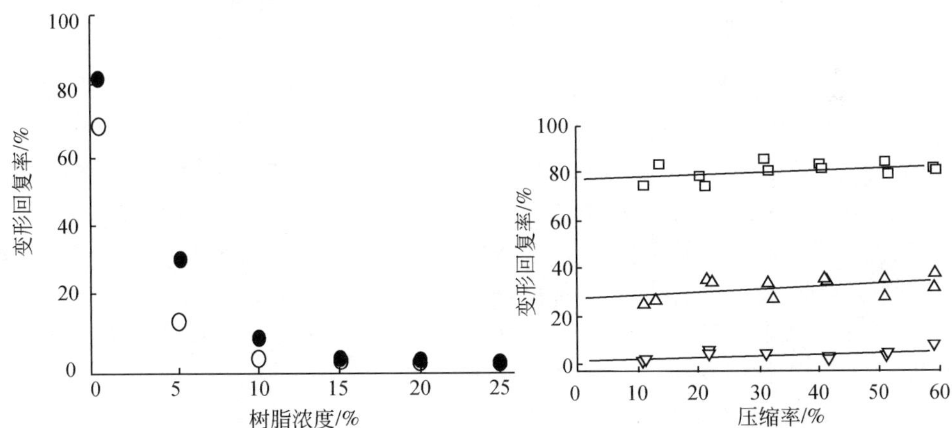

图4-53 PF树脂浓度对变形回复率的影响

●水热试验；○吸水试验

图4-54 压缩率对变形回复率的影响

PE树脂浓度

□ 0；△ 5%；▽ 15%

方桂珍等[33]采用PF预聚物固定大青杨（*Populus ussuriensis*）压缩材的变形。将木材[20mm(R)×20mm(T)×30mm(L)]试件置于容器中，真空处理1h，注入

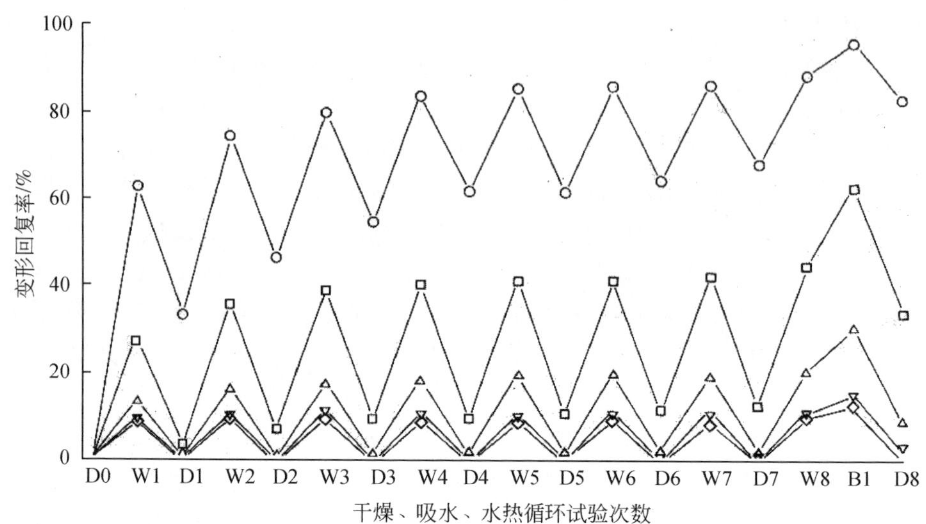

图 4-55 循环处理对变形回复率的影响

○ 0；□ 5%；△ 10%；▽ 15%；◇ 20%

D 干燥；W 吸水；B 水热；D，W，B 的下标代表循环试验示数。以下同

处理液（处理液浓度分别为 0、5%、10%、15%、20%、25%、30% 和 40%），再加压；浸注后的木材试件气干，使含水率为 10% ~12%；150℃恒温热压至预期压缩率（50%），保持 10 min。

循环膨胀试验：①将压缩试件浸水处理（真空处理 30min 后，常压浸泡 180min），测厚度；②将浸水试件于 50℃干燥 17h，再于 105℃干燥 3.5h 后，测厚度；上述①②过程重复 8 次；③试件放在 98℃水中 2h，测厚度；④将试件烘至绝干，测厚度，对③④过程重复实验 4 次。

大青杨 PF 浸渍压缩木试件的多次循环膨胀试验结果见图 4-56。空白试件（图 4-56 中◆标记）在室温水中浸泡后，湿状态下变形回复率为 63.58%，沸水中 4 次循环后干状态变形回复率达 81.54%；5% PF 处理的试件则分别为 20.78% 和 41.92%；经 10% PF 处理的试件能经受水浸、沸水浸泡 4 次循环，而且变形回复率也有 14.58%（湿状态）和 8.99%（干状态）。说明 PF 预聚物处理大青杨木材可以永久固定压缩变形，适宜的浓度为 5% ~10%。

2）三聚氰胺甲醛树脂（MF 树脂）

Inoue 等[34]以相对分子质量 380、不同浓度的 MF 树脂水溶液固定日本柳杉压缩材的变形。绝干木材试件[20mm(L)×20mm(R)×30mm(T)]在各树脂浓度中常压浸泡；气干 24h 后，再以缓慢加热方式干燥处理试件，12h 以后使干燥温度达到 105℃；然后在不同温度（120℃、140℃、160℃和 180℃）下压缩处理 1h，压缩率 54%。

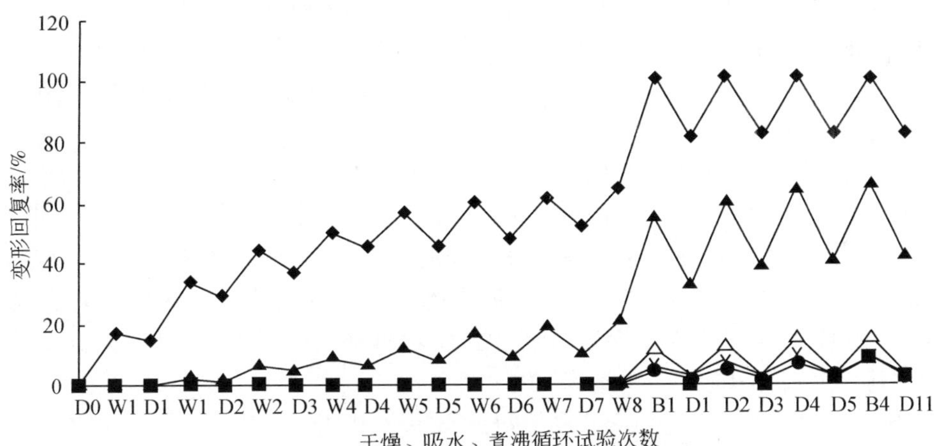

图4-56 循环处理对PF预聚物处理压缩材变形回复率的影响

◆ 0%；▲ 5%；△ 10%；× 15%；※ 20%；● 25%

循环膨胀试验：①将压缩试件浸水处理（真空处理30min后，常压浸泡210min），测厚度；②将浸水试件于40℃干燥20h，再于105℃干燥4h后，测厚度；上述①②过程重复8次；③试件放在98℃水中2h，测厚度；④将试件烘至绝干，测厚度，对③④过程重复4次。变形回复试验结果见图4-57。

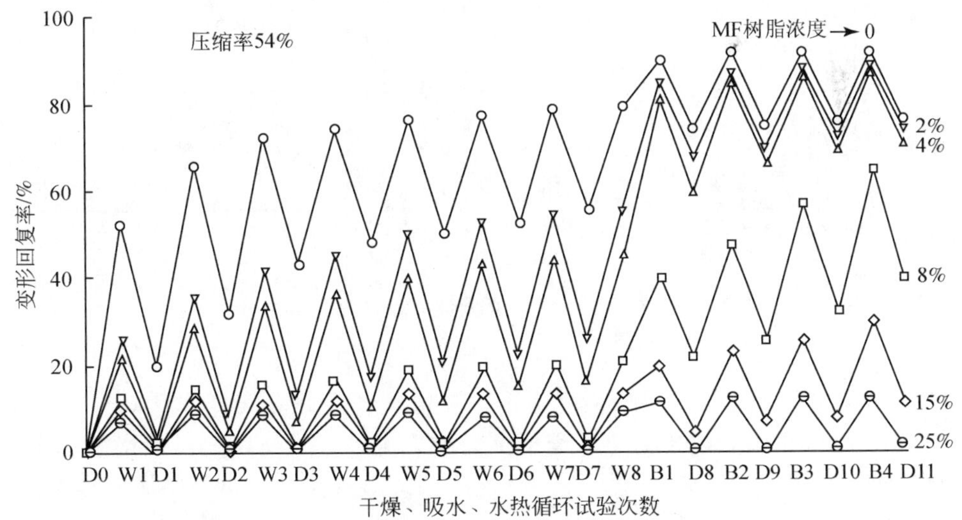

图4-57 循环处理对MF树脂处理压缩材变形回复率的影响

由图4-57可知，在前8次干湿循环过程中，浓度为2%和4% MF树脂浸泡处理的试件表现出较高的变形回复率，而在浓度8%、15%和25% MF树脂中浸泡的试件显示出有效的抗膨胀性能；在后 4 个煮沸处理循环过程中，浓度为 2% 和 4% MF 树脂浸泡处理的试件，其变形回复类似于未处理试件，而 8% 浓度处理试件的变形回复率为 40% 左右，只有 25% 浓度处理的试件才表现出较高尺寸稳定性。

方桂珍等[35]采用 MF 树脂固定大青杨压缩材的变形。将苯 - 醇（容积比 2∶1）溶液抽提 48h 木材[20mm(R)×20mm(T)×30mm(L)]试件置于容器中，真空处理 1h，注入处理液（处理液浓度分别为 1%、2.5%、5%、10%、17.5% 和 25%），再在常压下浸渍 6 天；树脂浸渍后的木材试件，在室温下气干 24h，然后在 50℃烘干 6h 至含水率为 10%～12%；再将试件于恒温 140℃条件下热压至预期压缩率后保持 1h，压缩率 50%。

变形回复试验：①将压缩试件浸水处理（真空处理 30min 后，常压浸泡 180min），测厚度；②将浸水试件于 50℃干燥 17h，再于 105℃干燥 3.5h 后，测厚度；上述①②过程重复 8 次；③试件放在 98℃水中 2h，测厚度；④将试件烘至绝干，测厚度。对③④过程重复实验 4 次。变形回复试验结果见图 4-58。

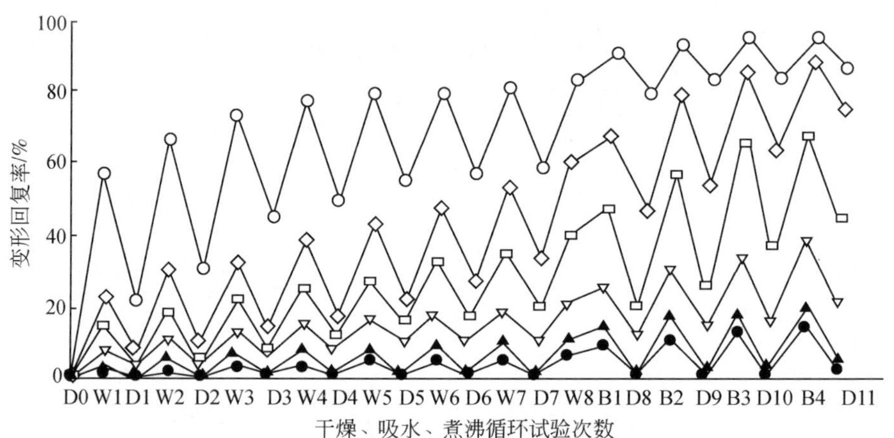

图 4-58 循环处理对 MF 树脂处理压缩材变形回复率的影响

○ 0%；◇ 2.5%；□ 5%；▽ 10%；▲ 17.5%；●25%

如图 4-58 所示，空白试件在第一次室温浸泡后变形回复率达 60%（湿状态），8 次循环试验后趋于恒定，变形回复率达 80%（干状态）；用浓度为 10% 的树脂液处理的试件，经室温水浸泡并多次循环后可保持较小的变形回复率，但经沸水 4 次循环后变形回复率增大至 20%；而用浓度 25% 树脂液处理的试件，无论是常温水还是沸水，经 12 次循环处理，基本不发生变形回复现象，其干状态的变形回复率接近于零。

3）异氰酸酯树脂

杨霞[36]利用改性异氰酸酯树脂固定大青杨的压缩变形。首先将试件在改性异氰酸酯树脂中（质量分数分别为5%、10%、15%、20%）常压浸渍30 min，然后在温度180℃、压力10MPa下热压15min，用厚度规控制厚度。改性后的处理材分别用冷水浸泡24h和煮沸2h后，测定湿、干状态厚度膨胀率和压缩变形回复率。变形回复试验结果见表4-14。

表4-14 异氰酸酯树脂浓度对压缩材厚度膨胀率和变形回复率的影响

树脂质量分数/%	冷水浸泡24h			沸水中2h		
	厚度膨胀率/%		变形回复率/%	厚度膨胀率/%		变形回复率/%
	干状态	湿状态		干状态	湿状态	
5	8.14	11.04	30.3	13.75	24.54	54.69
10	1.13	4.51	4.21	10.35	15.23	40.23
15	1.01	2.69	0.21	3.96	6.78	7.41
20	0.06	1.31	0.19	1.91	4.24	5.56

试验结果据表明，随着改性异氰酸酯树脂质量分数的增加，无论是冷水浸泡还是煮沸处理，大青杨压缩处理材的厚度膨胀率和压缩变形回复率都明显降低，当树脂质量分数大于15%时，尺寸稳定性提高更加明显。

4.3.2.2 热处理

热处理方法是将干燥状态的木材在一定温度下压缩，并在保持加热和压缩状态下固定其变形；或者将木材压缩处理后，在保持压缩状态下将其在高温状态下加热处理，使变形永久固定。加热处理方法解除应力的原理是基于木材在润湿状态下加热，构成细胞壁的基质（matrix）呈橡胶状态而容易变形，即由于熵弹性的增大而内部应力有所松弛的现象。

蒸汽处理是利用热压机上配置一个耐压容器，在通蒸汽加热木材的同时压缩木材，并固定变形；或者与热处理相同，先木材压缩处理后，在保持压缩状态下在耐压容器中处理，使变形永久固定。

井上雅文等[37,38]采用加热处理和蒸汽处理固定日本柳杉压缩材的变形。加热处理方式：将苯醇抽提处理的试件饱水处理，并用微波加热；沿试件径向压缩，压缩率50%左右，并在105℃下干至绝干；然后在160℃、180℃、200℃和220℃温度下热处理。蒸汽处理方式：一组试件用180℃蒸汽分别处理2min、3min、4min、8min，然后压缩；另一组试件是先压缩，然后用180℃蒸汽分别处理2min、3min、4min、8min。循环膨胀试验：①将压缩试件浸水处理至饱水状态

（真空处理 30min，常压下浸泡 210 min），测厚度；②将浸水处理试件于 40℃ 干燥 20h，再于 105℃ 干燥 4h 后，测厚度；上述①②过程重复 5 次；③经 5 次循环后的试件放在 98℃ 水中 2h，测厚度；④将试件烘至绝干，测厚度。变形回复试验结果见图 4-59 和图 4-60。

由图 4-59 可知，随着加热处理温度的升高，变形回复率呈降低趋势，加热时间也呈缩短趋势。例如，180℃ 下加热 20h，或者 200℃ 下加热 5h，变形回复率小于 2%；温度升高到 220℃，达到相同的变形回复率所需时间更短。对于蒸汽处理的试件，200℃ 处理的仅需要 1min，180℃ 处理需要 8min，就可以使变形回复率达到 0，即没有变形回弹。

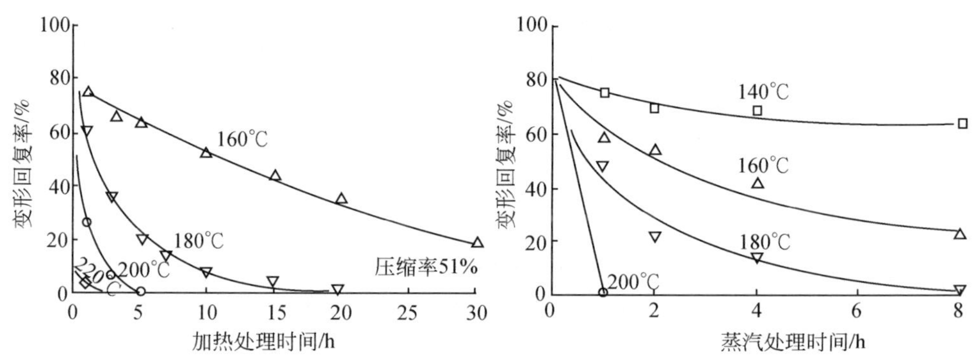

图 4-59　加热处理及蒸汽处理温度对压缩变形回复率的影响

由图 4-60 可知，不论是加热处理还是蒸汽处理（温度 180℃），5 次循环处理后，变形回复率随着处理时间的延长而降低。例如，未处理试件 5 次循环后的变形回复率为 80% 多，加热处理 10h 和 20h 的变形回复率分别降到 25% 和 20%，而蒸汽处理 8min，5 次循环后的变形回复率小于 10%。

相比之下，蒸汽处理方法的效果和效率均高于加热处理。

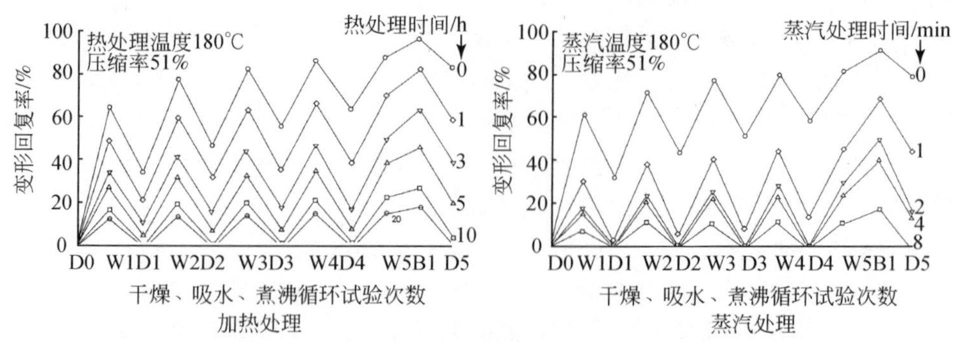

图 4-60　循环处理对加热处理及蒸汽处理压缩材变形回复率的影响

小林好纪[39]进行原木整形压缩圆变方的研究时采用二次加热处理固定整形压缩材的变形。在日本柳杉小径原木整形压缩圆变方时，若原木中心部位被分别加热到120℃、100℃和80℃，压缩率30%，所需要的最大压缩载荷分别是$9kgf/cm^2$、$11kgf/cm^2$、$12kgf/cm^2$，而将其自然冷却到室温时的残余应力分别为$3.6kgf/cm^2$、$4.1kgf/cm^2$、$5.2kgf/cm^2$，由此说明处理温度越高，最大压缩载荷越小，残余应力也越小。对应于各加热温度和压缩率情况下，赋予木材压缩变形最大压缩载荷的56%～33%最终残留在材内。

通过二次加热处理可以使整形压缩材的残余应力有所松弛。图4-61为用温度100℃左右的热压板加热处理整形压缩材，冷却过程中其应力松弛曲线。整形压缩时所施加的最大压缩载荷是$12kgf/cm^2$；在冷却过程中，应力逐渐被松弛，5h后降低到原载荷的1/3，约$4kgf/cm^2$；实施第1回合二次加热处理，开始时应力略有所上升，在其后的冷却过程中开始下降，由$4kgf/cm^2$降到$2.5kgf/cm^2$左右；实施第2回合的二次加热处理，现象同上，应力降到$1.5kgf/cm^2$左右；实施第3回合的二次加热处理，应力降到$0.8kgf/cm^2$左右，最终应力降到原来的1/15左右。由上述过程可知，即使经过3个回合的二次加热处理，整形压缩后以残余应力形式储存在细胞壁纤维素微纤丝内的弹性能也无法被完全去除。如果半纤维素、木质素等基质的熵弹性再得到增加的话，其可构成弹性能的来源而促使整形压缩原木回复到原来的形状。

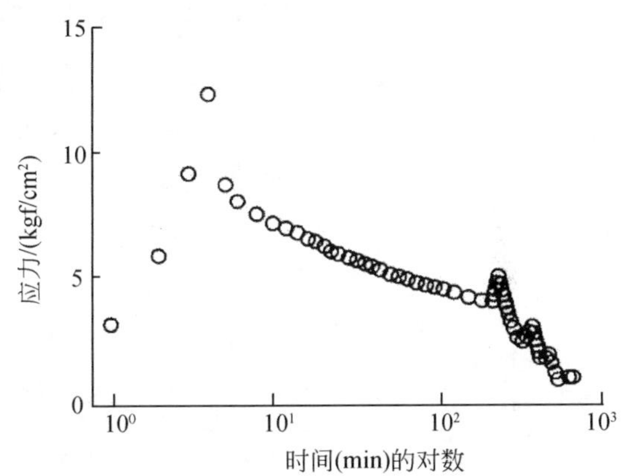

图4-61 热压板二次加热处理的应力松弛曲线

二次加热处理和未处理的整形压缩材，经吸湿和放湿几个反复过程后的尺寸稳定性见图4-62。吸湿条件是干球温度40℃，相对湿度95%，在此条件下木材平衡含水率约23%；放湿条件是干球温度40℃，相对湿度60%，在此条件下木材平衡含水率约10%。由图4-62可知，未处理整形压缩材，随着吸湿和放湿过程的交替而收缩膨胀，断面尺寸在逐渐增大；而经过二次加热处理的，在最初的防湿过程中，收缩1.5%～2.0%，而在吸湿过程中边长又膨胀0.5%～1%；以整形处理后的尺寸为基准，在其后的吸湿和放湿交替过程中，尺寸在上述的收缩率和膨胀率范围内变化，经过几次循环处理变化不大。由此说明，经过二次加热处理的整形木材在通常的环境条件下使用时，其尺寸是稳定的。

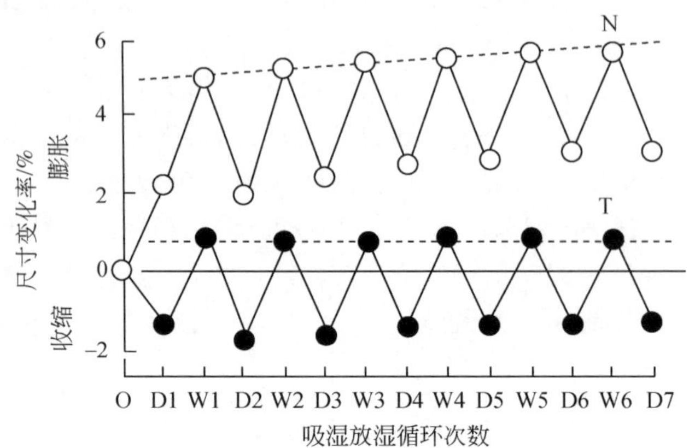

图 4-62 整形压缩材在吸湿和放湿过程中的尺寸变化

T 二次加热处理；N 未处理；O 初始

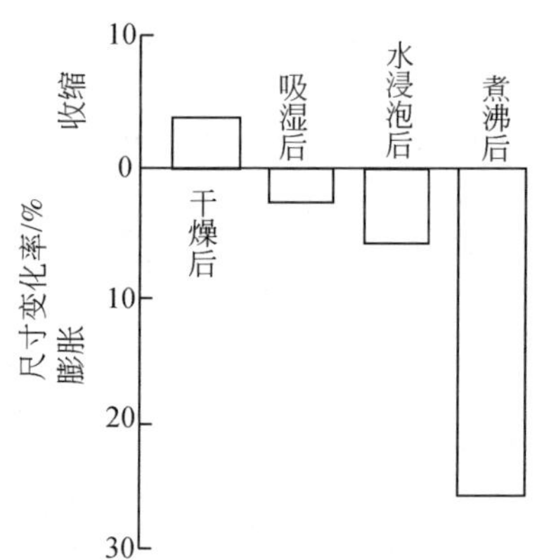

图 4-63 二次加热处理整形压缩材的尺寸稳定性

将上述吸湿和放湿反复处理的经过二次加热处理的整形压缩材，进行水浸泡处理，然后再进一步煮沸处理。以二次加热处理固定变形后的尺寸为基准，其尺寸变化率见图 4-63。由图 4-63 可知，进一步水浸泡而使整形压缩材充分吸水后木材尺寸膨胀到 5% 左右，再煮沸处理后膨胀率达到 25%。

李坚等[40]采用加热处理和蒸汽处理固定大青杨压缩变形。将含水率为 12% ~15% 的木材试件放入带有约束装置的夹具中，在力学实验机上沿径向压缩，压缩率 50%，用螺丝把上盖拧紧，卸荷。试件连同夹具一起放到烘箱中（50℃ 4h，105℃ 8h）烘干，卸下夹具。然后进行加热定型处理和高温高压蒸汽定型处理，温度为 160℃、180℃、200℃。

常温循环膨胀：将压缩试件真空 30min，然后注入水，常温下浸泡 210min，测径向厚度；将浸水试件放入烘箱中，于 50℃ 干燥 20h，再于 105℃ 干燥 4h 后，测径向厚度；将上述过程重复 8 次。

煮沸循环膨胀：经 8 次常温循环膨胀试验后的试件置于水中煮沸 2h，测径向厚度；再将试件放于烘箱中，50℃下干燥 20h，105℃下干燥 4h 后，测径向厚度；上述过程重复 4 次。变形回复试验结果见图 4-64。

从图 4-64 可以看出，相同的处理时间，随着处理温度的升高，压缩变形回复率明显减小。温度 200℃时，热处理 5h、蒸汽处理 4min，压缩变形几乎完全被固定；温度180℃时，热处理15～20h，蒸汽处理8～10min，压缩变形回复率接近于零；温度160℃时，随着处理时间的延长、压缩变形回复率逐渐减小，但是，达到压缩变形的完全固定时间长，加热处理需30h以上。

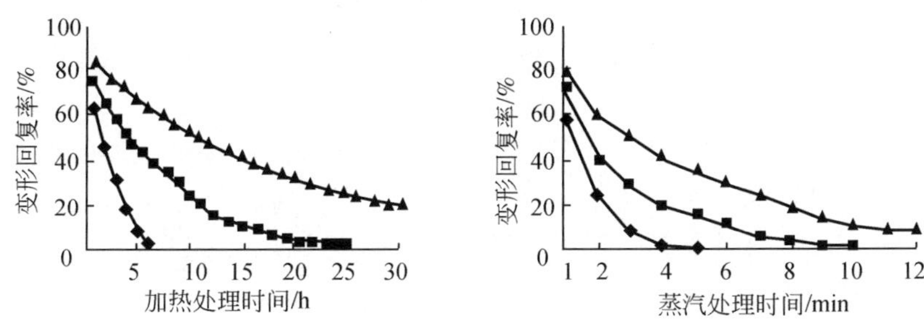

图4-64 加热处理或蒸汽处理对变形回复率的影响

◆ 200℃；■ 180℃；▲ 160℃

图4-65为180℃加热处理压缩材经循环膨胀试验后的变形回复率。从图4-65可以看出，未经处理的试件在第一次干湿循环过程中变形回复率接近60%，3次循环试验后，变形趋于稳定，达到80%左右，4次水煮循环后变形回复率接近100%。随着处理时间的延长，变形回复率明显减小；当加热处理10h或蒸汽处理4min，第一次干湿循环过程后，变形回复率分别为28.7%和16.4%，8次干湿循环膨胀后，变形回复率分别为53.2%和24.9%；当加热处理20h或蒸汽处理8min时，第一次干湿循环过程后，变形回复率分别为6.3%和4.1%，8次干湿循环膨胀后，压缩变形回复率分别为7.5%和5.7%，经4次烘干后变为2.4%和2.2%；4次煮沸后分别为15.7%和12.8%，烘干后变为7.3%和5.6%。可以看出，加热处理和高温高压蒸汽处理是稳定木材尺寸的一种有效方法，当温度为180℃时，加热处理20h以上或蒸汽处理超过8min，木材横纹压缩变形几乎完全被固定。

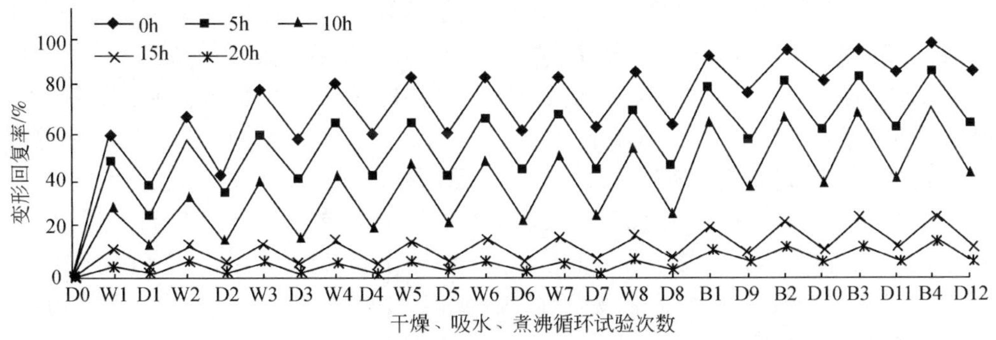

图4-65 循环处理对热处理压缩材变形回复率的影响

刘一星等[41]采用蒸汽处理大青杨、兴安落叶松（*Larix gmelini*）和冷杉（*Abies nephrolepis*）的压缩变形。首先，将木段装入处理罐的模具中，然后软化（不同树种软化温度和时间不同），最后升高温度和压力、定型、冷却出料（树种、直径不同，定型温度和时间不同）。压缩变形回复试验是采用煮沸法，即木材试样浸于20℃水中至完全饱和，然后放置于沸水中煮30 min，取出后放入烘箱中烘干。

图4-66表达了不同软化时间和定型时间（定型温度条件为180℃）与木材横纹压缩变形回复率之间的关系。由图4-66看出，随着定型时间的延长，无论是杨木还是冷杉，压缩变形回复率明显减小。当定型时间超过15min后，压缩变形几乎完全被固定。

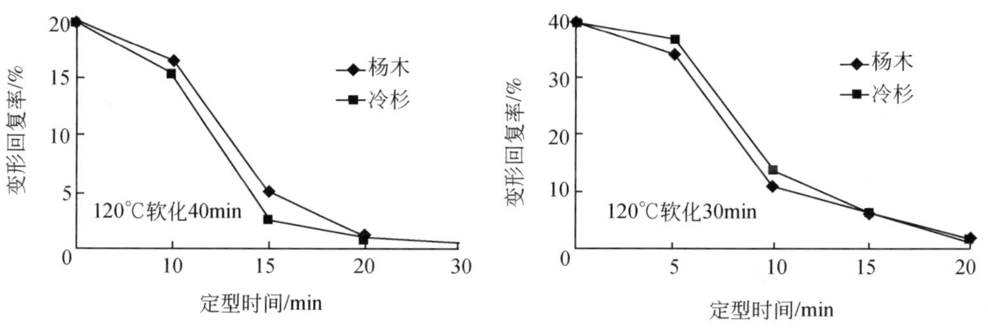

图4-66 不同定型时间对压缩变形回复率的影响

4.3.2.3 密闭热处理方法

这是将加热处理和蒸汽处理结合起来的一种方法。利用密闭的容器以及木材自身所含水分，同时借助热压机所产生的高温和压力，使密闭容器内形成高温蒸汽，实现了短时间内压缩变形的永久固定。

如图4-67所示[42]，该装置是在普通热压机上配置一个具有O型密封环的密闭容器。热压机压缩木材使O型密封环产生变形后就会使容器形成一个密闭体系，由于加热作用，木材内的水分被气化，再加上容器内被压缩的空气受热后的膨胀作用，容器内部压力上升，密闭体系内的温度也随之上升而超过100℃，木材在这样的高温环境下得到加热，实现了蒸汽处理方法所要达到的永久固定变形的效果。

井上雅文等[42]利用上述装置处理日本柳杉固定压缩变形。试件尺寸20mm（L）×20mm（T）×（10～25）mm（R），含水率绝干至20%；压缩率20%、30%、40%、50%、60%、70%、80%，加热温度120℃、140℃、160℃、180℃、200℃、220℃，处理时间1min、2min、4min、8min、12min、16min。加热后立即

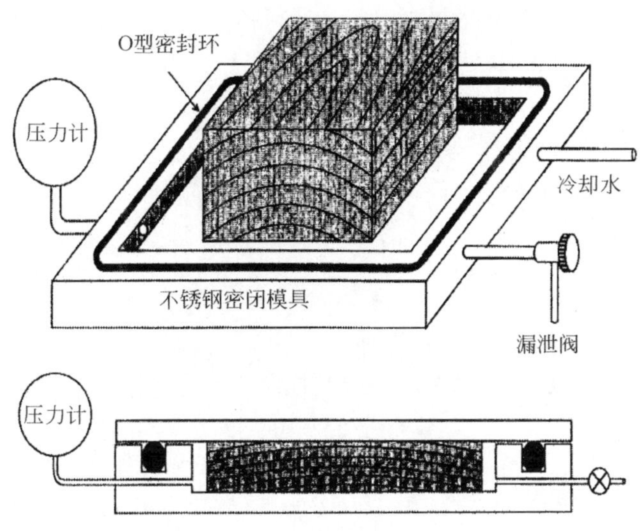

图4-67 密闭热处理用模具

通冷水冷却至60℃。变形回复条件：20℃水中真空处理1h，常压浸泡5h；将上述吸水试件在98℃水中处理1h；气干后，在40℃下干燥20h，105℃下干燥4h。变形回复试验结果见图4-68。

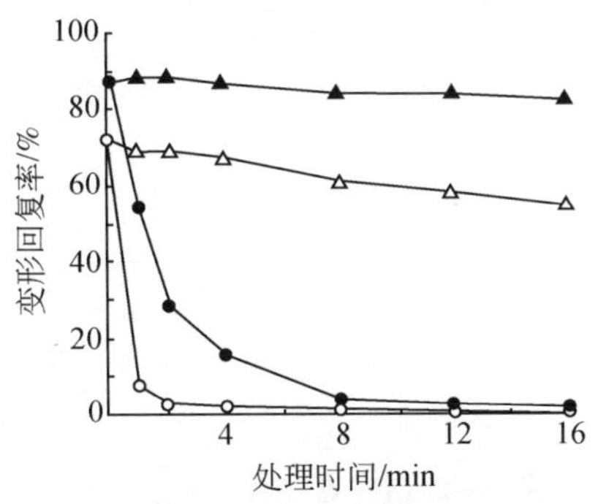

图4-68 处理时间对变形回复率的影响

○ 密闭水热处理，吸水；● 密闭水热处理，煮沸；△ 开放热处理，吸水；▲ 开放热处理，煮沸；试件初含水率17%；加热温度180℃；压缩率50%

由图4-68可知，对于未经热处理固定变形的试件吸水及煮沸后的变形回复率分别为73%和86%；采用开放热处理的，随着处理时间的延长变形回复率略有降低；而经过密闭水热处理的，处理2min和8min可以使吸水变形回复和煮沸变形回复得到控制。

由图4-69可知，对于开放热处理，随着温度的增加变形回复率有所降低，但变化量较小；而采用密闭水热处理，变形回复率显著降低，160℃和180℃下加热 8min 可以使吸水和煮沸变形回复得到控制。

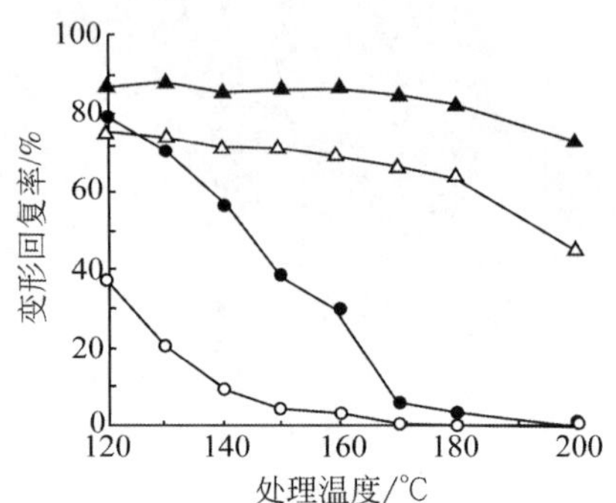

图 4-69　处理温度对变形回复率的影响

○ 密闭水热处理，吸水；● 密闭水热处理，煮沸；△ 开放热处理，吸水；
▲ 开放热处理，煮沸；试件初含水率 17%；加热时间 8min；压缩率 50%

图 4-70 反映了试件初含水率对变形回复率的影响。由图 4-70 可知，开放热处理的试件受含水率影响较小；对于密闭水热处理的试件来说，随着初含水率的增加变形回复率呈降低趋势，当含水率达到 17% 以上时，变形基本得到控制。

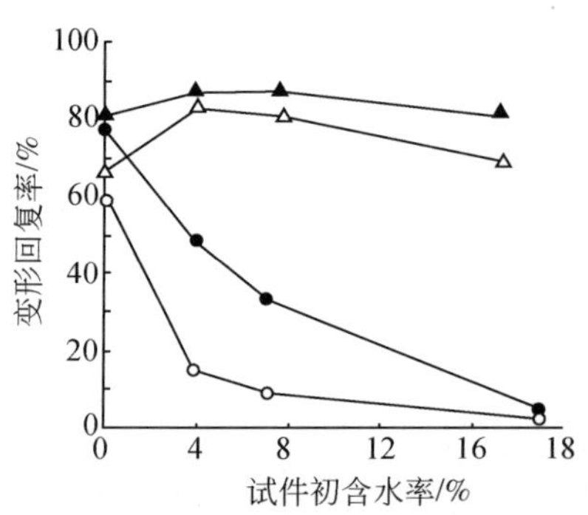

图 4-70　试件初含水率对变形回复率的影响

○ 密闭水热处理，吸水；● 密闭水热处理，煮沸；△ 开放热处理，吸水；
▲ 开放热处理，煮沸；加热温度 180℃；加热时间 8min；压缩率 50%

图 4-71 表示的是压缩率对变形回复率的影响。由图 4-71 可知，不论开放热处理还是密闭水热处理，随着压缩率增加变形回复率呈降低趋势，但变化较小；对于开放热处理的试件，压缩率达到 70% 以上时变形回复率有明显降低，而且 80℃和 180℃的效果差异不显著；对于密闭水热处理的试件，加热处理的试件受含水率影响较小；对于密闭热处理的来说，当初含水率为 17% 和 20% 时，压缩率分别为 50% 和 40% 以上，变形就可以得到控制。

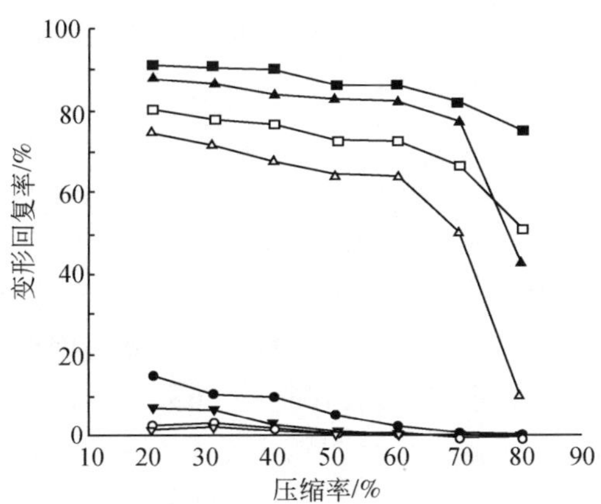

图4-71 压缩率对变形回复率的影响

○密闭水热处理（180℃，17%，吸水）；●密闭水热处理（180℃，17%，煮沸）；
▽密闭水热处理（180℃，20%，吸水）；▼密闭水热处理（180℃，20%，煮沸）；
△开放热处理（180℃，17%，吸水）；▲开放热处理（180℃，17%，煮沸）；
□开放热处理（80℃，17%，吸水）；■开放热处理（80℃，17%，煮沸）

长谷川良一等[22]采用简易和密闭热处理固定日本柳杉木材表层部分被压缩的变形。简易热处理的温度为180～200℃，处理时间10min；密闭热处理的温度为180～200℃，内部蒸汽压15MPa，处理时间5min。变形回复试验条件：在恒温恒湿箱内，将压缩变形材在40℃、90%RH下处理24h；然后在40℃、30%RH下处理24h；将上述过程循环2个周期，测定试件纤维方向、径向和弦向尺寸，计算收缩膨胀率。试验结果见图4-72。

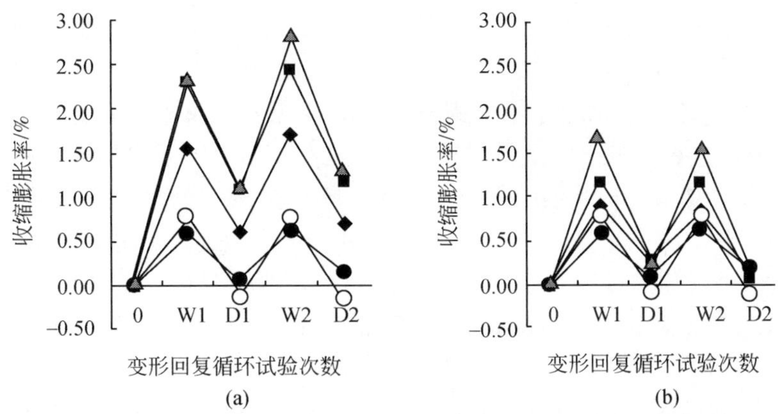

图4-72 简易热处理（a）及密闭热处理（b）对压缩材尺寸稳定性的影响

简易热处理：◆180℃，10min；■190℃，10min；▲200℃，10min；○未处理日本柳杉；●未处理橡木

密闭热处理：◆180℃，5min；■190℃，5min；▲200℃，5min；○未处理日本柳杉；●未处理橡木

由图 4-72 可知，经过两个周期的变形回复试验，简易热处理压缩材的收缩膨胀率在逐渐增大，而且比未压缩处理的日本柳杉和橡木高许多；而密闭热处理压缩材的收缩膨胀率比简易热处理的大幅度降低，在热处理 180℃、5min 的情况下，与未压缩处理的日本柳杉和橡木相当。由此说明，密闭热处理可以使压缩材获得良好的尺寸稳定性。

综上所述，通过比较加热处理、蒸汽处理以及综合了加热处理和蒸汽处理的密闭热处理在固定压缩变形方面的效果和效率，密闭热处理方法充分利用了木材固有的水分来固定变形，固定变形能力强，最重要的是固定变形所需时间短。但是，这种方法有其局限性：首先，材料的尺寸受到限制，无法制造大尺寸材料，如住宅装饰、家具用材等；其次，由于木材传热效率低，加热大尺寸木材时，在厚度方向上容易产生温度梯度，中心部位达到 180 ~ 200℃需要很长时间；再次，为了防止鼓泡，卸压必须在冷却后，反复的加热、冷却，不仅增加成本而且生产效率低。为了提高加热效率，人们探讨了使用加热效率高的高频加热方法，它可以实现内外的均匀加热。

井上雅文等[43]将高频加热与热压板压缩两者结合在一起，经过短时间处理，获得了尺寸稳定性优良的厚度达到 30mm 的日本柳杉压缩材。试件尺寸60mm(R) × 100mm(T) ×300mm 和600mm(L)，普通热压机上配置 15kW、频率 13. 56MHz 的高频发生器，其最大压力 1. 96MN，热压板幅面尺寸 750mm ×550mm。处理前先将试件在 7kW 的高频下连续处理 30min，使温度达到 100℃左右后，压缩至所需要的尺寸，压缩率为 50% 和 70%；压缩成型结束时，再用高频加热处理使材内温度达到 200℃左右；此时热压板温度也设定为200℃，用5. 6kW 的高频以 15s 间歇加热，共计 4 次，总时间为 2min；达到目标温度并保持 2 ~ 8min 后，通冷水强制冷却热压板，使材内温度降到 70℃左右，卸压，完成处理过程。

变形回复试验选取两种：一是从压缩试件中部和端部取 5cm ×5cm 的试样进行吸湿、吸水、煮沸和干燥试验。吸湿试验是在 90% RH 下放至 7 天；吸水试验是在 20℃水中浸泡 48h；煮沸试验是将吸水试件在 98℃水中煮 2h；干燥试验是气干 1 天，40℃下干燥 24h，100℃下干燥 6h。另一种是沿压缩试件的纤维方向截取 1cm 长小试片进行吸水、煮沸和干燥试验。吸水试验是在 20℃水中浸泡真空处理 1h，常压浸泡 6h；煮沸试验是将吸水试件在 98℃水中煮 5min；干燥试验是气干 1 天，40℃下干燥 24h，100℃下干燥 6h。

图 4-73 为高频加热处理与热压板加热处理在控制变形回复率效果方面的比较。由图 4-73 可知，热压板密闭加热处理的试件，吸水处理 48h 后变形回复率达到 60% 左右，而与高频并用的处理方式，变形回复率为 5% ~10%；煮沸处理时，热压板密闭加热处理试件的变形回复率达到 90% 左右，而热压板与高频并

用密闭加热处理试件的变形回复率只有20%左右；煮沸处理后干燥至绝干时的变形回复率，热压板密闭加热处理试件为70%～80%，而热压板与高频并用密闭加热处理试件在5%以下。

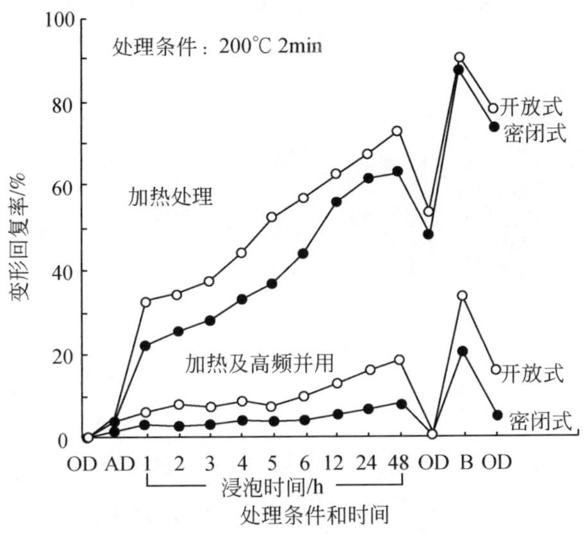

图4-73 高频加热处理对变形回复率的影响

OD：100℃下干燥6h；AD：90% RH下1周；B：煮沸2h

图4-74为热压板与高频并用加热处理的纤维方向长600mm的压缩材，其变形回复率在纤维方向上的分布。由图4-74可知，除试件两端5cm范围内变形回复率较高外，其他部位的变形回复率，煮沸试验试件为15%～20%，吸水试验试件在5%以下，而且比较均匀。

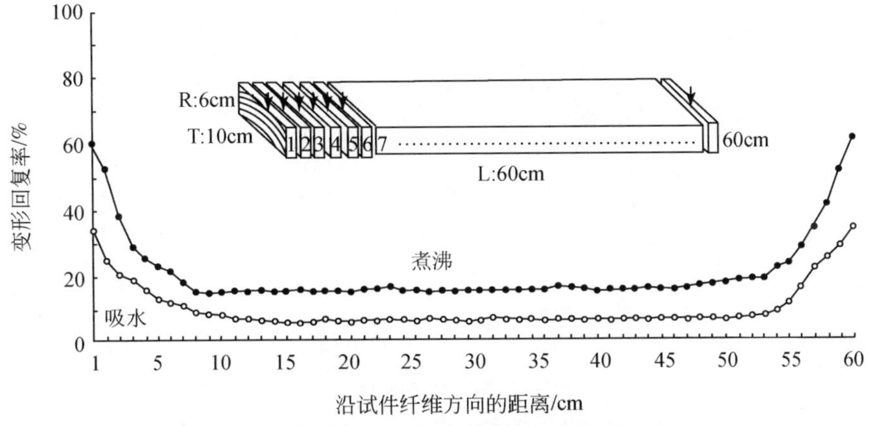

图4-74 压缩材变形回复率在纤维方向上的分布

高频加热固定压缩变形的原理：开放式热压板加热处理时，由于木材试件端部处于开放状态，木材内的水分受热形成蒸汽，随着压力的升高而从端部排出；而在密闭状态下用高频加热木材，木材内的水分同样受热形成蒸汽，而且能够短时间内达到固定变形所需温度（180～200℃）；由于高频加热的均匀性，处理材内部温度分布均匀，变形回复率小而均匀。

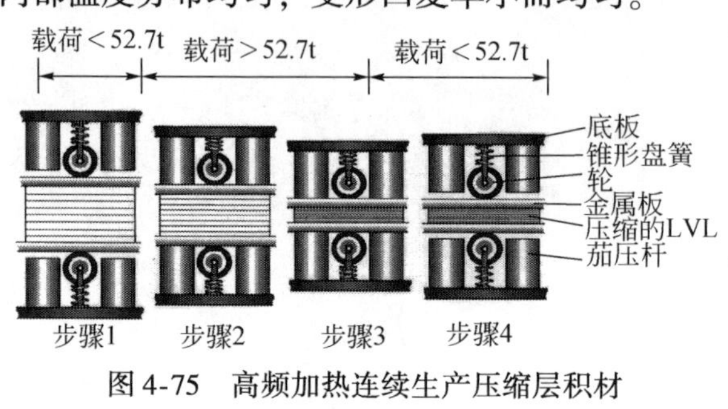

图 4-75　高频加热连续生产压缩层积材装置示意图

在上述试验结果基础上，井上雅文等[44]利用高频加热固定压缩木材变形的原理开发了可以连续生产压缩层积材的装置（图 4-75）。该装置是在平板热压机上安装高频发生器（13.56MHz）。利用该装置，将涂胶的 6 张尺寸为 2000mm（L）×12mm（R）×75mm（T）日本柳杉板材层积压缩，得到层积压缩木材，压缩率 50%；各层间添加的胶黏剂是水性高分子异氰酸酯、脲醛树脂、尿素－三聚氰胺树脂、三聚氰胺树脂、间苯二酚等，涂布量分别为 160g/m²、170g/m²、180g/m²、180g/m²、170g/m²。吸水试验：将获得的层积压缩材沿纤维方向加工成 10mm 的小试件；在 20℃水中用吸液器（aspirator）强制吸水，以试件沉入水中为止；吸水试件气干 1 日以上，然后在 40℃下干燥 24h，100℃下干燥 6h，测其厚度并计算变形回复率。强制吸水变形回复率试验结果见图 4-76。由图 4-76 可知，高频加热 6min，除端部外，变形回复率在 10% 以下，层积压缩木材的尺寸稳定性良好。另外，通过试验表明，以水性高分子异氰酸酯为胶黏剂，可以同时实现层积胶合和压缩变形的固定。

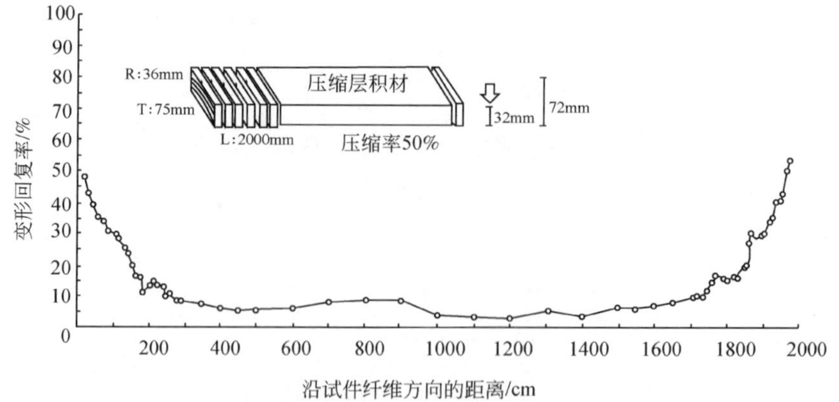

图 4-76　高频加热处理压缩材的变形回复率在纤维方向上的分布

4.3.2.4 其他处理方法

1）乙酰化处理

木材乙酰化，即将乙酸酐引入到木材内，使其与木材化学组成的官能团反应，其目的是赋予木材尺寸稳定性和耐腐性能。木材中纤维素、半纤维素和木质素的羟基很容易与水分子结合，这些水分吸着点成为木材干缩湿胀尺寸变化的根源。如果将木材中的这些羟基用乙酰基去置换，那么，水分就不易进入木材，其干缩湿胀就会被遏制，木材变形问题就得到解决。已有研究结果表明[45]，乙酰化木材的尺寸变化是未处理材的1/3左右，如果乙酰化率达到20%左右，抗胀缩率（ASE）可以达到70%。

Inoue等[32]采用乙酰化方法降低日本柳杉压缩材的变形回复率。木材先经过乙酰化处理，即将乙酸酐引入木材内，在120℃使其与木材官能团反应；乙酰化木材在湿状态下沿径向压缩，压缩率50%；压缩材在室温下干燥。

变形回复试验：将压缩试件真空浸注20℃水和丙酮溶液至饱和；吸水至饱和的压缩试件在沸水中处理30min；试件干燥后测量厚度，计算变形回复率。变形回复试验结果见图4-77。

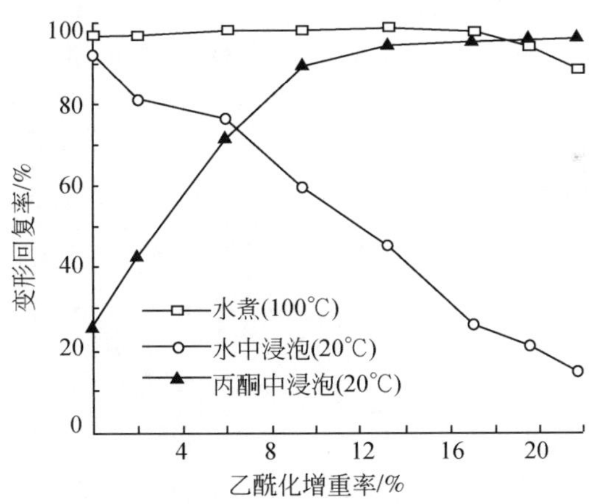

图4-77 乙酰化处理压缩材的变形回复率

由图4-77可知，在20℃水中浸泡处理的试件，随着乙酰化增重率的增加变形回复率呈降低趋势，当增重率达到22%时，变形回复率在10%左右；在20℃丙酮溶液中浸泡处理的试件则相反，随着乙酰化增重率的增加变形回复率呈增加趋势；而在沸水中处理的试件，不论乙酰化增重率如何，变形回复率都在90%以上。因此，乙酰化处理对控制压缩变形回复率不是理想的方法。

2）架桥结合（formalization）

在木材化学组分之间建立架桥结合是一种更有效的固定压缩变形的方法。井上雅文等以能够产生气相甲醛的多聚甲醛、四噁烷为交联剂，SO_2 为催化剂固定日本柳杉的压缩变形，其变形固定机制参见图 4-52 的疏水化方式。

多聚甲醛处理方式：①事先将多聚甲醛在另外的容器内解聚；②将盛有木材试件的金属反应容器预热到反应温度，并真空处理；③向容器内通入气体甲醛和 SO_2，然后在 135℃ 下分别加热 5min、10min、15min、20min、40min、60min、120min。

四噁烷处理方式：①事先将密闭的玻璃反应容器预热到反应温度；②将盛有木材和四噁烷的反应容器真空处理；③通入 SO_2 气体，在 120℃ 下分别加热 0.5h、1h、2h、3h、4h、6h、16h。

液相甲醛处理方式：木材试件在含有 3.5% 甲醛、3.5% 盐酸、75% 乙酸和 18% 水的溶液中室温下处理 30～240min，然后水洗 48h，再在室温和真空条件下用硅胶干燥试件。

变形回复试验：将试件真空浸注 20℃ 水至饱和；吸水至饱和的压缩试件在沸水中处理 30min；试件干燥后测量厚度，计算变形回复率。

多聚甲醛处理材的变形回复试验结果见图 4-78。由图 4-78 可知，随着反应时间的延长，变形回复率迅速降低，反应时间为 5min 时，即便经过煮沸处理，变形回复率也很小。说明经过多聚甲醛的处理，压缩变形得到完全固定。

四噁烷处理材的变形回复试验结果见图 4-79。与多聚甲醛处理相同，压缩材通过四噁烷和 SO_2 气相反应处理，随着反应时间的延长，变形回复率迅速降低；但达到完全固定变形所需时间比用多聚甲醛处理的明显延长。

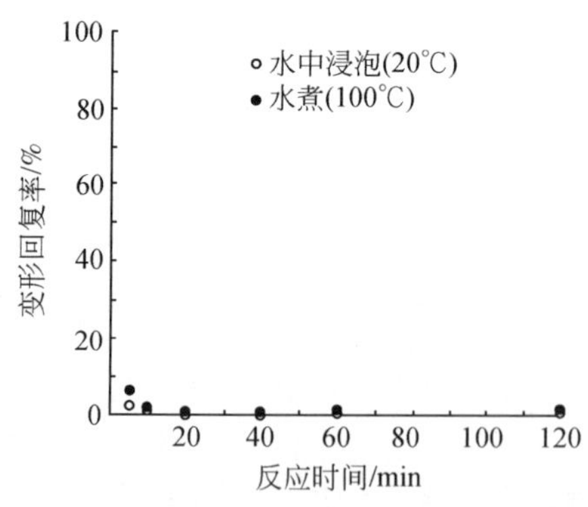

图 4-78　多聚甲醛处理对变形回复率的影响

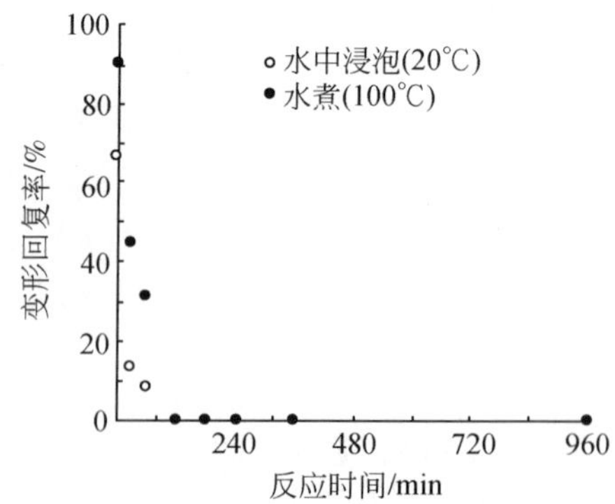

图 4-79　四噁烷处理对变形回复率的影响

液相反应同样可以用来固定压缩变形。图 4-80 为液相反应时间与变形回复率的关系。由图 4-80 可知，随着反应时间的延长，变形回复率呈降低趋势，但在本试验的反应时间内没有达到完全固定变形的目的。

图4-81为几种架桥结合交联剂对变形回复率影响的比较。由图4-81可知，用四噁烷+SO_2以及甲醛+乙酸+盐酸处理的，其变形回复率最低，说明这两种处理剂在控制变形回复方面效果明显。与甲醛+乙酸+盐酸处理的效果相似，用乙酸+盐酸处理的也表现出较低的变形回复率。其固定变形的机制为图4-52所示的解除应力方式，即不仅起到了架桥作用，而且由于酸水解作用使木材大分子链分解，释放内部应力。

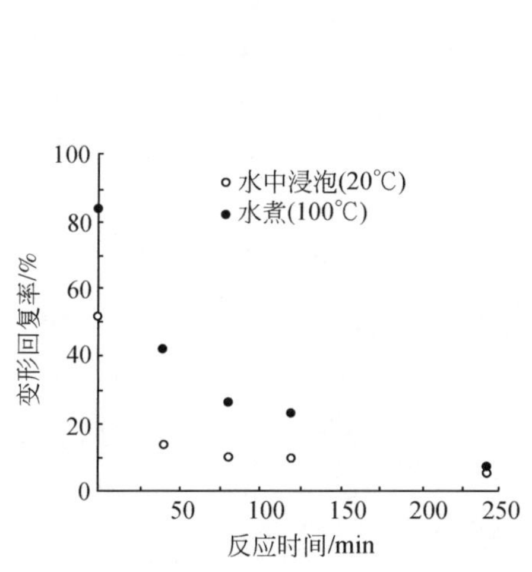

图4-80 液相反应处理对变形回复率的影响

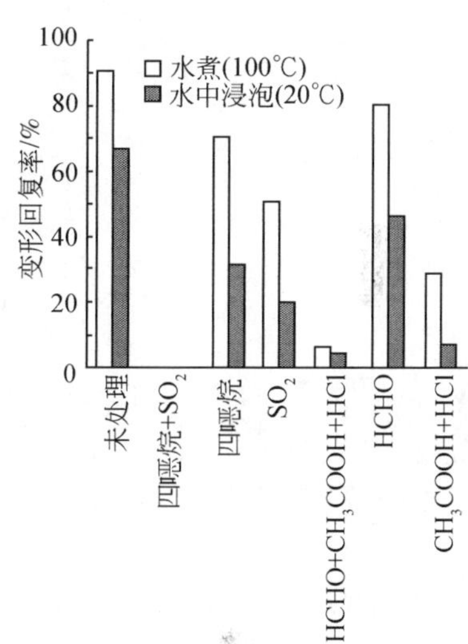

图4-81 几种处理剂对变形回复率影响的比较

比较四噁烷+SO_2联合处理与各自单独处理的情况可知，四噁烷、SO_2单独处理时并没有表现出有效的固定作用。由此说明，四噁烷+SO_2联合处理方式是固定压缩变形的一种主要方法。

3）多元羧酸类化合物

已往对木材交联反应的研究局限于以甲醛等醛类为交联剂，以无机酸类为催化剂。这类交联反应不仅污染环境、有害人类健康，而且降低木材的物理力学性能。近年来气相SO_2催化的甲醛化反应，尽管减少了化学降解，但是仍会污染环境。因此，探索用于木材交联反应的非甲醛系试剂，改变催化作用过程并揭示新型交联剂与催化剂的反应机制，是国内外木材科学学者普遍关注的前沿研究之一。

方桂珍等[46]以无毒害、无污染、非甲醛系列试剂的多元羧酸类化合物1,2,3,4-丁烷基四甲酸（简写BTCA）为交联剂，以无机盐类为催化剂，研究了对大青杨木材压缩变形的固定作用。试件尺寸为20mm(R)×20mm(T)×30mm(L)。试件在处理前用苯-乙醇（体积比2∶1）溶液抽提72h。

木材压缩处理：浸渍交联剂的木材试件，气干24h，然后于50℃烘干6h（含水率为12%～17%），再将试件于150℃下压至预期压缩率后保持1h。压缩率为55%。

变形回复试验：①将压缩试件浸水处理（真空处理30min后，常压浸泡180min），测厚度；②将浸水试件于50℃干燥17h，再于105℃干燥3.5h后，测厚度；上述①②过程重复8次；③经8次循环后的试件放在98℃水中2h，测厚度；④将试件烘至绝干，测厚度。对③④过程重复实验4次。变形回复试验结果见图4-82。

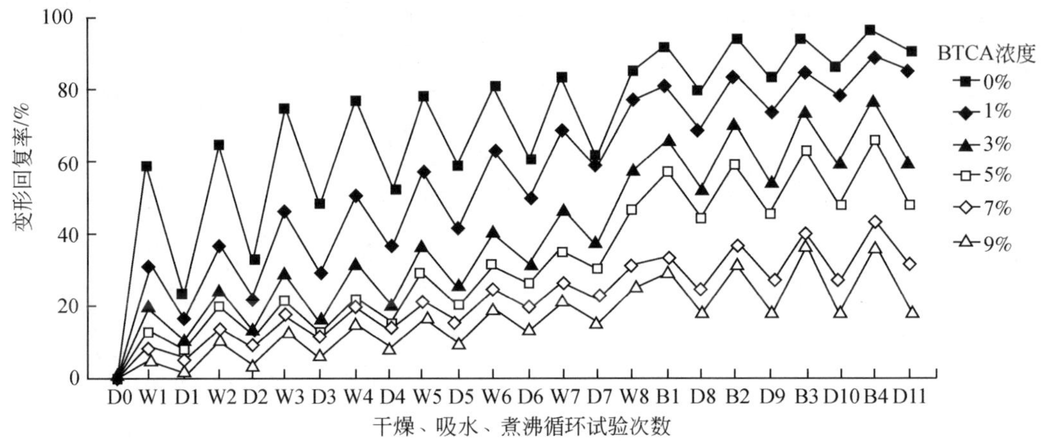

图4-82　循环处理对多元羧酸类化合物处理压缩材变形回复率的影响

由图4-82可以看出，由于在热压过程中木材与BTCA分子形成了酯交联化合物，BTCA对大青杨木材的压缩变形有明显的固定作用。未浸渍BTCA的试件在第一次室温水浸泡后，变形回复率达62%（湿状态），8次循环后趋于恒定，变形回复率达到81%（干状态），最后变形回复率为92%（湿状态）。随着BTCA浓度提高，变形回复率依次减小。浓度1%和3% BTCA处理的试件，变形回复率较高；浓度7% BTCA处理的试件变形回复率降低，经沸水4次循环（B4）试验后，变形回复率增加至近24%（干状态）；9%浓度的BTCA处理试件，无论是常温水或沸水，经过12次循环试验后，变形回弹都较小，其干状态的变形回复率接近于16%。

4）γ射线照射

具有高能量的γ射线对木材结构和性质有很大影响。例如，γ射线照射后，木材细胞壁或纤维素的结晶度迅速降低；细胞壁中半纤维素和纤维的聚合度随着照射能量的增加而降低等。由热处理固定压缩变形机制可知，热处理使半纤维素分解而降低了木材的吸湿性；热处理使木材细胞壁主成分大分子链断裂而应力得到释放，细胞壁结晶度降低；在聚合物之间形成化学结合等。这与高能量射线处理使木材细胞壁产生的一些变化相似，特别是在分解和化学结合反应方面。Wang 和 Zhao[47]探讨了利用 γ 射线辐射固定杉木（*Cunninghamia lanceolata*）压缩材压缩变形的效果和机制。

试验所用样品尺寸为280mm(L)×20mm(T)×10mm(R)；饱水处理后再浸泡到沸水中 1h，然后在热压机上迅速进行压缩处理，平均压缩率为 55%，并在烘箱内干燥。

γ 射线照射处理：γ 射线源为^{60}Co，照射剂量率 16.4kGy/h；作用在气干杉木压缩材上的照射剂量分别为 0（对照样品）、10^3Gy、5×10^3Gy、10^4Gy、5×10^4Gy、10^5Gy、5×10^5Gy、10^6Gy、5×10^6Gy。

变形回复试验：①将上述处理的试样加工成 20mm×20mm×5mm 的小试样，并放置在恒定温度（30℃）的密闭容器内，用 K_2SO_4 超饱和水溶液使容器内的相对湿度保持在 91%；吸附处理 20 天后，测厚度，计算吸湿回复率（RSA）。②将上述吸附处理试样在真空条件下浸泡在室温水中 0.5h，然后再常压浸泡 6h；在 105℃下干燥至绝干，测厚度，计算吸水回复率（RSW）。试验结果见图 4-83 和图 4-84。

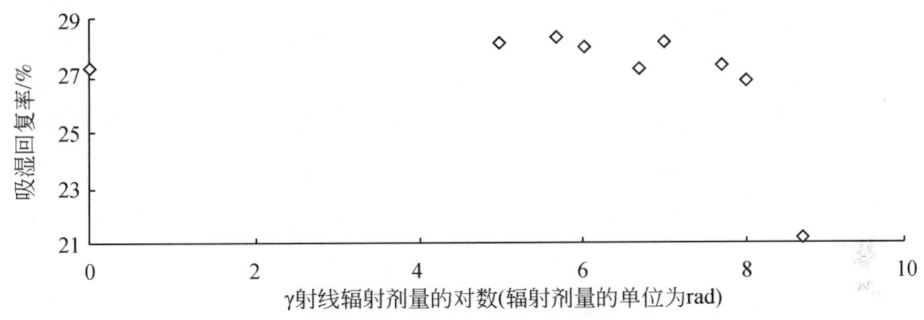

图 4-83 压缩木材吸湿回复率与射线辐射剂量的关系

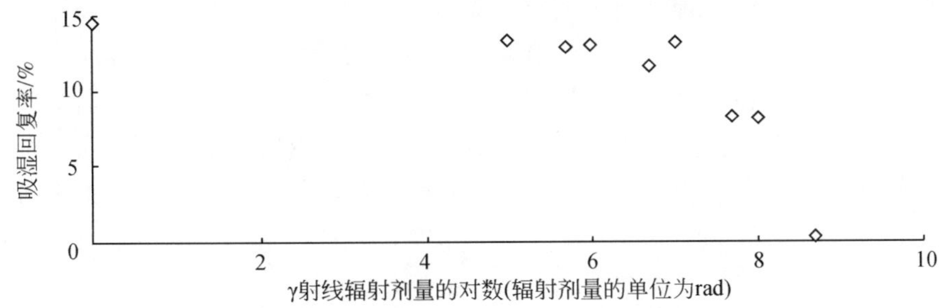

图 4-84 压缩木材吸水回复率与射线辐射剂量的关系

研究表明，γ 射线的辐射剂量对杉木压缩木材的 RSA 和 RSW 影响较大。当辐射剂量在 $10^3\sim10^6$Gy 时，RSA 为 28% 左右，与未处理材无显著差异；当辐射

剂量超过 10^6 Gy 时，RSA 下降到 21%。同样，当辐射剂量在 0 ~ 10^5 Gy 时，RSW 无显著变化；当辐射剂量达到 5×10^6 Gy 后，RSW 下降到 0。

从研究结果可以推测，当 γ 射线辐射剂量较大时，特别当辐射剂量在 5×10^6 Gy 左右时，杉木压缩木材的细胞壁中发生了降解反应或非结晶化反应，而且该研究证明了压缩木材细胞壁主成分发生的降解反应能够使木材压缩变形得到一定程度的固定。

4.4　木材压缩技术的现状与展望

木材压缩密实化技术历史悠久。早在第二次世界大战前，德国就已经制造出了压缩实木（商品名称 lignostone）、层积压缩木（商品名称 lignofol）以及树脂处理层积压缩木（名为 kunstharzschichtholz）；酚醛树脂处理的压缩木材常常被称为“compreg”，其含义包含有浸注和压缩处理，而未采用树脂处理的尺寸稳定的压缩木材被称为“staypak”[48]。美国早期的有关压缩木的专利见文献[49-54]，最后一个专利与其他专利的不同之处在于，其制品是通过圆锥形模将圆柱形木块沿周边压缩而成。由于这些专利几乎都与压缩机械有关，没有适当考虑木材的塑化或产品的稳定性问题而没有进入实际使用阶段[30]。

第二次世界大战期间，树脂处理压缩木被大量用作飞机木制螺旋桨的根部和船舶螺桨的各种轴承，英国也有一种商品名为 Permali 的类似产品在电信号中用作电绝缘连接器[48]；压缩木材也被用来作纺织梭子、线轴、松棉辊（Picker sticks）、木槌头（Mallet heads）以及各种工具手柄[48]。第二次世界大战后，其用途大大受到限制，主要原因是制作成本太高[30]。

20 世纪日本关于压缩木材技术的研究呈现出两个时期[55]：第一个时期是 20 世纪的前半叶，集中表现在第二次世界大战中，日本也以开发军用飞机部件为目的，研究了所谓的“强化木”，采用高温压缩方式处理水青冈（*Fagus crenata*）、桦木等获得压缩木材。第二个时期是 90 年代初至 90 年代末的 10 年时间，学会论文发表、申请专利件数呈逐年增加趋势，1997 ~ 1998 年达到顶峰，学会及产业界对压缩木材给予了高度关注。90 年代以来，学术研究方面是以日本京都大学原木质科学研究所的则元京、井上雅文等最具代表性，他们对从压缩变形机制到压缩变形固定方法等作了比较详尽的研究。而作为压缩木材工业化生产和大规模应用的代表性企业是日本 MYWOOD（マイウッド・ツー株式会社）。该公司从 1997 年开始，以压缩木材制造地板、墙壁板以及家具等，目前，其产品已经广泛应用于一般住宅、公共住宅、学校、体育馆、博物馆等场所[2]。

纵观木材压缩技术研究发展历史，内容主要集中在“木材横纹压缩变形”

及“压缩变形固定”两个方面，具体研究内容见图4-85[55]。

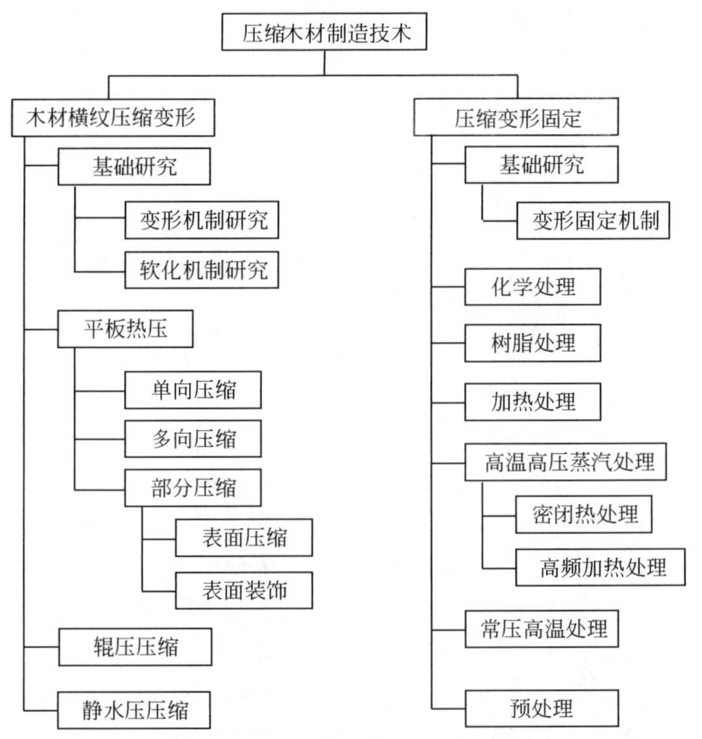

图4-85 木材压缩技术研究内容

4.4.1 木材横纹压缩变形机制[56,57]

则元京[56]对木材压缩变形机制作了比较详尽的研究。沿木材纤维方向压缩(纵向压缩)时，在干燥状态下即使很小的应变也会发生破坏；如果在高温高含水率下细胞壁被软化，木材可以发生很大的变形。因此，对木材进行纵向压缩加工时，必须预先进行软化处理。这种破坏应变的大小与树种有关。与热带产阔叶树材和针叶树材相比，温带产阔叶树材的破坏应变大者居多；幼龄材和压应力木的破坏应变大者居多。

在与木材纤维方向垂直的方向上压缩木材（横纹压缩）时，细胞发生很大的屈曲变形，但不会发生很明显的破坏。根据木材横纹压缩时的应力－应变曲线图，木材压缩变形过程可分为三个阶段：压缩起始微小变形的弹性区域阶段，木材细胞断面形状没有发生显著变化；应力超过屈服点后，增加缓慢，而细胞变形显著，表现为细胞壁皱曲、细胞腔基本消失阶段（图4-50）；再压缩下去细胞壁之间开始接触，应力急剧增加的阶段，表现为细胞内腔全部消失。

气干状态的日本柳杉，在20℃下沿径向压缩处理。压缩率在5%以上时才出现残留变形，且压缩率与残留变形之间存在线性关系；压缩率60%时，残留变形达40%，但在水和热的共同作用下，残留变形基本上全部回复。

饱水状态的日本柳杉，在100℃下沿径向压缩处理。即便应力达到急剧增加区域，解除应力后，变形基本上全部回复；残留变形有随着压缩率增大而增大的趋势，但即便压缩率达到70%，残留变形也只有6%左右。

木材在横纹方向上容易产生压缩变形。产生大变形时，细胞壁未发生断裂等损伤，所产生的微小残留变形是由于木材超微构造的损伤所致。一般针叶树材在径向、阔叶树材在弦向容易压缩[55]。

刘一星等[58]对17种阔叶树材，在20℃气干、20℃饱水、100℃饱水3个条件下，进行径向压缩试验研究，获得了应力－应变曲线统一模型，并探讨了模型中的2个参数 C 和 K 的物理意义。

水分和热量都能对木材起到增塑作用，增加含水率或增加温度都可以使最大屈服点向低压方向移动。Seborg 和 Stamm[59]研究了三种不同含水率和压力下施加压力与压缩比之间的关系，结果表明：施加每单位压力所产生的压缩量，在最大屈服点增加到最大，当接近最大值时，压缩量降到零；含水率6%、温度160℃与含水率26%、温度26℃具有完全类似的压缩曲线，并且都在120kg/cm^2 时出现最大屈服点。从实际使用观点出发，最好是压缩木材的含水率接近于使用条件下的平均值（室内为6%~8%，室外为6%~12%），这样可以避免其后的收缩和表面开裂。

Goring[60]研究表明，大气状态下纤维素微纤丝、半纤维素和木质素的玻璃转化点分别是231~253℃、167~217℃以及134~235℃；通常状况下，纤维素微纤丝对热不敏感，即使在湿润状态其玻璃转化点也几乎不变，而半纤维素、木质素对热则敏感，在湿润状态下半纤维素的玻璃转化点降到54~142℃，木质素降到77~128℃。

小林好纪[7]利用木材这种热可塑性进行原木整形压缩和变形固定的研究，结果表明：加热温度决定了木材的可塑化程度，压缩前处理加热温度对整形压缩的难易、压缩载荷的大小有很大影响，随着压缩前处理加热温度的提高，压缩载荷在减小，而且压缩率越大最大压缩载荷也越大。

Lloyd 和 Stamm[61]研究表明，压缩所需要的载荷随着木材密度的增加而增大。刘一星等[58,62]研究表明，影响木材压缩应力－应变曲线的因素有树种、木材含有的水分和处理的温度。Stamm 和 Seborg[63]研究表明，向木材单板内浸注酚醛树脂预聚物，在非固化条件下干燥，则板坯在热压机内的压缩量显著增加，由此说明，在升温条件下未固化的酚醛树脂预聚物使木材增塑的能力远比水大，而预先固化的树脂效果则相反。

4.4.2　压缩变形回复与固定机制[56]

木材压缩变形回复有一种有趣的现象，即变形的回复程度因压缩固定时温度的不同而异。例如，分别在 20℃、40℃、60℃、80℃和 100℃下压缩固定的木材，在 0℃水中的变形回复率分别是 81%、78%、73%、61%和 46%；如果变形回复处理的水温与压缩固定的温度相同时，压缩变形的回复率达到 85%~95%(图 4-51 右)。说明，变形回复率与木材成分的软化程度和分子运动密切相关。

木材细胞壁具有复杂的层状结构，各层由微纤丝以及填充于微纤丝之间的基质构成。微纤丝是纤维素大分子链聚集并结晶化的构造体，基质由部分无定形高分子木质素和非结晶性多支链半纤维素构成。在水热作用下，微纤丝不会软化，而基质会软化但不流动。图 4-86 为微纤丝及基质变形和回复模型图，图 4-86 左上为微纤丝，右上为基质。微纤丝在长度方向承受压缩力作用时，发生图 4-86 左下那样的屈服变形，力解除后变形瞬间回复，微纤丝显示出能弹性（energy elasticity）特性。基质在高温、高含水率条件下呈橡胶态，很小压缩力下发生图 4-86 右下的大变形；由于基质成分之间存在结合力而不会发生分子的流动；当外力解除后，由于分子的热运动，变形慢慢回复，呈现熵弹性（entropy elasticity）特性。

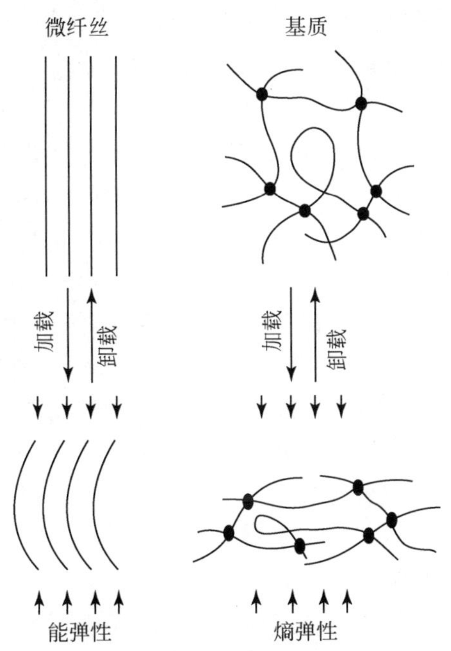

图 4-86　微纤丝及细胞壁基质变形和回复模型图

如图 4-86 所示，细胞壁发生较大压缩变形后，微纤丝和基质相应地也发生了不同的大变形，所以推测沿着微纤丝长度方向二者之间的化学结合可能被切断，进一步推测细胞壁层间也会发生较大程度的化学结合的切断，但通过扫描电子显微镜的实际观察，事实上并未发现细胞壁层间的分离。

保持微纤丝和基质大变形状态下干燥处理，微纤丝表面的纤维素、半纤维素分子脱去吸着的水分子，使分子内和分子间形成氢键结合，结晶化的微纤丝储蓄弹性能而使部分变形得到固定。另外，干燥处理后，充填在微纤丝之间的基质也脱去水分子，基质成分分子间形成氢键，而且由于温度降低，基质由橡胶态转变成玻璃态，将微纤丝的变形固定。只要氢键结合不被破坏，变形就不会回复。但是，经过水热处理，氢键结合被破坏，基质成分分子运动活泼，微纤丝蓄积的弹性能得到释放，基质会因为熵弹性回复而使变形得到回复。

4.4.3　压缩变形固定方法[32,56]

木材热压缩产生的变形可以得到暂时固定，在干燥状态下是比较稳定的；但是如果在水和热的共同作用下，被压缩的木材基本回复到原来的形状，只要是变形没有给木材带来显著破坏，那么将有 85% 的压缩变形回复。因此，压缩木材作为材料使用时，永久固定其变形是一项重要内容。

永久固定压缩变形的方法可以从①分子间形成化学结合；②细胞壁疏水化；③解除压缩木材内应力三个途径来实现（图 4-52）[32]。

实现第一种途径的典型方法有气相甲醛处理[32]、马来酸 - 丙三醇（glycerine）处理（MG 处理）[64]等，用化学结合替代暂时固定变形的氢键结合，如图 4-78所示，是采用多聚甲醛处理日本柳杉压缩木材（SO_2 为催化剂，压缩条件：80℃下将饱水日本柳杉沿径向压缩并干燥，压缩率 54%），经过短时间的反应，压缩变形完全得到固定。

MG 处理主要用于弯曲木的永久固定。先将马来酸 - 丙三醇水溶液浸注到木材内，然后进行弯曲加工；在保持变形状态下，使处理材发生酯化（ester）反应，达到固定变形的目的。将 MG 固定处理和未处理的弯曲木材置于野外 4 个月后，未固定处理的弯曲变形完全回复而变直，而固定处理的依然维持弯曲原状。

实现第二种途径的方法是向木材浸注低分子质量的树脂水溶液使细胞壁膨润并疏水化，通过树脂固化达到固定变形的目的。有效的树脂为相对分子质量 300 左右的酚醛树脂或三聚氰胺树脂。例如，用浓度 15% 的酚醛树脂水溶液或 25% 的三聚氰胺水溶液，质量增加率达到 50%，就可以使变形得到完全固定[32]。

压缩实木（商品名称 Lignostone）时代主要是利用酚醛树脂固定压缩变形，现在开发出储存期长、着色或变色小等更加功能化的树脂，在更低的浓度下就能够有效地固定变形。树脂处理固定变形方法由于使用化学药剂而存在对人体和环境影响问题，但是，从实用效果来讲，该方法是最简单、最有效和最可靠的方法[55]；同时，树脂处理方法还具有抵抗生物侵害作用的优点。如果有效地解决其对人体和环境影响问题，仍然不失为一种选择。

MG处理除了具有形成化学结合的作用以外，还具有膨润、疏水化作用[56]。乙酰化处理具有疏水化作用，但水煮处理后细胞壁被软化，变形完全回复[32]。

实现第三种途径的方法是加热处理。目前这种方法成为研究的重点。该方法的作用原理是：由于热的作用，木材成分发生水解反应，微纤丝、基质成分的分子被切断，引起局部的分子运动，缓解内部应力而降低变形的回复力，使变形永久固定[56]。

加热处理方法包括热处理、高温高压蒸汽处理、密闭加热处理、高频热处理、高能射线照射处理、常压高温处理以及前处理等[55]。

热处理方式就是在180～200℃的平板压机内加热并压缩木材，保持5～20h，使压缩变形永久固定。也有采用将暂时干燥固定的压缩木材放入高温炉内加热处理方法的，但存在处理材材色变化大、强度损失大、处理时间长、不利于工业化生产等弊端。不过，这种方法处理装置便宜、操作简单、初期投资少，对于小规模工厂是一种有效的加工方法[55]。

相对于热处理，高温高压蒸汽处理方法可以缩短处理时间。这种方法采用耐压容器，在180℃以上的高压蒸汽环境下压缩处理材，处理时间仅为数分钟。也可以将压缩工艺和变形固定工艺分开来实施。这种方法变形固定时间短，对处理材强度损失小，对环境的负影响小，但设备造价高，操作、管理等困难，对处理材的尺寸有一定限制，且处理不易达到均匀。为此，开发了更为简便的蒸汽处理方法[55]。

密闭加热处理方法是利用木材自身所含水分，实现短时间且均匀固定的方法。在平板压机内，将试样四周密闭而形成一个封闭体系；压缩木材时，体系内的空气也被压缩；由于加热（温度超过100℃），体系内的压缩空气体积膨胀，同时，木材内的水分被气化，从而在体系内形成蒸汽，达到了与蒸汽处理相同的目的。与蒸汽处理方法相比，该方法对处理材尺寸的限制小、处理更加均匀[55]。

高频热处理方法适合于较厚的压缩处理材（如厚度为20～40mm的横断面尺寸较大的材料）。木材热传导率低，对于较厚的材料，要想使材内部也得到均匀加热，常规的加热方法都需要较长的时间且容易产生加热不均现象[55]。

利用高能射线照射处理压缩木材，可以实现短时间加热，而且发热少，无须冷却，在未来的压缩木材连续化工业生产中，将是一种值得期待的固定变形方法。高能射线（如γ射线）照射后，木材细胞壁中半纤维素和纤维的聚合度随着照射能量的增加而降低，这与热处理固定压缩变形机制相似[47,55]。

在加热处理的各种方法中，高温（超过180℃）高压是不可或缺的条件，这种方式的最大缺点就是需要耐压容器，操作复杂。在此基础上，井上雅文等[65]提出了利用高沸点液体［如乙二醇（glycol）、丙三醇（glycerine）］处理材使之膨润，然后在常压下将湿润状态的木材进行高温加热处理。例如，以浓度40%以上的丙三醇水溶液处理材并压缩，在200℃下加热处理10min，获得了尺寸稳定性优异的压缩木材；如果在丙三醇水溶液中添加0.2%的硫酸作催化剂，处理时间进一步缩短。

鉴于上述热处理方法，Sekino等[66]提出了在220℃下预先处理10min，使木材成分的网状结构被切断，增加成分的流动性，然后再压缩，这样变形就不再回复。

除此以外，还有人以无毒害、无污染、非甲醛系列试剂的多元羧酸类化合物1,2,3,4-丁烷基四甲酸为交联剂，以无机盐类（NaH_2PO_2）为催化剂，对固定大青杨木材压缩变形进行了探讨[46]。

4.4.4 赋予木材变形的手段[55]

赋予木材变形的手段有多种，如平板压机压缩、辊压压缩、静水压压缩等。根据压力作用方向还可以分为单向压缩、多向压缩（主要用于原木整形压缩）；根据需要有整体压缩，也有表层压缩等。

辊压压缩方法是在一对回转的金属辊间使木材通过，木材经过瞬间局部产生压缩变形。这种方法的优点在于可实现压缩工艺的连续化。在未来的压缩木材连续化工业生产中，将是一种值得期待的压缩处理方法。

中空结构体压缩时的变形主要表现为内腔体积的减少。因此，与变形方向相垂直的方向也会发生若干伸长。压缩时束缚住这个方向的伸长（即横向束缚）对减少压缩木材宽度方向上的翘曲变形具有重要作用。

参考文献

[1] 井上雅文．压缩木研究现状与今后展望．人造板通讯，2002，9：3-5.

[2] マイウッド・ツー株式会社. Mywoodの製品紹介. http：//www. mywood2. co. jp/product/index. html. 2010-02-20.

[3] ウッドファクトリー株式会社. http：//www. wood-factory. com/item01_ 01. php. 2010-02-08.

[4] 東亜林業株式会社. 建材製品. http：//www. toa-ringyo. co. jp/products/kenzai. html. 2010-02-20.

[5] 吴玉章，吕建雄，孙振鸢，等. 具有人工速生材压缩单板的集装箱底板：中国专利，ZL 200820233757. 5. 2009-11-04.

[6] インターネットコム株式会社. ドコモなど、国産間伐材を使用した携帯電話の試作機

「TOUCH WOOD」を開発. http://japan. internet. com/allnet/20090924/2. html. 2009-09-24.
[7] 小林好紀．木材の熱可塑性を応用した丸太の整形と形状固定．木材工業，1993，48（6）：261-264.
[8] 伊藤洋一．木材を圧縮する（2）．www. fpri. asahikawa. hokkaido. jp/rsdayo/20023001001. pdf. 2010-02-12.
[9] 刘一星，刘君良，李坚，等．水蒸气处理法制作压缩整形木的研究（II）—物理力学特性和工艺性．东北林业大学学报，2000，28（4）：13-15.
[10] 钱俊，俞友明，金永明，等．速生杉木整形工艺研究．浙江林学院学报，2002，19（1）：9-11.
[11] 赵钟声．木材横纹压缩变形回复率的变化规律与影响机制．哈尔滨：东北林业大学博士学位论文，2003.
[12] 井上雅文，則元京，大塚康史，等．軟質針葉樹材の表面層圧密化処理（第2報）フェノール樹脂初期縮合物による圧縮木材の固定および処理材の2，3の物性．木材学会誌，1991，37（3）：227-233.
[13] 丁可力．杉木间伐材压缩成型工艺的研究．林业科技，2003，28（2）：34-37.
[14] 龙传文，龙博，韦文榜．PF树脂对杉木浸渍与压缩工艺的研究．中国胶粘剂，2008，17（4）：27-29.
[15] 刘君良，江泽慧，许忠允，等．人工林软质木材表面密实化新技术．木材工业，2002，16（1）：20-22.
[16] 刘君良，刘一星，罗志刚．杨木、柳杉表面压密材的研究．吉林林学院学报，1998，14（3）：125-128.
[17] 贺宏奎，李效东，常建民，等．速生杨密实材主要力学性能的检测．西北农林科技大学学报（自然科学版），2008，36（7）：155-159.
[18] 黄广华，陈瑞英．人工林巨尾桉木材压缩密化的研究．福建林学院学报，2007，27（4）：380-384.
[19] 常德龙，陈玉和，胡伟华，等．用低分子量树脂进行泡桐木材表面强化的研究．林产工业，1997，24（6）：7-10.
[20] 井上雅文，則元京，大塚康史，等．軟質針葉樹材の表面層圧密化処理（第1報）木材の表面層を選択的に圧密化するための新しい技術について．木材学会誌，1990，36（11）：969-975.
[21] 井上雅文，則元京，大塚康史，等．軟質針葉樹材の表面層圧密化処理（第3報）フェノール樹脂初期縮合物による表面層圧密部位の固定．木材学会誌，1991，37（3）：234-240.
[22] 長谷川良一，児玉順一．軟質木材の高度利用研究（第2報）ロール圧密による表層圧密木材の製造，www. cc. rd. pref. gifu. jp/life/seika/pdf/18/18-08. pdf. 2010-05-20.
[23] 長谷川良一，児玉順一．軟質木材の高度利用研究（第3報）ロール圧密による表層圧密木材の実用化，www. cc. rd. pref. gifu. jp/life/seika/pdf/18/18-08. pdf. 2010-05-20.

[24] 児玉順一，山本泰司，長谷川良一，等．表層圧密木材製造装置の開発（2）表層圧密木材の性能評価，www. vinita. co. jp/news/2004/0827/image/2004_hyousou. pdf. 2010-05-20.

[25] 贺宏奎，常建民．软质木材的表面密实化．木材工业，2007，21（2）：16-18.

[26] Cloutier A，Fang C，Mariotti N，et al. Densification of wood veneers under the effect of heat，steam and pressure. Proceedings of the 51st International Convention of Society of Wood Science and Technology November 10-12，2008 Concepción，CHILE.

[27] 江泽慧，孙正军，任海青．先进生物质复合材料在风电叶片中的应用．复合材料学报，2006，23（3）：127-129.

[28] Erickson E C O. Mechanical properties of laminated modified wood. Forest Products Laboratory Report No. R1639，1947.

[29] Findley W N，Worley W J，Kacalieff C D. Effect of molding pressure and resin on results of shorttime tests and fatigue tests of compreg. Trans. Am. Soc. Mech. Eng.，1946，68：317-325.

[30] 科尔曼 F F P（德），库恩齐 EW（美）施塔姆 AJ.（美）．木材学与木材工艺学原理——人造板．杨秉国译．北京：中国林业出版社，1984.

[31] 刘君良，沈亮亮．竹材密实化及其物理力学性能研究．中国人造板，2006，6：12-13.

[32] Inoue M，Morooka T，Norimoto M，et al. Permanent fixation of compressive deformation of wood Ⅱ Mechanisms of permanent fixation. Reprinted from FRI Bulletin，1992，(176)：181-189.

[33] 方桂珍，李淑君，崔永志，等．PF 预聚物对杨木压缩变形的固定作用．林产化工通讯，1998，5：16-19.

[34] Inoue M，Ogata S，Kawai S，et al. Fixation of compressed wood using Melamine-Formaldehyde Resin. Wood and Fiber Scinnce，1993，25（4）：404-410.

[35] 方桂珍，刘一星，崔永志，等．低分子量 MF 树脂固定杨木压缩木回弹技术的初步研究．木材工业，1996，10（4）：18-21.

[36] 杨霞．异氰酸酯树脂固定人工林杨木压缩变形的研究．吉林林业科技，2006，35（3）：39-40.

[37] 井上雅文，則元京．熱処理による圧縮変形の永久固定．木材研究・資料．1991，(27)：31-40.

[38] Inoue M，Norimoto M，Tanahashi M，et al. Steam or heat fixation of compressed wood. Wood and Fiber Science，1993，25（3）：224-235.

[39] 小林好紀．木材の熱可塑性を応用した丸太の整形と形状固定（Ⅱ）．木材工業，1993，48（6）：310-313.

[40] 李坚，刘一星，刘君良．加热、水蒸气处理对木材横纹压缩变形的固定作用．东北林业大学学报，2000，28（4）：4-8.

[41] 刘一星，李坚，刘君良，等．水蒸气处理法制作压缩整形木的研究（Ⅰ）构造变化和尺寸稳定性．东北林业大学学报，2000，28（4）：9-12.

[42] 井上雅文，門河倫子，西尾治朗，等．木材中の水分利用した熱処理による圧縮変形の永久固定．木材研究・資料，1993，29：54-61.

［43］井上雅文，児玉順一，山本康二，等．高周波加熱による圧縮木材の寸法安定化．木材学会誌，1998，44（6）：410-416.

［44］井上雅文，児玉順一，山本康二，等．高周波加熱による圧縮木材の寸法安定化（第2報）積層圧縮木材連続製造装置の開発．木材学会誌，2006，52（3）：173-177.

［45］村田光司，田中俊成，高野勉，等．木材を生かして使うための入門書－新しい木質建材．東京：日刊木材新聞社，1995：158-161.

［46］方桂珍，崔永志，常德龙．多元羧酸类化合物对木材大压缩量变形的固定作用．木材工业，1998，12（3）：16-19.

［47］Wang J，Zhao G. Fixation and creep of compressed wood of chinese fir irradiated with Gamma Rays. Forestry Studies in China，2001，3（1）：58-65.

［48］Stamm A J. Wood and Cellulose Science. New York：Ronald Press Company，1964.

［49］Sears C U. Preparing wood matrices. U S Patent No. 646547，1900.

［50］Walsh F L，Watts R L. Composit lumber. U S Patent No. 1465383，1923.

［51］Olesheimer L J. Compressed laminated fibrous product and process of making the same. U S Patent No. 1707135，1929.

［52］Brossman J R. Laminated wood product. U S Patent No. 1834895，1931.

［53］Esselen G J. Wood treatment and product. U S Patent No. 1952664，1934.

［54］Olson A G. Process of shrinking wood. U S Patent No. 1981567，1934.

［55］井上雅文．圧密化技術の現状と展望．木材工業，2001，56（5）：245-249.

［56］則元京．木材の圧縮大変形．木材学会誌，1993，39（8）：867-874.

［57］則元京．木材の横圧縮と加工．木材研究・資料，1994，30：1-15.

［58］劉一星，則元京，師岡淳朗．木材の圧縮大変形（第1報）応力－歪図と比重．木材学会誌，1993，39（10）：1140-1145.

［59］Seborg R M，Stamm A J. The compression of wood. Mech. Eng.，1941，63：211-213.

［60］Goring D A. Thermal softening of lignin，hemicellulose and cellulose. Pulp and Paper Magazine of Canada，1963，64：T517.

［61］Lloyd R A，Stamm A J. Effect of resin treatments and compression upon the weathering properties of veneer laminates. For. Pro. J.，1958，8（8）：230-234.

［62］劉一星，則元京，師岡淳朗．木材の横圧縮大変形（Ⅱ）：応力－ひずみ繰り返し図．木材学会誌，1995，31：44-55.

［63］Stamm A，Seborg R M. Wood impregnation. U. S. Patent No. 2350135.

［64］Fujimoto H. Weathering behaviour of chemicaly modified wood with a maleic acid-glycerol mixture. *In*：Plackett D V，Dunningham E A Eds. Chemical Modification of Lignocellulosics. FRI Bulletin，1992，176：87-96.

［65］井上雅文，濱口隆章，師岡淳郎ら．常圧下での高温湿潤加熱処理による圧縮変形の永久固定．木材学会誌，2000，46（4）：298-304.

［66］Sekino，N，Inoue M，Irle M et al. The mechanism behind the improved dimensional stability of particleboards made from steam-pretreated particles. Holzforschung，1999，53（4）：435-440.

第 5 章　阻燃木材及木质材料

2009 年 2 月 9 日 20 点 27 分，北京京广桥附近的中央电视台新大楼北配楼发生火灾，火势凶猛，大火燃烧了近 6h，附近千人被疏散。此次火灾造成一名消防人员遇难，另有 7 人受伤。2009 年 4 月 19 日上午 11 时许，南京山西路一幢 50 余层的办公楼——中环国际大楼发生火灾，所幸救援及时，未造成人员伤亡。近年来，随着我国经济的快速发展，火灾形势处于比较严峻的时期。从 2000 年 1 月至2009 年 2 月近 10 年的初步统计，全国共发生火灾 172. 68 万起。其中，死亡 19 843人，受伤 23 601 人，直接财产损失达 90. 163 亿元。事实说明，城乡现代化程度越高，发生火灾的隐患也就越多。目前火灾已成为我国城乡发展的主要威胁之一。在我国，建筑火灾的次数和损失居高不下，而且造成了多起特大和重大火灾，有的还造成了严重的群死群伤事件[1]。

因此，政府加大了建筑防火的力度。2007 年实施了《公共场所阻燃制品及组件燃烧性能要求和标识》（GB20286—2006）强制性标准。标准规定进入公共场所的制品及组件必须具备一定的阻燃性能等级。2009 年 5 月 1 日，新的《中华人民共和国消防法》及公安部等颁发的《建筑工程消防监督管理规定》、《消防监督检查规定》等相关配套法规已经正式实施。

家居及公共场所所用木制品属于易燃材料，构成了建筑物火灾的隐患。随着木制品在家居及公共场所应用的普及，火灾安全问题更加突出。出于对人类生命和财产安全的考虑，使用具有阻燃功能的木质材料是非常必要的，也是业界最为关注的问题。

5. 1　阻燃木质材料的应用

阻燃木质材料的应用主要在以下几个方面[2]。

（1）工业建筑和民用建筑中的构件和材料，如承重柱、屋顶支架，门框等。

（2）建筑内装饰材料。《建筑内部装修设计防火规范》（GB50222—1995）规定，天然木材的燃烧性能等级为 B2 级，不能作为各种场所的顶棚装修材料，通过阻燃处理提高材料燃烧等级，既满足现实需要，又不降低整体安全性能。

（3）车辆和船舶内部装修材料。

（4）用在军事部门，如军火弹药的木制包装箱。

(5) 用于地下建筑，如作为矿井中的坑道支架。

5.1.1 阻燃木材在船舶上的应用[3]

阻燃木材在船上的应用还处于探索阶段，但木材的易加工性和装饰性，使阻燃木材及其制品在船舶内部结构与一般无机材料比，具有质量轻、价廉的优点。因此，阻燃木材及其制品在船舶领域的发展还是相当有前景的（我国海军在053舰上曾大量使用阻燃木材）。

采用阻燃木材和岩棉隔热芯制作的木质防火门，按国际海事组织（IMO）A.754（18）对B0级门要求进行试验。为了解产品情况，特在门背火面布置了7只热电偶，试验进行31min后停炉，门无明显变形，结构完好，无烟火窜出，最高温升122℃，平均温升105℃，按测试指标达到了B15级门的要求。观察受火面情况：构成门框的阻燃木材（厚46mm）表面炭化10~15mm，内部木材完好，保持着强度。

另外，按国际海事组织A.754（18）的要求对B15舱壁的试验中，采用了50mm×50mm阻燃木龙骨制作成间距400mm的木质框架，两面用厚3mm的磷镁无机板各一层以铁钉与木龙骨相连构成舱壁，同时也在背火面布置了7只热电偶。为了更多地了解产品情况，特将原定的30min标准耐火试验延长至60min。试验进行1h后停炉，舱壁中部有较明显外凸形变，但两面均保持了结构的完整性，亦无烟火通过。第15min时最高温升164℃，平均温升120℃，满足了B15级舱壁的要求。解剖后发现，木龙骨的受火面表面炭化12~20mm，内部和背火面保持完好，整个阻燃木龙骨框架无一处被火烧断，框架维持了足够的强度。

采用9705墙角火灾燃烧试验装置对相同结构形式的木质吊顶作对比试验：未阻燃处理的木吊顶在试验开始后的1~2min内发生轰燃，单面（受火面）涂防火涂料的木吊顶在试验开始后的6~8min后也发生了轰燃，而未涂防火涂料的阻燃木吊顶却未发生轰燃，足见阻燃木材在改变木材燃烧特性方面的确效果明显。虽然双面刷涂防火涂料也可有效防止木吊顶的轰燃，但施工较复杂，刷涂质量控制也存在诸多不确定因素，而阻燃木材的成型材料却不存在类似问题，施工过程与一般木材无异，在使木结构具备阻燃性能的同时也简化了工序。

5.1.2 阻燃木材在建筑领域的应用[4-5]

《建筑内部装修设计防火规范》（GB50222—1995）规定，建筑内部装修设计在民用建筑中包括顶棚、墙面、地面、隔断及固定家具、窗帘、帷幕、床罩、家具包布、固定饰物等；在工业厂房中包括顶棚、墙面、地面和隔断。规范对单层、多层、高层、地下民用建筑以及工业厂房内部各部位装修材料的燃烧性能等级做了明确规定。表5-1中列举了民用建筑内部各部位装修材料的燃烧性能等级要求。表 5-2 列举了常用建筑内部装修材料燃烧性能的等级划分示例。

表 5-1　单层、多层民用建筑内部各部位装修材料的燃烧性能等级

建筑规模、性质	装修材料燃烧性能等级							
	顶棚	墙面	地面	隔断	固定家具	装饰织物		其他装饰材料
						窗帘	帷幕	
单层建筑面积 > $3000m^2$ 或总建筑面积 > $9000m^2$	A	B1	A	A	B1	B1		B2
单层建筑面积 1000 ~ $3000m^2$ 或总建筑面积 3000 ~ $9000m^2$	A	B1	B1	B1	B2	B1		
单层建筑面积 < $1000m^2$ 或总建筑面积 < $3000m^2$	B1	B1	B1	B2	B2	B2		

表 5-2　常用建筑内部装修材料燃烧性能等级划分举例

材料类别	级别	材料举例
各部位材料	A	花岗岩、大理石、水磨石、水泥制品、混凝土制品、石膏板、石灰制品、黏土制品、玻璃、瓷砖、钢铁、铝、铜合金等
顶棚材料	B1	纸面石膏板、纤维石膏板、水泥刨花板、矿棉装饰吸声板、玻璃棉装饰吸声板、珍珠岩装饰吸声板、难燃胶合板、难燃中密度纤维板、难燃木材、难燃酚醛胶合板、铝箔复合材料、铝箔玻璃钢复合材料等
墙面材料	B1	难燃胶合板、难燃中密度纤维板
	B2	各类天然木材、木质人造板、竹材、装饰微薄木贴面板、胶合板
地面材料	B1	水泥刨花板、水泥木丝板
	B2	木地板
装饰织物	B1	经阻燃处理的各类难燃织物
	B2	纯毛装饰布、纯麻装饰布、经阻燃处理的其他织物
其他装饰材料	B1	聚氯乙烯塑料、酚醛塑料、聚四氟乙烯塑料、经阻燃处理的各类织物
	B2	经阻燃处理的聚乙烯、聚丙烯、聚氨酯、聚苯乙烯、玻璃钢、化纤织物、木制品等

《公共场所阻燃制品及组件燃烧性能要求和标识》（GB20286—2006）标准将公共场所阻燃制品及组件分为六大类：①阻燃建筑制品；②阻燃织物；③阻燃塑料/橡胶；④阻燃泡沫塑料；⑤阻燃家具及组件；⑥阻燃电线电缆。除建筑制品

外，公共场所使用的阻燃制品及组件按燃烧性能可分为 2 个等级：阻燃 1 级和阻燃 2 级。表 5-3 列举了公共场所室内使用的床、沙发、茶几、桌椅等家具/组件的燃烧性能技术要求。

表 5-3　公共场所室内使用的床、沙发、茶几、桌椅等家具/组件的燃烧性能技术要求

阻燃性能等级	产品类型	试验方法	判定指标
阻燃 1 级 (家具/组件)	软垫家具	GB17927	热释放速率峰值≤150kW; 5min 内放出的总热量≤30MJ; 最大烟密度≤75%; 无有焰燃烧引燃或阴燃引燃现象
	组件/其他家具		热释放速率峰值≤150kW; 5min 内放出的总热量≤30MJ; 最大烟密度≤75%
阻燃 2 级 (家具/组件)	软垫家具	GB17927	热释放速率峰值≤250kW; 5min 内放出的总热量≤40MJ; 试件未整体燃烧; 无有焰燃烧引燃或阴燃引燃现象
	组件/其他家具		热释放速率峰值≤250kW; 5min 内放出的总热量≤40MJ; 试件未整体燃烧

阻燃木材在人民大会堂和宾馆中的应用实例如下（图片由北京盛大华源科技有限公司提供）：

人民大会堂墙壁［阻燃木龙骨 +5mm 阻燃胶合板 + 影木皮（表面）］

墙面采用阻燃中密度纤维板作吸音板

5.2 火 灾 科 学

火是人类的朋友，人类利用它取暖、熟食，在不断地学习和掌握用火的过程中，实现了人类文明的飞跃。火也是人类的敌人，失去控制的火，给人类生命财产和自然资源带来损失，则成为火灾。为了给研制和设计高效、净化的燃烧装置提供科学依据，燃烧学应运而生。近年来，人们开展了对火灾发生、发展和防治机制的研究，逐步形成了一门新的学科——火灾科学。

5.2.1 火灾科学的形成和发展[6]

5.2.1.1 火灾科学的诞生

火灾科学的诞生有其主客观条件。首先是社会发展的需要。在原始社会，虽然也有森林火灾，但并未危及人类对木材和环境的那种低要求；在平房建筑为主的时代，建筑火灾的灭火和救人都比较简单，人们就不会感到有必要研究烟气运动；没有开采石油之前，自然不会想到研究油品火灾；没有发明并大量使用塑料以前，也不会有研究聚合物火灾的要求；如此等等。社会的发展使得发火因素和可燃物更多地出现在人类生活之中，而且人类对生存条件和环境有了更高的要求和自觉的关注，迫使人们去探索火灾的机制和规律，以便采取相应的对策。

火灾科学诞生的另一个条件是科学的积累和技术的进步。火灾是包括单相和多相流动、传热和化学反应及其相互作用的复杂的物理化学过程。就火灾体系所包含的可燃物和几何条件的复杂性、体系受环境和气象等因素影响的程度，火灾过程与人体行为的相互影响等方面而言，火灾行为要比一般动力装置中的燃烧过程更为复杂，探索火灾的规律要比研究动力装置中的燃烧规律困难得多。因此，只有当科学技术发展到相当高的阶段后，才能具备研究火灾规律所必需的人才和科学技术手段。

20 世纪 70 年代初期，国外出现了火灾研究从单纯着眼于扑救到探索火灾机制的转变。美国、英国、日本、苏联、加拿大、澳大利亚等相继建立了国家火灾研究机构，研究工作特点是把计算机技术和现代测量技术引入火灾研究，建立了一些模拟试验设施。虽然研究的成果已显露出一定的效益，但研究工作尚未形成体系和学科。1985 年国际火灾安全科学协会的成立和第一届国际火灾安全科学大会的召开是“火灾科学”兴起的标志。在 80 年代后期和 90 年代初，更多国家着手进行“火灾科学”的研究工作。瑞典、法国、德国、荷兰、印度和中国等建立了或更新了研究机构，火灾研究扩展到更多的领域，广泛地涉及森林、建筑、油品、人造聚合物、巷道、工厂、交通工具等各种火灾。研究工作也在不断深化，宏观研究与微观研究相结合，定性研究和定量研究相结合，且计算机技术、图像技术、光测技术越来越多地进入“火灾科学”的研究领域。

5.2.1.2　火灾科学的结构体系[7]

由于研究对象的复杂性，火灾科学的研究领域非常广泛。从历届国际火灾科学研讨会的论文上可以大致将火灾科学划分为以下专题：火灾物理，火灾化学，烟气毒性与毒害，人与火灾的相互关系，火灾探测，灭火技术，结构性能，防火材料等。这些专题构成了火灾科学的两大分支：基础研究与应用研究（图 5-1）。

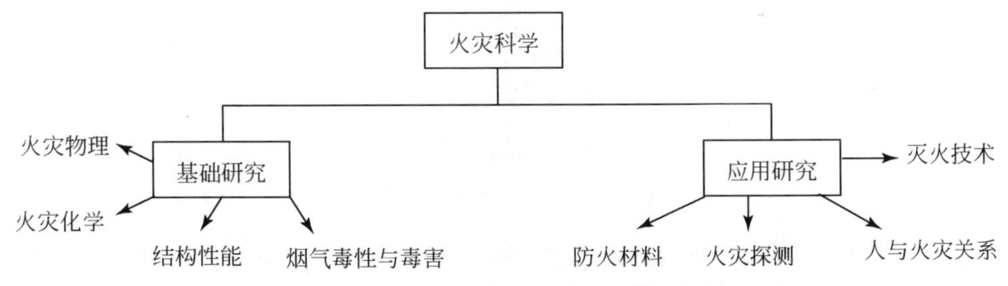

图 5-1　火灾科学的结构体系

火灾科学基础研究的主要任务是科学认识火灾过程，揭示火灾发生、发展的微观机制与规律。基础研究主要包括火灾物理（火焰羽流、烟气流动等）、火灾化学（热解、阻火剂机制）、烟气毒性与毒害（烟气危害模型、人和动物的反应、毒性测试方法）及结构功能（材料功能模型、热响应）4 个方面。火灾科学应用研究的目的是为了科学地发展火灾防治技术，主要包括防火材料、火灾探测、人与火灾的相互关系、灭火技术等方面。

在基础研究方面，由于认识到了火灾的双重复杂性，人们在运用概率论与数理统计方法来分析火灾数据随机性特征的同时，强调模拟方法的运用，尤其是计算机模拟方法。在此基础上，我国火灾科学家创造性地提出了场 – 区 – 网模拟思想，受到了国内外学者很高的评价。在应用研究方面，我国科学家在第 83 次香山会议上明确提出了“智能与洁净”的火灾防治新目标，为今后的火灾防治指明了方向。在阻燃与灭火技术方面，低卤、抑烟、水喷淋及水雾灭火技术也已有所突破，成为热门研究课题。

火灾科学横跨基础自然科学、工程技术科学及人文与社会科学三大领域，是一种多维综合的交叉方式（图 5-2）。科学地认识火灾过程，科学地发展火灾防治技术是火灾科学的两大目标。在火灾科学基础研究中，对于分析火焰蔓延、传热、火焰羽流、烟气流动和爆炸等物理现象，需要涉及流体力学、传热学、固体力学和爆炸学等物理学科；分析火灾过程中的化学现象，如热解、毒性或腐蚀性燃烧产物等，则要借用化学动力学、热化学和生命科学中的理论知识。同样，火灾科学的应用研究也离不开多学科知识与方法的移植和渗透，如灭火技术中前沿问题——细水雾喷头的设计中，为了在保持较高动量的同时仍能达到较好的雾化效果，就需应用到流体力学、空气动力学、电磁学、工程热力学等学科的知识。

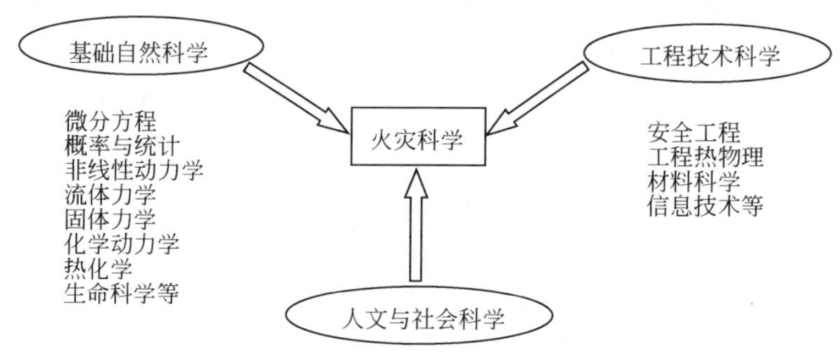

图 5-2　火灾科学的学科体系

由于火灾发生在人类社会中，与人的活动密切相关，因此人文与社会科学在火灾科学的研究体系中也起着重要的作用。火灾中人员的逃生问题是火灾科学的重要课题之一，对于这个问题的研究主要基于灾害心理学，通过建立各种场合下的火灾逃生模型，来测试建筑物相对于紧急状态是否合理及探求人员疏散的最优化策略。对于火灾防治的管理模式，需要吸收现代管理科学的前沿理论成果，运用管理学的方法达到科学管理的目标。

5.2.1.3　火灾科学发展趋势及重点研究方向[8]

1）火灾科学发展趋势

面向建设科学、健康的社会安全体系，火灾防治技术的发展趋势有以下几个。

（1）清洁阻燃、智能探测、清洁高效灭火技术。

（2）基于火灾风险评估与火灾动力学的性能化防火设计方法，成为建筑防火设计的重要组成部分。

（3）火灾安全管理技术向以火灾动力学为基础的科学管理和应急预案技术转变。

（4）火灾救援装备向立体、智能、高效、节水、环保、人性化、多功能化发展。

（5）“3S”技术、可视化技术、虚拟现实技术和先进数值模拟技术成为火灾研究的重要技术手段。

为与火灾防治技术发展相适应，火灾科学基础研究的发展趋势有以下几个。

（1）重视特殊火现象及火诱导现象的研究。研究建筑物中的轰燃和回燃、高山峡谷中林火的蔓延、树冠火、火旋风、飞火等特殊火及火诱导现象的行为和规律，建立能够体现火灾复杂性的非线性理论模型及数值方法。

（2）重视火灾动力学综合模型研究。构建体现火灾中流动、传热传质、热解、相变与化学反应过程相互耦合作用，以及火灾系统和外界环境相互作用的综合模型。

（3）重视面向建立重大火灾应急体系的基本问题研究。面向重大火灾应急体系所需的火灾安全地理信息系统和基础数据库、火灾危险源的辨识与管理技术、火灾安全规划的可视化预测预报技术、重大火灾事故应急救援技术等，加强相关基本问题研究。

（4）重视火灾与人、环境的相互作用。研究人在火灾环境中的心理、行为特征及疏散策略，火灾与材料、结构的相互耦合作用机制，以及火灾对环境、生态的影响。

（5）重视建筑性能化防火设计方法的研究。基于火灾动力学的性能化建筑防火设计方法学研究，用于辅助传统的“处方式”建筑设计规范，满足复杂建筑、超高层建筑和建筑群在防火设计方面的需求。

在《国家中长期科技发展规划纲要（2006 ~ 2020 年）》中，公共安全被列入未来 15 年中国科技发展的重点领域，其中火灾安全因其与生命财产安全密切相关而受到特别重视。

2）火灾科学重点研究方向

火灾科学基础研究的重点如下。

（1）建筑物热 – 力耦合作用的基础研究。2001 年 9 月 11 日美国世界贸易中心的倒塌是唯一以火灾为主要诱因导致大型建筑倒塌的案例。中国火灾实验室与美国建筑与火灾研究实验室（NIST-BFRL）合作开展了建筑防火设计规范、建筑火灾模拟、结构的火响应及人员疏散模拟等专题研究，这方面研究仍将是未来火灾基础研究的重点。

（2）固体可燃物和固气混合物的火灾形成理论。无焰氧化可分为两类：常温氧化和高温闷烧。常温氧化造成每年1000万t优质煤的损失，且会引起自燃和存储物的爆炸。闷烧是中国森林火灾最常报道的起因。闷烧一般发生在高温情形，重点方向是找到控制闷烧起因和发展的因素，特别是弄清可能向火灾转化的机制。煤气云和粉尘等固气混合物发生火灾和爆炸的条件也是重点方向之一。

（3）大尺度火蔓延规律与特殊火的非线性动力学。城市复杂建筑群和城市森林的快速发展带来复杂的火灾防控难题，在此方面的重点方向是建立城市建筑群和城市森林区大尺度火蔓延的预测方法和模型，建立城市火灾烟气中有害组分迁移与扩散的数值预报系统，并认识城市开放环境下大尺度特殊火的动力学行为和突变诱发规律，建立特殊火非线性动力学演化模型。

（4）森林特大火灾的预测。森林特大火灾不仅造成大量的人员伤亡和财产损失，而且还会破坏森林资源和生态平衡。总体上讲，森林大火的发生与气候和森林区的植被有关，在预测理论研究方面的重点方向是基于现代非线性动力学原理、统计原理和数值方法的森林大火发生临界条件的预测。

（5）火灾及相关灾种耦合的风险评估方法学。火灾风险评估学仍是火灾安全的新兴研究领域，重点方向是建立适合我国城市特征的火灾危险源辨识方法和人群疏散模型及数值方法，发展综合灾害动力学和统计理论的火灾及相关灾种耦合的定量风险评估和风险分级方法。

（6）火灾应急辅助决策技术原理。以为火灾的预防与控制提供科学辅助决策为目标，重点方向是发展基于网络GIS（地理信息系统）平台的火灾及相关灾害远程实时监控和动态预测预报技术原理。

（7）火灾抑制关键技术原理。在火灾抑制关键技术原理方面，重点是发展清洁阻燃、智能探测和报警、高效诱导疏散、清洁高效防排烟和灭火、结构耐火保护等关键技术原理，并研究先进的火险分级和预报技术原理。

5.2.2 建筑物火灾[1]

建筑物火灾是指在燃烧作用下损坏建筑和设施，以致造成人员伤亡的灾变现象。最初起火在建筑物室内局部发生，逐渐扩散到其他区位，最后蔓延到整幢建筑物甚至周边建筑。对于现代建筑物，特别是高层建筑，主体结构虽不可燃，但由于功能日趋复杂，故火灾时有发生，并会造成巨大损失。

5.2.2.1　建筑火灾的发生和发展

火灾发生必须具备三个条件：有火源或达到燃点的热源；有可燃物质；有助燃的空气（或氯、溴等强氧化剂）。一般建筑物中都存在着可燃物质，而火源比比皆是。火灾的起因概括为：人为因素（如未熄烟头、玩火、烟花爆竹、垃圾、纵火等），设备原因（如设备高热、产生电火花、燃炉引燃、电焊等），自然原因（如雷击放电、地震、自燃等）。

5.2.2.2　建筑火灾的三个主要阶段

明火初起阶段：此阶段发生在平均烟气温度较低的部位，蔓延速度较慢，其破坏力还较小。明火初燃有可能是可燃物已烧尽而熄灭；或是室温较低，封闭隔绝，又无充足氧气而熄灭；再就是具备燃烧的条件。此阶段如控制不好，火势会越燃越烈，最后蔓延成灾。

猛烈燃烧阶段：火灾由初起变成全面燃烧的瞬间即称轰燃。轰燃时，在局部火焰高温作用下，房间的可燃气体膨胀，猛烈燃烧，并迅速蔓延至全面起火。高温灼热的气浪急骤扩散，室温高达 1100℃。

火势衰灭阶段：当室内可燃物 80% 以上已烧尽，而室温也降至最高温度的 80% 时，为衰灭阶段的开始，直至明火熄灭。

5.2.2.3　建筑火灾的扩散

建筑火灾的蔓延通过热的传播进行，其形式与起火点、建筑材料、物质的燃烧性能和可燃物的数量有关。常见的有 5 种形式。

直接延烧：即固体可燃物表面或易燃、可燃液体表面上的一点起火，通过导热升温点燃，使燃烧沿着表面不断地向外发展下去，引起燃烧。

热传导：火灾通过传导的方式进行蔓延，一般是离火源距离较近，且具有导热性能好的介质，如金属构件、薄壁构件或金属设备等，但其蔓延规模也有限。

热对流：这是火灾蔓延的主要方式。炽热的烟气与冷空气间相互流动，不仅在建筑物水平面扩展，而且在竖直井道中产生热对流，其烟气沿着各种井道、楼梯间等流窜到屋顶而引燃大火。火灾在轰燃之后，门窗破坏造成空气对流，使火势更加强烈，其砖石结构内可达 1100℃，木结构内能达 1300℃ 以上。

热辐射：热由热源以电磁波的形式直接发射到周围物体上，室内初起火灾的轰燃效应主要是热辐射造成的。建筑火场温度达千度以上，通过各种外墙开口部位，向外发射大量的辐射热，既可加速室内火灾的蔓延，也会对邻近建筑构成威胁，在建筑防火设计中，特别强调防火间距的要求。

飞火：未燃尽的可燃物或火星飞落到可燃物上，极易引起火灾。火灾中，风速作用下的热气流，在建筑火场喷射出带有粉料、板块、棍棒等形状的火星，它们可飞散到千米之外。

5.2.2.4 建筑火灾扩散的途径

由于建筑物平面布置和结构的不同，火灾蔓延途径也有区别。

火灾的横向延烧：建筑物内没有设水平防火分区、防火墙及相应防火门等控制火灾的区域，是造成火势蔓延的条件。建筑物内门洞部位的分隔构件和构筑材料在火灾的热力作用下失效，使火势沿着横向发展。高层建筑多采用框架结构，吊顶上部多为连通空间，一旦起火极易在吊顶内部蔓延，且难以及时发现，导致灾情扩大；即便无吊顶，隔墙不砌到上层结构底部，留有空洞或连通空间，也会是火灾蔓延或烟气扩散的途径。此外，火灾还可以通过隔墙、吊顶、地毯等处横向蔓延。

火灾的竖向延烧：现代建筑物中各种竖井多，诸如通风井、排气井、管道井、垃圾井、电梯井、楼梯间、天井、中庭等，如果防火设计不够周密与完善，一旦发生火灾，各种井道定会产生“烟囱效应”，变成拨火桶，产生激烈的热对流，高温烟气在竖井内以 3～5m/s 的速度向上延烧，火势急速向上发展。如果是可燃材料制成的管道，起火时能把燃烧扩散到通风管道的任何一点，火势朝天棚顶部延烧。烟火受气流控制向上升腾，室内吊顶天棚的人孔、通风口等都是烟火进入顶棚的途径。火势还可通过金属管道热传导扩散火灾，或通过通火管道扩大火势。此外，火灾的烟气吸入通风管道，甚至使远离火灾的房间的人员烟气中毒。火势由外墙窗口向上蔓延：一是火焰的热辐射穿过窗口烧烤相邻建筑物，再是靠着火舌直接燃向屋檐或上层。如果采用数层的竖向贯通的带形窗，即使玻璃没有破损，喷射的火焰也可能被吸附在建筑物表面，甚至会吸入上层窗户内部，使火势向上层延烧，因此窗顶宜设飘出的悬挑构件以利阻火，贯通窗樘和楼层板之间，必须用防火胶泥加以封闭。

火灾向建筑构造、构件薄弱部位延烧：用可燃性材料做隔断不能阻火，即使用难燃性和不燃性材料进行分隔，由于耐火性差及产生裂缝等原因也会造成火势扩大。尤其在一些构件的连接部位、搭边交界处特别容易疏漏。在吊顶与楼板之间、幕墙与分隔结构之间、保温夹层接头处、下水管道穿越部位，都容易因施工质量留下孔洞，有的孔洞水平方向与垂直方向相互贯通，而事后又难以发现和查找，会遗留严重的隐患。因此，建筑设计中必须提高界面节点的可靠性、安全度，施工中则要强化质量安全意识。

5.2.2.5 高层建筑

高层建筑的出现，既繁荣了城市，也给人们生活和各种社会活动提供了理想的空间。但祸与福同行，利与害为邻。高层建筑的祸与害较为突出的是遇到火灾，具有极大的破坏力。有人将高层建筑称为“火狱”或“灾害放大器”。这是因为高层建筑功能复杂、火灾隐患多、可燃物多、火源多；火势蔓延途径多、速度快，各种竖向管道管井的“烟囱效应”异常显著，100m 的高楼，烟气仅用 30s 就扩散到屋顶。火灾一旦发生，由于楼层高、距离长、人多拥挤、烟气干扰等，扑救难度大，人员疏散困难。

高层建筑的防火设计，首先要合理布置建筑总平面，设置防火间距、灭火设施和消防通道，其次要确保建筑物耐火能力，按照耐火等级要求保证建筑物柱、梁、板、屋面的耐火等级在较短时间不会损坏，以利人员疏散，从设计上切断烟和火蔓延途径。按规范设置防火分区，保证排烟、隔火合理有效，保证疏散要求，保证空调系统合理适用强调灭火、报警、给水系统的协调统一。

5.2.2.6 火灾的控制[9]

根据火灾发展的上述特征，对火灾的控制可以从两个方面着手。

一方面是通过科学的防火安全设计把火灾控制在最初的两个阶段，也就是说通过防火安全设计使室内的材料和组件燃烧产生的能量远低于发生轰燃所需的能量，使房间即使着火燃烧也无法发展到轰燃阶段。这种方式将可以从源头上防止恶性火灾事故的发生并有效地避免人员伤亡。所谓火灾荷载是指建筑内所有可燃物质燃烧时所产生的总热量值，这些可燃物的数量决定着火灾持续燃烧的时间。而可燃物的种类则决定着火灾的强度和蔓延的速度，如床垫、沙发等采用可燃泡沫塑料制品时，火灾的蔓延速度要比木制品快[10]。

另一方面是在轰燃无法避免的情况下，应对相应的防火分区进行有效的防火分隔，并对可能出现的开口、孔洞和缝隙进行有效的封堵，确保发生火灾时能够将其有效地控制在相应的防火分区，并为人员安全疏散和火灾的扑救赢得足够的时间。同时，在一些关键部位采取适当的主动防火措施（如自动喷淋系统等），能更有效地控制火灾，这对安全可靠性要求很高的公共场所具有重要的意义。

无论采取哪种控制方式，建筑物内材料与组件的火灾危险性数据均是建筑防火安全设计所必需的基础数据。例如，在建筑火灾发生轰燃的控制方面，可以通过对材料及组件在房间发生轰燃的火灾危险性基础数据的分析，控制轰燃产生的条件，避免或减少轰燃的发生。在国外，一些专家对轰燃的产生进行了细致的研究，并提出了预测轰燃的计算方法。其中，由 Babrauskas 提出的预测轰燃的计算方法很具有代表性：

$$Q_0 = 750A_0(H_0)^{1/2}$$

式中，Q_0 为室内产生轰燃所需的最小热释放速率（单位：kW）；A_0 为室内门窗等开口的面积（单位：m^2）；H_0 为室内门窗等开口的高度（单位：m）（注：系数 750 的单位为 $kW/m^{5/2}$）。

在房间结构和尺寸确定后，可以计算出其内部发生轰燃所需的最小热释放速率，该计算值再乘以一个安全系数就可以作为室内总热释放速率的控制值。

可以分别对室内的各个标准系统或组件进行试验，确定其热释放速率，然后按照一定的方式来计算真实房间发生火灾时可能产生的总热释放速率；也可以通过试验，确定不同的火灾荷载与产生的热释放速率之间的关系。找出火灾荷载与热释放速率之间的对应关系，就可以采取计算火灾荷载的方式来进行防火安全设计，这将使防火安全设计工作更加简便。

现实生活中，大多数场所包括宾馆客房、娱乐场所、会客室等，其火灾荷载都要远高于其发生轰燃所需的火灾荷载。为了控制和避免火灾，人们研究开发了各类阻燃材料和制品，对防止火灾的发生和发展起到了积极的作用。在发生轰燃以前，阻燃材料和制品对火灾的贡献是比较小的，只有在轰燃发生后，其对火灾的贡献才接近于同类的非阻燃材料或制品。

全尺寸房间火灾试验也证实了这一点：当采用具有可靠阻燃性能的材料或制品时，即使计算出的火灾荷载远高于发生轰燃的临界值，仍不会发生轰燃。因此，在预测轰燃是否会发生时，对阻燃材料或制品，应当考虑其发生轰燃以前的“有效火灾荷载”。一般情况下，即使采取了各种阻燃材料和制品，室内仍然不可避免地存在一部分可燃物，此时应综合考虑室内总的有效火灾荷载（室内的火灾荷载有时又可以分为固定的静火灾荷载和可移动的活火灾荷载，类似于建筑设计中的静荷载和动荷载）。在发生轰燃以前，大多数阻燃材料和制品虽然用量比较大，但其有效火灾荷载却很小，轰燃前的火灾荷载大部分来自于室内存在的部分可燃物品。我们可以采用材料和组件的火灾危险性基础数据计算出，当室内采用阻燃材料和制品，而普通可燃物品的数量控制在多大范围以内时，就可以将室内的火灾荷载控制在轰燃临界点以下。

通过开展防火安全设计并大力发展阻燃材料和制品，完全可以将室内火灾控制在轰燃以前，使之不能发展到轰燃，这对从源头上防止恶性火灾事故的发生具有重大的现实意义。

5.2.3　阻燃科学技术

5.2.3.1　阻燃科学技术研究进展及存在的问题

1）研究进展

（1）已经开发出用于聚合物、织物、木材的多种阻燃剂，其中许多阻燃剂得到了广泛的工业化应用。

（2）对阻燃剂的阻燃性能、阻燃机制做了大量的研究工作。

（3）对阻燃处理工艺、加工工艺以及阻燃处理对材料性能的影响等，进行了广泛深入的研究。

（4）不同阻燃剂的协同效应。

（5）阻燃材料的烟气毒性。

（6）阻燃物质对生态环境、人类健康影响的评价。

（7）膨胀型阻燃体系的研究。

（8）纳米阻燃材料和技术的研究。

2）存在的问题

阻燃科学发展到今天，最初只是考虑赋予可燃材料以优异阻燃性能；后来意识到阻燃材料也应当具有较好的其他性能，如外观、物化性能等；今天更注重解决阻燃材料加工、使用以及废弃后对生态环境、人类健康的不良影响。

随着人们环保意识的增强和材料科学对阻燃剂要求日趋提高，从阻燃体系生态学上考虑，人们希望研究开发出众多新型环境友好的阻燃剂，不但克服各种阻燃系统的缺陷，更重要的是考虑到对环境和人体健康的影响。能够满足当今阻燃领域要求的理想化阻燃剂必须具备以下条件[11]：

（1）不但是环境可接受的，更应该是环境友好的。

（2）应当是无毒、可生物降解的化合物，对光线、UV 稳定，不易老化和水解，使用寿命长。

（3）能与基质发生键合，而非简单的混合。

（4）阻燃材料使用时无表面析出现象。

（5）在加工过程中和火灾条件下，不产生毒性、腐蚀性气体和烟尘。

（6）所有阻燃材料的燃烧性能都能通过标准测试。

（7）对基质的加工性能、物理力学性能、色泽等无负面影响。

（8）可重复或循环使用，使用简便，成本低廉。

目前，没有一种阻燃剂能够满足上述要求，只能按照被阻燃材料和应用领域的具体要求来选择合适的阻燃剂，综合考虑和兼顾各方面的需求，达到一种最优化的平衡。

5.2.3.2　阻燃剂[11-13]

阻燃剂是一种能够阻止材料引燃或抑制火焰蔓延的助剂，是 20 世纪 50 年代后期随着高分子材料的需要而逐渐发展起来的。高分子材料的应用已经渗透到国民经济和人们日常生活的各个方面，由于大多数高分子材料的易燃性，由此引发的火灾带来了灾难性的伤害。因此，各国对高分子材料的阻燃给予了高度重视，制定出越来越严格的阻燃法律法规，以达到保护人类生命和健康的目的。

1）阻燃剂种类

按物质的大类阻燃剂可分为无机类阻燃剂和有机类阻燃剂。由于人们环保意识的增强，又因为其具有热稳定性好、不挥发、阻燃效果持久、价格低廉等优点，无机类阻燃剂日益受到人们的关注。无机类阻燃剂应用最多的是氢氧化铝［$Al(OH)_3$，ATH］和氢氧化镁［$Mg(OH)_2$，MH］，两者兼具阻燃、抑烟、填充三种功能，MH 的阻燃抑烟效果比 ATH 的好。但无机类阻燃剂阻燃效率低，要达到预期的阻燃级别，需要加大阻燃剂的添加量，有时超过聚合物基体本身的质量。例如，ATH 作为低密度聚乙烯发泡材料的阻燃填充剂时，其阻燃效果随着 ATH 用量的增加而增加；当用量大于 60% 时氧指数急剧上升，用量大于 65% 时，水平燃烧能够达到“自熄”级别。

按化学组成元素阻燃剂可分为磷类（P）、卤素类（X）、硼类（B）、Si（硅）、Sb（锑）、Sn（锡）、氢氧化铝（镁）等。

按阻燃方法阻燃剂又可分为添加型和反应型。添加型是指在聚合物中加入不参与聚合物固化反应的阻燃添加剂，使之获得阻燃性能，又称为非反应型，如氧化锑、氢氧化铝、氢氧化镁、有机硅阻燃剂和硼系阻燃剂。反应型是指在聚合物分子结构中引入具有阻燃性能的分子链段或结构，赋予聚合物永久性阻燃性能。二者相比，添加型具有工艺简便、成本低廉、原料来源较为广泛、操作方便和阻燃效果优良等优点。

按阻燃原理阻燃剂可分为膨胀型和非膨胀型。膨胀型阻燃体系（intumescent fire retardant system，IFR）在燃烧时，能在聚合物表面生成具有优良阻燃性能的膨胀型焦炭保护层，该炭层在聚合物和燃烧区域形成极佳的阻隔层，限制热量释放，抑制被阻燃材料的进一步燃烧，使烟量、毒性气体量减到最低程度。在新型阻燃体系中，膨胀型阻燃体系十分突出，近年来得到较快发展。膨胀型阻燃体系不但阻燃效率高，更主要的它是生态友好型阻燃体系，Camino 称之为阻燃材料中的一次革命。

按照粒径大小，无机类阻燃剂又分为纳米颗粒（1 ~ 100nm）、超微颗粒（0.1 ~ 1μm）、微粒（1 ~ 10μm）、细粒（10 ~ 100μm）、粗粒（0.1 ~ 1mm）等。通过减小阻燃剂粒径，在不影响阻燃效果的前提下，可以降低添加量。由于阻燃剂产生阻燃作用是由化学反应支配的，而等量的阻燃剂，其粒径越小，比表面积就越大，阻燃效果就越好；而且可使无机阻燃剂在有机聚合物中分散性大幅度提高，这不仅能够提高基材的力学性能和耐热性能，也能改善阻燃效果。颗粒越细，用量就越小，阻燃性的提高就越明显。可以认为，无机阻燃剂的粒径大小直接影响其阻燃性能。

层状硅酸盐是指具有层状结构的黏土矿物，主要有蒙脱土、滑石、锂蒙托石、沸石、蛭石等。层状硅酸盐由许多片层构成，片层间的间距约为1nm，因此称其为纳米结构材料。有机聚合物/层状硅酸盐纳米复合材料（PLSn）是以层状硅酸盐为主体，有机高聚物为客体插入主体片层之间，使层状硅酸盐以厚度小于100nm的片状体均匀分布在聚合物中而形成的。该纳米复合材料具有良好的阻燃性能，主要是因为多层硅酸盐层片起着良好的绝缘、隔热、传质屏障的作用，能够有效地阻止聚合物热解产生的易挥发物的逸出、外界氧的供应、燃烧生成热量的扩散等。与常规的有机聚合物/无机物复合材料相比，具有添加量低（0.5%～5%质量分数）、聚合物力学性能得到改善、成本低、加工方便等优点。鉴于上述优点，聚合物/层状硅酸盐纳米复合材料成为各国研究和开发的热点，已经成功开发出众多纳米复合材料：环氧树脂、丁腈橡胶、聚酯、聚酰胺、聚烯烃、硅橡胶等聚合物/黏土纳米复合材料。

2）阻燃剂作用机制

A. 磷系阻燃剂

磷化合物的阻燃机制主要是其在凝聚相中脱水炭化，生成焦炭，脱出来的水气，吸收大量的热，使燃烧物质降温。磷酸在200℃下对醇具有脱水作用，这种作用对固相和液相（焦油产物）热解产物也特别有效。在火焰下由磷酸所形成的聚磷酸极难挥发，在864℃下仍能保持液态，保持着强酸特性和高反应性。这是磷类化合物具有极高阻燃性能的关键所在。

聚磷酸铵（APP）分子式为 $(NH_4)_n \cdot 2P_nO_{3n+1}$，有效成分五氧化二磷在65%以上。它的作用机制：200℃时开始分解放出氨气，生成多磷酸。氨气可以冲淡木材周围的氧气，从而抑制氧化反应的发生；多磷酸与木材中的羟基作用，生成磷酸和水，使木材迅速脱水炭化，炭化层抑制热传递；磷化合物可降低木材等高分子材料的热稳定性，促使其在较低温度下热分解，并生成炭化层而抑制木材在高温下的热分解。在高温下呈玻璃态液体的多磷酸，也起到隔热、隔氧的覆盖作用而抑制木材的固相燃烧。此外，聚磷酸铵在一定温度范围内为吸热反应，可起到降低木材温度、减少热解的作用。

B. 卤系阻燃剂

卤素及其化合物作用机制主要表现为游离基机制和物理覆盖机制。

游离基机制：卤素阻燃剂在高温下分解释放出卤化氢，卤化氢与火焰中链反应活性物质（HO·，·O）作用，使其浓度降低，从而减缓或终止燃烧的链式反应，达到阻燃的目的。

物理覆盖机制：在着火和燃烧的温度区域内，卤素化合物受热分解出卤素，形成难燃性的卤化氢气体，它不仅稀释空气中的氧，更重要的是排代了空气，这种不燃性的相对密度大的卤蒸气在可燃物表面形成保护层，使材料的燃烧速度减缓而达到阻燃的目的。卤原子在系统内还可再生，以所谓的卤化－脱卤化氢过程反复进行，一直到燃烧停止。

卤素抑制燃烧作用与氢卤酸的结合能有关。氢卤酸结合能大的很难在燃烧中解离，阻燃效果就差些。氢卤酸的结合能分别是：HF，564.3kJ；HCl，426.36kJ；HBr，404.2kJ；HI，295.1kJ。可见，I 和 Br 的阻燃效果要比 F 和 Cl 好。

卤系阻燃剂的最大问题就是存在二噁英的毒性问题。二噁英属卤代三环芳香烃类化合物。二噁英的毒性取决于卤素原子的取代位置和取代数目，即不同异构体的毒性差异非常大，毒性最强的是2,3,7,8-四氯二苯－对－二噁英（TCDD），被称之为“地球上最强的毒物”。二噁英是芳香烃类疏水性有机物，不易降解，其生物半衰期约为7年，在环境中十分稳定，属于“持续生物积累毒品”，一旦进入生物体内，很难排出。由于二噁英毒性很强，极低剂量就会对生物产生有害作用。1997年，世界卫生组织（WHO）设立在法国里昂的国际癌症研究中心宣布，二噁英属于人类Ⅰ类致癌物。

C. 硼系阻燃剂

硼系阻燃剂作用机制主要是物理的覆盖作用。硼酸和水合硼酸盐都是低熔点化合物，加热时形成玻璃状涂层覆盖于聚合物之上，起到隔热排氧的作用。另外，含硼化合物阻燃剂受热释放出结晶水，吸收大量的热，稀释了空气中的氧。

对于处理材及木质材料而言，由于硼化物是固体颗粒物，必须溶解后才能浸注到木材内，而这类化合物的水溶解度低。提高温度可以使溶解度增加，但注入后会产生析出现象，给木材切削加工、胶合、油漆涂饰等后加工处理带来困难。

D. 氢氧化铝（镁）阻燃剂

氢氧化镁：研究认为，氢氧化镁的阻燃和抑烟机制主要有以下几个方面组成：①受热分解释放出结晶水，同时吸收大量的热量，从而抑制阻燃聚合物材料温度的上升，延缓其热分解并降低燃烧速度；②分解产物在凝聚相中生成稳定的氧化镁保护膜，覆盖在材料表面，起着传热传质屏障层的作用；③产生的大量水蒸气降低了气相燃烧区中可燃气体的浓度；④水蒸气不参与增强 CO 释放的水气反应。氢氧化镁初始分解温度为340℃，490℃分解完全。反应式如下：

$$\mathrm{Mg(OH)_2 \xrightarrow[305\sim405℃]{空气} MgO + H_2O\uparrow}$$

氢氧化铝：其阻燃和抑烟机制主要表现在几个方面：第一，受热分解释放出结晶水，并从火焰中吸收辐射能，每摩尔氢氧化铝吸收热量1.9kJ，起冷却作用，使聚合物升温速度变慢，降解衰减；另外，氢氧化铝失水后能形成具有 Lewis 酸碱中心的活性氧化铝，促进脱氢反应，增加成炭量；同时也能催化炭的沉积及相应炭的氧化反应，有助于阻燃体系降低其烟雾生成量。降低烟雾量的另一个原因是材料的燃烧速率下降所致，燃烧速率的下降增加了氧气/燃料的比率。第二，氢氧化铝脱水形成的蒸汽能够稀释基材热解产生的可燃性气体及氧气的浓度，特别是稀释火焰区可燃性气体的浓度，减慢燃烧速度或阻止燃烧的继续进行，同时水蒸气也是一种冷却剂。第三，氢氧化铝脱水后，生成的 Al_2O_3 在材料表面形成覆盖膜，该覆盖物的表面积极高，起着物理阻隔的作用，可以抑制可燃性气体、燃烧热、氧气的传递，也能吸附部分烟雾和可燃物，使材料燃烧释放出的 CO_2 量降低。第四，氢氧化铝可以作为电子给予体中止自由基反应，其本身则生成活性较低的无机自由基，由于活性较低，不足以引发自由基反应。第五，氢氧化铝不产生毒性和腐蚀性气体，并能中和聚合物热解时释放出的酸性气体，发烟量减少；生成的 Al_2O_3 和 H_2O 都是惰性吸热载体，提高了阻燃体系的阻燃效果。在各种铝的水合物中，氢氧化铝的吸热量最大，而且有利于形成炭化层，因而阻燃效果也是最好的。其反应式如下：

$$2Al(OH)_3 \xrightarrow[210\sim370℃]{\text{空气}} Al_2O_3 \cdot 0.5\,H_2O + 2.5H_2O\uparrow$$

$$Al_2O_3 \cdot 0.5H_2O \xrightarrow[455\sim590℃]{\text{空气}} Al_2O_3 + 0.5H_2O\uparrow$$

目前，这两种化合物主要用于环氧树脂、不饱和聚酯树脂、聚氨酯、硅树脂、氯丁橡胶以及热塑性塑料，如聚乙烯、聚丙烯、ABS、硬质 PVC 等方面的阻燃。

E. 具有协同效应的阻燃体系

具有协同效应的阻燃体系较多，如 P-N 体系、卤－锑体系、氢氧化铝与金属氧化物、氢氧化铝与硼系阻燃剂、氢氧化铝与磷系阻燃剂、氢氧化铝与碱土金属氧化物、氢氧化铝与卤系阻燃剂、氢氧化铝与有机硅化合物、氢氧化铝与氢氧化镁等，均能形成很好协同效应的阻燃体系。

磷类化合物与含氮化合物复合可提高阻燃效果，另外可以降低用量。P-N 阻燃体系作用机制：第一，该体系能够促使糖类在较低温度下分解形成焦炭和水，增加焦炭残留物生成量。第二，P-N 阻燃体系在高温下形成膨胀性焦炭层，起到隔热阻氧的保护层作用。含氮化合物起着发泡剂和焦炭增强剂的作用。第三，P-N 阻燃体系中氮化物通过对磷的亲核袭击作用，使聚合物形成许多 P-N 键，它具有较大的极性，可使磷原子的亲电性增加，路易斯酸性增强，有利于进行脱水炭化反应。第四，P-N 阻燃体系中含氮基团对磷化物中的 R—O—P 键发生亲核进攻后，使磷以非挥发性铵盐形式保留下来，使之具有阻止暗火的作用。另外，该阻燃体系的残留物中含氮、磷、氧三种元素，它们在火焰温度下形成热稳定性无定形物，犹如玻璃体，作为纤维素的绝热保护层。最有效的复方阻燃剂有：磷酸－尿素、磷酸－二氰二胺及衍生物、磷酸－三聚氰胺及衍生物等。

F. 膨胀型阻燃体系

膨胀型阻燃体系燃烧时，能在材料表面生成焦炭和进行焦炭泡沫化过程，生成具有优良性能的膨胀型焦炭保护层，限制热量释放速度和氧的供应，使烟量、毒性气体及腐蚀性气体量减到最低程度。这种阻燃体系主要有：用于膨胀型阻燃涂层和阻燃硬性 PU 泡沫的 APP；用于膨胀型涂层和油漆阻燃的三聚氰胺及其衍生物；用于涂料、织物纤维阻燃的胍及其盐类，如磷酸胍、氨基磺酸胍。这种体系还有不少缺陷，如水溶性差、热稳定性不佳、生产成本高、涂刷困难、阻燃效率很难预测等。

G. 纳米阻燃材料

纳米 SiO_2：有机硅化合物体系具有较好的阻燃效果，已经应用于聚合物的阻燃。而无机硅化合物，如 SiO_2，常作填料，一般不作阻燃剂使用。但是，最近研究发现，一定条件下无机硅化合物通过与其他添加剂配合使用，作为聚合物的添加剂或与聚合物组成共混体系，均具有较好的阻燃作用。由于无机硅化合物资源丰富，取材方便，其阻燃的高聚物大多无毒少烟、燃烧热低、火焰传播速度慢。

研制出的阻燃体系有：SiO_2、玻璃纤维、微孔玻璃和低熔点玻璃、SiO_2/氯化锡、SiO_2 凝胶（SG）/碳酸钾（PC）、硅酸盐/APP、水合硅化物/APP、硅氧烷/硼等。SiO_2 凝胶（SG）/碳酸钾（PC）阻燃体系对含氧聚合物（如 PVA、纤维素）的作用原理是：在燃烧过程中，聚合物与 SG/PC 反应生成多配位有机硅化合物，引起聚合交联，可能有助于阻燃体系形成 Si—O—C 键和 Si—C 键的焦炭保护层。这种反应发生在热裂解高聚物的凝聚相中。对不含氧聚合物（如 PP、SA、PA-66）的作用原理是：在燃烧时形成硅酸钾玻璃保护层。当体系中加入硅化合物和硼酸锌，燃烧时则产生硅酸硼玻璃态物质。目前，聚合物/SiO_2 纳米复合物有：PMMA/ SiO_2 纳米复合材料，环氧树脂/ SiO_2 纳米复合材料等。

纳米级氢氧化铝（镁）：①氢氧化镁，除使高分子材料获得良好的阻燃性能外，具有更好的抑烟效果，抑烟能力优于氢氧化铝。同时，还具有填充补强作用。氢氧化镁在生产、使用和废弃物产生过程中均无有害物质排放，对环境不造成污染。氢氧化镁分解温度高，能与多种成分复配，而且具有抗酸性，能中和燃烧过程中产生的酸性和腐蚀性气体，是一种环境友好型阻燃剂。②氢氧化铝，最早问世的无机阻燃剂之一，占无机阻燃剂总用量的 70%，占阻燃剂使用总量的 40%。广泛应用于塑料、涂料、聚氨酯、弹性体和橡胶制品中。目前主要用于电缆料的包覆层、绝缘层的阻燃。

层状结构硅酸盐（黏土）：聚合物插入到层状结构硅酸盐片层之间就可以构

成聚合物/层状硅酸盐纳米复合阻燃材料（PLSn）。在添加量很低的情况下，可以大幅度提高材料的热稳定性能和阻燃性能。聚合物/层状硅酸盐纳米复合物具有阻燃性能的原因，一般认为是由于多层硅酸盐片层的纳米结构起着良好的绝缘、隔热、传质屏蔽的作用，能够有效阻止聚合物热降解产生的易挥发物的逸出、外界氧的供应、燃烧生成热量的扩散等。目前，聚合物/层状硅酸盐纳米复合物有：PP/层状硅酸盐纳米复合材料，PS/层状硅酸盐纳米复合材料，PA-6/层状硅酸盐纳米复合材料，ABS/层状硅酸盐纳米复合材料，EVA/层状硅酸盐纳米复合材料，丙烯酸/层状硅酸盐纳米复合材料，PVC/蒙脱土纳米复合材料，PE/层状硅酸盐纳米复合材料等。

5.2.3.3　阻燃科学重点研究领域

1）无卤、低毒、高效阻燃技术[11]

随着阻燃科学技术的发展和进步，人们对阻燃剂和阻燃材料的要求越来越高，不但要求阻燃效率高、低毒或无毒、抑烟，而且要求环境友好、循环使用性能好，即具有“绿色阻燃技术”特征。目前，阻燃科学技术的现状呈现两种发展势头：一是对传统阻燃剂进行深层次地探索和研究，改进不足，发扬优点，其中包括无机阻燃体系的纳米化、表面改性处理；二是开发具有特殊功能的新型阻燃体系，如膨胀型阻燃体系、硅系阻燃剂、有机聚合物/层状硅酸盐纳米复合阻燃材料等；三是如何采用新技术，少用或者不用阻燃剂或者阻燃材料就能够减少火灾的发生。无机阻燃剂存在添加量大，恶化基材物理力学性能等不足，将无机阻燃剂纳米化，利用纳米微粒本身所具有的量子尺寸效应、小尺寸效应、表面效应等来增强与聚合物基质的界面作用，可达到减少用量和提高阻燃效率的目的，无机阻燃剂的超细化已经受到人们的极大关注，也顺应了阻燃非卤、低毒、高效的发展趋势，是今后阻燃剂主要发展方向之一。

2）阻燃剂危害性评估[14,15]

为全面和正确评价阻燃剂的环境生态效应，确保阻燃剂的安全使用，欧盟对一些产量大、应用广泛的阻燃剂危害性的评估进行了 10 多年，这是全球范围内进行的有关化学品对环境和人类健康影响的最全面的评估之一。美国等国家还启动了一些新的评估阻燃剂的工程，并制定了一些使用阻燃剂的法规。

欧盟对 3 种多溴二苯醚——五溴二苯醚（PeBDPE）、八溴二苯醚（OBDPE）、十溴二苯醚（DBDPE）的评估已经完成，其中 PeBDPE、OBDPE 已于 2004 年 8 月 15 日被禁用，对 DBDPE 的评估于 2004 年 5 月完成，经过 10 年 600 多次实验，未发现其对环境和人类健康存在危害；对四溴双酚 A（TBBPA）进行了 300 多项研究；对六溴环十二烷、3 种三磷酸酯（TCEP、TCPP、TDCP）、

Sb_2O_3 的危害性也进行了评估。在美国，环境保护局（EPA）、消费品安全委员会（CPSC）也对 DBDPE 的危害性进行了评估；有几个组织联合启动了用于印刷线路板层压板 FR 的研究计划，其目的是比较几种工业生产的用于 FR-4 印刷线路板的阻燃剂（包括 TBBPA）安全性。加拿大已经启动了一个对 4300 种化学品进行危害性评估的工程；已经评估的阻燃剂是 DBDPE、氯化石蜡。

3）烟气成分分析[16-29]

烟气的危害主要表现在：第一，烟气中的游离炭、干馏粒子、液滴等对光线有吸收、折射、散射作用，影响能见距离，使人容易迷失方向。第二，烟气中的有害成分对人具有毒害作用，人吸入大量的烟尘和有毒气体会产生窒息或昏迷等现象。第三，烟气中存在环境污染物，可以产生致癌、致畸、致基因突变的物质。

目前，已知的火灾有害烟气种类或有害烟气成分有数十种之多，这些有害气体成分又可以分成无机类和有机类。无机类有害气体包括 CO、CO_2、NO_x、HCl、HBr、H_2S、NH_3、HCN、P_2O_5、HF、SO_2 等；有机类有害气体包括光气、醛类气体、丙烯腈等。也有学者将火灾产生的细颗粒物（气溶胶）、烟雾（0.01～10μm 的液体颗粒）和可能产生的重金属粉末也归入火灾产生的有毒有害物质。英国国防部 NES713 项目计划进行测试和评价的气体组分有：CO、HCl、HCN、NO_x 和丙烯醛，甲醛、丙烯腈以及 SO_2、H_2、NH_3、HF、HBr；美国 FAA 的科学家们采用锥形量热仪分析航空装饰材料时记录了 16 种气体：CO、CO_2、$COCl_2$、COF_2、HCl、HBr、HCN、HF、NO、NO_2、SO_2、CH_4、C_2H_2、C_2H_4、C_2H_6、H_2O。中国科技大学火灾科学国家重点实验室和公安部四川消防研究所也将 CO、CO_2、HCl、HBr、HCN、HF 以及丙烯醛等气体作为重点研究对象，也研究了木材燃烧产生的有毒烟气成分。

从国内外研究来看，目前火灾烟气中的下列气体（或蒸气）已成为人们重点分析的对象：①单纯窒息性气体，包括 CO_2；②化学窒息性气体或蒸气，包括 CO、HCN、H_2S 和甲醛、丙烯醛；③黏膜窒息性气体，包括 HCl、NH_3、$COCl_2$；④其他气体（或蒸气），包括 SO_2、NO_x 和酚类化合物，丙烯腈以及 HBr、HF。

4）材料燃烧性能试验方法[30]

从科学研究和工程实践来看，材料的燃烧性能通常是指在规定的实验条件下（小尺寸样品实验）材料对火反应行为。由于规定的实验条件与真实火灾环境条件相去甚远，材料的燃烧特性与其火灾特性也大相径庭。作为材料科学研究者，比较关注材料的燃烧特性，而从事火灾科学与消防工程的研究人员，则更关注材料火灾特性。由于真实火灾的发展具有很大的不确定性，真实火灾很难重复，材料的火灾特性并非从真实火灾中获得。由于大型火灾试验（即全尺寸火灾试验，如 ISO 9705，屋角试验）与真实火灾环境相近，在此类火灾试验中获得材料的火灾特性才具有可靠性。但是，由于大型火灾试验属于破坏性试验，试验耗时费力、成本高，很难实现便捷化。因此，选择与大型火灾试验具有相关性的、相对便捷的小尺寸燃烧试验（如锥形量热仪）作为基础，根据小尺寸燃烧试验所获得的材料燃烧特性参数预测材料的火灾特性，在现阶段对材料火灾危险预防与控制具有重要意义。

5.2.3.4　材料燃烧性能评价体系简介[31-32]

1）欧洲分级体系

2000 年以前的欧洲尚无统一的分级体系，各国对建材燃烧等级的划分五花八门。例如，法国将材料划分为 M0、M1、M2、M3、M4、M5 级；英国和北爱尔兰将材料划分为不燃和可燃类两大类，其中可燃类又分为 0、1、2、3、4 级；德国将建材划分为 A1、A2、B1、B2、B3 级。为了促进各国间的经济往来，进一步消除贸易壁垒，欧洲各国开始了标准化统一历程。导则 89/106/EEC 中有关建筑制品消防安全的委员会决议（94/611/EC）实施细则第 20 条是开展燃烧性能分级体系的统一工作的法律依据。2000 年 2 月建立新的建筑材料燃烧性能分级体系，2002 年 6 月起欧洲市场上的建筑制品开始采用统一后的试验方法进行检测并按照统一的标准划分等级。

统一后的分级体系着重以建材最终用途情形为试验条件，建立了 EN ISO 1182 不燃性试验、EN ISO 1716 热值试验、EN 13823 SBI 单项燃烧试验、EN ISO 11925 可燃试验、EN ISO 9239—1 铺地材料辐射板试验和 EN 13238 试样的制备和基材的选取的标准方法，按照产品使用部位和基本形状将建材制品分为平板材、管状保温材料和铺地材料三大类，并按照 EN 13501—1：2002 的统一标准进行分级。2003 年 8 月，TC 88 WG10：ad hoc 防火测试小组，提出了针对管状保温材料的分级方法，并列入 EN 13501 1 体系中，使这个新的体系也能适用于管状材料而不仅仅是平板类建材及制品，丰富和完善了标准内容。

欧洲将材料划分为 A1、A2、B、C、D、E、F 七个等级，除此之外还有针对烟气生成和燃烧滴落物的附加等级的划分。例如，对 A2、B、C、D 四级材料，还规定了两个附加分级，即对烟密度和燃烧滴落物的划分，如烟密度分为 S1、S2、S3 三级，燃烧滴落物分为 d0、d1、d2 级。对 E 级材料，规定了一个附加分级，即燃烧滴落物指标通过与失败，该指标通过时，对 E 级不加标注；失败时，认为附加分级为 d2 级，即 E-d2。

2）日本分级体系

日本分级体系是由建筑基准法及施行令和相关试验方法构成的，在 1998 年《建筑基准法》全面修订前的日本还是采用本国方法，即 JIS 标准，开展对火反应试验，建立了包括不燃试验、表面试验、多孔材料加热试验、毒性试验和模型箱的试验方法。而修订后的日本分级体系则主要采用国际标准，如不燃试验（ISO 1182）、锥形量热仪法（ISO 5660—1）和小尺寸模型箱试验（ISO 17431）。不同等级的材料选用不同试验方法，而锥形量热仪法是最基本的方法，适用于所有材料（不燃、准不燃和难燃）。可替代的方法包括不燃材料可选用 ISO 1182，准不燃材料和难燃材料可选用 ISO 17431，送检方可选择试验方法。日本将材料划分为不燃、准不燃和难燃三个等级（表 5-4）。

表 5-4 日本对建材燃烧性能的分级（建筑基准法）

级别	测试方法	技术要求
不燃	ISO 5660—1	试样：3 件，100mm × 100mm 位置：锥形加热器下方，呈水平放置 数据：点火时间、质量损失、O_2、CO 和 CO_2 浓度、热释放速率 试验时间：20min 判据：①总发热量 < $8MJ/m^2$；②不会发生明显变形，如产生龟裂；③至少在持续 10s 的时间内最大热释放速率≤200 kW/m^2
	ISO 1182	试样：3 件，直径（44 ± 1）mm，高（50 ± 3）mm 的圆柱体 位置：垂直安放于支架上 数据：自放入试样后至达到终平衡温度期间的炉内温度。加热结束后，将试样置于干燥器中冷却至室温，测其质量，并加上回收的试样燃烧残余物的质量 试验时间：20min 判据：①加热开始后 20min 内炉内终平衡温度≤20 K；②质量损失率≤30%
准不燃	ISO 5660—1	试验时间：10min 判据：同不燃材料
	ISO CD 17431	试样：2 件，其内尺寸为 1680mm × 840mm × 840mm 燃烧室：内尺寸宽（1. 1 ±0. 01）m，长（1. 8 ±0. 01）m，高（1. 0 ±0. 01）m，试验前加上 1. 1m × 1. 0 m 的墙，墙上设 0. 3m × 0. 67m 的开口 点火源：截面为 0. 17mm × 0. 17mm 的正方形丙烷燃烧器，置于门斜对面墙角，输出热 40kW 数据：气流量，气体温度，O_2、CO_2 和 CO 浓度，表面温度，地板中心位置的烟密度等 试验时间：10min 判据：①总发热量 ≤ 30MJ；由于火源供给 20MJ 的热量，故总发热量 ≤ 50MJ；②不会发生明显变形，如产生龟裂；③至少在持续 10s 的时间段内最大热释放速率≤140kW/m^2

续表

级别	测试方法	技术要求
难燃	ISO 5660—1	试验时间：5min 试验 判据：同于不燃材料
	ISO CD 17431	试验时间：5min 判据：①总发热量≤30MJ，由于火源供给 10MJ 的热量，故总发热量≤40MJ；②不发生明显变形，如产生龟裂；③至少在持续 10s 的时间段内最大热释放速率≤140kW/m^2
备注[①]	JIS1321	试样：2 件，截面为（220 ± 10）mm 正方形，厚度 15mm，直接受热面 180mm × 180mm 装置：气体燃烧器、辐射热源、50 L 混合箱、带转笼的动物暴露箱 试验条件：主加热器加热 3min，付加热器再加热 3min。其间，以 3. 0L/min 的流量空气供给付加热器火焰，以 25L/min 流量的二级空气供气。烟气进入混合箱后，再以 10L/min 的流速以抽吸方法抽到暴露箱中，开始试验 判据：老鼠停止运动的平均时间≥6. 8min

①试验中，制品应连同其面层材料制成试样，当面层有机物含量超过以下标准时，应附加毒性试验：不燃 > 200g/m^2；准不燃和难燃 > 100g/m^2。当面层粘贴有木质材料，如纸面石膏板，有机物总量 > 400g/m^2。

3）中国分级体系

我国涉足材料对火反应研究领域的工作较晚，经过多年的探索，直至 20 世纪 80 年代末才编制出台了《建筑材料燃烧性能分级标准》（GB 8624—2006），并于 1988 年首次公布。其后参照西德标准 DIN4102—1：1981《建筑材料和构件的火灾特性 第一部分：建筑材料的分级要求和试验》对其修订，并发布了修订版 GB8624—1997。GB8624—1997 对各类工业和民用建筑工程中所使用的结构材料和各种装饰装修材料的燃烧性能等级作了明确规定。该标准将材料的燃烧性能级别划分为 A 级（匀质材料）、A 级（复合夹芯材料）、B1（难燃材料）、B2（可燃材料）、B3（易燃材料）5 个级别。其中，A 级为不燃类材料，B 级为可燃类材料。对某些特定用途材料，如铺地材料、窗帘幕布类纺织物材料、电线电缆套管类塑料材料及用于管道隔热保温的泡沫塑料，根据使用场合，规定了相应的检验方法以确定其燃烧性能的级别。对复合材料、表面涂层材料等也作了特别规定。

随着火灾科学和消防工程学科领域研究的不断深入和发展，对燃烧特性的内涵也从单纯的火焰传播和蔓延，扩展到包括燃烧热释放速率、燃烧热释放量、燃烧烟密度以及燃烧产物毒性等参数。2002 年欧盟标准委员会（EN）制定并颁布了欧盟统一的材料燃烧性能分级标准，即 EN13501—1：2002《建筑制品和构件

的火灾分级 第一部分：用对火反应试验数据的分级》，以此统一了建筑制品对火反应燃烧性能分级的程序。EN13501—1 的分级体系考虑了上述特性参数，同时对规定的试验方法既考虑了实际的火灾场景，又考虑了材料的最终用途，更具有实际代表性。该标准实施后，欧盟成员国原各自的材料分级标准（包括 DIN4102—1）同时废止。基于上述原因，我国参照 EN13501—1 对 GB8624—1997 作了全面修订，升级到 GB8624—2006。该标准于 2007 年 3 月 1 日开始正式实施。

与 GB8624—1997 相比，GB8624—2006 的主要变化如下：

对铺地材料和管道隔热材料的燃烧性能分级作了单独规定，燃烧性能等级由下标 fl 和 L 来区别划分。

材料燃烧性能级别划分由原来的 A 级（匀质材料）、A 级（复合夹芯材料）、B1（难燃材料）、B2（可燃材料）、B3（易燃材料）5 个级别改为 A1、A2、B、C、D、E、F 或 $A1_{fl}$、$A2_{fl}$、B_{fl}、C_{fl}、D_{fl}、E_{fl}、F_{fl} 或 $A1_L$、$A2_L$、B_L、C_L、D_L、E_L、F_L 七个级别。

级别判定所用试验方法以及依据有大的变化，特别考虑了燃烧热值、火灾发展速率、烟气产生率等燃烧特性要素。

燃烧性能分级适用的材料范围有所变化，不再包括窗帘幕布类纺织物、电线电缆套管类塑料等特定用途材料的分级，亦即 GB8624—2006 只适用于铺地材料和除铺地材料以外的建筑制品。

对附加等级明确规定了 3 个等级：产烟附加等级 S1、S2、S3；燃烧滴落物/微粒的附加等级 d0、d1、d2；产烟毒性等级 t0、t1、t2。

5.2.3.5　锥形量热仪评价方法（CONE）[30,33-38]

1）简介

CONE 是美国国家科学技术研究所（NIST）的 Babrauskas 于 1982 年提出的，图 5-3 为锥形量热仪结构简图。它是以氧消耗原理为基础的新一代材料燃烧测定仪。所谓的氧消耗原理是指材料在燃烧过程中每消耗 1g 的氧气所放出的热量是 13.1kJ（误差为 5% 或更好），燃烧类型和燃烧程度的影响可以忽略。表 5-5 列出几种物质的燃烧热及单位质量耗氧量的燃烧热。只要能精确地测定出材料在燃烧时消耗的氧量就可以获得准确地热释放速率。不同热辐射强度下的热释放速率是 CONE 给出的最重要的参数之一，同时还能给出其他许多参数。它们可从不同角度评价聚合物材料的燃烧性和阻燃性。

不同于以往的传统实验室型评价方法（如极限氧指数 LOI、NBS 烟箱等），CONE 的实验结果与大型燃烧实验结果之间存在很好的相关性。以往为了正确评价建筑材料、装饰材料和电线电缆等必须进行大型燃烧实验，浪费了大量的物力和财力。CONE 的出现使材料燃烧性能评价工作大为改观，并制定了相应的试验方法标准，如 ASTM E1345—90 和 90A、ISO 5660。CONE 可望在评价聚合物燃烧性和阻燃性上代替或部分代替大型燃烧实验，并能进行阻燃剂机制及烟等方面的研究工作。

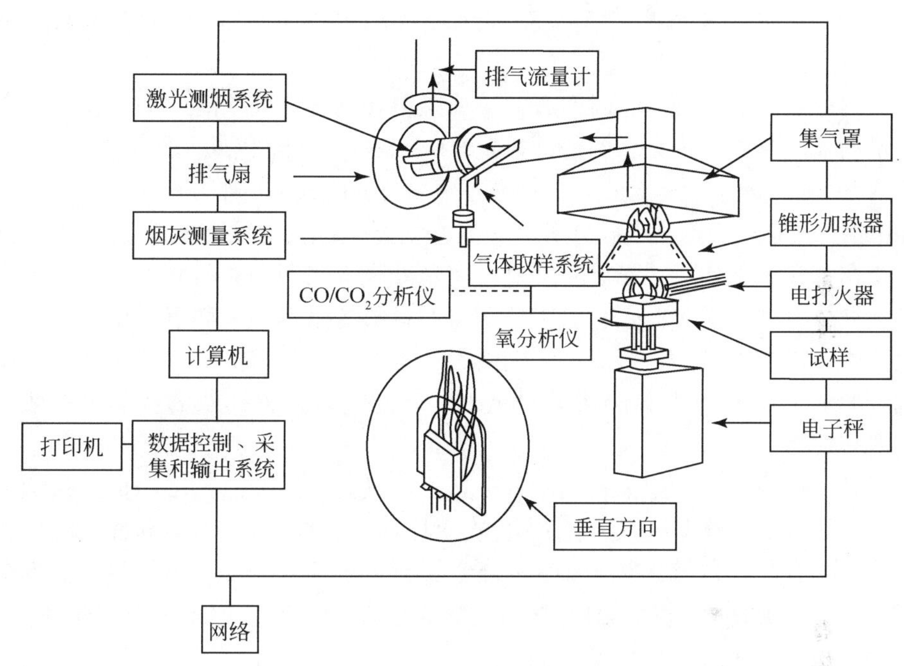

图 5-3　锥形量热仪结构简图

表 5-5　几种物质的燃烧热及单位质量耗氧量的燃烧热

材料名称	燃烧热/(kJ/g)	单位质量耗氧量的燃烧热 /(kJ/g 氧气)
聚乙烯	-43.28	-12.85
聚氯乙烯	-18.43	-12.84
聚苯乙烯	-39.85	-12.97
纸	-18.40	-13.40
木材	-17.78	-12.51

2）燃烧参数及意义

（1）引燃时间（time to ignition，TTI）。在预设的热流辐射强度下，用标准点燃火源（电弧火源），样品从暴露于热辐射源开始，到表面出现持续点燃现象为止的时间，单位为秒。这就是样品在设定的辐射功率下的引燃时间。该时间越长，说明材料越不易被点燃，材料的阻火性越好。它是评价聚合物材料阻火性的重要指标之一。

（2）释热速率（heat release rate，HRR）。在预设的热流辐射强度下，样品引燃后单位面积上释放的热量，单位为 kW/m^2。有平均释热速率（average heat release rate）、释热速率峰值（peek heat release rate，pkHRR）、释热总量（total heat release，THR）等参数。

平均释热速率与截取的时间有关。从燃烧开始到熄灭期间的平均释热速率表示总平均释热速率。还有从燃烧开始到60s、180s、300s等期间的平均释热速率，即用Average heat release rate T60、Average heat release rate T180、Average heat release rate T300来表示。采用初期平均值，主要是因为在实际火灾过程中，初期的释热速率有重要作用。设计阻燃材料就是着眼于初期火灾的防治，实际上当火灾进入充分发展阶段时，大多数高分子阻燃材料的阻燃性就起不到作用了。在消防设计中，初期火灾的发展直接同消防设计方案有关。有些研究表明，锥形量热仪测量的前180s的平均释热速率同大型试验的室内火灾初期的释热速率数据有很好的相关性。

样品从燃烧开始到熄灭期间的释热速率的最大值为释热速率峰值，被定义为火强度。一般材料燃烧过程中有一处或两处峰值，成炭的材料（如木材）出现两个峰，聚合物（如聚丙烯、聚氯乙烯、ABS）出现一个峰。该值越大，反馈给材料表面的热就越多，就会加速材料的热裂解速度，产生更多的挥发性可燃物，加速火焰传播，火灾危险性增大。

释热总量定义为样品从燃烧开始到试验结束单位面积所释放出的热量总和，单位为 MJ/m^2。释热总量也与截取的时间有关。有从燃烧开始到180s、300s、600s等期间的释热总量。该值越大，说明材料在火灾中的危险性越大。与释热速率结合能够很好地评价材料的阻燃性能。

（3）质量损失速率（mass loss rate，MLR）。锥形量热仪的样品支撑台上设置有压力测重传感器，可以在加热和燃烧过程中动态测量样品的失重情况。记录的热失重曲线再通过五点差分法计算样品的质量损失速率，单位为 $g/(s \cdot m^2)$。它反映了材料在一定燃烧强度下的热裂解速度和热裂解行为。一般热质量损失随着辐射功率的升高而加速，不同材料之间热质量损失特征也相差较大。通过热质量损失曲线和质量损失速率曲线的比较，可以推断材料燃烧过程的难易程度和相关特征。

（4）有效燃烧热（effective heat combustion）。有效燃烧热表征了燃烧过程中材料受热分解形成的挥发物中可燃成分燃烧放出的热，计算公式为：有效燃烧热

= HRR/MLR，单位为 MJ/kg。由于分解产物中有不燃成分，如 HCl、HBr、CO_2 等，或由于燃烧产物中释放出阻燃物质导致原来的可燃物质不再燃烧，这样它可以反映材料燃烧在气相中的有效燃烧成分的多寡，能够帮助分析材料燃烧和阻燃机制。

有效燃烧热和 CO、CO_2 数量的大小是研究材料阻燃机制的主要参数。燃烧过程中，材料燃烧效率的高低往往与其 CO/CO_2 的比率及有效燃烧热有关。例如，无机阻燃剂处理的三元乙丙橡胶（ethylene-propylene-diene monomer，EPDM）燃烧过程中，CO_2 产率较高，CO 产率较低，在整个燃烧过程中 CO、CO_2 的变化呈相反趋势；某种阻燃聚氯乙烯（polyvinylchloride，PVC）电缆料在燃烧过程中，CO、CO_2 的变化基本上呈相似趋势。这些结果对于我们进一步研究相应材料的阻燃机制将是十分有用的。

（5）烟参数。阻燃材料燃烧时发烟量的大小直接影响材料的使用。早期材料阻燃性的提高大多以增大发烟量为代价的，而现代社会对阻燃材料的发烟性要求越来越高，消烟已经成为阻燃研究的重点。因此，烟的测量也越来越重要。如何科学、合理、有效地评价阻燃材料燃烧时的发烟情况是当前研究的重点。锥形量热仪可以动态地给出材料燃烧过程中的产烟情况，是研究材料燃烧产烟特性的重要手段。

锥形量热仪大多配有烟气采集系统、分析系统（图 5-4）。该系统将采集的烟气经过过滤烟灰等杂质后送入各种气体分析仪进行烟气成分分析。一般可分析 CO、CO_2，加配附件后可分析 HCl、HBr、HCN、NO、NO_2 等。

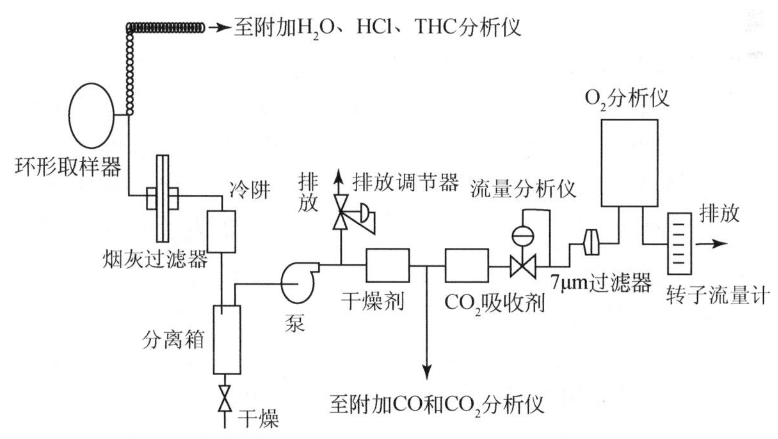

图 5-4　锥形量热仪气体取样流程简图

锥形量热仪测量的烟参数如下。

（1）比消光面积（specific extinction area，SEA）。与传统的烟箱试验法不

同，锥形量热仪给出的有关烟的参数主要是 SEA，它是一个表征燃烧过程中每时每刻发烟量的动态参数，而不是积累值，即表示挥发每单位质量的燃料所产生烟的能力，单位为 m^2/kg。它不是直接表征烟量大小的参数，而是表征材料在燃烧过程中单位质量挥发物转换成多少烟的一个转换因子。与 NBS 烟箱数据相比，锥形量热仪的烟数据与大型试验成烟参数相关性较好。

（2）产烟速率（smoke production rate，SPR）。产烟速率定义为：SPR = MLR × SEA，单位为 m^2/s。

（3）产烟总量（total smoke production，TSP）。表示单位样品面积燃烧时的累积产烟总量，单位为 m^2/m^2。

（4）烟参数（smoke parameter，SP）。烟参数定义为：$SP = SEA_{(平均)} \times pkHRR$，单位为 kW/kg。

（5）烟因子（smoke factor，SF）。烟因子定义为：SP = HRR × TSP，单位为 kW/m^2。

（6）烟释放速率（rate of smoke release，RSR）。烟释放速率定义为：$RSR = V_f \times OD \times \ln 10 / (A \times L)$，单位为 s^{-1}。其中，V_f 为烟道中燃烧产物的体积流速；OD 为光密度；L 为被测烟道的光学长度，单位 m，在标准的锥形量热仪中 $L = 0.1095m$。

3）应用领域

目前，在国外锥形量热仪广泛应用在建材、家具、电线电缆、航空材料、塑料、木材等领域中材料的燃烧性测试评估。主要应用在以下几个方面。

A. 产品或材料火灾危险评价

根据锥形量热仪试验参数可以导出如下指数。

（1）火势增长指数（FGI）。将火势增长指数定义为，材料热释放速率的峰值与峰值出现的时间（从试验开始）的比值。表达式：$FGI = pkHRR/T$。显然，材料的火势增长指数反映了材料对热反应的能力。指数越大，表明材料一旦暴露于过强的热环境能够快速着火燃烧，使火势迅速蔓延扩大。因此。材料的火势增长指数越大，火灾危险越大。

（2）放热指数（$THRI_{6min}$）。在锥形量热仪试验中，样品的燃烧属燃料控制的燃烧（通风正常，供氧充分），这与常规建筑火灾的初起阶段相似。因此，把材料试验时前 6min 内放热量总和的对数值定义为材料的放热指数。表达式为：$THRI_{6min} = \lg(HRR \times 0.36)$。式中，括号内乘积表示材料在 6min 内燃烧的总放热量，单位为 MJ/m^2。放热指数越大，材料在规定时间内燃烧放热越多，火场温度上升越快，由此造成的热损害越严重。

（3）发烟指数（$TSPI_{6min}$）。锥形量热仪通过激光系统测量烟气的减光系数来计算其消光面积，把材料试验时前 6min 内发烟量总和的对数值定义为发烟指数。表达式为：$TSPI_{6min}$ = lg（SEA × MLR × 36）。式中，括号内的乘积表示样品（燃烧表面面积 0.01m^2）单位面积 6min 内总的发烟量（即总的消光面积）。发烟指数越大，材料燃烧时，在规定时间内生成的烟越多。

（4）毒性气体生成速率指数（$ToxPI_{6min}$）。聚合物材料燃烧过程中，产生的毒性气体的成分较多，不同的毒性气体其毒性大小各不相同。研究表明，CO 是烟气中的主要毒性气体。在实际火灾中，毒性气体的生成速率对人员危害的影响最大，而目前大部分锥形量热仪试验中只能获得 CO 的产率。因此，以 CO 的产率与质量损失速率乘积，即 CO 的生成速率的对数值近似代替烟气中毒性气体生成速率指数。表达式为：$ToxPI_{6min}$ = lg（CO 产率 × MLR × 10^3）。式中，括号内的乘积表示 CO 的平均生成速率，单位为 g/s。

值得说明的是，在上述 4 个特性指数中，后 3 个指数都选试验开始后前 6min 作为时间范围，主要是因为一级、二级耐火等级民用建筑、高层民用建筑规定的允许疏散时间正好在此时间范围内[8]。这段时间内材料的燃烧性能对人员安全影响最大。

（5）火灾性能指数（fire performance index，FPI）。释热速率（HRR）或释热速率峰值（pkHRR）是恒量聚合物材料在火灾中危险性的最重要参数之一，但人们发现它只反映材料在燃烧过程中的危险性，而材料在燃烧前必须被外部热源点燃，引燃时间的长短也同样是评价材料火灾危险性的重要指标。Wichstron 和 Goransson 等将引燃时间（TTI）和释热速率峰值结合起来，用它们的比值（TTI/pkHRR）来评价聚合物材料潜在的轰燃性，比较好地说明了聚合物材料潜在的危险性。后来，Petrella 发现用 TTI/pkHRR 来评价材料火危险性与大型火实验结果虽然有着较好的相关性，但仍有一些偏差，不全面。他提出将释热总量（THR）与 pkHRR/ TTI 相结合可更全面的评价材料燃烧的危险性。这是因为 pkHRR 和 TTI 值受外界因素影响，而 THR 受外界影响小，一定程度上是对材料内部能量的测量，独立于环境因素。

B. 火灾模型化

为了更好地认识火灾的危险性，保护人类生命财产，达到控制火灾的目的，通过计算机对火灾进行模拟、评价、预测。这需要大量材料的引燃时间、热释放、火焰传播等参数并对其进行分析，建立参数之间的数学关系。锥形量热仪可为此提供许多有价值的参数。Wichstron 和 Goransson 等建立了墙体和天花板材料的大型试验和实验室试验数据相关联的数学模型，利用锥形量热仪给出的数据，预测材料在真实火灾情况下的释热速率和达到的轰燃时间（flash-over）；Dietenberger 建立了预测家具释热速率的模型；Prarinray Gandhi 等对电缆在锥形量热仪中的燃烧数据与其在成束燃烧试验中的燃烧情况的相关性进行了研究。

C. 阻燃剂阻燃效果和阻燃机制研究

不同于传统的阻燃剂阻燃效果和阻燃机制的研究方法，如热重分析（TG）、差热分析（DTA）、气相色谱-傅里叶红外联用（GC-FTIR）、氧指数（IOL）、UL-94材料燃烧性能试验方法等，锥形量热仪的实验结果更接近于实际，并能获得多个燃烧参数。

D. 评价烟及有毒气体的释放

目前常用的NBS烟箱测定聚合物燃烧时烟密度的方法存在一系列缺点，如有限的辐射范围、缺少样品质量损失速率的测量及用于燃烧的氧量少而有限。其结果与实际烟释放偏差较大。而锥形量热仪可以获得比消光面积、烟灰产率的数据，它测量的是流动的体系，克服了其他方法的缺点，通过它获得的数据与大型燃烧试验数据相关性较好。人们不仅利用它作为烟及烟灰产率的测量手段，而且还利用它研究阻燃聚合物的烟及产生的有毒气体（CO、HCl、HCN等）。

5.3　木材及木质材料的燃烧

5.3.1　木材及木质材料的燃烧过程[39-41]

表5-6和表5-7是在无氧状态下和大气中木材受热所产生的变化。在外界热源的作用下，木材温度逐步升高。此阶段受热挥发的物质主要是木材中的水分及少量挥发性油等物质。木材温度升到一定程度就会发生热分解，木材化学结构遭到破坏，释放出许多低分子挥发物，木材原有的物理化学性质发生变化。因此，热分解是木材材性的转折点，它的挥发分对燃烧有一定的影响。木材在空气中加热至260℃以上时，发生剧烈的热分解反应，产生大量的可燃气体（CO、H_2、CH_4及其他氢化合物）和不燃性气体，同时放出反应热，使木材的温度迅速上升并超过周围的温度，木材表面着火燃烧。因此，文献上把260℃作为木材热学上的不稳定温度。

表5-6　木材在无氧状态下受热变化情况

热分解阶段	木材温度/℃	木材性状
（1）初期加热	100	表层脱水，放出自由水； 痕量的CO_2、甲酸、乙酸、乙二醛； 放出结合水，几乎没有化学反应；
	150	从细胞壁脱水； 化学反应极慢

续表

热分解阶段	木材温度/℃	木材性状
（2）热降解	200	化学反应极慢； 放出水、CO_2、甲酸、乙酸、乙二醛，少量 CO； 热分解产生的气体大部分是不燃性的； 吸热反应，木材的变化是缓慢的
（3）热分解	280	热分解开始活跃； 放热反应； 放出可燃性气体，蒸汽，由它们形成的烟雾（CO、甲烷、甲醛、甲酸、乙酸、甲醇以及由这些物质形成被二氧化碳和水稀释的焦油液滴）
（4）炭化	320	化学组成的激烈变化（但木材细胞、纤维构造不变）； 烟的生成，结束
	400	木炭石墨结构的生成
	500	释放出可燃性气体，这是由木炭内部放出气体与蒸汽热分解形成的，即由炭、水及 CO_2 生成的 CO、氢气、甲醛等

表 5-7　木材在大气中受热变化情况

燃烧阶段	木材温度/℃	木材性状
（1）初期加热 加热 （未着火）	100	干燥放出自由水；发生痕迹量化学反应，变色； 放出结合水；化学反应极慢，主要是吸热反应；木质素、半纤维素的玻璃转化点（130～190℃）；木材表面开始炭化
	150	木材长期受热达到自身放热反应的临界温度（150℃），出现低温着火现象；同时发生吸、放热反应，但是化学反应缓慢；半纤维素开始分解；炭化进程缓慢，有少量气体产出
（2）点燃前的阶段	225	长期加热下如果组成条件满足时就被点燃；一般情况下不被点燃；纤维素软化；化学反应进程缓慢
	250	一般情况下还不会被点燃；生成热解产物，混合气体的构成接近临界点；260℃以下反应速度缓慢，260℃以上气体产出较快
（3）被点燃	270	激烈反应开始；木材温度急剧上升；气体产出增大，开始发烟；表面被点燃；木材质量减少到 61%
	290	形成焦油，气体产出增大，木材表面形成火焰；炭化进程加快，容易点燃，一次热解产物的二次分解所形成的放热反应剧烈
（4）发焰燃烧	350	气体产出达最大（350～400℃）；热解气体生成结束，形成焦油→气化；发烟结束（400℃）；二次热解反应（由放热反应转向吸热反应）；木材质量减少剧烈
	400	二次分解反应（吸热）；炭形成加剧；焦油的生成到 450℃ 结束；木炭石墨结构化（400℃以上）

续表

燃烧阶段	木材温度/℃	木材性状
（5）无焰燃烧	450	到达着火临界点；气体产出及焦油的生成结束（450℃）
	500	容易着火；与分解所残留的炭进行二次反应；无焰燃烧而使炭燃烧殆尽；木炭炭化到1500℃仍未完结

是否发生着火受热源、可燃性混合气体的浓度及氧气的影响，三者缺一不可。有足够的氧气或氧化剂，可燃性气体浓度达到必要浓度，再在火源的作用下开始着火。着火是燃烧的开始。因此，抑制或延迟着火的发生，在阻燃上具有重要的意义。在许多情况下，阻燃剂通过改变热分解途径，降低可燃性气体的浓度，以抑制或延迟着火的发生。

在气相中，可燃性混合气体燃烧形成火焰（有焰燃烧）；在固相中，由于木材脱水炭化，在热的持续作用下，炭化物燃烧不产生火焰（即无焰燃烧），最终固体炭变成灰分。当热解析出的气体很少时，有焰燃烧将近结束，氧气开始扩散到木炭表面，木炭开始燃烧。两种形式的燃烧同时进行一段时间以后，完全不析出可燃气体时，才完全成为木炭的无焰燃烧。无焰燃烧时，木炭仅仅产生表面氧化，燃烧较慢，只发出炽热亮光而无火焰。

燃烧放出的热量对相邻部位通过辐射、对流、热传导来加热，使之重新开始升温、分解、着火、燃烧的过程，如此逐渐发展下去，火焰逐步扩大。燃烧热是影响燃烧能否持续下去的主要因素。从燃烧反应热中扣除达到这种状态所需的热量之后，剩余热量成为燃烧可持续的条件：如果剩余热量为正，则燃烧可持续下去，否则在没有外界热源情况下，燃烧就会停止。当热量足以使相邻部位产生热分解并达到燃烧的程度时，那么燃烧形成的火焰就可向四周传播，造成火势蔓延，从而形成大规模的燃烧。燃烧能否蔓延下去，与木材固有的放热量有关，还取决于外部供给的热和氧。

木材不仅易燃，而且燃烧时释放出大量热能，平均燃烧热值为18kJ/g，大大加速了火灾的蔓延强度。据报道，木质结构房屋在着火后的5min内，温度可达500℃；10min后，温度猛增到700℃。

5.3.2　木材及其组分的热分解及其产物[39,42]

构成木材的三大组分是多糖类的纤维素和半纤维素、具有芳香族化合物结构的木质素及一些抽出物。从木材及其组分的TG曲线（图5-5）可以看出，木材受热温度达到200℃时质量损失过程缓慢；当温度达到260℃以上时质量损失比较剧烈，急剧的质量损失过程在340℃附近结束；温度继续升高，质量损失过程又变得缓慢。从木材及其组分的DTG曲线（图5-6）可以推定，与质量初始的缓慢损失，然后急剧损失，再到高温区的缓慢损失等过程相对应的成分分别是半纤维素、纤维素和木质素。

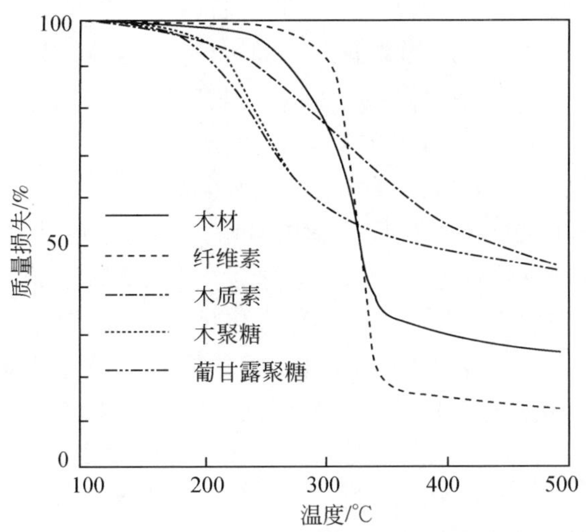

图 5-5　木材及其组分的 TG 曲线

木材为日本柳杉，纤维素为棉纤维，木质素为日本柳杉磨木木质素（MWL），木聚糖和葡甘露聚糖均来自落叶松木材；原始质量：木材和纤维素为 10mg，其他为 5mg

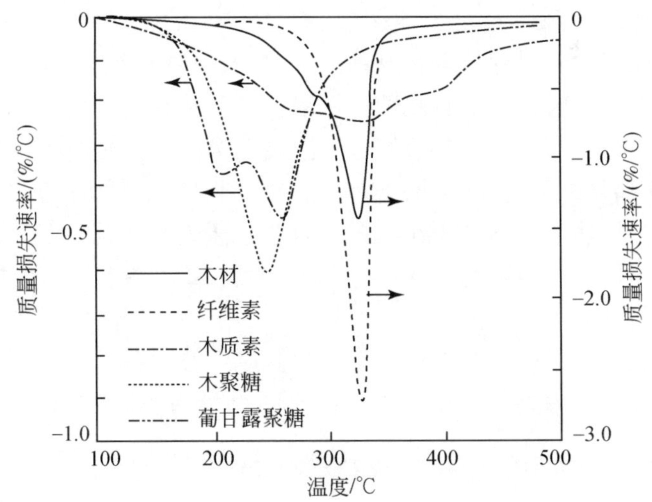

图 5-6　木材及其组分的 DTG 曲线

注解同图 5-5

纤维素不能直接燃烧，但在高热作用下分解形成的热分解产物能在气相发生有焰燃烧。纤维素在240~350℃的温度范围内分解。纤维素热分解的特征是生成以焦油成分形式存在的左旋葡萄糖（levoglucosan）。当温度升高达300℃左右时，纤维素发生解聚和糖苷键的断裂，形成左旋葡萄糖，生成量在38%左右，在水解而低分子化的纤维素中左旋葡萄糖占59%~63%。随着温度的升高，左旋葡萄糖可进一步分解成200余种化合物。同时，吡喃糖环被打开，生成乙酸、乙醛等。乙酸进而脱去羧基，乙醛脱去羰基，生成了CH_4、CO_2和CO。在水、酸、氧气存在的条件下，纤维素的热降解反应更为剧烈。

半纤维素在200~260℃的温度范围内分解。半纤维的热稳定性较纤维素低，而半纤维素中的木聚糖热稳定性最低，易于发生脱水反应。半纤维素在较低的温度下发生热分解，生成大量的乙酸及不燃性气体和少量焦油。

木材中的低分子质量抽提物，特别是萜烯类，具有较高的燃烧热（32.2~35.6kJ/g），受热后极易蒸发逸出并在气相燃烧产生火焰。

与纤维素、半纤维素相比，木质素具有相对高的热稳定性，这是由于其含碳量高（60%~66%），而且稳定的苯环结构在木质素大分子中占优势。木质素的热解过程较纤维素和半纤维素平缓得多，热解活化能（20~30kcal/mol）比纤维素的活化能（50~60kcal/mol）要低。因此，其热分解温度区间宽达230~550℃。在300℃左右，脂肪族侧链开始从苯环上裂开；在370~400℃时，木质素基本结构单元苯丙烷之间的碳碳键断裂，逐渐形成木炭。当温度在500℃时，生成的各种气体的比例约为：CO 50%，CO_2 10%，CH_4 38%，C_2H_6 2%。

在热分解阶段，木材保持着细胞的孔隙结构状态而形成木炭。木炭的生成主要是纤维素、木质素及其上的官能团、侧链，在热分解的初期（240~300℃）发生脱水反应，放出含H、O元素的气体，生成仍然保持着吡喃环或芳香族环中的C—C键结合焦油状缩合物，焦油焦炭混合物，即木炭。此时的木炭并非由纯粹的碳素构成。当加热温度达到300~400℃甚至以上时，木炭自身形成六方晶格炭的网状结构，而这种结构中的C—C键结合，在无氧状态下，即便加热到3000℃也不分解。

木炭的生成率因树种、含水率、热分解速度、分解条件的不同而不同，一般针叶树材的木炭生成率高于阔叶树材，而且与木质素的含量关系密切。

5.3.3 木材及木质材料的燃烧特性（CONE法）[43]

木材是一种因树种不同而组织结构、化学组成、密度等物理性质不同的天然复合材料，这些因素又影响到燃烧中的氧化反应和热流动而使木材的燃烧更加复杂。从组织结构来讲，宏观上木材有早材、晚材，心林边材之分，微观上细胞构造的差异，这些影响到加热、燃烧时热的移动等。从化学组成来讲，主要元素

C、H、O 的比率分别为 50%、6%、43%，且树种间的差异较小，但构成细胞壁、胞间层的纤维素、半纤维素、木质素的比率则应树种不同而不同，尤其是针叶树材与阔叶树材之间的差异明显。例如，木材的化学组成对其有效燃烧热（燃烧时每单位质量减少量的发热量）有影响，纤维素、甘露聚糖（mannan）、木聚糖（xylan）、木质素的有效燃烧热平均值分别为 13. 8MJ/kg、12. 4MJ/kg、10. 7MJ/kg、14. 7MJ/kg，说明木质素含量高的针叶树材的有效燃烧热比阔叶树材的高。燃烧伴随有热的传导，而材料的物理性质影响到热的传导。与热传导有关的因子有密度、热传导率、比热等。一般木材的比热与树种无关，表现为一个定值，而密度、热传导率则因树种而表现出差异。例如，最轻的西印度轻木（*Ochroma lagopus* Swartz）密度只有 0. 1g/cm^3，而最重的木材愈创木（*Guajacum officinale* L.）密度高达 1. 3g/cm^3。密度与热传导率的关系是密度越大热传导率越高，而且具有各向异性，即径向与弦向的热传导率相近，而纤维方向的热传导率为径向和弦向的 2. 5 倍[44]，而且木材的热传导率与木材单位体内含有的实体物质量及微纤丝角的方向等有很大关系。

5. 3. 3. 1　实体木材的燃烧特性[43,45]

1）着火特性

将木材或木质材料暴露在火焰下，或受到热辐射，木材由于热分解在其表面形成可燃气体层，当可燃气体达到一定浓度时，可燃气体层燃烧并伴随火焰，产生着火现象。材料着火后会放出大量的热。木材发生着火要满足以下两个条件：一是热分解产物与空气形成的可燃性混合气层要达到能够着火的浓度，二是外界为混合气层供给能够着火的必要能量，如明火、高温空气或辐射热等。只要同时满足这两个条件，木材就会发生着火。

着火特性反映的是材料被点燃的难易程度。锥形量热仪评价方法中以引燃时间来表征。木材着火特性受其密度、含水率、热传导率及加热表面的纹理特征、热源辐射强度等影响很大。木材着火时间与其密度呈线性正相关，亦即木材密度越大越不易被引燃或者被引燃的时间延长。受热面的结构特性对木材的引燃时间也有很大影响。当横切面为受热面时的引燃时间要比径切面或弦切面的时间长，径切面和弦切面没有明显差异。

利用锥形量热仪评价样品厚度、热源辐射强度、加热面的纹理方向对引燃时间的影响见表 5-8 和图 5-7。由表 5-8 和图 5-7 可知，加热面为横切面时引燃所需要的时间长，厚度对木材引燃时间影响不大，热源辐射强度越强木材引燃所需要的时间越短。

表 5-8　三种人工速生材的引燃时间（单位：s）

热源辐射强度/（kW/m²）	加热面	样品厚度/mm	杨木	杉木	马尾松
50	纵切面	10	11.0	12.0	—
	横切面	10	28.0	18.0	—
5	纵切面	10	11.0	12.0	21.0
	纵切面	20	14.0	13.0	21.0
30	纵切面	10	89.0	51.0	69.0
40	纵切面	10	21.0	21.0	30.0
50	纵切面	10	11.0	12.0	21.0

注：纵切面为 L×T 或 L×R 面，横切面为 R×T 面，以下同。

密度是木材的一项重要物理性能指标，它对木材的力学性能等有很大影响。同样，它对木材的燃烧特性也有很大影响。研究结果表明（图 5-8 和表 5-9），随着密度的增加，木材的引燃时间延长。同时还可以看出，在木材密度相同情况下，径切面和弦切面的引燃时间没有大的差异，而横切面的引燃时间要比径切面或弦切面都要长，横切面的引燃时间为径切面或弦切面的 1.6～1.7 倍。由表 5-9 可知，木材引燃时间与其密度高度相关。

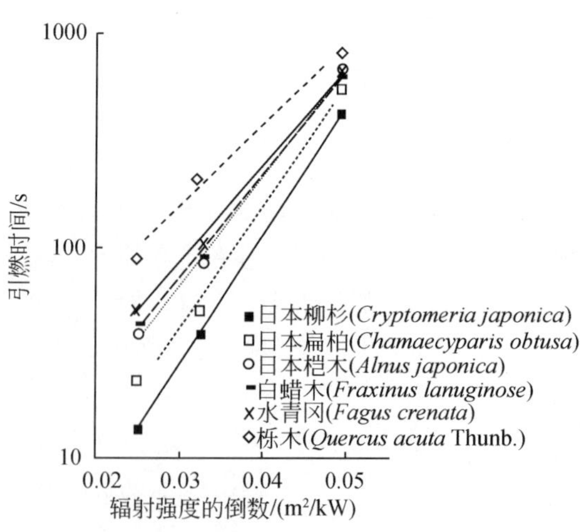

图 5-7　辐射强度对木材引燃时间的影响

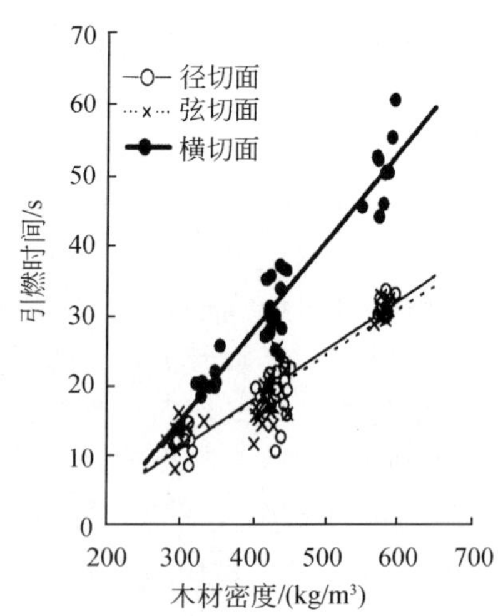

图 5-8　木材密度对引燃时间的影响

表 5-9　木材引燃时间与其密度的相关性

加热面种类	样品数	回归方程式		R^2
径切面	38	1 次方程式	$t_{ig}=-9.85+0.0701\rho$	0.92
		2 次方程式	$t_{ig}=6.80-0.00837\rho+8.80\times10^{-5}\rho^2$	0.93
弦切面	39	1 次方程式	$t_{ig}=-8.51+0.0660\rho$	0.86
		2 次方程式	$t_{ig}=16.80-0.0537\rho+1.35\times10^{-4}\rho^2$	0.89
横切面	37	1 次方程式	$t_{ig}=-22.6+0.126\rho$	0.91
		2 次方程式	$t_{ig}=5.01-0.00300\rho+1.33\times10^{-4}\rho^2$	0.96

综上所述，在辐射加热情况下，木材样品的厚度（10mm 以上情况）对其引燃时间没有影响；热源辐射强度越高，引燃时间越短；相同加热面情况下，密度越高引燃时间越长；密度相同情况下，径切面和弦切面的引燃时间没有大的差异，而横切面的引燃时间要比径切面或弦切面都要长。

2）释热特性

建筑物火灾规模取决于建筑物内可燃物质的量，木材作为建筑装饰装修和结构部件，燃烧放热是重要的指标。材料的释热特性可用释热速率、释热总量等来衡量。研究表明，释热速率对建筑物火灾的进程有很大影响。

利用锥形量热仪评价木材燃烧释热特性的释热速率和释热总量曲线见图 5-9。从释热速率曲线看出，木材燃烧放热有 4 个变化过程。一是从着火到表面燃烧的快速放热阶段，即第一释热高峰。这是表面木材受热分解，当表面一层可燃气体达到可燃的浓度且在明火作用下发生着火现象，放出大量的热。二是从第一峰结束到第二峰起始的平坦部分。这一阶段释热速率变化不大。主要是热量进一步向木材内部传递及炭化过程。三是当样品在厚度方向完全炭化后的燃烧，就出现了

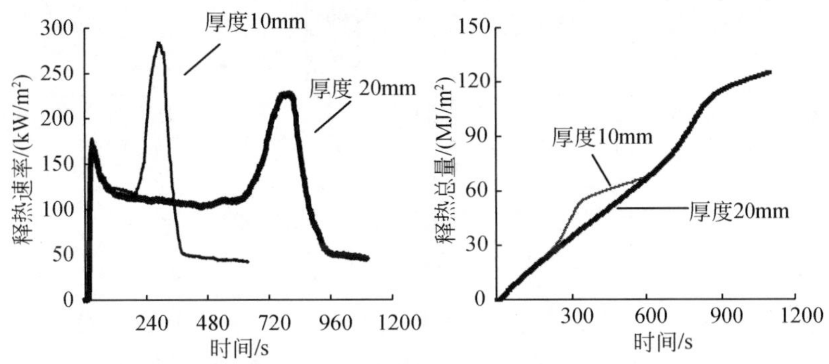

图 5-9　实体木材（马尾松）释热速率和释热总量曲线

纵切面，辐射强度 50kW/m²

第二释热高峰。四是第二释热高峰结束之后的平坦部分，火焰消失。从木材燃烧火焰的强弱变化也明显区分出 4 个阶段，第一和第三阶段火焰猛烈，而第二阶段的火势比较弱，第四阶段无火焰燃烧。

样品厚度对释热速率的影响表现在厚度增加使第二峰延迟出现且峰宽度增加、峰极值降低（图 5-10 和图 5-11）。第二峰延迟出现的原因是，厚度的增加使热量向样品厚度方向热传递过程延长，木材炭化过程时间延长。

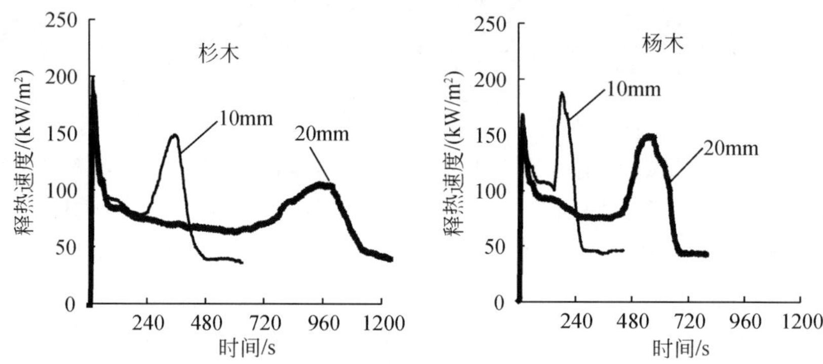

图 5-10 厚度对人工林木材释热速率的影响

纵切面，辐射强度 50kW/m²

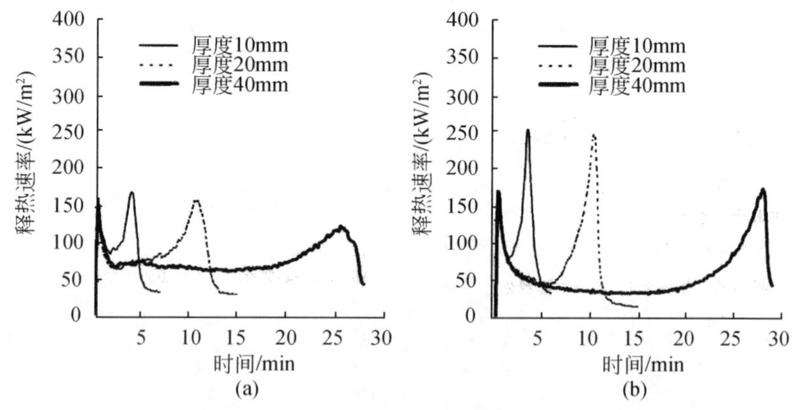

图 5-11 样品厚度对日本柳杉木材的释热速率的影响

（a）径切面；（b）横切面；辐射强度 40kW/m²

加热面对释热速率的影响主要表现在第二释热峰峰值的变化（图 5-12 和表 5-10）。横切面为加热面时的第二释热峰峰值，除了样品厚度 40mm 的罗汉柏和赤松木材外，都大于径切面或弦切面为加热面时的峰值。木材释热速率正比于有效燃烧发热量（即每损失 1% 的质量所释放出的热量）、木材密度和热传导率，而与比热成反比。对同一树种而言，有效燃烧发热量、密度和比热近似相同，此时热传导率大的横切面释热速率比径切面或弦切面的大。

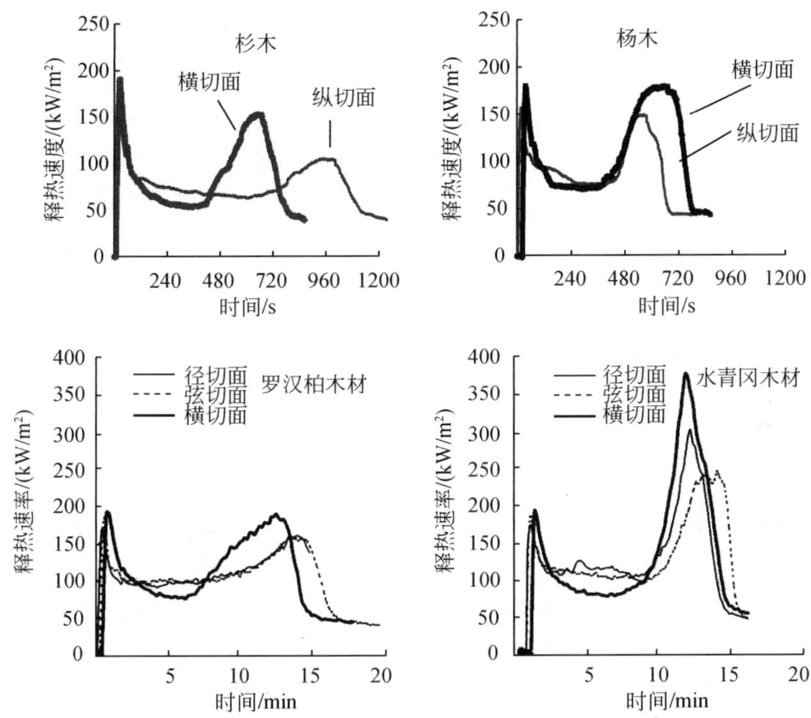

图 5-12　加热面对木材释热速率的影响

杉木和杨木的辐射强度为 50kW/m²，罗汉柏和水青冈的辐射强度为 40kW/m²，样品厚度 20mm

表 5-10　加热面对木材释热速率的影响

样品厚度/mm	树种	加热面	样品数	密度/(g/cm³)	释热速率/(kW/m²)					有效燃烧热/(MJ/kg)
					峰值		平均值			
					第一	第二	q''_{60}	q''_{180}	q''_{300}	
10	日本柳杉	R	3	0.313	171	192	120	105	117	14.2
		T	3	0.311	201	191	112	104	119	14.2
		C	3	0.344	201	342	144	146	139	14.5
	罗汉柏	R	3	0.430	190	193	128	114	122	14.3
		T	3	0.403	179	182	130	123	133	14.7
		C	3	0.435	200	302	150	152	182	15.3

续表

样品厚度/mm	树种	加热面	样品数	密度/(g/cm³)	释热速率/(kW/m²)					有效燃烧热/(MJ/kg)
					峰值		平均值			
					第一	第二	q''_{60}	q''_{180}	q''_{300}	
10	赤松	R	3	0.443	176	285	135	117	148	13.9
		T	3	0.419	161	232	127	114	133	13.9
		C	3	0.431	201	300	147	150	176	14.6
	水青冈	R	3	0.573	192	404	153	157	197	13.0
		T	3	0.572	189	422	145	144	195	12.7
		C	3	0.567	195	453	140	139	201	13.1
20	日本柳杉	R	3	0.299	158	156	110	88	84	13.0
		T	3	0.290	208	178	111	94	91	13.1
		C	3	0.329	190	274	133	101	88	12.3
	罗汉柏	R	3	0.424	180	160	125	104	98	14.4
		T	3	0.422	180	163	127	108	104	14.5
		C	3	0.428	193	189	143	118	103	13.8
	赤松	R	3	0.429	171	181	128	106	97	13.5
		T	4	0.429	165	184	127	108	100	13.2
		C	3	0.428	196	193	147	118	102	12.7
	水青冈	R	3	0.589	174	300	137	123	123	11.0
		T	3	0.582	182	268	136	120	114	11.3
		C	3	0.582	194	358	142	112	99	10.9
40	日本柳杉	R	3	0.303	160	127	109	86	81	13.7
		T	3	0.297	198	132	107	79	76	13.7
		C	3	0.336	189	199	133	99	86	13.0
	罗汉柏	R	4	0.444	190	132	123	99	93	15.6
		T	4	0.410	176	121	122	97	90	15.4
		C	3	0.419	193	111	141	114	99	15.3
	赤松	R	3	0.440	165	135	125	102	93	13.6
		T	3	0.434	156	146	120	104	97	13.6
		C	3	0.428	190	112	145	115	99	14.0
	水青冈	R	4	0.577	170	194	128	113	110	10.9
		T	4	0.581	179	217	133	109	102	11.2
		C	4	0.581	193	240	142	111	96	11.5

注：q''_{60}为试验开始到60s间的平均释热速率，q''_{180}为试验开始到180s间的平均释热速率，q''_{300}为试验开始到300s间的平均释热速率；R为径切面，T为弦切面，C为横切面；辐射强度为40kW/m²。

加热面对各时间段内平均释热速率的影响，除个别情况以外，大多数以横切面为加热面的高，对有效燃烧热的影响不明显。

热源辐射强度对释热速率的影响见表5-11 和图5-13。由表5-11 和图5-13 可知，随着热源辐射强度的增加，第一释热峰和第二释热峰峰值，各时间段内平均释热速率及 180s 内总释热均呈递增趋势。辐射强度的强弱主要表现在加热温度的差异。辐射强度达到 50kW/m^2、40kW/m^2、30kW/m^2 时，加热温度分别为 700℃、630℃、540℃左右。辐射强度或加热温度越高炭化速度越快，而炭化速度越快质量损失速率也越高，相应的释热速率也就越高[43]。因此，辐射强度的增加，木材释热速率也提高。

表 5-11　热源辐射强度对木材释热性和失重的影响

树种	加热面	厚度/mm	辐射强度/(kW/m^2)	释热速率/(kW/m^2)					释热总量②(MJ/m^2)	平均质量损失速率/[g/(s·m^2)]
				峰值		平均值①				
				第一	第二	q''_{60}	q''_{180}	q''_{300}		
杉木	纵切面	10	30	184	87（499）	87	63	59	10	5
			40	179	118（394）	111	86	81	15	6
			50	183	108（356）	124	99	97	18	8
		20	30	175	95（1145）	88	66	61	10	5
			40	161	108（985）	107	83	76	15	6
			50	183	112（964）	122	93	84	17	6
	横切面	10	30	153	177（283）	112	103	114	13	9
			40	173	209（229）	128	121	122	18	10
			50	182	231（218）	135	130	127	20	11
		20	30	149	128（760）	111	78	66	13	6
			40	174	145（744）	130	92	77	15	7
			50	193	149（647）	139	96	80	17	7
杨木	纵切面	10	30	156	145（282）	98	80	90	13	8
			40	153	189（244）	118	103	114	18	9
			50	170	187（185）	132	124	110	21	10
		20	30	137	159（778）	101	83	78	13	7
			40	152	164（636）	120	90	89	16	8
			50	173	170（643）	131	106	98	19	9
	横切面	10	30	149	280（302）	114	113	112	10	14
			40	161	308（247）	129	129	154	17	15
			50	177	315（232）	138	142	155	22	16
		20	30	141	183（799）	108	77	64	11	8
			40	165	209（707）	126	92	80	15	10
			50	184	199（648）	138	102	90	18	11

续表

树种	加热面	厚度/mm	辐射强度/(kW/m²)	释热速率/(kW/m²) 峰值 第一	第二	平均值① q''_{60}	q''_{180}	q''_{300}	释热总量②(MJ/m²)	平均质量损失速率/[g/(s·m²)]
马尾松	纵切面	10	30	145	174（383）	108	88	94	12	9
			40	151	236（336）	130	111	127	18	12
			50	179	274（286）	151	132	163	22	14
		20	30	142	167（1061）	115	92	84	11	8
			40	158	207（905）	135	110	100	17	9
			50	173	197（743）	150	124	117	21	10

①q''_{60}：试验开始到60s间的平均释热速率，q''_{180}试验开始到180s间的平均释热速率，q''_{300}试验开始到300s间的平均释热速率。

② 0～180s的释热总量；（ ）内的数字代表第二峰出现的时间；样品数量为3。

由表5-11可知，随着辐射强度的增强，木材释热速率曲线第二峰出现的时间提前。图5-14反映的是释热速率曲线第二峰出现的时间与样品背面温度达到300℃所需要时间之间的关系。由图5-14可知，二者之间高度相关。由木材热重曲线可知，不论树种如何，一般木材剧烈的质量损失发生在300℃左右，这与木材急剧的热分解过程密切相关。因此，通过第二峰出现的时间可以有效判断木材热分解进程。

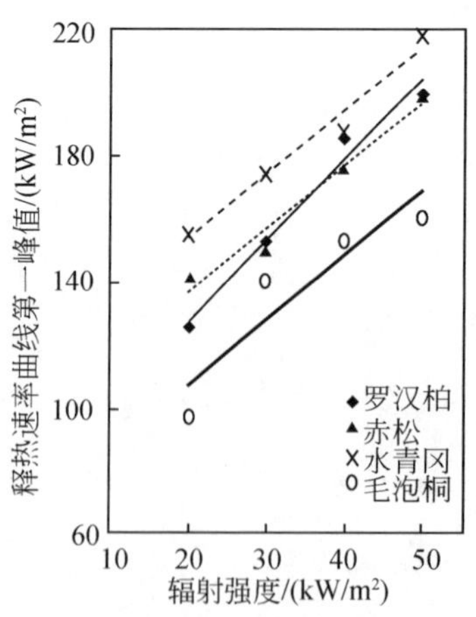

图5-13 热源辐射强度与释热速率曲线第一峰值的关系

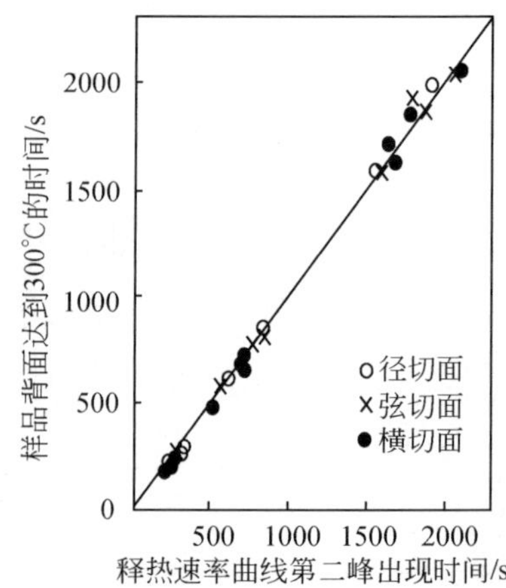

图5-14 释热速率第二峰出现的时间与样品背面温度的关系

不同树种所表现出来的燃烧释热特性也不同。例如，日本柳杉、罗汉柏、赤松和水青冈之间相比较，在相同辐射强度下，水青冈木材第二峰值较其他树种格外高，日本柳杉横切面的第二峰值较罗汉松、赤松的高。

3）炭化特性

木材及木质材料燃烧时不仅有火焰在表面的蔓延也有燃烧不断向材料内部的扩展（图 5-15），炭化速度是表征这一过程的一个重要指标。一般用单位时间内质量减少（也有用尺寸变化量的）来表示。

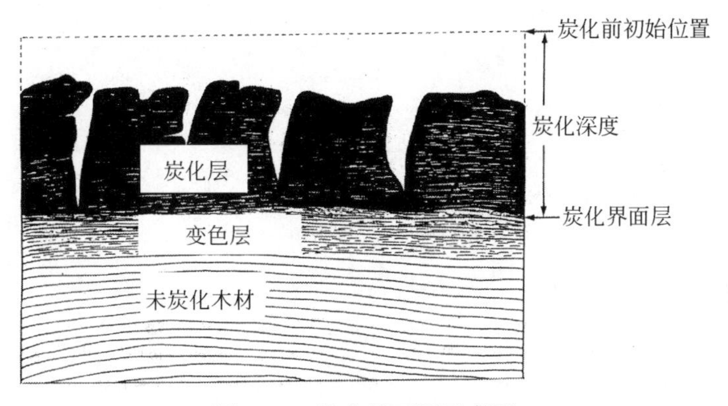

图 5-15　炭化界面层示意图

炭化过程主要是纤维素、木质素及其上的官能团、侧链，在热分解的初期阶段（240 ~ 300℃）发生脱水反应，放出含 H、O 元素的气体，而此时仍然保持着吡喃环或芳香族环中的 C—C 键结合。此时的木炭并非由纯粹的碳素构成。当加热温度达到 300 ~ 400℃以上，木炭自身形成六方晶格炭的网状结构，而这种结构中的 C—C 键结合，在无氧状态下，即便加热到 3000℃也不分解。

影响炭化速度的因素很多，外部因素包括周边温度、加热速度、加热温度、热解产物以及热解产物释出给周边带来的变化等；内部因素主要是木材密度、比热、热和火焰的浸透性、含水率、化学组成等。炭化速度因纤维方向而异，沿着纤维方向的炭化速度约是径向的 2 倍。材料越厚炭化速度越慢。各种规格材和集成材的平均炭化速度见表 5-12。

表 5-12　各种规格材和集成材的平均炭化速度

研究者	材料	断面尺寸 /（cm × cm）	含水率/%	平均炭化速度 /（mm/min）	燃烧时间 /min
D. I. Lawson C. T. Webster L. A. Ashton	花旗松、云杉规格材	15.2 × 5 22.8 × 5	气干	0.5	约 30
Nat. Lumb Manufu. Associ.	规格材	35.4 × 10	气干	0.6	13

续表

研究者	材料	断面尺寸 /（cm×cm）	含水率/%	平均炭化速度 /（mm/min）	燃烧时间 /min
H. Dorn K. Egner	集成材（针叶树）	40×16	13.5～18	0.55～0.56 0.66	30 60
H. Lundsgaard C. Boye P. K. Hansen	集成材（针叶树）	34×20	12	0.5	60 120
A. Havulinna C. Holm	集成材（针叶树）	25×7	12～14	0.34～0.58	30 60
今泉	冷杉属	46×8	12.1～13.5	0.6	30
K. Tenning	集成材（针叶树）	14.3×42.0	气干	0.77 0.58	30 60
TRADA	橡木集成材	10×25	气干	0.4	15
TRADA	橡木集成材	8×26 10×36	气干	0.4	15

木材密度与炭化深度之间的关系见图5-16。由图可知，加热时间相同时，木材密度越高炭化深度越浅。因此，一般情况下密度高的木材被烧穿所用时间要长。但也有例外情况，如日本桤木、白蜡木、水青冈等木材，虽然密度很大但炭化深度也很深，不能单纯依照表观密度来推测炭化速度。

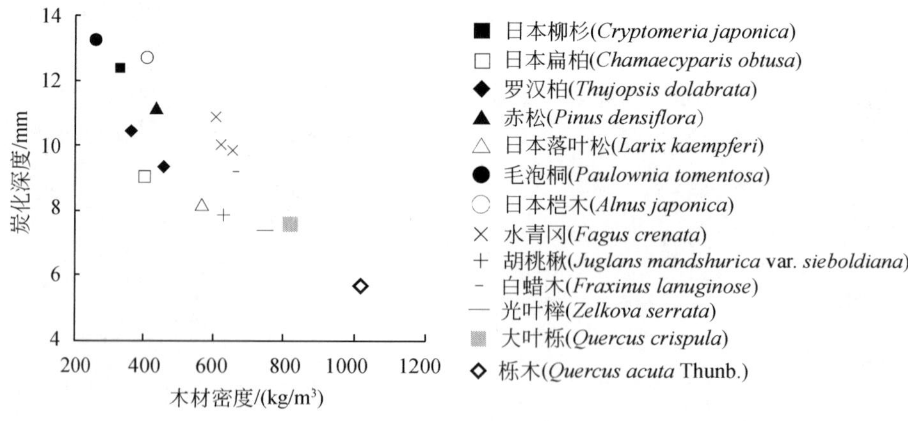

图5-16　木材密度对其炭化深度的影响

对于结构用大断面集成材（所用胶黏剂为间苯二酚树脂）的耐火性能已经做了大量的研究工作。对于构成梁、柱的大断面集成材，其本身的耐火性能以及接合部的耐火性能是确保建筑物火灾安全性的重要因素。增大断面面积可以提高集成材本身的耐火性能。按照上述的木材炭化速度 0.5 ~ 0.7mm/min 来计算，一个断面积在 300cm^2 以上，且一边长超过 15cm 的大断面集成材，虽然由于炭化、燃烧产生部分损失，但残余的部分就可以使结构保持一定的强度，使结构具有必要的耐火时间。

4）质量损失特性

木材质量损失速率曲线与其释热速率曲线有着相似的变化过程（图 5-17）。这是因为木材热分解时大分子降解为小分子，伴有放热现象；而产生挥发性的小分子，造成质量的损失。这进一步揭示出质量损失与放热的密切相关性。因此，加热面、样品厚度等对质量损失速率的影响与对释热速率的影响有着相似的结论。

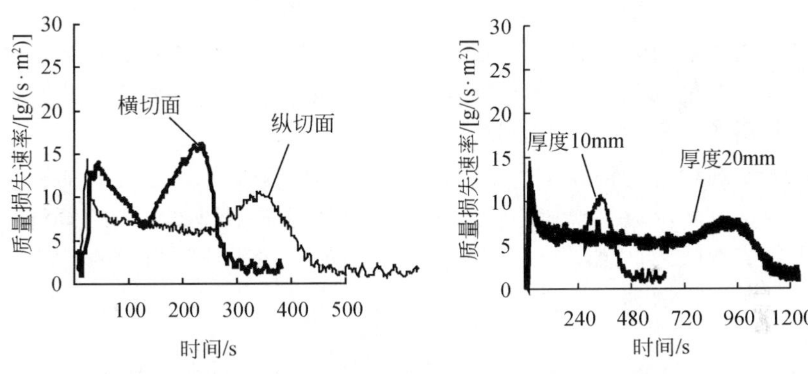

图 5-17　加热面和厚度对杉木木材质量损失速率的影响（辐射强度 50kW/m^2）

木材密度对质量损失速率的影响见图 5-18。由图 5-18 可知，木材密度越大质量损失速率越大。这是因为木材释热速率与质量损失速率高度相关，木材密度越大，引燃时间越长，而一旦被引燃，意味着将形成高发热量的燃烧。但日本桤木、白蜡木、水青冈等木材也有例外，所以木材密度与质量损失速率之间并不是高度相关。产生这种差异的原因，与木材组织构造有关。通过显微镜观察发现，包括这三种木材在内的阔叶树材，导管比率较高，日本桤木、白蜡木、水青冈分别为 30.9%、28.0%、41.7%。将燃烧后的试样解剖并用显微镜观察炭化界面发现，导管聚集的部分比纤维细胞聚集的部分炭化要快。因此，木材燃烧时的质量损失速率和炭化速率不仅与木材密度有关，还与其组织结构，尤其是导管的比率有关。

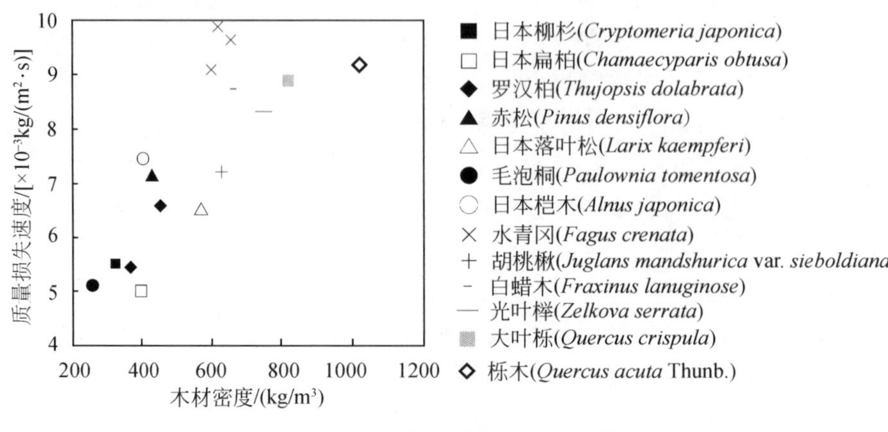

图 5-18 木材密度与质量损失速率的关系

5）发烟特性

建筑火灾产生的烟常常是造成人员伤亡的重要原因。可燃物在燃烧时会产生一些烟尘。由于烟对光的吸收和散射作用，使得仅有一部分光能够穿过烟气，从而降低了火场的能见度，能见度的降低不利于火灾扑救和火场人员的疏散。因此，评价材料的发烟性具有重要意义。

有机物质燃烧时，物质中的各种成分因热分解蒸发、产生游离的炭，然后发生燃烧，放出许多反应生成物。烟就是物质燃烧过程中释放出来的蒸汽、热分解生成的未燃烧的微粒、燃烧过程中凝集液滴微粒、炭固体颗粒及灰分这种燃烧残渣粒子等，游离扩散到空气中而形成的。与合成高分子材料相比，木材的发烟量要小得多。

烟的成分因热分解、燃烧条件的不同而有些差异，但主要是一些不燃性气体、可燃性气体、木醋液、焦油、游离炭等。不燃性气体主要是蒸汽、CO_2 等；可燃性气体主要是 CO、氢气、醛类、酮类等；木醋液主要是甲酸、乙酸等；焦油主要是醛类、酚类等。

消光系数反映的是木材受热分解释放出烟气的浓度。图 5-19 给出了不同厚度的杨木、杉木和马尾松木材在辐射强度 50kW/m^2 下的消光系数。从试验开始到结束，木材消光系数曲线有两个强的发烟峰，一个是木材从开始受热到着火，另一个是炭化过程结束后。这与木材燃烧时释热速率曲线、质量损失速率曲线的变化过程相似。这进一步说明，木材燃烧过程中伴随着质量的损失，不仅产生了热还产生了烟，而且质量损失的强弱影响到产生热和烟的强弱。由图 5-19 可知，三个树种中以马尾松的产烟浓度高，杨木和杉木的产烟浓度相近；样品厚度增加，第二产烟峰出现时间延迟，且峰变宽。

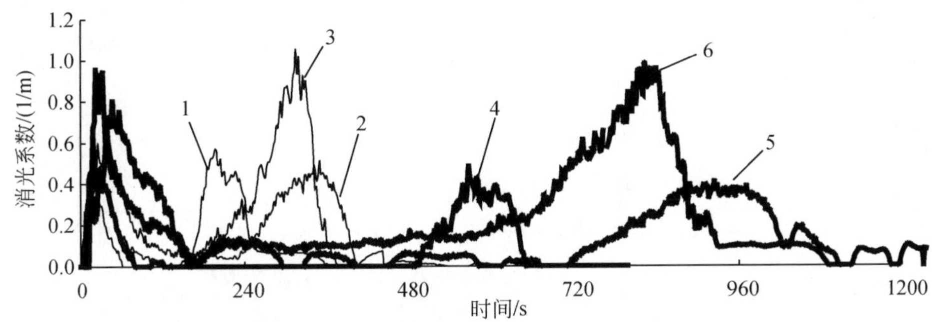

图 5-19　不同树种及不同厚度的木材燃烧时的消光系数（辐射强度 50kW/m²）
1 和 4：杨木，厚度分别为 10mm、20mm；2 和 5：杉木，厚度
分别为 10mm、20mm；3 和 6：马尾松，厚度分别为 10mm、20mm

图 5-20 反映了热源辐射强度对发烟总量的影响。发烟总量曲线中的两个倾斜直线段分别对应着消光系数曲线的两个峰。在三种热源辐射强度下，相同时间内，$50kW/m^2$ 和 $40kW/m^2$ 的产烟量比 $30kW/m^2$ 的略高，产烟的强度（倾斜直线段的斜率）相差无几；炭化过程结束后，辐射强度的影响变得明显，$50kW/m^2$ 的产烟量最高，$30kW/m^2$ 的最低，产烟的强度 $50kW/m^2$ 和 $40kW/m^2$ 的相近，而 $30kW/m^2$ 的比较缓慢。这是因为热源辐射强度增加，木材炭化速度、质量损失速率相应加快，导致可挥发性物质及炭颗粒浓度增加，烟气浓度也就增加。

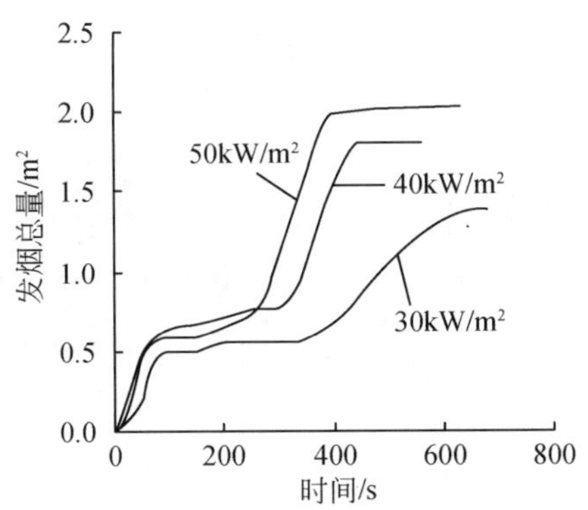

图 5-20　热源辐射强度对木材发烟总量的影响
人工林杉木，厚度 10mm

随着各种新型材料的出现和广泛使用，可燃物燃烧释放出的烟气导致火场人员窒息和中毒成为火灾致死的主要因素之一。当 CO 体积分数为 0.5% 时，20 ~ 30min 内可使人窒息死亡：人在 CO_2 中短时间暴露时的 CO_2 的危险体积分数是 10%，较长时间暴露时 CO_2 的最大允许体积分数是 0.5%[29]。因此 CO 及 CO_2 生

成率也是衡量材料火灾危险性的重要参数。表 5-13 列出了两种木材在不同热源辐射强度下的 CO、CO_2 生成率[46]。由表可知，随着热源辐射强度的增加，CO 生成率逐渐降低，50kW/m^2 比 20kW/m^2 时下降一个数量级；而 CO_2 生成率则刚好相反。

表 5-13 辐射强度对木材 CO、CO_2 生成率的影响

辐射强度/（kW/m^2）	CO 生成率/（kg/kg）		CO_2 生成率/（kg/kg）	
	柞木	金不换	柞木	金不换
20	0.0135	0.0203	0.5957	0.4686
30	0.0062	0.0056	1.1894	1.1201
40	0.0037	0.0016	0.1979	1.0961
50	0.0015	0.0024	1.1682	1.1282

5.3.3.2 木质复合材料的燃烧特性

1）胶合板[47]

室内发生火灾时，热辐射是火灾发展和传播的主要途径。热量从高温火焰和烟气通过热辐射引燃邻近可燃物。一般情况下，当室内火灾发展到轰燃时，高温烟气和火焰对物体的热辐射强度在 75kW/m^2 左右。对 4 种典型的胶合板（厚度分别为 3mm、5mm、9mm 和 12mm），选择三种外加热辐射强度（分别为 25kW/m^2、50kW/m^2和 75kW/m^2），评价其燃烧性能。

表 5-14 给出了 4 种胶合板在不同辐射强度下的引燃时间。4 种材料的引燃时间均随着辐射强度的增加而缩短，而且材料个体之间的差异也在缩小。当辐射强度达到 50kW/m^2甚至更高的 75kW/m^2 后，不论材料厚度如何，引燃时间相差无几。说明热源的辐射强度对材料引燃时间的影响起着决定性作用。

表 5-14 热源辐射强度对胶合板引燃时间的影响

厚度/mm	密度/（g/cm^3）	引燃时间/s		
		25kW/m^2	50kW/m^2	75kW/m^2
3	0.389	68	20	10
5	0.556	138	26	11
9	0.565	147	27	11
12	0.609	192	29	12

热源辐射强度对 4 种胶合板材料释热速率的影响见图 5-21。一般木材的释热速率曲线出现两个峰，但 3mm 厚胶合板的热释放速率曲线只出现一个峰值，原

因是材料厚度的影响。由于材料很薄，点燃后向内部传热的过程，即炭化过程很快完成，而且所形成炭层的隔绝作用不明显。因此，在材料的燃烧过程中没有出现第二个峰。随着样品厚度的增加，开始出现了两个峰（结果只记录到 600s 以内，所以 12mm 厚胶合板没有出现第二个峰）。随着热源辐射强度的增加，材料释热速率曲线的各峰值出现时间提前，而且释热速率各峰值都增大。

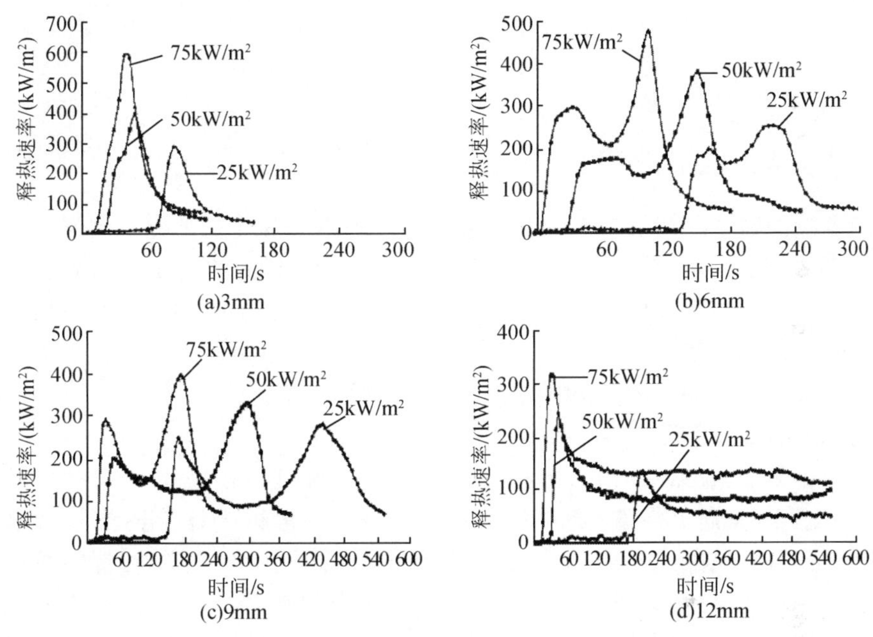

图 5-21　辐射强度对胶合板材料释热速率的影响

平均释热速率是火灾性能设计中的一个重要参数，可以根据它对材料在燃烧阶段的释热情况作出评估。平均释热速率越大，材料燃烧越猛烈。表 5-15 给出了点燃后 180s 内胶合板的平均释热速率。由表 5-15 可知，随着辐射强度的增加，材料的平均释热速率在增大。

表 5-15　辐射强度对材料点燃后 180s 内的平均释热速率的影响

厚度/mm	密度/(g/cm³)	平均释热速率/(kW/m²)		
		25kW/m²	50kW/m²	75kW/m²
3	0. 389	140. 7	201. 0	284. 0
5	0. 556	133. 2	168. 6	206. 5
9	0. 565	125. 7	139. 2	212. 8
12	0. 609	83. 3	111. 5	161. 6

辐射强度对胶合板平均质量损失速率的影响见表 5-16。由表 5-16 可知，随着辐射强度的增加，材料点燃后 180s 内的平均质量损失速率增加。

表 5-16　辐射强度对材料点燃后 180s 内的平均质量损失速率的影响

厚度/mm	密度/(g/cm³)	平均质量损失速率/[g/(m²·s)]		
		25kW/m²	50kW/m²	75kW/m²
3	0.389	7.9	9.8	11.5
5	0.556	8.5	11.3	12.3
9	0.565	8.1	10.0	11.7
12	0.609	7.6	8.9	11.2

胶合板的密度是影响材料燃烧性能的重要因素，因为密度影响木材的热扩散速率，密度越小的木材具有越好的隔热作用。胶合板的密度增加，材料引燃时间延迟，质量损失速率增加。胶合板厚度不影响材料的引燃时间，却影响质量损失速率。随着外加热辐射量的增加，胶合板的质量损失速率增加，热释放速率也增加，而引燃时间缩短，因此材料的火灾危险会增加。

2）中密度纤维板

利用锥形量热仪对 12mm 厚中密度纤维板（MDF，密度 0.6g/cm³）及强化地板（市售）在辐射强度 50kW/m² 下的燃烧特性进行了评价，试验结果见图 5-22 和表 5-17。图 5-22 表示的是 MDF 在试验过程中释热速率和释热总量的变化曲线。由图 5-22 和表 5-17 可知，与厚度相当的木材相比（见表 5-8 和表 5-11），MDF 的引燃时间有所延长，而 180s 间的平均释热速率、180s 间的释热总量等都有很大提高。

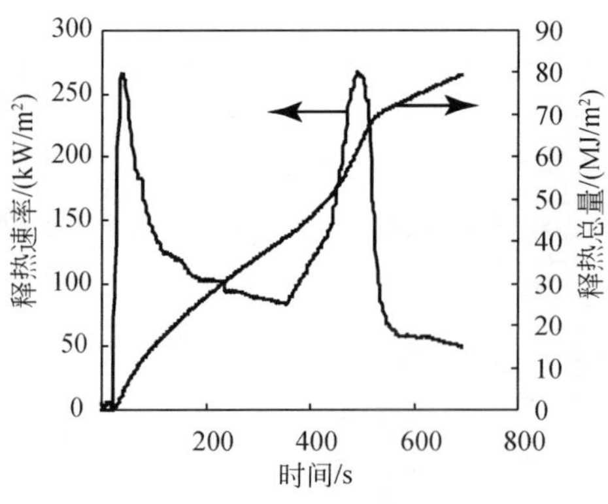

图 5-22　MDF 的释热速率和释热总量曲线

表5-17　MDF在辐射强度50kW/m² 下的试验结果

类别	项目及指标	普通MDF	强化地板
基础数据	样品厚度/mm	11.9	12.3
	样品质量/g	75.2	111.7
	热源辐射强度/(kW/m²)	50.0	50.0
	试验时间/s	660.8	600.3
测试结果	释热速率峰值/(kW/m²)	266.72（490.8）	274.40（46.3）
	60s间平均释热速率/(kW/m²)	209.99	195.76
	180s间平均释热速率/(kW/m²)	148.77	157.96
	300s间平均释热速率/(kW/m²)	126.57	139.75
	180s间释热总量/(MJ/m²)	24.80	24.58
	300s间释热总量/(MJ/m²)	36.40	38.78
	600s间释热总量/(MJ/m²)	74.50	75.75
	平均有效燃烧热/(MJ/kg)	12.55	11.04
	平均比消光面积/(m²/kg)	43.47	8.05
	平均质量损失速率/[g/(s·m²)]	10.77	11.17
	引燃时间/s	28.40	41.70

注：（ ）内数据表示释热速率峰值出现的时间，单位为s。

与普通MDF相比，在相同辐射强度下，市售强化地板的引燃时间有所延长，但释热速率峰值、180s和300s间的平均释热速率比普通MDF高出许多，300s、600s间的释热总量比普通MDF略高。

5.3.3.3　竹材的燃烧特性

卢凤珠等[48-49]利用锥形量热仪（ASTM E-1354-93）对毛竹的燃烧特性进行了研究。将毛竹试材通过拼接加工成径切面、弦切面和横切面试件，试件尺寸：100mm(长)×100mm(宽)×15mm(厚)。热辐射功率50kW/m²。

1）引燃时间

表5-18表示的是加热面对毛竹材引燃时间的影响。从表可以看出，以弦切面为加热面时，从外层（竹青）到中层（竹肉）的引燃时间迅速下降，加热面为内层（竹黄）时引燃时间又突然增大；以径切面和横切面为加热面时，引燃时间竹壁外层>中层>内层。单纯以竹壁中层为对象，结果表明，毛竹材以横切面为加热面时引燃时间比径切面或弦切面的长，径切面与弦切面之间的差异很小。

表 5-18 毛竹材不同加热面的引燃时间

加热面	弦切面			径切面			横切面		
竹壁层	外层	中层	内层	外层	中层	内层	外层	中层	内层
引燃时间/s	34.0	13.3	19.3	27.3	13.1	10.3	44.3	16.7	14.3

竹龄对毛竹材引燃时间的影响见表 5-19。随着竹龄的增加，毛竹材的基本密度逐渐增大，引燃时间也呈增加趋势，4 年生竹材的引燃时间达到最大，以后变化幅度不明显。

表 5-19 竹龄对毛竹材引燃时间的影响

竹龄/年	1	2	3	4	5	6
密度/(g/cm^3)	0.579	0.604	0.619	0.655	0.648	0.647
引燃时间/s	21.0	21.3	22.3	26.3	25.7	25.0

2）释热速率

加热面对毛竹材释热速率的影响主要表现在第二释热峰的变化（图 5-23）。由图 5-23 可知，加热面为横切面时，释热速率第二峰峰值最低，其次是径切面，峰值最高的是弦切面；而峰值出现时间以横切面最早，其次是弦切面，径切面最迟。由表 5-20 可知，毛竹材从试验开始到 60s、180s、300s 间的平均释热速率及 300s、600s 间的热释放总量，基本上是以径切面为加热面情况最大，而弦切面和横切面互有高低。不论加热面如何，释热速率峰值出现在第二峰。

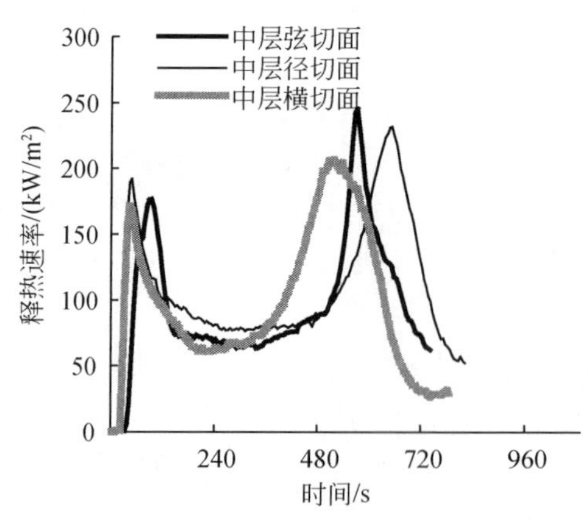

图 5-23 加热面对释热速率的影响（竹壁中层）

表 5-20　加热面对毛竹材释热特性的影响（竹壁中层）

加热面	平均释热速率/(kW/m^2)			释热总量/(MJ/m^2)	
	60s 间	180s 间	300s 间	300s 间	600s 间
弦切面	103.6	104.0	100.1	826	3102
径切面	139.9	112.5	99.7	911	3420
横切面	129.0	99.6	85.0	804	3284

竹龄对释热速率曲线的影响见图 5-24。随着竹龄的增加，毛竹材释热速率第一峰值有降低趋势；释热速率峰值与竹龄的关系不明显，而出现的时间趋于延迟。

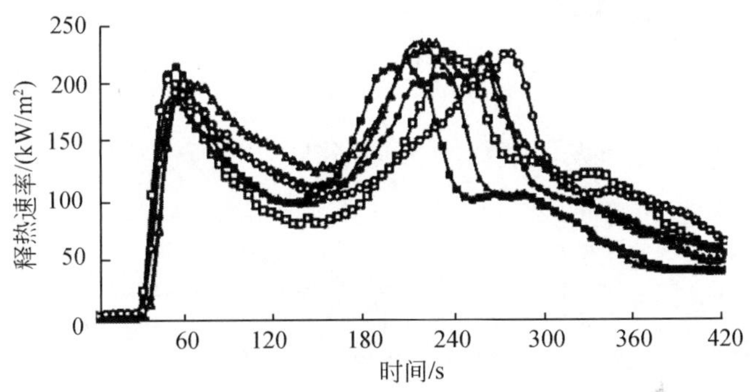

图 5-24　不同竹龄毛竹材的释热速率曲线

■ 1 年生；□ 2 年生；▲ 3 年生；△ 4 年生；● 5 年生；○ 6 年生

3）质量损失速率

由图 5-25 可知，竹材质量损失与发热过程有着相似的变化曲线。弦切面为加热面时，质量损失速率峰值在第一峰，第二峰出现时间最迟；横切面为加热面时，质量损失速率第二峰出现的时间提前，峰宽度增加。

4）发烟总量

竹壁中层发烟总量变化情况见图 5-26。由图 5-26 可知，发烟量以横切面最高，径切面次之。试验开始后的一段时间内，加热面对发烟量影响的差异不大。当炭化过程结束后，加热面之间的差异开始显现出来。首先，横切面和径切面的情况发烟量陡然增加，且横切面的发烟量比径切面的还高，而弦切面的发烟相对比较缓慢。

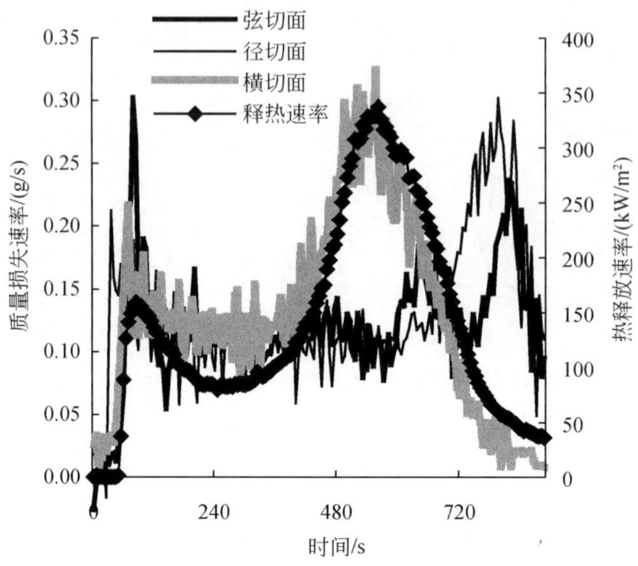

图 5-25　竹壁外层质量损失、热释放速率

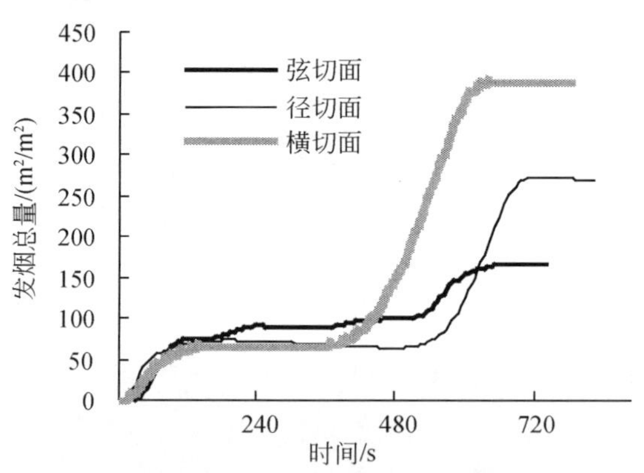

图 5-26　竹壁中层发烟总量曲线

竹龄对发烟总量的影响见图 5-27。由图 5-27 可知，竹材发烟总量随竹龄的增加而变大，4 年生的竹材达到最大，而后变化不明显。这可能与毛竹材的纤维素含量和基本密度等有关，因为毛竹长到 4 年时，纤维素含量和基本密度等已趋基本稳定。

通过锥形量热仪评价发现，毛竹材的引燃时间、释热速率第一峰和第二峰发生的时间、发烟总量随竹龄的增加而增大，释热速率第一峰值和平均质量损失率随竹龄的增加而减小。经多重比较和方差分析（表 5-21），竹龄对毛竹材引燃时

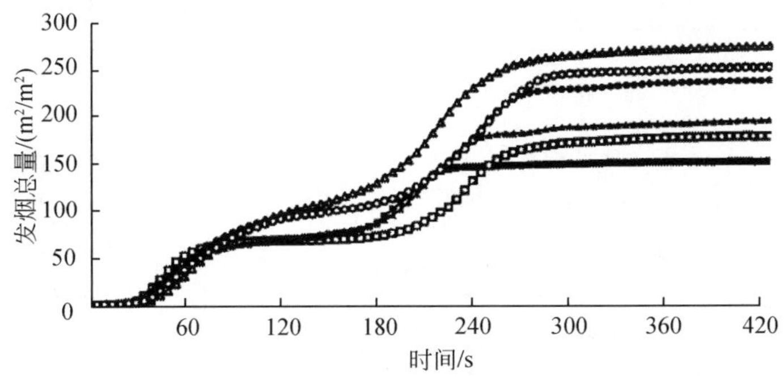

图 5-27 竹龄对发烟总量的影响

■ 1 年生；□ 2 年生；▲ 3 年生；△ 4 年生；● 5 年生；○ 6 年生

间、释热速率第一峰和第二峰发生的时间、发烟总量影响极显著；对质量损失率影响显著；对第二释热峰影响不显著；毛竹材的各项燃烧性能的差异 3 年生以后在不断减少，4 年生以后的各项燃烧性能趋于稳定，并稳定在较高水平。

表 5-21 不同竹龄毛竹材燃烧性能方差分析的 *F* 值

变差来源	引燃时间	释热速率		质量损失速率	发烟总量	比消光面积		
		第一峰	第二峰			a_{60}	a_{180}	a_{300}
竹龄	10.49	6.40（5.14）	1.13（31.84）	3.53	15.86	16.20	13.86	14.27

说明：$F_{0.01}(5.12)=5.06$，$F_{0.05}(5.12)=3.11$；（ ）内数据表示峰值发生时间的 *F* 值；a_{60}、a_{180}、a_{300}分别代表 60s、180s、300s 的比消光面积。

5.3.3.4 木塑复合材料的燃烧特性

木塑复合材料（wood-plastic composites，WPC）是国内外近年蓬勃兴起的一类新型复合材料，是指利用聚乙烯、聚丙烯和聚氯乙烯等作为基料，与超过 50% 以上的木粉、稻壳、秸秆等植物纤维混合成新的木质材料，再经挤压、模压、注射成型等塑料加工工艺，生产出板材或型材。主要用于建材、家具、物流包装等行业。木塑复合材料的最主要用途之一是替代实体木材在各领域中的应用，其中，应用最广泛的是在建筑产品上，占木塑复合材料总量的 75%。因此，了解木塑复合材料的燃烧性能，对木塑复合材料在建筑工程中的应用，特别是对火灾有较高要求的场所，将具有现实意义。

利用锥形量热仪评价 WPC 的结果见表 5-22。试验所用木塑复合材料中，塑料为聚丙烯（PP），与木粉的质量比为 40∶60。

表 5-22 WPC 在辐射强度 50kW/m² 下的试验结果

类别	项目及指标	WPC
基础数据	样品厚度/mm	6.3
	样品重量/g	82.2
	辐射强度/(kW/m²)	50.0
	试验时间/s	1126.6
测试结果	释热速率峰值/(kW/m²)	407.69 (44.6)
	平均释热速率/(kW/m²)	161.46
	60s 间平均释热速率/(kW/m²)	311.16
	180s 间平均释热速率/(kW/m²)	247.77
	300s 间平均释热速率/(kW/m²)	225.88
	总发热量/(MJ/m²)	178.85
	180s 间释热总量/(MJ/m²)	40.52
	300s 间释热总量/(MJ/m²)	40.52
	600s 间释热总量/(MJ/m²)	40.52
	平均有效燃烧热/(MJ/kg)	27.58
	平均比消光面积/(m²/kg)	206.87
	平均质量损失速率/[g/(s·m²)]	7.138
	引燃时间/s	27.3

注：( ) 内数据表示释热速率峰值出现的时间，单位：s。

1）引燃时间

试验结果表明，木塑复合材料（WPC）的引燃时间平均在 27s 左右，与人工林杉木（13.8s）、杨木（11s）和马尾松（17.7s）以及紫椴（7.5s）、红松（10.3s）[50] 相比，延长许多；与中密度纤维板（密度 0.6g/cm³）的 28s 相当。这与材料的密度有关。密度越高，木材的引燃时间越长。WPC 的平均密度为 1.2～1.3g/cm³，中密度纤维板的密度 0.6g/cm³（表面密度还要高），而上述木材的气干密度：马尾松为 0.5～0.6g/cm³，杉木和杨木为 0.3～0.4g/cm³。因此，WPC 由于密度高而引燃时间长。

2）释热特性

对于纯 PP，在 50kW/m² 热辐射强度下，其释热速率曲线为一个尖锐的峰，释热速率峰值为 1750.8 kW/m²[11]。加入木材后释热速率曲线变成有两个释热峰的曲线（图 5-28），与木材和中密度纤维板的释热速率曲线相似，最大区别在于第二峰峰值小；WPC 的释热速率峰值 403.7kW/m²，与纯 PP 相比降低了 76%，与加入 20% IFR 和 4% 改性蒙脱士（MMT）的效果（峰值 390.2kW/m²，降低

78%）相近[11]。WPC 的释热总量为 180MJ/m^2（试验时间 1200s），有效燃烧热在 28MJ/kg 左右。

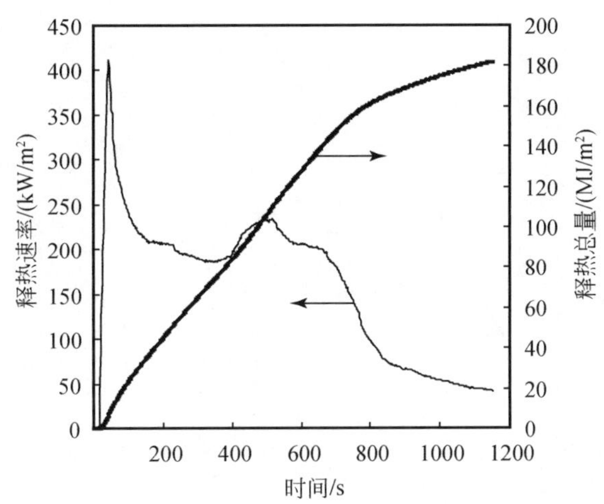

图 5-28　木塑复合材料的释热速率和释热总量

从释热速率峰值大幅降低，说明木材的加入对降低 PP 的释热效果显著。PP 在空气气氛中的起始分解温度在 270℃左右[51]，与木材的热分解温度 280℃相当。木材中的半纤维素在 200～260℃的温度范围内分解，易于发生脱水反应，放出水、CO_2、甲酸、乙酸、乙二醛及少量 CO 等不燃性成分，并伴有吸热反应，对于 PP 来说是很好的阻燃物质。

3）质量损失特性

木塑复合材料的平均质量损失率在 7g/(s · m^2）左右，人工林杉木、杨木和马尾松的分别是 8g/(s · m^2)、10g/(s · m^2）和 14g/(s · m^2）左右，而中密度纤维板的是 11g/(s · m^2）左右，WPC 的质量损失率与人工林杉木木材相当，低于人工林杨木和马尾松木材。从纯 PP 的质量损失率曲线可知，其最大损失率高达 28g/(s · m^2）左右[11]，WPC 的最大损失率在 16g/(s · m^2)，降低近一半左右，与木材的 15g/(s · m^2）相当。说明木材的加入，增加了 WPC 的燃烧残余物量。

4）发烟特性

图 5-29 给出了 WPC 与木材发烟总量的变化曲线。由图 5-29 可知，在相同时刻，WPC 的产烟量比纯木材的高许多。WPC 的平均比消光面积为 206 m^2/kg 左右。

综上所述，WPC 的燃烧性能介于纯 PP 和纯木材之间，比纯木材的引燃时间长，但燃烧放热和发烟量大于木材。从某种意义上说，对于纯 PP，木材是一种很好的阻燃物质，可以明显降低 PP 的燃烧释热。

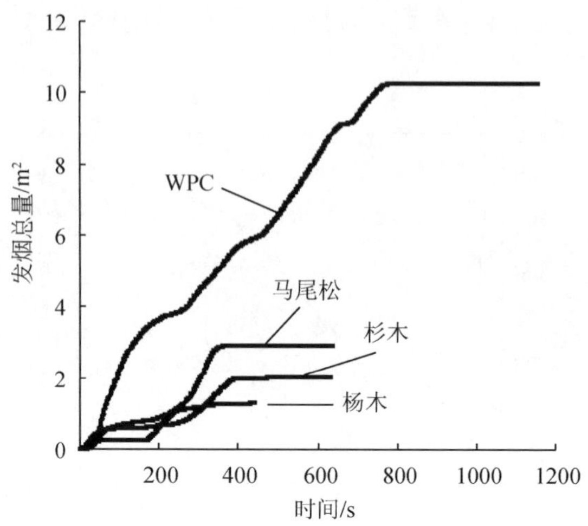

图 5-29　木塑复合材料与木材发烟总量的变化曲线

5.4　木材及木质材料的阻燃

5.4.1　阻燃木材及木质材料的燃烧特性

5.4.1.1　阻燃处理对引燃时间的影响

图 5-30 和表 5-23 表示的是阻燃处理对木材引燃时间的影响。随着阻燃剂量的增加，木材引燃时间延长。当阻燃剂量达到一定程度后木材基本上不会被引燃。

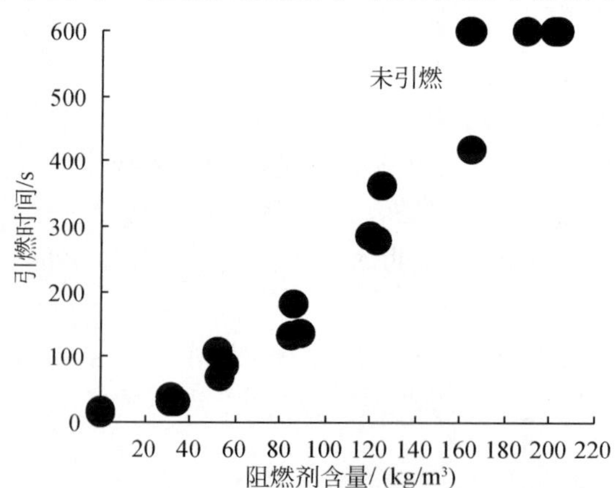

图 5-30　阻燃处理对木材引燃时间的影响

树种：日本红松；阻燃剂：多磷酸氨基甲酸酯；辐射强度：50kW/m²

表 5-23　阻燃处理材的燃烧特性（辐射强度 50kW/m^2）

树种	阻燃剂	吸药量/(kg/m^3)	平均有效燃烧热/(MJ/kg)	平均质量损失速率/[g/(s·m^2)]	引燃时间/s
杉木	硼化物	0	13.55	7.47	12.0
		46.6	8.58	7.51	13.8
		103.3	9.00	6.40	17.8
		134.4	8.86	5.66	24.2
	磷酸铵	48.8	8.04	5.42	8.8
		98.3	7.19	4.55	11.0
杨木	硼化物	0	11.66	10.44	11.0
		66.3	6.90	9.35	16.8
		124.3	6.82	7.20	16.0
		149.1	6.78	6.30	20.4
	磷酸铵	58.7	7.35	6.54	9.1
		113.5	0.59	4.51	未引燃
		229.3	1.02	4.91	280.0
马尾松	硼化物	0	12.12	13.31	20.8
		53.6	8.27	10.08	14.5
		135.9	6.72	7.77	21.4
		236.2	3.81	6.88	85.7
	磷酸铵	79.4	5.19	8.41	20.7
		180.5	0.75	5.57	未引燃
		216.0	0.33	5.95	未引燃

将无机材料引入到刨花板或中密度纤维板中可以提高材料的引燃时间。将施加水玻璃的发泡蛭石覆在木质刨花板表面，将超细氢氧化铝粉体与施过胶的木纤维搅拌混合，分别得到阻燃刨花板和中密度纤维板，并利用锥形量热仪评价其燃烧性能，引燃时间的检测结果见表 5-24[52-53]。由表可知，随着无机材料添加量的增加，刨花板或纤维板的引燃时间延长，尤其是将发泡蛭石覆在刨花板表面的作用效果更明显，在发泡蛭石添加比例达到 50% 时，引燃时间高达 317s。

表 5-24　无机材料对木质材料引燃时间的影响（辐射强度 50kW/m^2）

测试项目	*m*（发泡蛭石）：*m*（木刨花）/%				*m*［Al（OH）$_3$］：*m*（木纤维）/%			
	0	30	40	50	0	10	30	60
密度/(g/cm^3)	0.57	0.60	0.60	0.61	0.86	0.88	1.12	0.86
引燃时间/s	7	180	188	317	26.5	31.8	52.5	50.7

表面涂覆防火涂料也可以提高木质材料的引燃时间[54]。由图 5-31 可见，自制阻燃涂料的引燃时间将近 7min，比市售阻燃涂料的高 2.5 倍多。可见在受热时期，膨胀型阻燃涂料中的膨胀阻燃体系充分发挥了受热膨胀、阻断热源、延缓着火的作用，为人员撤离和火灾扑救赢得了充足的时间。

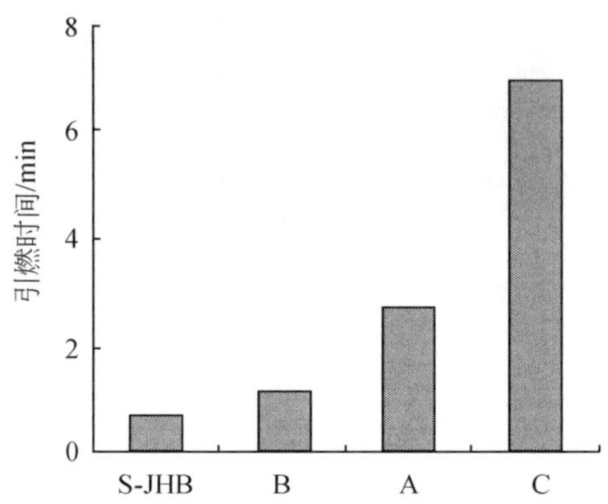

图 5-31　不同涂饰胶合板的引燃时间（辐射强度 50kW/m²）

自制阻燃涂料中成膜物质为 UF + PVAc，阻燃物质为聚磷酸铵、磷酸脒基脲、三聚氰胺、季戊四醇，按涂料配制工艺制成涂料。以下同。
S-JHB 胶合板素材；B 涂有成膜树脂的胶合板；A 市售膨胀型阻燃涂料涂敷胶合板；C 自制膨胀型阻燃涂料涂敷胶合板

5.4.1.2　阻燃处理对释热特性的影响

图 5-32 表示的是阻燃处理对木材释热速率的影响。不论是磷酸铵还是硼化物阻燃剂，随着阻燃剂量的增加，释热速率及释热速率峰值在降低。对于磷类阻燃剂，其添加量达到一定程度后释热速率曲线的峰消失，变成一条平缓的曲线。

由图 5-32 可知，磷酸铵和硼化物对木材释热速率的影响不同，以磷酸铵的作用明显。例如，阻燃剂含量在 100kg/m³ 时，磷酸铵处理的杨木，其释热速率曲线变成一条平缓的曲线；而硼化物处理的杨木，两个峰依然清晰可见。说明磷酸铵在降低释热方面优于硼化物。

图 5-33 表示的是阻燃处理材的释热速率峰值和释热总量。由图 5-33 可知，随着阻燃剂量的增加，释热速率峰值及释热总量均呈降低趋势。

阻燃处理对木材有效燃烧热的影响见表 5-23。由表 5-23 可知，随着阻燃剂含量的增加，有效燃烧热呈下降趋势；在阻燃剂量相近情况下，磷酸铵的作用效果比硼化物明显。

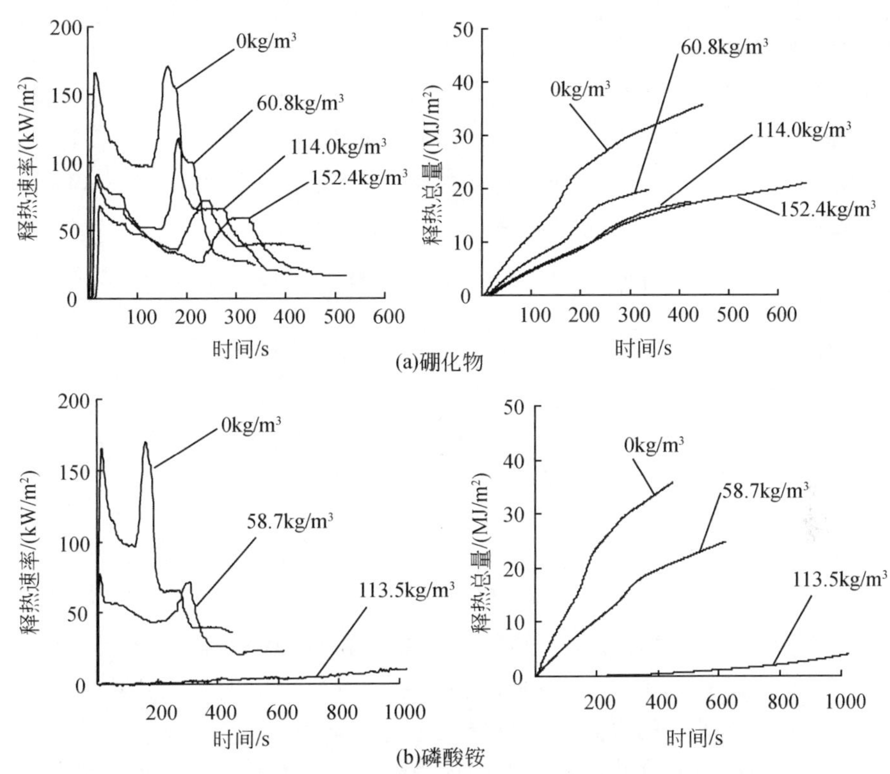

图5-32　阻燃处理杨木的释热速率和释热总量

图中数字代表阻燃剂量，辐射强度50kW/m²

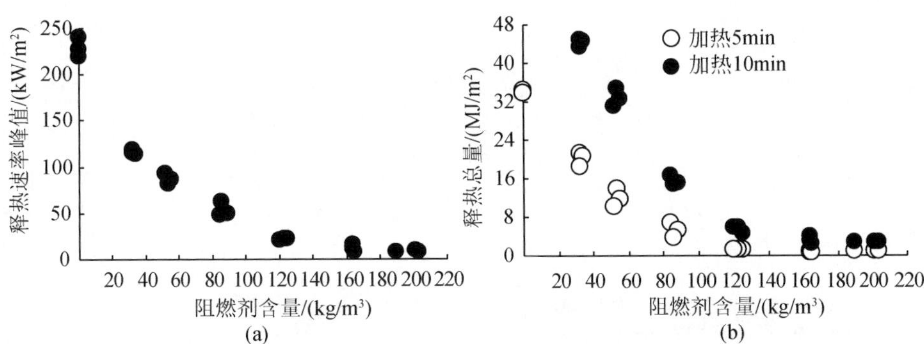

图5-33　阻燃处理对木材释热速率峰值和释热总量的影响

树种：日本红松；阻燃剂：多磷酸氨基甲酸酯；辐射强度：50kW/m²

无机材料对刨花板和中密度纤维板燃烧释热特性的影响见表5-25。由表5-25

可知，随着无机材料添加量的增加，刨花板、中密度纤维板的释热速率峰值、各时间段内的释热总量在降低。其中，刨花板表面覆有发泡蛭石的（30%），5min内的释热总量只有4.6MJ/m²。按照日本对建筑材料燃烧性能的分级，5min内的释热总量在8MJ/m²以下，至少在持续10s的时间内最大释热速率小于200kW/m²，样品未发生龟裂变形等，则判定为难燃级。因此，覆有30%发泡蛭石的刨花板达到了日本建筑材料燃烧性能难燃级别的要求。

表5-25 无机材料对木质材料释热特性的影响（辐射强度50kW/m²）

测试项目	m（发泡蛭石）：m（木刨花）/%				m［Al（OH)$_3$］：m（木纤维）/%			
	0	30	40	50	0	10	30	60
密度/(g/cm³)	0.57	0.60	0.60	0.61	0.86	0.88	1.12	0.86
释热速率峰值/(kW/m²)	241.51	102.39	73.01	43.70	391.9	260.5	177.0	120.3
5min释热总量/(MJ/m²)	40.0	4.6	4.5	3.0	53.6	37.5	29.9	21.1
10min释热总量/(MJ/m²)	74.1	21.2	18.8	18.2	73.7	60.3	59.7	40.0

由图5-34可知，涂有成膜树脂的胶合板的释热速率比素材降低，发生有焰燃烧时间推迟，释热速率峰值下降至素材的78%，且出现时间约推后0.7 min；而经阻燃涂料涂敷处理的胶合板，热释放速率明显降低，市售膨胀型阻燃涂料涂敷处理的胶合板和自制膨胀型阻燃涂料涂敷处理的胶合板，释热速率峰值分别降至素材的8.2%和12.4%，并且阻燃涂料的曲线均比素材平坦，出现峰值的时间均是素材的2.7倍和5.9倍。这说明经阻燃涂料涂敷后，热解生成可燃性挥发产

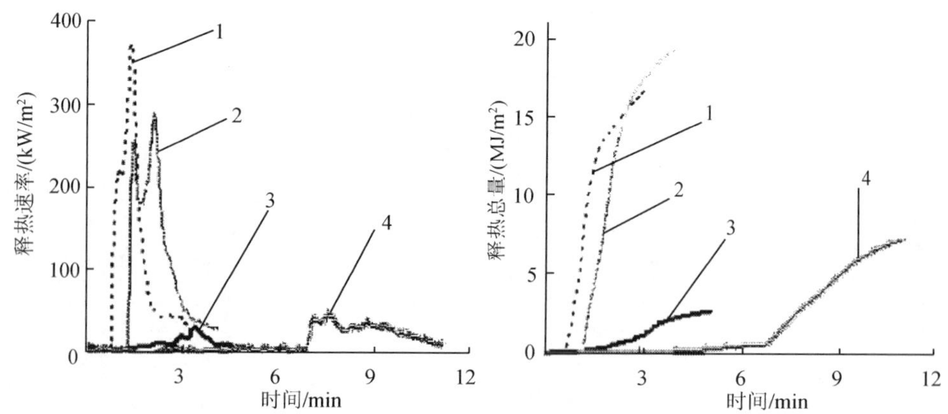

图5-34 不同涂饰胶合板的释热速率和释热总量曲线（辐射强度50kW/m²）

1 胶合板素材；2 涂有成膜树脂的胶合板；

3 市售膨胀型阻燃涂料涂敷胶合板；4 自制膨胀型阻燃涂料涂敷胶合板

物的速度大大降低，同时可燃性挥发产物的释放时间趋于均匀且推后，大大减少了热量向胶合板传递的速率，火灾发生时可有效延缓火势蔓延，阻燃效果十分明显。放热峰出现时间越晚，意味着一旦材料着火，则强火到来的时间越长，越有利于人员撤离火灾现场和扑救。对于建筑装饰用阻燃材料，一般认为材料的阻燃性能应保证火灾发生时，撤离时间在 3.5min 以上[55]。

胶合板素材和涂有成膜树脂的胶合板的释热总量上升均十分迅速，且涂有成膜树脂胶合板的释热总量相对胶合板素材较高，应为成膜树脂燃烧释放的热量所致。而市售膨胀型阻燃涂料涂敷的胶合板和自制膨胀型阻燃涂料涂敷的胶合板，其热释热总量大幅度降低，有效抑制了有焰燃烧的发生，并将有焰燃烧的时间显著推后；对于自制膨胀型阻燃涂料涂敷的胶合板，较低的释热状态（释热总量低于 $8MJ/m^2$）可以持续到 10min 左右，有焰燃烧时间大幅度推后。

5.4.1.3　阻燃处理对质量损失速率的影响

磷酸铵和硼化物阻燃处理对木材质量损失速率的影响见表 5-23。由表 5-23 可知，随着阻燃剂含量的增加，质量损失速率呈下降趋势。

无机材料处理刨花板和中密度纤维板的质量损失速率变化见表 5-26。当刨花板表面覆有发泡蛭石层后，平均质量损失速率随着添加量的增加而呈下降趋势。同样，从表 5-26 可以看出，当 m［$Al(OH)_3$］：m（木纤维）为 10% 或 30% 时，平均质量损失速率几乎没有发生变化；当 m［$Al(OH)_3$］：m（木纤维）达到 60% 时，平均质量损失速率降低 40% 左右。研究结果表明，只有超细 $Al(OH)_3$ 的用量达到一定程度，才会对材料起到保护作用。

表 5-26　无机材料对木质材料平均质量损失速率的影响（辐射强度 $50kW/m^2$）

测试项目	m（发泡蛭石）：m（木刨花）/ %				m［$Al(OH)_3$］：m（木纤维）/ %			
	0	30	40	50	0	10	30	60
密度/(g/cm^3)	0.57	0.60	0.60	0.61	0.86	0.88	1.12	0.86
平均质量损失速率 *	10.27	6.67	5.82	5.27	11.1	11.3	11.2	6.8

* 由于采用不同厂家生产的锥形量热仪设备，所以平均质量损失速率的单位略有不同，添加发泡蛭石材料所采用的单位是 g/s，而添加氢氧化铝材料所采用的单位是 $g/(s \cdot m^2)$，二者相差 $0.008\ 84m^2$ 样品加热面积。

不同涂饰的胶合板的残余物质量曲线见图 5-35。随时间的变化，胶合板素材和涂有成膜树脂的胶合板的残余物质量分数曲线大致相似，均在很短时间内几乎燃尽；而市售膨胀型阻燃涂料涂敷的胶合板的残余物质量明显大于胶合板素板和

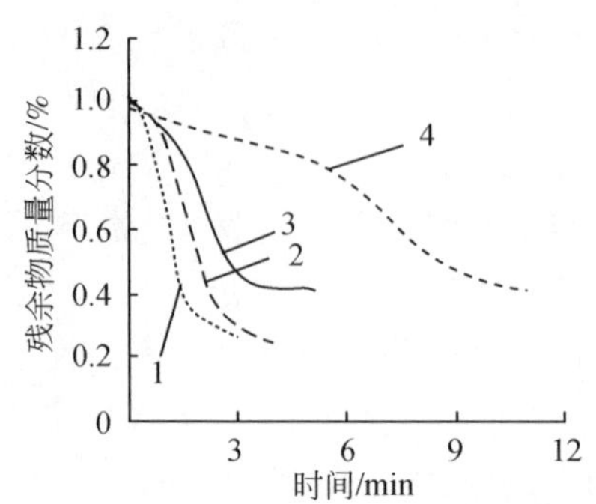

图 5-35　不同涂饰胶合板的残余物质量曲线
1 胶合板素材；2 涂有成膜树脂的胶合板；3 市售膨胀型阻燃涂料涂敷胶合板；4 自制膨胀型阻燃涂料涂敷胶合板

涂有成膜树脂胶合板，比二者燃尽时间稍长；自制膨胀型阻燃涂料涂敷的胶合板在 6.9min 前是被点燃阶段却并未发生有焰燃烧。自制膨胀型阻燃涂料在红热燃烧阶段的残余物是炭，且生成量大，形成了较为致密的蜂窝状炭层，起到防火隔热的作用。胶合板素材和涂有成膜树脂的胶合板完全燃尽的时间均不足 4min，而市售阻燃涂料和自制膨胀型阻燃涂料完全燃尽时间分别为 5.5min 和 11.3min，说明膨胀型阻燃涂料具有抑制红热燃烧的作用，而自制的较市售的更优。

5.4.1.4　阻燃处理对发烟性的影响

阻燃处理对发烟也有一定影响。图 5-36 表示的是磷酸铵和硼化物阻燃处理的人工林杨木的结果。由图 5-36 可知，硼化物处理的杨木其发烟量比未处理的少；在较低含量时（图 5-36 中 60.8kg/m^3 和 114.0kg/m^3 情况），硼化物扮演着有效的抑烟作用，但随着阻燃物质含量的进一步增加，发烟量增加比较明显。对于磷酸铵处理的杨木，在较低的阻燃物质含量时，其发烟量与未处理的相当；而阻燃物质含量进一步增加，发烟量超过了未处理的。比较磷酸铵和硼化物在抑烟方面的作用效果可知，硼化物具有较好的抑烟作用。

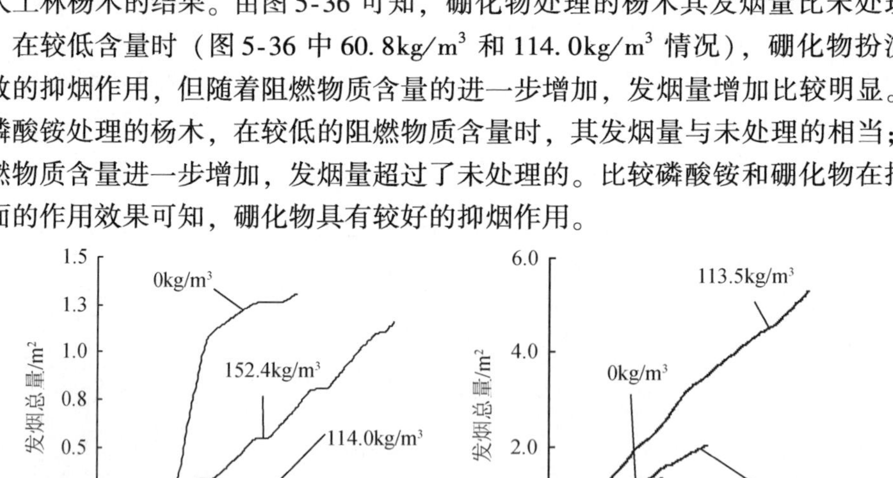

图 5-36　阻燃处理对杨木发烟性的影响
（a）硼化物；（b）磷酸铵
图中数字代表阻燃剂浸注量，辐射强度 50kW/m^2

在有焰燃烧阶段，红松和紫椴木材及其阻燃处理材的 CO 释放规律不同（图 5-37）。阻燃处理材的 CO 浓度曲线比较平坦，而红松或紫椴素材的 CO 浓度曲线有两个较大的峰值，该峰值时间坐标与 HRR 曲线的放热峰时间是一致[56]。在有焰燃烧阶段，素材及阻燃木材的 CO 产率接近于零，而红热燃烧阶段的 CO 产率较高（图 5-38）。

综合 CO 浓度和 CO 产率的结果可以看出，CO 的瞬间浓度及单位木材质量消耗下 CO 的生成量，在有焰燃烧阶段的数值较小，CO 的生成主要在红热燃烧阶段；FRW 或 Dricon 阻燃剂对 CO 的产生无显著影响。

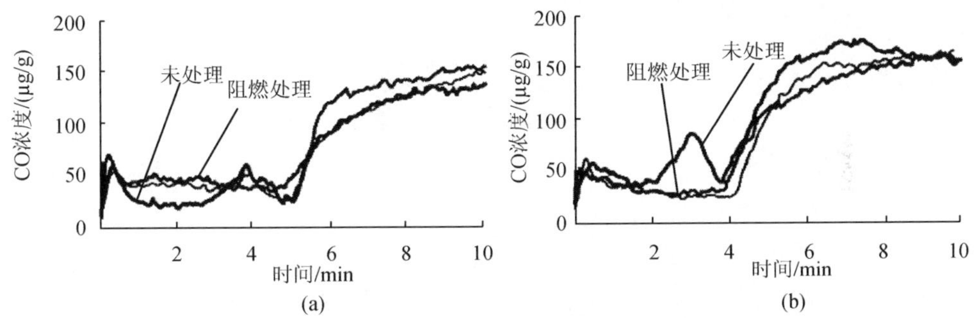

图 5-37　阻燃处理材的 CO 浓度

（a）红松；（b）紫椴

阻燃处理所用阻燃剂为 FRW 和 Dricon，辐射强度 50kW/m^2

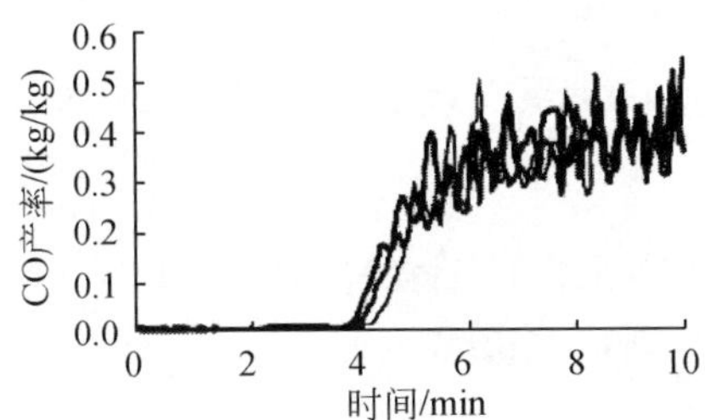

图 5-38　不同药剂处理紫椴的 CO 产率

阻燃处理所用阻燃剂为 FRW 和 Dricon，辐射强度 50kW/m^2

FRW 与 Dricon 阻燃木材燃烧时的 CO_2 浓度基本相同，大大低于素材，说明阻燃处理抑制了木材的燃烧（图 5-39）。CO_2 浓度曲线的第二峰结束前对应着有焰燃烧，该阶段的 CO_2 浓度大大高于此后的红热燃烧阶段，说明 CO_2 主要是由有焰燃烧产生的。FRW 阻燃处理不仅减少了 CO_2 的释放速度（其实质是抑制了燃烧），而且 CO_2 的释放时间拖后，并且与素材相比趋于分散释放。随着载药率的增加，FRW 对 CO_2 的抑制作用增大，但当载药率达到约 10% 时抑制作用不再

明显增强（图 5-40）。

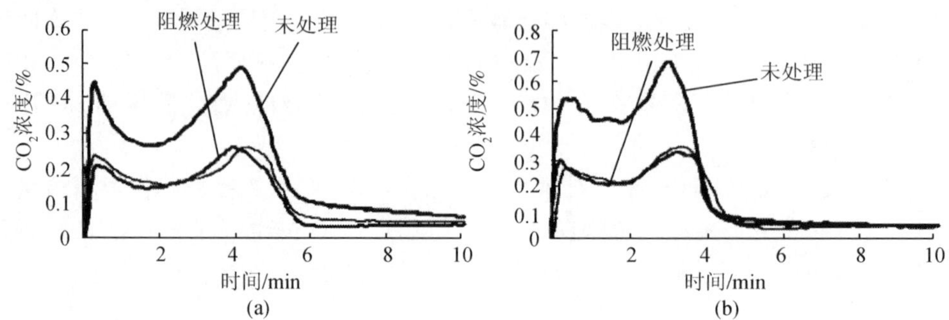

图 5-39 阻燃处理材的 CO_2 浓度

（a）红松；（b）紫椴

阻燃处理所用阻燃剂为 FRW 和 Dricon，辐射强度 $50kW/m^2$

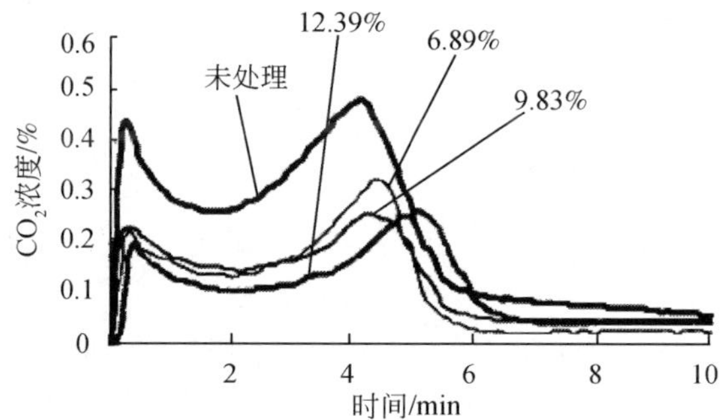

图 5-40 不同 FRW 载药率下红松的 CO_2 浓度

图中数字代表 FRW 载药率，辐射强度 $50kW/m^2$

表面覆有发泡蛭石的刨花板其燃烧时的发烟和烟气情况见表 5-27。随着发泡蛭石添加量的增加，发烟总量在降低，而 CO_2、CO 产率有增加趋势，但总体处在低水平。

表 5-27 无机材料对木质材料平均质量损失速率的影响（辐射强度 $50kW/m^2$）

m（发泡蛭石）：*m*（木刨花）/ %	密度 /(g/cm^3)	发烟总量 /(m^2/m^2)	CO_2 产率 /(kg/kg)	产率 /(kg/kg)
0	0.57	10.27	1.48	0.0107
30	0.60	6.67	1.44	0.0482
40	0.60	5.82	1.63	0.0502
50	0.61	5.27	1.97	0.0498

图 5-41 是超细 $Al(OH)_3$ 处理前后中密度纤维板的发烟总量变化曲线。由图

5-41 可以看出，随着超细 $Al(OH)_3$ 用量的增加，发烟总量明显降低。当 $m[Al(OH)_3]:m$（木纤维）为 10% 或 30% 时，发烟总量就有明显下降；当添加量为 60% 时，发烟总量下降最为显著。上述结果进一步说明，超细 $Al(OH)_3$ 对降低中密度纤维板的发烟作用显著，也验证了 $Al(OH)_3$ 良好的抑烟性能。

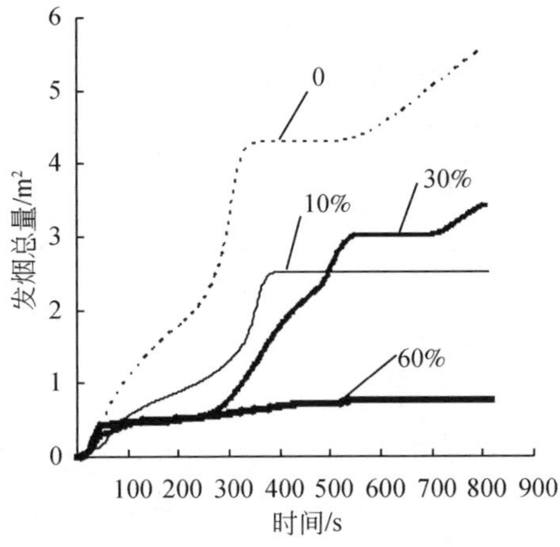

图 5-41　超细 $Al(OH)_3$ 处理中密度纤维板的发烟总量曲线

图 5-42 表示的是不同涂饰胶合板的发烟总量曲线，显示涂有成膜树脂和市售膨胀型阻燃涂料的胶合板均具有较高的发烟总量，分别为胶合板素板的 2 倍和 3.3 倍；而涂有自制膨胀型水性阻燃涂料的胶合板，其发烟总量仅为胶合板素板的 54.9%，抑烟效果显著。自制膨胀型水性阻燃涂料不仅发烟总量大幅度降低，而且烟气释放的时间大大延后，这就为火灾发生时人员的撤离和火灾的扑救争得了宝贵的时间，同时也降低了烟的瞬时危害程度。

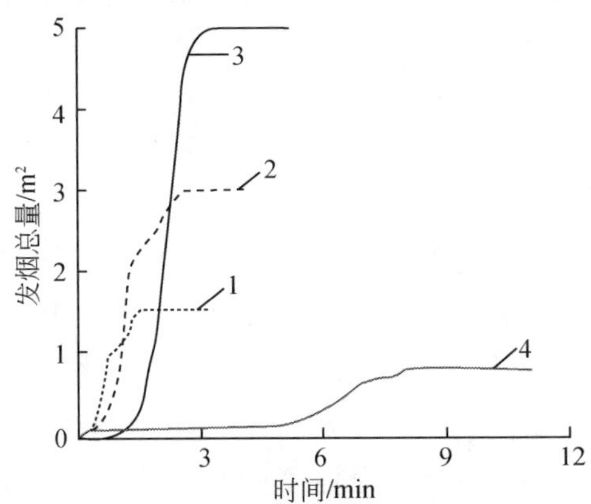

图 5-42　不同涂饰胶合板的发烟总量曲线

1 胶合板素材；2 涂有成膜树脂的胶合板；
3 市售膨胀型阻燃涂料涂敷胶合板；4 自制膨胀型阻燃涂料涂敷胶合板

5.4.2 阻燃木材及木质材料生产技术[57]

5.4.2.1 对阻燃剂的基本要求

木质材料用阻燃剂应具备以下基本条件。

（1）阻燃效率高，较小的添加量就能有效降低木材受热时的发热量、热解速度、炭化速度和火焰传播速度，使其燃烧等级达到相应标准的规定。阻燃木质材料的燃烧性能要达到难燃性材料的要求，磷－氮系阻燃剂量应该在8%～12%。

（2）阻燃剂本身无毒或低毒，阻燃木质材料燃烧烟气无毒或低毒、产烟量低，符合相关标准的规定。火灾时大部分伤亡是由于材料燃烧产生的烟气使人迷失逃生方向、窒息或中毒造成的。

（3）吸湿性低，不产生潮解返霜现象，对阻燃木质材料的平衡含水率基本没有影响。该问题也是目前阻燃木质材料推广应用中的主要问题之一。潮解返霜使木质材料丧失胶接性能，造成油漆脱落，阻燃剂流失导致木质材料丧失阻燃性能。

（4）阻燃剂结构稳定，耐久性好，阻燃木质材料的燃烧性能不会随着时间的推移而降低。

（5）对木质材料的胶合、油漆、物理力学性能、尺寸稳定性、加工性能、使用性能基本没有影响。现在市场上销售的许多阻燃木质材料空气湿度较大或下雨时饰面材料粘不上；加工时刀具寿命缩短2/3左右；产品密度高，基本丧失了木质材料的天然特性；胶合板基本没有胶合强度，锯割过程中就分层开胶。

（6）对木材和金属构件无腐蚀性，不影响木质材料深加工。

（7）来源广泛，成本合理。

5.4.2.2 阻燃木材及木质材料生产技术

1）阻燃木材生产技术

木材的阻燃处理，通常需要将占木材绝干质量13%～20%的固体阻燃剂输运到木材中并能均匀分布。常用的木材阻燃处理方法分为常压浸渍处理和加压浸注处理两大类[58-63]。加压浸注处理分为空细胞法、满细胞法、双真空法、频压法等，与木材防腐处理工艺基本相似。采用真空加压浸注法对木材进行阻燃处理时处理时间短、阻燃剂分布均匀，阻燃处理后木材的抗冲击性能和抗弯强度损失较大。常压浸渍处理分为涂刷法、喷淋法、浸渍处理法、冷热交替法、双扩散法等。常压浸渍法设备和操作简单，成本低，对木材性能影响较小，但浸渍时间长。

为了提高浸透性和浸透深度，国内外研究人员提出了以下浸渍处理新方法：①CO_2 超临界流体处理材技术；②木材激光刻痕法；③低压蒸汽爆破法；④压缩前处理技术；⑤热水（汽）处理法；⑥振荡加压处理法；⑦使用酶、微生物、细菌来改善木材的渗透性；⑧声波和超声波处理法；⑨离心转动处理技术。

2）阻燃胶合板生产技术[64-67]

阻燃胶合板的生产方法有以下几种：用阻燃剂对单板进行处理，处理的方法与阻燃木材相同，之后对单板进行干燥、涂胶、组坯、预压、热压、砂光得到阻燃胶合板。单板经过阻燃浸渍处理后，绝大多数阻燃剂使木材表面钝化，表面活性降低，对产品的胶合性能有显著影响；阻燃处理后的单板干燥增加了能耗，单板破损导致损耗增大。

采用加压的方法对成品胶合板进行阻燃处理，是国内目前普遍采用的方法之一。生产胶合板的胶黏剂为酚醛树脂或三聚氰胺改性脲醛树脂。成品加压浸注处理工艺与木材相同，由于单板之间的胶层对阻燃剂的扩散渗透有较大影响，加压浸注时间比处理材显著延长，由于表层单板残留了较多的阻燃剂，产品的吸湿和返霜现象严重，二次加工和油漆性能差。

目前国内市场上销售的大部分阻燃胶合板强度低，在锯割过程中就产生分层开胶现象，没有湿强度，二次加工和油漆性能差。主要原因是阻燃剂和生产工艺选择不当造成的。

3）阻燃中密度纤维板生产技术[68-70]

阻燃中密度纤维板的生产基本是在纤维施胶过程中添加阻燃剂，有以下几种方法。

阻燃剂加到胶黏剂中，将阻燃剂和胶黏剂一起添加到纤维上。该方法要求阻燃剂与胶黏剂有较好的适应性，不能影响胶的储存期、固化时间及胶合强度。有机类阻燃剂可以满足此要求，相对于目前常用的木质材料用阻燃剂成本高，阻燃剂的施加量受到限制，难于得到较高阻燃性能要求的中密度纤维板。优点是干燥机负荷增加较小，操作简单。阻燃剂和胶黏剂混合后应及时使用，一旦遇到设备故障储存罐和管道中的胶黏剂混合物应及时清理，否则可能造成管道堵塞。

将计量的粉状阻燃剂直接喷到施胶管中或铺装机中，与胶黏剂和纤维混合。该方法不增加干燥负荷，阻燃剂添加量可根据需要调整，设备投资高，旋风分离时阻燃剂有损耗。

将阻燃剂配成溶液或悬浮液，采用施胶管与纤维和胶黏剂混合，添加量通过齿轮泵加调频电机控制，操作简单，设备投资低，但增加干燥机负荷。

阻燃中密度纤维板的主要问题是吸水厚度膨胀率显著增加、强度降低，通过增加施胶量和提高产品的密度可部分弥补上述缺点，但产品的加工性能和使用性能明显降低。目前市场上销售的部分阻燃中密度纤维板，产品密度大于 850kg/m^3，表面结合强度仍达不到标准规定，加工时刀具的寿命降低 2/3 以上，吸音性能降低。

4）阻燃刨花板生产技术[71-74]

生产阻燃刨花板的方法可采用成品处理和制板过程中的添加阻燃剂。

成品处理是将阻燃剂粉末撒在刨花板表面，或在刨花板表面喷涂液体阻燃剂，之后在一定的热压条件下热压，使阻燃剂渗透到刨花板内部。另外一种方法是采用真空加压方法使液体阻燃剂渗透到刨花板内部，之后再干燥至合适的含水率。该方法对产品的性能影响很大，通常使用酚醛树脂或三聚氰胺改性脲醛树脂生产刨花板，能耗大。

国内基本采用对刨花进行阻燃浸渍处理的方法生产阻燃刨花板。该方法缺点是某些阻燃剂在刨花干燥过程中会产生热分解，降低阻燃效果，干燥机的负荷增加。

在铺装过程中加入阻燃剂的方法比较简单，但刨花板的物理力学性能明显下降，不是所有类型的铺装过程都适合添加阻燃剂。

将阻燃剂喷涂到刨花上或采用阻燃剂对刨花进行阻燃浸渍处理，之后干燥、施胶、铺装、热压生产阻燃刨花板是生产阻燃刨花板的传统方法，阻燃剂容易渗透到刨花内部，生产出阻燃性能较高的产品，缺点是干燥负荷增大一倍以上，设备投资大。

将阻燃液体与胶黏剂混合后再喷洒到刨花上，该方法要求阻燃剂与胶黏剂有较好的适应性，不能影响胶的储存期、固化时间及胶合强度，阻燃剂的施加量受到限制，难以得到较高阻燃要求的刨花板。

5.4.3 几种阻燃木质材料举例[57]

表 5-28 ~ 表 5-30 列举了几种阻燃木质材料的检测结果。

表 5-28 几种阻燃木质材料按 GB/T8625 方法的检测结果

检测项目	标准规定	阻燃木材	阻燃胶合板	阻燃高密度纤维板
平均剩余长度/mm	≥150	158	491	445
最小剩余长度/mm	≥0	152	478	376
平均烟气温度峰值/℃	≤200	187	100	152
烟密度等级	≤75	45	30	58
阻燃剂用量/(kg/m^3)		48.5	67	73

表 5-29　几种阻燃木质材料按 GB/T20284 方法的检测结果

检测项目	标准规定	阻燃竹材胶合板	阻燃中密度纤维板		
			6mm	15mm	18mm
FIGRA/(W/s)	≤250	89	207	67	249
LFS	<试件边缘	未达到	未达到	未达到	未达到
THR600/MJ	≤15	3.5	11	6.3	13
SMOGRA/(m^2/s^2)	≤180	0	9	0	3
TSP600/m^2	≤200	13	106	18	47
燃烧滴落物/颗粒	小于 10s	无	无	无	无
产烟毒性		达到 ZA3	达到 ZA3	达到 ZA3	达到 ZA3
阻燃性能等级		B-s1,d0,t1	C-s2,d0,t1	B-s1,d0,t1	C-s2,d0,t1
阻燃剂用量/(kg/m^3)		98	65	76	63

表 5-30　阻燃中密度纤维板物理力学性能检测结果

检测项目	厚度 8mm			厚度 18mm		
	标准规定	阻燃板	普通板	标准规定	阻燃板	普通板
内结合强度/MPa	≥0.55	2.03	1.81	≥0.45	1.69	0.87
静曲强度/MPa	≥23	31.8	29.6	≥20	27.8	24.5
弹性模量/MPa	≥2700	2910	2870	≥2200	3600	2443
吸水厚度膨胀率/%	≤15	9.1	9.8	≤10%	3.9	7.8
含水率/%	4~13	4.4	5.3	4~13	4.4	5.2
密度/(g/cm^3)	0.45~0.88	0.85	0.86	0.45~0.88	0.78	0.76
表面结合强度/MPa	≥1.2	1.38	1.42	≥1.2	1.56	1.68
甲醛释放量/(mg/100g)	≤9.0	3.9	20.45	≤9.0	6.8	30.57

5.5　木材阻燃技术现状与展望[11]

5.5.1　聚合物阻燃历史的简要回顾

材料的阻燃最早开始于对天然纤维材料，如棉花和木材的研究。在有历史记载的早期，已经明确对纤维素材料阻燃处理最有效的元素集中在元素周期表的第Ⅲ族、第Ⅴ族、第Ⅶ族。

对阻燃技术和阻燃科学产生推动作用的还是合成聚合物的出现及其大规模的工业化应用。聚合物的应用渗透到国民经济和日常生活的各个方面，但由于其易燃性及由它引发的火灾给人类带来灾难性的伤害，所以，各国对高分子材料的阻燃问题给予高度重视，制订出越来越严格的阻燃法律和法规。当时，已有的水溶性阻燃体系对有机聚合物的可燃性几乎没有阻燃作用，迫使人们把阻燃技术转向能够与有机聚合物相容或者说有效的阻燃体系的研究开发上。例如，第二次世界大战期间，军用帆布帐篷急需阻燃和防水处理，促使了氯化石蜡、氧化锑和胶黏剂复合阻燃体系的研制成功，该成果很快应用到聚氯乙烯和不饱和聚酯的阻燃。但由于氯化石蜡的渗出和恶化基材物理性能，开始考虑应用反应性阻燃技术；一些热塑性塑料，如聚丙烯、聚乙烯、尼龙等，也需要阻燃处理，但氯化石蜡和反应性阻燃剂对它不适用，从而促进了惰性阻燃添加剂的应用，确立了氯化多元环化物和氢氧化铝两种新型阻燃聚合物的方法。因此，阻燃剂是 20 世纪 50 年代后期随聚合物的需要逐渐发展起来的。

阻燃剂的大规模工业化生产和应用，可以认为始于 20 世纪 60 年代的美国。生产和应用的阻燃剂最初是适用于热固性塑料的反应型阻燃剂，随后才是用于热塑性塑料的添加型阻燃剂。

20 世纪 70 年代初到 80 年代初，是阻燃剂发展最快的时期。这一时期美国相继颁布一些阻燃法规，这对阻燃剂的生产和应用产生极大推动作用；增长最快的是添加型卤系阻燃剂和卤代磷酸酯，其中以溴系阻燃剂为主。溴系阻燃剂阻燃效率高，使用量少，对基材物理力学性能影响较小，价格适中，特别是效能/价格比是其他阻燃剂无法抗衡的。

20 世纪八九十年代末，又有一系列新型溴系阻燃剂出现，如高分子质量的溴系阻燃剂。此外，还相继研制出硅系阻燃剂、膨胀型阻燃剂、有机聚合物/层状硅酸盐纳米复合阻燃材料等。

随着科学技术的发展和进步，尤其是溴系阻燃剂的“二噁英”问题的出现，人们对阻燃剂和阻燃材料提出了越来越高的要求，不但阻燃效率高、低毒或无毒、抑烟，而且还要环境友好、可循环使用，即具有“绿色阻燃技术”的特征。但是，目前所有的阻燃剂没有一种能够达到理想阻燃剂的要求，只能按照被阻燃材料和应用领域的具体要求来选择合适的阻燃剂，通过综合和平衡，达到一个优化的结果。

5.5.2 木材阻燃技术现状及发展

5.5.2.1 系统全面地研究木材及木质材料的燃烧特性

聚合物的燃烧特性研究已经比较全面系统，而我国在木材及木质材料燃烧特性的研究方面缺乏系统性。木材及木质材料的应用已经渗透到家家户户，让人们了解木材的释热、发烟特性，对安全、合理和科学地应用具有现实意义。

5.5.2.2　高效低毒（或无毒）环保阻燃技术的开发

材料的高效、低毒（或无毒）、环保阻燃技术是将来的发展趋势。对于木材及木质材料也是如此。近年来，出现了无机阻燃剂在中密度纤维板、刨花板、木塑复合材料中应用的研究。例如，发泡蛭石阻燃处理木质刨花板[52]，利用超细氢氧化铝阻燃处理的中密度纤维板[53]等，人们在尝试利用无机材料提高木质材料的阻燃性能。为提高无机阻燃剂的阻燃性能，还可以借助与其他物质的协同效应。

现实要求阻燃剂不仅具有阻燃作用而且还要有保护基材的作用，最大限度地减少火灾带来的损失。膨胀型阻燃体系是可以满足这种要求的一种新型阻燃体系。膨胀型阻燃体系在涂料中的应用比较广泛，其研究成果也可以借鉴到木材行业中，而且膨胀型阻燃体系有许多有利因素适合在木材及木质材料上应用。例如，磷酸铵盐类化合物，具有良好的水溶性，适合木材的浸注处理，如果解决其吸湿性和发烟问题，对木材来说是一种良好的阻燃体系。

另外，可以像阻燃涂料一样，在材料表面构建一层具有极强功能的阻燃层，起到隔绝保护作用。

5.5.2.3　阻燃性能评价体系

聚合物材料燃烧性能评价的许多方法已经被引入到木材及木质材料领域中，如氧指数法。近年来，国内外在聚合物中应用越来越普遍的锥形量热仪法，也开始在木材领域中得到应用。但是，目前国内材料分级方法主要采用 GB8624 评价体系，而 ISO5660 评价体系作为研究应用较多。两种评价体系各具千秋，而 ISO5660 体系简便，样品尺寸小、数量少，更适合企业自检。对于木材行业来说，如何在两个体系之间架起一座桥梁，对企业和科研部门都具有重要的意义。

参 考 文 献

[1] 鲍鲔．建筑与火灾．防灾博览，2009，3：52-57.

[2] 齐恒．木材阻燃技术的应用和存在问题．消防技术与产品信息，2006，12：28-29.

[3] 段重任．阻燃木材在船上的应用．水上消防，2003，1：21-22.

[4] 中国建筑科学研究院建筑内部装修设计防火规范，GB50222—95. 北京：中国标准出版社，1999.

[5] 中国建筑科学研究院公共场所阻燃制品及组件燃烧性能要求和标识，GB20286—2006.

[6] 范维澄，汪前喜．火灾科学概论．现代物理知识，1992，5：19-21.

[7] 李春景，刘仲林．火灾科学：交叉科学领域的一朵奇葩．科学学与科学技术管理，2004，

1：40-43.
[8] 范维澄，刘乃安．中国火灾科学基础研究进展与展望．中国科学技术大学学报，2006，36（1）：1-7.
[9] 卢建国，马映．公共场所阻燃制品燃烧性能要求及标识标准制定的基本思路和设想．阻燃材料与技术，2003，5：9-13.
[10] 李引擎．建筑物火灾安全等级确定方法的研讨．消防技术与产品信息，1994，8：3-5.
[11] 贾修伟．纳米阻燃材料．北京：化学工业出版社，2005.
[12] 王元宏．阻燃剂化学及其应用．上海：上海科学技术文献出版社，1988.
[13] 薛恩钰，曾敏修．阻燃剂科学与应用．北京：国防工业出版社，1988.
[14] 欧育湘，房晓敏，沈琦．阻燃剂对环境和人类健康影响评估的最新进展．精细化工，2007，24（12）：1232-1235.
[15] 欧育湘．从欧盟对阻燃剂危害性的评估看我国阻燃剂产业的发展．阻燃材料与技术，2004，6：1-4.
[16] 杨立中，方伟峰，邓志华，等．火灾中的烟气毒性研究．火灾科学，2001，10（1）：29-33.
[17] 黄锐，杨立中，方伟峰，等．火灾烟气危害性研究及其进展．中国工程材料，2002，4（7）：80-85.
[18] 赵敏．高分子材料火灾烟气的危害及控制．塑料工业，2004，32（6）：53-55.
[19] 甘子琼，唐胜利，王墩体．火灾烟气的亚致命效果．消防技术与产品信息，2005，（5）：53-54.
[20] 刘艳军．建筑火灾烟气危害及其控制措施．中国安全生产科学技术，2008，4（4）：65-67.
[21] 何瑾，刘军军，李风，等．两种含氮高分子材料的热解烟气毒性评价．环境科学学报，2007，27（6）：1049-1055.
[22] Alarie Y. Comparison of the upitt, the SwRI/NIST and the upitt Ⅱ test methods for smoke toxicity. Journal of Fire Sciences, 1992, 10: 458-468.
[23] Hakkarainen T, Mikkola E, Laperre J, et al. Smoke gas analysis by Fourier transform infrared spectroscopy-summary of the SAFIR projedt results. Fire and Materials, 2000, 24: 101-112.
[24] 国际劳工局．重大事故控制使用手册．北京：中国劳动出版社，1993：30-31.
[25] Gann R G, Averill J D, Butler K M, et al. International study of the sub-lethal effects of fire smoke (SEFS) on survivability and health. Phase I final report. NIST Technical Note 1439 . National Institute of Standard and Technology, Gaithersburg, MD (2001, 8) .
[26] 石原茂久．火災時の煙と有害ガス. 木材研究·資料（第16号），1981：49-62.
[27] Ji J W, Yang L Z, Fan W C. Experimental study on effects of building behaviours of materials caused by external heat radiation. Journal of Combustion Science and Technology, 2003, 9: 139-143.
[28] Zhong M H, Li P D, Liu T M, et al. Experimental study on fire smoke movement in a multi-floor and multi-room building. Science In China Series E, Engineering & Materials Science, 2005, 48 (3): 292-304.

[29] 黎强，刘清辉，张慧，等．火灾烟气中有毒气体的体积分数分布及危害．自然灾害学报，2003，12（3）：69-74.

[30] 舒中俊，徐晓楠，李响．聚合物材料火灾燃烧性能评价——锥形量热仪试验方法．北京：化学工业出版社，2007.

[31] 伍萍，赵成刚．我国与欧洲、日本建筑材料燃烧性能分级体系浅析．消防科学与技术，2004，23（2）：125-128.

[32] 公安部四川消防研究所建筑材料及制品燃烧性能分级，GB 8624—2006. 北京：中国标准出版社，2006.

[33] 舒中俊，徐晓楠，杨守生，等．基于锥形量热仪试验的聚合物材料火灾危险评价研究．高分子通报，2006，5：37-44．

[34] 沈康，张爱英．锥形量热仪 CONE 及其应用．阻燃材料与技术，1995，2：9-14.

[35] 李秀瑜．锥形量热计及其应用．阻燃材料与技术，1997，4：10-11.

[36] 李斌，王建祺．聚合物材料燃烧性和阻燃性的评价—锥形量热仪（CONE）法．高分子材料科学与工程，1998，14（5）：15-19.

[37] Huggett C. Estimation of rate of heat release by means of oxygen cousumption measurements. Fire and Materials，1980，4：61-65.

[38] 于福海．建筑防火设计原理．北京：中国人民公安大学出版社，1997.

[39] 日本木材学会研究分科会報告書．木材の科学と利用技術，2. 防・耐火性能，1989.

[40] 胡云楚．硼酸锌和聚磷酸铵在木材阻燃中的成炭作用和抑烟作用．中南林业科技大学学位论文，2006.

[41] 骆介禹，骆希明．纤维素基质材料阻燃技术．北京：化学工业出版社，2003.

[42] HIRATA. Kinetics of Pyrolysis of wood and cellulose. Mokuzai Gakkaishi，1995，41（10）：879-886.

[43] 原田寿朗．木材の燃焼性および耐火性能に関する研究．森林総合研究所研究報告，2000.

[44] 浦上弘幸，福山萬治朗．木材の熱伝導率に及ぼす比重の影響．京都府立大学農学部演習林報告，1981，25：38-45.

[45] 吴玉章，原田寿郎．人工林木材燃烧性能研究．林业科学，2004，40（2）：131-136.

[46] 季经纬，杨立中，范维澄．外部热辐射对材料燃烧性能影响的实验研究．燃烧科学与技术，2003，9（2）：139-143.

[47] 杨昀，张和平，张军，等．用锥形量热仪研究胶合板的燃烧特性．燃烧科学与技术，2006，12（2）：159-163.

[48] 卢凤珠，陈飞，马灵飞，等．不同加热面毛竹材燃烧性能研究．林业科学研究，2007，20（5）：726-730.

[49] 卢凤珠，徐跃标，钱俊，等．不同竹龄毛竹材燃烧性能的研究．浙江林学院学报，2005，22（2）：198-202.

[50] 李坚，王清文，李淑君，等．用 CONE 法研究木材阻燃剂 FRW 的抑烟性能．林业科学，2002，38（6）：103-109.

[51] 吴民生，杨立，吴谷青．含溴阻燃聚丙烯纤维阻燃性能的热分析研究．江苏化工，1992，4：47-49.
[52] 梅长彤，徐咏兰，潘明珠，等．蛭石阻燃刨花板的研究．中国人造板，2009，12：14-18.
[53] 吴玉章，杨忠．锥形量热仪法研究超细 Al（OH）$_3$ 处理中密度纤维板的燃烧性能，东北林业大学学报，2010，38（2）：47-49.
[54] 王奉强，张志军，王清文，等．膨胀型水性改性氨基树脂木材阻燃涂料的阻燃和抑烟性能．林业科学，2007，43（12）：117-121.
[55] 王清文．木材阻燃工艺学原理．哈尔滨：东北林业大学出版社，2000.
[56] 王清文，李坚，李淑君．用 CONE 法研究木材阻燃剂 FRW 的抑烟性能．林业科学，2002，38（6）：103-109.
[57] 吕文华，赵广杰．木材/木质复合材料阻燃技术现状及发展趋势．木材工业，2002，16（6）：31-34.
[58] 罗文圣，赵广杰，任强．阻燃处理材的燃烧及传热过程．北京林业大学学报，2003，25（3）：84-89.
[59] 罗文圣．无机阻燃剂处理材的燃烧传热过程及其热分解特征．北京林业大学博士学位论文，2002.
[60] 罗文圣．木质材料用无机阻燃剂的性质及其阻燃机理（之一）．建筑人造板，1992，1：30-34，48.
[61] 罗文圣．木质材料用无机阻燃剂的性质及其阻燃机理（之二）．建筑人造板，1992，1（2），29-33.
[62] 罗文圣，张西中．木材的阻燃处理．见：朱光亚，周光召．中国科学技术文库·农业科学．北京：科学技术文献出版社，1998：1043-2118.
[63] 张世伟，李天祥，解田，等．木材阻燃处理工艺的现状及发展趋势．消防科学与技术，2007，26（1）：77-79.
[64] 刘其梅，彭万喜，张明龙．木质材料阻燃技术研究现状与趋势．世界林业研究，2006，19（1）：42-46.
[65] 罗文圣．阻燃胶合板生产工艺的研究．建筑人造板，1993，（4）：14-19.
[66] 罗文圣，王凤茹．一种阻燃胶合板及其生产方法．专利号 ZL93 1 09780. 0.
[67] 张文标，陆肖宝．阻燃胶合板研究的现状和对策．浙江林学院学报，2000，17（2）：208-214.
[68] 刘迎涛，李坚，杨文斌．阻燃中密度纤维板的研究现状和发展趋势．东北林业大学学报，2002（11）：73-77.
[69] 张贵麟，徐咏兰，胡坤锋．阻燃中密度纤维板的研究．南京林业大学学报，1992，16（4）：13-17.
[70] 许方荣．我国中密度纤维板生产现状．发展趋势与应用前景．林产工业，2010，37（4）：3-5.
[71] 罗文圣．刨花板的阻燃处理．建筑人造板，1990，（1）：10-17.

[72] 罗文圣．阻燃刨花板的研究．南京林业大学研究生硕士学位论文，1990.
[73] 羅文聖，古野毅，趙広傑，等．難燃性パーテイクルボードの性能荷及ぼす製造因子の影響．木材学会誌，2004，50（2）：116-122.
[74] 那斌，周定国．国内外阻燃刨花板的研究现状．世界林业研究，2002（5）：33-39.

第 6 章　乙酰化木材

由于木材具有价格低，加工过程耗能少，强重比高，外观美等特点，而且是一种可再生资源，这使木材成为最广泛使用的建筑工程材料。但是，木材又具有尺寸不稳定，易受生物侵害而发生腐朽虫害，可燃，在紫外光或酸碱作用下降解等缺点。为了克服木材上述缺点，人们进行了各种改性方法的研究，许多研究结果表明，可以通过化学反应来改变木材细胞壁聚合物的性质，从而改变木材的主要性能。Rowell[1]把在木材组分的某些活性部分与简单的化学试剂之间进行化学反应并在两者之间形成共价键的处理方法定义为木材的化学改性。木材化学改性有若干种方法，乙酰化方法由于采用乙酸酐与木材化学组成的官能团反应，具有无毒无害，无污染，而且赋予木材良好的尺寸稳定性和耐腐性能的一种方法。早在 1865 年，为了生产醋酸纤维素就开发了乙酰化的工艺，但是直到 1928 年才设想到将其用于木材。

6.1　乙酰化木材的商业化应用[2]

乙酰化木材最显著的特点在于具有良好的尺寸稳定性、耐腐性和耐久性，这为其在户外应用提供了先决条件。以下是乙酰化木材实际应用的实例。

图 6-1　公路桥

乙酰化木材应用最典型的工程案例是荷兰 Sneek 城横跨高速公路 A7 的 Krusrak 公路桥（图 6-1）。这座桥由建筑师 Onix 与 Achterbosch 联手设计，由来自德国南部 Schwäbisch Hall 镇的承包商施工。该座桥是由两个近似弧线的木构架构成，弯曲的木构架在顶端通过钢铰链连接。桥所用材料主要是 Accoya® wood（乙酰化辐射松木材的商品名称），甲板为钢和沥青，桥墩为混凝土，防撞护栏为钢和木制横向梁。桥的建设高度 15. 1m，总高度 20. 5m，长度 31. 7m，宽度 12. 0m，设计使用寿命至少 80 年。该桥成为当地一个重要标志。

乙酰化木材还可以应用于建筑外墙板（图 6-2），具有良好的装饰效果，不用经常维修，木材良好的隔热性能又得到发挥。此外，乙酰化木材还可以在露台（图 6-3）、户外家具等处使用。

图 6-2　外墙板

图 6-3　露台

最能发挥乙酰化木材性能的应用场所是与水密切接触的环境，如户外游泳池周围，浴室内所用木质装饰材料、门、家具，以及恒温恒湿室的门等。图 6-4、图 6-5 是 Accoya® wood 在瑞士私人住宅游泳池以及在浴室内作为家具使用的情况。木材在这种环境下经常受到水的侵蚀，而且与人密切接触，因此尺寸稳定、耐腐以及无毒无害、无污染成为关键因素。

图 6-4　游泳池

图 6-5　浴室厨具

木质门窗（图 6-6，图 6-7）的最大问题在于尺寸不稳定，随着环境湿度的变化出现关不紧或关不上的问题。这主要是木材干缩湿胀特性所致。乙酰化处理使木材的干缩湿胀降低到最小程度，如 Accoya® wood，其平衡含水率（65% RH，20℃）只有 3% ~5%；从吸水饱和到绝干状态下的径向和弦向干缩率分别为 0.8% 和 1.5%，而未处理材从吸水饱和到绝干状态下的径向和弦向干缩率分别为 3.3% 和 6.0%，木材尺寸变化较大。

图 6-6 窗

图 6-7 门

图 6-8 口琴木梳

木材乙酰化后其内部摩擦值（衡量振动衰减速度的量）变小，变成振动性能良好的材料。木材吸湿后音响特性会变差，乐器的音色也会随之发生变化。如果将木材乙酰化处理，伴随吸湿而产生的内部摩擦值上升幅度会很低，而且变化的幅度也不大，所以声音振动的衰减小，音响效果变化也小。另外，乙酰化木材具有良好的尺寸稳定性，由于吸湿或外力作用而产生的变形较小，如弦的张力在乐器上产生的作用力，随着时间的变化，乐器音质的变化也较小。因此，乙酰化木材作为乐器材使用，将充分发挥其特性。乙酰化木材可以应用到口琴木梳（图 6-8）、钢琴转接板（pin board）和音响板、吉他和小提琴的表板等。

6.2 乙酰化木材性能

6.2.1 尺寸稳定性

木材中纤维素、半纤维素和木质素的羟基很容易与水分子结合，这些水分吸着点成为木材干缩湿胀尺寸变化的根源。如果通过化学反应将木材组分上的这些羟基用乙酰基置换，那么，水分就不易进入木材，其干缩湿胀就会被遏制，木材变形就会减小。

Stamm 和 Tarkow[3] 的研究结果表明，如果乙酰基含量达到一定程度（阔叶树材增重率 18%，针叶树材增重率 25%），木材的抗胀缩率（ASE）可以很容易达到 70%（图 6-9）。由于乙酸酐分子较水分子大而极性小，所以乙酸酐分子不能到达全部水分子可存在的部位，故不能绝对防止胀缩。乙酰化木材不仅尺寸变化小，而且在户外使用时开裂也较少，可显著提高漆膜涂层的耐候性。

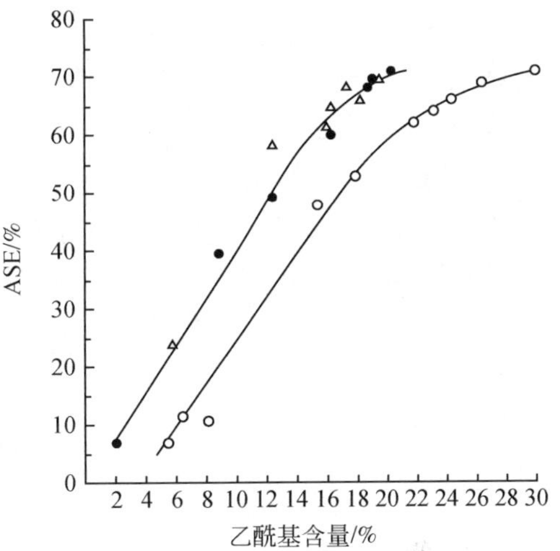

图 6-9　乙酰基含量与 ASE 的关系

○ 美国西加云杉（*Picea sitchensis* Carr.）单板；
● 糖槭（*Acer saccharum* March.）单板；
△ 轻木（*Ochroma lagopus* Swartz）板材

Baird[4] 用耐数个大气压的铝装置对美国五叶松进行了小规模气相乙酰化处理。采用乙酸酐在 130℃ 下处理 1h，增重率（WPG）可以达到 20.5%，抗缩率可达 56%；将 15% 的二甲替甲酰胺加入处理液中，1h 内 WPG 可达 28%，抗缩率可达 72%。

王婉华等[5] 对液相乙酰化处理的水曲柳、椴木和马尾松进行了研究（表 6-1）。水曲柳为较易处理树种，乙酸酐与木材质量比只需 2.5∶1 即可达到 80% 以上的 ASE；对于椴木，乙酸酐与木材质量比要增加 8∶1 可以获得 70% 以上的 ASE；对于马尾松，乙酸酐与木材质量比增加到 5∶1 就可以获得 70% 的 ASE，如果乙酸酐与木材质量比增加到 8∶1，而且需要添加催化剂（尿素－硫酸铵），可以使 ASE 达到 80%。

表 6-1　乙酰化木材的 ASE

树种	2.5∶1①		5∶1		8∶1		8∶1（用催化剂）	
	WPG /%	ASE /%	WPG /%	ASE /%	WPG /%	ASE /%	WPG /%	ASE /%
马尾松	17.63 (4.16)	64.73 (2.01)	19.66 (0.10)	70.94 (1.73)	19.61 (0.35)	73.38 (1.85)	58.60 (0.40)	79.67 (5.76)
椴木	9.47 (0.37)	60.4 (0.88)	9.91 (0.13)	71.92 (1.68)	10.29 (0.16)	72.88 (3.14)	39.97 (0.81)	60.40 (0.88)
水曲柳	20.01 (0.37)	86.33 (2.09)	22.56 (0.50)	86.77 (2.54)	23.05 (0.90)	85.84 (2.17)	48.09 (1.21)	79.33 (9.54)

①乙酸酐与木材质量之比，处理液为 25% 乙酸酐的二甲苯溶液（体积分数），试件尺寸 2.0cm（T）×2.0cm（R）×1.0cm（L）；括号内的数字为标准差；催化剂使用方法是，试件在含 38% 尿素和 2% 硫酸铵水溶液中渗入 92h，取出后缓慢升温，经 60h 至全干，供乙酰化处理用。

王婉华等[5]对乙酰化马尾松、水曲柳和椴木的吸湿性进行了试验（表6-2）。试验结果表明，乙酰化木材的抗吸湿性得到了提高。未处理的三种木材的平衡含水率为10.7%～16.2%，而处理试件的则为3.4%～7.0%。高湿度环境下，虽然乙酰化处理和未处理的木材含水率均有增加，但未处理材增加量远比处理的高。乙酰化木材的抗吸湿系数为57.5%～72.8%。调湿处理后，木材均有膨胀，但未处理材弦向膨胀率比处理的大得多。

表6-2　乙酰化木材的吸湿性

树种	处理条件	气干含水率/%		调湿含水率/%		调湿膨胀率/%	
		处理	对照	处理	对照	处理	对照
马尾松	2.5∶1	7.00	14.96	9.60	22.64	0.68	2.32
	5∶1	5.90	13.78	8.72	21.23	0.74	2.39
	8∶1	5.63	13.46	8.36	21.81	0.90	2.77
	8∶1（用催化剂）	4.76	16.18	6.41	21.65	0.78	2.15
水曲柳	2.5∶1	5.27	14.04	8.66	22.01	0.50	1.59
	5∶1	4.52	13.82	7.85	24.03	0.49	2.13
	8∶1	3.60	13.32	6.37	23.39	0.51	2.19
	8∶1（用催化剂）	3.41	17.21	5.17	22.89	0.92	2.22
椴木	2.5∶1	5.73	11.76	8.73	18.89	0.90	1.92
	5∶1	5.24	10.65	8.01	18.36	0.77	2.22
	8∶1	5.19	10.75	7.95	18.61	0.72	2.26
	8∶1（用催化剂）	4.08	13.50	5.86	18.42	0.82	1.40

注：调湿条件为在35℃、RH 95%下调湿一周；弦向尺寸。

与未处理材相比，在相同相对湿度条件下乙酰化处理材的平衡含水率（equilibrium moisture content，EMC）低。Akitsu等[6]提出用相应的未改性木材为基准计算的平衡含水率（还原的平衡含水率，EMC_R，reduced EMC）指标衡量酰化处理材平衡含水率，EMC_R的计算公式如下：

$$EMC_R(\%) = (M_1 - M_2)/M_0 \times 100$$

式中，M_1为酰化木材在某一相对湿度条件下的质量；M_2为同一个样品的绝干质量；M_0为同一个样品酰化处理前的质量。

Papadopoulos和Hill[7]用EMC_R研究了乙酸和乙酸酰化处理科西嘉岛松（Corsican pine）的平衡含水率（图6-10）。图6-10清楚地显示了平衡含水率减少的情况，而且这种减少只取决于酰化增重率的大小，与细胞壁中羟基的置换无关。

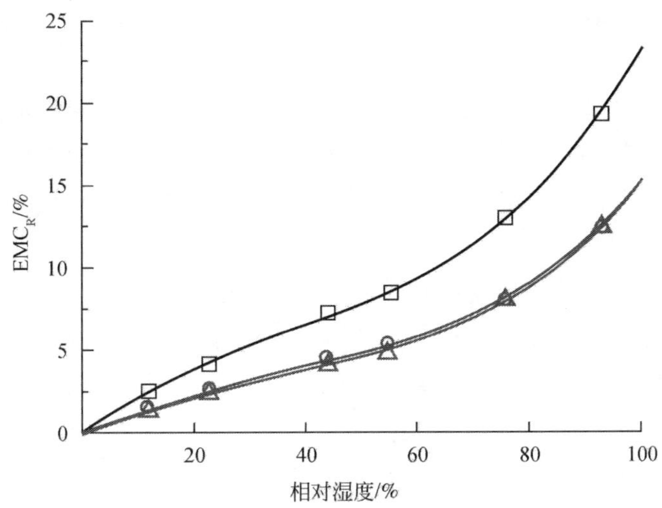

图 6-10　酰化处理对科西嘉岛松木材平衡含水率的影响

□ 未处理；○ 乙酸 WPG19.6%；△ 己酸（hexanoic acid）WPG19.5%

王婉华等[5]将乙酰化和对照木材同置水中浸泡 2 个月，测定试件的最大吸水量，即水饱和时试件的含水率，结果见表 6-3。由表 6-3 可知，3 个树种各种处理条件的试件最大吸水量均低于未处理的。

表 6-3　乙酰化木材的最大吸水量

树种	处理条件	最大吸水量/%	
		处理	对照
马尾松	2.5∶1	107.85	145.74
	5∶1	107.41	146.72
	8∶1	94.67	133.67
	8∶1（用催化剂）	87.36	136.53
水曲柳	2.5∶1	122.86	163.34
	5∶1	118.64	164.69
	8∶1	113.11	149.32
	8∶1（用催化剂）	54.51	116.76
椴木	2.5∶1	157.90	181.56
	5∶1	148.53	172.21
	8∶1	146.84	162.94
	8∶1（用催化剂）	97.75	160.24

Accoya® wood（乙酰化辐射松木材）的平衡含水率为 3%～5%（65% RH，20℃）。未乙酰化处理的辐射松木材干缩特性，从生材到全干状态的尺寸变化率

为6.0%（弦向）和3.3%（径向），而 Accoya® wood 从生材到全干状态的尺寸变化率为1.5%（弦向）和0.8%（径向）[8]。

邢善湘和刘正添[9]将液相乙酰化处理的杨木、桦木和马尾松木材进行耐水循环试验。耐水循环试验条件：室温水浸泡5天，然后烘干，如此重复3次。评价ASE、体积膨胀率和吸水量的变化，试验结果证明（表6-4），乙酸酐与木材形成牢固结合，具有抗流失性能。

表6-4 乙酰化木材的耐水性

树种		WPG	第一循环			第二循环			第三循环		
		/%	ASE/%	S/%	WS/%	ASE/%	S/%	WS/%	ASE/%	S/%	WS/%
杨木	对照	0		14.12	126.43		12.40	118.41		12.10	127.22
	处理	13.78	64.70	4.99	100.80	51.71	5.98	107.11	51.41	5.91	98.73
桦木	对照	0		18.42	68.49		17.02	52.31		18.34	62.17
	处理	15.86	65.10	6.43	57.23	54.23	7.79	55.69	56.93	7.90	48.02
马尾松	对照	0		13.93	121.25		13.73	67.07		14.79	84.67
	处理	14.87	61.45	5.37	88.81	54.17	6.29	68.77	60.13	5.90	60.21

注：S为体积膨胀率，WS为吸水量；处理液为乙酸酐与二甲苯的混合液，试件尺寸2.0cm（T）×2.0cm（R）×2.0cm（L）。

木质复合材料的尺寸稳定性也是一个大问题。人造板的尺寸变化不仅包括木材本身的胀缩，还包括压制过程中形成的残余应力释放造成的变形。乙酰化木材制成的人造板的尺寸稳定性具有显著的优越性。

在125℃下，用25%（体积分数）乙酸酐的二甲苯溶液处理纤维浆料，利用该乙酰化的纤维制作纤维板。调湿后乙酰化纤维板的含水率增加很小，浸水厚度膨胀显著减小。乙酰化使硬质纤维板具较高的尺寸稳定性（表6-5）[10]。Feist等[11]用酚醛树脂制成乙酰化杨木纤维板，经自然和人工老化试验，证明板的吸水厚度膨胀率降低，板面光洁平整，老化试验后仍保持表面平整。

表6-5 乙酰化杨木纤维板的平衡含水率及厚度膨胀率

材料名称	PF/%	相对湿度30%		相对湿度65%		相对湿度90%	
		EMC/%	TC/%	EMC/%	TC/%	EMC/%	TC/%
未乙酰化纤维	5	3.3	0.7	7.2	3.0	19.6	12.6
	8	3.3	1.0	7.2	3.1	19.8	11.2
	12	3.5	1.8	7.2	2.5	20.2	9.7

续表

材料名称	PF/%	相对湿度30%		相对湿度65%		相对湿度90%	
		EMC/%	TC/%	EMC/%	TC/%	EMC/%	TC/%
乙酰化纤维	5	1.6	0.2	3.7	1.5	7.9	3.2
	8	1.6	0.2	3.9	1.7	9.3	3.1
	12	1.7	0.1	4.2	1.7	10.7	2.9

注：TC为厚度膨胀率。

Subiyanto等[12]将南洋楹（*Albizzia falcata*）木材刨花乙酰化处理并加工成刨花板。随着乙酰化率的增加，异氰酸酯胶黏剂板和酚醛树脂胶黏剂板的尺寸稳定性得到改善。乙酰化率20%时，浸泡30天，板材厚度膨胀率只有4%，而未处理的异氰酸酯胶黏剂板和酚醛树脂胶黏剂板的厚度膨胀率分别为20%和30%。

将冷杉大片刨花与乙酰酐置于温度120℃条件下，乙酰化反应30min和60min，得到的乙酰化大片刨花的WPG分别为11.2%和20.4%。实验室条件下制备OSB，并按照欧洲标准测试了板材的物理力学性能，与未处理板材相比，乙酰化处理板材的厚度膨胀和吸水性显著降低。

Rowell和Misato[13]等将竹纤维乙酰化反应4h。当WPG达到17%时，在相对湿度为30%、65%、80%、90%条件下，平衡含水率分别为2.0%、3.7%、5.7%和6.8%，而未处理材分别为4.5%、8.9%、13.9%和14.7%。将乙酰化的花旗松单板贴在乙酰化刨花制成的低密度刨花板上（树种为*Seraya-shorea* spp.）[14]。通过在水中膨胀速率的测定，循环水浸试验（水浸5天，105℃烘2天，循环6次），相对湿度为30%、27℃及90%、27℃下放置21天后厚度膨胀率的测定及土壤木块法测试，发现这种制品与未乙酰化的同类制品相比尺寸稳定性和耐生物侵蚀能力大大提高。

Rowell等[15]将竹材刨花置于120℃温度下与乙酸酐进行反应。处理后刨花的WPG（以初期烘干质量为基础）为14%和18%。用酚醛树脂将乙酰化的竹材刨花制成刨花板，并进行吸水和吸湿膨胀试验。竹材刨花板吸水膨胀试验中，在开始的60min内，对照板材的厚度膨胀率为10%，而经过乙酰化（WPG18%）的竹材刨花板的厚度膨胀率仅2%。浸水5天，前者共膨胀19%，后者仅膨胀3%多一点。经5个周期的浸水/烘干试验后，乙酰化的竹材刨花板膨胀速率比对照板慢得多，膨胀程度也小。吸湿试验中，所有乙酰化刨花及所制的刨花板的平衡含水率都大大低于未乙酰化处理的（表6-6）。

表 6-6 不同相对湿度下的竹材刨花及其刨花板的平衡含水率

WPG /%	EMC/%					
	相对湿度 30%		相对湿度 65%		相对湿度 90%	
	刨花	刨花板	刨花	刨花板	刨花	刨花板
0	4.6	3.2	8.9	6.6	14.7	12.3
14	2.3	2.0	4.4	4.7	7.9	8.9
18	1.9	1.6	3.5	4.1	6.7	7.9

6.2.2 防腐性能

在潮湿环境中，木材因膨胀而形成特有的孔隙，为细菌繁殖提供了水源、空间，因而木材就发生腐朽。由于乙酰化处理，木材组分中的羟基被酰化，木材羟基含量减少，从而大大降低了木材含水率。木材含水率的降低，改变了某些微生物赖以生存的条件，使木材的耐腐和耐白蚁的能力增强。几种乙酰化木材的耐腐性试验结果见表 6-7[16]。结果说明，不论什么树种只要是经过乙酰化处理，其腐朽试验的重量损失率比未处理材低得多。CCA 对软腐菌的抵抗能力较弱，若经乙酰化处理，木材抗软腐菌的能力有很大提高。

表 6-7 几种乙酰化木材的耐腐性能（按 JIS Z 2119）

树种		质量损失率/%	
		彩绒革盖菌 (*Trametes versicolor*)	瘤盖拟层孔菌 (*Fomitopsis palustris*)
①日本扁柏	未处理边材	—	20.1
	乙酰化处理材	—	0.0
①美国铁杉	未处理边材	—	15.5
	乙酰化处理材	—	1.0
蝦夷云杉	未处理边材	29.1	35.0
	乙酰化处理材	0.6	0.0
落叶松	未处理边材	16.7	10.3
	乙酰化处理材	1.7	0.6
美国松	未处理边材	9.5	29.8
	乙酰化处理材	0.9	0.5
南方贝壳杉	未处理边材	9.1	13.6
	乙酰化处理材	0.0	0.0
柳桉	未处理边材	31.7	18.4
	乙酰化处理材	0.6	0.0
大花龙脑树	未处理边材	20.3	11.3
	乙酰化处理材	0.3	0.3

①以外都是 LVL（胶黏剂：间苯二酚）。

Papadopoulos 等[17]和 Hill 等[18]用几种酸酰化处理科西嘉岛松木材，研究其对褐腐菌（*Coniophora puteana*）的抵抗能力（图6-11 和图6-12）。由图6-11 和图6-12 可知，科西嘉岛松木材经过酰化处理，对褐腐菌的质量损失随 WPG 的增加而减少。当 WPG 超过 15% 以后，质量损失近于零。根据 EN350（1994）天然耐候性检测结果，科西嘉岛松木材酰化增重率达到20% 时，其耐候级别由原来的 5 级（not durable）提高到 1 级（very durable）。

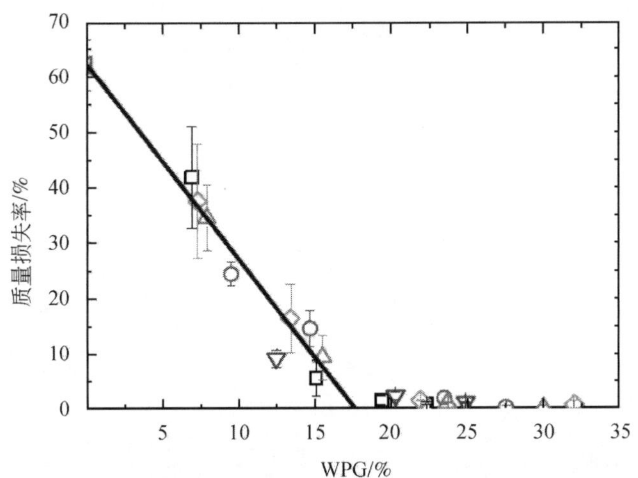

图6-11　几种酸酰化处理的科西嘉岛松木材对褐腐菌的质量损失

□ 乙酸；○ 丙酸；△ 丁酸；▽ 戊酸；◇ 己酸；◁ 对照

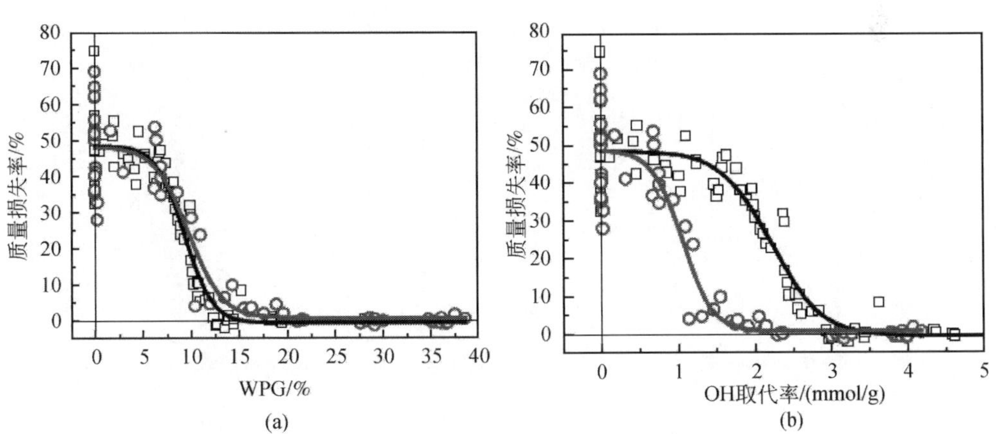

图6-12　酰化处理的科西嘉岛松木材对褐腐菌的质量损失率与 WPG 和 OH 取代率的关系

□ 乙酸；○ 己酸

（a）与 WPG 的关系；（b）与 OH 取代率的关系

Mohebby 和 Militz[19] 对乙酰化山毛榉（*Fagus sylvatica*）和欧洲赤松（*Pinus sylvestris*）木材，在实验室土床上进行了耐软腐菌的长期观察试验，并对构成木材的三大成分——纤维素、半纤维素和木质素的质量损失等进行了评价，结果见图 6-13。结果表明：①两种木材表现出不同的质量损失率，山毛榉木材的损失比苏格兰松木材快，同样观察试验 300 天，山毛榉木材损失 56%，而欧洲赤松损失 27%；②未经过乙酰化处理的两种木材，开始试验的 1 个月内就表现出明显的质量损失，而且随着时间的推移，质量损失率在不断提高；③经过乙酰化处理的两种木材，在低 WPG 下，质量损失较高，而随着 WPG 的增加，质量损失也在降低，在最高的 WPG 下，没有很明显的质量损失；④对于乙酰化处理的木材，即

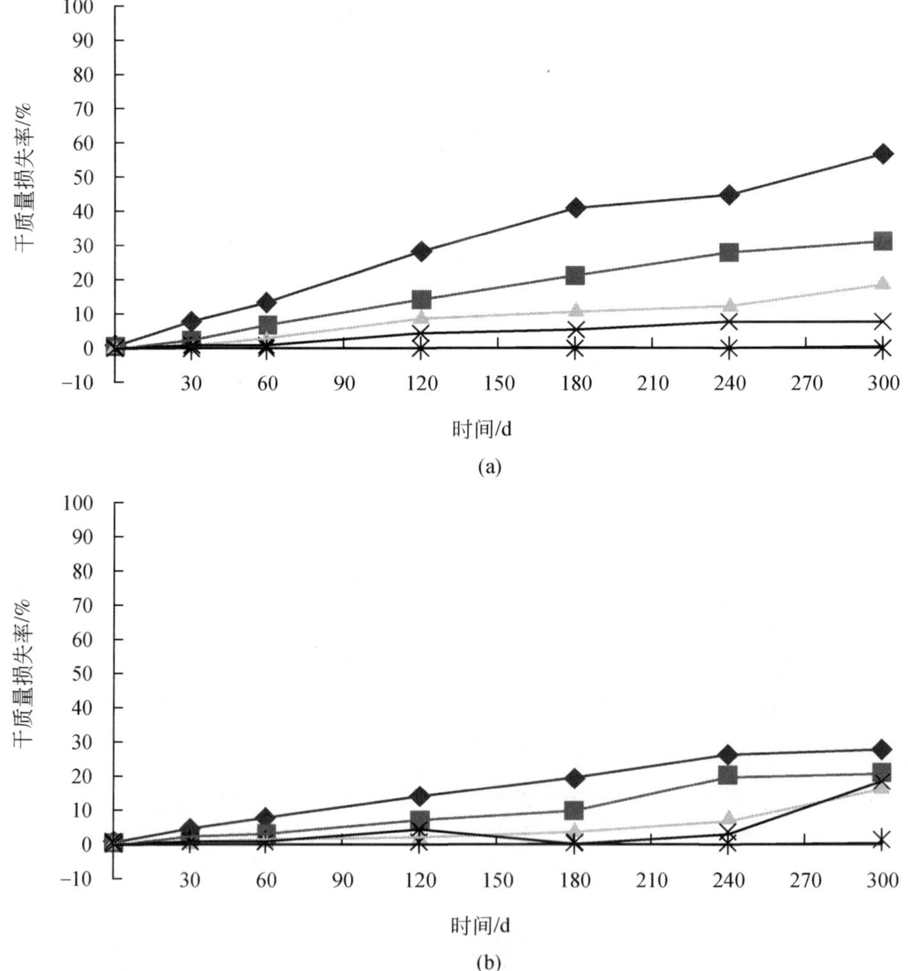

图 6-13　不同乙酰化增重率下山毛榉（a）和欧洲赤松（b）木材的质量损失率

WPG：◆ 0；■ 1.84%；▲ 6.72%；× 8.33%；⋇ 17.43%

便是在最低的 WPG 下，起始的 1 个月内没有表现出明显的质量损失，在 2 个月后，除最高 WPG 情况外，其他 WPG 情况的质量损失逐步明显起来。

试验 300 天后评价两种木材及其化学组分的质量损失率，结果见图 6-14。由图 6-14 可知，乙酰化增重率对其化学组分的质量损失率有影响。WPG 在 8% 以下时，山毛榉木材及其各组分的质量损失率有个快速下降过程，而达到 8% 以后，随着 WPG 的增加质量损失率也在降低，但变化平缓。对于欧洲赤松来说，损失情况与山毛榉有些差异。WPG 在 10% 以下时，木质素几乎没有损失，达到 10% 以后木质素的损失迅速减少。对于木材、全纤维素和 α-纤维素来说，随着 WPG 的增加质量损失率呈直线下降过程。

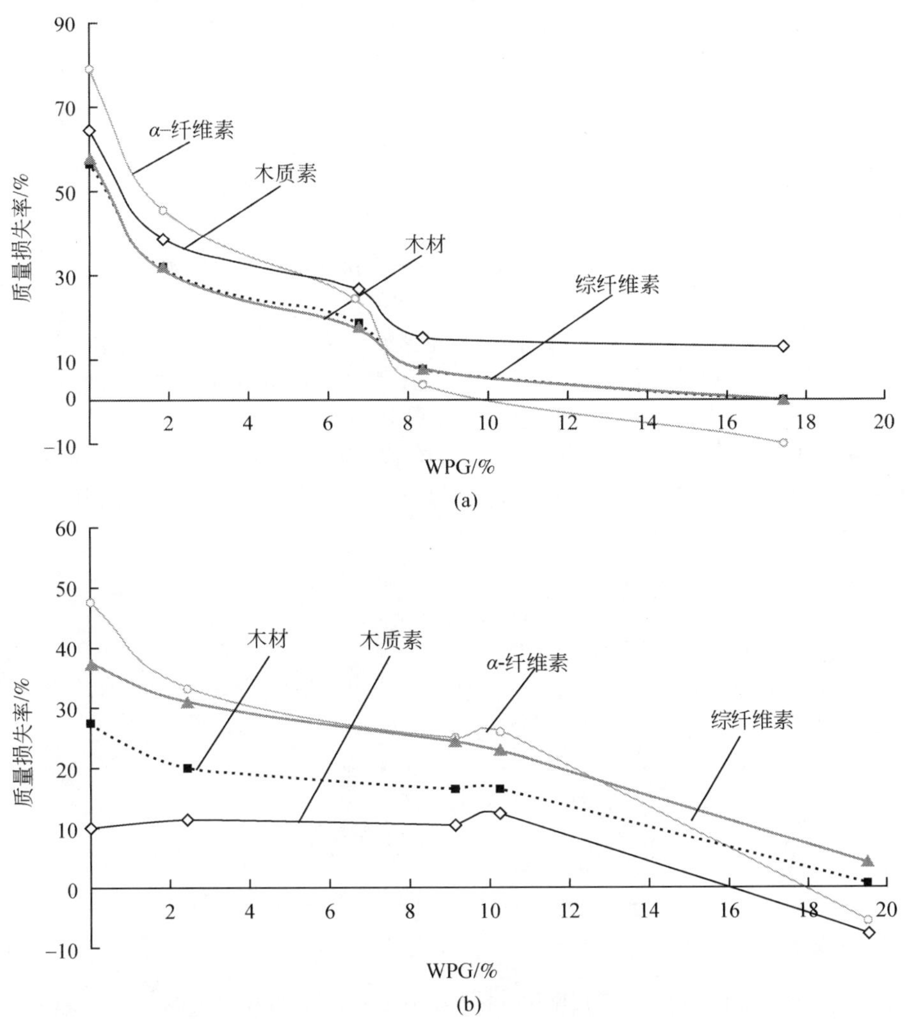

图 6-14　土床试验 300 天后山毛榉（a）和欧洲赤松（b）木材及其化学组分的质量损失

Peterson 和 Thomas[20]利用无水乙酸以吡啶为催化剂，对杨木、松木和日本白蜡木（*Fraxinus japonica*）进行乙酰化处理，研究其耐腐朽性与乙酰化增重率的关系（图6-15）。对未处理材用褐腐菌试验结果质量损失率为60% ~70%，用白腐菌试验结果质量损失率为30% ~40%。而经过处理的木材，在8%的WPG下就表现出耐腐性，如果WPG达到20% ~26%，木材基本不腐朽。

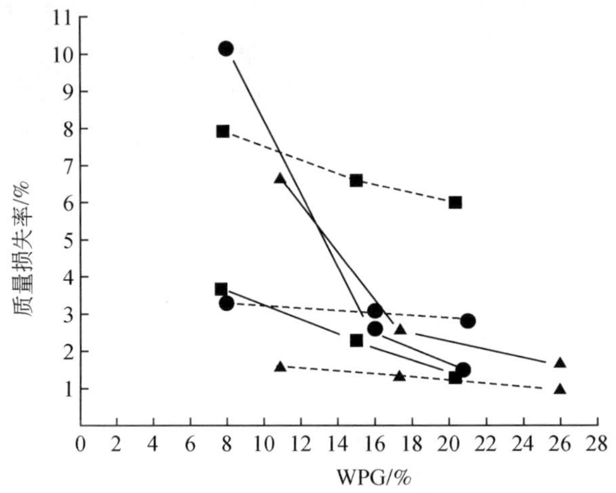

图6-15 乙酰化木材质量损失与WPG的关系

— 褐腐菌（*Fomitopsis palustris*）；--- 白腐菌（*Trametes versicolor*）

● 杨木；▲ 松木；■ 日本白蜡木

Imamura 和 Nishimoto[21]用无水乙酸乙酰化处理鱼鳞云杉（*Picea jezoensis*）单板，并对其耐腐性与WPG的关系进行了研究，结果见图6-16。对褐腐菌（*Fomi-*

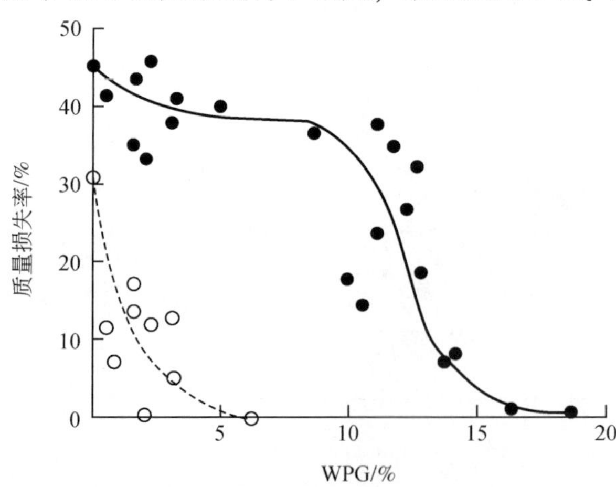

图6-16 乙酰化鱼鳞云杉木材质量损失与WPG的关系

● 褐腐菌（*Fomitopsis palustris*）；○ 白腐菌（*Trametes versicolor*）

topsis palustris）WPG 为 18%，而对白腐菌（*Trametes versicolor*）WPG 为 6% 就表现出较高的耐腐性。不论何种情况，对白腐菌在较低的乙酰化率下就表现出耐腐性。

Nilsson 等[22]利用各种方法乙酰化处理的欧洲落叶松刨花制作刨花板，并在土壤中做耐腐性试验，结果见表 6-8。不论哪种方法，当 WPG 在 20% 左右时，可以防止木材腐朽。

表 6-8　各种乙酰化方法处理的刨花板的耐腐性（三聚氰胺 – 尿素树脂，8%）

乙酰化方法	WPG /%	经过 2 ~ 12 个月的腐朽度①							
		2	3	4	5	6	8	10	12
未处理	0	S/1	S/2	S/3	S/3	S/4	—	—	—
乙烯酮法②	8.5	S/1	S/1	S/2	S/2	S/3	—	—	S/4
	17.0	0	0	S/1	S/1	S/2	—	—	S/3
无水乙酸气相法	6.7	S/0	S/3	S/3	S/4	—	—	—	—
	10.9	0	0	S/0	S/2	S/2	S/2	S/3	S/4
	18.3	0	0	0	0	0	0	S/0	S/0
	21.1	0	0	0	0	0	0	0	0
无水乙酸液相法	6.3	S/0	S/0	S/1	S/1	S/2	—	—	S/2
	10.7	S/0	S/1	S/1	S/1	S/2	—	—	S/2
	13.8	0	S/0	S/0	S/0	S/0	—	—	S/0
	18.2	0	0	0	0	0	0	0	0
	22.0	0	0	0	0	0	0	0	0
无水乙酸二甲苯回流加热法	12.0	0	0	0	0	0	0	S/0	S/0
	23.0	0	0	0	0	0	0	0	0

①腐朽度：0 表示健全，1 表示稍腐朽，2 表示较少腐朽，3 表示严重腐朽，4 表示完全降解，S 表示表示样品膨胀。

②乙酰酮法所用刨花为南方松木材。

Yusuf 等[23]按照 JWPA No. 3-1979 及 JWPA 12-1981 方法，对酚醛树脂或异氰酸酯树脂胶合的乙酰化合欢（*Albizzia*）刨花板耐褐腐菌、白腐菌和软腐菌性能，耐白蚁侵袭性能及室外老化性能进行测定。发现 WPG 达到 20% 的乙酰化刨花板的耐腐性、抗白蚁侵蚀能力及耐候性大大增加。

Imamura 和 Nishimoto[24]以间苯二酚树脂（Resorcinal）为胶黏剂，将乙酰化鱼鳞云杉（*Picea jezoensis*）、落叶松（*Larix leptolepsis*）和花旗松（*Pseudotsuga menziesii*）单板制成单板层积材（LVL），进行抗白蚁（*Coptotermes formosanus* 和 *Reticulitermes speratus*）试验，试验方法为两种：单选择（forced feeding test）和双

选择（choice feeding test）。乙酰化处理使重量损失率降低，而且随着乙酰化增重率的增加，白蚁的死亡率呈增加趋势。单选择试验 6 周后，*C. formosanus* 近乎全部死亡；单选择试验 2 周后，*R. speratus* 100% 死亡。

Westin 等[25]将增重率 22% 的乙酰化松木边材，在印度尼西亚进行了 1 年的户外试验，结果乙酰化处理材的质量损失率只有 2%，而未处理材表现出高达 93% 的质量损失率。

Feist 等[11]用酚醛树脂制成乙酰化杨木纤维板，不管表面是否涂饰，在室外自然条件下霉菌生长很少，具有较好的抗生物侵蚀能力。

尹思慈和王婉华[26]参照 ASTM D2017-71 对单板未乙酰化处理和乙酰化处理的杨木胶合板进行了耐腐性试验，试验结果见表 6-9。单板未乙酰化处理的杨木胶合板经过一个半月腐朽试验，质量损失率在 34% 左右，而单板乙酰化处理的杨木胶合板经过一个半月腐朽试验，质量没有减少，略有增加。光学显微镜和电子显微镜的观察结果表明，经过乙酰化处理的，菌丝只穿过纹孔，胞壁完整，而未经过乙酰化处理的，胞壁受菌丝破坏严重。

表 6-9 杨木胶合板的耐腐性能

树种	处理条件	乙酰化率/%	质量损失率/%
I-63 杨	对照	0	34. 23
	乙酰化处理	23. 5	+0. 84
I-72 杨	对照	0	35. 11
	乙酰化处理	23. 7	+1. 05
毛白杨	对照	0	33. 03
	乙酰化处理	22. 9	+0. 41

注：+号表示质量增加。

6. 2. 3 物理力学性能

美国威斯康星州麦迪逊林产品实验室，对乙酰化木材，包括力学性能在内的各种性质进行了广泛研究[27]。研究表明，木材性质的变化不显著，只是不同树种之间有所变异。例如，乙酰化的美国西加云杉（sitka spruce）和椴木（basswood）木材，当 WPG 超过 20% 时，其强度和弹性模量表现为增加；而加拿大黄桦（yellow birch）木材，当 WPG 为 16% 时，其强度和弹性模量表现为降低。

Dreher 等[28]研究了乙酰化西黄松（ponderosa pine）、美国红栎（red oak）和糖槭（sugar maple）木材的力学性能。乙酰化后所有样品的顺纹抗压强度和硬度增加，但顺纹剪切强度降低。西黄松和少量的美国红栎木材的抗冲击韧性（toughness）增加，而糖槭木材略有降低。

Rowell 和 Banks[29] 研究了乙酰化欧洲赤松（*Pinus sylvestris*）和椴木（*Tilia vulgaris*）抗拉强度，与未处理材相比，没有显著差异，标准偏差高。

Larsson 和 Simonson[30] 研究了乙酰化欧洲赤松（*Pinus sylvestris*）和云杉（*Picea abies*）的力学性能。结果表明，乙酰化松木的 MOR 和 MOE 降低 6% 左右，而乙酰化云杉的增加 7% 左右；乙酰化木材的硬度表现为增加。这些结果都是在乙酰化木材含水率较低下获得的。样品处理条件是：乙酸酐真空加压浸注到木材样品内，去除过剩的乙酸酐，在 120℃下加热 6h。

Birkinshaw 和 Hale[31] 研究发现，乙酰化对三种针叶树材（松木、云杉、落叶松）的力学性质无显著影响；Militz[32] 研究发现，乙酰化后山毛榉木材的 MOR 略有增加，而 MOE 略有降低；Ramsden 等[33] 将欧洲赤松木材试样在乙酸酐/二甲苯溶液中，145℃下处理 4h，木材拉伸模量降低 50%；Reiterer 和 Sinn[34] 在 100℃下用乙酸酐处理云杉木材，结果与未处理材相比，处理材的抗冲击韧性降低 20%。

Bongers 和 Beckers[35] 利用小规模反应釜乙酰化处理 4m 长的木材，对处理材的力学性能进行了综合评价。研究树种为山毛榉（*Fagus sylvatica*）、杨木（*Populus* sp.）、欧洲赤松（*Pinus sylvestris*）和辐射松（*Pinus radiata*），测试指标为 MOR、MOE、冲击韧性（impact resistance）、硬度（Janka hardness）、剪切强度、轴向握螺钉力、顺纹抗压强度、平衡含水率以及密度等。结果表现各异，有些树种的某些性能是提高的而有些树种是降低，但在某一树种内是一致的。例如，在 MOR 方面，欧洲赤松表现为提高或没有变化，而辐射松表现为降低或没有变化。

Larsson 和 Tillman[36] 用简化法乙酰化处理了松木和云杉，并测定了密度和强度（表 6-10）。当 WPG 分别达到 19.1%，23.2% 和 18.2% 时，木材的密度均增加，测定强度时的木材含水率降低，松木的静曲强度和弹性模量降低，而云杉木材的静曲强度和弹性模量是增加的。

表 6-10　乙酰化处理对松木和云杉木材物理力学性能的影响

树种	WPG/%	密度/(g/cm^3)	含水率/%	静曲强度/MPa	弹性模量/MPa
松木	19.1	0.629	4.1	108.9	11200
	0	0.587	9.8	115.0	13500
云杉（宽年轮）	23.2	0.380	2.8	62.5	8800
	0	0.325	12.0	48.9	8500
云杉（窄年轮）	18.2	0.475	2.7	70.3	13000
	0	0.440	12.0	65.5	12300

注：含水率指测定强度时的含水率。

Tarkow 等[37]和科尔曼等[38]研究了乙酰化单板的力学性能（表 6-11）。大部分力学性能并不受乙酰化影响或略有增加。Baird[4]研究乙酰化美国五叶松表明，乙酰化增重率增加至 23.3%、抗缩率为 67% 时，其相对韧度为 0.93，相对耐磨性为 1.09。

表 6-11　乙酰化对厚度 1.6mm 单板力学性能的影响

性能	美国西加云杉		红桦		椴木	
	对照	乙酰化	对照	乙酰化	对照	乙酰化
乙酰基含量/%	0	31	0	22	0	
抗缩率/%	0	71	0	72	0	
密度（干体法）/(g/cm^3)	0.36	0.42	0.62	0.63	0.32	
顺纹抗拉①						
强度极限/MPa	97.7	107.6	101.2	105.5		
弹性模量/GPa	11.60	12.94	12.94	15.96		
横纹抗弯②						
断裂模量/MPa	56.9	80.1	109.7	135.0	52.0	23.9
弹性模量/GPa	10.83	13.64	18.56	19.33	11.25	10.97
相对韧度③	1.0	1.72	1.0	1.04	1.0	1.28

①3 块试件的平均值。
②6～10 块试件的平均值。
③林产品研究所（Forest Products Lab.，1956）：12 块试件的平均值。

Accoya® wood 的力学性能与其他普通木材力学性能的比较见表 6-12[39]。乙酰化处理并没有给木材带来力学性能的损失。

表 6-12　乙酰化木材与其他普通木材力学性能比较

树种	硬度①/MPa	抗弯强度/MPa
Accoya® wood（乙酰化松木）	3950	80
辐射松（radiata pine）	3850	80
苏格兰松（scots pine）	2900	80
山毛榉（beech）	7100	115
Accoya® wood（乙酰化山毛榉）	6950	115
北美乔柏（western red cedar）	1450	55
柳安［meranti（DRM）］	4300	90
桃花心木（sapele mahogany）	6700	105
美国黄松（ponderosa pine）	3000	80

①硬度为 Janka 硬度。

Jorissen 等[40]研究结构尺寸的乙酰化木材力学性质表明，乙酰化处理对材料平均强度的影响很小，但使强度的变异性增大，特征值降低35%左右。

另外，与未处理材相比，乙酰化木材的比动态弹性模量（E'/γ）和 $\tan\delta$ 都较低[6,41-45]；乙酰化处理使木材的机械蠕变特性降低[46-47]。

6.2.4　胶合性能

传统的水基型木材胶黏剂，如脲醛树脂、尿素－三聚氰胺－甲醛树脂、酚醛树脂、酪素胶等，交接乙酰化木材时内结合强度（IB）和木破坏率均比未处理材低。

Rudikin[48]用脲醛树脂胶接乙酰基酯化的木材，胶合强度下降；用5%氢氧化钠水溶液使酯化木材水解，木材重新获得羟基，胶合强度则得到恢复。

Rowell 等[49]用扫描电子显微镜观察酚醛树脂胶合的杨木刨花板，发现破坏总是发生在酚醛树脂和木材的界面，认为胶合不良的主要原因是乙酰化降低了木材表面的亲水性和极性，使酚醛树脂对木材的润湿性和渗透性下降。因此，结合部位的IB、木破坏率、静曲强度（MOR）和弹性模量（MOE）均降低。

Youngquist 等[50]选用具有不同HLB（亲水亲油平衡值）的乳化剂来改进酚醛树脂对乙酰化杨木刨片的胶接性能。图像分析显示出当加入5%～10%低HLB的乳化剂时（商品名 Brij 92；HLB4.9，油包水型），水溶性酚醛树脂对杨木刨片的润湿性得到显著改善，IB有所提高，但木破坏率降低。MOR随乳化剂用量增加而降低，MOE则随乳化剂用量增加而提高。

Vick 和 Rowell[51]对异氰酸酯、聚氨酯、PVAC、氯丁接触型胶黏剂、环氧树脂、脲醛树脂、三聚氰胺树脂、酚醛树脂、间苯二酚－甲醛树脂、酸固化酚醛树脂等18种胶黏剂胶接的乙酰化美国鹅掌楸木材接头的干、湿剪切强度和木破坏率进行比较。多数胶黏剂的胶接强度或多或少地随乙酰化程度提高而下降。当改性材WPG为8%时，很多胶黏剂的胶合强度表现出强耐久性；当WPG达到14%或20%时，胶合强度降低。多数胶黏剂含有极性聚合物并且是水基型的，胶接力随乙酰化木材中非极性疏水的乙酰基含量的增加而降低。发现热固型胶黏剂（酸固化酚醛树脂例外）在固化过程中，胶中的水分不能被乙酰化木材充分吸收，在热压过程中产生高度的流动性，并且过分地渗透到木材内。间苯二酚树脂则因其本身具有高度活性，也能在室温下形成良好的胶合。用乳液聚异氰酸酯胶、交联型聚乙酸乙烯酯胶、间苯二酚－甲醛树脂、苯酚－简苯二酚－甲醛胶以及酸固化酚醛树脂胶接的乙酰化木材具有高的干剪切强度和木破坏。氯丁接触型胶黏剂、湿固化聚氨酯热熔胶对乙酰化木材的胶接干强度与未处理材相同。只有冷固型间苯二酚－甲醛树脂与热固型酸固化酚醛树脂，对WPG为8%、14%和

20%的乙酰化木材，在水浸条件下测试时，能得到高的胶合强度和木破坏率值。

Youngquist 和 Rowell[52] 对以异氰酸酯和酚醛树脂为胶黏剂的乙酰化杨木刨花板的胶合性能及其他性能进行了比较。经平衡含水率、水膨胀、水浸、湿循环试验及强度测试（MOR、MOE、IB），发现对于未改性的杨木刨花板，以异氰酸酯为胶黏剂的板材性能优于以酚醛树脂为胶黏剂的板材，不可逆膨胀程度较低。而对于乙酰化的杨木刨花板，不管用异氰酸酯还是酚醛树脂作胶黏剂，厚度膨胀率均比未改性杨木刨花板低得多。异氰酸酯乙酰化杨木刨花板的 IB 及 MOR 比酚醛的高，而 MOE 略低。综上所述，有两种可能的原因影响传统木材胶黏剂对乙酰化木材的胶合性能：一是乙酰化处理后木材羟基减少，亲水性及极性降低，影响极性较强的水基胶黏剂对木材的润湿和吸附（表 6-13）。二是热固性树脂在热压过程中由于胶层水分不能充分被木材吸收而造成过分流动，并且不能很好地固化。

表 6-13 酰化处理材的接触角（介质为水）[53]

样品	WPG/%	接触角/（°）
未酰化木材	0	45
乙酸酰化	24	98
丙酸酰化	4	108
丙酸酰化	8	117
丙酸酰化	11	123

高麗秀昭和細谷修二[54] 用臭氧（Ozone）处理乙酰化阿拉斯加扁柏（*Chamaecyparis nootkatensis* D. Don.）纤维，以三聚氰胺树脂为胶黏剂制备纤维板（密度 0.7g/cm³，树脂含量 15%，热压温度 180℃，热压时间 6min），进行 1000h 人工老化试验和 2 年户外暴露试验（日本茨城县筑波市）后，按照 JIS 标准评价 24h 吸水厚度膨胀的变化，探讨了臭氧处理对改善乙酰化阿拉斯加扁柏纤维胶合性能的效果，结果见表 6-14 和表 6-15。

表 6-14 人工老化试验后 24h 吸水厚度膨胀率的变化

乙酰化增重率	臭氧增加率/%			
/%	0	0.25	0.50	1.00
0	11.2（1.7）	10.6（0.55）	10.1（0.66）	10.3（0.47）
4.7	11.6（1.1）	9.49（0.64）	8.64（0.36）	8.59（0.98）
9.4	10.4（0.86）	9.11（1.1）	8.44（0.50）	8.26（0.79）
18.5	5.98（0.59）	4.97（0.37）	4.95（0.26）	5.44（0.55）
24.8	2.69（0.40）	2.43（0.35）	2.54（0.35）	2.45（0.36）

注：（）内为标准差。

表 6-15　2 年户外暴露试验后 24h 吸水厚度膨胀率的变化（全干时）

乙酰化增重率/%	臭氧增加率/%			
	0	0.25	0.50	1.00
0	11.7（2.1）	10.2（1.0）	9.3（0.93）	9.13（0.36）
4.7	36.5（6.3）	9.74（3.5）	8.18（0.62）	5.57（0.82）
9.4	46.4（5.0）	12.6（2.9）	12.9（3.7）	9.79（1.8）
18.5	50.7（7.3）	19.2（6.8）	22.9（4.5）	22.0（3.6）
24.8	20.4（4.2）	7.72（2.2）	7.04（1.6）	8.07（2.4）

注：() 内为标准差。

由表 6-14 可知，随着乙酰化增重率的增加，纤维板的吸水厚度膨胀率呈降低趋势，特别是增重率达到 24.8% 时，吸水厚度膨胀率被控制在很低的水平，但臭氧处理的效果并没有表现出来。由表 6-15 可知，未经臭氧处理的试件，经过 2 年户外暴露试验后，其吸水厚度膨胀率有随着乙酰化增重率增加而增加的趋势，特别是增重率 4.7%、9.4% 和 18.5% 的试件，比未乙酰化的高很多，认为是纤维之间的胶合力降低所致；而经过臭氧处理的试件，厚度膨胀率大幅降低，说明纤维之间的胶合力得到改善，这是臭氧处理改善了胶合性能所致。

高麗秀昭和近江正陽[55]又用臭氧处理的乙酰化木纤维，以酚醛树脂为胶黏剂制备纤维板（密度 $0.7g/cm^3$，树脂含量 12%，热压温度 180℃，热压时间 10min，三聚氰胺树脂作为对照），按照 JIS A 5909 进行剥离强度、吸水厚度膨胀率试验，又进行了条件更为苛刻的促进老化试验。促进老化试验条件，即真空加压吸水－干燥循环试验（vacuum-pressure soak-dry，VPSD）：约 0.085MPa 的真空度下吸水 5min，再在 0.5MPa 下加压 1h，此真空加压过程重复 2 次；然后在 40℃下缓慢加热干燥 44h；将真空加压吸水和低温干燥过程重复 10 次，称为 VPSD10 循环试验。试验结果见表 6-16。

表 6-16　剥离强度、24h 吸水及 VPSD10 循环试验厚度膨胀率

性能指标	树脂种类	未处理	乙酰化处理	乙酰化臭氧处理
剥离强度/MPa	三聚氰胺	0.53（0.07）	0.48（0.05）	1.02（0.18）
	酚醛树脂	0.93（0.09）	1.40（0.13）	1.71（0.18）
24h 吸水厚度膨胀率/%	三聚氰胺	12.21（0.65）	2.7（0.29）	2.31（0.44）
	酚醛树脂	8.11（0.59）	2.16（0.17）	2.31（0.15）
VPSD10 循环试验厚度膨胀率/%	三聚氰胺	12.58（1.20）	7.68（0.52）	2.92（0.16）
	酚醛树脂	6.03（0.48）	2.48（0.25）	1.94（0.25）

注：() 内为标准差。

由表 6-16 可知，对于三聚氰胺树脂来说，乙酰化处理使剥离强度降低，而臭氧处理提高了剥离强度；而对酚醛树脂来说，乙酰化处理提高了剥离强度，臭氧处理后剥离强度进一步得到提高。由此说明，臭氧处理提高了乙酰化纤维表面的亲水性。从 24h 吸水厚度膨胀来看，对于两种树脂来说，乙酰化降低了吸水厚度膨胀率，而乙酰化处理后再臭氧处理的厚度膨胀率与只乙酰化处理的相近，臭氧处理的效果没有体现出来。但是，通过 VPSD10 循环试验，对于两种树脂，经过臭氧处理的厚度膨胀率均有明显降低。因此，经过臭氧处理的乙酰化，材料的尺寸稳定性得到改善，可以适应更为苛刻环境。

6.2.5　热性质和燃烧性能

6.2.5.1　热性质

余权英和李国亮[56]利用差热分析仪研究了乙酰化松木和杉木的热转变。根据 DSC 曲线，杉木粉在 100℃附近的吸热峰是木材中水分的蒸发。在 260 ~ 340℃时的放热，是由于木材中的纤维素和半纤维素开始裂解和伴随脱水，除产生单糖、低分子糖外，尚含不饱和化合物和呋喃衍生物。由于这些物质的重排和聚合是放热反应，虽然有报道在此温度范围内木质素大分子断裂是吸热反应，但由于受到多糖裂解放热所掩盖，最后呈弱放热过程。在 386℃的吸热峰是糖单元的裂解产生多种羰基化合物，如乙醛、乙二醛、丙烯醛等的蒸发吸热。而乙酰化木材的 DSC 曲线，由于乙酰化使木材羟基含量降低，木材吸湿性也随之降低，因此水蒸发的吸热峰也降低，而且水蒸发的温度也提前，这说明了乙酰化木材的疏水性增强。在 210℃附近出现了玻璃化转变，说明乙酰化木材具有热塑性高分子的特性，这是原木粉所没有的。而且起始裂解的温度从原木的 260℃提高到 300℃，并呈放热效应，这种完全不同的裂解方式可能与热塑化木材的化学结构和超细结构的改变有关。

6.2.5.2　燃烧性能

笔者利用锥形量热仪法评价了乙酰化辐射松木材的燃烧性能，结果见表 6-17 和图 6-17。从试验结果来看，乙酰化处理后木材的引燃时间略有缩短，说明乙酰化木材更容易点燃。从释热指标来看，乙酰化木材的释热速率峰值、各时间段内的平均释热速率、释热总量以及有效燃烧热等都比未处理材高出许多，说明乙酰化处理后木材的燃烧放热量大大增加。乙酰化处理后木材燃烧而产生的质量损失和发烟也都提高了。

表 6-17　乙酰化木材的燃烧性能（锥形量热仪法）

燃烧性能指标	辐射松	乙酰化辐射松
释热速率峰值/（kW/m²）	196.29	269.14
平均释热速率①/（kW/m²）	99.62	156.54
60s 内平均释热速率/（kW/m²）	154.53	212.31
180s 内平均释热速率/（kW/m²）	124.69	181.10
300s 内平均释热速率/（kW/m²）	112.30	169.68
180s 内释热总量/（MJ/m²）	22.42	32.60
300s 内释热总量/（MJ/m²）	33.85	50.94
600s 内释热总量/（MJ/m²）	58.29	95.05
平均有效燃烧热/（MJ/m²）	11.40	13.94
平均比消光面积/（m²/kg）	82.46	107.55
平均质量损失速率/[g/(s · m²)]	8.85	11.79
引燃时间/s	17.4	13.2

①辐射松木材燃烧时间为 1000s，乙酰化辐射松木材燃烧时间 900s；乙酰化辐射松木材由上海钻石木中国有限公司提供。

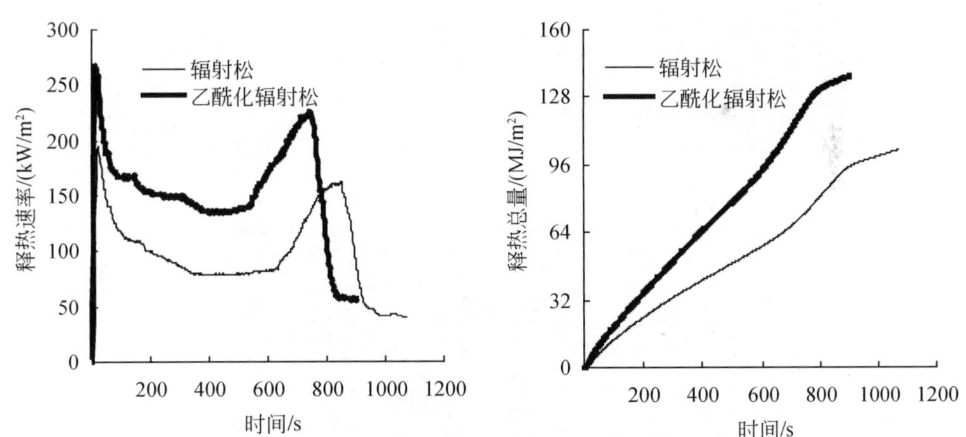

图 6-17　乙酰化辐射松木材燃烧释热速率和释热总量
乙酰化辐射松木材由上海钻石木中国有限公司提供

Mohebby 等[57]研究了乙酰化山毛榉（*Fagus orientali*）胶合板的燃烧性能。在 120℃下用乙酸酐法将山毛榉单板乙酰化处理，然后加工成胶合板。乙酰化处理后样品的增重率（WPG）见表 6-18。

表 6-18　乙酰化山毛榉胶合板的增重率（反应温度 120℃）

处理时间/min	WPG/%
0	0
15	13.47
30	16.33
60	19.96

将乙酰化山毛榉胶合板按照 ISO 11925-3 方法使材料的边缘直接暴露在火焰中 60s，评价材料的引燃时间（ignition time）和无焰燃烧时间（glowing time），并对其表面炭化面积（charred area）也做了研究。图 6-18、表 6-19 为材料燃烧前、点燃和燃烧后以及燃烧状况的描述。

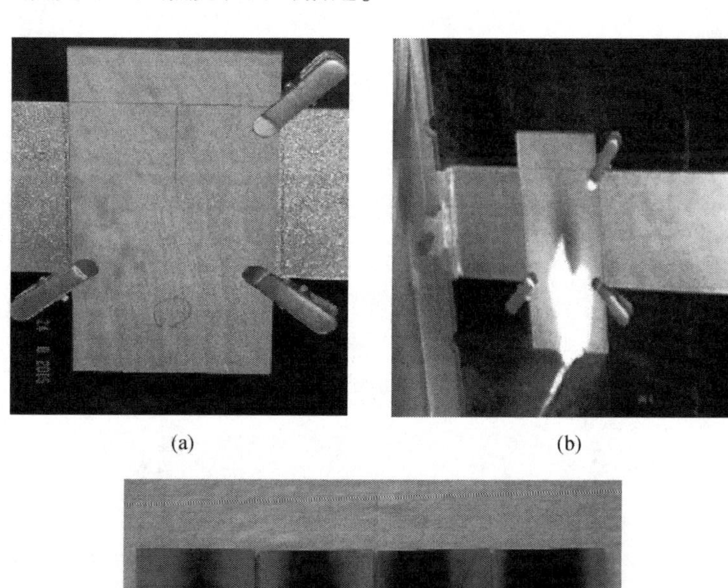

(a)　(b)

(c)

图 6-18　乙酰化山毛榉胶合板的燃烧试验

（a）燃烧前；（b）点燃；（c）燃烧后

表 6-19　乙酰化山毛榉胶合板的燃烧状况描述

WPG/%	燃烧状况
0	①长火焰，像燃烧的火炬一样 ②产生很多烟 ③熊熊燃烧（flaming）后是无焰燃烧（glowing）
13.47	①黄色长火焰 ②燃烧过程中有一些片状物剥离 ③产生很多烟 ④无焰燃烧（glowing）
16.33	①先出现黄色长火焰，然后是蓝色短火焰 ②燃烧过程中有一些片状物剥离 ③产烟少 ④没有出现明显的无焰燃烧（glowing）
19.96	①先出现黄色长火焰，然后是蓝色短火焰 ②燃烧过程中有一些片状物剥离 ③样品表面大部开始连续燃烧，并且出现方格状的龟裂 ④没有出现明显的无焰燃烧（glowing）

对乙酰化山毛榉胶合板各种燃烧指标研究结果表明：随着 WPG 的提高，材料表面的炭化面积在增加（图 6-19），引燃时间延长（图 6-20），无焰燃烧时间缩短（图 6-21），燃烧区呈蓝色光，而未乙酰化的燃烧时间长，火焰呈黄色。

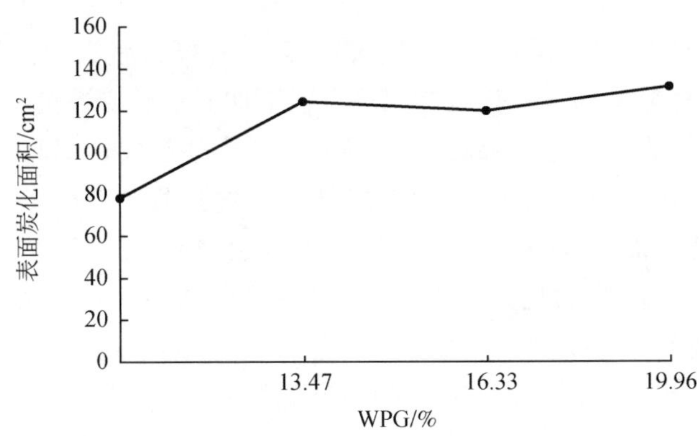

图 6-19　乙酰化率对山毛榉胶合板表面炭化面积的影响

他们就引燃时间延长的原因分析如下。

(1) 木材燃烧是一个氧化反应过程，引燃时间的长短取决于燃烧物质的质

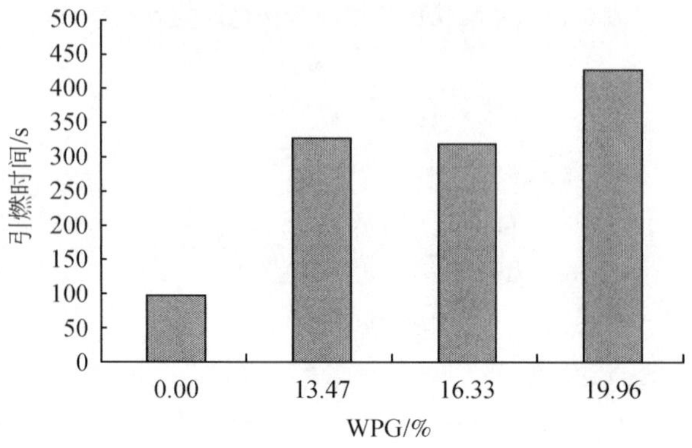

图 6-20　乙酰化率对山毛榉胶合板引燃时间的影响

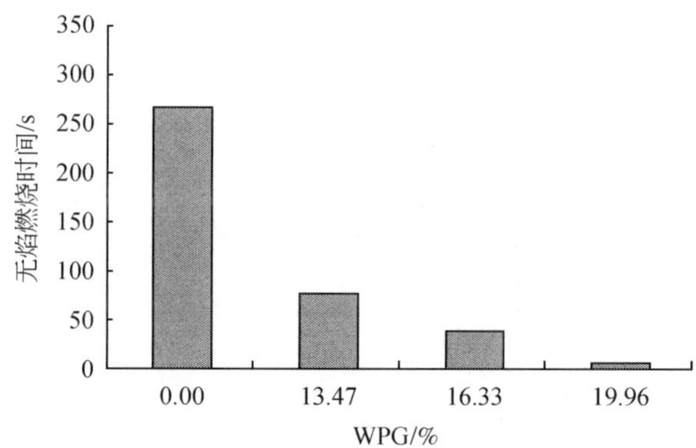

图 6-21　乙酰化率对山毛榉胶合板无焰燃烧时间的影响

量。乙酰化反应过程中，木材细胞壁中的聚合物（纤维素、半纤维素及木质素）与带有 C、O、H 原子的乙酰基官能团反应，增加了木材的质量。

（2）文献［58］研究结果表明，乙酰化山毛榉单板燃烧时，不燃性的 CO_2 产量增加，而可燃性的 CO 产量减少。一般，燃烧过程中产生 CO_2，说明反应是个完全燃烧过程，而对于一个完全燃烧过程，其反应时间也较长。

无焰燃烧过程需要消耗大量的氧气。Mohebby 和 Talaii[57] 的研究结果显示，乙酰化木材的燃烧是一个完全燃烧过程，不燃性的 CO_2 增加，在木材周围形成一个保护层，隔绝氧气。因此，无焰燃烧时间缩短。

6.2.5.3　燃烧时的烟气成分

Mohebby 和 Talaii[58] 用图 6-22 所示的气体分析装置对乙酰化山毛榉单板燃烧时产生的烟气成分进行了研究。研究结果见图 6-23 ~ 图 6-25。图 6-23 结果表明，随着乙酰化增重率的提高，CO 浓度呈下降趋势，当乙酰化增重率达到 13. 49% 时，CO 减少近 45% 。

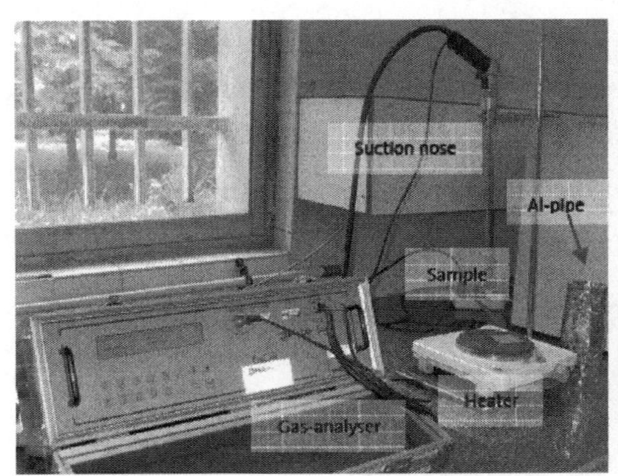

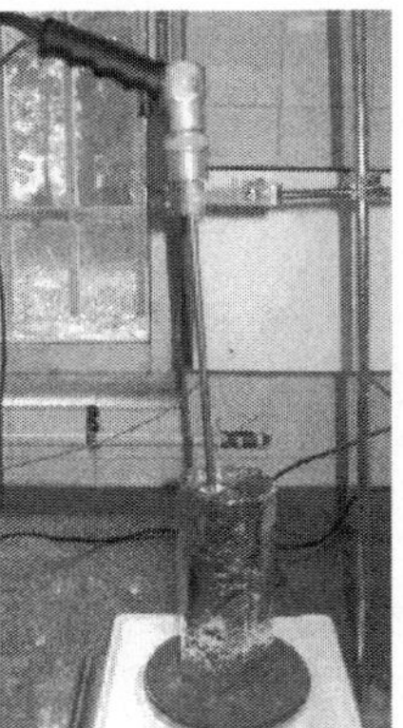

图 6-22　烟气成分分析装置

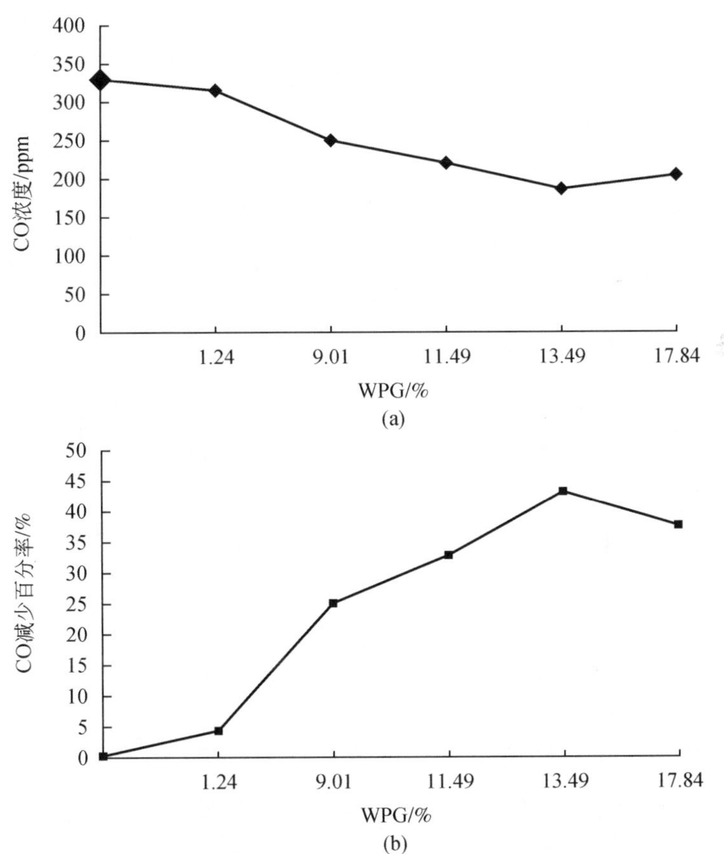

图 6-23　乙酰化增重率对 CO 浓度（a）及 CO 减少百分率（b）的影响

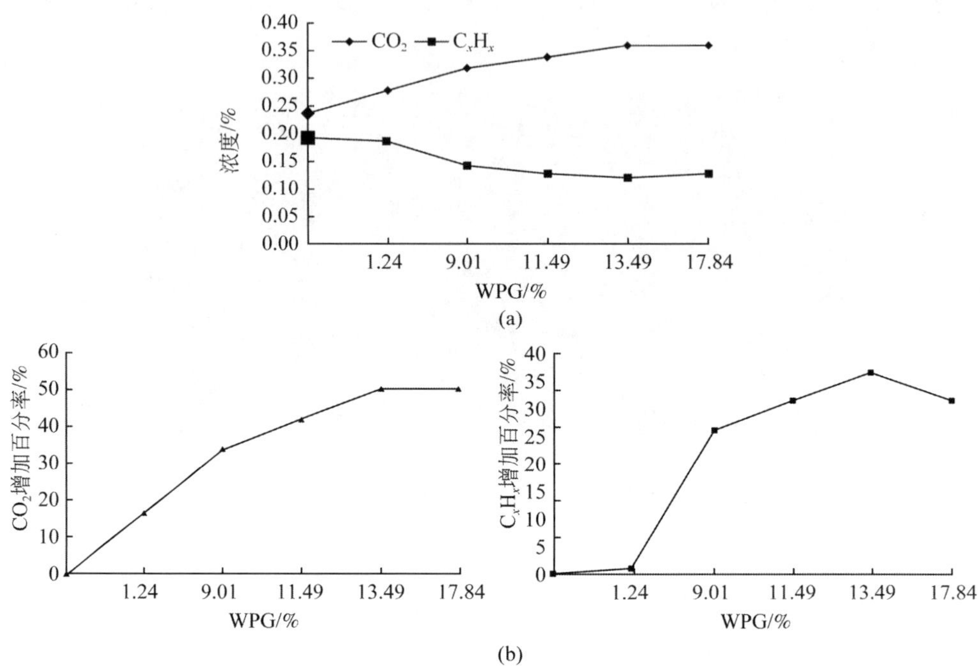

图 6-24　乙酰化增重率对 CO_2 和 C_xH_x 浓度（a）及增加百分率（b）的影响

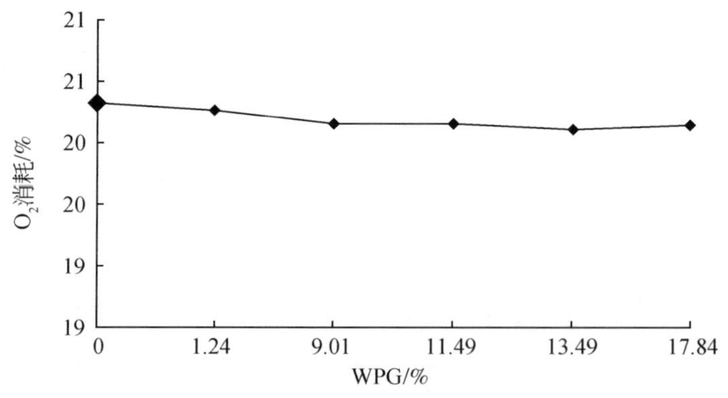

图 6-25　乙酰化增重率对 O_2 消耗的影响

图 6-24 结果表明，随着乙酰化增重率的提高，CO_2 浓度呈增加趋势，而 C_xH_x 浓度呈下降趋势。当乙酰化增重率达到 13.49% 时，CO_2 增加近 50%，而 C_xH_x 降低 35% 多。

由图 6-25 反映的材料燃烧时消耗 O_2 的情况来看，乙酰化增重率高的材料所

消耗的 O_2 也有所减少。这与上述中 CO 浓度随着乙酰化增重率的增加而减少的情况正好吻合。因为乙酰化山毛榉木材以完全燃烧形成 CO_2 为主，而 CO 燃烧需要消耗 O_2 变成 CO_2。

总之，乙酰化处理赋予木材良好的尺寸稳定性的同时，使材料的引燃时间延长，无焰燃烧时间缩短，燃烧释放的毒性气体和可燃性气体（如 CO）减少，阻止了火焰的蔓延。乙酰化处理的木材其燃烧时的火焰呈蓝色，说明材料燃烧是一个完全燃烧过程。但是，作为阻燃剂其所发挥的作用还是有限的，还不具备使木材抵御火灾的能力[57]。

6.3　表面化学特性[59,61,63]

乙酰化木材表现出来的最显著特征就是良好的尺寸稳定性、抗腐朽能力、抗白蚁能力和耐候性，同时对胶合性能和燃烧特性产生了一些负面影响。这与木材官能团以及乙酰化木材的表面化学特性的变化有很大关系。

6.3.1　木材各组分的乙酰化[59]

木材中各化学组分经乙酰化处理后，其化学结构中均有新的酯类官能团产生[60,61]。但由于木材中的木质素、纤维素和半纤维素的化学结构和立体构形的不同，其反应活性也各不相同，从而引起在酯化反应能力上产生差异。

通过对杉木（*Cunninghamia lanceolata*）和“三北”一号杨（*Populus nigra* × *P. simonii*）纤维素、半纤维素、综纤维素、木质素及木材在经同一反应温度，不同反应时间乙酰化处理后它们的增重变化，研究其酯化过程中的化学结构的稳定性及反应性能。试验条件：首先，将样品用乙酸酐浸润后，在 120℃ 的条件下反应 1h、2h、2.5h。待完全冷却后，半纤维素用乙醇，木质素、纤维素和木粉用蒸馏水将反应物洗涤至中性，并收集洗脱液，然后在烘箱中 105℃ 条件下烘至绝干。最后用质量法计算由乙酰化产生的酯化增重率，从而测出反应物的酯化程度。

6.3.1.1　纤维素的酯化

所有有关纤维素反应性能的论述都认为，纤维素分子中基环上的羟基官能团中的氢可以部分或完全被酸根取代生成酯。因此，纤维素可以与乙酰剂反应生成相应的酯。但是，由于纤维素中的三个羟基是由两个仲醇基和一个伯醇基组成，而只有伯醇基易于形成酯。因此，在没有催化剂存在和较低的反应温度条件下，纤维素的酯化反应并不能完全进行，纤维素的酯化率并不很高。在此研究所选择的反应条件下，杉木和“三北”一号杨的纤维素酯化增重率在反应 2.5h 后仅为

1.9%和3.2%。这与 Boonstra[62]等对挪威云杉纤维素以乙酰化法进行酯化的研究结果相似。从图6-26来看，不同反应时间“三北”一号杨的纤维素酯化能力稍强于杉木的纤维素。

6.3.1.2　半纤维素的酯化

以往用红外光谱研究半纤维素酯化的结果表明，半纤维素的乙酰化处理可以使其化学结构上的酯类官能团数量大量增加，但由于半纤维素的稳定性较差，在酯化过程中容易发生酸性水解，而且水解作用的失重大于酯化后的增重。从图6-27所示的半纤维素的酯化增重率曲线变化趋势可见，半纤维素的酯化增重率不但不增加反而下降。对酯化产物洗脱液的液相色谱的检测发现大量的多糖和单糖，表明在乙酰化过程中半纤维素会大量水解。

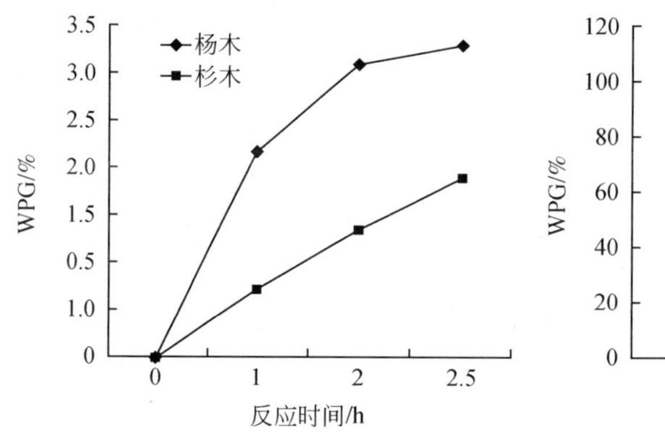

图6-26　纤维素酯化增重率变化曲线

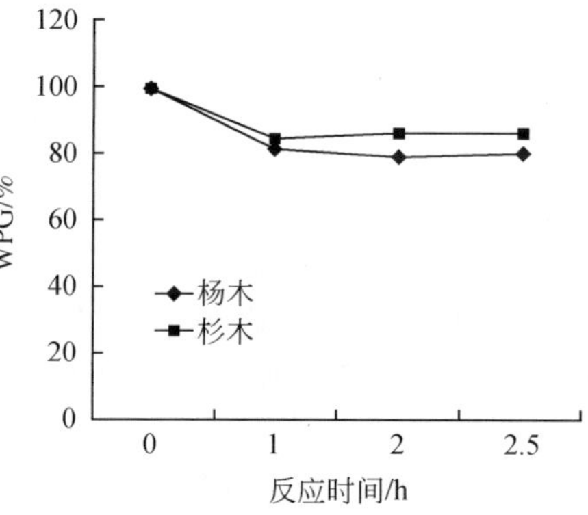

图6-27　半纤维素酯化增重率变化曲线

6.3.1.3　综纤维素的酯化

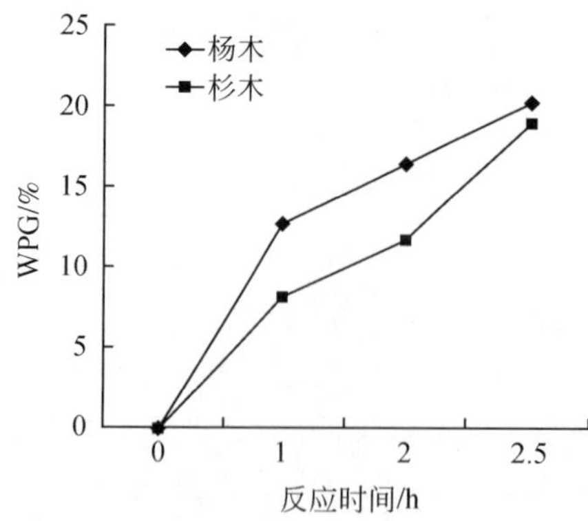

图6-28　综纤维素酯化增重率变化曲线

综纤维素是木材除去木质素后所得纤维素和半纤维素的总和。综纤维素的酯化反应应是纤维素和半纤维素酯化反应的结果。如果按前述纤维素和半纤维素各自的酯化反应能力的研究结果预测，综纤维素的酯化增重率只会降低不会增加。但从图6-28综纤维素的酯化反应后的增重率变化曲线可见，杉木和“三北”一号杨的综纤维素经乙酰化处理后酯化增重率均有较大幅度的增加，在反应2.5h时分别达到

18. 90% 和 20. 14% 。由于纤维素在乙酰化处理后酯化增重率较低，因此可以推断综纤维素的酯化增重率主要是半纤维素的酯化。对综纤维素酯化产物洗脱液的液相色谱测定，可检测出多糖存在，表明在综纤维素乙酰化过程中半纤维素也有降解现象发生，但由于在综纤维素中纤维素与半纤维素是以天然状态存在，这两种组分交织在一起，具有一定的结构稳定性，使半纤维素在酸性条件下的水解速度有所降低。

6. 3. 1. 4　木质素的酯化

木质素在乙酰化处理过程中表现出较强的酯化能力，从图 6-29 所示的木质素酯化增重率变化曲线可见，在乙酰化反应进行 1h 后“三北”一号杨木质素酯化增重率即达到 16. 79% ，杉木木质素达到 27. 26% 。在反应继续进行到 2. 5h 时酯化增重率分别达到 19. 67% 和 30. 00% ，即在以后的 1. 5h 内“三北”一号杨和杉木木质素的酯化增重率仅增加 2. 88% 和 2. 74% 。这表明木质素在木材的各化学组分中是最具化学反应活性的物质，酯化反应在 1h 内就基本完成。且在相同反应条件下杉木木质素的酯化能力比“三北”一号杨木质素的酯化能力要强。这一差别也表明了这两种木质素在结构上的差异。

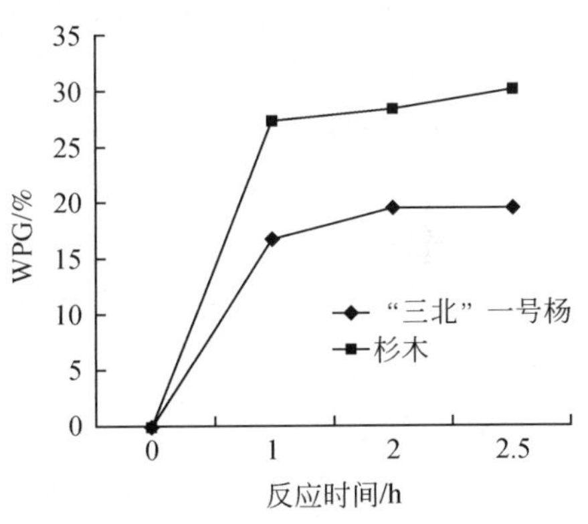

图 6-29　木质素酯化增重率变化曲线

6. 3. 1. 5　木材酯化

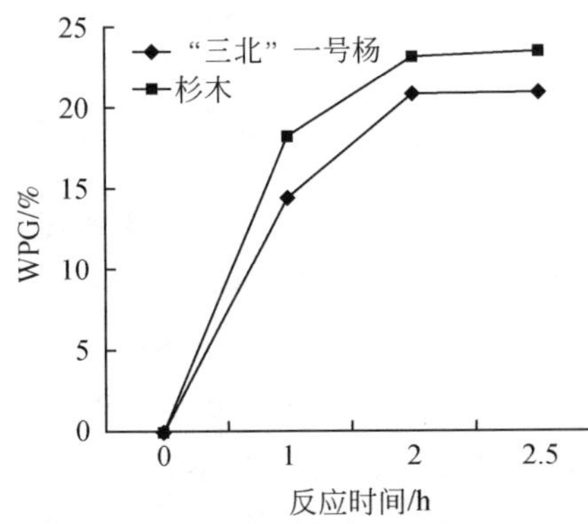

图 6-30　木材酯化增重率变化曲线

在相同反应条件下，木材酯化性能的难易主要取决于木材中各组分含量差异，以及这些组分的化学稳定性。从前述木材中各化学组成的酯化增重率可知，木材的乙酰化主要在木质素和半纤维素上进行。因此木材中木质素和半纤维素含量的差异可以影响木材的酯化增重率。“三北”一号杨的木质素的含量为 22. 57% ，半纤维素的含量为 33. 79% 。杉木木质素的含量为 34. 18% ，半纤维素的含量为 21. 15% 。图 6-30 为经苯醇抽提后的“三北”一号杨和杉木木粉的酯化增重率变化曲线图。由图 6-30 可知，这两种木材在乙酰化反应进行到 2h 后均达到最大酯化增重率。“三北”一号杨木材酯化增重率在 2. 5h 达到 20. 52%，杉木木材达到 23. 15%。这一结果可能与杉木中的木质素含量较高有关。

6. 3. 1. 6 抽出物对木材酯化的影响

木材抽出物比较大量地存在于木材的细胞组织中，主要是由脂肪族化合物、萜和萜类化合物、酚类化合物等三类化合物组成。由于这些化合物通常覆盖于木材细胞腔内，且具有化学反应活性，在木材乙酰化过程中这些抽出物将会影响木材的酯化增重率。因此在研究木材的乙酰化能力时通常都将它们除去，以排除这些化合物对木材酯化性能的干扰。如图 6-31、图 6-32 所示，在相应的反应时间内，未经苯醇抽提的“三北”一号杨木粉的酯化增重率比经苯醇抽提后的高。表明“三北”一号杨中的抽出物有利于木粉酯化增重率的提高。但是，对于杉木来说，结果恰好相反，在相应的反应时间内，未经苯醇抽提的杉木木粉酯化增重率均比苯醇抽提后的低。表明杉木中的抽出物对木粉酯化有不利的影响。

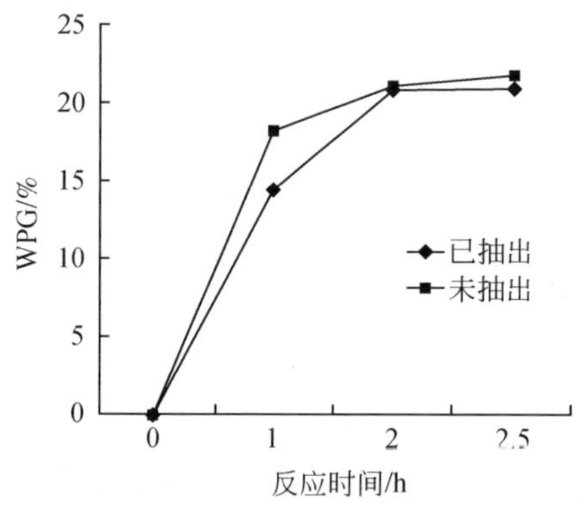

图 6-31 抽出物对“三北”一号杨木酯化增重率的影响

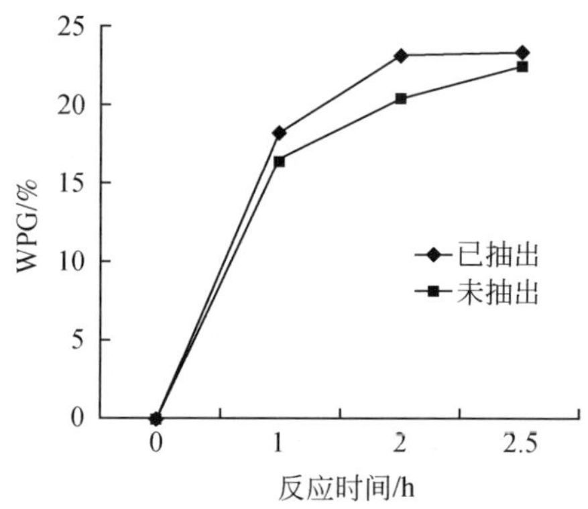

图 6-32 抽出物对杉木酯化增重率的影响

综上所述，在此研究试验条件下纤维素的酯化反应不能完全进行，纤维素的酯化率并不很高。杉木和“三北”一号杨的纤维素酯化增重率在反应 2. 5h 后仅为 1. 9% 和 3. 2%；在乙酰化反应过程中半纤维素的酯化增重率不但不增加反而下降，表明在乙酰化过程中半纤维素会大量水解；综纤维素所表现出的较高酯化增重率主要是由于半纤维素酯化的结果；木质素的酯化反应在 1h 内就基本完成；杉木木质素的酯化能力比“三北”一号杨木质素的酯化能力要强；木材中的抽出物会影响木材乙酰化反应的最大酯化增重率，“三北”一号杨木中的抽出物对提高酯化增重率有利，而杉木中的抽出物对提高酯化增重率有不利的影响。

6.3.2 化学官能团的变化[61]

木材在胶合、涂饰加工过程中希望改善木材表面的润湿性能，而对于木塑复合材料来说，木材表面所具有的极性和由此产生的分子间氢键的存在阻碍了亲水的木材填料与憎水的热塑性材料之间的分散性和表面容合性，从而影响了木塑复合材料的复合性能。而对木材实施乙酰化处理可以消除和降低木材表面极性，从而提高木塑复合材料的复合性能。这说明木材在乙酰化过程中化学官能团发生了变化。

用乙酰基将杉木和杨木中纤维素、半纤维素和木质素上的羟基和酚羟基进行了置换，使其生成相应的酯，并用傅里叶红外光谱（FTIR）、超导核磁共振波谱（^{1}H NMR）及高效液相色谱（HPLC）研究了乙酰化处理后木材及其组分的化学官能团的变化。

6.3.2.1 磨木木质素化学官能团的变化

经乙酸酐处理后，“三北”一号杨和杉木磨木木质素的红外光谱特征表现为：在1742cm^{-1}附近出现了表示酯类C═O伸缩振动的新的吸收峰且强度高。说明磨木木质素在乙酰化过程中化学结构上的官能团发生了变化，有新的化学官能团产生。

从图6-33（b）可见，磨木木质素经乙酸酐处理后，在3412～3460cm^{-1}范围内表示羟基的伸缩振动吸收峰强度明显降低，而在1742cm^{-1}附近出现表示酯类官能团C═O振动的新的强吸收峰。由图6-33可知，经乙酰化处理后的磨木木质素结构中除新增加了饱和酯类的C═O官能团外，在1220cm^{-1}附近表示酯类官能团C—O—C振动特征的吸收峰强度也明显增加。说明磨木木质素在乙酰化

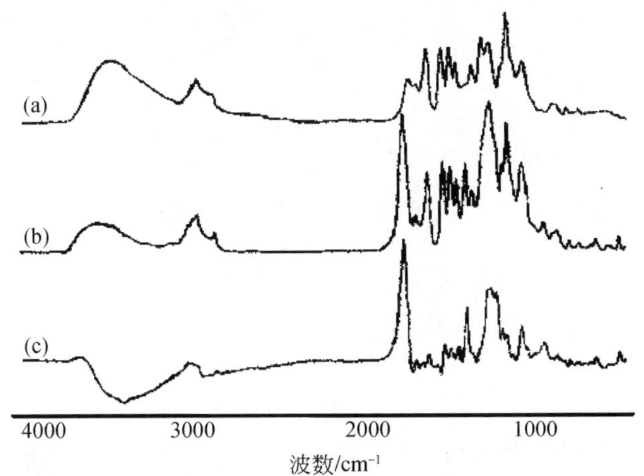

图6-33 “三北”一号杨磨木木质素的红外光谱图

（a）乙酰化处理前；（b）乙酰化处理后；（c）乙酰化处理前后的红外差谱图

过程中新增加了大量非极性酯类官能团，而极性的羟基官能团减少，从而使酯化处理后磨木木质素的极性降低。由于在乙酰化反应过程中木质素中的芳香核不会发生变化，为了量化木质素在处理前后羟基的变化情况，以芳香核在 1510cm^{-1} 附近的吸收峰强度为1，用积分方式计算了处理前后羟基在磨木木质素中相对比例的变化，以此说明经乙酰化处理后磨木木质素中羟基官能团的变化情况。杉木磨木木质素在处理前后羟基数量与芳香核的比例分别为1∶1 和0. 89∶1，处理后降低了11%。“三北”一号杨在处理前后的比例分别为1. 1∶1 和0. 39∶1，降低了70%。由此可见，磨木木质素中羟基官能团的数量经乙酰化处理后均有减少，只是减少的程度不同，杨木木质素的非极性化程度更高。

经乙酰化处理的杉木与“三北”一号杨磨木木质素的^{1}H NMR 谱图见图 6-34。

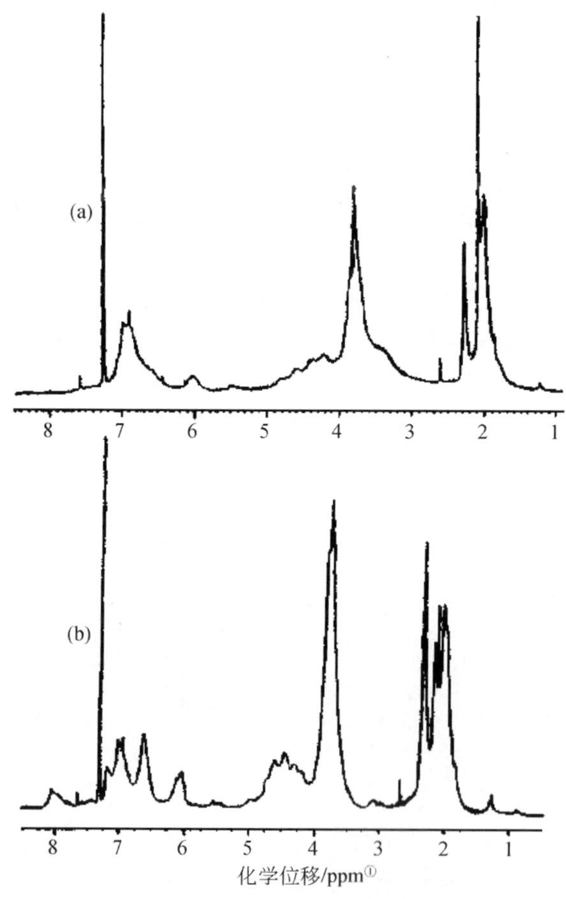

图 6-34　乙酰化处理后杉木（a）和“三北”一号杨（b）磨木木质素的^{1}H NMR 谱图

① ppm 为非法定用法。为遵循学科和读者阅读习惯，本书仍沿用这一用法。

木质素中的脂肪族羟基（OH_{aliph}）和酚羟基（OH_{ph}）基团含量是通过测定其中的相应乙酸酯（OAc）^{1}H NMR 波谱信号来确定的。在 2.22 ~ 2.50ppm 处的吸收峰是表示芳香基乙酸酯的化学位移，1.60 ~ 2.22ppm 处的吸收峰是表示脂肪基乙酸酯的化学位移。从杉木与“三北”一号杨磨木木质素的^{1}H NMR 谱图可知，芳香基乙酸酯和脂肪基乙酸酯的吸收峰都非常明显，表明磨木木质素经乙酰化处理后其芳香基和脂肪基的结构上均有乙酸酯生成。

6.3.2.2　纤维素化学官能团的变化

在纤维素大分子中每个葡萄糖基均包含三个醇羟基，因此纤维素大分子表面具有较强的极性。同时由于羟基的存在使纤维素可发生酯化、醚化和接枝共聚等化学反应。与磨木木质素的乙酰化处理结果相似，纤维素经乙酰化处理后也有新增加的酯类化合物官能团。由图 6-35 所示的杉木和“三北”一号杨纤维素在乙酰化处理前后的红外差谱图可见，在 1740cm^{-1}附近新出现了表示酯类官能团 C ═O 振动的吸收峰，同时在 1220cm^{-1}附近表示酯类官能团 C—O—C 振动特征的吸收峰强度也有所增加，表明纤维素在乙酰化过程中其结构中有新的酯类官能团产生。但纤维素反应后所生成的酯类官能团在其结构中的数量较木质素反应后的少得多。以图 6-35 为例，在 1740cm^{-1}附近新出现的表示酯类官能团 C ═O 振动吸收峰的峰高很低，表明在它的化学结构中酯类官能团的数量较少。这说明在同样的反应条件下纤维素的酯化程度较低。这一点从纤维素酯化后的增重较低中得到证明。

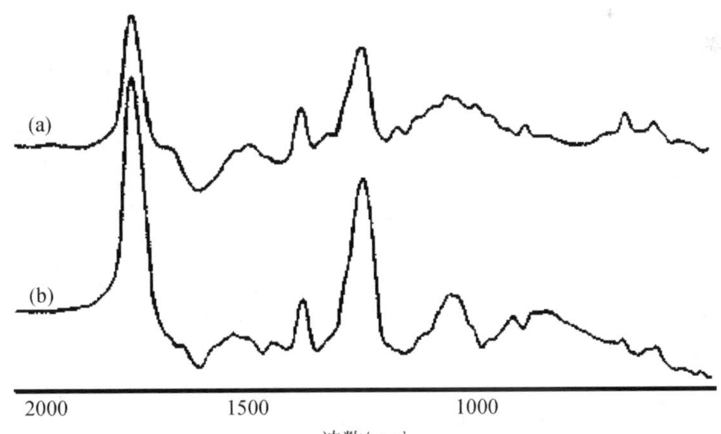

图 6-35　杉木（a）与“三北”一号杨（b）纤维素乙酰化处理前后的红外差谱图

6.3.2.3　半纤维素化学官能团的变化

半纤维素是木材聚合物中对外界条件最敏感、最易发生变化和反应的一种碳水化合物。由于半纤维素是由两种或两种以上的糖基组成，而且是不均一的聚糖，这些糖类的化学官能团中均存在羟基官能团，表现出较强的极性。因此，半纤维素具有吸湿性强、耐热性差和容易水解等特点。与纤维素化学结构的另一不同之处是半纤维素有乙酰基官能团存在，因此在它们的红外光谱图（图 6-36）中于 1736cm^{-1}附近会出现表示羰基官能团 C ═O 振动的特征峰。图 6-37 为半纤维素乙酰化处理前后的红外差谱图。半纤维素乙酰化处理后，在 1742cm^{-1}附近出现了表示酯类官能团 C ═O 振动的很强的吸收峰，同时在 1239cm^{-1}附近表示酯类官能团 C—O—C 振动特征的吸收峰强度明显增加，说明半纤维素在乙酰化过程中其化学结构上的酯类官能团数量大幅增加，从而降低了半纤维素的极性。

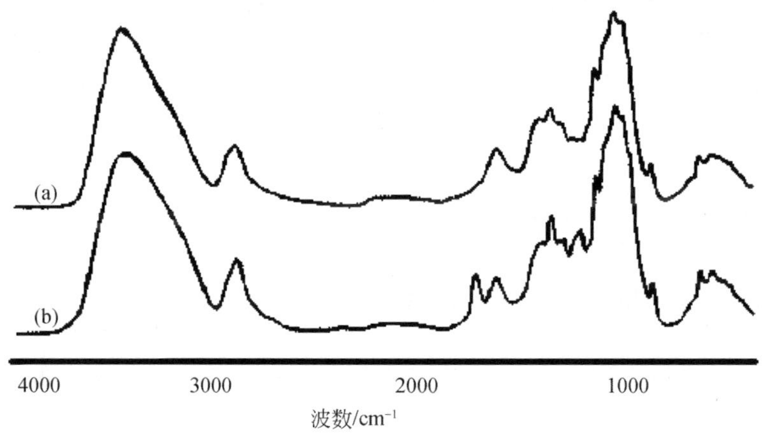

图 6-36　杉木纤维素在乙酰化处理前（a）、后（b）的红外光谱图

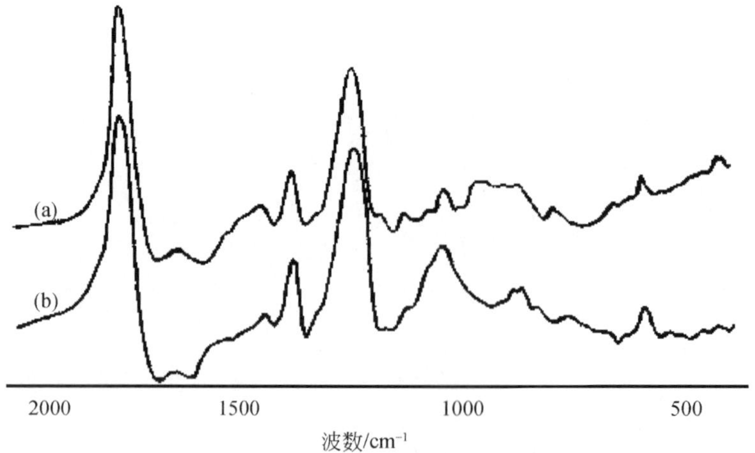

图 6-37　杉木（a）与“三北”一号杨（b）半纤维素乙酰化处理前后的红外差谱图

6.3.2.4　乙酰化处理后木材化学官能团变化

木材经过乙酰化处理后（图 6-38），在 $1724cm^{-1}$附近出现了表示酯类官能团 C ═O 振动的很强的吸收峰，同时在 $1239cm^{-1}$附近表示酯类官能团 C—O—C 振动特征的吸收峰强度明显增加，说明木材在乙酰化过程中酯类官能团数大量增加，降低了木材表面的极性。

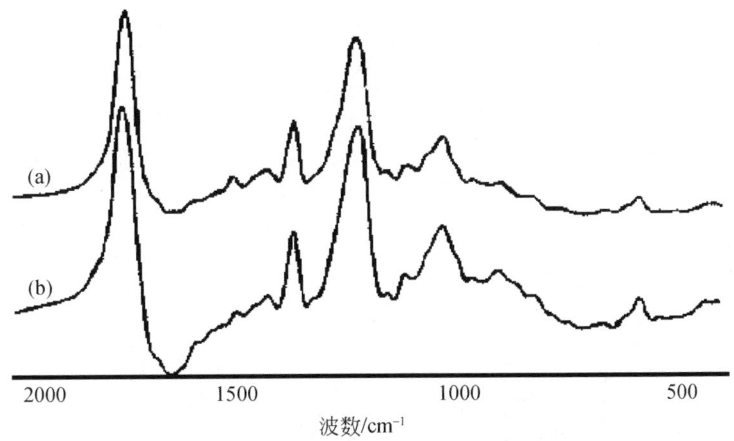

图 6-38　杉木（a）与“三北”一号杨（b）木材乙酰化处理前后的红外差谱图

综上所述，杉木和“三北”一号杨两个树种的磨木木质素经乙酸酐处理后，羟基官能团的数量相对芳香核分别降低了 11% 和 71%，半纤维素化学结构上的酯类官能团数大量增加。

6.3.3　表面化学特性[63]

以化学分析光电子能谱（ESCA）对木材表面的化学结构进行研究，可以根据各特征峰的位置决定木材界面的元素组成。通过红外光谱（FTIR）和核磁共振波谱（^{1}H NMR）的研究，表明木材中主要化合物的化学结构上都有新的官能团产生。采用化学分析光电子能谱（ESCA）对经乙酰化处理的杉木和“三北”一号杨表面化学结构特征的变化进行了研究，图 6-39 为处理前后杉木表面化学分析光电子能谱中碳（C1s）的解析图谱。由图可见，C1s 可解析为三个特征峰 A、B、C，表征分别为：A—C1，B—C2，C—C3。图 6-39 中（a）为处理前杉木表面碳的 ESCA 分峰特征，（b）为处理后杉木表面碳的 ESCA 分峰特征，经对比可见，木材在乙酰化处理后 C3 的峰高和峰面积比处理前有显著的增加。

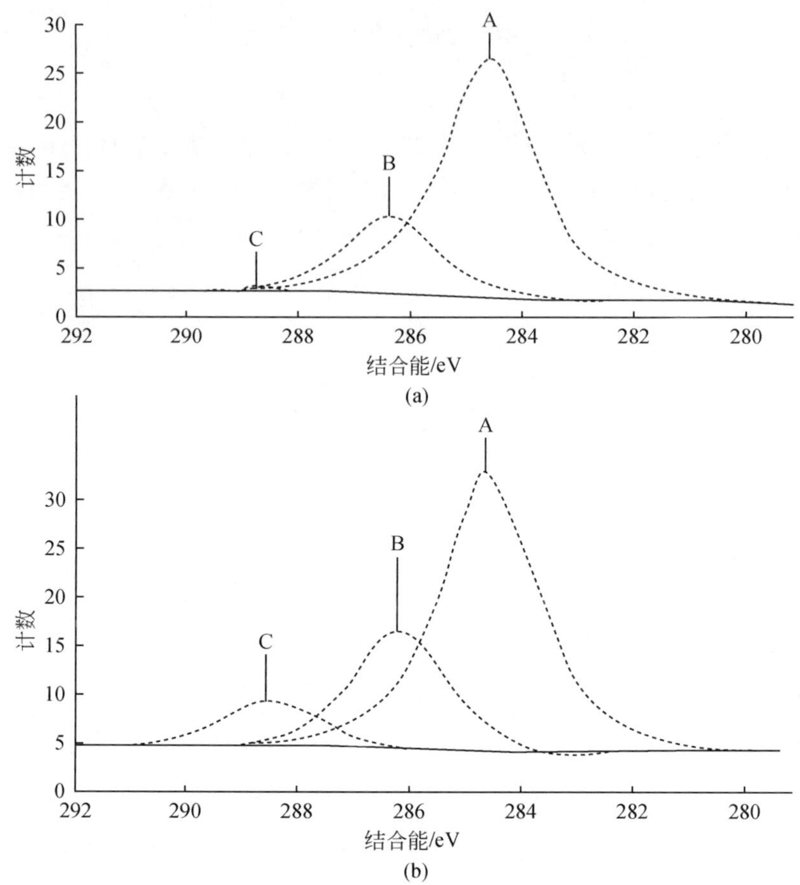

图 6-39　乙酰化处理前后杉木 ESCA C1s 信号的分峰特征曲线

(a) 处理前杉木；(b) 处理后杉木

表 6-20 列出了乙酰化处理前后杉木、杨木表面各种类型的碳原子、氧原子比率。

表 6-20　乙酰化处理前后杉木、杨木表面各种类型的碳、氧原子比率

树种	C1/%		C2/%		C3/%		O1/%		O2/%	
	处理前	处理后	处理前	处理后	处理前	处理后	处理前	处理后	处理前	处理后
杉木	75.597	66.090	22.879	24.882	1.524	9.028	12.794	10.090	87.206	89.910
杨木	61.289	72.701	32.352	17.520	6.359	9.779	9.946	14.067	90.054	85.933

对表 6-20 的结果分析表明，乙酰化处理后的木材表面发生了明显的化学变化，即处理后表示 O—C ═O 结构的 C3 相对含量均有不同程度的增加，说明木

材表面酯类官能团的含量有所增加。表示羟基含量的 C2 因树种不同所表现出的变化也不相同，杨木在处理后 C2 相对含量从 32.352% 降至 17.520%，降低幅度较大，而杉木却有所增加。其原因可能是杉木的树脂类抽出物含量较高，处理前覆盖在木材组织表面，处理过程中抽出物发生迁移，使原来被掩盖的纤维素等分子中的羟基裸露出来，而纤维素中的羟基在乙酰化过程中不易与乙酰基发生酯化反应，导致杉木中 C2 含量在处理后增加。碳原子化学位移的变化，明确地反映出乙酰化处理对木材表面非极性化程度的影响，以及处理前后表面化学特征的变化。

6.4　乙酰化木材生产工艺

6.4.1　木材乙酰化途径[64]

木材乙酰化的途径主要有以下几种。

1）氯乙酰（acetyl chloride）法

氯乙酰法的反应式如下。由于副产物 HCl 具有较强的酸性，会进一步引起木材降解。后来用乙酸铅预处理，然后用氯乙酰在气相反应，尽管能达到较高的乙酰化程度，但生成的副产物继续与乙酸铅反应产生等量的乙酸。因而与乙酸酐相比，没有显著的优势。基本反应式为

$$\text{Wood}-\text{OH}+\text{CH}_3-\text{C}\begin{matrix}\nearrow \text{O}\\ \searrow \text{Cl}\end{matrix} \longrightarrow \text{Wood}-\text{O}-\overset{\overset{\displaystyle\text{O}}{\|}}{\text{C}}-\text{CH}_3+\text{HCl}$$

$$2\text{HCl}+\text{Pb(Ac)}_2 \longrightarrow \text{PbCl}_2+2\text{HAc}$$

2）乙烯酮（ketene）法

乙烯酮法是将乙烯酮气体溶于丙酮或甲苯中与木材反应。反应式如下：

$$\text{Wood}-\text{OH}+\text{CH}_2=\text{C}=\text{O} \longrightarrow \text{Wood}-\text{O}-\overset{\overset{\displaystyle\text{O}}{\|}}{\text{C}}-\text{CH}_3$$

反应在 55 ~60℃进行 6 ~8h，WPG 可达 22%。但一般说来，WPG 较低。如果处理材的 WPG 较高，吸水率可下降 35%，弦向膨胀率降低 77%，径向膨胀率降低 69%，尺寸稳定性得以改进。乙烯酮法没有反应副产物，避免了其他方法所带来的这方面的问题。但是乙烯酮毒性较大，不能在加压条件下使用，而且反应速率较慢。通过提高反应温度来提高反应速率的办法又导致试剂聚合并使木材颜色变深。加膨胀剂增加反应速率也许是可行的办法。

3）硫代乙酸（thioacetic acid）法

硫代乙酸法是将木材与硫代乙酸在93℃左右反应4h。反应式如下：

$$\mathrm{Wood-OH} + \mathrm{CH_3-\overset{\overset{\displaystyle O}{\|}}{C}-SH} \longrightarrow \mathrm{Wood-O-\overset{\overset{\displaystyle O}{\|}}{C}-CH_3} + \mathrm{H_2S}\uparrow$$

Singh 等[65]发现这一反应木材的增重比乙酸酐反应的低（可达17%）。1982年 Kumar 和 Agarwal[66]报道了使用不同催化剂或润胀剂，如二甲基甲酰胺、4%氯化铵以及用三氯乙酸或一氯乙酸进行预处理的方法，WPG 有所提高。Kumar 和 Agarwal[67]于1983年报道硫代乙酸法改性的木材，当 WPG 达到15% ~19%时具有耐生物侵蚀的能力，耐菌腐，耐白蚁，而且尺寸稳定。当 WPG 为17%时，抗缩系数（ASE）可达70% ~75%。这种方法的优点是反应温度低；生成的副产物气体硫化氢（H_2S）可以收集，经反应产生硫代乙酸并回用，硫代乙酸的腐蚀性较乙酸酐小，而且硫代乙酸对木材的充胀性好，易于渗透木材的深层结构，因此较厚的木材也能乙酰化；用硫代乙酸对木材进行乙酰化处理时，木材的含水率可以达7%，而用乙酸酐处理时木材含水率要求较严格。硫代乙酸法的缺点是处理的木材中含有少量硫代乙酸，能继续反应释出硫代氢。对于硫代乙酸法改性木材的其他方面性能还缺少进一步的研究。

4）乙酸酐（acetic anhydride）法

使用乙酸酐进行乙酰化处理的方法得到较广泛深入的研究。早期的乙酰化工艺要求使用催化剂和有机溶剂，或者要求较长时间气相处理。长时间强酸介质中高温处理使木材发生降解，导致木材本身强度降低。采用气相处理时，药品扩散速率与试件厚度平方成反比，因此气相处理只适合于薄单板。采用吡啶、二甲基甲酰胺作催化剂，难闻的气味很难完全除去。其他催化剂还有乙酸钾、乙酸钠、硫酸铵脲、高氯酸镁、三氟乙酸、三氟化硼、磷酸氢钾以及γ射线。有机溶剂通常采用二甲苯。使用催化剂及有机溶剂给处理液的分离和回收带来困难。另外，反应副产物乙酸及未反应乙酸酐如不能从木材中完全清除，会导致介质的酸性条件，加速纤维素纤维水解，使木材强度下降，同时引起处理材内金属紧固件的腐蚀。

Rowell 等[68]报道了用乙酸酐使木材乙酰化的新工艺。这种方法不使用催化剂和溶剂，处理液可回收利用，从而简化了工艺，降低了成本。

6.4.2 乙酰化木材生产工艺[69]

乙酰化木材的生产通常采用液相法和气相法两类工艺。液相法生产工艺：在反应容器内，将液态乙酰化剂浸注到木材内，加热、加压、并保持一定时间，完成木材的乙酰化反应；排除容器内液体，通过加热抽真空和通入保护气体的方法除去残留的乙酸和乙酸酐等挥发性有机物；干燥后得到乙酰化木材。气相法生产工艺与液相法生产工艺的差异在于，气相法使用气态乙酰化剂和催化剂的混合物处理材，使其扩散到木材内部，保温一定时间，完成木材乙酰化反应。下面介绍具有代表性的几种工艺流程。

6.4.2.1　BP 化学品公司乙酰化木纤维生产工艺流程

BP 化学品公司与 A-Cell 乙酰化纤维素塑料 AB 公司（A-Cell Acetyl Cellulosics AB）、Depac 工程公司以及 BioCompsites 中心合作，建立了小规模试验性、可连续生产乙酰化木纤维的工厂，其工艺流程如图 6-40 所示。该工艺系统只使用溶剂而没有使用催化剂。具体生产工艺条件如下：

（1）木纤维含水率在 5% 以下。过高的含水率会产生大量的乙酸副产物，而且干燥后木纤维易结团。

（2）乙酸体积百分含量维持在低水平可加速初始反应速率，但超过 30% 对反应具有抑制作用。

（3）乙酰化反应温度超过 130℃，对木纤维有损害作用。

（4）采用 50℃热气流方法去除木材内过量的药剂和副产物是最佳方式。

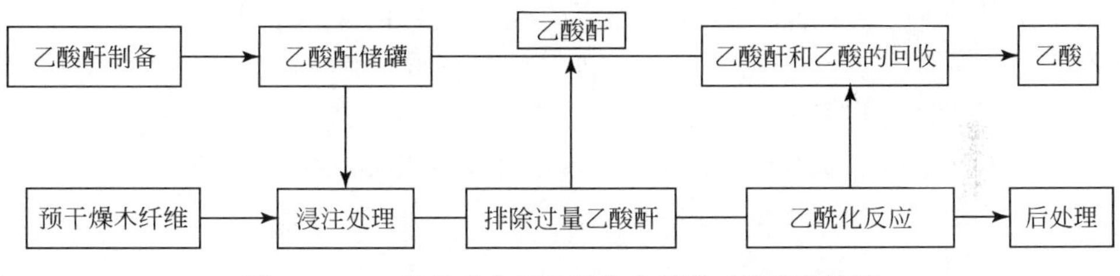

图 6-40　BP 化学品公司乙酰化木纤维工艺流程简图

BP 化学品公司开发了乙酰化木纤维的批量法生产工艺（batch process），并由 Depac 工程公司建立了生产工厂，每天可以生产 100kg 乙酰化木纤维，较大产量时每天可以生产 1t 乙酰化木纤维。

Sheen[70] 对批量法和连续法年生产 10 000t、WPG 在 20% 左右乙酰化木纤维的成本进行了分析，结果见表 6-21。如果乙酰化生产设备结合原纤维板生产设备，纤维制造和干燥成本可以不计，则生产 WPG 在 20% 左右的乙酰化木纤维，批量法生产总投资额 1200 万英镑，每吨成本 562 英镑，而连续法生产总投资额 550 万英镑，每吨成本 384 英镑。

表 6-21　批量法和连续法生产乙酰化木纤维的成本

批量法生产工艺		连续法生产工艺	
原材料	成本/(£ /t)	原材料	成本/(£ /t)
乙酸酐	223	乙酸酐	223
木纤维	64	木纤维	64
乙酸回收	-60	乙酸回收	-60
总原材料	227	总原材料	227
总公用事业费	30	总公用事业费	3
总可变资本	257	总可变资本	230
运营成本	155	运营成本	99
现金成本	412	现金成本	329
折旧	150	折旧	55
现金成本 + 折旧	562	现金成本 + 折旧	384

6.4.2.2　A-Cell 乙酰化木纤维生产工艺流程

英国赫尔（Hull）的 BP 化学品公司承担了纤维乙酰化基础开发工作，瑞典哥德堡的查尔姆斯理工大学（Chalmers University of Technology）和美国威斯康星州麦迪逊的 USDA 林产品实验室（Forest Products Laboratory）共同完成了纤维乙酰化基础研究工作，并于2000 年在瑞典的克旺托普（Kvantorp）建成了年产能力为 4000t 的乙酰化木纤维的试验性工厂。该厂及其加工工艺由 A-Cell 乙酰化纤维素塑料 AB 公司和 GEA① 蒸发技术 AB 公司（GEA Evaporation Technology AB）共同拥有。其加工工艺流程见图 6-41。

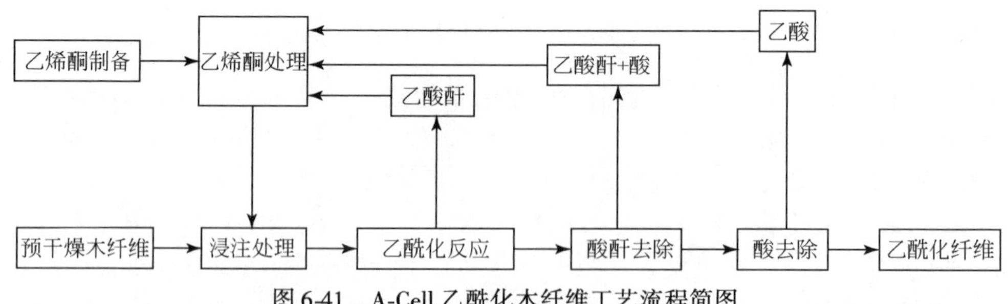

图 6-41　A-Cell 乙酰化木纤维工艺流程简图

第一道工序是将木纤维干燥到适宜的含水率，使副产物乙酸减少到最低限度，但要保障纤维能够充分膨胀以促进反应。第二道工序是用螺旋送料器将木纤

① GEA：全球工程联盟（Global Engineering Alliance）。

维运送到反应容器内并加入乙酸酐，反应温度设定在 110～140℃范围内，反应时间为 6～30min。第三道工序是将乙酰化处理的木纤维送至酸酐分离器（stripper），该分离器实为一个温度被加热到 185～195℃的长管道，处理大约 1min。此道工序的基本功能虽为去除过剩的反应液体和乙酸副产物，但乙酰化反应可以在这里继续进行。第四道工序是将乙酰化木纤维和过热蒸汽通过旋风分离器分离，分离出来的部分过热蒸汽返回到分离器入口，其余的被送到化学回收系统中。尽管大部分的化学物质和副产物在第一次分离阶段中就被去除，但仍有些残余物存在，通过第二次分离将其去除。第二道分离器包含一个长管道，用来运输纤维以及用过热蒸汽处理纤维。这些被去除掉的化学物质以及被水解的未反应的乙酸酐变成乙酸，被转移到化学物质回收工序中。

Simonson 和 Rowell[71] 对该工艺的成本进行了分析，结果见表 6-22。

表 6-22 A-Cell 乙酰化木纤维生产工艺成本分析

项目	年产量/（t/a）		
	8 000	20 000	100 000
总投资额/(MSEK)	78	142	365
固定成本/(SEK/t)	1 500	1 100	550
运营成本/(SEK/t)	3 000	2 900	2 450
人员成本/(SEK/t)	200	100	50
总成本/(SEK/kg)	4.70	4.10	3.05

注：SEK 表示瑞典克朗。

6.4.3 影响乙酰化工艺的因素

影响木材乙酰化结果重现性的因素很多，主要表现在以下几个方面[69]：第一，样品条件，包括样品尺寸、抽出物、树种、密度、含水率等；第二，反应介质，包括反应使用纯酸酐还是水溶液、催化剂和（或）膨胀剂的使用、液相或气相反应等；第三，反应条件，如反应规模、反应温度和时间、外界压力、反应介质或容器的加热方法等；第四，木材中过量的药剂和反应副产物的去除工艺及方式等。

6.4.3.1 树种及样品条件

乙酰化反应在树种间是有差异的。王婉华等[5] 用 25% 的乙酸酐二甲苯溶液处理马尾松、椴木和水曲柳心材，评价了树种间增重率（WPG）的差异，结果见表 6-23、表 6-24。由表 6-24 可知，木材树种间的 F 值是 3084.58（$F_{0.01}$ = 5.25），三种不同乙酸酐量间 F 值是 85.16（$F_{0.01}$ = 5.25），木材树种和不同乙酸

酐量互作 F 值是 10.84（$F_{0.01}$ =3.89）。由此可知，三者效应都是极显著，但其中以木材树种对重量增加百分数的影响更大一些。

表 6-23　三种木材试件的 WPG　　（单位:%）

树种	2.5∶1①	5∶1	8∶1	8∶1（用催化剂）②
马尾松	17.63	19.66	19.61	58.06
椴木	9.47	9.91	10.29	39.97
水曲柳	20.01	22.56	23.05	48.09

①乙酸酐与木材质量之比。

②催化剂使用方法：试件在含 38% 尿素和 2% 硫酸铵水溶液中浸泡 92h，取出后缓慢升温，经 60h 至全干。

表 6-24　三种木材试件 WPG 的方差分析

变异来源	自由度	平方和	均方	F	$F_{0.01}$	显著性
树种间	2	1172.13	586.07	3084.58	5.25	**
乙酸酐量间	2	32.35	16.18	85.16	5.25	**
树种 × 乙酸酐量	4	8.23	2.06	10.84	3.89	**
试验误差	36	6.83	0.19			
总变异	44	1219.54				

各树种平均数的多重比较（新复极差测验）结果见表 6-25。表明水曲柳重量增加百分数最大（$\bar{X}$ = 21.92），马尾松次之（$\bar{X}$ = 18.93），椴木最小（$\bar{X}$ = 9.91）。三者均有极显著差异（α =0.01）。

表 6-25　各树种平均数（$\bar{X}$）的新复极差测验

树种	平均数（$\bar{X}$）	差异显著性	
		0.05	0.01
水曲柳	21.92	a	A
马尾松	18.93	b	B
椴木	9.91	c	C

对各处理组合平均数分别计算各树种不同乙酸酐量的简单效应，分析互作的具体情况见表 6-26。对表中各个差数作新复极差测验。结果表明，对三个树种而言，用乙酸酐与木材质量比为 8∶1 和 5∶1 处理的试件，WPG 无显著差异；对水曲柳、马尾松而言，5∶1 和 2.5∶1 间的差异达 α =0.01 水平；对椴木而言，5∶1 和 2.5∶1 间的差异达 α =0.05 水平。因此，就乙酸酐与木材质量比的平均效应而

言，三个树种均以 5∶1 较好。

表 6-26　不同乙酸酐量处理三种木材的平均 WPG 及其差异显著性

乙酸酐与木材质量比	水曲柳			马尾松			椴木		
	平均数/%	差异显著性		平均数/%	差异显著性		平均数/%	差异显著性	
		0.05	0.01		0.05	0.01		0.05	0.01
8∶1	23.05	a	A	19.66	a	A	10.29	a	A
5∶1	22.56	a	A	19.61	a	A	9.91	a	AB
2.5∶1	20.14	b	B	17.53	b	B	9.53	b	B

邢善湘和刘正添[9]用乙酸酐的二甲苯溶液处理马尾松（*Pinus massoniana*）、青杨（*Populus cathayana* Rehd）和白桦（*Betula platyphylla* Suka）等的边材，反应条件：120℃，3h，乙酸酐含量 50%。增重方差分析结果表明，三种木材间的增重率差异显著。

Rowell 等[72]在同样条件下乙酰化处理南方松和山杨大片刨花时发现，针叶树材表现出较高的乙酰化增重率。Beckers 和 Militz[73]对山毛榉、桉树、杨树、松木、花旗松和云杉木材实施小规模乙酰化试验，同样发现不同树种之间乙酰化反应程度的差异性；用乙酸酐酰化处理大尺寸木材样品，松木边材的增重率比心材高。

木材的心边材、成熟材与幼龄材等在乙酰化反应上的差异性，不同研究结果有差异。如图 6-42 所示乙酰化处理科西嘉岛松（*Corsican pine*）时，心边材的乙酰化增重率略有差异[53]，但这只是实验室小试件的试验结果，并不是工业化生

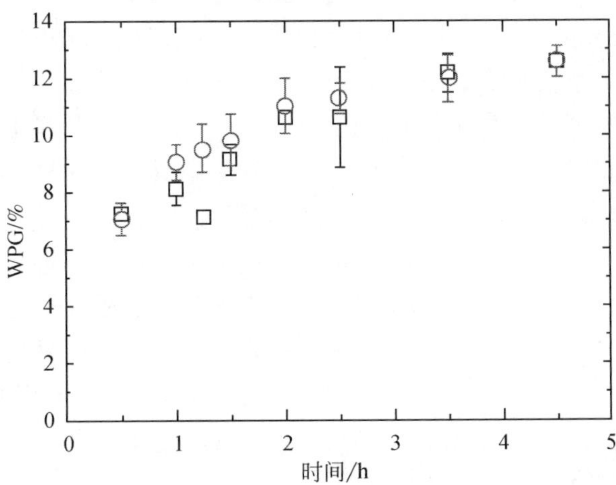

图 6-42　科西嘉岛松心边材小尺寸试件乙酰化增重率

□ 心材；○ 边材

产中所用的大尺寸规格材。Rowell 和 Plackett[74] 浸泡处理乙酰化辐射松（*Pinus radiata*）大片刨花时也同样发现，边材和心材之间反应能力没有差异。而 Hon 和 Bangi[75] 研究乙酰化火炬松大片刨花时发现，木材乙酰化反应程度从树基部到梢部呈增加趋势，与树干含有的幼龄材比例相称。

木材含水率对乙酰化反应的影响也得到研究。Rowell 等[76] 研究发现，木材含水率为 0、5% 和 7% 时，乙酰化反应增重率是相同的；Beckers 和 Militz[73] 研究了 0～26% 范围内木材含水率对乙酰化程度的影响，随着含水率的增加乙酰化增重率呈降低趋势；即便含水率超过 20%，乙酰化反应也能发生，增重率（WPG）可以达到 8%；而且认为过低的含水率不适合工业化生产。木材中所含水分会使乙酸酐水解生成乙酸。因此，在浸渍之前木材必须干燥。

木材样品尺寸的影响主要表现在药剂能够达到的木材深度和分布的均匀性。对于体积较小的木刨花或木纤维，只需几分钟时间便可完成浸渍过程，也可以将一定量的乙酸酐喷洒到处理材上。而实木的处理则需要采用真空加压，才能使处理液渗入木材细胞内部。还可以采用预处理方式改善木材渗透性，如采用蒸汽预处理，这种方法主要应用于木材防腐处理和甲醛改性处理等；也有尝试微波处理方式的。

木材中的抽出物对乙酰化反应也有影响，但生产中获得无抽出物的木材是不切实际的，需要一种替代方法来确定乙酰化反应程度（非测重法）。

6.4.3.2 反应介质及条件

人们对使用催化剂促进木材乙酰化反应进行了大量的研究。最早使用的催化剂是无机酸（mineral acid），处理对象是锯屑或木粉；无机酸会使木材多糖组分产生降解，因此多不使用此类酸做催化剂。Rowell 和 Tarkow 被认为是首次进行整体木材乙酰化处理的研究者，他们以吡啶（pyridine）为催化剂，吡啶既可以作为溶剂和木材的膨胀剂使用，又可以作为乙酰化反应的催化剂使用[69]。图 6-43 表示的是不同浓度的吡啶溶液对 WPG 的影响[77]。

使用乙酸酐进行乙酰化反应过程中，乙酸是个副产物。酸酐中乙酸含量对乙酰化反应有影响。酸酐本身对木材细胞壁的膨胀能力有限，而乙酸具有膨胀木材细胞壁的能力，这对促进反应有利，但同时酸还可以使酸酐的反应活性降低，降低增重率。图 6-44 表示的是乙酸浓度对乙酰化反应 WPG 的影响[76]。由图 6-44 可知，酸酐中乙酸浓度在 15% 以下时，随着浓度的增加 WPG 略有增加，超过 15% 以后 WPG 开始降低。

邢善湘等[9] 用乙酸酐的二甲苯溶液处理马尾松、青杨和桦木等的边材，并对反应的温度、时间以及乙酸酐与二甲苯的比例等影响因素进行了研究。方差分析

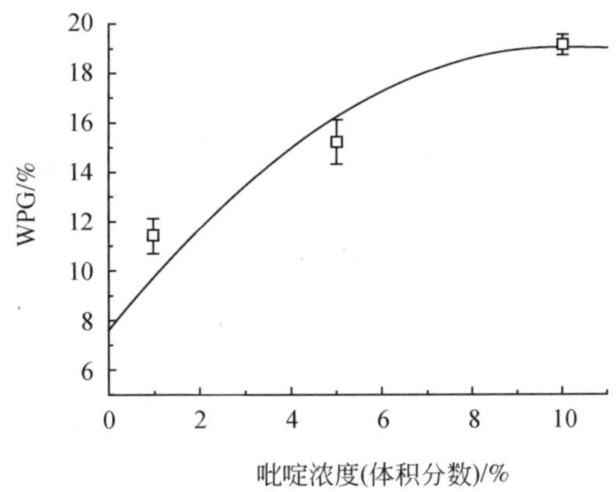

图 6-43　吡啶催化剂浓度对乙酰化反应 WPG 的影响

反应温度 100℃，时间 30min

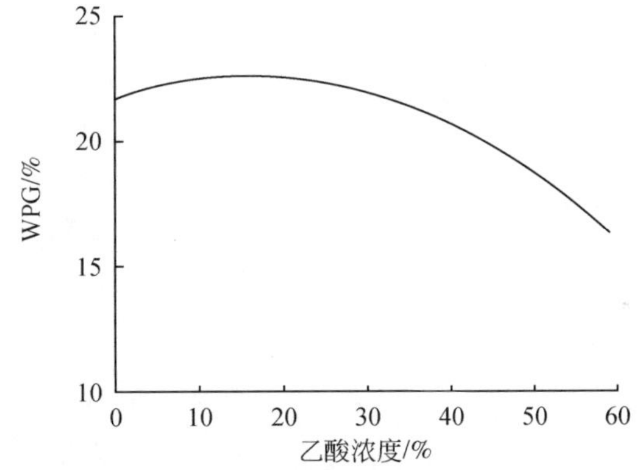

图 6-44　乙酸浓度对乙酰化反应 WPG 的影响

反应温度 120℃，时间 5h

结果证实，处理温度、时间和药液配比等对增重率的影响是显著的。其中，以马尾松木材最为明显。在所试验的温度范围内（80 ~ 120℃），增重率与温度呈直线关系，对三种木材的相关系数均大于 0.99（图 6-45）。在温度为 120℃和配比为 1∶1 时，延长处理时间亦可提高增重率，两者也呈线性关系，相关系数均大于 0.99（图 6-46）。当温度（120℃）和时间（3h）一定，乙酸酐的含量由 25% 提高到 50% 时，试样增重率明显提高，但增加到一定程度后，再提高乙酸酐的浓度不能得到更佳的效果，对马尾松和杨木而言，增重会下降（图 6-47）。

由图 6-48 可知，在相同反应时间且使用催化剂的条件下，在 120℃下进行乙酰化反应的 WPG 高于 60℃的反应条件[53]。

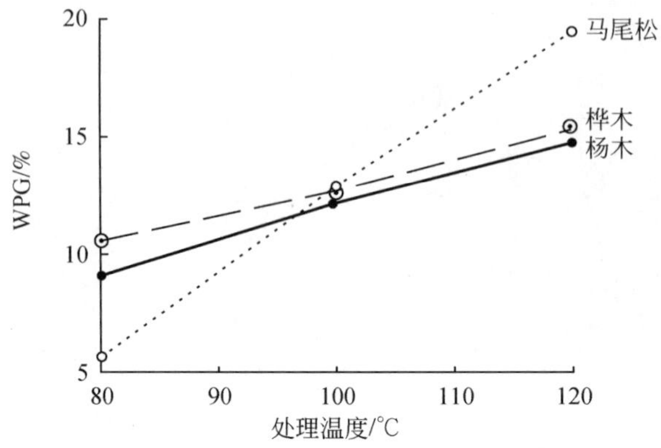

图 6-45 木材增重率与处理温度的关系

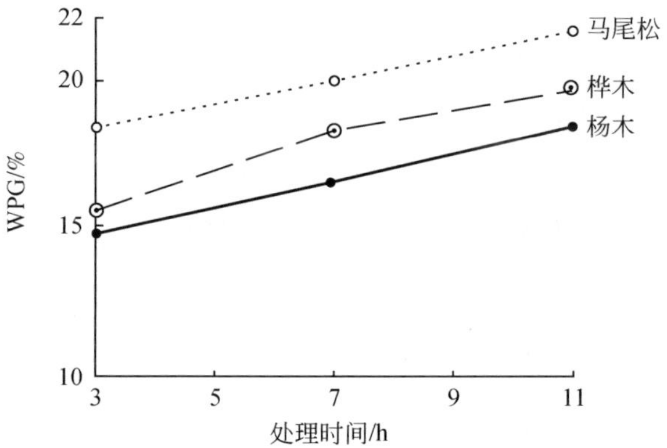

图 6-46 木材增重率与处理时间的关系

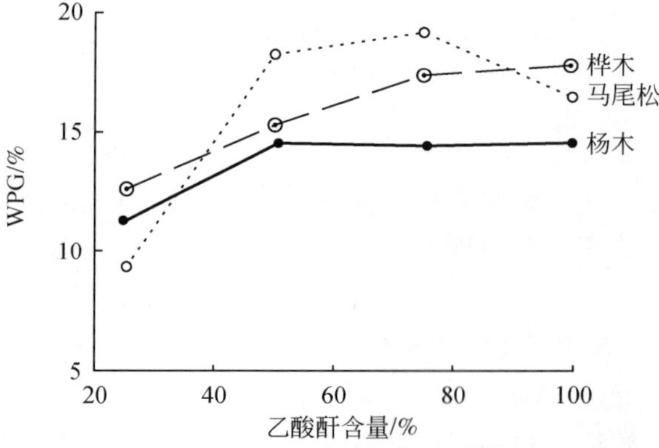

图 6-47 木材增重率与处理液中乙酸酐含量的关系

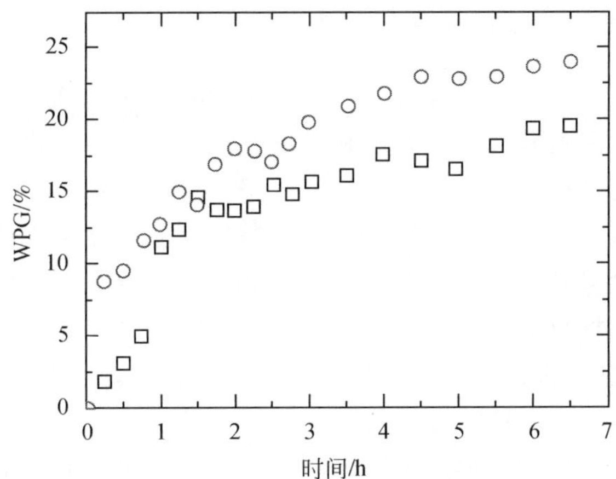

图 6-48　反应温度对欧洲赤松乙酰化增重率的影响（吡啶为催化剂）

□ 60℃；○ 120℃

使用不同酸酐处理科西嘉岛松木材，其 WPG 与 ASE 关系见图 6-49[53]。由图 6-49 可知，各种酸酐随着增重率的增加，木材尺寸稳定性在增加；特别是在 20% 增重率下，木材 ASE 达到 70% 左右。

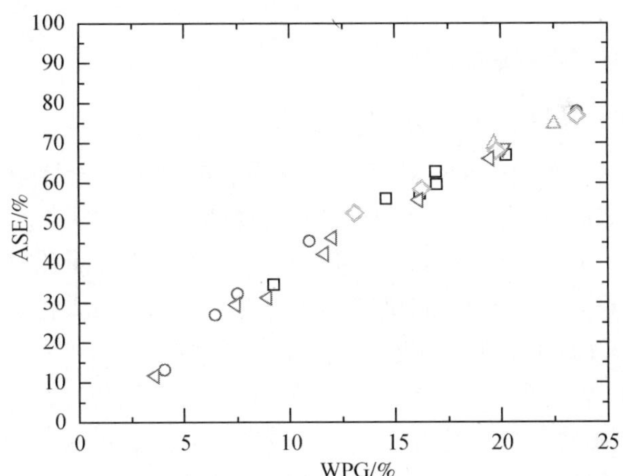

图 6-49　几种酸酰化处理科西嘉岛松木材 WPG 与 ASE 的关系

□ 乙酸；○ 丙酸；△ 丁酸；▽ 戊酸；◇ 己酸；◁ 庚酸

多数的乙酰化研究采用液相处理方式，也有采用气相处理方式的，如 Arora 等[78-79] 以及 Nishino[80] 采用气相乙酸酐处理实体木材。

6.4.3.3 木材中过量药剂和反应副产物的去除工艺

对于木材化学改性工艺而言，关键的是去除木材内的副产物或溶剂。乙酰化反应中，未反应的乙酸酐及反应副产物乙酸必须尽可能地从木材中除去，否则将加速木材降解，使木材本身强度下降。可以采用干燥或真空干燥方式；还可以加热的同时用抽提器抽提处理，但这种方法受制于样品尺寸和生产规模，而且抽提方式只适用于实验室研究，在生产中无法实现；也有人提出用苯胺进行后处理，使多余的乙酸与木材反应[81]。Goldstein 等[82]对 5cm×10cm×25cm 大小的西黄松采用加热方式处理 10 天，去除反应后多余的酸酐和乙酸。采用石油醚 100℃下共沸蒸馏处理 70h，90%的多余药剂被回收；如果将蒸馏温度提高到 150℃并使用无机醇，去除率大幅增加，14h 就可以去除全部多余的药剂。也有采用二甲苯有机气相分离方法的，这是一种通过与木材形成化学结合的快速去除方法。Beckers 和 Militz[73]进行了小规模的反应试验：首先，加热的同时真空处理；然后水洗，将酸酐转换成酸；再将温度从 40℃逐步提高到 100℃，干燥 10 天。蒸汽后处理[35]以及微波－真空联合处理方式[83]也有研究。

6.5 木材乙酰化技术的现状与展望[64,84-85]

6.5.1 木材乙酰化技术研究的简要回顾

早在 1865 年，为了生产醋酸纤维素就开发了乙酰化工艺，但直到 1928 年，乙酰化木材首先在德国由 Fuchs 获得，他采用乙酸加催化剂硫酸与从松木中分离的木质素反应，增重率超过了 40%，这意味着在处理过程中纤维素被非结晶化了。1928 年，Horn、Suida、Titsch 等都对山毛榉木材进行了乙酰化处理，采用与分离木质素相同的方法，从乙酰化的山毛榉木材中分离出半纤维素。一年后的 1929 年，Suida 和 Titsch 以吡啶和二甲苯胺为催化剂，对山毛榉和松木木粉进行乙酰化，在 100℃下处理 15～35 天，乙酰化增重率达到 30%～35%，1930 年 Suida 用氯乙酰法成功获得乙酰化的木材，并在奥地利获得第一个乙酰化木材专利[86]。1945 年 Tarkow 用乙烯酮法首次证明了乙酰化处理可提高木材的耐腐性，1946 年 Tarkow，Stamm 和 Erickson 首次评述了乙酰化处理可提高木材的尺寸稳定性。从 20 世纪 40 年代开始，世界上许多实验室将注意力集中在不同树种和农作物资源的乙酰化研究上。1947 年 Stamm 和 Tarkow 获以氮苯为催化剂的乙酰化木材和人造板专利；1961 年 Koppers 公司发表了一个不用催化剂，只用有机潜溶剂的木材乙酰化技术公告；1977 年，俄罗斯的 Otlesnov 和 Nikitina 的技术已接近商业化，但可能由于成本过高，研究中断。1979 年 Singh 等[65]研究硫代乙酸法发现这一反应使木材的增重比乙酸酐反应的改性材低（可达 17%）。1980 年 Daiken 在日本开始了用于制作地板的乙酰化木材（称为 α-木材）的商业化生产，一直延续至今。1982 年 Kumar 和 Agarwal[66] 报道了使用不同催化剂或润胀剂，如二甲基甲酰胺、4% 氯化铵以及用三氯乙酸或一氯乙酸进行预处理的方法，WPG 有所提高。Kumar 和 Agarwal[67] 于 1983 年报道硫代乙酸法改性的木材，当 WPG 达到 15% ~ 19% 时具有耐生物侵蚀的能力，耐菌腐，耐白蚁，而且尺寸稳定；当 WPG 为 17% 时，抗胀缩系数（ASE）可达 70% ~ 75%。1989 年，Rowell 等[68] 报道了用乙酸酐使木材乙酰化的新工艺。这种方法不使用催化剂和溶剂，处理液可回收回用，从而简化了工艺，降低了成本。

6.5.2　乙酰化木材的商业开发进展

许多公司，如瑞典和丹麦的 DanAcell、荷兰的 Titan，在从事于乙酰化木材的商业化生产。在美国、威尔士、马来西亚、挪威、德国、英国和新西兰都有商业化开发。目前广泛采用的是用限量的液态乙酸酐，不加催化剂或潜溶剂的乙酰化技术。对木纤维、刨花、单板、实木等不同对象已开发出不同的工艺。丹麦和瑞典开发出两项木材乙酰化的商业化新工艺。一项用于处理纤维，利用连续反应装置，并用蒸汽清除器，清除未反应的乙酸酐和副产的酸性物质。另一项用于处理实木，用微波加热乙酸酐和木材，未反应的乙酸酐和副产的酸性物质也可完全清除。

乙酰化木材由于成本较高，主要用于制作高附加值产品。乙酰化显著改进了木材的性能，因此需要制定有关的标准和规范。为使消费者接受，需要向建筑师、设计师、采购机构以至一般公众进行宣传。目前，乙酰化木材已应用于车辆、运动器械、军事装备和建筑等领域中稳定性和耐久性要求较高的产品。2005 年，ICC 评估服务（ICC Evaluation Service）草拟了一个用于不利环境的乙酰化木材防腐系统验收标准。

乙酰化实木首要推荐应用领域为住房室外平台甲板。2003 年前，此种产品一直用 CCA 处理材制作。木塑复合材料已进入此市场，2005 年占有 16% ~20% 的份额。乙酰化木材在此领域有竞争力，但受乙酸酐生产能力的限制。把全球产量全用上，也只能达到 20% 的市场份额。在建筑部门，乙酰化木材还被考虑用于室外门窗、潮湿房间中的制品和护墙板。室外用门皮和窗户元件、轻型体育运动用品、汽车零件和室外用家具等已有生产。

参 考 文 献

[1] Rowell R M. Chemical modification of wood: advantages and disadvantages. Proc Am Wood Preservers' Assoc, 1975: 41-51.

[2] Accoya . http://www. accoya. com/application. html. 2010-01-02.

[3] Stamm A J, Tarkow H. Dimensional stabilization of wood. J. Phys. and Colloid Che. , 1947, 31: 493-505.

[4] Baird B R. Dimensionak stabilization of wood by vapor phase chemical treatments. Wood and Fiber, 1969, 1 (1): 54-63.

[5] 王婉华, 尹思慈, 宋姣璋. 木材液相乙酰化的研究. 南京林业大学学报 (自然科学版), 1981, 4: 33-41.

[6] A kitsu H, Norimoto M, Morooka T, et al. Effect of humidity on vibrational properties of chemically modified wood. Wood and Fiber Science, 1993, 25 (3): 250-260.

[7] Papadopoulos A N, Hill C A S. The sorption of water vapour by anhydride modified softwood. Wood Science and Technology, 2003, 37 (3-4): 221-231.

[8] アセチル化木材「アコヤ」. http://www. woody-art-hosoda. co. jp/pdf/ayako. pdf. 2010-01-02.

[9] 邢善湘, 刘正添. 木材液相乙酰化及抗收缩效果的研究. 北京林业大学学报, 1988, 4: 44-52.

[10] 张贵麟, 尹思慈, 王婉华, 等. 纤维乙酰化对提高硬质纤维板的作用, 南京林产工业学院学报, 1981, 3: 70-75.

[11] Feist W C, Rowell R M, Youngquist J A. Weathering and finish performance of acetylated aspen fiberboard. Wood and Fiber Science, 1991, 23 (2): 260-272.

[12] Bambang Subiyanto, Sulaeman Yusuf, 川井秀一ら. ファルカータ材を用いたアセチル化処理パーティクルボード (第 1 報) アセチル化度の材質に及ぼす影響. 木材学会誌, 1989, 35 (5): 412-418.

[13] Rowell R M, Misato N. Acetylation of bamboo fiber. Mokuzai Gakkaishi, 1987, 33 (11): 907-910.

[14] Rowell R M, Imamura Y. Dimensional stability, decay resistance and mechanical properties of veneer-faced low-density particleboard made from acetylated wood. Wood and Fiber Science, 1989, 2 (1): 67-79.

[15] Rowell R M, 則元京. アセチル化竹小片を用いたパーティクルボードの寸法安定性. 木材学会誌, 1988, 34 (7): 627-629.

[16] 村田光司, 田中俊成, 高野勉ら. 木材を生かして使うための入門書 - 新しい木質建材. 東京: 日刊木材新聞社, 1995: 158-161.

[17] Papadopoulos A N, Hill C A S. The biological effectiveness of wood modified with linear chain carboxylic acid anhydrides against *Coniophora puteana*. Holz als Roh- und Werkstoff, 2002, 60 (5): 329-332.

[18] Hill C A S, Hale M D, Ormondroyd G A, et al. The decay resistance of anhydride modified Corsican pine exposed to the brown rot fungus *Coniophora puteana*. Holzforschung, 2006, 60 (6): 625-629.

[19] Mohebby B, Militz H. Soft rot decay in acetylated wood Chemical and anatomical changes in

decayed wood, 2002, IRG/WP 02-40231.

[20] Peterson M D, Thomas R J. Protection of wood from decay fungi by acetylation an ultrastructural study. Wood and Fiber, 1978, 10 (3): 149-163.

[21] Imamura Y, Nishimoto K. Some aspects of the resistance of acetylated wood against biodeterioration. Wood Research Kyoto, 1987, 74: 33-44.

[22] Nilsson T, Rowell R M, Simonson R, et al. Fungal resistance of pine particle boards made from various types of acetylated chips. Holzforschung, 1988, 42 (2): 123-126.

[23] Yusuf S, Takahashi M, Imamura Y. Particleboard from acetylated albizzia particles Ⅲ Enhancement of decay resistance, termite resistance, and weathering properties through acetylation. Mokuzai Gakkaishi, 1989, 35 (7): 633-639.

[24] Imamura Y, Nishimoto K. Resistance of acetylated wood to attack by subterranean termites. Wood Research Kyoto, 1986, 72: 37-44.

[25] Westin M, Rapp A O, Nilsson T. Durability of pine modified by 9 different methods. International Research Group on Wood Preservation, 2004, IRG/WP 04-40288.

[26] 尹思慈，王婉华．用气相乙酰化单板提高杨木胶合板耐腐性．林业科学，1983，19 (2)：168-172.

[27] Tarkow H, Stamm A J, Erickson E C O. Acetylated wood. Report, Forest Products Laboratory, USDA Forest Service, 1946, 1593.

[28] Dreher W A, Goldstein I S, Cramer G R. Mechanical properties of acetylated wood. Forest Products Journal, 1964, 14 (2): 66-68.

[29] Rowell R M, Banks W B. Tensile strength and toughness of acetylated pine and lime flakes. Britishi Polymer Journal, 1987, 19 (5): 479-482.

[30] Larsson P, Simonson R. A study of the strength, hardness and deformation of acetylated Scandinavian softwoods. Holz als Roh- und Werkstoff, 1994, 52 (2): 83-86.

[31] Birkinshaw C, Hale M D. Mechanical properties and fungal resistance of acetylated fast grown softwoods. Ⅰ. Small specimens. Irish Forestry, 2002, 59 (1-2): 49-58.

[32] Militz H. The improvement of dimensional stability and durability of wood through treatment with non-catalysed acetic acid anhydride. Holz als Roh- und Werkstoff, 1991, 49 (4): 147-152.

[33] Ramsden M J, Blake F S R, Fey N J. The effect of acetylation on the mechanical properties, hydrophobicity and dimensional stability of *Pinus sylvestris*. Wood Science and Technology, 1997, 31 (2): 97-104.

[34] Reiterer A, Sinn G. Fracture behaviour of modified spruce wood: a study using linear and non-linear fracture mechanicals. Holzforschung, 2002, 56 (2): 191-198.

[35] Bongers H P M, Beckers E P J. Mechanical properties of acetylated solid wood treated on pilot plant scale. *In*: Van Acker J, Hill C A S. Proceeding of the First European Conference on Wood Modification. Ghent, Belgium. 2003: 341-350.

[36] Larsson P, Tillman A-M. Acetylation of lignocellulosic materials. International Research Group on Wood Preservation, Doc. No. , 1989, IRG/WP/3516.

[37] Tarkow H, Stamm A J, Erickson E C O. Acetylated wood. U. S. Dept. Agr. For. Prod. Lab. Mimeo. No. 1593. Revised 1955.

[38] 科尔曼 F F P（德），库恩齐 E W（美），施塔姆 A J（美）. 木材学与木材工艺学原理——人造板. 杨秉国译. 北京：中国林业出版社，1975.

[39] Accoya. http://www.accoya.com/performance_ strength_ and_ hardness.html. 2010-01-02.

[40] Jorissen A, Bongers F, Kattenbroek B, et al. The influence of acetylation of radiata pine in structural sizes on its strength properties. In: Militz H, Hill C (Eds.). Wood Modification: Processes, Properties and Commercialisation. Proceedings of the Second European Conference on Wood Modification, 2005: 108-115.

[41] Akitsu H, Norimoto M, Morooka T. Vibrational properties of chemically modified wood. Mokuzai Gakkaishi, 1991, 37 (7): 590-597.

[42] Akitsu H, Gril J, Morooka T, et al. Dynamic mechanical properties of chemically modified wood (Ⅱ). *In*: Plackett D V, Dunningham E A. Pacific Rim Bio-based composites Symposium: Chemical Modification of Lignocellulosics. FRI Bulletin, 176, 1992: 130-139.

[43] Akitsu H, Gril J, Norimoto M. Uniaxial modeling of vibrational properties of chemically modified wood. Mokuzai Gakkaishi, 1993, 39 (3): 258-264.

[44] Korai H, Suzuki M. Dimensional stability and dynamic viscoelasticity of double-chemically treated wood. Mokuzai Gakkaishi, 1995, 41 (1): 51-62.

[45] Chang S T, Chang H T, Huang Y S, et al. Effects of chemical modification reagents on acoustic properties of wood. Holzforschung, 2000, 54 (6): 669-675.

[46] Noromoto M, Gril J, Rowell R M. Rheological creep properties of chemically modified wood. Relationship between dimensional and creep stability. Wood and Fiber Science, 1992, 24 (10): 25-35.

[47] Yano H, Noromoto M, Rowell R M. Stabilization of acoustical properties of wooden musical instruments by acetylation. Wood and Fiber Science, 1993, 25 (4): 395-403.

[48] Rudkin A W. The role of hydroxyl group in the gluing of wood. Austral J. Appl. Science, 1960, 1: 270-283.

[49] Rowell R M, Youngquist J A, Sachs I B. Adhesive bonding of acetylated aspen flakes, part 1. Surface changes, hydrophobicity, adhesive penetration and strength. Inter. J. Adhesion and Adhesives, 1987, 7 (4): 183-188.

[50] Youngquist J A, Sachs I B, Rowell R M. Adhesive bonding of acetylated aspen flakes, part 2. effects of emulsifiers on phenolic resin bonding. Inter. J. Adhesion and Adhesives, 1988, 8 (4): 197-200.

[51] Vick C B, Rowell R M. Adhesive bonding of acetylated wood. Inter. J. Adhesion and Adhesives, 1990, 10 (4): 263-272.

[52] Youngquist J A, Rowell R M. Adhesives bonding of acetylated aspen flakes, parts 3. Adhesion with isocyanates. Inter. J. Adhesion and Adhesives, 1990, 10 (4): 273-276.

[53] http://www.oggetre.no/Science% 20behind% 20acetylation% 20of% 20wood% 20 (Hill%

202006）. pdf，Acetylated Wood The Science Behind the Material.

[54] 高麗秀昭，細谷修二. アセチル化ファイバーボードの材質改良. 第19回日本木材加工技術協会要旨集，東京，2001：40－41.

[55] 高麗秀昭，近江正陽. オゾン処理したアセチル化ファイバーより製造したファイバーボードの寸法安定性（第一報）－メラミン樹脂およびフェノール樹脂を用いたファイバーボードの寸法安定性に及ぼすオゾン処理効果－. 第21回日本木材加工技術協会要旨集，東京，2001：74-75.

[56] 余权英，李国亮. 乙酰化木材的制备及其热塑性研究. 林产化学与工业，1994，14（2）：33-38.

[57] Mohebby B，Talaii A，Kazemi-Najafi S. Influence of acetylation on fire resistance of beech plywood. Materials Letters，2007，61：359-362.

[58] Mohebby B，Talaei A. Smoke analysis of acetylated beech layers. The second european conference on wood modification ECWM 2005. Gottingen，Germany. 2005：145-155.

[59] 秦特夫，阎昊鹏. 木材表面非极性化原理的研究. Ⅲ. 各化学组分在乙酰化过程中酯化能力的差异. 木材工业，2000，14（4）：13-15.

[60] Rowell R M. Acetyl distribution in acetylated whole wood and reactivity of isolated wood cell wall components to acetic anhydride. Wood and Fiber Science，1994，26（1）：11-18.

[61] 秦特夫，阎昊鹏. 木材表面非极性化原理的研究. Ⅰ. 木材乙酰化过程中化学官能团的变化. 木材工业，1999，13（4）：17-20.

[62] Boonstra M G，Pizzi A，Tekely P，et al. Chemical modification of Norway spruce and Scots pine A ^{13}C NMR CP-MAS study of the reactivity and reactions of polymeric wood components with acetic anhydride. Holzforschung，1996，50（3）：215-220.

[63] 秦特夫，阎昊鹏. 木材表面非极性化原理的研究Ⅳ化学分析光电子能谱（ESCA）对木材乙酰化处理表面化学特征的研究. 木材工业，2000，14（6）：12-14.

[64] 朱家琪. 木材乙酰化的研究及进展. 林业科学，1994，30（3）：272-279.

[65] Singh S P，Dev I，Kumar S. Chemical modification of wood，vapour phase acetylation with thioacetic acid. Wood Science，1979，11（4）：268-270.

[66] Kumar S，Agarwal S C. Chemical modification of wood with thioacetic acid. *In*：Graft Copolymerization of Lignocellulosic Fibers，ACS Symposium Series 187，1982：303-320.

[67] Kumar S，Agarwal S C. Biological degradation resistance of wood acetylated with thioacetic acid，International Research Group on wood Preservation，IRG/WP/3223，1983.

[68] Rowell R M，Tillman A-M，Simonaon R. A simplified procedure for the acetylation of hardwood and softwood flakes for flakeboard production. J. Wood Chem. Tech.，1989，6（3）：427-448.

[69] Hill C A S. Wood Modification：Chemical，Thermal and Other Processes. Chichester，England；Hoboken，NJ：John Wiley & Sons，Ltd，2006.

[70] Sheen A D. The preparation of acetylated wood fibre on an commercial scale. *In*：Plackett D V，Dunningham E A. Pacific Rim Bio-Based Composites Symposium：Chemical Modification of Lignocellulosics. FRI Bulletin，176，1992：1-8.

[71] Simonson R, Rowell R M. A new process for the continuous acetylation of lignocellulosic fibre. *In*: Proceedings of the 5th Pacific Rim Bio-Based Composites Symposium, Canberra, Austrilia, 2000: 190-196.

[72] Rowell R M, Tillman A-M, Simonaon R. A simplified procedure for the acetylation of hardwood and softwood flakes for flakeboard production. J. Wood Chem. Tech. , 1989, 6 (3): 427-448.

[73] Beckers E P J, Militz H. Acetylation of solid wood, initial on lab and semi industrial scale. *In*: Second Pacific Rim Bio-based Composites Symposium, Vancouver, Canada, 1994: 125-135.

[74] Rowell R M, Plackett D V. Dimensional stability of flakeboads made from acetylated *Pinus radiata* heartwood or sapwood flakes. New Zealand Journal of Forestry Science, 1988, 18 (1): 124-131.

[75] Hon D N S, Bangi A P. Chemical modification of juvenile wood . Part 1. Juvenility and response of southern pine OSB flakes to acetylation. Forest Products Journal, 1996, 46 (7/8): 73-78.

[76] Rowell R M, Simonson R, Tillman A-M. Acetyl balance for the acetylation of wood particles by a simplified procedure. Holzforschung, 1990, 44 (4): 263-269.

[77] Cetin N S. Surface activation of lignocellulosics by chemical modification. PhD thesis, University of Wales Bangor, 1999.

[78] Arora M, Rajawat M S, Gupta R C. Studies on the acetylation of wood. Holforschung und Holzverwertung, 1979, 31 (6): 138-141.

[79] Arora M, Rajawat M S, Gupta R C. Effect of acetylation time on degree of acetylation in wood. Holforschung und Holzverwertung, 1980, 32 (6): 138-139.

[80] Nishino Y. Simplified vapor phase acetylation of small specimens of hinoki (Chamaecyparis obtusa) wood with acetic anhydride. Mokuzai Gakkaishi, 1991, 37 (4): 370-374.

[81] Singh D, Dev I, Kumar S. Chemical modification of wood with acetic anhydride. Journal of the Timer Development Association of India, 1992, 38 (1): 5-8.

[82] Goldstein I S, Jeroski E B, Lund A E, et al. Acetylation of wood in lumber thickness. Forest Products Journal, 1961, 11 (8): 363-370.

[83] Larsson Brelid P, Simonson R. Acetylation of solid wood using Microwave heating. Part 2. Experiments in laboratory scale. Holz als Roh-und Werkstoff, 1999, 57 (5): 383-389.

[84] Rowell R M. Chemical modification of wood (chapter 22). http://128.104.77.228/documnts/pdf 2007/fpl_ 2007_ rowell005. pdf. 2010-03-27.

[85] 管宁. 木材乙酰化及其商业化应用. 国际木业, 2007, 4: 31-32.

[86] Suida H. Acetylating Wood: Austrian Patent, 122 499. 1930.

第7章　重　组　木

重组木技术的出现是20世纪末人造板行业的重大成就，它的基本学术思想启发了许多新的人造板革新思路。进入21世纪，人造板的一些新进展都在借鉴重组木的基本思想。重组木技术研发过程的经验教训值得人造板行业深思。重组木加工技术并不是一无是处，重组木作为发展人造板工业的新思路有非常好的借鉴意义。

随着我国木材加工行业的迅猛发展，中国人造板已经走在世界的前列。分析重组木的现状和不足之处，指出应该改进的问题，明确重组木的发展方向和发展模式，让研究者们借助重组木的研究思路，吸收重组木工业化阶段的经验，提出重组木加工机械的先进改进技术和生产模式，抓住机遇，扬长避短，在重组新板种的创新研究过程中再创辉煌。本章根据研究的经历和经验，阐述了重组木技术的发展与存在的问题。

7.1　重组木概念的提出

重组木（scrimber）是20世纪80年代由澳大利亚木材科学家科尔曼首创的一种新型人造实体木材。科尔曼认为“人们费很大力气将木材粉碎到近乎纤维的程度，然后用胶再把它们黏合起来，岂不多此一举。如果把速生小径材、枝桠材及制材边角料等廉价低质材料经辗搓设备加工成横向不完全断裂，纵向松散而又交错相连的网状木束，再经干燥、施胶、铺装和热压（或模压）而制成一种新型的木材不是更好吗。”他的设想在实验室获得了成功。澳大利亚林科院（CSIRO）组织力量经过近10年的研究，完成了重组木的实验室研究，申请了国际专利，并向全世界宣布：他们研究成功了重组木。在澳大利亚政府和企业的资助下，在南澳大利亚的小镇芒特刚比尔（Mount Gambier）投资2000多万美元建成年产5万m^3的重组木工厂，开始了重组木的产业化推广[1]。

在现有碎料板品种中，重组木的材性是比较接近原实体木材的一种新型人造板材料，它的出现引起了国内外人造板行业的关注，一些主要发达国家相继购买了澳大利亚的重组木专利技术，分别开始重组木的进一步研究。从20世纪70年代末到21世纪初，各国发表了许多有关重组木的研究论文，经过实验室的反复研究，验证了澳大利亚实验室的研究成果。由重组木制造的房屋桁架

图 7-1　重组木桁架照片

如图 7-1 所示。

在实验室研究成果基础上，各国都开始重组木的中试研究，德国、美国、日本和中国，都研制成功中试生产线。其中，日本生产线的年产量达到 $5000m^3$，中国宣化生产线的年产量达到 $3000m^3$，而且持续生产 1 年半以上。然而，重组木研究在世界范围内兴起之时，澳大利亚年产 5 万 m^3 生产线却停产了。

7.2　重组木产业化过程中暴露的问题

7.2.1　加工设备

科尔曼提出重组木的概念和加工工艺仅解决了重组木原理和实验室的工艺问题，而产业化中的许多问题，特别是加工设备方面的问题，并没有系统地得到解决。例如，没有具体提出实现重组木加工装备的设计方法和解决思路，没有进行设备的工业化中试就投产大规模生产线。CSIRO 的中试设备无法仿真重组木工业化生产中可能出现的问题，而且缺乏实际尺寸试件的批量生产试验，特别是实际规模生产设备的工业化试验。

7.2.2　生产工艺

重组木产业化过程中不仅仅是加工设备的问题。在 CSIRO 重组木工业化过程中，生产工艺上的问题也逐步暴露出来。传统小规模的实验室工艺与大工业生产要求相差甚远，这些小型试验的数据不能完全替代工业化生产需要的工艺数据。生产工艺的问题主要表现在以下几个方面。

7.2.2.1　备料工段

辗压加工引起的应力集中极难消除。在重组木生产线的备料工段，由于辗压辊的作用，在木束内部产生了内应力，这些内应力的释放需要很长时间。在内应力没有释放的前提下，就在高压下压制成重组木板材，肯定会出现很多问题。实验室试验时，由于实验设备小、试件小，内应力问题不明显；当板材尺寸放大到实际尺寸以后，开始出现明显的翘曲和扭曲，局部尺寸变异，表面凸凹不平。为了解决这些问题，澳大利亚芒特冈比尔重组木工厂增加了热堆放工序，将压好的板材在60～80℃的环境下存放36h以上，但热堆放并没有完全消除应力集中的问题，而且热堆放增加的生产成本相当于木束干燥的成本。另外，辊压工艺在技术上也是非常困难的。图7-2中是澳大利亚重组木备料工段的辊压设备。

图7-2　澳大利亚重组木辊压生产线

7.2.2.2　干燥工段

干燥机不能实现均布干燥。重组木木束形状差异较大，有1mm×1mm的细纤维，也有4mm×4mm的实木棍。干燥时，细纤维已经变成绝干纤维，而实木棍仅仅表层得到干燥，内部含水率较高，这是干燥机不能实现均布干燥的关键问题所在。利用这种含水率分布不均的木束制作重组木，热压时很容易产生鼓泡现象。为了实现均匀干燥，辛普尔康普设计时，大幅度增加干燥机的功率，不仅增加了生产能耗和成本，还带来其他一些问题，关键是没有完全解决重组木木束的质量问题。

7.2.2.3　施胶工段

重组木施胶工艺在工业化装备上存在问题。小径木辊压以后，木束纵向展开，但横向又有相互略有藕断丝连的状态是理想的辊压结果。这种木束施胶比较困难，胶液极难进入木束的缝隙间。图7-3是澳大利亚重组木生产线上的施胶装置。

图7-3　澳大利亚重组木施胶装置

7.2.2.4　定向铺装工段

木束的工业化定向铺装存在问题。实验室试验时，重组木试件小，定向铺装多为人工干预实现；澳大利亚的中试试验也是人工铺装，没有出现严重的问题。但是，在实际生产中，木束的工业化定向铺装工艺出现了很多问题，主要表现在以下几个方面。

(1) 定向刨花板（OSB）木片长短相近、厚度一样、相互不连接，而重组木木束的形态与OSB木片有本质差别。因此，在铺装设备上重组木与OSB存在较大差异。澳大利亚重组木生产线是将辛普尔康普的OSB铺装机略加改进应用到重组木上的，重组木木束定向铺装不是机械手铺装，不能实现实验室木束的定向铺装。图 7-4 是辛普尔康普开发的重组木铺装机。

（2）在重组木工业化生产过程中，在铺装过程中有个别木束在重组木板面上横排布，几乎与板面主纹理完全垂直，严重影响板面平整度和粗糙度而成为表面缺陷。同时，这种个别木束的横排布也是应力集中源，出现翘曲变形、表面凸凹不平等缺陷。图 7-5 是重组木最常见的这种表面缺陷。

图 7-4 辛普尔康普开发的重组木铺装机

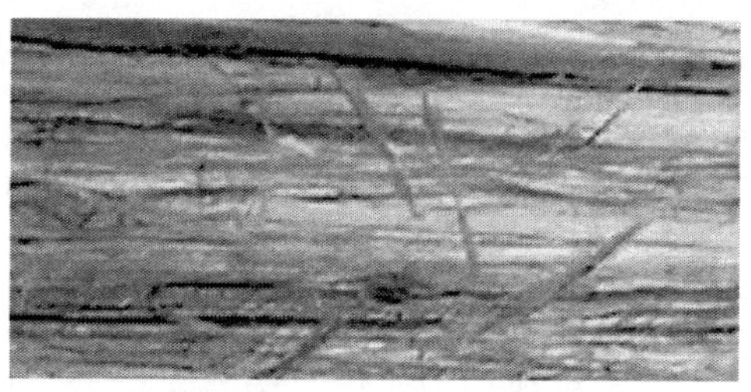

图 7-5 重组木少数木束横排布时的表面缺陷

7.2.2.5 热压工段

重组木热压工艺存在技术问题。由于热压过程中，板坯内蒸汽压力很高，立即卸压会造成鼓泡分层等缺陷；如果在热压工艺中增加瞬间开启压板的排气过程，可以使板坯内的蒸汽释放出来，然后再压紧压板，就可以得到合格的重组木。但是，这种实验室热压工艺在工业化过程中，由于压板面积加大，气体释放遇到困难，而且大型压机的控制也有难度，很难实现。

澳大利亚重组木生产线的热压工艺中采用射频加热方式。这是因为产品设计厚度为 200mm，从而使铺装厚度高达 700mm 左右，其他加热方式很难保证生产效率和加工质量。射频加热热传导方式是通过木束中所含水分来实现的。由于板坯厚度太大，干燥后木束的含水率必须严格控制在 3% ~6% 范围内，而且要求分布均匀。由于木束的初含水率差别和木束截面差别太大，在干燥过程中木束各部位含水率分布很难均匀，有些部位含水率达到了 1%，而有些部位含水率还高达 15%，甚至更高。采用射频加热时，含水率过低的地方，由于热传递差，温度达不到要求，胶液不易固化，板坯胶接质量差；而含水率过高的地方会产生提前固化的问题，致使重组木胶接质量下降。因此，控制原料和半成品的含水率有助于提高胶接质量。另外，由于采用射频加热方式，重组木的生产成本大幅度提高。

7.2.3 重组木的表面缺陷

在重组木实验室研究中，由于板材尺寸小，人工干预多，许多问题没有暴露出来，而工业化过程中除个别木束在重组木板面上横排布的缺陷外（图7-5），还暴露出了以下几个方面的问题。

1）粗木束彼此搭接产生的凹坑

重组木表面凸起可以采用强力砂光消除，但粗木束彼此搭接处的凹坑则无工业化的解决方法。重组木木束径级为1～8mm，当木束搭接时，搭接处产生1～8mm深度的凹坑，且板面比比皆是，无法避免。通过人工打腻子可以填补，但工业化时很难设计打腻子机解决这个问题。这种缺陷导致重组木无法应用在家具等高档场合。

2）重组木内部的蠕变与松弛问题

由于重组木存在内应力，即使采用热堆放也不可能完全消除。使用一段时间以后，仍然会出现局部结构的蠕变和松弛，破坏重组木的表面质量，这种缺陷不易消除。一般生长应力过大的树种都可能出现这个问题，更何况在加工中残留着巨大压应力的重组木。

3）板材表面微观裂纹较多

重组木的木束是通过辗压法加工的。辗压使木材沿纵向劈裂而形成木束，但劈裂造成木束微观裂纹无处不在，导致重组木表面微观裂纹较多，使重组木存在劈裂的隐患。这是局部应力集中的根源，是重组木局部破坏的导火索，是重组木受潮膨胀、尺寸不稳定的根源。在实验室试验过程中，重组木的吸水膨胀率就不易达到标准要求。

4）树皮和节子的存在降低了板材表面质量

重组木发明之时，大家都认为重组木用的是枝桠和小径材，但在工业化过程中发现，重组木不能使用带树皮的原料，而且最好是新鲜材。如果有树皮，在重组木板材表面会留下极难看的表观缺陷和凹坑；重组木木束长，如果一段木束上带有树皮，由于树皮不能胶结，就会在重组木上形成一个宏观疤痕。因此，带有树皮的重组木其表面质量极差。而枝桠和小径材剥皮是非常困难的。为了剥皮顺利，重组木只好使用高档原料，丧失了重组木的原料优势。

在辗压过程中，由于节子硬度大，容易损坏辗压设备，在工业化试验中，曾扭断过驱动轴的万向节；节子往往由于辗不碎、压不溃而在板面留下痕迹。

7.2.4 生产线设备的设计存在缺陷

生产线的设备存在一些缺陷。例如，辗压机压辊之间间距太大，又无碎木束接送和传送机构，当木束破碎太多（这是不可避免的）时，生产线被堵塞。同时，为了追求高生产率，辗压设备过于庞大，增大了投资。淋胶后的网带输送也因为木束插入铁网中而不能连续生产。由于木束不规则，在机械化铺装中有许多问题，也很难使生产连续。

7.2.5 设备能耗大导致成本增高

重组木加工过程中，能耗较大的几道工序如下。

1）木束的辗压加工

在各种人造板生产过程中，备料是能耗最大的工序。胶合板采用切削法进行备料加工，能耗最小；刨花板的备料能耗高于胶合板，小于中密度纤维板（MDF）；重组木的辗压能耗远远大于MDF。

2）木束的电加热干燥

重组木生产线上的干燥机的开发是难点。为了照顾原料木束径级分布的离散性，澳大利亚重组木生产线上的干燥机的设计都偏于安全。为了便于调整，辛布尔康普在网带式干燥机上采用了电加热方式，而且带有上压式的结构，干燥机长度近60m，电耗造成的成本剧增。图7-6是澳大利亚的重组木生产线上的干燥用大型电热风机。

图7-6 澳大利亚重组木生产线的电热风机

3）重组木的热堆放

在各类人造板生产工艺中，都没有安排热堆放。重组木工业化生产时发现，重组木内应力没有办法消除。内应力导致板材翘曲、扭曲，表面凸凹不平，板材表面质量很难达到普通人造板的要求。关键是热堆放36h，严重影响板材正常的周转，而且热堆放的能耗也是惊人的；即便采用热堆放，内应力的消除也未必彻底。此外，热堆放又带来重组木板材的二次装卸，相当于二次干燥、二次成品堆放。这些无疑增加了成本和能耗。

4）重组木的后处理

经过热堆放以后，翘曲和扭曲的现象大幅度减少，但应力释放以后表面不平度反而增加，只能靠砂光消除这些表面不平的缺陷。重组木后处理工段的加工量是普通刨花板的10倍以上，使砂带成本剧增，强力大型砂光机配备的台数增加，增加了能耗。

7.2.6 市场销售不良

澳大利亚森林资源丰富，天然林木材的产量足可以满足市场需求，而且价格低廉。相比之下，重组木产品质量不如优质天然林木材，特别是表面质量，而且重组木价格远远高于实木。因此，很难销售出去。

另外，澳大利亚制造重组木普遍采用单宁胶，板材表面比较粗糙，而且颜色和木材相差甚远，在海外市场未得到认可；如果对重组木进行二次加工处理，成本又比较高。因此，重组木在国内外市场销售一直不好。这是重组木不能正常生产的经济与市场原因。

除此之外，工厂管理不善也是一大原因。

澳大利亚重组木制造技术工业化的失败给世界重组木的研究带来了巨大的影响，使许多国家终止了重组木的研究，但重组木的深入开发与间接研究并没有中止。澳大利亚林科院在国内寻找投资者的同时，把研究转向了国外的投资者，他们的技术在美国开始二次中试。

7.3 国内外重组木研究的回顾和最新研究动向

7.3.1 澳大利亚重组木研究过程的回顾

重组木的研究开发工作是于1973年开始的。澳大利亚联邦科学院林业与林产品研究所的工作人员J. D. Coleman Coleman在分析前人人造板研究工作的基础上，萌发了帘布式木束加工（Scrimming）的设想，即不打乱纤维的排列方向，又保留木材的基本特性，进而重新组合成具有木桁梁那样强度的产品。这个设想经过近10年的反复试验，终于取得了实验室研究的突破。澳大利亚科学部长Barry Jones于1985年6月27日在Repco有限公司新闻会议上宣布重组木是世界木材利用上最令人振奋的突破。同时宣布重组木是由CSIRO发明，并和Repco合作开发的新产品，其产品将由南澳大利亚木材公司（SATCO）制造，从而开启了重组木加工的新时代。

重组木的初步研究是Coleman在实验室进行的，1976年，Coleman开始申请专利，截至1980年的不完全统计，Scrimming先后取得了澳大利亚、美国、日本、英国、德国、法国、加拿大等国家专利。1977年，CSIRO着手开发重组木的实验制造设备，1982年建成小规模生产性试验车间，每周生产2m^3成材，并能生产大截面、任意长度的产品。但事实上，CSIRO建设的相当于年产1002m^3成材的实验室，达不到工业化试验水平。

1985年初，CSIRO在没有进行工业化中试的情况下，宣布重组木技术及经济开发工作已经具备进入大工业生产阶段，SATCO获得在澳大利亚、新西兰和亚洲一些国家生产及销售重组木的权利。重组木工业化生产在澳大利亚紧锣密鼓地开始了，重组木的工业化研究与开发得到了澳大利亚国家有关部门的支持。到1985年底，澳大利亚工业研究和开发促进委员会（AIRDIB）对重组木技术的总投资是1 935 655美元。自1978年3月起AIRDIB曾拨款52 800美元用于重组木性能的测试，审批通过了这些实验室的测试报告。

1987年，澳大利亚南方木材公司（SATBC）投资在澳大利亚南部芒特刚比尔建设年产5万m^3的重组木工厂，该厂于1989年完工，占地10hm^2，其中生产车间面积1万m^2。按每天24h，每周7天计算，每班（8h）生产能力为68m^3，全厂仅需人员50多名。重组木的发展和其他新生事物一样，并不是一帆风顺的。SATBC工厂自1989年竣工后，经过几次生产性调试，至1991年2月仍没有正式连线投产，由于工厂达不到预计的利润指标，南澳大利亚政府决定撤销对其经济援助，SATBC生产线随后宣布停产。

7.3.2　国外其他国家的研究进展

7.3.2.1　日本重组木研究的新思路

1985年，日本林野厅也开展了类似该项新技术的研究，并具有日本自己的特色。1986年，日本重组木进入了工业性试生产阶段，月产成材约300m^3，极限产量可以达到年产5000m^3。日本在澳大利亚的研究出现波折阶段，开始探索新的思路，他们将小径木辗压成木束，然后再截断成40mm、60mm或80mm长度的碎木束，企图解决铺装的问题。日本学者的研究取得了一定的实验成果，发表了一些文章，证明了重组木木束的长度对强度的影响并不是线性的，当木束长度超过60mm以后，这个规格的木束和任意长度木束的强度指标几乎没有差别，这样，重组木的铺装问题可能得到解决。

重组木的木束达到一定的长度就可以借鉴定向刨花板的铺装机来实现机械化铺装。日本还探讨形成辗压刨花的工艺方法，再与普通刨花相混合生产高强度刨花板，通过刨花解决表面不平的问题。用定向刨花板的技术铺装辗压刨花，铺完一层辗压刨花后再铺一层普通刨花。该刨花板强度高于普通刨花板，而且还解决了重组木横向翘曲的问题。

1992年作者在访日期间，曾亲眼目睹了日本制材株式会社试制的重组木产品，日本称该产品为“水晶材”（crystal wood），回避了重组木的提法，企图获得新的知识产权。日本的重组木主要用于建筑、家具、儿童玩具或其他小件物品。尽管日本重组木研究想尽办法解决澳大利亚存在的问题，但日本人造板企业界已经没有人会对重组木投资，日本科研工作者经过不懈的努力也找不到赞助商，没有办法产业化。

7.3.2.2 美国重组木研究的新动向

美国的学者和企业界对于实验室已经成功的技术在产业化没有成功不甘心。1992年，美国亚特兰大 Georgia-Pacific 公司购买了进一步开发重组木技术的知识产权。美国学者和企业界人士在看到实验室产品和检测报告以后，不相信重组木就此失败。由澳大利亚林科院和美国合作，在美国重新建立了一套工业化实验生产线。澳大利亚方面公布这套生产线的建设工作将在1996年8月开工，1997年10月完成。美国 Georiga-Pacific 公司和澳大利亚的研究者对这条生产线充满信心，相信在第一条生产线的基础上，加上澳美双方的努力一定会带来成功结果。这条生产线的成功也将为澳大利亚 Mount Gambier 的生产线改进提供经验，给重组木的研究注入新的希望。但实际情况和澳大利亚的生产线一样，这条实验生产线没有连续生产，澳大利亚试生产过程遇到的问题仍然没有解决。

除了澳大利亚和日本以外，世界上其他的一些国家也在该项研究上做了许多工作。德国等国家学者还在1988年之后陆续申请了重组木加工的专利。最近几年，澳大利亚、日本、英国及加拿大的一些学者均在这个领域进行了更深入的理论研究。重组木的研究在世界范围内受到了广泛的关注。

7.3.3 我国重组木研究历程

7.3.3.1 我国重组木的前期研究

我国重组木的最早研究开始于中国林科院木材工业研究所，该所在获得了澳大利亚重组木研究的情报之后，给予了足够的重视。1976年7月中国林科院木材工业研究所和江西木材厂决定共同开发这一新技术。总体技术开发大体分三期进行：第一期工程是试制一批不同密度的重组木样品，测定物理力学性能，摸索加工工艺路线，积累资料数据，为第二期工程打基础。第一期工程于1988年5月在南昌通过小试评审。第二期工程是中试加补充小试，扩大树种及原料来源，以半结构材为目标进行扩大试验和产品应用试验，探索辗搓解体木束的办法及制作小型辗搓机，完成加工工艺。生产小批量门窗框材料，投放市场试销，听取用户反映，进行中试鉴定，为第三期工程打基础。第三期工程是以结构材和特殊用材为目标扩大品种应用范围，制定标准；进行生产线设计，完善定型，技术鉴定，批量生产，全面铺开，转化为生产力，产生显著的经济效益和社会效益。

参加该项研究工作的肖亦华和中国木材加工专家王恺先生在1989年1月的

《木材工业》上发表了《重组木国内外概况及发展趋势》[1]。这篇文章概括了澳大利亚的有关资料，比较全面地介绍了国外重组木的发展情况，并探讨了一些技术性问题，给国内重组木的研究指明了方向。中国林科院和江西木材厂合作，经过几年的努力，以江西省产马尾松为原料，完成了我国第一代马尾松的重组木试验，其试件弯曲弹性模量为 4.8 ~ 10GPa，达到了国际上重组木的最低强度指标(国外重组木弹性模量不低于 10GPa)。1989 年他们在《林产工业》上发表了题为《新型重组木的研制》一文，详细介绍了重组木试验的工艺参数，重组木的主要物理力学性能，包括静曲强度、弯曲弹性模量、冲击韧性、顺纹抗压强度等实用测数值，并对重组木经济效益进行了分析。

南京林业大学的张贵麟和华毓坤教授在 1989 年 5 月至 9 月应邀访问了澳大利亚，同重组木的发明者、研究组人员和其他科研人员进行了详细的讨论，并参观了有关重组木的实验室[2]。此次考察揭开了中国人真正认识重组木的序幕。

20 世纪 80 年代末，南京林业大学汪孙国和华毓坤用竹材进行了重组竹制造工艺的研究，他们用手工和辗压两种方式对竹材进行疏解，制出了重组竹试件，为重组木开辟了新的领域[3]。

内蒙古林学院的潘石峰和王喜明等利用西北地区广泛生长的沙柳为原料，进行沙柳重组材的加工工艺及力学性能研究，还用重组木与其他材料复合制造建筑模板，其主要研究结果发表在 1993 年《林产工业》上，题为《沙柳材的特性及其重组材的研究》[4]。

7.3.3.2 东北林业大学重组木的理论研究

在重组木的研究中，东北林业大学进行了深入细致的研究，使中国的重组木研究进入到工业化试验阶段。为中国的重组木研究做出了重要的贡献。

进入 20 世纪 90 年代，东北林业大学李坚等在《新型木材》一书中详细介绍了重组木的历史、发展趋势、产品特点及制造技术等内容[5]。东北林业大学继中国林科院和南京林业大学之后，对重组木的制造理论、工艺技术进行了深入的研究，特别在重组木加工设备方面做了大量的设计工作，完成了重组木的工业化中试，为我国重组木的进一步深化研究奠定了基础。

在有关重组木基础理论方面的研究上，他们的成就主要反映在辗压坯料的受力分析及木束形成机制的理论探讨。马岩等在 1993 年至 1996 年期间先后发表了 5 篇有关的学术论文。其中，《均布载荷辗压重组木坯料的强度准则建立初探》对均布载荷辗压方式下，重组木网状坯料形成的静力学强度准则进行了初步探讨，该文在理想状态下木材辗压受力情况的基础上导出的理论解[6]；《重组木坯料在腰鼓型压辊辗压中应力的级数解初探》一文在横观各向同性的假设条件下，借用弹性力学的复变函数解法，建立了重组木坯料在腰鼓形压辊均载辗压下圆截面受压力学模型[7]。导出的截面内应力分布的级数形式解，可用于计算圆截面木材在横向加载时沿纵向开裂的应力，为重组木坯料加工设备设计提供设计参数；《均布扭矩形成重组木坯料的力学机理初探》一文，对均布扭矩形成重组木网状坯料的力学机制进行了理论探讨，指出扭转法不能独立形成合格坯料，必须和辗压法混合使用[8]。此文研究的目的是为辗压提供更易于加工原料的最佳方式，也为扭转法生产木束提供了理论依据。其理论分析结果，将为扭转加工设备提供最基本的设计参数，即扭矩值的选取范围。

在完成重组木辗压力学研究后，他们开始重组木力学性能和微观力学的研究。《重组木微观力学模型及刚度参数分析方法探讨》一文，以复合材料微观力学分析方法为基础，在横观各向同性假设下，建立了重组木的复合材料力学与弹性力学分析的力学模型，通过力学模型可以预测重组木的纵、横向弹性模量、泊松比、纵横向剪切弹性模量，给出了材料力学分析的具体公式[9]；《静压作用下重组木坯料形成的力学机理和试验验证》一文，借用弹性力学的半无限平面体边界上受力作用和圆柱体均布载荷作用的结论，导出静压作用下重组木坯料形成的受力关系式，并用试验验证了结论[10]。应用这些理论，可以精确计算重组木木束形成达到临界状态时的最大应力，并可建立其强度准则。以上理论研究不仅丰富了木材学的基础理论，开创了重组木力学的研究领域，而且为重组木坯料加工设备设计参数的确定提供了理论依据。

除了辗压理论研究之外，他们还进行了重组木及重组木复合刨花板制造技术的试验研究。金维洙等分别于1997年和1998年在《林产工业》上发表了《重组木制造技术的试验研究》和《不同树种构成的重组木物理力学性能的试验研究与分析》等文章。文中介绍了在实验室中加工重组木的工艺过程和主要工艺参数[11,12]；分析了不同树种的原料对木束辗压、施胶、铺装等工艺过程的影响；测定了落叶松、桦木、杨木等树种构成的重组木板材的主要力学性能。结果表明，在一定的工艺条件下，重组木具有较高的静曲强度，弹性模量和握钉力等，适合于做结构材。根据试验结果分析了树种、木束的几何形状，铺装比等因素对重组木板材力学性能的影响。除上述研究成果，东北林业大学重组木研究课题组的其他成员也发表过多篇研究论文，其中有：《定距辗压辊最大辊压厚度的确定》、《新型复合结构材——重组木复合刨花板》、《重组木工业发展的可行性及经济效益分析》、《重组木投资效益及市场前景分析》、《重组木复合刨花板截面弹性模量求解方法的研究》等，对我国重组木研究做出了一定的贡献[13-17]。

1996年，东北林业大学金维洙和马岩合著了《重组木制造工艺学》。该书肯定重组木是利用小径级劣质材、间伐材、木材加工剩余物和其他植物纤维加工而成的可以替代天然木材的新型人造实体木材。指出开发重组木产品对于充分利用现有森林资源，缓解我国木材供需矛盾具有重要意义。该书客观的分析了澳大利亚科学家提出的重组木设想，它的出现和发展对国内外人造板行业产生很大的影响。由于近几年澳大利亚在重组木的研究中遇到了一些困难，使国际上重组木的研究一度处于徘徊和停滞状态。但是，重组木作为一种新兴人造板材料，其利用价值和商业价值在国际上是公认的[18]。

书中在分析、吸收国内外重组木的研究成果及经验教训基础上，结合 1993 年开始对重组木进行的深入研究。笔者的研究工作得到了国家科研项目的大力支持，国家自然科学基金委员会将《重组木复合刨花板的力学强度及截面优化的理论研究》列为国家自然科学基金项目；国家林业局（原林业部）将《重组木门框材制造技术的研究》列为原林业部科学技术指南课题；国家科委将《重组木工艺技术研究》定为“九五”期间国家攻关课题，从而使笔者对重组木的研究、开发工作有了新的进展。

重组木的研究引起了很多木材加工企业和科研机构的管理人员、科技人员的极大兴趣，纷纷来信来访，询问有关问题和索取技术资料。笔者和课题组的有关重组木制造技术方面的论著在国内外引起了一定的影响，笔者和课题组的技术文件、资料对推动国内重组木研究起到重要的作用。鉴于此，笔者根据几年来积累的科研经验、发表的有关学术论文，并参考国内外有关文献资料，编著成书，供当时有关人员参考。

7.3.4 东北林业大学重组木的工业化中试

7.3.4.1 东北林业大学重组木研究的项目支撑

东北林业大学在进行重组木工艺技术研究时，得到了国家科研项目的大力支持。1994 年，马岩等承担了原林业部指南课题《重组木门框材制造技术的研究》，该项目得到牡丹江木工机械厂的资助。牡丹江木工机械厂为东北林业大学加工制造了重组木门框材模压试验台，重组木木束工业化辗压试验台，为重组木的研究由实验室研究转入工业化试验研究提供了必要的条件。同年，国家自然科学基金批准了《重组木复合刨花板的力学强度与截面优化的理论研究》项目，使重组木的研究向新的领域发展。1995 年，东北林业大学在重组木实验室压制出重组木复合刨花板的试件。经测定，其静曲强度及弹性模量是普通刨花板的 3 ~4 倍，表面质量达到刨花板的要求，优于重组木。在某些场合下，重组木复合刨花板可代替木材作结构材和家具承重材使用。

1996 年，《重组木工艺技术研究》项目被列入国家“九五”科技攻关计划，重组木的工艺及设备研究进一步得到发展。在国家“九五”攻关的资助下，重组木课题组对重组木加工生产线上的主要设备，如剥皮机、木束强力辗压机、木束辗压机、木束精辗机、木束干燥机、木束施胶机等进行了结构设计，并与有关厂家合作开始制造重组木的工业化中试设备。

为了进一步学习国外的先进经验，1997 年 5 月，朱国玺和马岩教授赴澳大利亚考察。考察期间，拜访了澳大利亚著名学者 J. D. Coleman，参观了 Mount Gambier 的重组木工厂，参观了澳大利亚重组木有关的实验室，取得了很大收获。此次考察的成功，进一步促进了我国重组木研究的深入发展。

综上所述，我国重组木的研究起步较早，主要集中在生产工艺试验研究及发表研究报告、综述性文章等方面，对重组木制造的理论问题和设备结构研究不多，这是我国重组木初期研究的主流和基本情况。

7.3.4.2 重组木中试生产线的进程

东北林业大学在重组木的研究上，已经进行到工业化中试的水平，样机的图纸设计工作从 1993 年开始，直到 1995 年 10 月全套设备图纸全部在东北林业大学校内完成。图纸完成以后，东北林业大学委托牡丹江木工机械股份有限公司进行重组木设备制造，东北林业大学林业与木工机械工程技术中心和该厂研究所及生产工艺部门联合审图，对主要设备进行了二次设计，并于 1996 年 10 月完成了全部设计。全套设备从 1997 年开始试制，到 10 月初完成了全套设备的厂内试车。在牡丹江木工机械股份有限公司的资助下，我国首套重组木生产线进入工业化实验阶段。经过调试，最后完成了样机试制工作，开始在中试基地安装调试。中试经过了反复调试和再设计，并在生产线上增添了设备。于 1999 年 7 月完成了重组木实验基地现场调试，追加设计、制造设备的重新安装、调试，最终完成了整条生产线的生产运行。于同年 8 月中旬开始压出合格的重组木产品。在整个试制过程中，得到了牡丹江木工机械股份有限公司各部门的鼎力支持，按期圆满地完成了生产线各台主机零部件的加工、安装、调试。在生产线试车、检测工作过程中又得到了牡丹江木工机械股份有限公司、河北省宣化市宣化县水泥厂重组木分厂各有关各方的大力支持、协作，使得产业化试验工作得以顺利完成。

7.3.4.3 重组木中试生产线关键设备参数

中试生产线上自主设计制造的主要设备有 BBP1402 小径木剥皮机、BY9300 强力粗辗机、板皮剥皮机、BY9031 木束粗辗机、BY9032 木束精辗机、BS2205 施胶机、BJ2315 干燥机、BZP1084 木束铺装机。该研究是国家科技部下达的国家“九五”科技攻关子专题《重组木生产工艺技术研究》。中试生产线生产线主要设备的技术参数如下。

1）木束强力粗辗机技术参数

（1）进料速度： 10m/min

（2）主轴转速： 46m/min

（3）有效工作宽度： 250mm

（4）主电机功率： 2×18.5kW，2×15kW

（5）主电机转速： 730r/min

（6）外形尺寸： 3000mm×1200mm×2000mm

（7）总质量： 10 000kg

2）粗辗机技术参数

（1）压辊直径： 350mm

（2）第一对压辊中心距： 350～500mm

（3）油缸的压力： 6.0MPa

（4）总功率： 3×18.5kW

（5）进料速度： 15m/min

（6）外形尺寸： 6600mm×2200mm×1900mm

（7）质量： 10 500kg

3）精辗机技术参数

（1）压辊直径： 350mm

（2）第一对压辊中心距： 350～400mm

（3）油缸的压力： 2.5MPa

（4）总功率： 18.5kW

（5）进料速度： 10m/min

（6）外形尺寸： 4600mm×2800mm×2500mm

（7）质量： 6500kg

4）木束干燥机技术参数

（1）生产率： 1.0m^3/h

（2）外形尺寸： 20 000mm×3000mm×2500mm

（3）质量： 8209.4kg

（4）总功率： 85.0kW

5）施胶机技术参数

（1）进给速度： 10m/min

（2）施胶量： 1.0～1.92kg/min

（3）喷涂最大宽度： 500mm

（4）外形尺寸： 4690mm×1900mm×1350mm

(5) 总功率: 5.5kW

(6) 质量: 1065kg

(7) 压缩空气消耗量: 1.7m^3/h

6) 小径木剥皮机参数

(1) 加工木材的规格:

a. 加工直径: 60~200mm

b. 加工材长: 1200~2000mm

(2) 剥皮刀参数:

a. 刀尖外圆直径: 110mm

b. 转速: 2391r/min

c. 刀架旋转速度: 183r/min

(3) 一般参数:

a. 进料速度 8~10m/s

b. 电机功率 7.5kW

c. 电机转速 970r/min

(4) 外形尺寸: 910mm×800mm×1545mm

(5) 机床质量: 2060kg

7) 板皮剥皮机技术参数

(1) 最短板皮长度: 800mm

(2) 最大板皮宽度: 400mm

(3) 锤击链条转速: 300~1000rpm

(4) 电机功率: 5kW

(5) 进给速度: 5~15m/min

(6) 外形尺寸: 2500mm×1500mm×1800mm

(7) 总质量: 3000kg

8) 木束铺装机技术参数

(1) 最大进料宽度: 1200mm

(2) 进料长度: 5000mm

(3) 有效铺装厚度: 60~180mm

(4) 有效铺装宽度: 5000mm

(5) 液压系统工作压力: 20MPa

(6) 电机功率: 3×7.5kW

(7) 电机转速: 1440rpm

(8) 外形尺寸: 6100mm×5500mm×2250mm

（9）整机质量：　　　　　　　　9328kg

以上生产线主要设备的制造精度及其他各项技术指标均通过国家木工机械检测中心的检测，均符合有关标准规定及设计技术要求。图 7-7 是东北林业大学在河北省宣化市建设的重组木中试生产线。

图 7-7　东北林业大学重组木中试生产线

7.3.4.4　重组木中试生产线关键设备

1）强力辗压机的设计

产业化试验也不是一帆风顺的。由于初次工业化试验没有强力辗压机，个别太粗、有大活节、树杈的材料辗压不开。在试验基地生产性试验阶段发现，仅依靠木束粗精辗机无法辗压出合格的木束，主要原因在于木束辗压的最初阶段粗精辗机的辗压强度没有达到理论上破坏木材内部横向联结强度所需的应力，因而无法实现木束的进一步加工。因此，笔者通过追加设计了由四对大直径辗压辊构成的重组木强力压机，满足了木束辗压初期理论上所需达到的破坏应力设计要求，最终经过粗、精辗压加工出合格的木束。

2）辗压机的设计

木束作为重组木生产的原料，其质量的好坏对重组木的性能起决定性的作用。而对木束辗压成型起关键作用的是压辊形状。最初笔者设想让第一对辗压辊起到劈刀的作用，即通过第一对辗压辊后小径木被压溃，同时一劈为二，后续压辊逐次辗压，最终将小径木辗压成木束。后续辊主要是以带 V 形沟槽的平辊为主。上辊、下辊之间沟槽的尖峰与沟槽谷底相对起到横向延展木束的作用。经试验验证，该方案切实可行，粗辗出的木束质量较好。木束的进一步加工可以再选用辗压的方案，也可以选用搓辗的方案。实际设计选定后者，但实验效果不佳，多次出现搓板紧固螺栓剪断及木束搓断等故障和问题，笔者及本课题组认为该方案欠妥，应改为精辗。这一点已由实验室试验所证明。利用粗、精辗压机加工出的木束，经组坯后压制成的产品完全满足考核目标要求的物理性能指标，但扩大应用树种的研究以后，发现不同树种适应辗压的辊形不同，寻找适合其他树种的最佳辊形具有一定的研究价值。同时，对于不同规格的小径原木，在进入粗辗机辗压时，经常出现卡死现象。为此，追加设计了一台强力辗压机，而且机器的功率还要加大。中试设备经实际操作验证效果良好。图 7-8 是东北林业大学设计制造的辗压机。

图 7-8 东北林业大学设计制造的辗压机

3）铣削式剥皮机的设计

考虑到小径木多数弯曲度很小，且节子少而小，根据这一特点笔者及本课题组采用了行星轮铣削式剥皮的方案。这种剥皮机具有结构简单、设备尺寸小等优点。由于不使用气压和液压装置，给设备的维护、保养，特别是在林区冬季生产带来诸多便利条件。经试车加工效果良好。

4）板皮剥皮机的设计

林区制材厂加工剩余物中板皮占有较大的比例，而板皮的木质部又恰恰是精华。以往林区对其大量弃掷乃至成为林区的公害，资源大量浪费。考虑到重组木对原材料形状及材质并没有特殊的要求，重组木的试制成功为其提供了用武之地。但板皮用任何一种剥皮机都无法对其进行剥皮加工。为此，东北林业大学重组木课题组专门为其开发设计了板皮剥皮机。笔者及本课题组采用旋转芯轴带动柔性链条，并利用链条转动所具有的动能去抽打敲击板皮表面的方法，使板皮表面的树皮被击碎、剥离，达到板皮剥皮的目的。该设备具有结构简单、可靠性高、成本低且板皮剥净度较高等多种优点。经剥皮的板皮完全能满足重组木对原材料的使用要求。

5）干燥机的设计

与单板等其他木质原料的干燥相比，重组木木束对干燥所产生的变形等要求较低。只要在满足生产节拍的前提下将木束的含水率降到10%以下即可。因此，可以采用高温干燥方式以利于提高生产率。根据木束干燥加工的这一特点，并考虑到现有干燥机的品种及重组木木束干燥机生产节拍的需要，笔者及本课题组决定选用网带式干燥机。由于木束长度为2.5m，铺装宽度为1.3m，因此，网带式干燥机的工作宽度可以有两种选择，即2.7m宽（相对于2.5m长）和1.5m（相对于1.3m宽）。

6）施胶机的设计

对施胶机的要求是：施胶均匀，省胶。对木束采用浸胶的方式施胶固然较好，但效率低、消耗胶量大。将胶黏剂雾化后的喷施办法可以满足以上要求，效果良好，但存在的问题是从喷胶机溢出的雾状胶粒，对工作环境有一定程度的污染。

7）重组木生产线电控系统

该生产线主要电器元件均选用国产的器件，且属于常规电器设计，具有价格低、可靠性高等特点，其性能指标均能满足设备功能的需求。生产线的控制柜设4个，几台设备采用一个电控柜，节约成本，便于群控。生产线电控稳定性非常好，基本没有电器故障。

7.3.4.5　重组木中试生产线的产品中试

东北林业大学设计的重组木生产线在河北省宣化市当年建成，当年投产，年产3000m^3。生产线产品的测试指标如下。

（1）重组木静曲强度：　34～40MPa

（2）重组木平面抗压强度：　>14MPa

（3）重组木密度：按树种不同控制　>0.6g/cm^3

（4）尺寸标准：满足相关人造板尺寸标准GB4896—4905—85、GB9846.1—9846.12—88、EN324—1—92中人造板的尺寸规格。

（5）重组木生产线的班产量：　>12m^3/d

不同树种的试验记录见表7-1、表7-2。

表7-1　试验的基本条件

序号	树种	胶种	施胶量/%	木束量/g	试件规格/mm
1	落叶松	脲醛树脂胶	8	6800	1600×100×50
2	落叶松	脲醛树脂胶	8	6000	1600×100×50
3	杨木	脲醛树脂胶	10	680	1600×100×50
4	杨木	脲醛树脂胶	10	6000	1600×100×50

表7-2 重组木的有关性能指标

序号	树种	容重/(g/cm³)	静曲强度/MPa	表面抗压强度/MPa
1	落叶松	0.85	70.74	14以上
2	落叶松	0.75	52.11	14以上
3	杨木	0.85	51.98	14以上
4	杨木	0.75	36.54	14以上

按我国对木材需求量，我国可利用的过成熟林即将枯竭。大量短周期工业材将投入市场，这些材料特别适合重组木的生产。我国天然林保护工程启动的情况下，开发并充分利用小径木及制材剩余物重组木制造技术，无疑对缓解我国林业面临的“两危”困境具有现实意义。但重组木的严重缺陷不能保证重组木生产企业获利。我国第一条重组木生产线坚持了18个月，最终企业亏损，不得不停工。停工以后，重组木作为门芯板，生产模压贴面门。这个门加工厂又生产近2年，最后门的市场不好，中国第一条重组木生产线最终退出了市场。

开发新板种的艰难，创新企业的不屈精神，使中国的重组木制造技术前后持续了10年，为后续重组木转型产品提供了经验和教训。东北林业大学的重组木中试生产线除劳动生产率低于国外生产线之外，加工生产出的重组木原料及最终坯料的相关物理力学性能，均达到国际先进水平，且填补了国内在该领域的空白，走出了一条有中国特色的开发、研制新板种的途径。

7.3.4.6 重组木中试生产线研究目的及意义

重组木作为20世纪国际人造板行业的最有影响力的科技成果，对人造板承重材设计有一定的意义。重组木是性能较好的新型人造材料。随着我国大径优质原木的日趋减少，可做承重的人造材极缺。重组木研究的目的就是利用小径级原木、间伐材等制造承重人造材；解决小径级原木、间伐材、制材边角废料的利用、小材大用，提供人造材制造的方法和最佳途径。在不需要表面质量达标的产品中，对承重和定向有特定要求的场合，重组木仍然有生命力。

东北林业大学重组木中试研究的意义在于赶超国际先进水平，开拓我国小径木和间伐材等加工人造材的基础理论，填补我国重组木加工的空白，为设计研制出具有一定中国特色、规模化的重组木规格材的成套设备提供研究成果。

抛弃重组木存在的问题，仅就重组木中试生产线科学技术的最终结果分析，重组木的中试，应该是推动我国人造材生产技术的发展，在市场经济的今天，科学研究应以市场为导向，以投资者的意向作为自己的研究方向。

随着我国经济的飞速发展，基本建设要求大量的优质结构材，在这样的形势下，各类有能力进行重组木加工的厂家都将调整自己的产品结构，以适应市场的变化。如果特定场合，没有方材表面质量要求。要求强度高，各向异性特征鲜明，开发重组木是可以的。

7.3.4.7　重组木工业化中试的经验与教训

重组木工业化中试生产线在东北林业大学林业与木工机械工程技术中心与牡丹江木工机械股份有限公司合作下试制成功，是中国人造板工业的重大事件。它为后期的科技木、重组竹、重组装饰材、微米长纤维刨花板的研究开拓了一条成功的思路。重组木中试试车证明：就重组木生产线的基本功能而言，是成功的，且在工艺上是可行的。生产线完全能够达到设计任务要求的工作性能、精度及生产率等各项技术经济指标对设计的要求。但澳大利亚生产线的问题在东北林业大学的中试生产线上全都暴露出来，由于资金、对问题的认识程度、前期理论研究的缺陷，在东北林业大学的中试过程中，这些问题基本没有得到解决。

重组木中试生产线是科技部的攻关项目，牡丹江木工机械股份有限公司的参与保证工业化样机试制工作的完成。重组木样机在工业化生产试验基地的安装、调试得到宣化水泥厂重组木分厂的鼎力支持，且完成了试生产。特别是重组木分厂的张亦峰厂长在最困难的几年坚持用重组木生产门的事实证明，重组木生产线工艺路线安排合理，生产线各台套设备设计方案正确，设计计算准确，设备加工质量满足设计的要求。整条生产线完全能够满足重组木工业化生产线的设计要求，达到预期设计目的。而且生产出的产品——重组木已经找到市场用户，推广前景看好。经验收完成设备、工艺调整之后，张亦峰厂长坚持生产的两年多，为重组木工业化生产找到了一条可行的道路，为今天重组竹企业的顺利生产铺平了道路。课题组完全有信心相信，重组木解决了前面提到的问题，完全可以完成市场的推广工作。

重组木生产线的制造厂家——牡丹江木工机械股份有限公司是当时国内木工机械企业中实力最强的企业之一，该企业具有较强的机械加工能力，基本能够完成该生产线涉及的零部件加工需求。该企业拥有实力雄厚的工程技术人员、工艺人员及体制健全的质检人员队伍，且十分重视重组木生产线设备的加工、制造、装配工作，所有工序严格把关，经检验验收，各项精度均达到或超过技术要求，为样机试制成功奠定了基础。

7.3.5　我国重组木研究的近期发展

7.3.5.1　重组木词义的解释和重新定义

重组木的最早中文译名是按英文含义直译的，重组木的最初英文单词是 Reconsolidate wood，即木材重组的意思。重组木这个单词的含义太广泛，事实上，按这个定义引申，现在所有的人造板都是“重组木”。按中国人最初翻译的胶合板、刨花板、纤维板都是可以由重组木的含义概括了。因此，后来人们重新定义新的、更贴近重组木原意的词汇来描述重组木。从而 Scrimuber 最形象的描述重组木的原料形态，完全区别原来所有的人造板。Scrimuber 诞生以后，重组木的含义才有了确切的定义。准确的翻译重组木应该是原料近似帘幕结构的木束重新组合形成的一种木质人造材料。中文如果翻译成“木束板”是最合理的，叫重组木不论从词义和字义都不通。而且，若不重新定义，下一步我国在重组木的学术思想下发明的其他一些新板材都不好命名了。

7.3.5.2 微米长薄刨花板（MFB）的研究进展

重组木采用辗压法加工原料是能耗最大的原料加工方法，从能耗考虑是严重的错误，辗压带来的副作用更是后患无穷。摒弃辗压法，否定木束板是必须的，木束板耗能高、表面质量不好、尺寸不稳定、不好铺装、原料质量要求高等缺点没有办法解决。如何弥补这些缺点，创造新的板种，吸收重组木优秀的思想，是人造板创新的关键。不进行辗压，这个板种在实际上就完全脱离了 Scrimuber 原来的含义，也就不存在侵犯澳大利亚知识产权的问题。

借鉴木束板的思想，构造高强度结构型人造板，在特定场合（绝缘、绝磁、保温、轻结构、各向异性、有天然纹理要求等场合）替代实木，在未来不可再生的矿物资源原料枯竭之时全面替代不可再生的天然材料，一直是现代木材和人造板加工技术的前沿课题。东北林业大学马岩教授利用微米纤维重组理论，提出一种新型的人造板“微米长薄片状纤维高强度人造板”，简称微纤板，定义英文缩写 MFB（micron flake fiber high strength board）[19]。

早在一百多年以前，人们就发现木纤维的单丝强度和普通钢材完全近似，木材的断裂长度高于许多金属材料[20]。木材的强度之所以低于钢材是由于木材缺陷的存在，由于木材细胞组织的结构尺寸大小远远大于钢材的晶格，细胞排布的方式和金属的晶格完全不同，木材多棱形空心形状对材料的弹性模量和强度的影响降低了人造板的强度，木材细胞构成的缺陷大幅度降低了木材强度。

木材的细胞壁物质密度一般等于 $1.53g/cm^3$，细胞壁物质的密度超过 $1g/cm^3$ 以后应该下沉到水中[21]。但木材的多孔性生物结构使木材始终浮在水面。在纳微米技术发展的今天，利用木材微米木纤维的加工和重组技术，通过改变木材细胞的裂解方式来获得完全没有缺陷的木纤维，在近似纯木纤维的条件下，通过微米木纤维的重组加工，就应该在理论上可以制造出强度近似钢材的新板种 MFB，而且这种板材的很多性能完全超出传统木材的概念。在木材的纳微米加工技术的研究中，通过分析木材细胞的天然构成方式，利用微米加工和微观力学研究清除木材的几乎所有天然缺陷，剔除影响强度的其他低强度纤维组织，是 MFB 形成的基本构思[22]。

1）MFB 构成的基本思想

重组木的优点是纤维长，其纤维平均长度远远大于刨花板和纤维板。但日本学者研究的结果证实，无限增加纤维长度对强度提高影响极小。因此，纤维长度大于 60mm，就没有意义。木纤维的单丝强度和普通钢材近似，但木材总体构成以后，其强度仅为普通钢材的 10% 左右。这种由于结构上的缺陷导致强度的下降是可以通过结构的重组来弥补的。木材的细胞壁物质相对密度大于 1，但木材的多孔性生物结构形成的体积孔隙度使木材浮在水面。如果将木材细胞中的空腔减少或消除，空腔内影响强度的胶液体和节子类缺陷等的剔除，将高强度的微纤丝按钢材组成的密度重组，这样的木材就可以在理论上和普通钢材具有相同的强度。也就是重组木最初的基本思想。

在传统的人造板纤维形成过程中，由于纤维加工的端面尺寸达不到微米级，使纤维细胞结构没有破坏，从图 7-9 传统纤维形成单丝纤维定向人造板的端面仿真中可以看出，传统的人造板形成过程中，纤维的细胞结构仍然是没有破坏的多边形结构，在热压的过程中想通过普通压机压碎细胞的多边形在 MDF 加工时是不可能的（压碎细胞需要的破胞壁力非常大）。

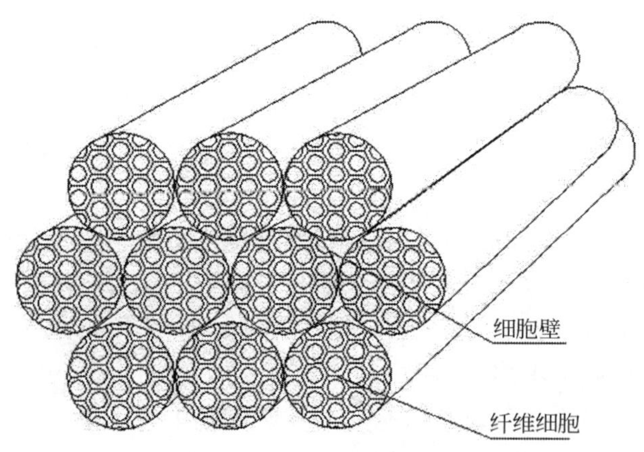

图 7-9　传统纤维板中纤维的端面细胞结构构成图

2）MFB 纤维形状的确定

碎料板板种差别的实质是纤维单元形态的差别，MDF 的纤维单元最细，重组木的纤维单元最粗，华夫板的面积最大，均质刨花板的纤维单元尺寸一致性最好。MDF 的纤维单元最细，使它的表面质量最好，强度最低。重组木的纤维单元最粗，使它的表面质量最差，但强度最高。这些板的纤维形态不同，在强度、握钉力、内应力、表面质量、工艺性等方面都有好和不好的一面。要想彻底消除木材的微观缺陷，形成高强度，笔者通过实验证明 MFB 兼顾了这些优点。

定义 MFB 纤维厚度小于细胞外径 d_0，一般取（0.3 ~0.6）d_0，利用刨切过程完全切破细胞，而纵向刨切劈开细胞的能量消耗最小，体现 MFB 节能构思的优越性。宽度为 6 ~15mm，吸收 OSB 和华夫板的优点，加大宽度提高横向拉伸强度[23]。长度为 30 ~60mm，借鉴重组木产生高强度的最小长度，使静曲强度达到最大。当刨片的厚度达到这个数量值以后，就可以形成达到要求的理想纤维。图 7-10 是毛白杨的纤维加工达到 0.037mm 厚时的照片。

图 7-10　毛白杨木纤维加工达到 0.037mm 厚时的照片

3）微米切削的功率远远小于热磨

由于在纤维的刨片阶段就将纤维厚度加工到微米级，并针对不同树种选取不同刨片厚度（不同树种的 d_0 相差极大），使纤维的多边形结构在刨切加工时就完全破坏。由于刨片是小刀楔角刨切，切削功率小。而热磨是大楔角、甚至是负前角加工，功率损失相当大。因此，MFB 生产线的备料设备功耗肯定远远小于热磨加工的功耗[24]。

当纤维加工到图 7-10 的形式时，木材的所有缺陷都可以很容易地筛除。由于细胞切断，纤维纵向会自然剖开，形成 6 ~15mm 宽的纤维长片，厚度是笔者及本课题组切削规定的厚度，这种纤维在经过筛分以后，合格的木纤维都可以认为是达到了单丝理想强度的微米木纤维，这样的木纤维经胶合、定向铺装和热压以后，适当加大压缩比，其强度就可以从理论上达到或接近普通钢材的水平。本实验得到的各向同性 MFB 在单位密度强度比上已经达到金属 Q235 的水平。

4）实验室研究成果简述

通过上述理论构思和研究分析，笔者及本课题组利用实验室设备加工了 MFB 的实验样品（图 7-11）。

图 7-11　MFB 试件图像

笔者及本课题组创新的没有定向铺装的 MFB 板材试件，弹性模量已经达到 5171MPa、握钉力可以达到 1933N、静曲强度达到 39MPa。弹性模量超过优等 MDF 和刨花板，各向同性铺装的试件弹性模量已经超过普通 OSB 主方向弹性模量。如果进一步改进胶的品种，提高吸水膨胀率，就可以替代现在的实木和各种人造板，是非常有前途的一种新板种。

5）MFB 的应用前景预测

在 5 项国家自然科学基金的资助下，从微观研究木材强度和人造板的新板种的创新，经过笔者及本课题组 6 年的研究，MFB 作为一种新型的人造板产品其使用价值和商业价值在这些实验指标的验证下将得到国内外的公认。MFB 彻底解决 MDF 色差不好、强度低和握钉力小的问题。改变了刨花板变形大、表面质量不好和易损坏的现状。弥补了重组木表面质量差、内应力释放困难的问题。MFB 的强度可以实现 OSB 和重组木的指标，将成为近几年国际上出现的最新人造板产品，是我国推出的具有自由知识产权的新板种。

普及 MFB 有巨大的节能效益和社会效益。MFB 能够充分的利用人工林间伐资源，促进我国人造板产业的发展。该产品生产过程中，可以没有木片的蒸汽加热，没有湿法排出的废水，如果采用无毒胶，就可以生产清洁化的绿色人造板。即使是小规模生产，也可以保证产品质量和不会产生污染。

6）MFB 的优良性能

MFB 的优越性将体现在以下几个主要方面：①高强度，由笔者及本课题组提出的方法生产出的实验室样品的弹性模量将具有超出原来品种实木的平均弹性模量，定向铺装以后完全可以超过原来的实木，是目前所有其他碎料板种很难达到的高强度。和 MDF 相比，在弹性模量上超过 107%，在静曲强度上超过 77%，在握钉力上超过 94%。因此，可以在较大的范围内用来替代实木和各种人造板。②木本色，木材是人类最先使用的天然材料之一，人类对木材有着本能的依赖感，木材的颜色和纹理对人类有舒适的心理影响作用。MFB 在生产过程中没有经过反复的高温高压作用和为了去除木材中的杂质采用的化工原料，因此，实验产品呈现木材固有的颜色。为未来产品的喷漆和择色提供了优良的基础。这个技术在未来造纸工业中也可能产生突破性进展。③投资低，实现高强度的过程仅仅改变了备料设备，而设备的改进又和刨花板类似，备料设备整机功率消耗相对热磨机会大幅度减少，投资会大幅度下降。④生产线能耗低，没有蒸汽加热等装置，和 MDF 相比，省了耗电极大的热磨机，电耗大幅度下降。五是握钉力大幅度增加会使碎料板应用的场合大幅度增加，板材制品成本自然会下降。

7）MFB 的主要用途

MFB 的最主要用途将是在家具行业替代传统 MDF 和刨花板，替代实木和 OSB 应用到建材行业，MFB 的最大特点之一是较高的强度和握钉力，具有木材本色的表面和优良的表面质量，而且价格低廉。这样，在要求浅色和木本色的场合，MDF 往往不能应用。现在新装饰材对于木材本色要求很高，需要选用 MFB 潜在市场是显而易见的。对于实木材料应用的场合采用 MFB 替代传统 MDF 可以充分发挥这种人造板强度高和握钉力高的优点，MFB 的木材本色、美感、保温、绿色消费、寿命高、没有节子一类缺陷、防止变形等方面的用途和优势，从各项指标上均超过传统的 MDF。利用微米加工的优势，借用刨花板生产线生产方式可以大幅度降低碎料板产品成本，节约优质实木材料，降低生产线能耗，使其具有面向市场的基本条件，扩大其市场占有率，实现人造板最优的加工效益，最终普及 MFB。MFB 从基础理论的研究就是我国自主研究的，因此，是我国具有自主知识产权的第一个人造板品种。由于 MFB 是近似木制材料，加上价格低，市场需求量会相当大，因此，MFB 有较好的投资前景，具备形成工业化的基本条件。

8）小结

（1）MFB 新板种设计和实验方案仅是一种初探，其中许多理论和工艺问题还有待系统的实验进行进一步的修正和验证。

（2）用微观力学的方法和数学工具分析木材在规则细胞结构内部的分布和尺寸的具体参数，将为木材微观力学和木材细胞学分析应用到人造板力学中，为新板种的创新提出一种新的理论研究的途径。

（3）通过刨切形式改变纤维加工方法，在加工到细胞径级近似的厚度以后，木材的绝大多数缺陷就会在刨切过程中变成粉末被剔除，使纤维纯化，从而提高了强度，这个过程是 MFB 的形成机制。

（4）通过木材细胞的胞管组成和结构重构变化解释使 MFB 强度显著提高的原因。可以在普通压机上很容易实现密度超过 $1g/cm^3$ 的碎料板。实现普通人造板生产线上生产超高密度板，实现电木生产的普及化。

（5）应用这些理论可以在人造板的微米技术研究中，确定最佳纤维形成的加工方法。

（6）MFB 可以在强度方面替代传统 MDF 和刨花板、可以实现木材本色、美感、保温、绿色消费、寿命高、高握钉力、没有节子一类缺陷、防止变形和高强度等方面的用途和优势。但在轻质结构方面不能替代刨花板。

（7）MFB 可以开拓出小规模、高质量人造板生产线的新工艺和为绿色人造板的实现提供思路。可以开创中国特色的人造板生产模式。

本节重点介绍了 MFB 的形成方法，详细的理论和工艺分析将进一步讨论。从细胞剖分过程中，定性的解释 MFB 形成后的物理和力学参数变化的本质原因。经过尝试性的实验提出了新的人造板板种 MFB，为人造板工业的基础理论研究作出了贡献。

7.3.5.3　重组竹的研究进展

1）我国竹材资源的概述

我国是世界竹林资源非常丰富的国家，共有竹种 40 多属，500 多种。竹林面积达 500 万 hm^2，竹材总蓄积量约 9700 万 t，竹材年产量 1800 万 t。全国有竹林分布或栽培的省（区）达 27 个，主要分布在南方 17 个省（区）。我国竹林资源是以毛竹林为主，面积为 300 万 hm^2，占竹林面积的 60%，其他竹种（丛生竹、散生小径竹等）面积为 200 万 hm^2，占竹林面积的 40%。年产毛竹 4 亿根，杂竹 1180 万 t[25]。

近几年，我国竹业发展迅速，已形成一个从资源培育、加工利用到流通贸易的新兴产业链。尤其是我国的竹材人造板行业发展更快。据不完全统计，我国现有竹材人造板企业近千家，年产量达 27.71 万 m^3（不含竹碎料板、竹地板），产品主要用作建筑模板、车厢底板、包装箱板、家具面板等。但是，我国的竹材人造板行业 90% 以上以毛竹为原料，而大部分杂竹，特别是小径杂竹迄今尚未得到有效利用。合理开发利用这部分资源，扩大竹产品原料来源，对振兴广大竹产区经济，保证我国竹产业健康持续发展具有重要意义[26]。为此，以南方地区资源较丰富的小径杂竹早竹、高节竹为原料进行了试验研究，并分析了用小径杂竹制造重组竹的可行性[27]。

2）重组竹是重组木技术的延续

重组竹是重组木技术引进中国以后，在中国诞生的自主创新技术。20 世纪 90 年代开始，南京林业大学、浙江省林科院、浙江林学院、安徽农业大学、国际竹藤网络中心、北京林业机械研究所等单位进行了广泛的研究。重组竹研究方兴未艾，直至如今，重组木逐渐淡出人们视线的同时，重组竹仍有一定的生命力，并形成了产品。重组竹各种类型的新产品研究都有成熟的进展。重组竹针对重组木的缺陷，提出了回避重组木缺陷的新型工艺。使我国重组竹真正进入到产业化的阶段[28]。

重组竹和竹材其他利用方式相比利用率极高，物理力学性能和木材相比极为优良，重组竹的加工性能好，外表美观，工艺简单，且成本低廉，是很有发展潜力的新产品[29]。重组竹已经作为工程结构材料、装饰材料、家具用材、地板等。经过模压还可作各种特殊用途。重组竹研究的起源应该是重组木技术的延续，我国重组竹的研究现状，可以反证重组木的基本思想仍然在影响着木材工业。

重组竹具有一定的生命力，并且从资源、技术、经济效益三方面都证实重组木的基本思想是可行的，重组木分析出来的优势在重组竹的推广过程得到验证，重组竹的成功说明在我国发展木材和竹材的重组技术具有一定的可行性，重组木引进我国初期预测的优势在我国重组竹的发展过程中得到了证实。重组竹和重组木一样，是将小径级竹材、细竹枝等低质竹材经辗搓设备加工成为横向不断裂、纵向松散而交错相连的帘状竹束，然后干燥、施胶、组坯、热压而成的一种强度高、规格大、具有天然竹材纹理结构的新型竹材人造板[30]。它突破了传统的竹材切削加工方式，为竹材的综合利用开辟了一条新的利用途径。

综观我国重组竹研究的进展，从我国竹材资源分布、小批量生产技术的适应性、竹材市场容量、产业投资效益等方面探讨重组竹产业化在我国发展的可行性可以看出，重组竹在我国的开发具有相当大的优势，重组竹可改变目前竹材胶合板生产以大径毛竹为原料、竹材利用率低的现状，集成竹材出材率极低的问题，有效地节约了竹材资源，并为小径竹、毛竹加工下脚料的高效工业化利用，开辟一条新的途径，具有较好的投资价值[30]。

针对我国大量的小径杂竹资源未得到充分利用的现状，通过试验研究和技术、资源、经济效益及应用方向的综合分析，探讨了用小径杂竹制造重组竹的可行性是我国重组竹研究的主攻方向，重组竹为小径杂竹的高效利用开辟了一条新的途径。许多研究单位的重组竹研究结果表明，只要采用合适的生产工艺，用小径杂竹完全可以生产具有较高物理力学性能的重组竹方材；用小径杂竹制造重组竹具有良好的市场前景[31]。

3）重组竹的试验材料与方法

国内重组竹的试验材料一般是 3 ~6 年生毛竹，直径 4 ~8cm。这种竹材经过 2 ~4 年就可以变成旱竹，直径达到 2 ~4cm。当达到 3 ~5 年以后，可生高节竹，直径在 3 ~6cm。

图 7-12 东北林业大学研制的重组竹竹束辗压机

重组竹的胶黏剂一般采用酚醛树脂胶，胶的固体含量为 36%。早期重组竹的实验设备一般采用 ZL 型试验压机，幅面多为 500mm × 500mm。和重组木的实验，重组竹开始也是进行板材压制。东北林业大学研制的重组竹辗压设备一直是我国重组竹加工的基础设备。竹材的辗压机如图 7-12 所示。

重组竹的物理和力学参数的测试是通过试件在万能试验机上进行板材各项力学指标的检测得到的，试验方法是将毛竹、旱竹、高节竹按设定生产工艺进行压板试验，试验做几个重复。然后参照中华人民共和国林业行业标准 LY/T1574—2000 进行取样，测试其物理力学性能指标进行比较，并分析用小径杂竹制造重组竹的可行性[32]。

4）重组竹的试验工艺

重组竹的试验采用的工艺流程为：竹材→去青→截断→辗压→干燥→浸胶→干燥→组坯→热压→裁边。

去青：刮去竹材外层的竹青；

截断：将竹材截成 500mm 长的竹段；

辗压：将竹材辗压至完全疏解成竹束为止；

干燥：在 100℃的干燥温度下将竹束干燥至含水率为 10% 左右；

浸胶：浸渍固体含量 30% 的酚醛树脂胶 1 ~2min；

干燥：在 50℃温度下将浸胶后竹束干燥至 10% ~15%；

组坯：将毛竹组成三层板坯，旱竹、高节竹组成五层板坯；

热压：热压压力为 4.0MPa，热压温度为 140℃，热压时间为 1.0min/mm 板厚。

5）试验结果与分析

试验结果由正交法得出，试验板材取样测试结果远远超过木材的指标。竹种对重组竹板材性能的影响非常大。从试验结果分析可以看出，在密度相近的情况下，用高节竹压制的重组竹板材干状静曲强度和弹性模量均高于用旱竹压制的重组竹板材，湿状静曲强度和弹性模量则相近。用小径杂竹旱竹和高节竹压制的重组竹板材均具有较高的静曲强度和弹性模量，各项指标符合标准要求。因此用小径杂竹生产重组竹在技术上是可行的。

6）小径杂竹制造重组竹的应用方向

从实验可以看出，用毛竹压制的重组竹板材纵横向强度比差别很大，纵向静曲强度和弹性模量高于用旱竹和高节竹压制的重组竹板材，而横向静曲强度和弹性模量则大大低于用旱竹和高节竹压制的重组竹板材。这是由于现有的竹材人造板除用作车厢底板外，板材厚度均要求在 15mm 以下。毛竹竹壁较厚（4 ~ 12mm），受板材用途和厚度的限制，一般只能压制三层重组竹板材，横向只有一层竹束，所以虽然毛竹本身强度较高，压制的板材纵向强度较大，而横向强度却相对较低。而旱竹和高节竹竹壁较薄（分别为2 ~5mm 和3 ~7mm），可以压制五层重组竹板材，因此横向有两层竹束，横向强度就高得多。从这次试验情况看，三层毛竹板厚度为 15mm，五层旱竹板厚度为 12mm，五层高节竹板厚度为 15mm。因此，用小径杂竹压制的重组竹板材可广泛用作建筑、家具和包装行业。

7）小径杂竹制造重组竹的资源分析

在我国 200 万 hm^2 的杂竹面积、1180 万 t 的杂竹产量中，大部分为小径杂竹。这部分竹子除少量用作竹篱笆、钓鱼杆等用途外，基本处于废弃不用的状态。据初步估算，一个年产 3000m^3 的重组竹生产厂，年耗竹材约为 4600t，因此，用小径杂竹制造重组竹在我国具有充足的资源保证[33]。

以浙江省的旱竹资源为例进行分析。据统计，浙江现有旱竹面积 80 万亩，年产竹材 8 万 t，可供 17 个年产 3000m^3 的重组竹生产厂的原料需要。再以浙江省的旱竹主产地临安市来分析，现有旱竹面积 25 万亩，年产竹材 2. 5 万 t，可供 5 个重组竹生产厂的原料需要。

8）小径杂竹制造重组竹的经济效益分析

目前小径杂竹因未得到充分利用，产地收购价很低，如在浙江省毛竹收购价为旱竹的 4 倍。所以，虽然用旱竹制造的重组竹耗胶量较大，但综合原材料（竹材和酚醛树脂胶）成本却和用毛竹制造的重组竹相近。据估算，一张 1220mm × 2440mm ×12mm 的重组竹板材，成本比竹帘板降低 10% ~20%。因此，用小径杂竹制造重组竹具有良好的经济效益和市场竞争力。只要采用合适的生产工艺，用小径杂竹完全可以生产具有较高物理力学性能的重组竹板材。用小径杂竹制造重组竹具有良好的市场前景。借鉴重组木制造工艺，探讨以毛竹为原料，脲醛树脂胶为胶黏剂，生产高强度重组竹板材的可能性。试验研究施胶方式、施胶量、热压工艺对重组竹性能的影响，研究结果表明，用毛竹可以生产具有较好物理力学性质的重组竹板材，以浸胶方式压制的板材物理力学性能稍优于以喷胶方式压制的板材，表面也比喷胶板光滑。施胶量喷胶以 6% 为宜，浸胶量以 8% 左右为宜，较佳的热压工艺参数为：热压温度 110℃，热压压力 3.5MPa 左右，热压时间为 1.2min/mm 板厚，热压采用二次降压工艺为宜。

9）重组竹成型材生产工艺及剖面密度分布

工业化生产工程中，重组竹竹束往往成型成竹丝片，这个生产工艺以毛竹为原材料，竹片经辊轧机轧成竹丝片，浸渍酚醛树脂胶黏剂，装入特定重组竹方材模具冷压成型，之后送入窑内进行升温固化。剖面密度分布是重组竹重要的结构特征，也是影响其物理力学性能的重要因素之一。通过分析比较，重组竹成型材不同方向剖面密度分布，为其产品质量控制提供科学依据。试验结果表明，制备重组竹成型方材的生产工艺切实可行，可以很容易地实现定向铺装，避免竹束交叉分布，可进行工业化批量生产。重组竹成型方材剖面密度基本上为 1.0 ~ 1.1g/cm^3，R（即径向）方向各点密度分布偏差较 H（即弦向）方向小，H 方向的平均密度比 R 方向稍大。

7.3.5.4　积成材技术的研究进展

在国内重组木的后期研究中，一些学者提出积成材的概念。浙江林学院和南京林业大学采用杉木制造积成材，其工艺与重组木的工艺方法有类似之处，应该是重组木的一个分支。与 MFB 相比，积成材与重组木的关系更近。积成材的原料单元采用杉木，首先用杉木辗压成木束，在高温对流干燥的模式下干燥。杉木木束的尺寸较小，类似于日常生活中筷子的形状，与木碎料相比，在同样干燥条件下，木束的干燥时间相对较长，能耗大。积成材也可以采用竹木复合的形式，竹木复合积成材制备工艺及性能研究是这个研究方向的亮点[34]。

我国是森林资源贫乏的国家，无论森林的覆盖率还是人均占有量都低于世界平均水平，特别是我国国产优质大径木材资源更加紧缺，而人工速生林木材、小径材及制材边皮等资源较丰富。另外，我国的竹类资源也十分丰富，其面积和产量均居世界首位。如何很好地综合利用这些丰富的资源对缓解我国木材资源紧张矛盾，促进人造板工业的可持续发展具有非常重要的意义[35]。

竹材具有强度高、硬度大、韧性好、耐磨等优点，但也有径级小、利用率低等缺点。而速生材和小径材具有加工容易、生产效率高等优点，但同时存在强度差、表面硬度低、残余应力大等缺点。因此，通过研究竹木复合材料，可以更科学合理地发挥竹材和木材各自的优点和特性，获得既降低生产成本，又保证产品内在和外观质量的双重效果。

木材梳解加工工艺是利用小径杉木及制材边皮制备新的构成积成材原料单元

的独特办法。经梳解后获得的木束条呈单根分离体，各单根木束条除宏观上粗细尺寸变小外，微观组织结构基本不变，最大限度保持原料强度、刚度等物理力学性能。采用人工筛分的方法将木束条分为四个级别，结果表明，各个级别木束条质量百分比分别为：A 级 20.0%；B 级 35.3%；C 级 20.4%；D 级 23.4%[36]。

竹木复合积成材是以小径杉木及制材边皮梳解获得的木束条和刨切薄竹加工过程中产生的废竹片为原料，将两者复合制成的一种新型材料。实验室条件下主要考虑竹木混杂比、木束条施胶量、木束条粗细及比例、板密度四个因素对竹木复合积成材物理力学性能的影响，采用正交试验法进行试验设计，以获得竹木复合积成材的较佳制备工艺。结果表明：①随着竹片用量的增加，竹木复合积成材的各项性能均有不同程度的提高。②竹木混杂比、木束条粗细及比例和板密度对竹木复合积成材纵向静曲强度和纵向弹性模量的影响较大；木束条施胶量对板材吸水厚度膨胀率和内结合强度的影响较大。③竹木复合积成材较佳制备工艺参数为：竹木混杂比 2∶8；木束条施胶量 9%（10%）；粗细木束条均匀混合；板密度 0.75g/cm^3。在实验室竹木复合积成材研究的基础上，根据实验室较佳的工艺参数对竹木复合积成方材进行工业化中试，并测试其各项物理力学性能[37]。

结果表明：①以小径杉木及制材边皮经梳解获得的木束条和刨切薄竹加工过程中产生的废竹片为原料，采用模具冷压法生产积成方材工艺可行。②竹木复合积成方材的强度与竹木混杂比和密度密切相关，生产中可以人为控制其混杂比和密度，以满足不同用途需要。竹木复合积成方材产品材质较均匀，具有较好的物理力学性能，用途广泛。

在积成材的研究中，以杉木积成材为芯板的新型细木工板制造技术完成了中试示范，中试以速生杉木及其制材板皮为原料，经梳解加工、木束条干燥、施胶、定向铺装、热压等工序制成新型细木工板或重组材。建成年产 10 000m^3 的中试示范生产线，中试生产线投资 580 万元，年产值达到 1575 万元，纯利 192 万元。木材利用率 >85%，产品密度约 0.6g/cm^3，横向静曲强度≥14.0MPa，吸水厚度膨胀率≤12%，胶合强度≥0.70MPa，甲醛释放量达到国家标准要求。新型细木工板可广泛应用于建筑装饰、包装和家具等行业[38]。

在世界森林资源日益紧张，木材制品日益成为人们生产生活必需品的今天，提倡科学高效利用木质材料，是寻求产品利用最大化、追求产品高附加值、发展循环经济、建设节约型社会的当务之急。

7.3.5.5 辗压沙柳材木束重组混凝土复合模板的研究

重组木的发展过程中，采用灌木加工重组木的研究也是其中的一个分支。而采用沙柳加工重组木，用重组木制造混凝土模板的研究也是有一定新意的新产品开发。随着我国建筑混凝土模板工业的发展，人造板模板逐步取代了木模板、钢模板，占据了主导地位，并且朝着材料多样化的方向发展。针对此现状，该研究以我国西北地区丰富的沙柳资源为原料，将其辗压为木束，以酚醛树脂胶为胶黏剂，在实验室条件下压制三层垂直铺装结构的基材，再对其进行单板、酚醛树脂浸渍纸一次性饰面及酚醛树脂浸渍硬质纤维板饰面，以实现饰面沙柳重组复合板用作混凝土模板的目的[39]。

研究中首先采用单因子试验方法进行了木束铺装的表芯层质量配比、施胶方式对基材性能的影响；浸胶量与浸胶时间、胶液浓度的关系等探索性实验。在此基础上采用正交试验确定了基材压制的较佳工艺参数，并分析了各工艺参数对基材性能的影响。在基材研究的基础上又对基材的二次加工进行了研究，通过研究确定了单板、酚醛树脂浸渍纸一次性覆贴和酚醛树脂浸渍硬质纤维板覆贴的贴面工艺。实验结果表明：基材结构、施胶方式、施胶量、热压温度、热压时间是影响基材性能的重要工艺参数；对基材进行饰面可以有效地解决基材的表面质量差，纵、横向强度和刚度差异显著，吸水厚度膨胀率高的缺陷，达到混凝土模板的要求。工艺研究结果显示，以沙柳材为原料制造饰面沙柳重组复合板用作混凝土模板在工艺上切实可行。

7.3.5.6　重组装饰板技术的发展

在重组木诞生之前，国外提出科技木的概念。重组木的诞生，激发了国人对科技木的兴趣。特别是重组木研究的后期，重组木的思想触动科技木的发展。将科技木划归重组木的研究范畴是我国科技木的标准最后把科技木正式命名为：重组装饰材，彻底告别了原来不科学的“科技木”的名称。既然是重组的木材产品，就应该和重组木有一定的联系。严格地讲，科技木是胶合板体系的一个变种。

2004年年底，庄启程主编的《科技木》学术专著问世，伴随着许多企业纷纷进军科技木市场，诸多科技木产品纷纷问世，科技木似乎是天然木材的最佳替代材料。

其实，科技木的原名是重组美化木，源于欧洲。最早产生于20世纪30年代，至今已有半个多世纪的发展历程。1965年意大利和英国相继研制成功并在意大利实现工业化生产，1972年日本也投入了工业化生产。20世纪70年代初期，香港维德集团在其东南亚的生产基地菲律宾研发并生产重组美化木。80年代起，集团研发的第一代重组美化木引入集团属下的中国江海木业有限公司生产。90年代初，集团投资3亿多美元在苏州建立全球最大的科技木研发中心和生产基地。1999年，维德集团将重组美化木重新命名为科技木。维德的科技木产量已占全世界的2/3，其产品远销欧美、日本等80多个国家和地区。

随着国家禁伐措施的实施，可利用的珍贵树种日渐匮乏。“天保工程”以来，木材供需矛盾更是日益加剧，许多国家已采取了对本国木材资源更为严格的保护措施，提高了出口门槛，科技木原料成为一种稀缺资源。科技木以天然木材为原料，没有破坏天然木材的微观构造和固有属性，完全保留了天然木材隔热、绝缘、调温、调湿等所有的自然属性，克服了天然木材的自然缺陷以及色泽、纹理和规格尺寸的限制，使用性能、装饰性能则大大优于天然木材，符合今后人们的消费趋势和贴近自然、回归自然的消费理念。

科技木在制造过程中综合应用了木材调色、木材胶接、模压成型以及模具设计与制造、计算机模拟设计等现代高新技术。可以加入阻燃剂使其具有阻燃功能，加入防蛀剂和防腐剂使其使用寿命延长，通过生物技术使其具有调节室内温度和湿度的功能等，是跨学科、跨行业多项技术的综合应用，产品科技含量高，经济附加值高。科技木作为板材业、家具业、装饰业的材料，有效地解决了高档装饰珍贵木材这一稀缺资源的供需矛盾，推动了木质材料表面装饰的研究和发展。

科技木是一种“重组装饰材”，是以普通木材或速生材（如泡桐、杨木等）为原料，利用仿生学原理，采用电脑模拟设计，将木材刨切成厚度0.1～0.4mm单板，采用漂白、染色等特殊工艺，仿真生产出优于各种天然珍贵树种木材的新型木质装饰材料。与天然木材相比，科技木具有色彩丰富，纹理多样。可以“克隆”各种天然木材（以天然珍贵木材为主），还可以采用电脑设计，创造出天然木材无法形成的颜色和纹理，使木材纹理和颜色的选择做到随心所欲，满足了消费者需求层次的多样性和消费心理的个性化。科技木的颜色和纹理可人为控制，克服了天然木材所固有的变色、节疤、虫孔等缺陷。生产综合利用率和成品利用率高。加工方便，可提高劳动生产率，降低生产成本。

2005年10月底，山东东维集团投资近8亿元的科技木项目在临沂经济开发区开工建设。目前，东维集团的科技木项目已被国家立项，该项目以丰产人工林作为原料基地，将劣质木材改性为高档优质木材，然后进行深加工。我国是世界木材、人造板及木制品的生产消费和进出口大国。木材资源供应严重不足与林产品市场需求急剧增加是我国木材工业发展的主要矛盾，急需加强木材的高效、综合和回收循环利用，其中木材高效利用潜力很大。

7.3.5.7 重组木复合刨花板技术的发展展望

刨花板是人造板中成本最低，对原料质量要求不高，投资最小的人造板材种。重组木是近十几年国际上推出的最新的人造板产品，它是应用小径木和间伐材生产的非单板型人造板中最近于木材性能的一种材料，它在不打乱木材原有纤维排列方向，保留其基本性质的基础上，采用与其他人造板近似的工艺加工出来的一种高强度的人造板材。重组木复合刨花板是综合了重组木与刨花板的优点，创造出的一种最近于木材性能的人造板[40]。

重组木和木材一样具有极高的纵向强度，但横向强度偏弱，表面质量不好。当重组木受弯矩时，往往先受弯曲剪应力作用后引起劈裂，然后才出现纵向断裂，即横向强度在整体强度分布中显然是太低。刨花板随机铺装时，其纵横向的强度一样，如果它们复合在一，靠重组木弥补刨花板纵向强度不足，以刨花板弥补重组木的横向强度。同时利用刨花板表面质量优于重组木的特点，在表层用刨花板弥补重组木的缺陷，如果搭配合理，就可以得到一种和天然木材近似的人造材料。

以重组木做刨花板芯层后，刨花板的表面质量和可加工性就和木材近似，变成和重组木一样理学性能和优越的可加工性的板材。这样，就会使刨花板的使用范围大大增加。特别在家具和装饰材上会有广泛的市场。

其实，重组木和刨花板复合的优点是极明显的。建筑行业的钢筋混凝土的高强度就是来自于混凝土的极高抗压强度和钢筋的极高抗拉强度的复合。刨花板就像无钢筋的混凝土，加上重组木以后，重组木复合刨花板就相当于钢筋混凝土，整体强度会有一定的提高[41]。

如果假设重组木满足复合材料的基本假设，重组木的纵向弹性模量：

$$E_{Lf} = E_f V_f + E_m V_m \tag{7-1}$$

式中，E_m 为胶料的弹性模量；E_f 为木束的纵向弹性模量；V_f 为木束的体积率；V_m 为胶料的体积率。

同理：重组木的横向弹性模量：

$$E_{Tf} = \frac{E_{ft} E_m}{E_{ft} V_m + E_m V_f} \tag{7-2}$$

式中，E_{Tf}为木束的横向弹性模量；

普通刨花板的弹性模量可由下式求出：

$$E_{Ln} = \frac{2E_n}{3\pi} \tag{7-3}$$

式中，E_n 为刨花的纵向弹性模量。

按照层合板理论，重组木复合刨花板是一种由两种材料构成的复合材。作为初步探讨，不能采用复合材料力学的层合板强度理论。重组木复合刨花板将采用材料力学的复合梁理论。虽然材料力学的精度相对复合材料力学的精度低一些，但作为这个研究方向的开拓性探讨，精度略低一些，并不影响它的学术价值[42]。

对于重组木复合刨花板的强度预测，还没有达到研究刚度那样比较成熟的程度。由于影响强度的因素很多，在微观力学分析强度时采用数学模型分析很难全面考虑这些复杂的影响因素，用这样简单的模型往往不能真正代表实际材料，但不能否定这种理论分析的重要性，因为通过这样的理论分析，可以估价出重组木和刨花板的各种性能参数对复合材料的影响，从而为进一步改善人造板的性能、进行复合材料设计提出指导性理论[43]。

在重组木复合刨花板随纤维方向的拉伸载荷增加，其变形破坏可分成4个阶段：①重组木和刨花板都处于弹性变形；②刨花板发生塑料变形，重组木继续弹性变形；③刨花板和重组木均处于塑性变形；④刨花板或重组木破裂导致复合材料破坏。

从重组木复合刨花板的分析中，就单一材料来讲刨花板的纵向强度要远低于重组木。重组木复合刨花的模式及弹性模量的理论求解方法对各类复合材料均有一定的借鉴作用。重组木在刨花板表层仅需复合刨花板厚度的20%～30%就可以使强度增加一倍以上。重组木复合刨花板表层将改变重组木的表面质量和刨花板的加工性，同时，也可以使贴面的黏合质量提高。利用重组木复合刨花板要比单板复合刨花板在工艺上更可行，贴合的可靠性更高。重组木复合刨花板的强度低于重组木，高于刨花板。刨花板与重组木复合不利于提高重组木的纵向强度，刨花与重组木复合以后复合板的纵向强度和横向强度都有削弱作用。

参考文献

[1] 王恺，肖亦华．重组木国内外概况及发展趋势．木材工业，1989，1：40-43.

[2] 张贵麟，华毓坤．澳大利亚重组木（Scrimber）的考察．林产工业，1991，6：38-39.

[3] 汪孙国，华毓坤．软化工艺条件对竹材及其重组材性能的影响．南京林业大学学报，1994，1：54-57.

[4] 潘石峰，王喜明．沙柳材的特性及其重组材的研究．林产工业，1993，20（5）：48-51.

[5] 李坚，王金满，刘一星．新型木材．哈尔滨：东北林业大学出版社，1993.

[6] 马岩，金维洙，蔡立新，等．均布载荷辗压重组木坯料的强度准则建立初探．东北林业大学学报，1993，21（6）：56-60.

[7] 马岩，张建华，关小平，等．重组木坯料在腰鼓形压辊辗压中应力的级数解初探．东北林业大学学报，1994，3：63-66.

[8] 马岩，金维洙，蔡立新，等．均布扭矩形成重组木坯料的力学机理初探．东北林业大学学报，1994，6：57-60.

[9] 马岩，高爽，金维洙，等．重组木微观力学模型及刚度参数分析方法探讨．东北林业大学学报，1995，4：62-65.

[10] 马岩，金维洙，孟庆军，等．静压作用下重组木坯料形成的力学机理和试验验证．林业科学，1996，2：68-72.

[11] 金维洙，马岩，蔡立新，等．重组木制造技术的试验研究．林产工业，1997，2：64-68.

[12] 金维洙，马岩，刘伟，等．不同树种构成的重组木力学性能的试验研究与分析．林产工业，1998，1：77-81.
[13] 郭艳玲，邢雁秋．定距碾压辊最大碾压厚度的确定．林业机械与木工设备，1996，2：57-60.
[14] 汤晓华，朱国玺，马岩，等．新型复合结构材——重组木复合刨花板．东北林业大学学报，1997，25（1）：62-64.
[15] 李松龄，马岩，汤晓华，等．重组木工业发展的可行性及经济效益分析．林业机械与木工设备，1997，25（1）：4-6.
[16] 李松龄，马岩，商晓霞，等．重组木投资效益及市场前景分析．中国林业企业，1997，1：16-19.
[17] 战丽，杨春梅，马岩．微纳米和微米木纤维理论研究的现状与工业化前景．林业机械与木工设备，2003，（5）：4-6.
[18] 金维洙，马岩．重组木制造工艺学．哈尔滨：东北林业大学出版社，1998.
[19] 马岩．利用微米木纤维定向重组技术形成超高强度纤维板的细胞裂解理论研究．林业科学，2003，39（3）：111-115.
[20] 科尔曼 F F P，科泰 W A，木材学与木材工艺学原理．江良游，朱正贤，戴橙月译．北京：中国林业出版社，1991：304-306.
[21] 成俊卿，等．木材学［M］．北京：中国林业出版社，1985：468-469.
[22] 战丽，马岩．木材细胞纤维分布与定量数学描述理论研究．林业机械与木工设备，2003，31（6）：14-16.
[23] 马岩．纳微米科学与技术及在木材工业的应用前景展望．林业科学，2001，37（6）：109-113.
[24] 孟庆军．微米级木材切削理论及新型人造板材构建研究．东北林业大学硕士学位论文，2003.
[25] 李琴，汪奎宏，华锡奇，等．重组竹生产工艺的初步研究．人造板通讯，2001，7：6-9.
[26] 叶良明，叶建华，姜志宏，等．重组竹板材的研究——去青与不去青的比较．竹子研究汇刊，1996，1：25-27.
[27] 李琴，华锡奇，戚连忠．重组竹发展前景展望．竹子研究汇刊，2001，20（1）：76-80.
[28] 关明杰，朱一辛，张心安．重组木与重组竹抗弯性能的比较．东北林业大学学报，2006，34（4）：20-21.
[29] 李琴，汪奎宏，华锡奇，等．重组竹生产工艺的初步研究．人造板通讯，2001，7：6-9.
[30] 于文吉，余养伦，周月，等．小径竹重组结构材性能影响因子的研究．林产工业，2006，6：24-28.
[31] 汪孙国，华毓坤．软化工艺条件对竹材及其重组材性能的影响．南京林业大学学报，1994，1：54-57.
[32] 李琴，汪奎宏，华锡奇，等．重组竹生产工艺的初步研究．人造板通讯，2001，7：6-9.
[33] 张齐生．竹类资源加工的特点及其利用途径的展望．中国木材工业可持续发展高层论坛论文集，2004.

[34] 刘志坤，胡娜娜．竹木复合积成材生产工艺研究．林产工业，2007，34（5）：26-29.
[35] 张齐生，孙丰文．竹木复合结构是科学合理利用竹材资源的有效途径．林产工业，1995，6：56-59.
[36] 刘志坤，杜春贵，李延军，等．小径杉木梳解加工工艺研究．林产工业，2003，3：22-25.
[37] 华毓坤．中国竹质复合材料的发展．人造板通讯，2001，10：3-5.
[38] 张宏健，李君，叶喜．竹条重组枋生产工艺的研究开发．建筑人造板，1998，3：24-26.
[39] 阿伦，高志悦，马岩，等．沙柳材重组木的研制．林业科技，2006，31（6）：35-37.
[40] 战丽，齐英杰，马岩，等．重组木复合刨花板截面弹性模量求解方法的研究．木材加工机械，2002，4：8-11.
[41] 马岩，赖晓敏，窦建华，等．冻材主方向弹性模量微观力学理论求解理论．东北林业大学学报，2000，28（6）：99-101.
[42] 马岩．重组木力学模型及刚度参数分析方法探讨．东北林业大学学报，1995，23（4）107-111.
[43] 马岩．木材横断面六棱规则细胞数学描述理论研究．生物数学学报，2002，17（1）：64-68.

第8章 疏水性木材

8.1 引 言

木材和以木材为基体的产品是人类所有资源中最为重要的。首先，它是一种能满足几乎一切需求和存在并最早为人类和动物提供食物的生物质。木材是纺织纤维最为重要的原料，并能用于生产燃料和润滑油。作为一种建筑材料，木材能生产出种类繁多的复合材料，以满足工程建设的需要。木材是可再生资源，世界森林面积广阔，超过32亿hm^2，陆地总表面积的1/4都是被森林覆盖的。石油、铁矿石、煤以及其他矿物质的已知存储量相对于可利用的木材纤维来说是极为稀少的。世界的森林资源仅仅一小部分被利用起来，1hm^2生长良好的森林，通常能生产数倍棉花的纤维以及同样多土壤上种植的甜菜的糖。其次，木材资源是取之不尽用之不竭的，森林不是一个将被耗尽的矿藏，而是一种作物，树木需要像作物一样被收割，而且要适当的经营森林才能可持续性地存在。来自木材的产品包括各种类型的纸张、地板材料、橱柜、装饰品、模具、漂亮的家具、建筑材料、体育器材、天花板、房屋建筑、纤维制品、化学品以及成千上万种产品，这些都与我们的日常生活相关。我国是世界上木材资源相对短缺的国家之一，人均森林面积0.132hm^2，不到世界平均水平的1/4，居世界第134位。人均森林蓄积10.151m^3，不到世界平均水平的1/6，居世界第122位。随着木材消费量的不断增加，供需矛盾日益突出。预计到2015年国内木材供需缺口将达1.4亿~1.5亿m^3。目前我国木材综合利用率为60%左右，而国外一般在80%以上。

为了缓解木材的供需矛盾，一方面利用木材的可再生特点大力培育工业用材林，增加森林资源；另一方面提高木材利用率，实现对木材资源的充分合理利用和高效利用。近年来，人们采用物理的、化学的、生物的和机械的方法处理木材，赋予了木材更多、更好的优良性能，或满足某种特殊需要，由此出现了木材/无机质复合材料，这种材料具有原来单一组分不具有的优良性质。无机质复合木材（复合木材本书也简称为复合材）就是以一定的方法将无机物质作为增强体，分散到木材基体中而获得的一种木材/无机质复合材料[1]。由于填充的无机物质可阻止木材的热分解、腐朽真菌丝体的成长和白蚁的侵食等，可获得良好的阻燃性、耐腐性和抗蚁性，且价格低廉、无毒，复合后的材料在整体性能上有很大的改进[2]。

在木材/无机质复合材料的基础上，木材的功能性改良是一种重要的改进木材性能的方法。例如，用疏水性的基团取代木材成分中的亲水性羟基，或用树脂类化合物充胀木材细胞壁，从而减少木材对水的亲和力，在一定程度上提高木材的尺寸稳定性和抗微生物侵害的能力。疏水性木材不但能够防止污渍和水对木材表面的浸润，还能保持木材本身的透气性，抵御户外环境对木材的老化作用。此外，还能有效抑制微生物在木材（如一些户外花园家具）表面的生长。经过处理的疏水性木材表面有很好的拒水效果，由于异常出色的水珠效应，木材表面能够有效地防止油渍的沾污和渗透，从而降低水性或油性颗粒在木材表面吸附而造成沾污的可能。防水作用还能有效延长木材的使用寿命。处理的木材表面还能够保持本身的透气性并提供良好的耐候性。

众所周知，对于生命来说水是必不可少的，包括微生物的生长，木材作为一种丰富的天然材料，是培育这些微生物的适宜物质。水对于树木的生长和发育是必不可少的。立木中，水分的含量取决于木材的树种和类型，含水量为 25% ~ 250%（干木材质量的 2.5 倍）。当干燥或湿润木材的时候，在木材纤维已达到饱和但是细胞腔中还没有水，这个点称为纤维饱和点（FSP）。超过纤维饱和点后，木材不会随着水分含量的改变而收缩或膨胀，因为游离水仅存在于细胞腔中而与细胞壁没有联系。然而，当水分含量在纤维饱和点以下变化的时候，木材的尺寸和体积就会发生改变。木材含水率在纤维饱和点以下时随着水分的失去而收缩，并且随着吸水而膨胀一直到纤维饱和点。尺寸的变化可能导致木材开裂、裂纹以及变形的产生。木材置于含有蒸汽的大气中，其含水率将达到稳定状态，称之为平衡含水率（EMC）。EMC 的变化对木材的尺寸稳定性产生影响。木材纤维饱和点之下的含水率是周围空气相对湿度和温度的函数。

木材细胞壁主要由聚合物组成，这些聚合物含有羟基和其他含氧基团，它们通过氢键吸收水分。在木材中，半纤维素、纤维素的非结晶部分，纤维素微晶的表面以及木质素的一小部分均具吸水性。三种类型的水存在于木材中：自由水、结合水以及水蒸气。自由水或毛细管中的水是液态水，填充在内腔；通过毛细管的吸收作用产生驱动力，相当于海绵吸收水分一样，这些水通常叫做自由水，因为它不被木材束缚。细胞壁中存在结合水，因为它是通过水分子和木材中羟基的氢键结合而被吸附的。水要通过单分子吸附或多分子吸附结合到羟基上，这意味一个或多个水分子要结合到单个羟基上（图 8-1）。单分子吸附比多分子吸附结合得更牢固，因此，要移开羟基上的最后一个水分子是很困难的。水蒸气是水的气相存在形式，它存在细胞腔和细胞壁的空隙中[3,4]。

因为水被吸附在细胞壁里，所以随着水的体积的增大，细胞壁的体积也成正比例地增加[5]，膨胀增加直到细胞壁中的水达到纤维饱和点。木材含水率变化如图 8-2 所示[6]。在细胞腔中存在的超过纤维饱和点的水是自由水，自由水不会随木材产生进一步的膨胀。这个过程是可逆的，因为低于纤维饱和点的木材随着失水会收缩。木材是各向异性的材料，这意味着在三个不同结构方向上，木材均有不同程度的收缩或膨胀。木材在弦向收缩或膨胀最大，径向次之，纵向最小[7]。木材中的压力变化，是由于木材表面和内部水分的渐变所致，不平衡的压力导致表面弯曲、扭转和龟裂。

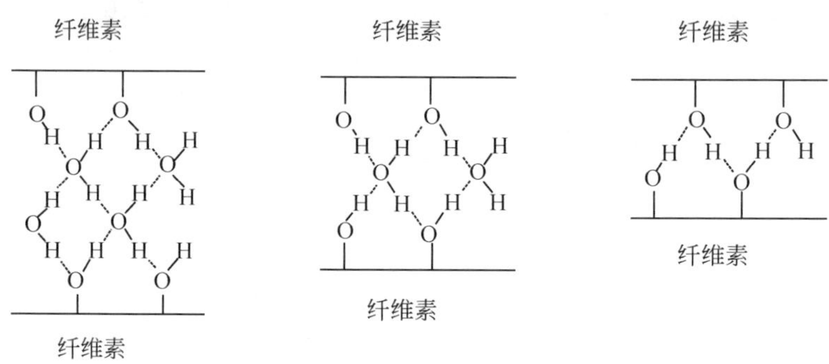

图 8-1　纤维素链中的单分子和多分子结合水示意图

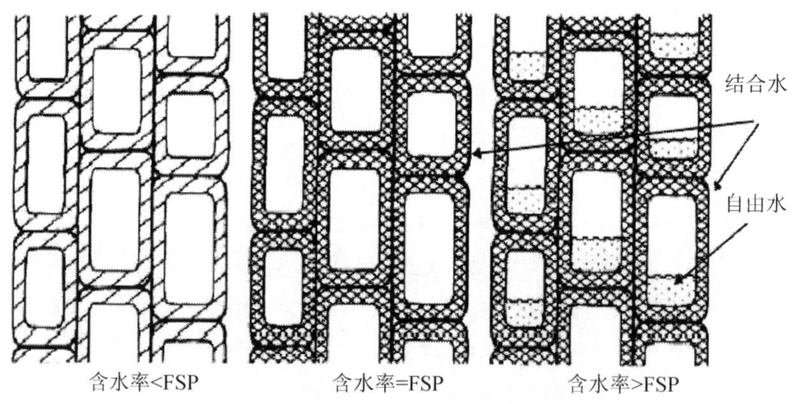

图 8-2　木材不同含水率时的吸水状态

只有当水分达到纤维饱和点（干木质量的 26% ~32%，取决于木材的树种）的时候，菌类才能对木材产生严重的损害。菌类等微生物所需要的水分不能从湿空气中以水蒸气的形式得到，仅能从生材中获取。暴露在大气环境中的木材，其含水率通常为 8% ~15%[8]。只有当含水率维持在纤维饱和点以下时，木材才能有效地避免腐朽。

根据通常的规律[9]，如果木材的含水量超过干重的 20% 时，微生物降解就可能发生。对于真菌腐蚀，尽管大体上低于需要的约 30% 的最小值，但一个较低的含水量是可取的，因为这在材料不能干燥一致的情况下提供了一个安全系数[10]。保护木材最为广泛和有效的手段是迅速干燥新采伐的木材，然后处置并放在一个合适的防护体系中以保持干燥。当安全含水量不能合理地被保证时，通过采取防腐剂、表面涂层和防水处理来保护木材是合理的选择。

为了尽可能使木材稳定，必须确保水分不发生变化。目前已有多种多样的物理和化学方法用于提高木材的疏水性，较广泛使用的方法是表面涂层。

Rowell 和 Banks[11] 以减少木材吸收的水分和尺寸的变化为目的，研究木材的防水处理和尺寸稳定性。在细胞壁和毛细管中，疏水性处理的作用可以看做是阻止和控制水吸收率的一种能力，而水分收集、尺寸稳定化处理的作用可以看做减小木材膨胀和收缩的能力。因为水能进入细胞壁导致膨胀，自由水在毛细管中是容许的。自从定义了平衡含水率，尺寸稳定性更多是依赖水的吸收量而不是水的吸收速率。一些方式能减小膨胀和木材水分的吸收速率。图 8-3 显示了随时间变化未经处理和处理过的木材试样膨胀的典型趋势。上面的曲线显示未经处理的试样通过毛细管的作用迅速吸收水分而膨胀到它的最大值。下面的曲线显示了经过处理的木材试样水分吸收速率的减小，表明拒水性的增加，而膨胀程度的减小显示了更高的稳定性。

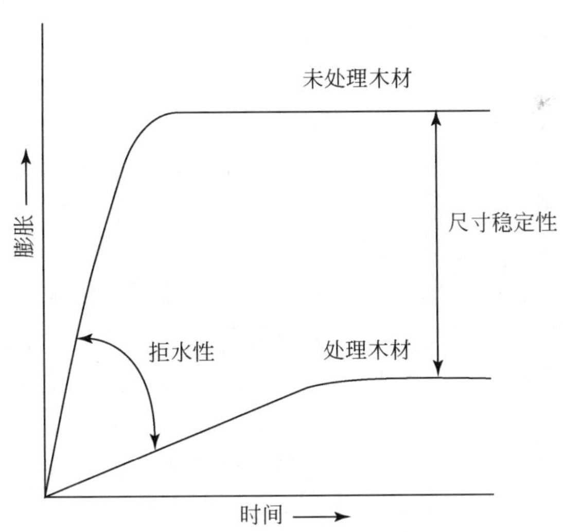

图 8-3　木材膨胀随时间变化的趋势图

尽管很少有真正的疏水材料，但通过提供防水层或使木材疏水化可以大大减小水分的吸收速率[12-13]。防水处理是将防水剂填充于细胞腔或将防水剂沉积在细胞壁的内外表面上，从而赋予其疏水性。通过毛细管的作用，水可以渗透到木材的空隙中，但水的吸收速率是有限的[14]。然而，没有木材的改性，细胞壁还是可以吸水的。随着时间的变化，防水处理过的木材和未经处理过的木材暴露在水中在一定程度上膨胀情况相当。尽管防水处理不能完全阻止吸水，但对于户外使用的材料是一种极好的处理，因为在下雨天，它们抑制了水的吸收。平均含水量的减小和当木材湿润到足够程度一段时间后都减慢了真菌的腐蚀速率[15,16]。由于自由水的存在，真菌腐蚀容易出现，并且一定量的自由水是真菌生长的必要条件[17]。

防水处理木材的一个理想模型是均匀涂有防水层的细胞包围着一个未经处理的核心。因为经过处理区域的细胞表面是疏水性的，水是不能渗入的，除非外部压力大于正在作用的毛细管压力。理论上一个连续的单分子层足以产生这一效果[18]，只要疏水层完整，疏水性物质在木材中渗透很深是没有必要的。当然，更深的或更彻底的注入会达到一个更耐用的效果[19]。这可能是由于疏水性物质直接与水接触后会逐渐分解而失效；如果渗透深度很深，那么沉积在木材内部的疏水性物质将发挥长期的疏水作用，提供长期的保护。

防水处理通常是非化学结合的各种复杂原料的混合，如蜡状物、油类、天然的或合成的树脂、杀菌剂或杀虫剂以及溶剂。它们通常在有机溶剂的溶解状态下通过浸泡或真空浸注处理木材。防水物质与细胞壁间通过相对比较弱的范德华力结合。许多成熟的防水处理，像传统的木材防腐剂，有着不利于环境的缺点。

一些研究表明，在一个合理的时间段，这些非化学方法结合的防水处理过的木材，其防水作用是有限度的。防水处理效果的减弱可能与防水剂和细胞壁间的结合力减弱有关。当防水材料暴露在水中充分长的时间后，木材和防水剂间较弱的范德华力结合将被一个更强的木材和水的氢键结合力所取代，疏水性的物质将在水的作用下而迁移，防水处理的作用效果减弱。

内部或外部涂层，只是对木材的表浅处理，仅仅得到较低的尺寸稳定性。有很多方法去控制木材尺寸的变化，从物种和几何学的选择，通过木材的交叉层压到各种各样的化学方法。减小木材占据水分的趋势的处理可能会在一定程度上导致水吸收减少，并因此引起收缩和膨胀减小。这种类型最理想的处理是改变细胞壁聚合物上的羟基，由此，改变了氢键和水结合的位置。羟基的变化在理论上可以通过还原反应实现，然而木材将会受到一定程度的破坏。

在化学改性过程中，用一种化学药品处理的木材，其药品在它的微孔结构里改变[20]。这些改变可能是归因于微孔结构（直接法）中新的化学键合，或化学药品的阻塞和一个无结合材料（间接法）的物理过程。在许多化学改性过程中，羟基起了主要的作用。化学药品添加到木材中和木材结构上的羟基经历了一个化学反应。结果是形成强的化学键，这是比较稳定的，在木材结构里产生了一种新的结合形式，并改变了原始材料的性能。改性可能导致—OH 基团的减少、交联的产生和分子链的降解。可用的—OH 基团数的减少限制了与水的相互作用，提高了尺寸的稳定性[21]。

在许多工业和科学领域，乙酰化是一种众所周知的技术。这种技术广泛使用在纺织制造和香烟的滤器上，这些物质都由乙酰化的纤维素组成。在木材和乙酸酐的反应中，细胞壁聚合物的羟基转变为疏水性的乙酰基（图 8-4）。因此木材的分子结构被改变了。在乙酰化过程中，乙酸以副产品的形式形成，乙酸能够转化为乙酸酐并能再次利用。因为羟基能够被更大的乙酰基取代，木材将会保持永久性的膨胀状态并变得更加沉重。因此，这种处理的效果可以用重量百分数（WPG）来表示，较高的 WPG 代表较高程度的乙酰化作用[22]。

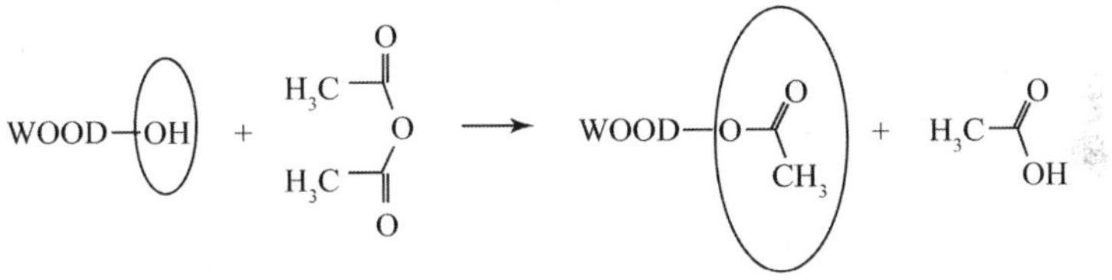

WOOD—OH ＋ $(H_3C—CO)_2O$ ⟶ WOOD—O—CO—CH_3 ＋ H_3C—COOH

木材　乙酸酐　乙酰化木材　乙酸

图 8-4　木材乙酰化反应过程

研究表明：木材的乙酰化作用能适当地提高材料的某些性能。良好的乙酰化处理可以明显地提高木材的生物耐久性。与地面接触长达 25 年的时间，也不会腐朽。因为乙酰化作用，木材的平衡含水率将会显著降低，并且会保持非常干燥的状态。乙酰化作用后，木材的膨胀和收缩将会下降 80%。因为收缩和膨胀很小，乙酰化了的木材上的油漆将会很好地保持一段相当长的时间，并且不需要广泛的维护。木材细胞壁聚合物的乙酰化作用保护它们不受紫外线的影响。乙酰化作用提高了木材的声学和电学性能。在 Obataya 的研究中[23-24]，云杉木材被乙酸酐乙酰化后，木材浸入水中也不会膨胀。

对实体木材乙酰化的一个担心是：使用无水乙酸酐作试剂，有副产品乙酸生成。已采用多种方法消除生成的乙酸，以消除气味，并消除一个潜在的可能会引起化学变化的酯水解作用。虽然这对于实体木材还不是完全可行，但应用于纤维是有可能的，乙酰化作用后，酸酐和酸剥离剂在这个过程中彻底地移除了乙酸[25-29]。Simonson 和 Rowell[30]已经证实了一个关于木质纤维素的连续乙酰化作用的新过程。用乙酰化了的纤维制成的复合材料已被证实大大提高了尺寸稳定性和生物耐久性。

有文献报道[31]，木材的表面首先用二氯二甲硅烷（DDS）、二氯二苯基甲硅烷（DPS）和三氯十八烷基硅烷（OTS）甲硅烷基化，然后采用三甲基氯硅烷

(CTMS) 作为单功能的反应物。在这个研究中，选择 5min 作为甲硅烷基化的持续时间。得到的接触角如表 8-1 所示。从表中数据可以看出，相对于 DDS，OTS 可以使木材具有更强的疏水性。长烷基链的 OTS 能使表面疏水性更有效，这也达到了预期效果，即前驱体发生了聚合。丁香木材和其他的木材试样不同，通过 DDS 甲烷硅基化后其效果不如其他试样。它通过 DDS 处理后，得到的表面自由能与其他研究中的试样比起来相对较高，这主要归因于与二碘甲烷的较低接触角。丁香木材用 OTS 处理后，其效果有一个相反的改变：水的接触角相对其他物种来说稍低，然而其表面自由能比其他用 OTS 处理过的试样的要低。因此，可以合理地推断，在使用 DDS 作甲硅烷基化时，丁香木材在二碘甲烷作用下提取出木材中的低分子物质。当甲硅烷基化剂的氯仿产品应用在丁香木材上时，这个假定与早期观察很好地符合[32]。有关表面自由能方面，用 OTS 处理过的柚木也显示出了奇怪的现象，这也能归因于与二碘甲烷的接触角：它的疏水性和其他试样相似，但是它的表面自由能明显比其他试样（一步甲硅烷基化）要高，这主要归因于非常低的二碘甲烷接触角。这种现象目前还不能解释。更深入的调查研究有必要进一步揭示关于二碘甲烷接触角低的原因。事实也强调了表面自由能计算的重要性。显然，单凭一个接触角值不能全面地描述表面性质。

表 8-1　不同液体在一步处理后的木材表面的接触角 [单位：(°)]

树种	水	甲酰胺	二碘甲烷
1% DDS			
苏格兰松木	129 ±3	104 ±1	66 ±2
英国橡木	108 ±3	92 ±3	70 ±3
匈牙利橡木	125 ±2	101 ±2	71 ±1
丁香木	124 ±1	87 ±2	38 ±2
柚木	129 ±2	108 ±2	72 ±1
1% OTS			
苏格兰松木	134 ±2	113 ±2	68 ±2
英国橡木	133 ±2	97 ±2	73 ±1
匈牙利橡木	135 ±1	102 ±2	61 ±1
丁香木	127 ±1	100 ±2	81 ±2
柚木	132 ±1	113 ±1	25 ±2

许多化学药品已用于修饰木材，主要的反应类型是：化学交联，与木材细胞壁的结构单元以化学的方法结合在一起；聚合添加，化学药品与一个羟基反应然后聚合；单一位置的添加，化学药品和一个单一位置的羟基反应。

Kosonen 等[33]报道了薄木板涂上以水为基体的乳胶，这种乳胶是由苯乙烯和甲基苯烯酸得到的亲水 – 疏水嵌段共聚物。通过动态的接触角测量值，干燥的涂层表面变得疏水了。当木粉涂上基于苯乙烯和甲基苯烯酸得到的亲水 – 疏水嵌段共聚物后，其材料的拉伸强度有了明显提高。

当亲水 – 疏水嵌段共聚物被置于 pH 为 10 的氨水溶液中时，它能被分散到 0.2% 的水平。随后，枫树薄木片被浸入到共聚物溶剂中，而后风干。在经过数个润湿 – 干燥周期后，观察得到涂层表面的显微结构图，如图 8-5 和图 8-6 所示。在第一个润湿 – 干燥周期后，木材表面似乎从湿润状态转变为不润湿的状态。木材干燥表面的显微结构表明：甚至要经过 10 次润湿 – 干燥周期之后才能获得好的涂层。

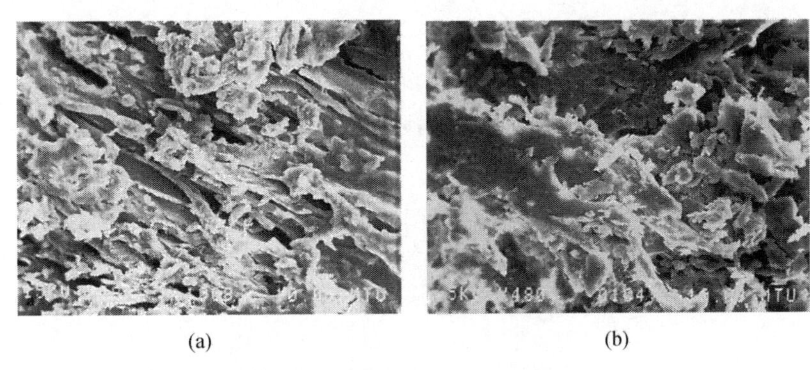

(a)　　(b)

图 8-5　木材表面的扫描电镜图

（a）无表面涂层；（b）聚苯乙烯 – 聚（甲基丙烯酸 – 苯乙烯）共聚物（PS-PMAA）乳液涂层（4 个润湿 – 干燥周期）

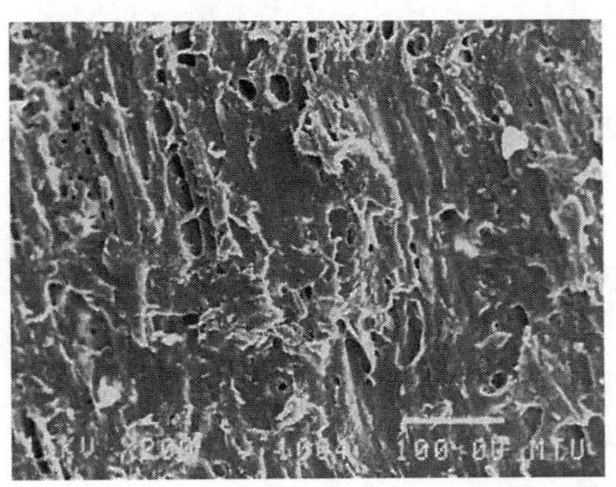

图 8-6　经 10 个润湿 – 干燥周期得到的表面涂层扫描电镜图

水的接触角值（表 8-2）表明：聚苯乙烯 – 聚（甲基丙烯酸 – 苯乙烯）共聚物在 pH 6 和 pH 10 的氨水溶液润湿 – 干燥数个周期后，会形成疏水性的木材表面，其接触角增大到 90°以上，在 pH 10 的溶液体系中得到的具有涂层的木材表面的疏水性程度与在 pH 6 的体系中得到的相当。使用类似的以丙烯酸为基体的合成物的水传播系统，对于表面木材涂层的应用已成为最新研究进展的一个焦点。由于环境保护的要求，力求减少挥发性化合物的污染，促使溶剂涂层向水涂层转换，这样也可提高木材对紫外线的防御能力[34]。

表 8-2　未处理和表面涂层处理木材的接触角［单位：(°)］

表面涂层处理①	枫木	樱桃木	白蜡木
未处理	84.0（0.8）	87.7（0.9）	82.5（1.1）
0.02%（质量分数），pH 10	92.6（0.8）	95.2（1.0）	92.0（0.3）
0.1%（质量分数），pH 10	92.4（1.6）	94.0（0.9）	92.7（0.9）
0.2%（质量分数），pH 10	93.4（2.1）	94.0（1.4）	91.9（0.4）
0.2%（质量分数），pH 6	91.1（2.1）	95.9（1.4）	90.0（1.8）

①用 PS-PMAA 的氨水溶液，在 pH = 10 和 pH = 6 下进行表面涂层处理；括号中数字表示前进角的数据。

高疏水性单体的使用是另一种进一步提高木材疏水性的方法。高疏水性的乙烯酯分子修饰的丙烯酸黏合剂可以使核/壳乳液的自身交联结合在抗粘连性和室外耐久性之间达到很好的平衡。这些乳液聚合物非常适合高性能的木材表面着色剂的制备。

溶胶－凝胶过程是通过可控的水解作用和烷氧基硅烷的缩聚作用在木材上沉积了无机－有机共聚物[35-41]。关于溶胶－凝胶过程的应用，Saka 等做了深入的研究[42-47]。其注入技术旨在使用细胞壁中的结合水渗入溶胶凝胶过程，并在细胞壁中得到硅酸盐的沉淀物。动态的溶胶－凝胶过程使用有机硅，应用的是四烷氧基硅烷和含有纯的聚合二氧化硅的玻璃产品。这些产品有双功能的分子，它们含有三个硅功能的基团，大部分是含氧甲基的和含氧乙基的，并且有机硅官能团在增加，如凝胶的疏水性或与细胞壁聚合物形成一个共价键。有机硅应用很广泛，如黏附促进剂，表面修饰剂或交联剂等。

最近一项研究表明，烷氧基硅烷的溶胶凝胶缩聚网状结构在木材细胞壁中增强了木材的防火防水性能[48]。如图 8-7 所示，溶胶凝胶沉淀物由几个阶段组成。开始于烷氧基通过木材细胞壁结合水的水解作用形成自由硅醇和乙醇。硅醇经过缩聚形成聚合硅醇，然后与木材表面形成氢键。通过加热，氢链结合的聚硅烷失水与木材表面形成共价键[49]。

通过上述方法处理过的产品比没处理过的产品的吸水性明显减少（图 8-8）。例如，在水中浸泡 8 天达到饱和后，浸泡过的处理试样的最终质量增加百分率仅为 61%，相比之下浸泡过的未处理的标准试样的最终质量增加百分率为 150%。类似的，浸泡过的处理试样的最终质量增加百分率仅为 64%，没有浸泡过的未处理的标准试样的最终质量增加百分率为 164%。没浸泡过的相对浸泡过的标准试样能吸收更多的水。实验也表明，抽出物溶液被用于浸泡试样具有清除亲水性部件的作用。例如，在试样表面的半纤维素极易吸收水分，因此致使被浸泡过的试样更易吸收液态水分，通过后来形成的溶胶 - 凝胶表面沉淀物，对于水的进一步浸润其吸引力减小，因为一个具有长碳氢化合物链的硅烷是疏水的。

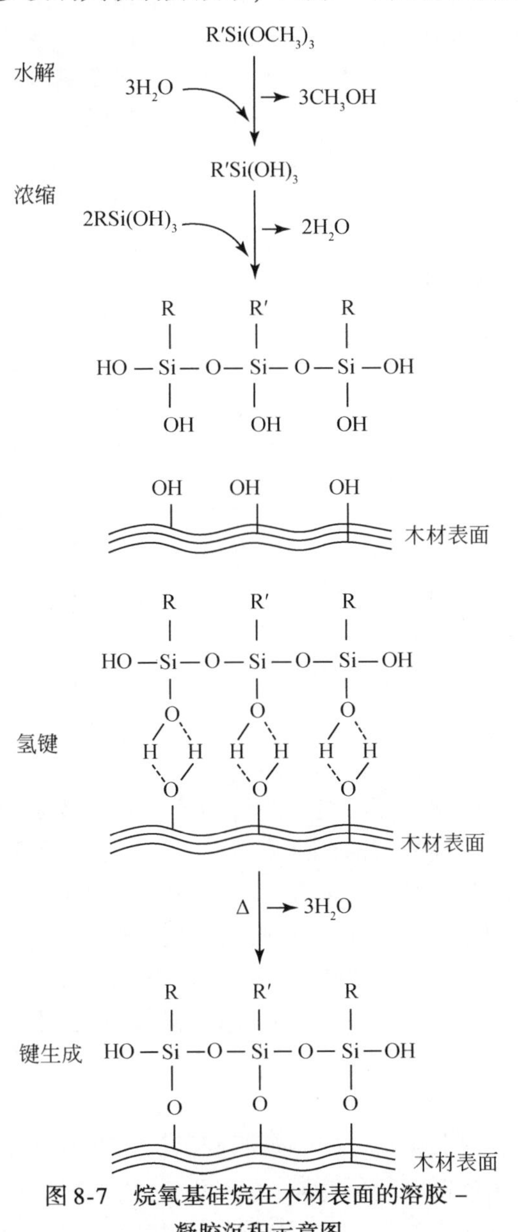

图 8-7　烷氧基硅烷在木材表面的溶胶 - 凝胶沉积示意图

图 8-8　25℃下试样浸泡在去离子水中的增重率

Donath 等[50,51]报道了在木材中的溶胶－凝胶过程。采用三种类型的硅烷系统，用于实木试样疏水性的测试：一个硅烷具有四个疏水性的烷氧基；两个烷基硅烷，两个多功能的低聚物，当未处理的木材在浸入的起始阶段迅速地吸水时，所有用硅烷处理过的板条显示了明显的延迟。这延迟吸水的程度主要由使用的化学药品的种类决定，而不是由 WPG 决定。通过长时间的浸泡（24h），对于小试样也有类似的观察报告，对减少水分吸收的作用较小［图 8-9（a）］。对于那些用氟代烷基功能的硅烷浸泡处理过的试样，其效果极其显著。这个硅烷系统形成较薄厚度的表层，尽管具有高的接触角，这屏障在浸入后不久将会被打破。

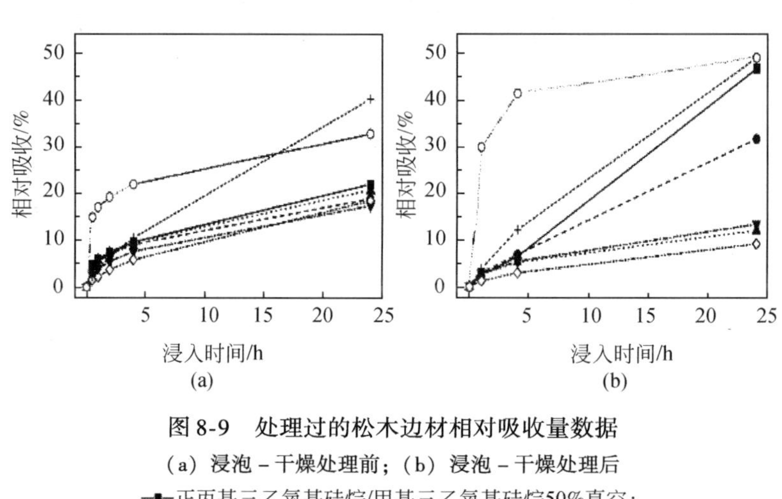

图 8-9　处理过的松木边材相对吸收量数据

（a）浸泡－干燥处理前；（b）浸泡－干燥处理后

■ 正丙基三乙氧基硅烷/甲基三乙氧基硅烷50%真空；
● 正丙基三乙氧基硅烷/甲基三乙氧基硅烷50%浸泡；
▲ HS 2909 20%真空；　▼ HS 2909 20%浸泡；
◇ F8815%真空；　+ F8815 15%浸泡；
○ 标准样

周期性地浸泡－干燥试样，可以获得更多关于硅烷处理后的长期防水效果的信息，对防水性能的影响如图 8-9 所示。未经处理的标准木材试样，显示了很高的吸水性。以 PTEO/MTES 为基础的溶胶在湿润－干燥循环后会失去它们的疏水效应。对于真空压力浸渍的试样，这种现象更为明显。这是溶液不同的成分以不同的模式在作用。一方面，硅烷（PTEO/MTES）防水；但另一方面，溶剂（以及反应产物）乙醇通过溶解木材抽提物和改变表面的接触角而使木材结构易于吸水[52]。在更高的乙醇比例下，改性的木材比未处理的标准样变得更亲水些。可以推断三维的硅氧烷网状结构在木材细胞腔的内表面区域形成，并在起初的浸泡中阻止水的吸收。然而，在后来的周期浸渍测试中，细胞壁和硅氧烷层的紧密结合减弱了，因为胶体老化并失效。在周期的浸渍和湿润后，水的吸收量比没处理的试件要更多，这是由于在乙酸溶剂的作用下木材基质中天然防水化合物被脱除的缘故[53]。

基于微乳状液工艺的涂层和底漆已经发展用于木材的表面处理。这个系统由不同的硅聚合物组成，这些硅聚合物以微乳状液组成，这些微乳状液在水中的颗粒尺寸是 10 ~ 80nm[54-55]。这需要一个乳化器，这乳化器能干扰准结晶单分子表面活性剂薄膜（图 8-10）。在这种情况下，当宏观乳胶粒径达到 1 000nm 或更大时，纳米级的颗粒将会得到。微乳胶能够渗入到木材的空隙，这是传统的乳胶所不能到达的。典型的微乳状液由一种被乳化的药剂（硅烷、硅氧烷和聚硅氧烷），一种乳化剂（硅烷、硅氧烷）和一种辅助乳化剂（功能的聚硅氧烷）组成。乳化剂和辅助乳化剂是一种非常活跃的物质，同时，它们在干燥后会失去乳化能力。当倒入水中时，因为水解和冷凝作用，微乳剂又会被激活起来。因此，在应用之前，应当立即进行稀释，这是由于颗粒尺寸正在增大。在木材上，SMK 微乳剂的应用导致了高的斥水性（自然暴露两年后，其摄取的水量减少了 70%），并阻止了因为风化作用引起的微观裂纹。

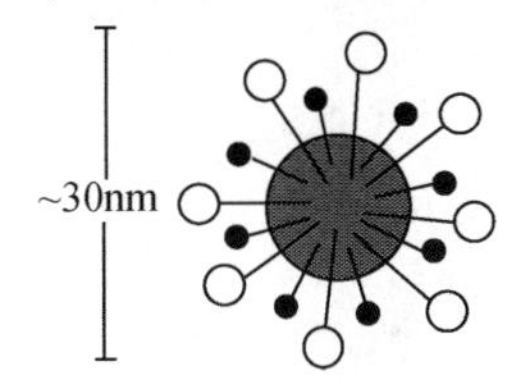

图 8-10　硅的微乳液的沉积

●硅烷、硅氧烷和聚硅氧烷；

● 硅烷、硅氧烷；○ 功能的聚硅氧烷

表面涂层的主要目的是给予木材疏水性、稳定性和耐久性。由氯硅烷处理的各种木材试样最先是由 Owens 等报道的。对样品的耐腐蚀性进行了测试。所有处理过的试样比没经处理的显示出了更低的质量损失。Stevens 使用三乙胺、甲酰胺、二甲基甲酰胺，测试了 $SiCl_4$、CH_3SiCl_3、$(CH_3)_2SiCl_2$、CH_3SiHCl_2、TMSCl 和 $(CH_3)_3SiCl$ 处理过的木材的耐久性[56]。用 $SiCl_4$、$(CH_3)_3SiCl$ 和 CH_3SiCl_3 处理过的木材耐腐蚀性能非常低，然而 CH_3SiHCl_2 和 $(CH_3)_2SiCl_2$ 减小了质量损失 5%~10%，相比之下未处理材的试样是 25% ~34%。

用金属盐处理过的木材提高了防紫外线和防水的能力。用金属化合物处理过的木材减小了收缩膨胀率和木材表面水分的吸收。对于木材疏水性研究的无机材料包括：硬脂酸锌、Zn-Co、$Zn(OH)_2$、ZnO、$CuSO_4$、$CuCrO_4$、$CuCrO_4 \cdot 2H_2O$、$CuCl_2$、$Na_2Cr_2O_7 \cdot 2H_2O$、CrO_3、$CrCl_3$、$FeCl_3$、$SnCl_2$、MgO、PbO、As_2O_3、MnO_2 和 Ag_2O 等[57-62]。这些化学材料中，Cr 和 Zn 盐研究得最多。Kubel 和 Pizza 发现 CrO_3 和 ZnO 与愈创木酚形成不能溶解的复合体。CrO_3 形成聚合的复合体，然而 ZnO 形成二聚的复合体。聚合体的结合比二聚体更加牢固，二聚体的结合比木材 - 水的结合更牢固。因此，CrO_3 和 ZnO 能结合在木材细胞壁表面（基质），并给予木材一定程度的防水和防紫外线能力。

Sèbe 和 Brook 报道了[63]基于木材疏水性处理的三个步骤：与顺丁二烯酸酐的酯化、与丙烯基丙三基醚的醚化、与氢封端的硅酮的甲硅烷基化。他们对于改性的和没改性的木材试样在切向、径向和横向方向上进行了水的接触角测量。从图 8-11 ~ 图 8-13 可以看出，所有经硅树脂处理过木材的截面比没处理木材的截面更具疏水性。用硅树脂处理木材在不加催化剂（W-MA-AGE-2-NC）时也表现出了一定的亲水性。然而，当移除 1.5mm 厚的表面层后，接触角会显著地减小，作者推断这可能是氢化烷硅化优先在外表面生成的缘故。

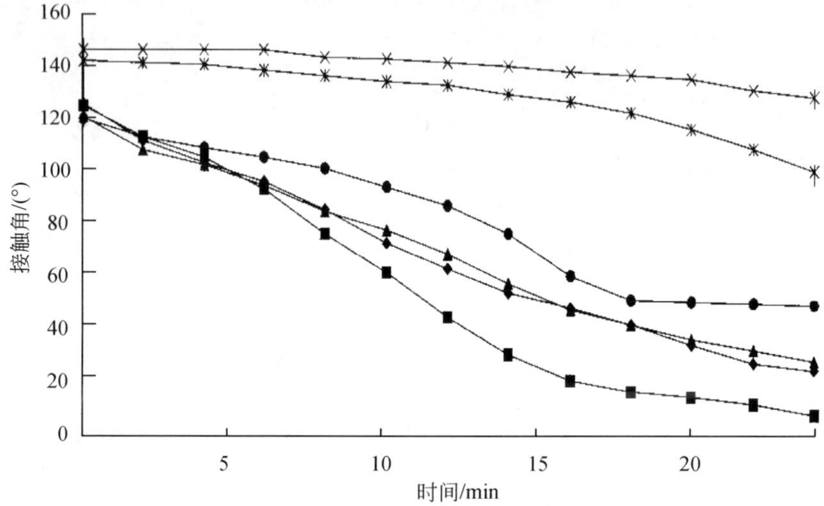

图 8-11 未处理木材和处理木材与水的接触角（弦向）

—◆—W; —■— W-MA; —▲— W-MA-AGE; —×— W-MA-AGE-1; —✳— W-MA-AGE-2; —●— W-MA-AGE-2-NC

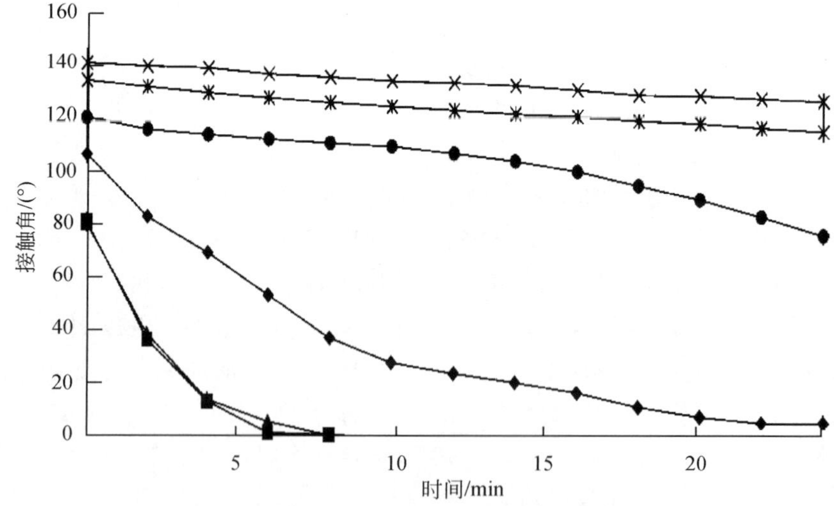

图 8-12 未处理木材和处理木材与水的接触角（径向）

—◆—W; —■— W-MA; —▲— W-MA-AGE; —×— W-MA-AGE-1; —✳— W-MA-AGE-2; —●— W-MA-AGE-2-NC

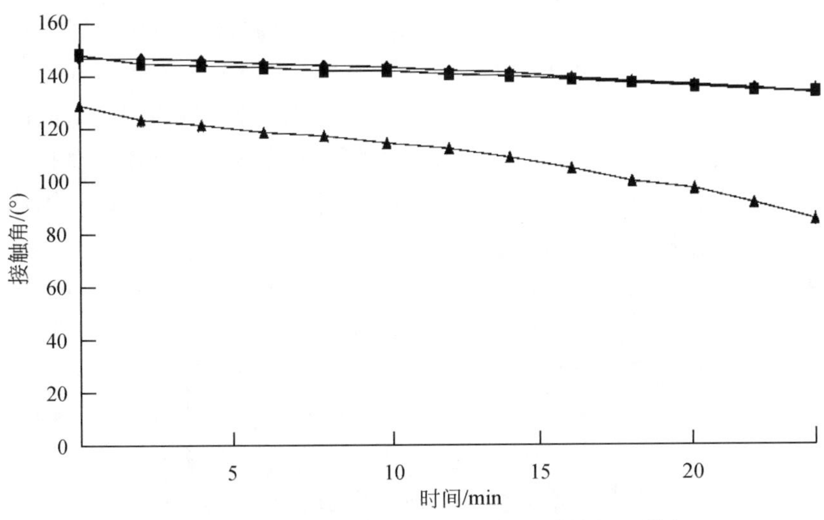

图 8-13　未处理木材和处理木材与水的接触角（横向）

—◆— W-MA-AGE-1; —■— W-MA-AGE-2; —▲— W-MA-AGE-2-NC

Artus 等[64-65]发明了一种硅树脂－微米纳米－涂层表面。对于表面硅树脂的生成，他们提出了一个简单的化学气相沉淀方法。微米纳米涂层是透明并且抗反射的。它能用于有关材料的多种处理工艺，给予它们表面超疏水性。他们在反应容器中使用等摩尔的液体甲基三氯硅烷（TCMS）和水蒸气。获得的表面涂层由聚甲基硅倍半氧烷纳米丝组成。在表 8-3 中，作者给出了静态接触角和动态接触角（又称滚动角）的测定结果，这是首次在不同基材涂层上测量到的。该涂层方法是在室温和没有运载气体的标准压力下的气相中进行和完成的。

表 8-3　用聚硅氧烷纳米丝包覆的不同基底材料的静态接触角和滚动角

基底	静态接触角/(°)	滚动角/(°)
玻璃盖玻片	156 ±5	18 ±5
磨砂玻璃	166 ±3	<3
棉织物	>150	<30
木材	>150	>70
聚乙烯	158 ±4	8 ±1
硅橡胶	164 ±7	19 ±2
陶瓷	160 ±5	5 ±1
硅片	165 ±2	11 ±2
钛片	166 ±3	4 ±1
铝片	168 ±1	8 ±1

采用拒水试剂甲基硅酸钾（PMS）处理纤维素基材形成超疏水性的表面，这

是采用溶液浸入方法得到的[66]。硅醇是通过一种甲基硅醇钾盐与二氧化碳反应得到的，经氢键相互作用集合在纤维素分子表面，并且超疏水性的涂层通过随后的缩聚反应形成。反应过程中产生的聚甲基硅倍半氧烷共价连接到表面的纤维素分子，得到了具有潜在微米级尺寸一致的纳米级粗糙突起，因此，获得了超疏水性和良好的耐用性。超疏水性、自洁式的创造使具有透明结构的以纤维素为基质的材料在纺织工业和包装材料领域有了潜在的应用。市场上可得到的防水材料甲基硅醇钾盐在制造超疏水性纤维材料时能够消除酸性产品，并且保留已精制好的纤维材料的力学性能。因此，与有机硅卤化物相比较，PMS 成为了一种制造超疏水性纤维材料的更理想的溶剂。

在硅醇溶液形成后，硅醇通过纤维素纤维的空隙能够很容易地浸渍到纤维素中。水解硅烷的—Si—OH 基团最初通过与纤维素—OH 基团的氢键集合在纤维表面。随着反应的开始，水开始失去，形成一种共价键。水解硅烷与表面—OH 基团的反应最终导致硅氧烷聚合物的冷凝、压缩，在纤维素表面形成一个涂层（图 8-14）。因此，聚甲基硅倍半氧烷在热处理下通过缩聚反应在纤维素表面形成了

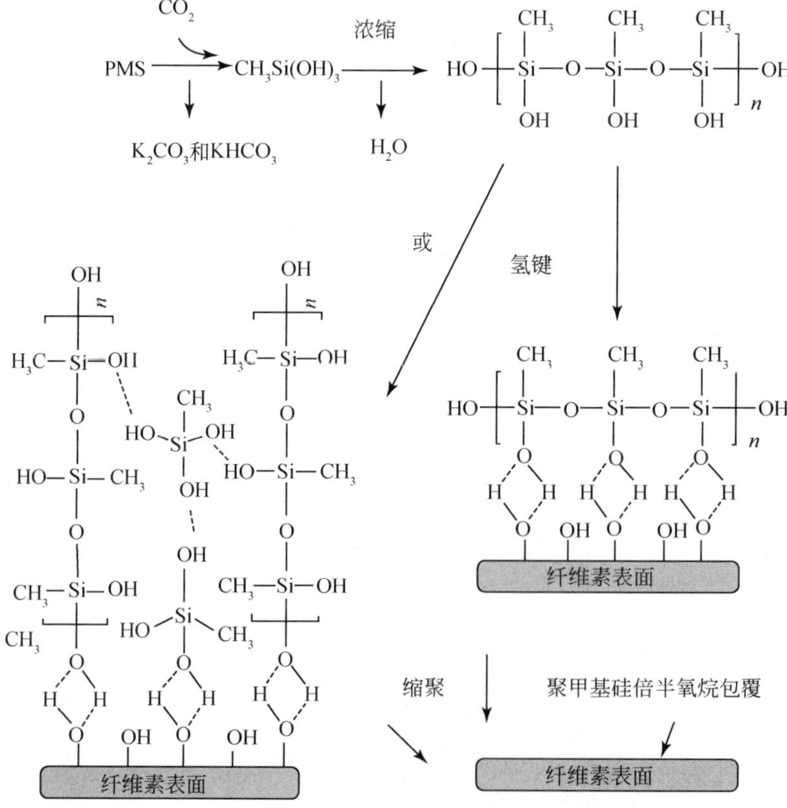

图 8-14　纤维素表面超疏水聚甲基硅倍半氧烷包覆的形成过程

共价键。

图 8-15 给出了天然棉织物以及改性棉织物典型的图片。天然棉织物的纤维素呈现了高度清晰的光滑表面［图 8-15（a）］。然而，在精制的超疏水纤维薄层表面观测到了纳米半球的突起［图 8-15（b）］。这些突起可能归因于在微纤维表面形成的聚甲基硅倍半氧烷网络沉淀物[67-68]。突起的高度为 80～200nm，纤维的粗糙度约为 50nm［图 8-15（d）］。另外，涂层不会对天然棉织物的形态产生任何不利的影响［图 8-15（c）］。图 8-13（e）表明，棉织物和滤纸的形态及颜色在 PMS 处理后仍然不变。上了涂层的棉织物，其表面水滴的光学图像表明了超疏水性涂层是透明的。

图 8-15　天然棉织物和改性棉织物扫描电镜图

（a）棉织物；（b）处理过的棉织物；（c）低倍数处理过的棉织物；（d）处理过的棉织物表面的三维原子力显微图像；（e）处理过的彩色棉织物表面的水滴图像；（f）处理过的滤纸表面的水滴图像

棉织物和滤纸的接触角是 0°，这归因于纤维素的超亲水性［图 8-16（a）］。在基质上由于硅树脂的引入使它由超亲水性向超疏水性转变。在最适宜的条件下，可以得到高的接触角值。也就是，对于改性的棉织物其值是 158°，对于改性的滤纸其值是 157°［图 8-16（b），图 8-16（c）］。这些结论表明其主要作用的是低表面能的聚甲基硅倍半氧烷包覆了基质表面，从而提高了材料的疏水性。

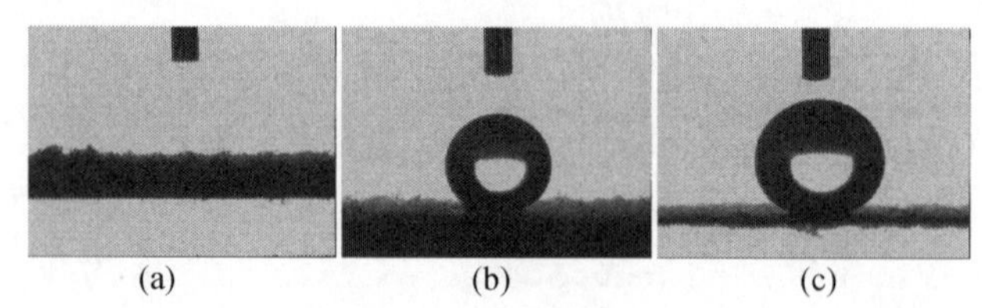

图 8-16　水滴接触角

（a）在未处理的棉织物上 0°；（b）处理的棉织物 158°；（c）处理过的滤纸 157°

由 Decher 和 Hong 开发的逐层沉积（LbL）工艺[69]，已经被证明是一种简便易行的方法，用以在材料表面形成化学沉积或微米、纳米级结构物质，而提高疏水性能[70-73]。超疏水纸是通过阳离子聚合物的逐层沉积得到的，其过程是：聚（二烯丙基-二甲基氯化铵）[poly(DADMAC)] 和带有负电荷的二氧化硅粒子，通过全氟辛基三乙氧基硅烷（POTS）化学气相沉积的氟化作用，在纸板表面形成超疏水层[74]。聚二甲基二烯丙基氯化铵/二氧化硅微粒的多层膜能够形成如图 8-17 所示的结构。制备的超疏水纸产品有如下特性：①极好的拒水性能；②高的防潮性；③高的防水性；④抵抗生物污染。

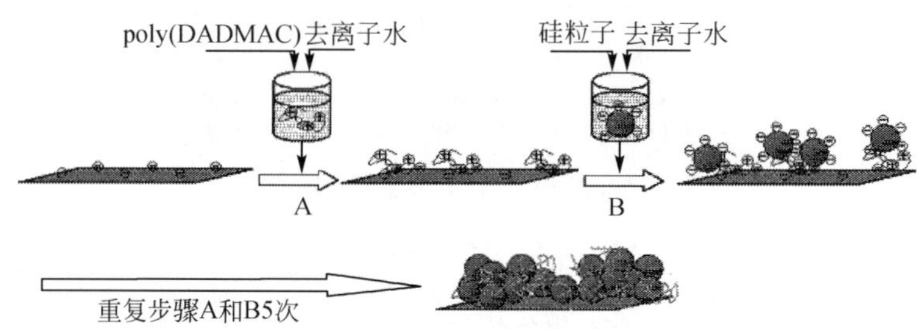

图 8-17　纸板表面多层膜组装的形成示意图

图 8-18 是硅处理的纸板表面的扫描电镜图像。由图 8-18 可见，纸板表面不规则地堆积着多层硅粒子，只有较小的空隙。

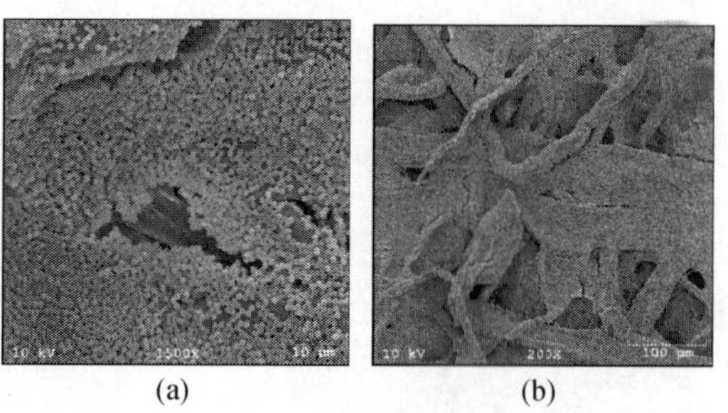

图 8-18　通过逐层沉积技术用硅粒子处理的纸板表面的扫描电镜图

（b）是（a）的放大图片

如图8-19所示，纸板的接触角是51°，疏水性纸板的接触角是110°，超疏水性纸板的接触角是155°。在一个可觉察的范围内，水的接触角测定结果表明了表面能和表面粗糙度对纸板的疏水性有一定的影响，进而影响水的接触角。高的水接触角提高了木材－纤维－基体基质的防潮性和抗水性。此外，当滚动角低于5°时，这意味着把水滴滴在表面时，水滴能很容易地滚动。

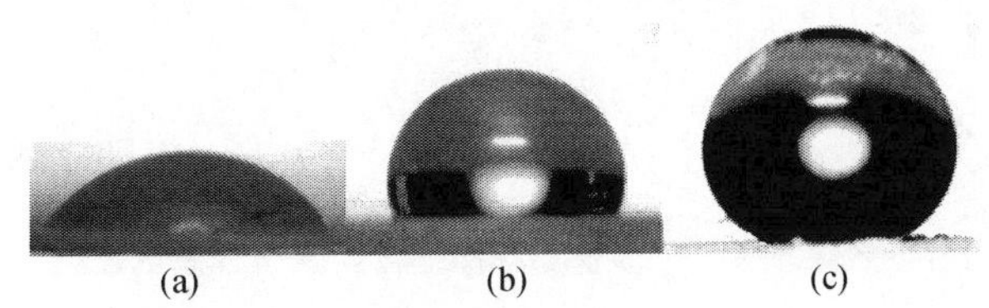

图8-19　水滴的形状

（a）在未处理的纸板表面；（b）疏水纸板表面；（c）超疏水纸板表面

用冷的等离子体进行表面改性是一种干式工艺，它改变的仅仅是木材表面的最外层。等离子体是一种气体，包含正负离子、电子、自由基以及活跃的和不活跃的中性粒子，但是没有电荷。冷等离子体的运转反应温度是在室温下进行的，并且控制了非常低程度的电离作用。这个过程通常是由电能引发的[75]。在浸泡试验中，水吸收显著减少，具有六甲基二硅氧烷（HMDSO）的木材等离子体涂层能够有大于120°的接触角（未经处理的新鲜木材接触角大多是0°）[76-78]。基于Si—O—Si和Si—O—C联结的交联聚合物结构通过化学分析光电子能谱（ESCA），全反射红外光谱（ATR-FTIR）和热解质谱分析法可以在其表面探测到；结构的形成可能是通过初始分子六甲基二硅氧烷键的有选择性的断裂和重组。涂层表现出高的热稳定性，可由热重分析（TGA）和差热分析（DTA）证实。

在乙烯存在的大气压力下木材经等离子处理，可形成疏水性的表面[79]。薄木片的等离子体处理是在大气压力下，用12.75kV的电压持续处理木材5min，乙烯气流流速为0.1L/min。随着处理时间的增加，木材表面的可湿性减小；浸泡水中之后，表面获得的疏水性没有改变。

近年来，一种气体放电离子源（GDIS）产生的低能量氢离子淋浴（LEHIS）被用来作为檀木表面的改性以提高疏水性[80,81]。目前已扩展到不同的树种，处理过的木材抗湿润性和阻燃性提高，并且在漆膜附着力、质地、颜色等方面无不良影响。LEHIS应用于提高木材阻燃性和防水性是有利的，这种方法比较简单，它不需要高温并且处理环境是温和的，具有较好的应用前景。Blantocas等[82]使用的实验装置是室内构建的。研究结果表明，处理过的试样具有阻燃性和疏水性。在防潮性测试中，处理过的试样抑制水分吸收时间比未处理的长；所有处理过的试样对水分吸收的抑制时间均超过10min，而未处理的试样其平均吸收时间只有8s。图8-20是木材在一个特定的时间段水滴在其表面润湿的系列图。未处理试样表面约在8s内就能够完全地吸收水分，然而处理过的表面表现出显著的惰性，显示出超过10min的斥水性。

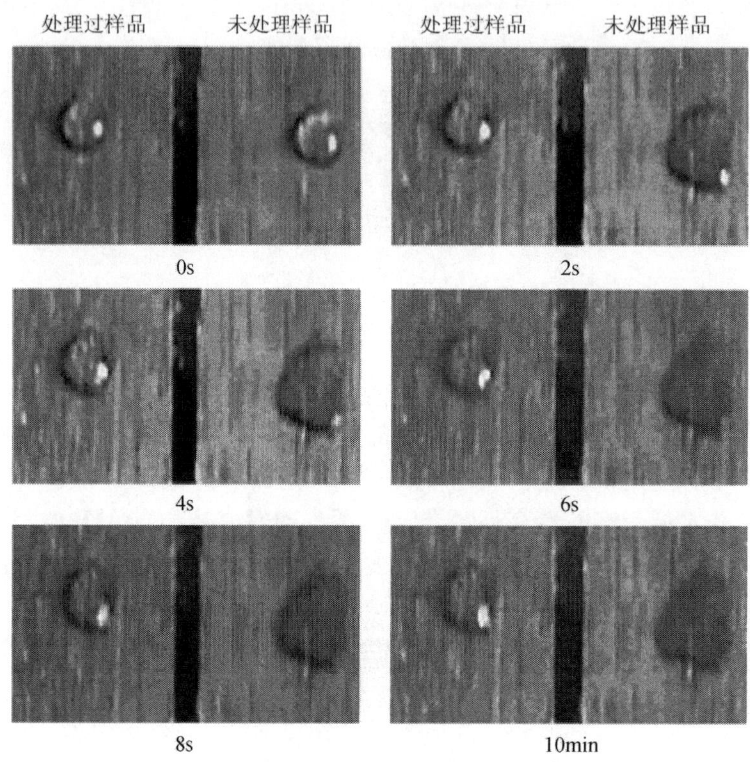

图8-20 水滴滴在木材表面上润湿的系列图

木材表面暴露在高温条件下会产生表面钝化现象。这样的木材表面降低了胶黏剂的湿润、流动、渗透、固化能力，使木材分子和胶黏剂之间的结合力减弱，黏附吸引力降低。

木材的许多热处理过程已被广泛研究并已取得技术进展[83-88]。木材热处理所产生的主要效果就是木材的吸水量减少，对各种类型的生物降解的抵抗性提高，尺寸稳定性得到改善。木材热处理方法已在文献中报道[89-92]。近年来，木材热处理技术已在芬兰[93]、法国[94]和荷兰等国得到发展。荷兰的“Plato wood”产品与其他木材不同，具有优良的尺寸稳定性和生物耐久性。干燥可使木材表面性质发生变化[95-99]。随着干燥温度的升高，氧气与碳比率降低，但是C1与C2比率升高。C1组分与C—C键或C—H键有关，而C2组分代表单个的C—O键。一个低的O/C值和一个高的C1/C2值显示了在木材表面无极性组分（提取物/挥发性有机化合物）的高度集中，这能使木材表面由亲水变得更加疏水。可湿性与 O/C 值呈正比例关系，与 C1/C2 值呈反比例关系。干燥温度影响木材表面的可湿性。当木材暴露在 51℃的低温下时，在其表面形成的水滴的接触角小；当暴露在 187℃的高温下时，在其表面形成的水滴的接触角大（图 8-21）。

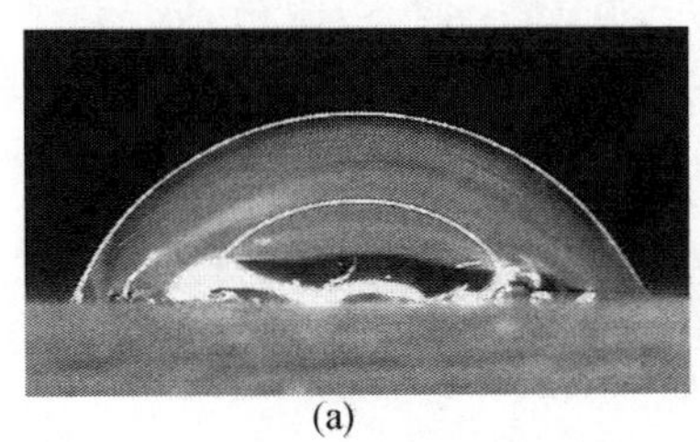
(a)

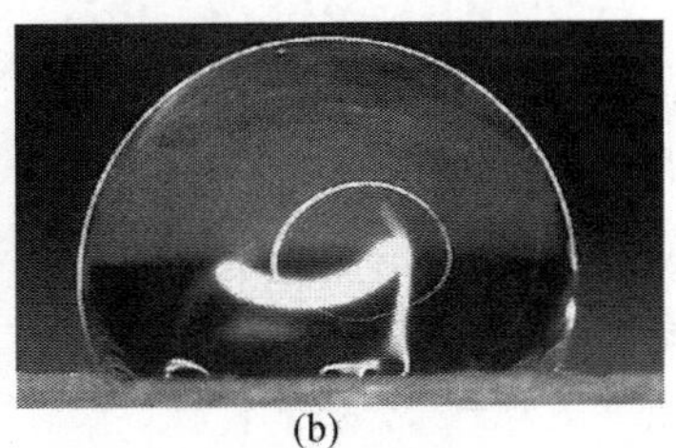
(b)

图 8-21　水滴在硬木木材表面的典型的初始接触角
（a）在 51℃下干燥得到的产品；（b）在 187℃下干燥得到的产品

综上所述，这些方法能改变木材的表面性能，使其表面由亲水变得疏水。并且每种方法有它特殊的优点和不可避免的缺点。有些过程已被商业化或者将要被商业化。所有的处理都可以产生一个疏水性的半纤维素、木质素和纤维素。结果，木材的性能，如耐久性（抵抗真菌）、吸水性、尺寸稳定性以及防紫外线的能力在改性之后都会显著地提高，从而扩大了木材的应用范围。

目前更深入的研究正在进行，旨在室温和常压下使用更简单而经济的方法获得木材更好的表面性能。只有这样木材才能被广泛地商业化并被用作一种工程材料。

8.2　疏水性木材的制备

8.2.1　制备方法

选取尾基为疏水性质的月桂酸为有机质，用于仿生合成疏水性碳酸钙复合木材。月桂酸作为表面活性剂来改性碳酸钙。月桂酸化学名为十二酸（十二烷酸），属于脂肪酸一族，是阴离子表面活性剂。因其结构一端为长链烷基，故与聚合物分子结构相似，能与聚合物有一定的相容性，其另一端为亲水性基团羧基，能与碳酸钙粉末表面的钙离子发生化学反应，使碳酸钙粉末表面由亲水变为疏水。脂肪酸或其盐对碳酸钙颗粒的表面处理机制如下：

$$CaCO_3\Big)Ca^{2+} + 2RCOO^- \longrightarrow CaCO_3\Big)Ca\begin{matrix} \diagup COOR \\ \diagdown COOR \end{matrix}$$

脂肪酸（盐）首先以离子键的形式吸附在碳酸钙表面活性最大的部分，脂肪酸和碳酸钙反应生成脂肪酸钙沉淀物，并逐步在碳酸钙颗粒表面形成一层膜。碳酸钙颗粒间的距离增大，减少了分子间力的相互作用，颗粒团聚现象减少，提高分散程度，从而改善了碳酸钙在油性基质中的分散性能。此过程有三步：①脂肪酸根离子（$RCOO^-$）从液相主体迁移到碳酸钙颗粒附近或与液相主体中的 Ca^{2+} 等反应生成难溶盐前驱体；②脂肪酸根 $RCOO^-$ 和裸露在碳酸钙颗粒外面的 Ca^{2+} 反应生成难溶盐，同时液相主体中的难溶前驱体迁移到碳酸钙颗粒表面；③难溶盐在碳酸钙颗粒表面成核，并生长，把碳酸钙颗粒包覆起来，形成结合状态。通过疏水性碳酸钙在木材中的原位合成，碳酸钙在木材内部的填充和表面包覆，进而得到疏水性的复合木材。

1）试验材料

无水氯化钙（天津市光复精细化工研究所产品）；无水碳酸钠（分析纯，天津市化学试剂三厂产品）；月桂酸（分析纯，天津市化学试剂三厂产品）；无水乙醇（分析纯，天津市凯通化学试剂有限公司）；实验用水为蒸馏水。

2）杨木试件

系黑龙江省帽儿山实验林场采伐的大青杨；平均含水率为10.4%，平均密度为0.40g/cm³，无虫眼、节疤等缺陷。3 种试件尺寸分别为 20mm × 20mm × 300mm、20mm ×20mm ×30mm 和 20mm ×20mm ×20mm，每个试验条件下各 5 个试件。

3）试验设备

浸渍装备：1000mL 的烧杯，2000mL 的量筒；加热设备：鼓风干燥箱；超声仪。

4）反应过程

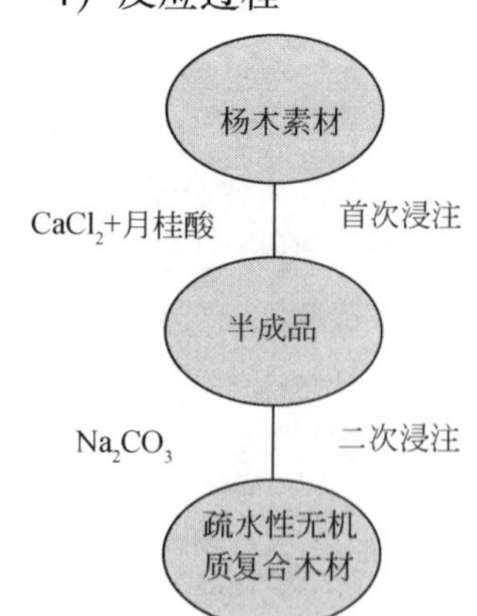

图 8-22　疏水性木材制备示意图

反应过程如下：

（1）配制 1mol/L 的氯化钙溶液和 1mol/L 的碳酸钠溶液。

（2）制备氯化钙与有机质月桂酸的混合溶液：称量所需的月桂酸放入 10mL 无水乙醇中搅拌均匀，然后放入已经配制好的氯化钙溶液中，再用水浴超声仪震荡搅拌 0.5h。

（3）按照图 8-22 的流程图用双扩散法制备无机质复合木材。

（4）按照图 8-22 所示，将试件在每种溶液中，在 40℃ 的环境中浸泡 5 天，记录数据观察变化。

8.2.2　结果与讨论

通过各种测试结果综合评价无机质复合木材，为进一步分析无机质复合木材的制备机制和改善其性能提供指导与依据。

1）力学性能测试

木材的力学性质是度量木材抵抗外力的能力。通过试验测试无机质复合木材的各种力学性能，并与素材对比，可综合评价复合木材的性能优劣。本研究测试的力学性能包含静曲强度、弹性模量、顺纹抗压强度，试验数据如表 8-4 所示。

表 8-4　疏水性无机质复合木材与杨木素材力学性能（绝对值）对比

材料名称	静曲强度/MPa	弹性模量/MPa	顺纹抗压强度/MPa
杨木素材	57.47	4314.92	51.43
疏水性无机质复合木材	125.11	15365.02	62.08

注：试验数据为 5 次平行试验结果的均值。

由表 8-4 中数据可知，制备的无机质复合木材的弦切面静曲强度、弹性模量以及顺纹抗压强度均比素材高，分别为素材的 2.21 倍、3.56 倍和 1.21 倍。从静曲强度、弹性模量和顺纹抗压强度的绝对值看，制备的无机质复合木材达到了优质木材的性能级别。

2）接触角结果分析

将液体滴在光滑、组成均匀且不变形的固体表面上，液体并不完全铺展开而与固体表面成一角度，即所谓的接触角。其定义为，在固液气三相交点处做液气界面的切线，此切线与固液界面之间的夹角就是接触角。接触角的大小可以用来衡量固体表面的润湿性。表面润湿性，即材料的亲水性或疏水性，是材料的一个重要特征参数。液体在材料表面的接触角越小，表面就越容易被润湿。一般，与水的接触角大于 90°的表面称疏水表面，小于 90°的表面称亲水表面。材料与水（或油）的接触角越大，表面能就越低，膜的疏水性越强。

木材表面的接触角可表明木材表面的亲、疏水程度，故本研究通过试验测试无机质复合木材水接触角值，来评价试件的疏水程度，进而衡量其尺寸稳定性。

本试验用上海中晨数字技术设备有限公司生产的静滴接触角测量仪，在室温下测定水滴在其上的接触角（图 8-23）。

根据图 8-23 的测试结果显示，以月桂酸为有机质制备的复合木材的水接触角为 109°。大于 90°，其具备良好的疏水性能。

图 8-23　疏水性复合木材与水的接触角

3）扫描电镜（SEM）分析

由图 8-24 可清晰观察到，杨木素材导管腔大、壁薄，腔径大小不一，导管间纹孔通透凹陷，导管壁光滑无异物。

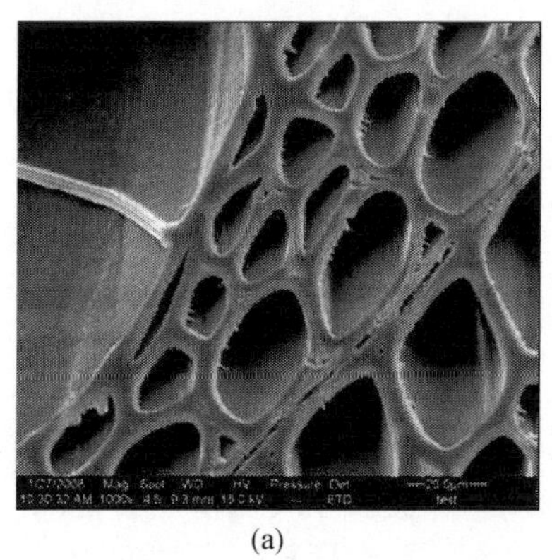

(a)

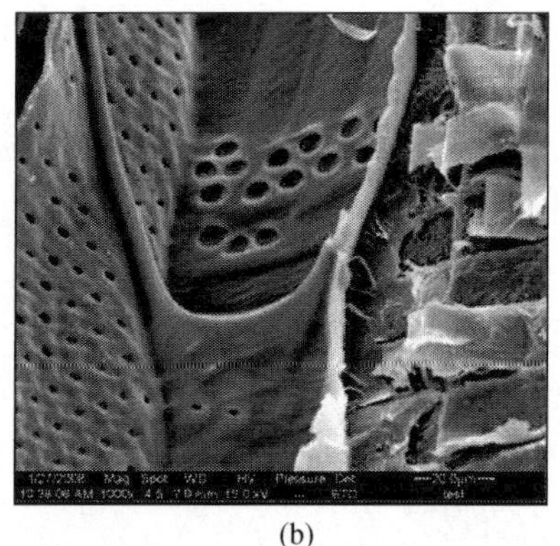

(b)

图 8-24　杨木素材的 SEM 图

（a）横切面；（b）纵切面

图 8-25 两个 SEM 图可基本反映在所采取的工艺条件下，双扩散法改性处理杨木的效果。在木材上原位合成的碳酸钙呈较均匀的椭圆状，沉积在木材空腔中。

4）傅里叶变换红外（FTIR）光谱结果分析

FTIR 是研究改性试剂在木材细胞腔、壁内能否发生化学反应及怎样发生化学反应的主要技术手段之一。不论何种分子，只要含有某种官能团或化学键，在

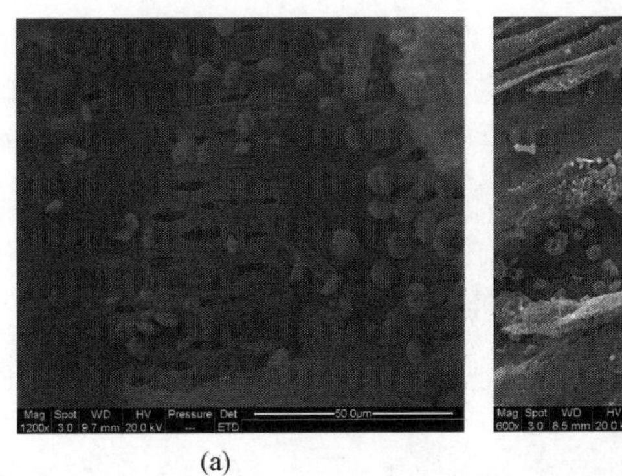

(a)

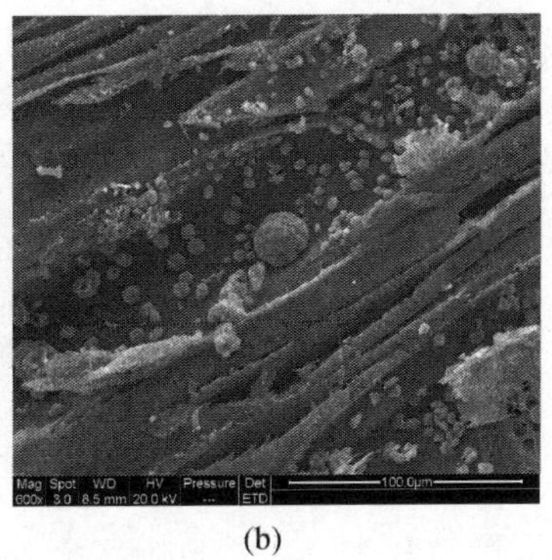

(b)

图 8-25　疏水性复合木材的 SEM 图

（a）横切面；（b）纵切面

红外光谱谱图中都会产生与该官能团或化学键相对应的特征吸收峰。因此，红外光谱法是现今研究表面改性的重要工具之一。本研究利用 FTIR 对无机质复合木材及素材进行对比分析，以判断所采用的制备工艺条件下无机物与木材的反应情况，为进一步通过改善操作条件和选择优良试剂来提高无机复合木材性能提供理论指导与依据。

使用美国尼高力（Nicolet）公司 Magna－IR 560 E. S. P 型 FTIR。取少量试样，加入 KBr 作稀释剂，在玛瑙研钵里研磨至粒子细小而均匀，压片成型。用傅里叶变换红外光谱仪测试，分辨率设置为 $4cm^{-1}$，扫描次数 40 次。FTIR 光谱图如图 8-26 所示。

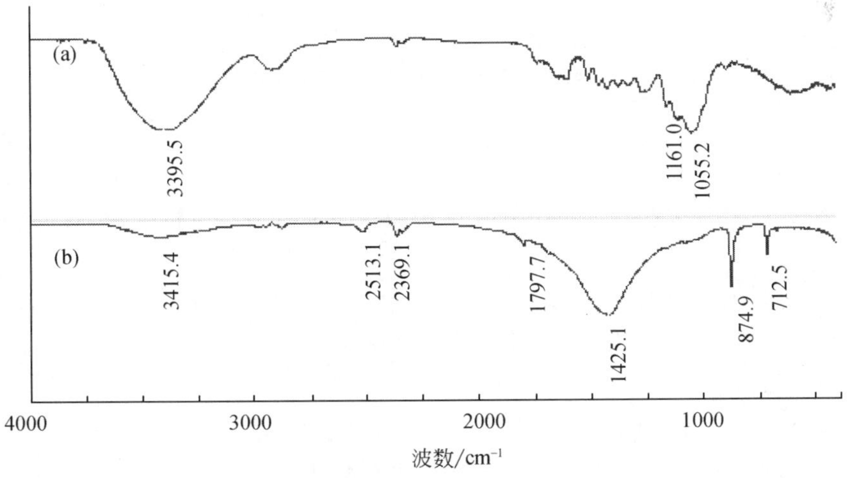

图 8-26　产品的 FTIR 光谱图

（a）杨木素材；（b）疏水性复合木材

如图 8-26 所示，疏水性碳酸钙复合木材在 3415.4cm^{-1}显示了杨木素材的特征峰，在 874.9cm^{-1}和 712.5cm^{-1}显示了方解石型碳酸钙的特征峰。复合木材的红外图无新的吸收峰，说明了疏水性复合木材中碳酸钙均填充在木材内部和包覆在木材表面，没有新的化学键形成。

5）X 射线衍射（XRD）结果分析

由于木材是具有结晶区和非结晶区的两相结构有机复合体，可通过 X 射线衍射表征产品的晶体结构。当木材与无机物复合后，其内部结构的变化可借助 XRD 表征反映出来，故本研究利用 XRD 探索素材和无机复合木材的晶体结构。如图 8-27 所示，其中（a）为杨木素材的 XRD 图，（b）为疏水性复合木材的 XRD 图。可以看出制备的疏水性复合木材的 XRD 图均为方解石碳酸钙的晶型，没有显示木材的特征峰，说明木材被碳酸钙完全包覆。

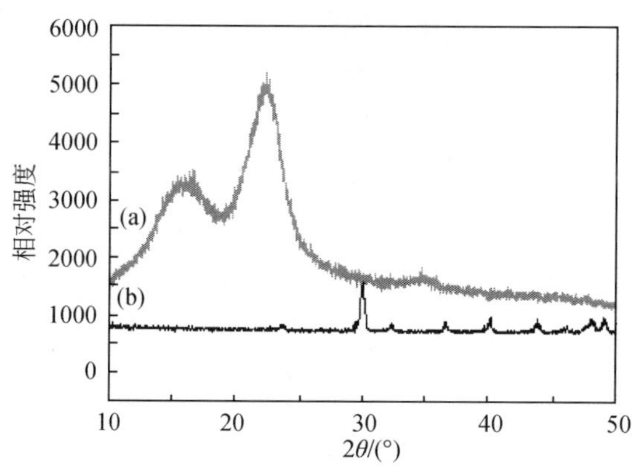

图 8-27 产品的 XRD 图

（a）杨木素材；（b）疏水性复合木材

8.2.3 结论

本研究通过疏水性碳酸钙在木材中的原位合成，得到了性能优良的疏水性复合木材。

（1）使用月桂酸为有机质，采用双扩散法原位制备疏水性碳酸钙复合木材。

（2）改性后木材的力学性能均有较大提高。

（3）通过接触角试验复合木材具有良好的疏水性质。

（4）FTIR 分析、X 射线衍射分析、扫描电镜分析结果表明，碳酸钙填充在木材内部和包覆在木材表面，成功地对木材进行了性能改良。

8.3　双疏性木材的制备

甜菜碱是一种典型的两性表面活性剂，两性表面活性剂和天然两性化合物，如氨基酸、蛋白质一样，在分子中同时含有不可分离的正、负电荷中心，因而在溶液中显示出独特的等电点性质，这是与其他类型表面活性剂的最大和最根本的区别。两性表面活性剂的正电荷中心往往显示碱性，而负电荷中心往往显示酸性，这一结构特征决定了它在溶液中既有释放一个质子的能力，又有吸收一个质子的能力，甜菜碱的结构如下：

$$CH_3(CH_2)_n-\overset{\overset{\displaystyle CH_3}{|}}{\underset{\underset{\displaystyle CH_3}{|}}{N^+}}-CH_2COO^- \qquad n=7\sim17$$

本实验采用十二烷基二甲基甜菜碱（BS-12）为有机质，通过双扩散法，制备双疏性无机质复合木材。

8.3.1　制备方法

1）试验材料

无水氯化钙（天津市光复精细化工研究所产品）；无水碳酸钠（分析纯，天津市化学试剂三厂产品）；甜菜碱（武汉市德孚经济发展有限公司产品）；无水乙醇（分析纯，天津市凯通化学试剂有限公司）；实验用水为蒸馏水。

2）杨木试件

系黑龙江省帽儿山实验林场采伐的大青杨；平均含水率为10.4%，平均密度为0.40g/cm^3，无虫眼、节疤等缺陷。3 种试件尺寸，分别为 20mm×20mm×300mm、20mm×20mm×30mm 和 20mm×20mm×20mm，每个试验条件下各 5 个试件。

3）试验设备

浸渍装备：1000mL 的烧杯，2000mL 的量筒；加热设备：鼓风干燥箱；超声仪。

4）试验方法

试验方法如下：

（1）配制 1mol/L 的氯化钙溶液和 1mol/L 的碳酸钠溶液。

（2）制备氯化钙与有机质甜菜碱的混合溶液：称量所需的甜菜碱放入 10mL 无水乙醇中搅拌均匀，然后放入已经配制好的氯化钙溶液中，再用水浴超声仪震

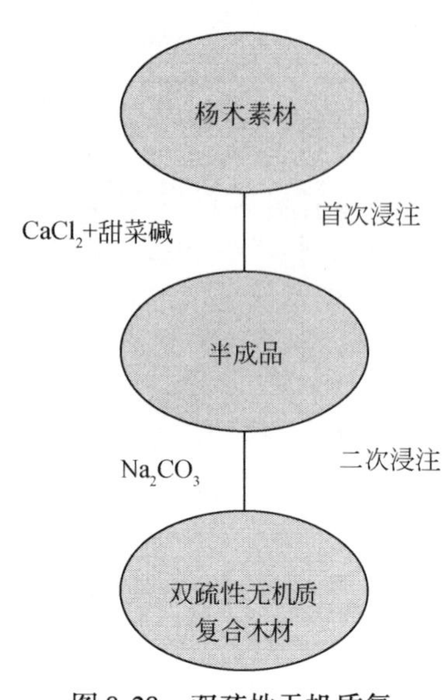

图 8-28　双疏性无机质复合木材制备示意图

荡搅拌 0.5h。

（3）通过图 8-28 所示流程图用双扩散法制备无机纳米复合材。

（4）按照图 8-28 所示，将试件在每种溶液中，在 40℃ 的环境中浸泡 5 天，记录数据观察变化。

8.3.2　结果与讨论

通过各种测试结果综合评价双疏性无机质复合木材，为进一步分析双疏性无机质复合木材的制备机制和改善性能提供指导与依据。

1）力学性能测试

通过试验测试双疏性无机质复合木材的各种力学性能，并与素材对比，可综合评价双疏性无机质复合木材的性能优劣。本研究测试的力学性能包含静曲强度、弹性模量、顺纹抗压强度，试验数据如表 8-5 所示。

表 8-5　双疏性无机质复合木材与杨木素材力学性能（绝对值）比较

材料名称	静曲强度/MPa	弹性模量/MPa	顺纹抗压强度/MPa
杨木素材	57.47	4314.92	51.43
双疏性无机质复合木材	81.04	13554.05	65.90

注：试验数据为 5 次平行试验结果的均值。

由表中数据可知，制备的双疏性无机质复合木材的弦切面静曲强度、弦切面弹性模量以及顺纹抗压强度均比素材高，分别为素材的 1.41 倍、3.14 倍和 1.28 倍。从静曲强度、弹性模量和顺纹抗压强度的绝对值看，制备的双疏性无机质复合木材达到了优质木材的性能级别。

2）接触角结果分析

本试验用上海中晨数字技术设备有限公司生产的静滴接触角测量仪在室温下测定细液滴水及邻苯二甲酸二丁酯在其上的接触角（图 8-29 和图 8-30）。

根据上图的测试结果显示：以甜菜碱为有机质制备的复合木材的水接触角为 102°，油接触角为 92°，均大于 90°，其具备良好的双疏性质。

3）SEM 分析

由图 8-31 的 SEM 图可清晰观察到，杨木导管腔大壁薄，木纤维分散在导管腔周围，腔径大小不一，导管间纹孔通透凹陷，导管壁光滑无异物。

图 8-29　双疏性无机质复合木材与水的接触角

图 8-30　双疏性无机质复合木材与油（邻苯二甲酸二丁酯）的接触角

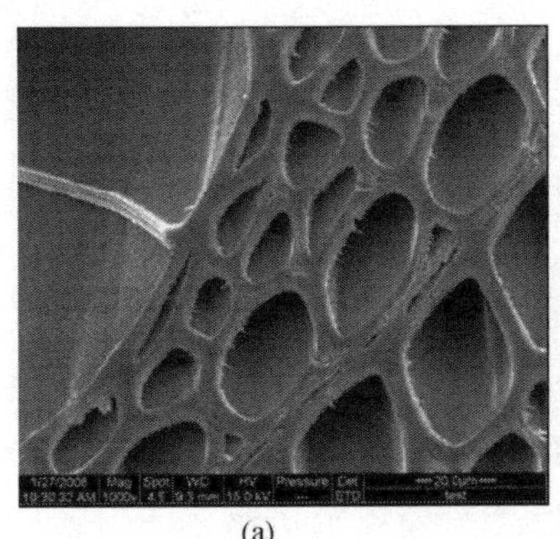

(a)

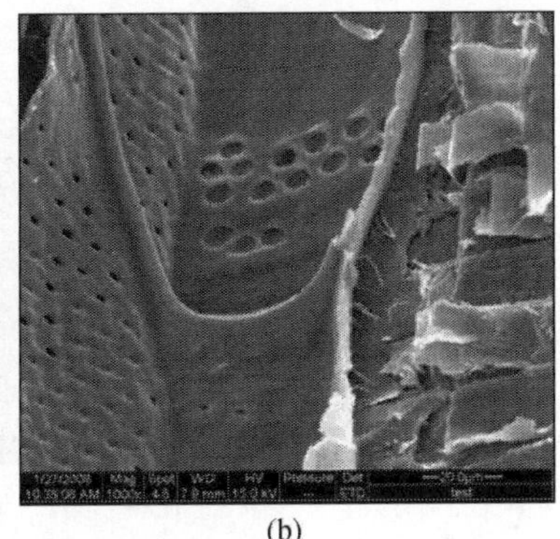

(b)

图 8-31　杨木素材的 SEM 图

（a）横切面；（b）纵切面

由图 8-32 可基本反映在所采取的工艺条件下，双扩散法改性处理杨木的效果，原位合成的碳酸钙呈不规则状填充在木材空腔中。

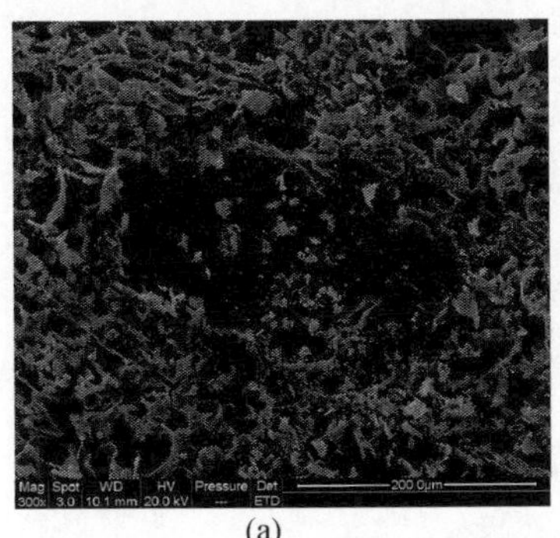

(a)

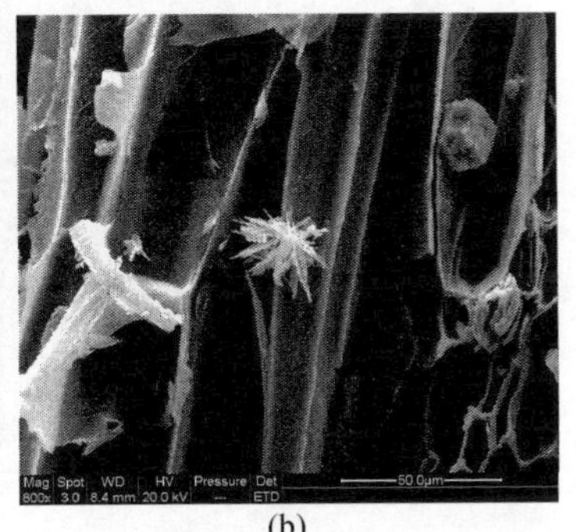

(b)

图 8-32　双疏性无机质复合木材的 SEM 图

（a）横切面；（b）纵切面

4）FTIR 结果分析

用傅里叶变换红外光谱仪测试，分辨率设置为 $4cm^{-1}$，扫描次数 40 次。FTIR光谱如图 8-33 所示。双疏性复合木材在 $3345.5cm^{-1}$ 显示了杨木素材的特征峰，在 $874.9cm^{-1}$ 和 $712.4cm^{-1}$ 显示了方解石型碳酸钙的特征峰。双疏性复合木材的红外图中无新的吸收峰，说明了双疏性碳酸钙复合木材中碳酸钙均填充在木材内部和包覆在木材表面，没有新的化学键形成。

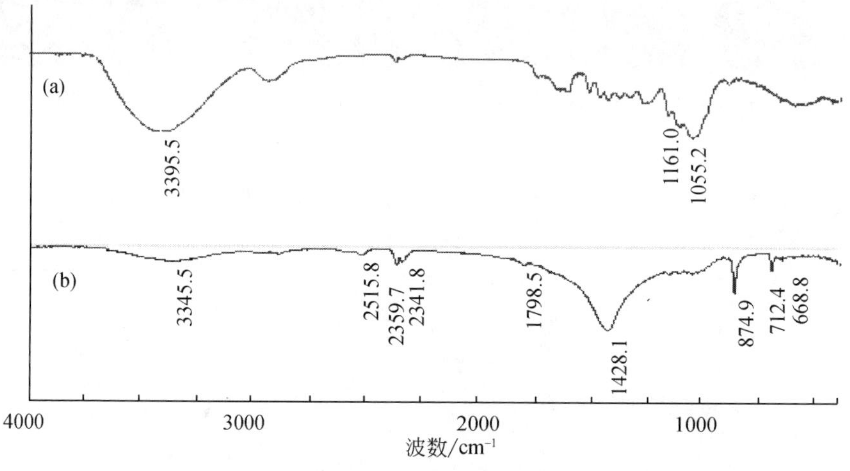

图 8-33 产品的 FTIR 光谱图

（a）杨木素材；（b）双疏性复合木材

5）XRD 结果分析

如图 8-34 所示，图中（a）为杨木素材的 XRD 图，（b）为双疏性碳酸钙复合木材的 XRD 图。可以看出制备的复合木材中碳酸钙为方解石型，没有显示木材的特征峰，说明木材被合成碳酸钙完全包覆。

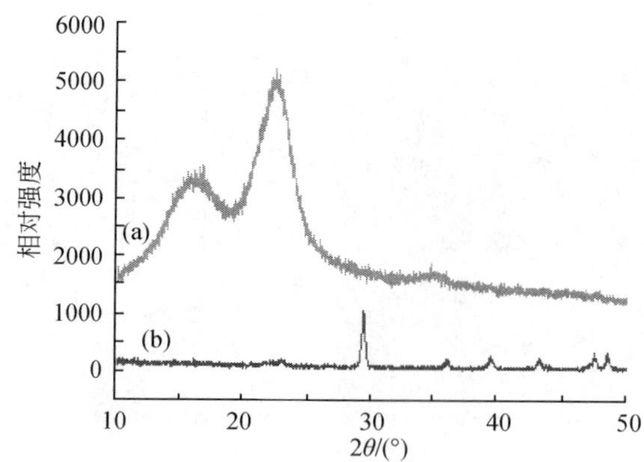

图 8-34 产品的 XRD 图

（a）杨木素材；（b）双疏性复合木材

8.3.3　结论

本研究通过双疏性碳酸钙在木材中的原位合成，得到了性能优良的双疏性复合木材。

（1）使用甜菜碱为有机质，采用双扩散法原位能够制备双疏性复合木材；

（2）改性后木材的力学性能均有较大提高；

（3）通过接触角测试说明复合木材具有双疏的性质；

（4）FTRI 分析、XRD 分析、扫描电镜分析结果表明，碳酸钙填充在木材内部和包覆在木材表面，成功地对木材进行了性能改良。

8.4　超疏水性木材的制备

PMS，即甲基硅酸钾，它的腐蚀性极强，是由钾和甲基氧烷组成的碱性水溶液，可与空气中的二氧化碳或别的酸性化合物反应，生成甲基硅醇；甲基硅醇进一步缩合并与建筑材料起化学反应，在结构材料表面及内部生成一层不溶性的防水高分子化合物，具有防水、防渗、防潮、阻锈、抗老化、抗污染等优点，因而可广泛用于水泥砂浆、石膏、石材、珍珠岩、混凝土、防水涂料等领域中。

8.4.1　制备方法

1）试验材料

甲基硅酸钾（分析纯，新余远大有机硅有限公司）；二氧化碳（分析纯，哈尔滨黎明气体有限公司）；轻木。

2）实验仪器

数显无级调速搅拌器（SXJQ-1 型，郑州长城科工贸有限公司）；酸度计（PHS-3C 型，上海佑科仪器仪表有限责任公司）；磁力加热搅拌器（79-1 型，常州国华电器有限责任公司）；电子分析天平（AE100，梅特勒仪器有限责任公司）；电子天平（TD1000，天津市天马仪器厂）；电热恒温真空干燥箱（DHG-9070A 型，上海一恒科技有限责任公司）。

3）实验原理

PMS 溶液 + CO_2 $\longrightarrow$ $CH_3Si(OH)_3$ 浓缩溶液$\longrightarrow$

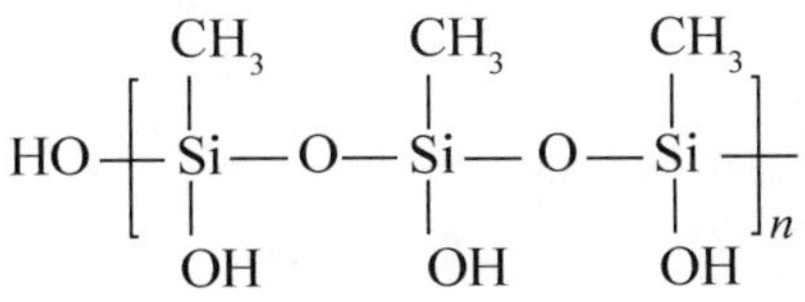

$$HO\left[\begin{array}{c} CH_3 \\ | \\ Si \\ | \\ OH \end{array}-O-\begin{array}{c} CH_3 \\ | \\ Si \\ | \\ OH \end{array}-O-\begin{array}{c} CH_3 \\ | \\ Si \\ | \\ OH \end{array}\right]_n OH$$

然后与木材结合生成

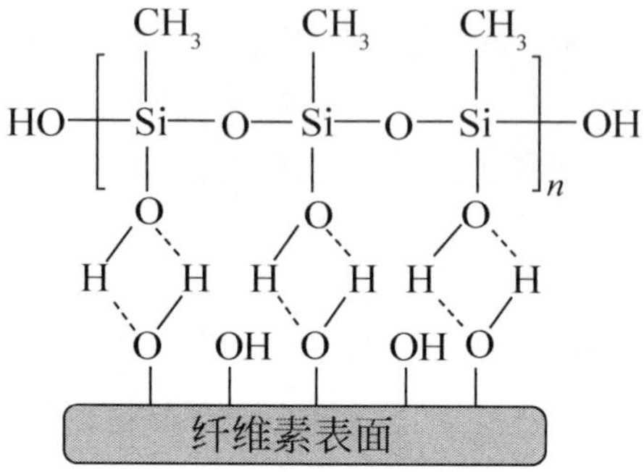

纤维素表面

或生成

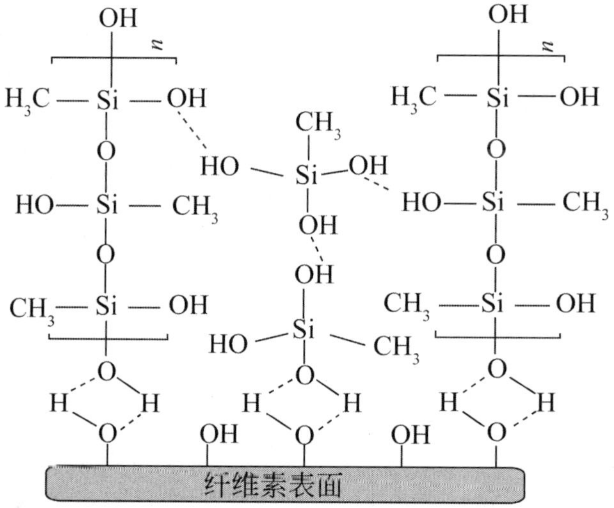

纤维素表面

经缩聚反应最后得到

纤维素表面

4）反应过程

（1）将木材试件放入制备的硅烷醇溶液中，使试件浸泡在溶液内部，由于木材中的纤维素含有亲水基，可以与硅烷醇中的羟基发生分子间的脱水反应形成氢键。

（2）试件在溶液中浸渍一段时间，发生缩聚反应生成聚甲基硅倍半氧烷充分包覆在木材表面，达到一定的超疏水性的效果。

(3) 当反应完全时将木块取出，然后用去离子水冲洗至少 3 次，除掉表面多余的物质，最后将试件放入真空干燥箱进行真空干燥 40min 左右，即可生成超疏水性木材。

8.4.2　结果与讨论

1) 接触角结果分析

当水滴与木材接触，若接触角 θ 为 0°时为铺展润湿，$\theta \leq 90°$时为浸渍润湿，$90° < \theta \leq 180°$为沾附浸湿。反应过程中反应溶液的试剂用量、温度、反应时间以及 pH 四个因素对疏水性都有很大影响，对这几个因素分别进行了研究，并对其接触角进行了测试。

甲基硅酸钾的质量浓度对反应后木材的疏水性有很大影响。控制反应温度为 20℃，pH 为 8，浸泡时间为 18h，改变反应中甲基硅酸钾的用量，可以看出对木材疏水性有不同的影响。随着甲基硅酸钾用量的增加，改性的木材疏水性呈现一个上升趋势。当甲基硅酸钾的质量浓度由 0.12% 增加到 0.6% 时，木材表面水滴的接触角由 119°增加到 130°。结果表明，甲基硅酸钾的质量浓度对反应后木材的疏水性有很大影响。当甲基硅酸钾的浓度较低时，甲基硅酸钾不足以完全和木材表面的纤维素反应；当甲基硅酸钾的质量浓度达到 0.6% 时，由试验数据可以看出，甲基硅酸钾和二氧化碳反应生成的硅烷醇与木材表面的纤维素充分反应（表 8-6，图 8-35，图 8-36）。

表 8-6　浓度对接触角的影响

浓度/%	0.12	0.24	0.36	0.48	0.60	0.72	0.84
接触角/(°)	119	124	122	125	130	128	129

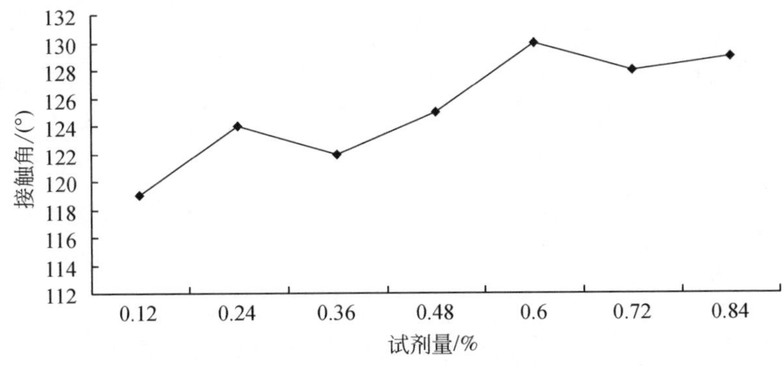

图 8-35　浓度对接触角的影响

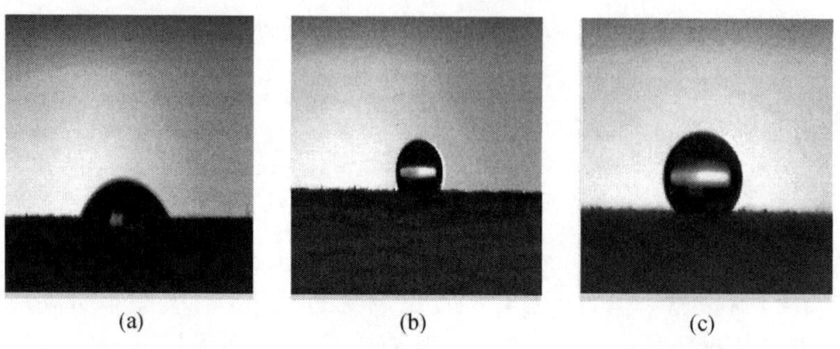

图 8-36 不同浓度下产品的接触角照片

(a) 0%; (b) 0.12%; (c) 0.6%

反应温度对木材的疏水性也有很大影响。在甲基硅酸钾质量浓度为 0.6%、pH 为 8、浸泡时间为 18h 时，可以看出反应溶液的温度对木材疏水性有不同效果。随着反应温度的升高，改性后木材的疏水性呈现一个先上升后下降的趋势。当溶液温度由 20℃增加到 40℃时，木材表面水滴的接触角由 129°增加到 138°。如果继续升高温度则木材表面的接触角有降低的趋势。因为当溶液温度较低时，反应生成的硅烷醇活性较低，不能有效地与木材表面的纤维素反应；当反应溶液温度较高时，可以使由甲基硅酸钾生成的硅烷醇反应活性增加，能更好地与木材表面的纤维素充分反应；当温度再升高时，由于反应为放热反应，温度太高使平衡常数降低，不利于反应正向进行，因而木材表面的接触角又降低了（表 8-7，图 8-37，图 8-38）。

表 8-7 反应温度对接触角的影响

温度/℃	20	30	35	40	45	50
接触角/(°)	129	131	133	138	133	130

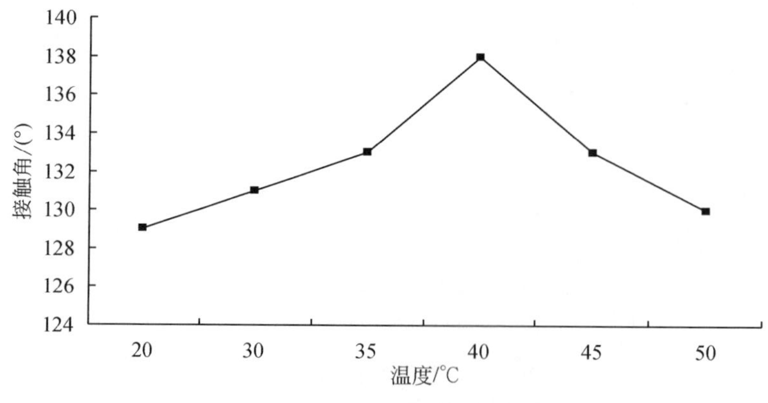

图 8-37 反应温度对接触角的影响

(a)　(b)

图 8-38　不同反应温度下产品的接触角照片
(a) 20℃；(b) 40℃

试件在溶液中的浸泡时间对木材的疏水性也有很大影响。在甲基硅酸钾质量浓度为 0.6%、pH 为 8、温度为 40℃时，随着浸泡时间的改变，改性后木材的疏水性呈现上升的趋势。当浸泡时间由 10h 增加到 16h，木材表面水滴的接触角由 133°增加到 139°。试验结果表明，反应过程中木块的浸泡时间对反应后木材的疏水性有很大影响。当浸泡时间较短时，反应生成的硅烷醇不能有效地与木材表面的纤维素反应；随着浸泡时间的增加，可以使由甲基硅酸钾和二氧化碳反应而生成的硅烷醇能更好地与木材表面的纤维素充分反应；当浸泡时间再延长时，木材表面的接触角基本不变（表 8-8，图 8-39，图 8-40）。

表 8-8　反应时间对接触角的影响

反应时间/h	10	12	14	16	18	20
接触角/(°)	133	132	135	139	138	139

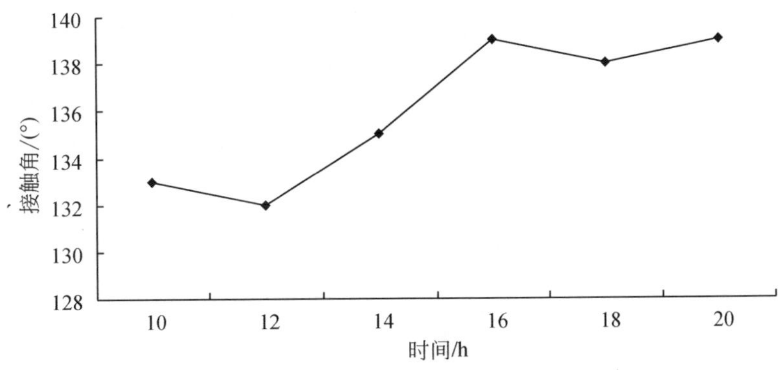

图 8-39　反应时间对接触角的影响

图 8-40　不同反应时间下产品的接触角照片
（a）10h；（b）16h

溶液的 pH 对反应后木材的疏水性也有很大影响。在甲基硅酸钾质量浓度为 0.6%、温度为 40℃、浸泡时间为 16h 时，改变溶液的酸度，随着溶液的 pH 的改变，改性木材的疏水性呈现一个先上升后下降的趋势。当 pH 由 6 增加到 10，木材表面的接触角由 124°增加到 148°；当 pH 进一步增大到 11 时，木材表面的接触角由 148°降低到 133°。当溶液 pH 较低时，不利于木材表面羟基的存在，影响与硅烷醇的脱水反应，当 pH 较高时，甲基硅酸甲不能与二氧化碳充分反应而使生成的硅烷醇浓度较低，因而不能有效地与木材表面的纤维素反应（表 8-9，图 8-41，图 8-42）。

表 8-9　pH 对接触角的影响

pH	6	7	8	9	9.5	10	10.5	11
接触角/(°)	124	135	139	143	145	148	139	133

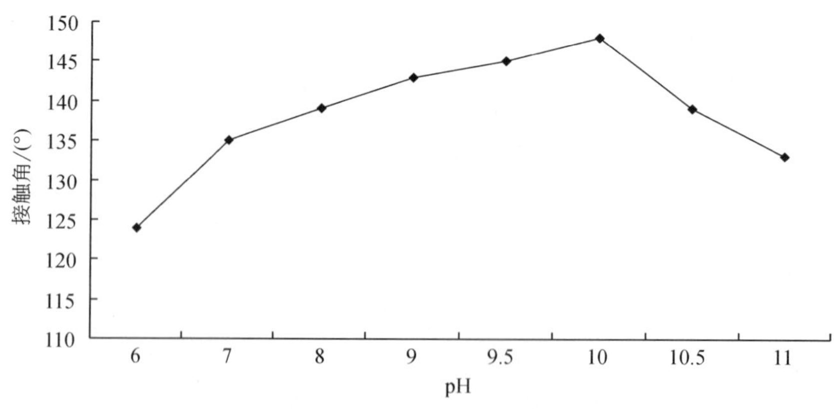

图 8-41　pH 对接触角的影响

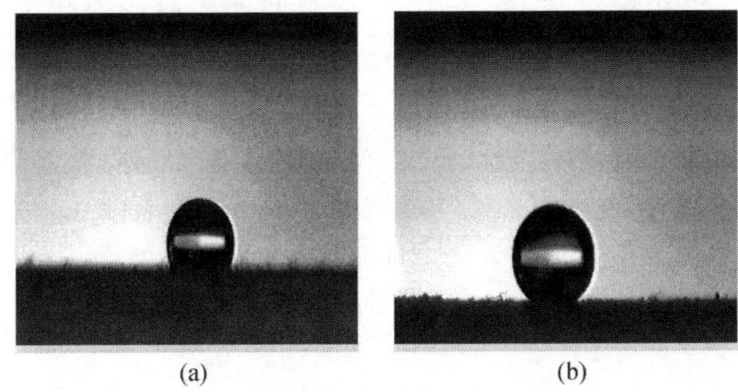

图 8-42　不同 pH 下产品的接触角照片
（a）pH = 6；（b）pH = 10

通过上述试验，可以得出获得的最大的接触角 148°，最优反应条件为：甲基硅酸钾质量浓度 0.6%，温度为 40℃，浸泡时间为 16h，pH 为 10。对此疏水性木材进行 X 射线衍射、扫描电镜分析、红外光谱分析以及热重分析如下。

2）XRD 结果分析

对最优反应条件下获得的接触角为 148°的试件进行 X 射线衍射分析。木材的化学成分主要是纤维素、半纤维素、木素以及抽提物、灰分等，纤维素的化学通式为（$C_6H_{10}O_5$）$_n$，均只含碳氢氧三种元素，在 2θ 为 20°左右的两个峰对应为木材有机物的衍射峰，在 2θ 为 35°出现了新的衍射峰，说明最终生成的聚甲基硅倍半氧烷已经附着在木材的表面，起到了一定的疏水作用（图 8-43）。

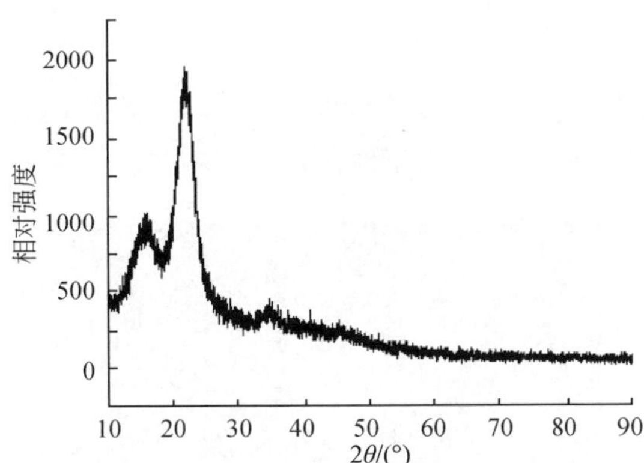

图 8-43　接触角为 148°试件的 XRD 图

3）FTIR 结果分析

图 8-44 给出了经甲基硅酸钾处理过的接触角为 148°试件的红外光谱图。波数在 1010 ~ 1100cm^{-1}的一个宽强峰以及在 800cm^{-1}附近的一个峰是 Si—O—Si 键

的对称振动峰，在 2930cm^{-1} 处是—CH_3 基的伸缩吸收峰。在 1366cm^{-1} 附近是 C—Si 的伸缩吸收峰。在 2352cm^{-1} 附近是空气中 CO_2 的吸收峰，从图 8-44 中可以看出疏水性木材表面有硅烷醇的附着。硅烷醇中羟基与木材表面纤维素中的羟基反应，这种相互作用诱导硅烷醇在木材表面以一定方向与亲水基相互作用生成聚甲基硅倍半氧烷疏水性薄膜，所以硅烷醇与木材中羟基作用形成的空间网络空间结构的形状和大小决定了生成的疏水性薄膜的形貌和粒径。

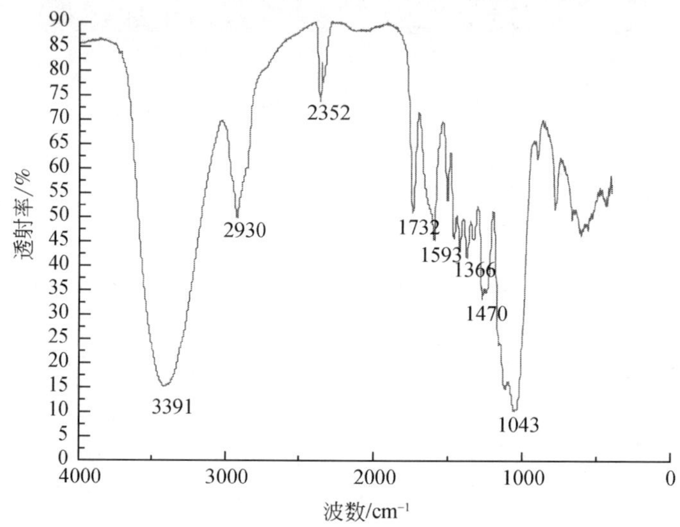

图 8-44 处理过的试件的红外光谱图

4）SEM 分析

图 8-45 是未处理试件的扫描电镜图片，图 8-46 是处理后试件不同放大倍数的扫描电镜图片。由图中可以看出未经过处理的木材表面光滑，经甲基硅酸钾处

图 8-45 未处理试件的扫描电镜图

理后的木材表面有一层疏水薄膜的存在，形成乳突状结构，通过放大图可以看出，乳突状结构大小均匀地沉积在木材表面。试验结果表明，硅烷醇可以在木材表面进行反应，从而形成超疏水薄膜。

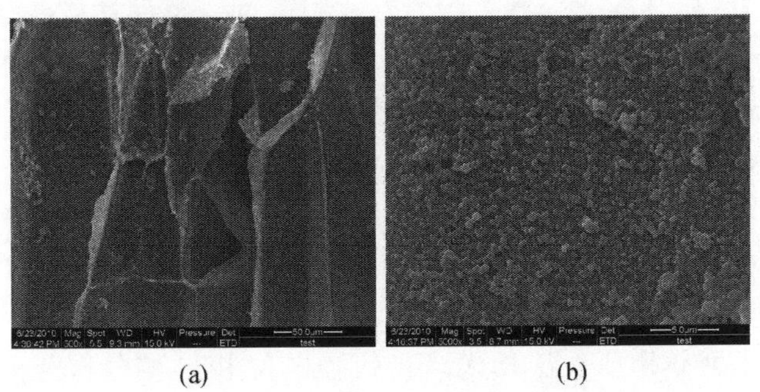

(a)　　　(b)

图 8-46　处理后试件的扫描电镜图

（b）为（a）的放大图

5）热重分析（TGA）结果分析

测试采用日本产 NETZSCH STA 449C 型热重分析仪在空气气氛下测定，测定温度范围为室温至 1000℃，升温速率 10℃/min。图 8-47 为经甲基硅酸钾处理过的接触角为 148°试件的 TGA 图，曲线中 78 ~ 250℃的热失重产生于硅烷醇烷基链的分解，同时，由于硅烷醇与木材的相互作用，使木材的最大热分解速率的温度为 300℃。经计算木材表面含有 2.18% 的疏水性物质。

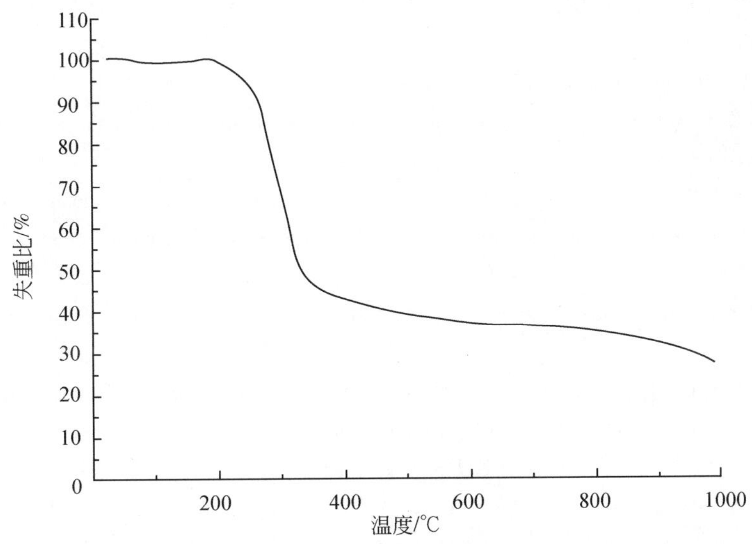

图 8-47　处理后试件的热重分析图

8.4.3　结论

采用甲基硅酸钾和二氧化碳为原料合成硅烷醇，合成的硅烷醇与木材表面的纤维素反应生成一层超疏水薄膜并附着在木材表面，从而达到疏水性目的。探索了反应温度、反应溶液的 pH、反应时间、试剂用量 4 个因素对木材的疏水性影响，并确定了最优制备工艺。对最佳工艺下获得的试件采用 X 射线衍射、红外光谱、扫描电镜和热重分析进行分析，得到以下结论：

（1）以甲基硅酸钾与二氧化碳为原料反应生成超疏水木材的最佳反应工艺为：反应时间为 16h，pH 为 10，甲基硅酸甲的质量分数为 0.6%，反应温度为 40℃。

（2）采用 X 射线衍射、红外光谱、扫描电镜和热重分析等分析方法进行分析，结果表明，功能性改良后的木材呈超疏水性。

综上所述，木材经各种方法进行疏水性处理后，明显地减少了木材的吸水性和吸湿性，故而提高了木材的尺寸稳定性。由此可以扩大木材的使用范围和应用价值。经过疏水性处理的木材及其制品可以广泛应用到水分高、湿度大的场所，如海港码头、水上栈道、淋浴室、桑拿间以及船舶用材等。

参 考 文 献

[1] 刘波，张双保，曹永健，等．木材－无机质复合材料的制备方法及改性．木材加工机械，2005，(4)：37-40.

[2] 陈志林，王群．无机质复合木材的复合工艺与性能．复合材料学报，2003，(4)：128-132.

[3] Siau J F. Flow in wood. New York：Syracuse University Press，1971.

[4] Banks W B. Water uptake by Scots pine sapwood，and its restriction by the use of water repellents. Wood Science and Technology，1973，7：271-284.

[5] Stamm A J. Wood and Cellulose Science. New York：The Ronald Press Company Press，1964.

[6] Anon. Based on Träskyddshandbok. Finnish：AB Svensk Byggtjänst. Lahontorjuntayhdistysry，1988.

[7] Wood Handbook—Wood as an Engineering Material. http：//www. fpl. fs. fed. us/1999. 2003-09-29.

[8] Levi M P. Control mechanisms. *In*：Nicholas D D. Wood Deterioration and Its Prevention by Preservation Treatments. New York：Syracuse University Press，1973.

[9] Cartwright K St G，Findley W P K. Decay of Timber and Its Prevention. London：His Majesty's Stationary Office，1958.

[10] Scheffer T C. Microbiological Degradation and the Causal Organisms. New York：Syracuse University Press，1973.

[11] Rowell R M, Banks W B. Water repellency and dimensional stability of wood. USDA Forestry. Service General Technical Report FPL 50 Forest Products Laboratory, Madison, 1985: 24.

[12] Van Eckeveld A. Natural oils as water repellents for Scots pine. Wageningen University, Thesis AV, 2001, 30.

[13] Borgin K, Corbett K. The hydropHobic and water-repellent properties of wattle bark extractives. Plastics, Paint and Rubber, 1970, 14: 69-72.

[14] Banks W B, Voulgaridis E V. The performance of water repellents in the control of moisture absorption by wood exposed to the weather. British Wildlife PHotograpHy Awards Annual Convention, 1980: 43-53.

[15] Stamm A. J. Wood and cellulose science. New York: The Ronald Press Company, 1964, 549.

[16] Feist W C, Mraz E A. Comparison of outdoor and accelerated weathering of unprotected softwoods. Forest Products Journal, 1978, 28: 31-43.

[17] Rowell R M, Banks W B. Water repellency and dimensional stability of wood. USDA Forestry. Service General Technical Report FPL 50 Forest Products Laboratory, Madison, 1985: 26.

[18] Razzaque M A. The effect of concentration and distribution on the performance of water repellents applied to wood. University of Wales, PH. D. Thesis, 1982.

[19] Borgin K. The testing and evaluation of water repellents. British Wildlife Photography Awards Annual Convention, 1965: 67-84.

[20] Rowell R M, Banks W B. The modification of wood for novel base materials within the construction industries. European Thematic Network for Wood Modification, online, 2003.

[21] Hyvönen A, Piltonen P, Niinimäki J. Biodegradable substances in wood protection. University of Helsinki Department of Forest Ecology Publications, 2005: 1-13.

[22] Homan W, Tjeerdsma B, Beckers E, et al. Structure and other properties of modified wood. World Conference on Timber Engineering Whistler Resort, British Columbia, Canada, 2000.

[23] Obataya E, Gril J. Swelling of acetylated wood I. Swelling in organic liquids. Journal of Wood Science, 2005, 51: 124-129.

[24] Obataya E, Yamauchi H. Compression behaviors of acetylated wood in organic liquids. Wood Science and Technology, 2005, 39: 492-501.

[25] Clermont L P, Bender F. The effect of swelling agents and catalysts on acetylation of wood. Forestry Product Journal, 1957, 7: 167-170.

[26] Goldstein I S, Jeroski E B, Lund A E, et al. Acetylation of wood in lumber thickness. Forestry Product Journal, 1961, 11: 363-370.

[27] Koppers, Acetylated Wood. Dimensionally stabilized wood. New Materials Technical Information No. (RDW-400) E-106, 1961: 23.

[28] Nelson H L, Richards D I, Simonson R. Acetylation of wood materials. Europe: European Patent EP 0 650 998 BI, 1999.

[29] Otlesnow Y, Nikitina N. Trial operation of a commercial installation for modification of wood by acetylation. Latvijas Lauksaimniecibas Akademijas Raksi, 1977, 130: 50-53.

[30] Simonson R, Rowell R M. A new process for the continuous acetylation of wood fiber. *In*: Evans P D. Proceedings of 5th Pacific Rim Bio-Based Composite Symposium. Australia Department of Forestry, the Australian National University, Canberra, Australia, 2000: 190-196.

[31] Mohammed-Ziegler I, Hórvölgyi Z, Tóth A, et al. Wettability and spectroscopic characterization of silylated wood samples. Polymers for Advanced Technologies, 2006, 17: 932-939.

[32] Mohammed-Ziegler I, Oszlánczi A, Somfai B, et al. HydropHobicity of natural and surface modified tropical and European wood species. Journal of Adhesion Science and Technology, 2004, 18: 687-713.

[33] Kosonen M-L, Wang B, Caneba G T, et al. Polystyrene/wood composites and hydrophobic wood coatings from water-based hydrophillic-hydrophobic block copolymers. Clean Products and Processes, 2000, 2: 117-123.

[34] Hendrickx H, Havaux N, Vanaken D, et al. High Performance Water Repellent Acrylic Latices for Exterior Wood Coatings. Hexion Specialty Chemicals Research S. A. Belgium Scottish Learning Festival Congress, Belgium, 2009.

[35] Mai C, Militz H. Modification of wood with silicon compounds. Treatment systems based on organic silicon compounds—a review. Wood Science Technology, 2004, 37: 453-461.

[36] Hochgeschwendner K. Versuche zum lichtinduzierten oxidativen abbau vou siliconen (Silicon len, Anm. d. Verf.) in der w βrigen pHase. Silicone: Chemie und Technologie, Vulkan Verlag, Essen, 1989.

[37] Zivkovic T, Benes N E, Blank D H A. Bouwmeester Henny J M. Characterization and transport properties of surfactant-templated silica layers for membrane applications. Journal of Sol-Gel Science and Technology, 2004, 31 (1): 205-208.

[38] Mansur H S, Vasconcelos W L, Lenza R F S, et al. Sol-gel silica based networks with controlled chemical properties. Journal of Non-Crystalline Solids, 2000, 273: 109-115.

[39] Oikawa N. Near-infrared spectroscopic study for the sol-gel reaction using alkoxysilanes. Journal of Sol-Gel Science and Technology, 2000, 19: 729-732.

[40] Vorotilov K A, Vasiljev V A, Sobolevsky M V, et al. Thin ORMOSIL films and different organics. Journal of Sol- Gel Science and Technology, 1998, 13: 467-472.

[41] Abel M-L, Watts J F, Digby R P. The adsorption of alkoxysilanes on oxidised aluminium substrates. International Journal of Adhesion and Adhesives, 1998, 18: 179-192.

[42] Saka S, Miyafuji H, Tanno F. Wood-inorganic composites prepared by the sol-gel process. Journal of Sol-Gel Science and Technology, 2001, 20: 213-215.

[43] Saka S, Sasaki M, Tanahashi M. Wood-inorganic composites prepared by the sol-gel process I. Wood-inorganic composites with porous structure. Mokuzai Gakkaishi, 1992, 38: 1043-1049.

[44] Saka S, Tanno F. Wood-inorganic composites prepared by the sol-gel process VI. Effects of a property-enhancer on fire-resistance in SiO_2-P_2O_5 and SiO_2-B_2O_3 wood-inorganic composites. Mokuzai Gakkaishi, 1996, 42: 81-86.

[45] Saka S, Tanno F, Yamamoto A, et al. Method for preparing antibacterial/ antifungal inorganic

matter-composited wood. US Patent 5985372, 1999.

[46] Saka S, Ueno T. Several SiO_2 Wood-inorganic composites and their fire-resisting properties. Wood Science and Technology, 1997, 31: 457-466.

[47] Saka S, Yakake Y. Wood-Inorganic composites prepared by sol-gel process Ⅲ. Chemically-modified wood-inorganic composites. Mokuzai Gakkaishi, 1993, 75: 308-314.

[48] Lü W, Zhao G, Xue Z. Preparation and characterization of wood/montmorillonite nanocomposites. Forestry Studies in China, 2006, 8: 35-40.

[49] Tshabalala M A, Kingshott P, VanLandingham M R, et al. Analysis of hydropHobic polysiloxane deposition on wood. Journal of Applied Polymer Science, 2003, 88: 2828-2841.

[50] Donath S, Militz H, Mai C. Creating water repellent effects on wood by treatment with silanes. Holzforschung, 2006, 60: 40-46.

[51] Donath S, Militz H, Mai C. Wood modification with alkoxysilanes. Wood Science and Technology, 2004, 38: 555-556.

[52] Mantanis G I, Young R A. Wetting of wood. Wood Science and Technology, 1997, 31: 339-353.

[53] Rowell R M. Chemical modification of wood. Forestry Product Abstract, 1983, 6: 363-382.

[54] Gerhardinger D, Mayer H, Kolleritsch G. Process for impregnating wood. US Patent 5538547, 1996.

[55] Hager R. Waterborne silicones as wood preservatives. International Research Group on Wood Preservation (IRG/WP 95-30062) Stockholm, 1995.

[56] Owens C W, Shortle W T, Shigo A L. Silicon tetrachloride: a potential wood preservative. International Research Group on Wood Preservation (IRG/WP 3133) Stockholm, 1980.

[57] Walton-Smith F G W, Bottoms R R, Abrams E, et al. A new method for long term preservation of wood by chemical modification. Forest Products Journal, 1956, 9: 340-345.

[58] Black J M, Mraz E A. Inorganic surface treatments for weather- resistant natural finishes. Research Paper FPL 232. USDA Forest Service, Forest Product Lab, Madison, WI, 1974.

[59] Anzai M, Oyamada K, Urashima O, et al. Studies on non-eugenol system cement (I): on reactivity and yields between Zn $(OH)_2$ and o-methoxy pHenol, o-methoxy benzoic acid and o-ethoxy benzoic acid. Journal of Nihon University School of Dentistry, 1975, 17: 1-5.

[60] Feist W C. Protection of Wood Surfaces with Chromium Trioxide, Forestry Products Laboratory Report, 1979, 650-028.

[61] Feist W C, Mraz E A. Black J M. Durability of exterior. Wood Stains. Forestry Products Journal, 1977, 21: 13-16.

[62] Kubel H, Pizzi A. Protection of wood surfaces with metallic oxides. Journal of Wood Chemistry and Technology, 1981, 1: 75-92.

[63] Sèbe G, Brook M A. Hydrophobization of wood surfaces: covalent grafting of silicone polymers. Wood Science and Technology, 2001. 35: 269 ~ 282.

[64] Jung S, Artus G R J, Zimmermann J, et al. SuperhydropHobic Coating. World Patent

2004113456, 2004.

[65] Artus G R J, Jung S, Zimmermann J, et al. Silicone nanofilaments and their application as superhydropHobic coatings. Advanced Materials, 2006, 18: 2758-2762.

[66] Li S, Zhang S, Wang X. Fabrication of superhydropHobic cellulose-based materials through a solution-immersion process. Langmuir, 2008, 24: 5585-5590.

[67] Li J, Yu H, Sun Q, et al. Growth of TiO_2 coating on wood surface using controlled hydrothermal method at low temperatures. Applied Surface Science, 2010, 256: 5046-5050.

[68] Witucki G L. A silane primer: chemistry and applications of alkoxy silanes. Journal of Coatings Technology, 1993, 65: 57-60.

[69] Decher G, Hong J D. Buildup of ultrathin multilayer films by a self-assembly process. 1. Consecutive adsorption of anionic and cationic bipolar ampHipHiles on charged surfaces. Makromolekulare Chemie Macromolecular Symposia, 1991, 46: 321-327.

[70] Decher G. Fuzzy nanoassemblies: toward layered polymeric multicomposited. Science, 1997, 277: 1232-1237.

[71] Zhang X, Shen J C. Self-assembled ultrathin films: from layered nanoarchitectures to functional assemblies. Advanced Materials, 1999, 11: 1139-1143.

[72] Hammond P T. Form and function in multilayer assembly: new applications at the nanoscale. Advanced Materials, 2004, 16: 1271-1293.

[73] Bertrand P, Jonas A, Laschewshy A, et al. Ultrathin polymer coatings by complexation of polyelectrolytes at interfaces: suitable materials, structure and properties. Macromolecular Rapid Communications, 2000, 21: 319-348.

[74] Sèbe G, Tingaut P, Safou-Tchiama R, et al. Chemical reaction of maritime pine sapwood (Pinus pinaster Soland) with alkoxysilane molecules: a study of chemical pathways. Holzforschung, 2004, 58: 511-518.

[75] Denes A R, Tshabalala M A, Rowell R, et al. Hexamethyldisiloxane-plasma coating of wood surfaces for creating water repellent characteristics. Holzforschung, 1999, 53: 318-326.

[76] Cho D L, Sjöblom E. Plasma treatment of wood. Journal of Applied Polymer Science, 1990, 46: 461-472.

[77] Mahlberg R, Niemi H E M, Denes F, et al. Effect of oxygen and hexamethyldisiloxane plasma on morpHology, wettability and adhesion properties of polypropylene and lignocellulosics. International Journal of Adhesion, 1998, 18: 283-297.

[78] Podgorski L, Bousta C, Schambourg F, et al. Surface modification of wood by plasma polymerisation. Pigment & Resin Technology, 2002, 31: 33-40.

[79] Eiji K, Hiroyuki K. Plasma polymerization of ethylene on wood at atmospHeric pressure. Journal of the Adhesion Society of Japan, 2001, 37: 380-384.

[80] Ramos H J, Monasterial J C, Blantocas G Q. Effect of low energy ion beam irradiation on wettability of narra (Pterocarpus indicus) wood chips. Nuclear Instrument Methods B, 2006, 242: 41-44.

[81] Blantocas G Q, Ramos H J, Wada M. An investigation as to the cause of beam asymmetry in a compact gas discharge ion source: a focus on beam-wall interaction. Japanese Journal of Applied PHysics, 2006, 45: 8498-8501.

[82] Blantocas Q, Mateum R, Orille M, et al. Inhibited flammability and surface inactivation of wood irradiated by low energy hydrogen ion showers (LEHIS). Journal of Nuclear Instruments and Methods in PHysics Research B: Beam Interactions with Materials and Atoms, 2007, 259: 875-883.

[83] Runkel R O H, Witt H. Zur Kenntnis des thermoplastischen Verhaltens von Holz. Holz als Roh-und Werkstoff, 1953, 11: 457-461.

[84] Seborg R M, Tarkow H, Stamm A J. Effect of heat upon the dimensional stabilisation of wood. Journal of Forestry Product Research Society, 1953, 3: 59-67.

[85] Stamm A J. Thermal degradation of wood and cellulose. Industrial Engineering Chemistry Research, 1956, 48: 413-417.

[86] Kollmann F, Schneider A. Über das Sorptionsverhalten wärmebehandelter Hölzer. Holz als Roh-und Werkstoff, 1963, 21: 77-85.

[87] Kollmann F, Fengel D. Änderungen der chemischen Zusamensetzung von Holz durch thermische Behandlung. Holz als Roh-und Werkstoff, 1965, 23: 461-468.

[88] Hillis W E. High temperature and chemical effects on wood stability. Wood Science and. Technology, 1984, 18: 281-293.

[89] Burmester A. Einfluβ einer Wärme-Druck-Behandlung halbtrockenen Holzes auf seine Formbeständigkeit. Holz als Roh-und Werkstoff, 1973, 31: 237-243.

[90] Burmester A. Zur Dimensionsstabilisierung von Holz. Holz als Roh-und Werkstoff, 1975, 33: 333-335.

[91] Burmester A, Wille W E. Quellungsverminderung von Holz in Teilbereichen der relativen Luftfeuchtigkeit. Holz als Roh- und Werkstoff, 1976, 34: 87-90.

[92] Giebeler E. Dimensionsstabilisierung von Holz durch eine Feuchte/Wärme/Druck-Behandlung. Holz als Roh- und Werkstoff, 1983, 41: 87-94.

[93] Viitanen H, Jamsa S, Paajanen L, et al. The effect of heat treatment on the properties of spruce—a preliminary report. International Research group on Wood Preservation, 1994, Document No. IRG/WP 94-40032.

[94] Weiland J J, Guyonnet R. Study of chemical modifications and fungi degradation of thermally modified wood using DRIFT spectroscopy. Holz Roh-Werstoff, European Journal of Wood and Wood Products, 1997, 61: 216-220.

[95] Sernek M. Comparative Analysis of Inactivated Wood Surfaces. Thesis of PH. D degree of PHilosopHy in Wood Science and Forest Products, The Faculty of the Virginia Polytechnic Institute and State University, Virginia, 2002.

[96] Christiansen A W. How over drying wood reduces its bonding to pHenol-formaldehyde adhesives: acritical review of the literature. Part I. Physical responses. Wood and Fiber Science, 1990, 22:

441-459.

[97] Hancock W V. Effect of heat treatment on the surface of Douglas-fir veneer. Forest Product Journal, 1963, 13: 81-88.

[98] Northcott P L, Colbeck H G M, Hancock W V, et al. Casehardening in plywood. Forest Products Journal, 1959, 10: 442-451.

[99] Troughton G E, Chow S Z. Migration of fatty acids to white spruce veneer surface during drying: relevance to theories of inactivation. Wood Science, 1971, 3: 129-133.

第9章 防腐木材

几千年前，也就是在开始使用木材的时候，人们就认识到木材容易腐烂、虫蛀，就开始想方设法来提高木材的生物耐久性。我国在防护木材、延长木材使用寿命方面具有悠久的历史，闻名海内外的湖南长沙马王堆一号汉墓、山西五台山南禅寺大殿（图9-1）、北京天坛祈年殿（图9-2）及28根圆柱等木质古建筑，至今已有几百年，乃至上千年的历史，仍完好无损[1]。

图9-1 山西五台山南禅寺大殿

图9-2 北京天坛祈年殿

木材是一种天然有机材料，是人们喜爱的具有“4R”特性的绿色可再生材料，具有明显的生物特性和无可比拟的优点。一方面，它优异的性能使得它得到广泛应用；另一方面，尺寸不稳定，易燃，易被菌、虫和海生钻孔动物等生物侵袭，这些不足又限制了它的应用。多数树种，特别是人工速生树种的木材，在采伐、运输、贮存、加工和使用的过程中，如果没有得到适当的保护处理，就会在外界因子的作用下，发生败坏变质，失去其使用价值，造成重大的经济损失，也是对资源的巨大浪费。因此，对木材进行防腐处理，延长木制品的使用年限，是节约木材、保护森林资源的重要途径之一。木材防腐是避免或减少各种有害生物对木材侵害的技术。木材经过防腐处理可以提高其耐腐、防霉、防变色、抗虫害等性能，延长其使用寿命，减少维修用材和费用，扩大其应用领域，是节约木材资源的有效措施，可减少对木材的需求量，起到保护森林资源的作用，是解决我国木材供需矛盾的重要措施，具有很好的经济效益、社会效益和生态效益。

随着我国经济的发展和人民生活水平的提高，社会对木材的需求量日益增加。随着我国天然林资源保护工程的实施，人工林木材是满足国内木材需求的重要途径。目前全国人工林保存面积为 4667 万 hm^2，居世界第一，其木材在建筑用材、家具用材等领域具有广泛的应用前景。人工林木材一般因材质疏松、密度较低而易腐朽、蓝变、虫蛀，木材防腐处理可以克服木材的部分缺陷、扩大木材的应用范围、提高木材的抗菌抗虫性能、延长木材的使用寿命，是节约木材资源、提高木材利用效率的重要途径。根据国内外大量试验材料的统计结果，防腐处理后木材的使用寿命是未经处理的 5 ~ 6 倍。例如，美国曾经对交通路旁的 1 亿根电杆作了统计，不防腐处理的只可使用 5 年，经过 Creosote 油加压浸渍处理的可使用 30 年[2]。

9.1　防腐木材研究的现状和发展趋势

美国每年木材防腐处理量为 1800 万 ~ 2000 万 m^3，芬兰、新西兰每年木材防腐处理量约为 270 万 m^3，英国每年木材防腐处理量为 230 万 m^3，国外防腐处理材料主要用于建筑（图 9-3）、枕木、电杆、桥梁、围栏等。国外所用油溶性的防腐剂包括 Creosote 油、8-羟基喹啉酮、环烷酸铜、环烷酸锌、五氯酚，水溶性防腐剂包括铜铬砷（CCA）、酸性铬酸铜（ACC）、氨溶砷酸铜锌（ACZA）、氨溶砷酸铜（ACA）、氨溶性季铜（ACQ-B、ACQ-D）、柠檬酸铜（CC）、铜唑（CBA-A）等。近年来，以铜为基础，无铬、砷的低毒水溶性防腐剂，如 ACQ-B、CC、CBA-A 等在国外建材业正得到广泛应用。

图 9-3　经过防腐处理的现代木结构房屋

美国在木材防腐方面的基础研究较好，有公司、大学、研究机构等参与，美国木材防腐者协会（AWPA）制定了木材防腐的政策法规，并对木材防腐剂及不同木材、不同使用情况下防腐剂的使用及保留量进行详细的规范，日本的木材防腐剂标准 JISK1570 也参照了 AWPA 标准[3]。

我国在木材防腐方面的研究较为薄弱，木材防腐产业的规模较小，防腐材料用途较窄，未能在建筑领域大量应用。全社会对木材防腐工作未引起足够的重视，从而导致在木材保护剂性能、对环境的影响、对木材综合性能的改善、处理工艺和应用范围等方面与世界先进水平有较大差距。我国每年防腐木材产量仅 60 多万 m^3，主要是对少量枕木、坑木、电杆、橡胶木及少量古建筑用材进行防腐，约占国家计划内原木产量的 1%，远低于发达国家水平。使用的防腐剂主要为 CCA、防腐油、五氯酚、硼合物、林丹等[4]。

随着经济发展和人们环境意识的增强，木材保护技术面临着新的机遇和挑战，进行防腐处理的目的是延长木制品的寿命，从而节约森林资源[5]。综合木材防腐的技术与研究现状及发展趋势，始终围绕着环境保护这个核心，木材防腐研究的发展趋势如下。

(1) 改进或开发新的防腐处理工艺，以增强防腐剂在难处理木材中的渗透性和均匀性，并增加防腐剂的强活性成分在木材中固定的程度，以提高防腐剂的抗流失性。

(2) 生产多功能的防腐木材，如开发一些既阻燃又防腐防虫的木材，实现一剂多效。

(3) 拓展防腐处理的应用范围以及防腐处理材的应用范围，开展防腐处理在胶合板、定向刨花板或木塑复合材料等材料中的应用研究。

(4) 加快木材防腐行业协会的组织建设，由协会协调规范各企业的运作。

9.2 木材的科学保存

木材是一种不断更新生长的植物性原料，是树木生长的产物。木材由无数细胞组成，细胞壁物质是含有纤维素、半纤维素和木质素的高分子复合体。因此，木材具有明显的生物特性，经常受到生物和微生物的损害。为了抵御来自真菌、甲虫、白蚁、海生蛀木动物等生物的危害，不仅要了解木材的性质，而且要熟悉木材损害的原因及其防护方法，做到科学地保护木材资源，合理地加工和利用，充分发挥木材资源的潜能，贡献于人类、社会和环境。

木材是地球上颇为丰富的有机物和生物体。真菌和其他有破坏作用的有机体通过呼吸作用破坏木材，此外还有机械、化学、火灾和气候造成的损坏等，归纳起来木材被败坏的方式有：①机械或力学破坏；②化学 - 电化学降解；③火灾；④木材的风蚀；⑤生物破坏。其中最主要的是生物败坏，木材生物败坏的因素如

图 9-4 所示，人们一直在研究控制生物败坏的对策。

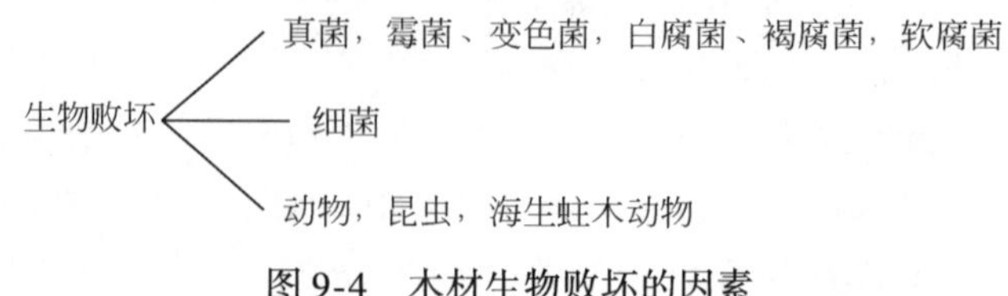

图 9-4　木材生物败坏的因素

9.2.1　木材菌害

导致木材生物腐解的因素很多（图 9-5），其中温度、水分、空气等外部条件最为重要。不仅湿木材在贮存、加工、运输过程中易发生变色、腐朽和虫蛀，干燥后的木材在使用过程中也会发生腐朽、虫蛀，导致木制品（家具、门窗、地板）和木结构（木梁、桥面、楼梯、护栏）以及电杆、枕木、木桩等的使用寿命缩短。主要危害菌有木材腐解菌分为蓝变菌和木腐菌两类，木腐菌又包括白腐菌、褐腐菌和软腐菌等。最为常用的防止木材腐朽的方法是化学药剂防腐法，使用最多的是水溶性防腐剂，约占防腐剂使用总量的 3/4[6]。

图 9-5　遭受细菌腐蚀的木材

木材的腐朽大多数是由侵蚀木材的真菌造成，真菌是一种单细胞植物的有机体，属于真菌植物门。真菌依靠孢子繁殖，其特点是细胞中不含有叶绿素。因此，真菌不能像其他绿色植物那样利用 CO_2 和 H_2O，通过光合作用合成自己需要的养料，只能从其他生物有机体或有机物中吸取营养，供其生长发育。真菌是借助于孢子，通过传播、感染、发芽和菌丝蔓延，导致木材的破坏。

9.2.1.1　危害木材的真菌[7]

真菌的种类很多，有 8 万种以上。而危害木材的真菌有 1000 多种，其中主要是霉菌、变色菌和木腐菌三类。

危害木材的霉菌是属于子囊菌纲与不完全菌纲的真菌。木材上常见的有木霉、青霉、曲霉等。遭到霉菌侵害的木材，可见一片片的黑色或淡绿色霉斑，显微镜下观察霉菌对木材纤维结构的危害情形，与变色菌相似。

危害木材的变色菌也是属于子囊菌纲与不完全菌纲的真菌。木材变色菌的种类很多，有蓝变色菌、镰刀菌、葡萄孢菌、色串孢菌等，其中以长喙壳属的真菌危害木材较多。变色菌引起的木材变色，因菌种与树种不同，产生的颜色也不同，所变化的颜色有蓝、青、黄、绿、红、灰及黑色等。常常可以用肉眼在木材材身上或断面上看得比较明显的是蓝变色菌和青变色菌。由霉菌和变色菌引起的木材材色变化主要发生于边材，如红松的青变色、羽叶槭的红变色、栎木的绿变色以及由青霉属引起的阔叶树材的黄变色和由壳囊孢属引起的松木褐变色等。常见的边材变色和原因见表 9-1。

表 9-1　常见的边材变色和原因

变色的颜色	名称和特征	通常发生边材	一般原因
浅蓝黑色至铁灰色；暗褐色	青变——呈斑点、条纹，覆盖局部或全部边材	几乎所有商品材树种的锯材和原木	主要是长喙壳、色二孢、芽枝霉等属菌种带的黑色菌丝
墨蓝色	铁鞣变色——新伐树木与铁接触处呈黑状的条纹或疱状	栎木、栗、美国枫香及其他含单宁较多的树种	木材的单宁与铁发生化学反应
淡蓝色及褐色	阔叶树材的化学反应——最常见的一般是内部变色，直到锯材表面刨光才能见到；有时仅在干燥隔条下出现	栎木、桦木、槭木、蓝果树、木兰及其他阔叶树锯材	在气干或窑干时某些木材物质的氧化
浅绿褐色至浅绿黑色	矿物变色——出现各种大小双凸镜的条纹，或为一般性的变色；柿树的化学变色——为一般性的变色，可深入侵染	活的阔叶树——主要是硬木槭类 柿树①	起因未知，可能由于受伤引起；干燥期间，某些木材物质与空气接触而氧化所致
暗褐色至灰色	风化变色——木材暴露部分存在表面的一般变色，通常为浅的侵染； 霉变色——通常是浅的侵染	所有商品材树种的锯材① 所有商品材树种的锯材①	气候因子的作用； 靠近木材表面的导管和树脂道内霉菌孢子的繁殖

续表

变色的颜色	名称和特征	通常发生边材	一般原因
杂色，绿色为主，一般黑色	霉——有色真菌出现在木材表面，一般易从表面擦掉或者用刷子除掉	所有商品材树种的各种产品	木霉、青霉、曲霉等属菌种在木材表面繁殖孢子
杂色，褐色或暗浅红色为主	干燥变色——通常出现为单纯颜色，如一种颜色变深，实质为化学变色，可深入侵染	主要是阔叶树材的成材	干燥时某些木材物质的氧化
灰黄、深黄色	色泽鲜明的真菌变色——通常以斑点或小条纹出现，可深入侵染	栎木、桦木、山核桃和槭树的锯材与原木①；南方松和美国枫香的锯材与原木	散枝青霉的可溶性色素；像裸囊菌属的有色菌和可溶性色素

①也出现在心材。

木材腐朽主要是由木腐菌引起的。木材腐朽菌根据被它所腐朽的木材的颜色、结构特征、被分解的木材成分等，大致可分为褐腐菌、白腐菌及软腐菌。褐腐菌和白腐菌在分类学上属于担子菌，软腐菌（如球毛壳）则属于半知菌。褐腐菌主要分解综纤维素，几乎不分解木质素，白腐菌能分解木质素和少量的综纤维素。两种菌都是在细胞腔内繁殖，不但穿过细胞壁纹孔生长，而且与细胞壁接触分泌分解高聚糖及木质素（白腐菌）的酶，将细胞壁溶解贯穿进行繁殖。软腐菌对木材的腐朽能力较弱，但它具有在木纤维的次生壁中开成圆锥形孔进行繁殖的特征。由这三种木腐菌所产生的腐朽木材的宏观和微观特征如表 9-2 所示。

表 9-2　木材褐腐菌、白腐菌和软腐菌的宏观和微观特征

腐朽类型（代表性的微生物）	宏观特征	微观特征
褐腐 密黏褶菌 山柏松卧孔菌 干朽皱孔菌	早期不易看清，但木材迅速变脆，以后木材变色，最后变成棕色且变软，干燥引起大量的横纹裂缝，得到正方形的图案，菌丝扇可以呈现在表面或裂纹的内部	菌丝深入细胞腔，经过纹孔从一个细胞到另一个细胞，并且常常直接穿过钻孔，随着腐朽加深，细胞壁收缩
白腐 采绒革盖菌 多点侧孢菌	早期变化不明显，后来木材变白或变色，一般有斑点，某些菌种在木材中形成白袋，常能观察到暗色的带线，木材仍保留原尺寸和形状	菌丝深入细胞腔，最初经过纹孔，从一个细胞到另一个细胞，后来直接穿过钻孔，随着细胞变薄，腐朽逐渐明显
软腐 球毛壳菌	只有湿材被腐，即使在早期，腐朽也可由木材变软和出现微小的裂痕来表征；暗淡的灰色到褐色，腐朽逐渐地从表向内发展	菌丝在次生壁内纵向生长，具有特征的耦合纺锤形和菱形的孔腔，孔腔同微纤丝的方向一致

9.2.1.2 木材腐朽的条件

1）营养

木腐菌的生长需要木材中的纤维素、半纤维素和木质素，但并不是所有树种的木材都适合于木腐菌作为养料。例如，有些木材含有较多的树脂、芳香油、生物碱、鞣质等，这些物质对有些木腐菌或昆虫有一定的毒杀或抑制能力，因而这些木材不易腐朽。霉菌和变色菌则需要以木材中的低聚糖、淀粉为养料，这些物质在边材细胞中含量较多。因此，一般情况下木材的边材既不耐腐又不抗蛀。

2）水分

水不仅是构成木腐菌菌丝体的主要成分，而且是木腐菌分解木材的媒介。多数真菌适宜木材含水率为35%~60%时生长，如果木材含水率低于20%，或者含水率达到100%，均可抑制真菌的发育。

3）温度

真菌能够在相当大的温度范围内生存发育，但在温暖潮湿季节发育生长最快。一般适宜的温度为25~40℃，如果气温在45℃以上或低于10℃，就能降低真菌的发育。在木材热处理温度达到50℃经过24h，或者在63℃热处理3h后，均可杀灭菌源。

4）空气

真菌和其他生物一样，需要空气才能生存。木材含水量很高时木材内部就缺乏空气，抑制真菌的生长。但是真菌生长发育的最低空气量仅为木材体积的5%，木材细胞结构中的孔隙含有的空气，足以适应真菌生长。

5）传染

很多孢子是通过空气传播的，菌丝是靠接触传染的，木材的结构和解剖特性适合微生物栖息繁殖。

6）酸度

木腐菌一般喜欢在弱酸性（pH 4.5~5.4）介质中繁殖和发育，世界上绝大多数木材的pH为4.0~6.5，恰好适应菌类寄生的需要。

9.2.1.3 腐朽木材的变化

1）真菌侵害木材的方式

不同类的真菌侵害木材的方式是不同的。霉菌只寄生在木材的表面，菌丝没有危害木材细胞壁，只是在木材外表生长，所以对木材不起破坏作用。变色菌是以细胞腔的内含物（如淀粉、糖类等）为养料，它由菌丝侵入木材后，分布在木材的管胞和导管，再通过细胞壁的纹孔，侵入到具有可溶性养分的细胞，也就是到髓射线和木材薄壁细胞中，一般不在细胞中穿孔。因此，变色菌并不影响木材的结构，感染变色菌的木材，其强度和密度不会显著降低。木腐菌与霉菌、变色菌不同，它是以木材细胞壁为养料，菌丝进入细胞时，不仅可以通过纹孔，而且可以利用它所分泌的酶把细胞壁溶解成孔洞，致使木材细胞壁破坏，所以木腐菌破坏木材最为严重。

2）物理变化

木材初期腐朽对木材的力学性质影响较小，木质部除色泽比健康材稍暗外，其他性质变化不大；中期腐朽能降低木材的强度和密度，使木材变脆，抗压强度减弱；后期腐朽使木材的物理和化学性质都有很大变化，木材的强度和密度都有显著地降低。有些后期腐朽严重的木材，失去了使用价值。褐腐菌、白腐菌和软腐菌都会导致木材力学性质和材性的改变，这些变化远远超过了腐朽引起的木材重量的损失。由腐朽到失重 3% 以下的木材，所测定的强度（如韧性）减少 50% 以上。褐腐菌主要分解木材细胞壁中的纤维素，使得纤维素聚合度降低。由于细胞壁中骨架物质的分解，所以褐腐菌对木材强度性质的影响，比白腐菌还要显著。

3）化学变化

木腐菌危害木材，能分泌多种碳水解酶，不仅使木材细胞内含物分解，更为主要的是使构成细胞壁的纤维素、半纤维素和木质素分解为简单的糖类。所以木材的化学组成发生明显的变化，木材重量产生损失。白腐菌一般都能分泌胞外酶，因而能氧化分解与木质素有关的酚类化合物，在分解木质素的同时，也分解多糖类。不同的白腐菌分解破坏木材中三种成分的相对速度是不同的，即不同白腐菌分泌产生的酶具有不同的活性。褐腐菌主要分解木材中的多糖类，通常对木质素损害很小，针叶树材比阔叶树材容易遭褐腐菌的侵害。软腐菌主要分解细胞壁中的多糖类物质，对木质素的分解速度低于对多糖类物质的分解速度。虽然一般木材的软腐速度比较慢，但由于软腐菌能在高温、高湿、酸碱变化较高或较低的环境中生长和繁殖，因此，软腐过程是木材腐朽的主要形式之一。原木的边材腐朽和心材腐朽如图 9-6 所示。

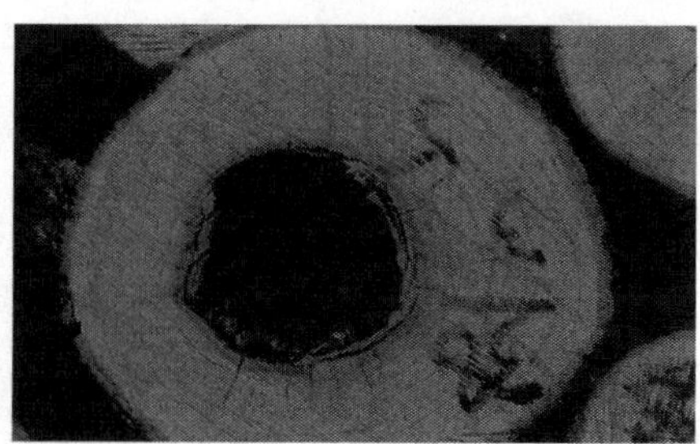

图 9-6　原木的边材腐朽和心材腐朽

9.2.2 木材菌害的防治[8]

木材保管是木材生产和使用过程中的一个重要环节，如保管不善，木材会腐朽变质，轻的降低等级，严重的会失去使用价值，造成资源浪费。用于木材保管的方法可分为物理法和化学法。采用何种方法保管木材，应根据木材的树种、材种、天然耐腐性、抗蛀性、浸注性、规格、质量、加工特征、用途、地理环境、气候条件和保管期限等多种因素来确定。

9.2.2.1 木材的防腐机制

防腐处理就是通过某种手段，消除微生物赖以生存的必要条件之一，来达到阻止其繁殖的目的。例如，用水浸泡木材是断绝微生物的氧气来源；干燥木材是消除微生物生存必备的水源；化学药剂处理是断绝其营养物质来源。目前木材防腐主要是利用化学防腐剂的防腐。

某些化学药剂注入木材后，对危害木材的生物有抑制和毒杀作用，这类化学药剂就叫做木材防腐剂。防腐剂的防腐机制主要在两个方面：机械隔离防腐和毒性防腐。机械隔离防腐，如装饰涂料，将木材暴露的表面保护起来，阻止木材与外界环境直接接触，以防止微生物的侵蚀。这种方法是以油漆作为木材防腐剂，但其防腐效果很有限，达不到应有的防腐效能。毒性防腐是靠防腐剂的毒性抑制微生物的生长，或者微生物吸收防腐剂而被毒死。现行的防腐剂多是以毒杀作用来达到防腐目的的。因此，人们越来越注意到防腐剂与人类生存和生态环境的关系，高效无毒、一剂多效的化学药剂和生物防治将是今后的发展方向。

9.2.2.2 木材的天然耐腐性

木材天然耐腐性及抗蛀性是木材对菌、虫侵害固有的抗性。不同树种木材对菌、虫危害的抗性不同，这与木材的组织构造、材性以及木材的化学组成有关。一般心材比边材耐腐、抗蛀，因为心材中含有较多的多酚类、生物碱、树脂、脂肪酸等，这些物质对菌、虫均有一定的抑制或毒杀作用。而边材细胞具有生命力，含有较多的营养物质，如糖类、淀粉、含氮化合物等，适宜菌、虫滋生繁殖。表9-3是我国常见树种木材的耐腐性。

表9-3 我国常见树种木材的耐腐性

级别	用材树种名称
强耐腐	柏木、柳杉、落叶松、银杏、黄花落叶松、红杉、广东杉、榧树、侧柏、铁刀木、子京、香樟、福建青冈、大叶青冈、赤桉、母生、白栎、槐树、柚木

续表

级别	用材树种名称
中耐腐	油杉、云南铁杉、杉木、华山松、红松、云南松、罗汉松、大叶相思、相思树、黄棉木、山合欢、合欢、黑格、阳桃、秋枫、甜槠、水曲柳、核桃楸、柞木、蓝桉、黄连木、麻栗、黄樟
弱耐腐	雪松、红皮云杉、油松、臭椿、楹树、木麻黄、喜树、黄檀、杜英、白蜡树、银桦、苦楝、木棉、裂叶榆、色木、泡桐、毛泡桐、滇朴、西南恺木
不耐腐	长白鱼鳞云杉、赤杉、水杉、红皮云杉、鱼鳞云杉、辽东冷杉、马尾松（边材）、黑松（边材）、拟赤杨、光皮桦、米槠、红桦、铁冬青、枫香、石栎、硬叶椆、光叶椆、南京椴、南方泡桐、兰考泡桐、山杨、大青杨、紫椴、白桦

9.2.2.3 木材的物理保管

木材的含水率与木材的菌害、虫害密切相关，因此，控制木材含水率是木材物理保管的关键。一般采用的物理方法有干存法、湿存法、水存法。

1）干存法

木材干存法是在最短时间内，把原木或成材的含水率降低到25%以下。对于干存法保管的原木要全剥外皮，选择地势高、通风好的场所，按疏隔楞、普通楞等合理结构形式堆放。对易腐朽木材或当空气潮湿时，应用防腐剂处理；如果在木材身上和断面上发现有白色菌丝层出现，应进行适当的消毒，以防止真菌的繁殖。

干存法适用于已剥树皮或树皮损伤已超过1/3的木材、加工用原木（如车辆材、造船材、胶合板材、枕木材、造纸材和一般用途的一等、二等、三等材）和直接使用的原木（如坑木、电杆、桩木等）。红松、云杉、冷杉、沙松、云南松、铁杉、落叶松、樟子松和杉木以及所有的阔叶树材树种都可以采用干存法进行保管。

2）湿存法

木材湿存法是使木材保持较高的含水率，避免菌、虫危害。采用湿存法保存木材时，应选择地势低、水源充足的场所，原木采伐后，紧密堆积、迅速覆盖、定时消毒。为了防止阔叶木材的断面失掉水分，发生开裂或菌虫感染，可用防腐护湿涂料或石蜡涂刷在原木两端的断面上，在涂料上面再涂上一层石灰水溶液，以避免日光照射使涂料融化流失。

湿存法适用于针叶树种（如红松、落叶松、云杉、冷杉、铁杉、杉木、马尾松、云南松、华山松、柏木和银杏）和阔叶树种（如柞、栎、榆、槐、水曲柳、黄菠萝、核桃楸、色木、樟木、槠木、枫香、杨、柳和桉木等），同时要求木材有完整的树皮或树皮损伤不超过 1/3。对已经气干或受菌、虫危害的木材，不得采用湿存法保管。湿存法在室外存放如图 9-7 所示。

图 9-7　湿存法存放在室外的原木

3）水存法

木材水存法是指保持木材最高的含水率，防止菌、虫危害和避免木材开裂的一种有效方法。水存法是利用河川、湖泊的深水处作为集材区进行水存的。应选择在流速缓慢、河底平坦的河湾或水池处，把原木扎成排贮存在水中，并用木桩、钢索固定。

水存法保管对针、阔叶树材和带皮与不带皮的木材均可以进行。水存法的作用与湿存法相同，但原木露出水面的部分，也可能引起木腐菌的感染。因此，在夏季高湿季节，对露出水面的原木应经常喷水。在海河口咸水处或近海地区，要注意海生钻孔动物对木材的危害。所以，水存原木不适于在海水中贮存。

9.2.2.4　木材的化学保管

木材化学保管是完全依靠用化学药品对木材进行处理，从而毒杀危害木材的菌类和虫类。为防止木材存放在室外引起端部开裂和腐朽，一般在端部涂布化学药剂，如图 9-8 所示。

1）木材防腐剂的选择

用于木材防腐、防虫的化学药剂，应注意以下几个方面。

（1）具有毒性。木材防腐剂的防腐效率是通过其对败坏木材的生物毒性表现出来的。因此，所选药剂要对危害木材的生物体具有足够的毒性，能抵抗和驱杀各种侵害木材的菌、虫，使木材不适于作为菌、虫的栖息寄生和繁殖的场所。防腐剂的毒性程度，一般用制止浓度、致死浓度和致死限量表示。随着科技进步和人类生活质量的提高，人们越来越关注环境的安全。因此，研究对人、畜无毒，对环境无污染的新型防腐剂越来越受到普遍关注。

（2）具有持久性和稳定性。药剂涂刷、喷洒在木材上或注入木材中，短期

图 9-8 涂防腐药剂后存放在室外的板材

内应不挥发或不失去毒性。防腐剂长期暴露于空气中的变化越慢越好，抗流失性越高越好。较有效的防腐处理木材后，能使其使用年限长达四五十年之久。

（3）注入性较强。防腐剂在木材中具有良好的渗透性能，药剂能进入木材中达到相当的深度。

（4）无腐蚀性。配制和使用药剂时，对容器、工具不应有腐蚀性。经过药剂处理的木材，其强度、颜色应保持原状。

（5）药源充足，价格低廉。

（6）使用安全。各种化学药剂，要具有低毒高效的优点，杀菌灭虫力强，对人、畜的毒性小，对木材不增加燃烧性。

（7）无色无臭，便于油漆。以保持环境与木材的美观。

（8）无胀缩性。用水溶性药剂处理木材，有时会膨胀，再进行干燥时又会使木材收缩。选择此类药剂时，要选择使木材胀缩性小的药物。

同时，选择防腐剂还必须考虑木材的腐朽部位、类型和使用条件，如以下几种。

（1）立木腐朽。有些腐朽在活立木时就已发生，如密环菌引起的根腐，可使小树死亡，大树心腐；层孔菌引起的杆腐主要是孢子起作用，多发生在人工林内，最终使心材褐腐。因此，在处理木材之前，应了解木材发生菌害的情况，根据不同类型真菌的腐朽来选择防腐剂。例如，活立木腐朽应按森林病虫害防治方法进行处理。

（2）边材蓝变（青变）。一些树木砍倒后易发生蓝变，可选择广谱杀菌剂，杀死多种霉菌，如混合重铬酸钾和氟化钠溶液处理木材表面。

（3）与地面接触的木材。在选择防腐剂处理木材时要考虑到：广谱抗菌，兼有杀虫作用；抗流失，固定性好；木材易干裂，防腐剂要处理到足够深度，保持量要高。

2）木材防腐剂的种类

目前使用的木材防腐剂主要有4类：油质防腐剂、有机溶剂防腐剂、水溶性防腐剂和气体防腐剂。

（1）油质防腐剂。是指具有足够毒性和防腐性能的油类。木材防腐工业上使用的油类防腐剂有煤焦油、煤杂酚油（克里苏油，也称木材防腐油）、煤杂酚油与煤焦油或石油的混合油、低温焦油、蒽油、褐煤焦油和焦化油等。其中低温焦油和褐煤焦油等产量少、毒性低，所以不能单独使用，但可混合使用。目前主要使用的是煤杂酚油以及其与煤焦油或石油的混合油。

油质防腐剂的主要优点是：广谱抗菌，对各种木材腐朽菌、昆虫、白蚁以及海生钻孔动物均有良好的毒杀和预防作用；耐候性好，抗雨水或海水冲刷能力强，故在木材中持久性好；对金属的腐蚀性低；来源广，价格较便宜。但油质防腐剂有辛辣气味，接触皮肤有刺激性，处理后木材呈黑色，不便油漆；温度升高，产生溢油现象；防腐油成分的含量变化较大。

（2）有机溶剂防腐剂。是指溶解于有机溶剂的灭菌、杀虫毒性药剂的溶液。所用的有机溶剂有石油、液化石油气、乙醇，辅助溶剂有丙酮、甲基异丁基酮等。常用的毒性药剂有五氯苯酚、氯化苯、环烷酸铜、8－羟基喹啉酮和有机锡化合物等。

有机溶剂防腐剂的主要优点是：对危害木材的各种生物毒性强，易被木材吸收，可以用涂刷、喷雾、浸渍等方法处理，持久性好，处理后木材的变形小，表面干净，可进行油漆、胶合，不腐蚀金属等。但有机溶剂防腐剂成本较高，防火要求高，不宜用于食品工业用材的防腐处理，因为即使在溶剂挥发后，它们仍可污染食品。

（3）水溶性防腐剂。主要指能溶于水的对败坏木材的生物有毒性的物质。目前世界各国对水溶性防腐剂多使用复合型，既可增强防腐剂的毒性，又能提高抗流失性能。主要复合剂有：铜铬砷（CCA）、铜铬硼（CCB）、氟铬砷酚（FCAP）、氨溶砷酸铜（ACA）、酸性铬酸铜（ACC）、硼化物和氟化物。

水溶性防腐剂的主要优点是：价格低廉，处理后木材表面干净，无刺激气味，不影响木材的油漆和胶合性能，不增加木材的可燃性。但经水溶性防腐剂处理的木材会引起体积膨胀，干燥后又会收缩，所以不宜做成精确尺寸的部件再行处理；同时，抗流失性能较差，不适于处理与地面接触的木材。

（4）气体防腐剂。以气体状态进入木材，起到杀虫、灭菌和防腐作用的一类防腐剂。因为气体渗入木材的速度快，且能渗入难处理的木材，但不能长久地留在木材中，因此只能起到暂时杀菌的作用。

3）常用的木材防腐剂

（1）煤杂酚油。也称克里苏油、防腐油或煤焦蒸油。煤杂酚油不仅最早用于工业木材防腐，而且是至今世界上用量最多的油溶性木材防腐剂。煤杂酚油是煤焦油在200～400℃的馏分，它是褐黑色油状液体，相对密度在1.03以上，具有特殊的刺激气味，其化学组成十分复杂。最近报道，在防腐油中已被鉴定的化合物有200多种，估计有几千种化合物存在。主要成分可分为四大类：①芳香烃化合物，占煤杂酚油含量的80%～90%，主要有萘、甲基萘、蒽、甲基蒽、芴、菲等；②焦油酸，占煤杂酚油含量的5%～18%，主要是酚、甲酚、联苯酚和萘酚等；③焦油碱，占煤杂酚油含量的2%～3%，主要是吡啶、喹啉、吖啶等；④含硫化合物，含量很少，有硫茚等。

煤杂酚油对木材腐朽菌、白蚁、家天牛、家具蠹虫等都有良好的毒杀和预防作用，对海生钻孔动物中的船蛆也具有很好的预防作用，但对蛀木水虱、团水虱和海笋没有显著预防效果。防腐油的黏度较低，采用加压方法处理木材，易于渗透；同时耐候性好，具有一定防水性能，可防止木材开裂。这种油广泛用于枕木和桩木的防腐。

（2）五氯苯酚（PCP）。是有机溶剂防腐剂中用途最广的一种杀菌防霉剂。五氯苯酚为白色晶体，工业品为灰褐色颗粒或粉末，熔点为190～191℃。五氯苯酚具有高度的杀菌灭虫性能，其毒性是木材防腐油毒性的25倍，它对担子菌、细菌、子囊菌和白蚁等均有毒性。同时，五氯苯酚难溶于水，不易挥发，抗流失性能强，处理简便，可用涂刷、喷雾、浸渍或双真空法处理。因此，它不仅广泛地用于枕木、建筑用材和细木工制品等的防腐，而且与林丹等混合后用作建筑物木材的修补处理。

（3）环烷酸铜。为深绿色黏稠的蜡状化合物。它在水中溶解度为0.000 15g/100g（25℃），具有特殊气味，能溶于苯、甲苯、松节油等有机溶剂中，环烷酸铜也是一种重要的有机溶剂木材防腐剂，对人、畜毒性低，化学性质稳定，还可作为电缆、布匹和皮革等防腐、防霉剂。特别是与煤杂酚油混合使用，对抵抗和预防海生钻孔动物对木船和海港木桩的危害十分有效。

（4）8-羟基喹啉铜。它是近年来使用的一种有机溶剂防腐剂，已用它取代环烷酸酮。8-羟基喹啉铜为黄棕色固体，无特殊气味，不溶于水和大多溶剂，因而在商业配方中常使用潜溶剂，如2-乙基已酸镍和十二烷基苯磺酸。

8-羟基喹啉铜对木腐菌有较好的毒效（如对彩绒革盖菌的致死量为9.45kg/m^3，

对黄色卧孔菌的致死量为0.61kg/m^3)，且有防蓝变性能，但它对防治白蚁效果不明显。8-羟基喹啉铜对人畜毒性很低，可用于粮食仓库、牲畜棚以及食品包装用材的防腐。它也用作绳索、线、皮革和乙烯基塑料的防霉剂。

(5) 三丁基氧化锡（TBTO)。它溶于大多有机溶剂，不溶于水，具有碱性，不能与酸性化学药剂混合使用。三丁基氧化锡对败坏木材的生物毒杀能力很强，其毒性比五氯苯酚大20倍，且毒效期长，对褐腐菌尤为有效。它的杀虫效果也很好，能有效地防治家天牛、家具窃蠹等，特别是当存在水等膨胀溶剂时，三丁基氧化锡的杀菌防腐能力会大大提高。

4）木材与防腐剂的相互作用

木材防腐剂在木材中的分布类型能显著地影响防腐剂的性能。而木材防腐剂配方中使用的许多化学药品，能与木材基质进行物理和化学反应，作用的结果不同，所获得的抗流失能力也不同。

(1) 防腐剂在木材内部的分布。任何木材防腐剂的控制生物降解能力都要受到化学药品在被保护的木材产品内部的分布的影响。有三个基本因素影响防腐剂的分布：木材特性、处理过程以及处理液的特性。而防腐剂在木材中的固定则取决于：①防腐剂和木材组分之间或者防腐剂各组分之间的化学作用；②由于溶剂挥发导致的物理沉淀。

研究表明：将防腐剂溶液浸入到木材时，初始的液流主要通过细胞腔，形成防腐剂的宏观分布。近年来，应用扫描电镜——能量色谱分布技术跟踪防腐剂在木材结构中的位置，对防腐剂在木材中的微观分布（细胞壁中的分布）可以有更确切的了解。例如，Butcher通过研究用CCA处理与地面接触的阔叶树材的耐腐能力后指出：当木材中的糖类和氮含量增加时，细菌抗毒物的能力提高，防腐剂中对菌有毒的元素在处理期间不易渗透到细胞壁内，即木质素在细胞壁中的含量、种类和位置均影响防腐剂在木材细胞壁中的分布。而且，愈创木基木质素比紫丁香基木质素具有更大的腐朽障碍。这一木质素假说认为具有杀菌力的活性铜通过络合作用而固定于木质素之上，有关腐朽和保护机制的揭示，对于下一代木材防腐剂的发展具有重要的价值。

(2) 木材与防腐剂的化学反应。木材中某些官能团可能与木材防腐剂发生化学反应，这些反应是有利还是有害，与具体条件有关。例如，有些反应导致水溶性化学药品固定，阻止它们从木材内流失；有些反应能使防腐剂钝化，降低防腐性能。

①无机盐防腐剂与木材的作用。用于木材防腐剂配方的无机化合物通常为水溶性，如果不将它们转化为不溶解的化合物，或者形成化学键固定于木材基体，则沉积在木材内部的盐易于流失。

②有机防腐剂与木材的作用。大部分有机防腐剂化学性质较稳定，反应能力弱于无机防腐剂，其中以氢键、范德华力作用较多。

5）木材防腐处理方法

A. 木材的浸注性

利用木材时需要考虑它的天然耐腐性与防腐处理的浸注性。对于不耐腐而浸注性好的木材必须进行防腐处理；对耐腐而难以浸注的木材可少进行防腐处理；对易腐而难浸注的木材应开创一些有效的方法进行防腐处理。我国常见树种木材的浸注性能见表 9-4。

表 9-4 我国常见树种木材的浸注性能

级别	用材树种名称
最易浸注	油松（边材）、赤松（边材）、金钱松（边材）、马尾松（边材）、枫香、水曲柳、大叶榆、山杨、白桦、椴木、桤木、杨木、白蜡树、水青冈
易浸注	樟子松、辽东冷杉、桧柏、枫桦、槐木、山核桃、糖槭、黄桦
较难浸注	臭冷杉、杉木、华山松、麦吊云杉、红皮云杉、红松、香樟、甜槠、铁槠、臭椿、色木、黄菠萝
最难浸注	落叶松、柔毛冷杉、油杉、粗云杉、鱼鳞云杉、刺槐、槲栎、檫木、苦槠、核桃楸、柞木、栲木、云杉

国外已研究了各种用材采用的不同防腐处理方法和不同标准的防腐剂吸收量。因为各种用材使用的环境不同，对防腐剂的吸收量也就不同。

B. 防腐处理方法

选择一种适宜的方法，使防腐剂均匀分布在木材中，使处理后的木材在一定的环境中能达到使用一定年限，不因腐朽而导致破坏。木材防腐处理工艺可分为预处理和药剂处理。

a. 预处理

预处理的目的在于使防腐剂能均匀地、较深地渗入木材，它包括以下五个步骤。

第一，去树皮。树皮会阻碍化学药剂的渗透，同时也妨碍木材的干燥，并为木材害虫、真菌提供繁殖和滋生的场所。因此处理前应剥去树皮。原木可以用人工或机械剥皮，枕木或方材应清除棱边上残留的树皮，木材表面沾有的污泥、沙土、冰雪和锯屑也应该清除干净。

第二，机械加工。在处理前，应逐根检查木材尺寸是否符合标准规定，对超长、超宽部分应截去。作为电杆的上端部分应锯截成屋脊形或坡形，枕木的铺轨面应平整，必要时应预钻孔。

第三，干燥。一般的处理很难使防腐剂渗透到整个木材中，心材最不易渗入，所以干燥处理后再经防腐处理，能保证木材内部也不发生腐朽。同时，木材含水率对防腐剂的注入量有很大影响，在高含水率状态下木材孔隙被水充填堵塞，阻断了防腐剂的渗透通道，使注入量减少；另外高含水率情况下处理的木材，随着水分蒸发防腐剂会被带到材面析出（对水溶性防腐剂而言），影响防腐效果和后续加工。干燥处理有利于防腐剂吸收，一般要求含水率为25% ~30%。干燥后再进行防腐处理的木材可直接使用，如机械加工、油漆、胶接等。

第四，刻痕。液体在木材横向透入比纵向小得多，一般纵向透入深度是横向的20倍。尤其对于渗透性差的木材，如红松、落叶松、冷杉、马尾松心材等，应该进行刻痕。这一类木材通常纹孔闭塞较多，且树脂含量多。利用刻痕将表层部分纵向纤维截断，扩大了药液渗透的通道，并改变了渗透的方向与途径，从而有利于提高处理材对药剂的吸收量、透入度及均匀度，同时也可减少素材的开裂，增加处理后干燥的速度。刻痕可提高防腐剂的渗透深度和分布的均匀性，同时也可减少素材的开裂，增加气干速度，尤其是采用减压干燥时，可大大提高干燥速度。刻痕加工一般在专用的刻痕机上进行，有的只在一个表面，对于难浸的木材要四面刻痕。刻痕深度随木料厚度而定，大规格的木材，如枕木、电杆等刻痕深度为15 ~20mm；而对于小规格材，如篱笆柱、建筑材料小规格部件，一般只有6mm。如果刻痕安排合理，不会明显降低木材的强度。刻痕处理大都破坏了木材表面的平整性，即使经过后续的各种加工也很难弥补由此造成的缺陷。因此，经刻痕处理的木材一般不能用做表面材，常用的是枕木、电杆、桩木、坑木等。

第五，木材调温调湿。在冬季，木材常受冰冻，需要在处理前进行预热使冰冻融化，以改善木材的渗透性。主要采用喷蒸预热处理，一般也是北方冬季干燥前的准备工作。

b. 防腐处理工艺

目前，木材防腐处理过程中药剂的注入方法有简易处理和加压处理。简易处理方法主要包括浸渍处理、喷淋处理、涂刷处理、冷热槽法及双剂扩散法等。加压处理方法主要包括高压法及低压法。此外，还包括高低频压法、超高压法、两段处理法等。

(1) 简易防腐处理：这种处理方法简单易行，投资少、见效快。常用的方法如下。

第一，涂刷处理。适用于较小规格材的处理，在涂刷前必须充分干燥，涂刷次数越多，防腐效果越好，但必须待前一次涂刷干燥后再进行下一次涂刷，效果才好。所用防腐剂为有机溶剂防腐剂和水溶性防腐剂，对于裂隙、榫接合部位要重点处理。

第二，喷淋处理。这种方法比涂刷法效率高，但易造成防腐剂的损失（达25% ~30%）及环境污染，因此只用于数量较大或难以涂刷的地方。

第三，浸渍处理。把木材放在盛有防腐剂的敞口浸渍槽中浸泡，使防腐剂深入到木材中。一般设有加热装置，以提高防腐剂的渗透能力。浸渍法的注入量及注入深度与树种、规格、处理时间和含水率有很大关系，如单板，瞬时浸渍处理即可，而方材则需要长时间处理方能有效。另外，树种不同渗透性也存在着很大的差异，可见表 9-4。

第四，冷热槽法。其原理是先将木材在热防腐剂槽中加热。由于木材受热温度上升，同时使木材内的空气受热膨胀，水分蒸发，内压大于大气压，空气、水蒸气从木材中排出。然后迅速将木材转移到冷槽中，由于骤冷木材内的空气收缩，未排出的水蒸气凝结，在木材内产生部分真空，防腐剂借助于内外压差被吸入木材中。

第五，双剂扩散法。这种方法是将两种不同的水溶性防腐药液甲液和乙液分别置于两个槽中，木材在甲液中充分浸渍处理后，再放到乙液中浸渍一段时间，最后取出。一般甲和乙是能形成不溶性沉淀、具有防腐效力的物质。如由水溶性的硫酸铜和砷酸钠，形成不溶性的砷酸铜沉淀，沉积在木材的大孔隙及细胞壁中。

（2）加压防腐处理：这是一种工业化生产用的加压浸注防腐工艺，它利用一定压力、温度将药剂注入木材内。加压浸注需要一些专门设备，如处理罐、加热管道及轨道，必要时另设一个全封闭的机动罐以及药液调制罐等，并附有泵、空气压缩机、真空系统、控制仪表及其他设备。

第一，一般加压防腐工艺。图 9-9（a）表示满细胞法操作工艺曲线。当木材进入处理罐后进行真空处理（a），一般真空度为 79.80 ~86.45kPa，保持时间15 ~60min；真空达一定程度后开始加防腐剂（b），此时应保持真空度不变、以免药剂注入不均；充满药剂后解除真空，并开始加压到最大 1 ~1.4MPa（c）；保持最大压力（d）直至浸入规定的药剂量为止，总吸收量可通过计量槽浸注前后的体积差和木材的体积比得出；排出罐内压（e，f），此时木材内的空气发生膨胀，推出一些药剂（5% ~15%），这种现象称为“反冲”；当处理罐中防腐剂排出之后再抽真空（g），目的是抽出细胞腔中部分药剂以及木材表面多余的药剂，避免木材取出时产生滴液现象；保持一段时间，解除真空（h）。

图 9-9（b）表示空细胞法操作工艺曲线。它与满细胞法不同之处在于无前真空，代之为前空压，强迫空气进入木材细胞并压缩之，这样在解除压力（e）时反冲出的防腐剂比满细胞法多。空细胞法的优点是可以以最小的吸收量达到最

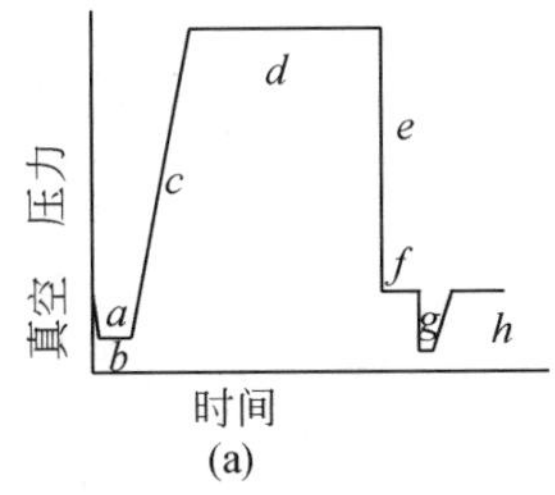

(a)

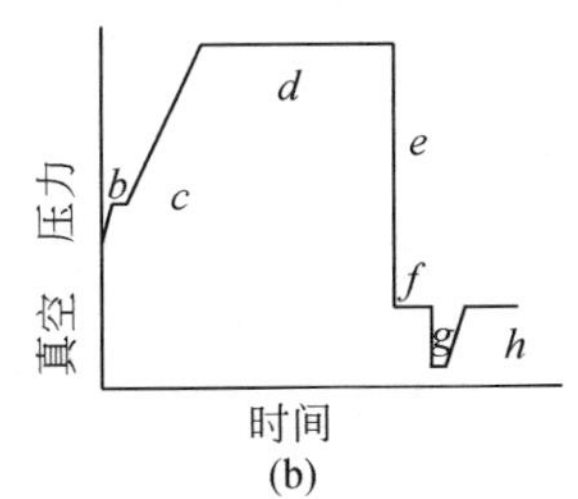

(b)

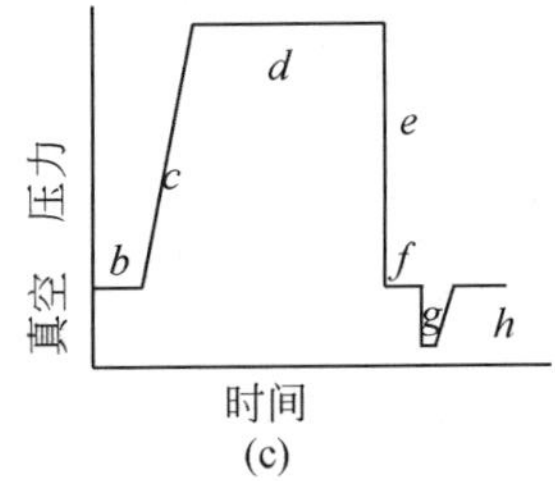

(c)

图9-9 一般加压防腐工艺示意图

大的渗透深度，节省了药剂，降低了成本。满细胞法有大量的药剂存在于细胞腔中，而空细胞法的细胞腔是空的或只含有少量的药剂。

图9-9（c）表示半限注法操作工艺曲线。它与满细胞法和空细胞法的不同点在于，没有前空压空细胞法的改良，不需要空气压缩机等设备。

第二，正负频压法（OPM）和高低频压法（APM）。正负频压法具体操作如下：把木材送入处理罐，利用泵将贮槽中的防腐液送入罐中，待充满后关闭阀门，开动泵和自动调节装置，使罐内压力达1MPa，保持规定时间（0.5～1min）后，通过泵使药液再回到槽中，这时罐内压力迅速降至86.45～94.43 kPa的真空度。减压时没必要把药剂全抽干，抽走少量即可，保持真空一段时间后，再使药液回到罐内。防腐剂往返方向的控制通过四通阀来实现。从加压到真空，又从真空到加压的往返周期所需时间，在整个操作过程中是不同的。第一周期为1min，其30%为加压，70%为真空。随着周期时间延长，最后达到6.5min左右时，加压和真空的比率也随着发生变化，加压时间逐渐延长，占85%（约5.5 min）。大断面生材由于处理困难，需20h以上，循环次数在400次以上，断面小的干燥材在2h内进行40次循环就可达到要求。

第三，双真空法。它是目前世界上最重要且使用最普遍的一种低压浸注法，有较好的工业效果。这种方法的原理与满细胞法相似，只不过所用压力只是满细胞法的1/10左右，其操作曲线如图9-10所示。木材放入处理罐后进行前真空处理，所需真空度和保持真空的时间根据木材处理难易程度而定。在保持真空状态下，将防腐剂打入罐内，防腐剂常用的是有机溶剂型防腐剂，还可加一些杀虫剂、阻燃剂及其他改性剂。当防腐剂充满处理罐后，接通大气提高压力，或用辅助空气压缩机把压力升高，并保持压力直至达到规定的吸收量为止，解除压力，将防腐剂排到贮槽中。然后，再将处理罐内压力降至要求的真空度，保持一定时间，除去多余的防腐剂，接通大气，使滞留在木材表面的防腐剂返回到木材中。这样，处理后的木材表面相当干燥，即可搬运。因此，这种方法很适合细木工工业的要求，木材处理几天后就能进行其他加工。处理罐普遍采用长方形，主要是考虑适合细木工料的形状要求，提高有效容积。

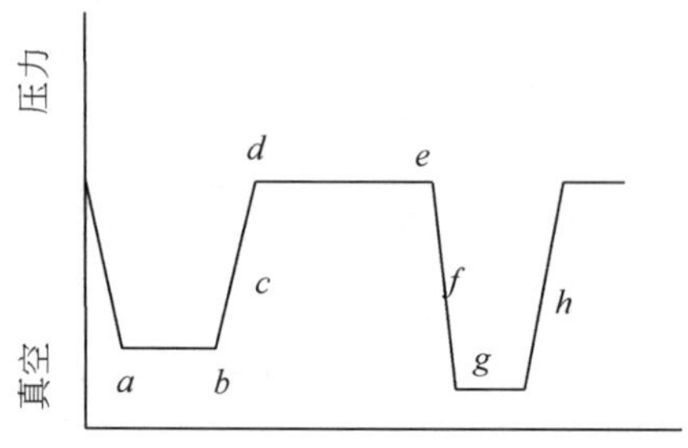

图 9-10 双真空法操作工艺曲线

木材中的水分与木材防腐剂的注入关系密切。有的防腐剂不能很好地与水溶在一起，就要把木材中的水分去掉，进行木材干燥处理；有些防腐处理方法，不排除木材水分对注入防腐剂有利，如采用扩散法进行防腐处理，就要求木材中必须有足够的水分（60%以上），扩散才能充分进行。因此，在防腐处理之前根据木材的含水率选用相适应的防腐方法，才能收到预期效果。

c. 不同用途木质材料的防腐处理

第一，门窗料的防腐处理。一般使用松木和云杉做门窗料，若是浸透性好的松木，用5%的五氯苯酚将干燥的门窗料冷浸 3 ~ 5min 即可满足要求。但五氯苯酚对人有毒害，可使用三丁基锡化物的轻质油溶防腐剂用双真空法处理。也有人研究，将5%的树脂加入到1% ~1.5%的三丁基锡氧化物石油溶剂中，用来处理门窗料，其防腐效果和油漆性能均良好。

门窗料的用量大，腐朽程度不一，全部更换耗费太多，因而适于维护补救处理。窗料的维护补救目前多采用硼化物处理，如用注射器将液体硼化物注入接榫处，任其扩散，在干燥环境中使用有效。近年来多用硼化物栓剂插入木料孔中通过硼盐的扩散渗透以达到门窗防腐的目的。硼栓剂有两种：一种是八硼酸钠和硼酸的蜡状混合物，溶解度大，适于处理含水率在50% ~75%的湿材；另一种是用乙二醇加40%硼酸配制而成。药剂的用量一般按每立方米木材内含多少千克来表示，硼盐一般为 1 ~1.5kg/m^3，在含水率低的情况下硼盐含量低些也能达到较好的防腐效果。

第二，电杆的防腐处理。一般采用树液置换法处理电杆。将防腐剂硫酸铜溶液置于高位槽中，用管子连接要处理的电杆端头，用特制的套头密封，利用静压将药液从电杆一端注入，把边材中的树液用硫酸铜置换。现在这种传统的方法有了改进，称为高压树液置换法，适于处理带有树皮的电杆原木。以往的树液置换法为：将电杆的一端接上真空泵，将防腐剂从另一端吸入电杆内，这样获得的真空度很低，效率不高。现在用加压代替真空，于是产生了高压树液置换法。新西兰人用强化塑料做封闭套头，压力可达到2MPa，一般使用1.2～1.3MPa。也有人试验，在电杆接近端头部开个环形槽，插入进液嘴，绑上橡胶密封带，药液随压力注入槽内，压力越高，密封性越好，防腐剂的透入度越高。

防腐的松木电杆，从心部会长出抗防腐油的一种木腐菌，这种菌是洁丽香菇菌，仍可使电杆腐朽，因此，在防腐电杆上最好有辅助防腐措施。英国采用氟铬砷酚合剂（FCAP）注射或外敷在电杆上可以延长使用年限20年。此外人们正在探索采用生物化学防治法来抑制木腐菌的感染和发展。人们发现在次生霉菌中能分泌一种对杀死木腐菌有效的物质。

第三，木质人造板的防腐处理。现在，对木质人造板的防护处理已越来越引起全世界的关注。研究的主要内容包括：人造板的具体用途，易受哪些生物的危害；防腐对象的材料是什么，是整板、单板还是刨花、碎料或木纤维，或对胶黏剂、树脂进行处理，防腐药剂对胶黏剂或树脂的影响如何；怎样进行试验，如试件的尺寸、预处理、气相或液相处理等。目前用得较多的是刨花的乙酰化，制造尺寸稳定和防腐防虫的刨花板；用硼化物喷淋或二甲基硼化物蒸汽处理单板防止板材变色；用琥珀酐和1,2－环氧丁烷在二甲基甲酰胺溶液中处理木材纤维，制造拒水和尺寸稳定的纤维板。通过拒水、防腐和防虫、滞火等处理制造尺寸稳定、防腐、抗蛀、阻燃的高质量人造板是当今世界人造板研究的主要目标。

第四，易腐朽难浸注木材的防腐处理。云杉和鱼鳞云杉是不耐腐、较难浸注的用材树种。云杉木材难以浸注的主要原因有：纹孔口易堵塞。本来，云杉生材的纹孔口是通畅的，但在干燥过程中由于细胞壁内表面张力的变化，使纹孔的塞缘偏移，产生闭塞纹孔，堵塞纹孔口；交叉场纹孔小。云杉的交叉场纹孔为云杉型，纹孔口窄而小，浸注时药剂主要靠交叉场纹孔作为通道，因此，云杉木的渗透性差；细胞壁腔比小。云杉木材密度比松木小，在单位体积中细胞壁占的比重比松木小，细胞腔体积大，即云杉木材储存水的空腔大，可是毛细管系统不如松木发达，吸水性不如松木好。通过比较云杉与松木的解剖构造的差异可知，云杉比松木难以浸注。

在欧洲，云杉的产量占木材总产量的一半，英国现在大量用云杉材作门窗建筑材，曾采用多种防腐工艺进行处理，但没有取得理想的效果。试验时的处理方法如下：满细胞法：用硫酸铜作防腐剂，抽真空90kPa，保持30min，然后再加压（100kPa），1h。处理效果一般，抽真空90kPa，保持30min，加压400kPa，1h，云杉边材纵向渗透略有改善，当压力达到1200kPa时，处理效果有明显改善；有机溶剂法：使用轻质有机溶剂防腐剂——环烷酸铜，抽真空90kPa，保持30min，然后在大气压下保持60min，最后再抽一次真空，云杉材处理效果差，松木效果好；劳莱法（Lowry），先加压400kPa，保持60min，然后抽真空，回收防腐剂，处理效果一般。

经大量的试验和研究发现，在生材时对云杉进行防腐处理是很有效的。选水溶性防腐剂，采用扩散法，用简单的表面处理工艺即可。具体处理方法是：先把高浓度的防腐剂施加到木材表面上，理想的药剂是硼化物或硼化物与氟化物的混合物，药液浓度一般为20% ~30%。然后将处理后的木材堆垛贮藏在潮湿的环境中，药剂在木材表面形成一层膜，保持一段时间，一般为4 ~12 周，使防腐剂慢慢地由表及里地扩散到木材内部。扩散法的主要缺点是：要达到理想效果所需的时间较长，此外，处理时占用的场地面积较大。英国采用的快速扩散法可以克服这些缺点。快速扩散法的工艺是：木材放入加压罐内用120℃蒸汽喷蒸1h，然后注入硼化物冷液，加压100kPa，保持1h 即可。处理后最好堆放一段时间，采用快速扩散法防腐剂吸收量可以增加一倍，可以满足不接地木材的防腐要求。

现在世界各国都在研究用扩散法进行防腐处理。使用扩散法，若在药液中加入氨，可以加速扩散并有利于铜在木材中的固定。

9.2.3 木材虫害[9]

木材除了容易受到菌害而出现腐朽之外，还会遭到虫蛀。昆虫蛀食木材造成的虫道（孔道）和虫孔为木材虫害，如图9-11 所示。

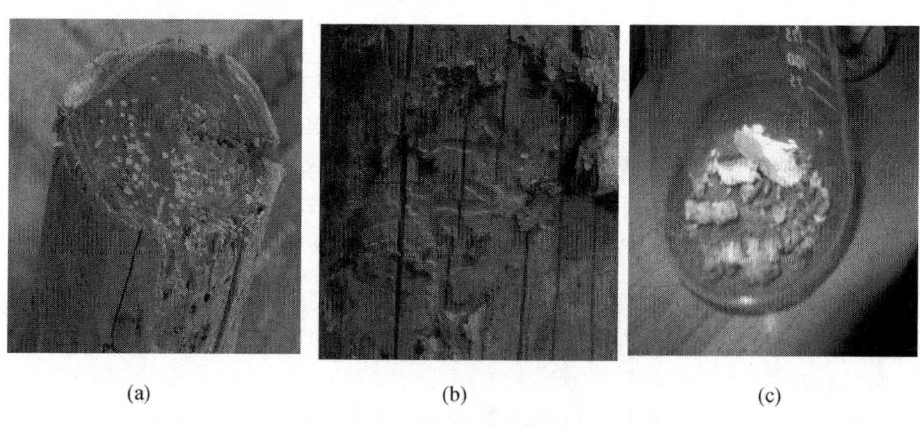

(a) (b) (c)

图9-11 虫蛀木材和受蛀木材中的幼虫

（a）昆虫蛀食木材造成的孔道；（b）昆虫蛀食木材造成的表面虫道；（c）蛀食木材的害虫

9.2.3.1 木材害虫的主要种类

木材害虫的种类繁多，涉及昆虫纲中的鞘翅目、等翅目、膜翅目、鳞翅目、双翅目和蜚蠊目等。比较重要的有鞘翅目、等翅目、膜翅目。

1）鞘翅目（Coleoptera）

此目中危害木材的种类最多，主要有如下几科。

（1）天牛科（Cerombycidae）。小至大型甲虫。天牛科中大部分是危害木材的，最重要的有墨天牛属（*Monochamus*）、绿虎天牛属（*Chlorophorus*）、杉天牛属（*Semanotus*）、茸天牛属（*Trichoferus*）、紫天牛属（*Purpuricenus*）、凿点天牛属（*Stromatium*）、扁天牛属（*Eurypoda*）和梗天牛属（*Arhopalus*）等。危害木材的天牛种类很多，全世界已知道的就有2000余种，在我国危害松木的常见天牛有20多种。

（2）小蠹科（Scolytidae）。小型甲虫。危害新伐带皮湿材者多，其中齿小蠹属（*Ips*）、材小蠹属（*Xylebotus*）和锉小蠹属（*Scolytoplatypus*）能在边材中穿透较深，危害性较大。特别是本科中的齿小蠹属种类，侵入木材后，携带青斑病菌而引起木材变色腐朽，所以，其危害性也更大一些。在我国，小蠹虫有500余种。

（3）长小蠹科（Platypodidae）。小型甲虫。此科昆虫并不取食木材，它们钻入木质部深处，携带真菌入内。真菌孢子在坑周缘萌发生长，长小蠹便以这些生长起来的真菌孢子为食，所以这种小蠹的寄生广泛。由于真菌在木质部中的侵蚀作用，被侵害木材极易发生腐朽。

（4）长蠹科（Bostrychidae）。小至中型甲虫。此科喜高温、高湿环境，主要危害阔叶树木材、竹材及藤本，极少危害针叶树木材。一般危害新砍伐原木及其制品和建筑物等，少数危害衰弱木。

（5）粉蠹科（Lyctidae）。小型甲虫。它是典型的干材害虫种类，仅危害阔叶树材、竹材和藤本，对竹制品及建筑物的破坏性大。

（6）窃蠹科（Anobiidae）。小型甲虫。此科害虫多危害干燥陈旧建筑物和家具，危害性大。

（7）象甲科（Curculionidae）。小至中型甲虫。此科中仅少数种类危害湿原木或受潮的建筑物。

（8）虎象甲科（Rhynchophoridae）。中至大型甲虫。此科危害带皮湿原木，蛀成大的虫眼，危害状酷似松墨天牛的危害状。

（9）吉丁虫科（Buprestidae）。小至大型甲虫。此科多数危害伐倒木或衰弱木的边材，少数种类能在木材的深部穿蛀，蛀成大的虫眼。

除以上几科外，尚有叩头虫科（Elateridae）、伪叩头虫科（Eucnemidae）、伪步甲科（Tenbrionidae）、伪天牛科（Oedemeridae）、朽木甲科（Alleculidae）和花蚤科（Mordellidae）等科的昆虫危害木材。

2）等翅目（Isoptera）

此目中白蚁或螱，以危害木材而著名。我国有90余种，隶属如下4科。

（1）木白蚁科（Kalotermitidae）。木栖的原始白蚁，无固定蚁巢，亦不在表面筑蚁路。每群落个体较少，生活环境不受土壤性质的影响，主要危害建筑物。

（2）鼻白蚁科（Rhinotermitidae）。土木两栖性，筑蚁巢，适应性强，对建筑物的破坏性极大。

（3）原白蚁科（Hodotermitidae）。木栖性原始种类。此科国内仅见一种，危害木材和建筑物。

（4）白蚁科（Termitidae）。此科是土栖性高级种类，营巢于地下，主要危害堤坝和农作物，但也危害地下木结构建筑物。

3）膜翅目（Hymenoptera）

此目昆虫大多数于人类有益，但其中部分种类是木材的重要害虫。

（1）木蜂科（椽蜂科）（Xylocopidae）。体中至大型。成虫和幼虫并不取食木材，只是在干木或干草本植物之内筑巢贮藏花蜜，产卵在其上并繁殖后代，对建筑物的破坏严重。

（2）树蜂科（Siricidae）。体大型。多寄生于衰弱木或倒木之中，因产卵具携带真菌进入木质部而引起木材腐朽。

9.2.3.2 主要害虫

根据害虫危害木材的含水率，可将危害木材的害虫分为湿材害虫和干材害虫。

1）湿材害虫

湿材害虫系指一切危害新砍伐的生材或含水率维持在纤维饱和点以上湿材上的昆虫。它们多发生在带有树皮的湿原木上，以皮部为食，或既取食皮层又取食边材，或仅蛀害木质部等。当被害原木含水率降到纤维饱和点以下时，它们多不再繁殖寄生。

主要湿原木害虫有：云杉黑天牛、云杉小黑天牛、松墨天牛、皱鞘双条杉天牛、白带窝天牛、中华蜡天牛和松十二齿小蠹虫等。

2）干材害虫

干材害虫是指寄生在含水率较低（纤维饱和点以下）的成材、加工材、建筑材和家具等木材中的害虫。这类害虫有些是直接以木材为食，有的仅仅是在木材中做巢栖生的，通常能适应较干燥环境，有的在潮湿环境中也可以生存，对木材的危害性很大。

主要的干材害虫有：家白蚁、黑胸散白蚁、黄胸散白蚁。白蚁是世界性的主要害虫之一，世界各大洲均有分布，其危害面积约占全球总面积的50%，我国大部分地区均有分布。白蚁危害的木材及制品范围非常广泛，不仅可以危害植物材料，如木材、竹、棉花、麻、藤和天然橡胶，还能危害动物制品，如皮、丝、毛和贝壳，以及矿物制品和人工合成材料等。除蚁类之外，干燥木材的害虫还有天牛科和粉蠹科害虫。

9.2.3.3　害虫滋生繁殖的条件

昆虫和海生钻孔动物要有适当的荫蔽，繁殖、产卵的场所和适宜的温度、湿度、空气、日照和通风，并需要足够的营养物质供给幼虫食用。

1）场所

由于林区的伐倒木没有剥皮，原木是带皮原木，这为成虫产卵和幼虫生存创造了条件，如林地病腐木多和枯立木多，是造成虫害的发源场所。贮木场的杂草、树皮、积水等不清除，也会给害虫造成滋生繁殖的机会。

2）温度

天牛在14℃、小蠹虫在11℃左右开始活动，吉丁虫、象鼻虫喜欢在温度较高的条件下生活和产卵，白蚁喜居气温22℃以上的温度较高的环境。

3）湿度

最适宜虫害活动的湿度为60%～80%，当木材含水率在20%以上时，害虫就能生活，超过120%时能抑制其繁殖。

4）日照和通风

天牛、小蠹虫、吉丁虫、象鼻虫等卵化和幼虫发育期间特别需要日照和通风。

9.2.3.4　木材发生虫害的原因

木材是由各种各样的高分子聚合而成的有机物质，发生虫害的主要原因，除了木材的特殊结构及木材产生裂隙等缺陷有利于害虫产卵外，更重要的是木材含有害虫需要的营养物质。这些营养物质主要有以下几种。

1）可溶性糖分

可溶性糖分是蛀木昆虫十分敏感的物质，因为这种物质能直接被昆虫吸收，转化为能量（热能）。所以，木材中的可溶性糖分越多，越容易发生虫害。可溶性糖分大多存在于边材的细胞腔中，因而边材更容易遭受虫害。

2）淀粉

淀粉是蛀木害虫重要的营养物质，淀粉经虫体内的淀粉酶的催化作用后，分解为葡萄糖而被昆虫吸收。淀粉大多存在于边材中，因而边材更易受到虫害。

3）纤维素、半纤维素

两者皆为多糖类物质，是木材的主要成分，经虫体内的酶作用后，可水解为葡萄糖，被虫体吸收。

4）微量元素

木材中的蛋白质、脂肪、无机矿物质也是木材害虫的营养物质。

5）氮素

氮素是幼虫不可缺少的营养物质，但木材的含氮量很低，木材害虫必须摄取大量的木材才能维持它们的生活。

6）真菌

有些木材害虫，依靠它们的巢穴中繁殖的真菌（霉菌）为食物，如食蜂蠹虫（针孔蛀虫、食菌小蠹）。

9.2.3.5 虫害对木材的影响

1）危害方式

不同害虫需要的食物不同，因此危害木材的方式也不同。许多昆虫和海生钻孔动物有口器，能将木材磨碎到可消化的粒度，使多糖暴露出来，然后再被肠内的纤维素酶和半纤维素酶消化，排出的废物堆积在木质素里。在许多昆虫的肠内，木材并没有被完全消化，这反映了木材没有磨碎到足够的细度，酶不能得到充分的补充，在肠内滞留的时间不足，或者受其他原因的影响。一些昆虫，如蝙天牛和普通的海生钻孔动物，被认为有内生的纤维素酶。白蚁和大多数消化木材的昆虫，依靠它们肠中分解聚糖的微生物消化木材，粉蠹科和长蠹科的木材害虫是以木材边材部分的淀粉和糖类为养料。又如，某些小蠹虫是利用它们蛀蚀的坑道中生长的菌类作为食物。一般来说，心材往往比边材耐虫蛀，因为心材细胞组织已木质化，缺乏淀粉、糖类，而边材则具有丰富的有机养分。其次，心材中某些抽提物（如酚类等）对木腐菌、虫类有抑制作用。

2）分类

木材遭受虫害后，主要在边材上形成大小不同、深浅不一的虫眼，或纵横交错的表面虫沟，称为虫害。根据木材虫蚀的程度不同和被害木材表面特征，可分为大虫眼、小虫眼和表面虫沟等三种，如图 9-12 所示。

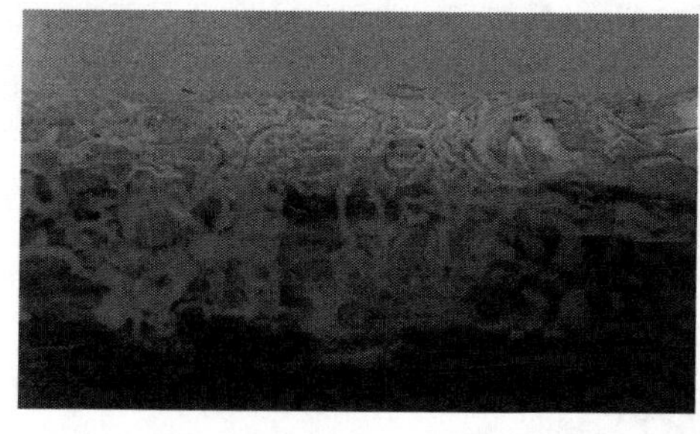
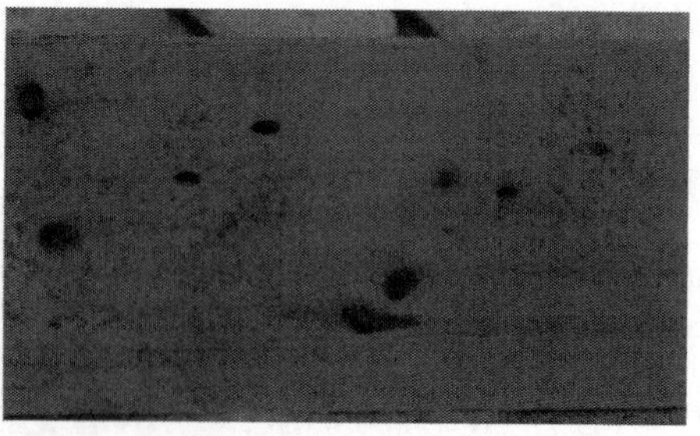

图 9-12 原木材身上的虫沟和锯材板面上的虫眼

（1）大虫眼。是指虫眼直径在 3mm 以上、深度在 1cm 以上，多数是由大型天牛的幼虫蛀蚀造成的。

（2）小虫眼。是指木材的虫眼直径不足3mm、深度不足1cm，多数是由天牛的幼虫或吉丁虫的幼虫蛀蚀造成的

（3）虫沟。是指木材边材的虫沟深度不足1cm，主要是由小蠹虫蛀蚀造成的。

3）对木材的影响

表面虫沟、小虫眼对木材材质影响不大，在加工过程中，可以去掉部分虫眼，但会使加工的出材率降低并影响木材表面美观。大而深的大虫眼或深而密集的小虫眼均能破坏木材的完整性，并降低其强度性质和质量。在木构件、家具和木材表面形成的许多小虫眼，为菌类生长繁殖提供了适宜的场所，如霉菌或变色菌侵染虫眼内，引起木材变色，随之促进木腐菌的感染，又造成木材腐朽，降低木材使用价值。

9.2.4 木材虫害的防治

9.2.4.1 木材的天然抗蛀性能

木材对粉蠹、长蠹、白蚁的天然抗蛀性能分别见表9-5～表9-7。

表9-5 我国常见树种木材对粉蠹的天然抗性

级别	用材树种名称
强抗蛀	全部针叶树材、冬青科、茶科、五裂木科、金缕梅科、山矾科、银杏科、紫树科等
抗蛀	泡桐、樟树、杜仲
不抗蛀	三角枫、五角枫、刺楸、幌伞枫属、鸭脚木属、银桦、白桦、血槠、米槠、青栲、柞木、山胡桃、樟木属、润楠属、刺槐、合欢、铁刀木属、油楠属、格木属、桑树、水曲柳、木棉属、乌桕属、栎木属、山枣属、香椿属

表9-6 我国常见树种木材对长蠹的天然抗性

级别	用材树种名称
抗蛀	几乎所有针叶树材、银杏科、苦木科、杜仲科、悬铃木科、金缕梅科等
不抗蛀	刺槐、黄檀、华楹、白格、黑格、凤凰木、柿树、旱柳、茅栗、麻栎、槲栎、苦楝、桑树、橡胶树、琼楠、梧桐、木棉、三角枫、刺楸、白蜡、茶树、枫杨、黄连木、酸枣、乌桕、喜树等

表 9-7 我国常见树种木材的抗蚁蛀性能

级别	用材树种名称
强抗蚁蛀	柏木、柳杉、福建柏、圆柏、侧柏、黑格、油丹、砚木、铁刀木、柠檬桉、母生、黄棉木、刺槐、柚木、红椿、青蓝、枣木、毛麻楝、子京、槐树
中抗蚁蛀	水衫、广东松、大叶相思、阳桃、棘皮桦、鼓树、苦槠、灰白木麻黄、香樟、大叶青冈、杜英、白蜡、窿缘桉、银桦、川栎、石楠、桑木、紫楠、麻栎
弱抗蚁蛀	楹树、南洋楹、合欢、山合欢、青榨槭、硬桦、光皮桦、重阳木、米槠、甜槠、栲树、蓝桉、枫香、苦楝、兰考泡桐、楸叶泡桐、柞木、紫椴、裂叶榆、苦木
不抗蚁蛀	臭椿、拟赤杨、西南桤木、西南桦、黄樟、山枣、柿树、黄杞、小叶白蜡、水曲柳、旱柳、南方泡桐、泡桐、毛泡桐、山杨、木棉、核桃楸、硬叶桐、刨花楠、大叶灰木

9.2.4.2 木材防虫剂的分类

按照昆虫身体吸收药剂部位的不同，防虫剂可分为以下三种。

1）触杀剂

触杀剂是指黏附在昆虫身体的表面使其致死的药剂，如氯丹、有机磷等。

2）胃毒剂

胃毒剂是指进入消化道，被昆虫体内吸收而中毒死亡的药剂，如硼化物、氟化物等。

3）熏蒸剂

熏蒸剂是指能在常温下挥发，从昆虫气门进入体内使其中毒或被驱除的药剂，如嗅甲烷、氟化硫酞、对二氯苯等。木材防虫剂的主要种类见表 9-8。

表 9-8 木材防虫剂的种类

类别	化合物	备注
有机氯类	氯丹、七氯、狄氏剂、丙体六六六、艾氏剂、滴滴涕	残毒大、有防治和驱除作用
硼化物	硼酸、硼酸钠、四水合硼酸钠	大多含砷化物，采用加压法或扩散法
氯萘类	一氯萘、二氯萘及三氯萘	多氯体防虫效果好，残毒大
有机磷类	杀螟松、倍硫磷、毒死蜱、敌敌畏辛硫磷、氯化辛硫磷	速效，特别适用于烟雾剂
氨基甲酸酯类	西维因（1-萘基-*N*-甲基－氨基甲酸酯）、仲丁威（2-仲丁基苯基-*N*-甲基－氨基甲酸酯）	一般残毒较小

续表

类别	化合物	备注
有机锡类	氧化双古丁基锡（丁蜗锡）三丁基锡的邻苯二甲酸盐	作胃毒剂，有残毒
酚类	五氨酚、五氯酚钠	主要用作防腐剂，防虫作用较弱（胃毒剂）
焦油类	煤焦油	污染严重
合成除虫菊酯类	胺菊酯、ES-56、二氯苯醚菊酯	对人体无害，有发展前途
驱除剂	邻二氯苯、对二氯苯、二溴乙烷	只有驱除作用，无预防作用
熏蒸剂	溴甲烷、硫酰氟	能彻底驱除害虫，无残毒

木材的防虫处理比防腐处理要简单。因为防虫处理不必使木材的内部含有过多的药量，重点是边材的处理。而边材部分结构较疏松，药剂易渗透，所以在常压下只要木材含水率合适，采用涂刷、喷涂、常压浸渍、扩散或短时间低压处理，就能达到防虫目的。

9.2.4.3 几类主要害虫的防治

1）天牛类的防治

天牛的防治方法包括杀灭成虫、剥皮法、水浸法、注药法和熏蒸法等。

（1）杀灭成虫。杀灭天牛成虫有如下两种方法：①喷洒药物。喷药期应选择成虫羽化出孔的高峰期，药物以触杀剂或胃毒剂为好。②扑打成虫。掌握天牛成虫活动规律扑打，这种方法适用于少量的天牛发生。

（2）剥皮法。利用天牛喜爱的木材皮层产卵寄生的习性消灭害虫，当天牛幼虫在木质部以外活动时，剥除树皮常获得良好的杀虫效果。

（3）水浸法。水浸法可以使天牛因缺氧窒息而死，一般需要1～3个月时间。未剥皮原木内天牛的死亡率低；蛹和成虫比幼虫的死亡率高。

（4）注药法。此法是使化学药剂注入虫孔内，触杀或熏杀天牛。此法适用于杀灭建筑或家具中的天牛，用5%～10%氯丹柴油剂，或5%敌敌畏效果较好。

（5）熏蒸法。熏蒸法是利用容易挥发有毒气体的化学药剂，施于密闭的容器内，除治木材中的天牛，熏蒸法药剂的渗透力强，毒杀力大，消毒过程快，适用于处理仓库或船舱中货物的害虫，或突击处理进口商品中的害虫。国内常用的熏蒸剂有：磷化铝（AlP）、磷化锌（Zn_3P_2）、溴甲烷（CH_3Br）、氯化苦（CCl_3NO_2）和硫磺（S）等，这些杀虫剂均有较好的熏杀作用，但对环境污染较大。近年来研究出一种新型熏蒸剂——硫酰氟（F_2O_2S）。它具有杀虫广谱性、渗透力强、毒性较低、解吸快、不燃不爆、对熏蒸物安全且可在低温下使用等特点，是一种效果良好的木材防虫熏蒸剂。

2）长蠹、粉蠹的防治

长蠹虫和粉蠹虫主要发生在木材的边材部，常用的方法有：气蒸法、日光暴晒法、远红外线辐射法、熏蒸法、化学液涂布法和水浸法等。

（1）气蒸法。把木材或其制品放在气蒸室内，利用蒸气的湿热作用灭杀害虫，一般1h左右即可。

（2）日光暴晒法。一般木制件在烈日下5～6h可杀死害虫。

（3）远红外线辐射法。这是利用远红外线辐射使木材升温杀死害虫。这种方法设备较简单，投资少，不污染环境，杀虫速度快，操作简便，近年来使用较多。

（4）熏蒸法。用硫酰氟熏蒸处理。在温度为20～22℃时，施药量20g/m^3，处理12～24h；温度0～1℃时，施药量30～40g/m^3，处理2～3天，均能获得满意的杀虫效果。

（5）化学液涂布法。在粉蠹羽化出孔的前夕，涂刷氯丹、DDT等触杀或胃毒药液，一般涂刷1～2次，就可有效地杀灭成虫。

（6）毒棉球塞孔法。长蠹科的害虫有在木材上蛀孔内食取木材或产卵的习惯。因此，用棉球蘸毒杀力强或触杀力强的化学药液或药粉堵塞蛀孔，可以杀死成虫。例如，用油剂堵塞蛀孔，由于渗透作用，不仅能杀死成虫，还能杀死虫卵和幼虫。

3）白蚁的防治

白蚁群体较庞大，分布面广，多发生在建筑物的木构件内。防治蚁类的关键是找到蚁巢。

（1）挖巢法。挖巢法适于白蚁在巢内越冬时进行。此法经济方便，见效快，不污染环境，适合于处理贮木场或建筑物附近的蚁巢。但是费时，对环境也有破坏性。

（2）粉杀法。采用颗粒细（80～100目）的干燥药粉，在白蚁的蚁巢诱集坑中施放，使白蚁沾染上，利用其互相吮舔舐等习性使蚁群中毒。灭蚁药粉中灭蚁灵应用广泛，如采用70%的灭蚁灵与30%的滑石粉的混合物喷撒，一般5～6天内能达到消灭整个蚁群的目的。

（3）液杀法。用水剂、油剂或含有药剂的泥浆通过喷杀或灌洞穴的方式杀灭白蚁。喷药杀蚁应选择长翅繁殖蚁分飞时，喷施药液于蚁巢、蚁路中被害物上。在确定了蚁巢和主要蚁道后，可借助动力将药液施入。此法常用来消灭堆白蚁和散白蚁，对家白蚁这类有大型蚁巢的种类，除上述方法外，还可以用药剂与稀泥混合成药浆，用灌浆机向蚁巢内压入，填实洞穴杀死白蚁。

(4) 诱杀法。在无法确定蚁巢的情况下，在白蚁往来频繁的地下挖一个深30～40cm的土坑，将白蚁喜食的松树枝、松花粉等放入土坑中，土坑覆盖后淋上洗米水。经10～20天，待白蚁聚集较多后，轻轻地分层施以毒药，然后恢复原状，使白蚁沾染上药物通过传递而中毒死亡。这种方法对消灭黑胸散白蚁具有良好效果。

9.2.4.4 常用木材防虫剂

目前，用于木材害虫防治的方法可分为四类。

1) 化学法

使用防虫药剂杀灭害虫，其效果是可靠的。但是，污染环境且造价较高。

2) 物理法

常使用微波、加热、诱杀、遮盖、隔离以及γ射线等方法防治害虫。

3) 生物法

利用作为害虫天敌的寄生性昆虫、捕食性昆虫或寄生菌等杀死害虫。庞大的天敌种群对控制木材虫害的损失起着相当大的作用。

4) 提高木材的抗虫性

除去淀粉等害虫取食的营养物，加入抗虫成分以加强木材的抗虫性。常用木材防虫剂如表9-9所示。

表9-9 常用木材防虫剂

分类		化学名称或结构式	备注
有机磷类	辛硫磷	*O,O*-二乙基-*O*-(α-氰亚苄氨基) 硫逐磷酸酯	褐色液体，毒性低残留性好，处理后木材对光、热、水稳定；有效防治白蚁、窃蠹、天牛类害虫
	氯化辛硫磷	*O,O*-二乙基-*O*-(α-氰邻－氯亚苄氨基) 硫逐磷酸酯	白色粉末，其他性能同上
	倍硫磷	*O,O*-二乙基-*O*-(3-甲基-4-甲硫基苯基) 硫逐磷酸酯	对光、热、水、碱均较稳定，毒性较低，与二溴乙烷混合，可有效地防治钻木虫
	乙酸甲胺磷	*O,S*-二甲基-*N*-乙酰基硫逐磷酸胺酯	白色粉末，溶于水及有机溶剂，对热、碱较稳定，防虫效果较好
	毒死蜱	*O,S*-二乙基-*O*-(3,5,6-三氯-2-吡啶基) 硫逐磷酸酯	残留期很长，灭蚁、杀虫效果好，可用于土壤和原木等处理

续表

分类		化学名称或结构式	备注
合成除虫菊酯类	二氯苯醚菊酯	3-苯氧基联苯酰-2,2-二甲基-3-(2,2-二氯乙烯)环丙烷羧酸酯	油状液体，不易挥发，难溶于水，有强有力的防虫能力，有较长的残效期，对防治小蠹虫十分有效
	杀灭菊酯	A-氰基-间-苯氧基苄基-α-异丙基对氯苯基乙酸苯酯	残效期很长，有较强的杀虫性能
	溴氰菊酯	(*S*)-α-氰基-3-苯氧联苯酰基-顺式(1*R*,3*R*)-2,2-二甲基-3-(2,2-二溴乙烯)环丙烷羧酸酯	合成除虫菊酯类中杀虫力最强
氨基甲酸酯类	残杀威	2-异丙氧基苯-*N*-甲基氨基甲酸酯	溶于醇类，稍溶于水，防治白蚁效力尤为显著，与有机磷化物合用，防治木材钻木虫
	仲丁威	2-仲丁基苯-*N*-甲基氨基甲酸酯	难溶于水，可溶于有机溶剂，在碱性中不稳定，残效期长，对防治钻孔虫很有效
	氯丹	$C_{10}H_6Cl_8$	溶于酯、酮、醚等，与碱作用形成无毒产物，高温易分解；触杀和胃毒剂，对粉蠹虫、白蚁毒杀效果好，对人畜毒性较大
	硫酰氟	SO_2F_2	无色无味不燃气体，熔点 -122℃，沸点 -55.2℃，微溶于水，碱中水解快，优良熏蒸剂，低毒，对虫、蚁效果良好

9.2.5 木材变色

变色是木材的缺陷之一，木材变色问题的研究具有广阔的外延和深入的微观内容，并具有很大的实用性，因此目前许多国家都在开展这方面的研究工作。木材变色虽然对木材的力学强度影响不大，但却严重影响木材外观，大大降低了木材的使用价值，造成巨大的经济损失和资源浪费。因此预防木材变色，保持木材完美色泽和良好材性是木材利用过程中的一个重要方面。

木材的变色可以由不同的原因引起，为此美国学者 Zabel 将木材变色分为五大类：木材内化学物质变色（包括酶变色）；木材接触变色；木材早期腐朽变色；木材表面或内部真菌滋生变色；光变色。概括起来即为化学变色、光变色、生物变色[10]。

9.2.5.1 化学变色

木材的化学变色是木材变色中较为重要的一类。木材中含有的单宁、生物碱、酚、木质素、黄酮类及其他有机化合物，在其含水率较高或较长时间地暴露在潮湿的空气中时，会发生氧化缩合反应而产生变色，其中酚类物质由于具有苯环结构，易于被氧化，是导致木材化学变色的最主要原因。荖村伸哉在木材变色的研究中得出木材变色中最难处理的黑变就是因为木材中酚类成分与铁接触，发生化学反应生成黑色化合物而导致的材色污染。苗平等在对泡桐木材变色的物理化学因素的分析中得出，泡桐木材中所含的酚类物质、环烯醚萜甙类物质和有机酸等是泡桐变色的内在因素。酚类化合物氧化前为无色，有些可溶于水，氧化后生成不溶于水的缩合物，颜色为红色、红褐色、褐色，因此化学变色又称为氧化变色。

此外木材与过渡金属铜或铜合金、Fe^{3+}在酸性或碱性条件下也会生成不同颜色的单宁酸化合物而导致木材变色或者颜色加深[11]；木材在干燥过程中，由于边材细胞中含有较多的有机化合物和酶在空气中氧化及其他化学反应也容易发生化学变色。Charrier 对栎木干燥时变色与非变色区成分分析得出鞣花单宁对变色的促进作用，实验结果显示鞣花单宁的含量在有色区域比无色区域高 5 倍，认为栎木干燥时变棕黄是由于鞣花单宁的水解与氧化作用引起的；Liu Jin 研究得出引起铁杉褐变的主要成分是儿茶素；Murray 等对花旗松进行实验，从中得到一种酶，并对其与木材的变色关系进行了研究。木材在干燥过程的变色还与干燥温度、相对含水率、干燥时间以及木材初含水率有关。

化学变色是引起木材变色较为常见的一种，具有反应快，变色深度浅，变色比较均匀一致等特点。木材的化学变色只是改变木材表面颜色，不影响木材本身的各项性能指标，对木材尤其是一些结构性用材的使用没有太大的影响，对表面要求较高的装饰材、家具材等，化学变色造成的木材损失相对而言比较小，在生产中，人们通过采取各种有效措施，如杜绝与外界的污染化学源来防止木材的化学变色。

9.2.5.2 光变色

木材材面颜色的呈现是由于木材吸收了一定波长的可见光。构成木材重要化学成分的纤维素、半纤维素并不吸收可见光，只是含发色基的木质素和木材内部特定的着色物质吸收某区域的可见光，而使木材变色。在引起木材光褪色、变色的诸多因素中，紫外光与可见光的照射是最主要的因素。置于日光下的木材，其表面会迅速地发生化学降解，而使木材表面发生变化。光变色是木材表面组织结构的变化，主要是木质素吸收紫外光及短波长的可见光产生降解，生成发色基团，再借助丰富的助色基团发生颜色的变化。

变色的化学成分主要是木材组织成分中的单宁类、黄酮类和木质素及酚类化合物，木材抽提物是导致木材变色的重要原因之一，这些物质在木材干燥过程中，随水分移动到木材表面，在光照下发生氧化，产生变色物质。研究表明，几乎所有树种在光照下都会发生变色，但是变色的速度和过程因树种而异。

木材光变色是指木材由于吸收了一定波长的可见光而使材面呈现颜色。木材主要是由纤维素、半纤维素、木质素及少量的抽提物组成的复杂的天然高分子化合物。其中纤维素和半纤维素不吸收可见光，大量的发色基团和助色基团，如羰基、酚羟基、醇羟基、羧基、不饱和双键等以及 π-π、p-π 共轭体系主要存在于木质素结构中，以及少量组分黄酮、酚、芪类等的结构中。因此木材的光变色主要是木质素在光作用下的结果，是木质素吸收紫外光及短波的可见光产生降解，生成本醌等发色基团，再借助木材中丰富的羟基等助色基团产生的变色。木材组织中的单宁类、黄酮类、木质素以及酚类化合物等是影响木材光变色的主要因素，另外树种、温度以及木材含水率也是影响木材光变色的因素[12]。对西部铁木杉的光变色研究指出变色成分的化学分子构型上具有相同的结构成分，这些结构是导致光变色的主要原因。

一般光变色属于浅薄的表面变色，紫外光透入木材的深度不超过 75μm，可见光为 200μm，或更深入一些。

9.2.5.3 生物变色

木材生物变色是指木材受到真菌侵害而产生的各种变色，是木材变色中最常见也是对材色破坏最严重的一种。一般所说的木材变色是指真菌变色。

真菌变色包括霉变和蓝变（又称青变、边材变色），即由霉菌及变色菌引起的木材变色，与侵蚀木材的腐朽菌有所不同，它们寄生于边材的射线薄壁细胞和轴向薄壁细胞中，以细胞中的营养物为养分生存和繁殖，真菌的菌丝多从木材细胞的纹孔中穿入，吸取细胞内的糖类、淀粉、磷脂等有机物，同时，菌丝通过纹孔从一个细胞到另一个细胞向四周蔓延并向内部侵入，从而使得木材的表面或内部的颜色产生变化。原木边、心材变色见图 9-13。

1）木材霉变

木材霉变主要是属于子囊菌纲和半知菌纲的一些具有深色菌丝的真菌侵蚀木材所致，该现象大多是因通风不良、环境温度高和湿度大造成的。最常见的木材霉变真菌有木霉（*Trichoderma* spp.）、青霉（*Penicillium* spp.）、曲霉（*Aspergillus* spp.）等。受到霉菌侵害的针叶树材呈黑色或淡绿色，在阔叶树材上呈黑色斑

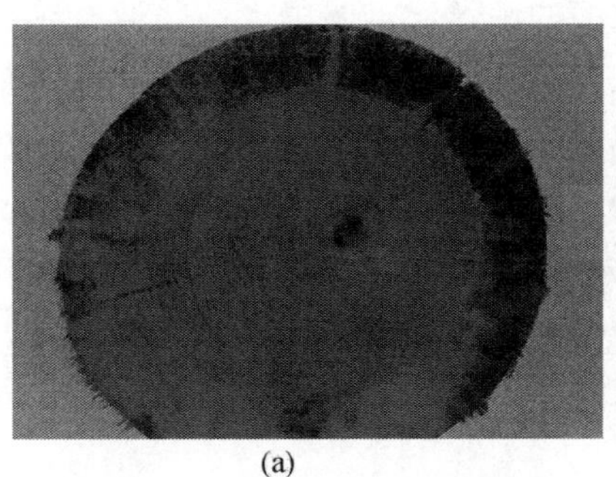
(a)

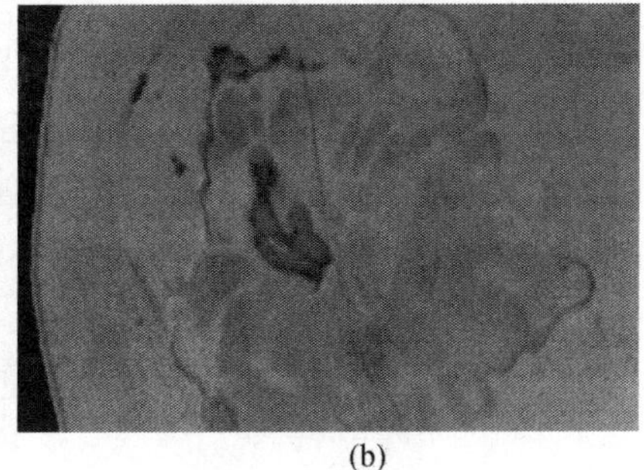
(b)

图9-13 原木边材蓝变（a）和心材变色（b）

点。由于霉菌的孢子只在木材表面繁殖生长，不渗入木材内部，因此由霉菌引起的木材表面变色范围较浅，可用刷子清除，或者采用刨去表层的方法清除。霉菌缺乏分解纤维素、半纤维素和木质素的能力，不分解木材细胞壁，不影响木材的强度，但霉菌侵蚀过后木材的渗透性增加，促使木材蓝变菌以及腐朽菌对木材进一步地侵蚀。

2）木材蓝变

木材蓝变是由变色菌引起的，通常是指木材出现的所有边材变色[13-15]。木材蓝变除蓝色外，还包括黑、青、黄、绿、粉、灰等其他一些颜色，如红松的青变色、栎木的绿变色、由青霉菌引起的阔叶树材黄变色、由壳囊孢属引起的松木褐变色等。变色菌和霉菌一样，主要是通过分解吸收木材细胞内含物，如淀粉和其他糖类供其生长发育，不分解纤维素和木质素，对木材的性能影响较小。但和霉菌只污染木材表面不同，变色菌菌丝会深入到木材深处，甚至通透整个木材厚度方向。Frindlay研究了木材变色的各种原因，得出木材霉变通常是由真菌的各种孢子所致，蓝变是因真菌菌丝本身的颜色造成的，菌丝侵入木材内部使得产生的色素融合到木材细胞壁上，很难脱色，因此木材蓝变会严重影响木材质量，带来木材降解等。蓝变木材由于菌丝的穿透，形成许多小孔，增加了木材的渗透性及吸湿性，易于腐朽菌对木材的侵害。

9.2.5.4 木材变色与腐朽的区分

木材变色菌生长的环境刚好也适合于腐朽菌的生长发育，木材的初期腐朽也会产生变色。木材的初期腐朽引起的变色与变色菌引起的变色两者在形式上很难区分，但有本质的区别。吴辉等研究了落叶松木材变色和腐朽的区别，并介绍了识别木材变色和腐朽的方式方法，为木材变色和腐朽的识别提供了重要的理论基础。木材变色菌和木腐菌的主要差异在于变色菌不降解木材物质本身，它们从木材细胞贮存的营养物质中得到养分。变色菌的菌丝比木腐菌大，是通过纹孔从一个细胞穿过另一个细胞的。变色菌的穿孔相对木腐菌而言小得多，并多半是机械性的，而不像木腐菌先有酶的作用。变色菌对木材的侵害造成的影响与腐朽菌对木材的影响也有很大的不同，一般中期变色对木材的使用性能尤其是结构用材的使用影响不大，但如果是初期腐朽则会对木材的物理力学性能产生很大的影响。因此在某些场合可以使用中期变色木材，但却不能使用初期腐朽木材。区分木材变色的类型在实际的生产使用中具有重要的现实意义，亦是变色防治研究的关键。

9.2.5.5 木材变色菌研究概况

Hartig 证实了木材变色是由具有深色菌丝的真菌引起的，开启了木材变色菌研究的先河，随后各国的学者从变色菌的种类、变色菌对木材的影响、变色菌的生物学特性等方面对变色菌进行了大量的研究。

1）变色菌种类

危害木材的变色菌大多属于子囊菌纲和半知菌纲的真菌，种类很多。其中最常见的有子囊菌纲中的长喙壳科（Ophiostomataceae）及其无性阶段的一些种类和半知菌纲中的黏束孢属（*Graphium* spp.）、球二孢属（*Lasiodiplodia* spp.）、色二孢属（*Diplodia* spp.）、交链孢属（*Alternaria* spp.）、木霉属（*Trichoderma* spp.）、曲霉属（*Aspergillus* spp.）和毛霉属（*Mucor* spp.）等种类。不同种类的变色菌引起的变色种类可能相同，也可能不同，如 *Cerotocystis* sp. 和 *Fusarium* sp. 引起木材红变，曲霉菌（*Aspergillus* sp.）、小穴壳菌（*Dothiorella major*）和大单孢菌（*Hapolsporella* sp.）引起木材黑变，可可球二孢（*Lasiodiplodia theobromae*）和 *Circinella* sp. 引起木材褐变，青霉菌（*Penicillium* sp.）和木霉（*Trichoderma* sp.）引起木材绿变等[16]。不同树种上常见的蓝变菌种类也不尽相同，如引起橡胶木蓝变的变色菌多为可可球二孢（*Lasiodiplodia theobromae*）[17]，而辐射松上常见的蓝变菌为长喙壳的一些种类。

2）变色菌对木材微观构造及化学成分的影响

多数变色菌在木材中的蔓延主要是穿过纹孔而进行的。纹孔穿透是指通过纹孔塞的穿透，这样的变色菌不破坏管胞细胞壁，但能破坏薄壁细胞壁，大多数变色菌不仅破坏木射线的全部或部分薄壁细胞壁，而且还能破坏纵向树脂道的薄壁细胞壁；少数变色菌也可以穿过细胞壁和细胞膜。潘彪等对松木边材真菌性变色进行了研究，得出松木边材变色晚材先于早材变色，晚材的变色程度也较早材严重，变色程度随树脂道泌脂细胞、射线薄壁细胞含量的增加而加剧，并且变色木材自由基的数量随变色程度的加剧而增加。常德龙等在真菌对泡桐木材化学成分及其结构的影响中指出，在真菌引起变色的泡桐木材中，木质素、纤维素含量及其中的 α-纤维素含量变化均不明显，而半纤维素发生了明显的降解或分解，泡桐变色主要是由于半纤维素含量的变化而引起的。姜卸宏等在对白桦变色材化学成分的研究中指出，白桦变色菌对白桦木材纤维素、木质素含量影响甚微，但半纤维素发生了明显的降解，各项抽出物含量都比正常材有不同程度的增加。

总的来说，变色菌对木材的微观构造产生了影响，或使得木材渗透性增强，或降低木材某些力学性能。在化学成分方面，变色菌对各木材化学成分的影响不一，总体来讲对木材纤维素、木质素的影响不明显，但是深度变色可能导致半纤维素中水溶性多糖发生变化。因此为避免木材降等，对木材变色菌的防治是非常必要的。

3）变色菌对木材物理力学性能的影响

长久以来，关于木材变色对木材性质的影响众说不一，有的学者认为对木材的强度几乎没有影响，有些学者认为木材变色菌能引起木材干重的损失。于文喜等研究中指出变色菌对重量损失率的影响显著。Campbell、Scheffer 在对针叶树材的研究中发现，由长喙壳属引起的变色材 3 个月后，干重损失为 1% ~4%，同时 Eslyn 研究的阔叶树材受长喙壳属侵染后 3 个月干重损失则高达 25%。赵桂华指出蓝变对木材物理力学性能的影响与引起蓝变的真菌及木材树种有关。在木材的各项力学性能中，蓝变对木材的抗压、抗弯强度影响很小，而对冲击韧性影响显著。Findlay 研究由 Opiliferum 引起的松木变色发现，严重变色的松木韧性降低 30%；Chapman 等证明在 Cpini 引起的变色中，当横切面的变色面积达到 39% 时，韧性降低 6%；当横切面变色面积达到 70% ~100% 时，韧性降低 12%。严重变色木材的密度降低 1% ~2%，抗压、抗弯强度降低 1% ~5%。木材韧性降低的主要原因是变色菌直接穿透细胞壁。

4）变色菌对木材其他性能的影响

变色菌对木材的渗透性、干燥速度以及耐腐能力有所影响。Lindgren、Saling 研究发现变色菌在木材中生长时损坏了木射线和其他薄壁组织细胞，有助于蓝变木材中液体的流动，增强了木材的渗透性。Konstantnaja 指出渗透性的增加使木材的干燥速度增加，但同时，Findlay 表示木材的耐腐朽能力降低，这是由于木材渗透性增加，导致木材易于吸水，有利于木材腐朽菌生长。

5）变色菌生长条件

木材变色的防治，究其根本即为对变色菌的防治，因此研究变色菌的生长条件，掌握其生长动向，将为变色菌的防治提供参考。变色菌与其他真菌一样，它的生长繁殖要求具备两大方面的因素：营养因子和环境因子。营养因子包括碳源、氮源、维生素、矿物质等；环境因子包括温度、湿度、氧气、光照和酸碱度五大要素。不同种类的真菌其生长条件有或大或小的差异，但它们都有其最低、最高和最适生长条件。所有木生真菌（包括木材变色菌、益生菌等）都能从木材中得到它们所需的营养物质。木材中的碳水化合物，即淀粉和糖类是变色菌生长所必需的能源。另外，木材中的微量物质（无机盐、氮化合物等）也是真菌生长所必需的，但需要量极少。

9.2.6 木材变色的防治

9.2.6.1 光变色的防治

如果木材的材面已经产生了光变色，可采用砂光或刨切的方法除去变色层。如果变色层很浅，可采用漂白的方法除去材面的发色化合物，如使用过氧化氢、亚氯酸钠等。对未产生光变色的木材，可采用如下方法处理。

1）物理方法

在物理方法中用得最多的是采用色漆或清漆覆盖木材表面。由于紫外光与可见光引起的木材组分降解只发生在木材表面，厚为0.075～0.25mm，所以采用涂漆的方法，形成一个薄膜层，可有效防止日光照射，避免自由基降解反应发生。同时，无孔隙的薄膜层能够阻止外界水分的渗入，也可提高木材的尺寸稳定性，且减少木材抽提物外移引起的变色。由于油漆可选择的颜色范围广泛，涂刷方便，效果良好，所以长期以来，人们广泛使用这一方法用于室内外家具、装潢等。但是漆料不透明，不能展现完美的木材天然纹理与颜色，虽然采用清漆可弥补这一缺陷，但是清漆对水敏感性强，漆膜脆，易脱落，使用寿命短。无论色漆或清漆都不具防腐效能。

2）化学方法

（1）紫外线吸收剂。用含有紫外线吸收剂的涂料处理木材表面，可以有效地防止光变色。例如，水杨酸衍生物及2－羟基苯甲酞的衍生物等，本身不带颜色，可以吸收波长在400nm以下的紫外光。

（2）改变木材组分结构。针对木质素光降解中主要的发色结构，采用木材的甲基化、乙酰化和苯甲酰化处理来减少木材的光降解，这些处理也适用于因抽提物引起的木材光变色。

（3）木材的染色。为了防止木材的褪色与变色，有些木材在未使用前需进行染料着色或颜色着色。染料可分为酸性染料、直接染料、油溶染料，应用较多的是酸性染料。酸性染料仅对木质素染色，而不对纤维素、半纤维素染色。这样就可有效地防止光化学降解所引起的木质素褐变。染料颜色可选择一些贵重木材的颜色，如红木、紫檀木、乌木等。为了染色均匀，一般木材先经稀碱预处理（1% Na_2CO_3），脱除表面抽提物及酚类，再经 H_2O_2 脱色，然后进行酸性染料染色，则可得到着色均匀、耐光性好的木材。在木材染色过程中，染料可浸渍到木材的一定深度，但又不形成独立的涂层，并可与木材中的组分产生极性吸附、氢键或发生化学反应。因此，在使用中，日照、风蚀或过量的水分都不会引起染色木材表面起泡或剥落。所以，经染色的木材颜色稳定，降解反应少，材料经久耐用。但是由于木材组织构造排列致密，致使染料分子不易向木材深处渗透，一般常压下，只是浅层染色，再次加工，颜色不易保留，采用加压处理，对于难渗透木材，也只能处理尺寸较小构件。利用立木染色、单板染色，可使着色层更深或均匀，但要考虑染色对胶合和涂饰的影响。

(4) 破坏参与变色的物质结构。采用氧化漂白与乙酰化或硼氢化钠还原复合处理的方法，破坏木材的发色基团和导致变色的前驱物质结构，以阻止光变色，效果甚佳。Minemara 用聚乙二醇（PEG）涂覆木材，对材色较浅的木材，具有良好的抑制光变色效果，但对材色较深的木材抑制效果较差。PEG 的相对分子质量以 1000～4000 为宜。研究表明：PEG 吸收光能后，产生自由基，自由基与氧形成过氧化物，此过氧化物能破坏发色物质结构，使木材颜色变白，从而抑制了木材的光变色。

9.2.6.2 铁变色的防治

铁污染多产生于刨切或旋切单板的表面及其与热压机接触的部位。对于较小的变色面积，可用刨切或砂磨的方法去除；对于大面积变色部位，需用化学试剂去除。常用的处理方法有如下几种：

(1) 先涂一遍 4% 的草酸水溶液，然后再涂磷酸二氢钠水溶液，污染部位多涂。

(2) 用 50% 的次亚磷酸 20g，50% 的次亚磷酸钠 2g，50% 的亚硫酸氢钠 0.1g，共溶于 90mL 的水中，涂于木材表面。

(3) 用 2%～5% 的草酸水溶液，涂于木材表面，干后用水冲洗。

(4) 用 2%～5% 的过氧化氢水溶液，涂于木材表面。

(5) 用 2.5% 的次亚磷酸水溶液，涂于木材表面，干后水洗。

(6) 在 3% 的草酸中，加入 0.5% 的乙二胺四乙酸，涂于木材表面，可防止铁污染。

(7) 将草酸、磷酸二氢钠、乙二胺四乙酸的二钠盐投放到蒸煮原木的水池中，可防止铁污染。

9.2.6.3 酸变色的防治

对于用酸处理去除铁污染的木材，应充分水洗或添加磷酸二氢钠，防止酸变色。对于表层变色，可用刨切或砂磨方法去除。化学消除的方法如下：

（1）在2%～10%的过氧化氢溶液中，加入氨水，调pH为7.0～8.0，涂于污染面。

（2）将0.2%～2%的亚氯酸钠水溶液，调至弱碱性，涂于污染面。

（3）将0.1%～1%的硼氢酸钠水溶液，调至弱碱性，涂于污染面。

9.2.6.4　碱变色

碱变色常出现在酚醛树脂胶合板的表面、经常与水泥接触的木材表面以及强碱性漂白剂处理后的木材表面等。初期的碱污染可用草酸水溶液去除，浓度应视污染的程度而定。如果污染时间较长，则改用浓度为2%～10%的过氧化氢溶液处理。

9.2.6.5　其他变色的防治

为了防止干燥变色，可在干燥前，涂覆亚硫酸钠、亚硫酸氢钠、抗坏血酸、尿素和氧化锌等化学试剂，这些均可有效地防止热变色。另外，变色前，采用有机溶剂或热水处理木材，也会减少木材的热变色。对于已产生热变色的木材，可采用刨切的方法去除变色层，因为热变色几乎只限于表面。也可采用漂白剂氧化分解的方法去除，如用碱性过氧化氢或亚氯酸钠溶液反复涂刷材面。

酶变色的防治，用稀酸、亚硫酸盐等化学试剂涂覆木材，或将木材用沸水或微波辐射处理，这些都能破坏酶的生存条件，防止木材酶变色。此外，在处理木材时，加入抗氧化剂，如2,4,6-三甲基苯甲酸等溶于有机溶剂中，涂刷木材表面，也可抑制酶变色。对于已产生酶变色的木材，可采用过氧化氢等漂白或热水抽提的办法予以去除。

9.3　探索新型木材防腐剂

到目前为止，最为常用防止木材腐朽的方法还是用化学药剂防腐。当前使用最多的一类是水溶性防腐剂，约占防腐剂使用总量的3/4。水载防腐剂的最大优点就是价格低，原料充足。常见的水载防腐剂有加铬砷酸铜（CCA）、铜铬硼（CCB）、氨溶砷酸铜（ACA）、酸性铬酸铜（ACC）等。CCA是前些年应用最为广泛的水载防腐剂，据2002年的统计结果，CCA处理的木材在美国民用市场上的份额为80%。但是，CCA中含有的砷和铬会危害人身健康及环境质量，并且CCA处理材的废弃物处理仍缺乏妥善的途径。因此在很多国家开始禁用CCA。2002年，联合国环境保护署（EPA）宣布了一项工业界自愿作出的决定，即从

2003年12月起将含砷的压力处理木材撤出民用木材市场（美国2004年1月1日起，欧洲2004年7月1日起），这意味着CCA处理的防腐木材的市场将削减70%左右。

另一类是油类防腐剂，油类防腐剂是指具有足够毒性和防腐性能的油类，主要有：煤焦油、煤杂酚油等。这类防腐剂被广泛地应用在枕木、电杆、桥梁用材以及海港工程用材上。油类防腐剂是一种广谱性防腐剂，具有耐候性、持久性好，对金属腐蚀性低以及来源广、价格低廉等优点，但是油类防腐剂对人畜有一定毒性，流行病学调查研究已证实煤焦油具有致肿瘤作用，并且对环境有污染，处理材表面有溢油现象，会影响木材的油漆和胶合性能，并且增加了处理材的着火性，这些缺点都限制了煤杂酚油的应用。

传统使用的木材防腐剂由于其毒性，一般能有效防止微生物破坏木材。但是，也正是因为这些防腐剂的毒性给人类和周围环境带来污染和危害。例如，一度大量使用的煤焦油防腐剂，由于其逐年渗出，导致木材防腐性能下降，并且煤焦油中含有大量的多环芳烃具有致癌性，其应用已受到越来越严格的限制。由于传统防腐剂存在诸多不足，迫使人们研究和寻找对人畜无害、对环境无污染的新型防腐剂。

目前市场上环保型水载防腐剂都不含砷和铬，在工业上应用的主要是几种铜系的水载防腐剂，主要是氨溶季铵铜（ACQ）和铜唑（CA），ACQ是由二价铜盐、烷基铵化合物、氨或胺和水按一定的比例组成的一种木材防护剂。这类铜系防腐剂都对腐朽菌有很高的毒效，且价格低廉，对人畜毒性低。但其缺点首先是处理材中的一部分铜会流失，会对环境造成一定的重金属污染，其次是处理材表面呈深绿色，影响木材外观。符合上述要求的防腐剂还有，烷基铵化物（AAC）、硼化物、二甲基二硫代氨基甲酸铜（CDDC）和油溶类的百菌清（CTL）、有机碘化物（IPBC）等。

单一防腐剂抗木腐菌、虫的范围比较狭窄，一般将两种或几种防腐剂按一定比例混合，不但可以克服单一防腐剂使用时的不足之处，而且还会产生一些新的特性。目前，复合防腐剂已在世界各国得到了最广泛的应用，并取得了很好的效果[18]。

9.3.1 新型木材防腐剂的研究进展

由于传统防腐剂存在诸多不足，迫使人们研究和寻找对人畜无害、对环境无污染、仅对微生物有毒的新型防腐剂。符合上述要求的防腐剂主要有以下几种。

9.3.1.1 氨溶季铵铜（ACQ）

ACQ是美国CSI公司研制的木材保护剂，通过了美国环保部门的认可，并进行了标准化工作，列入了 AWPA 标准，主要在加拿大、美国等生产，已作为新一代木材保护剂投入商业应用。根据 AWPA 标准所列，ACQ 有 3 种类型，即 ACQ-A、ACQ-B 和 ACQ-D。其中，ACQ-A 和 ACQ-B 于 1992 年列入 AWPA 标准 P5，ACQ-D 于 1995 年列入 AWPA 标准 P5。A 型和 B 型的差异仅是铜和季铵盐的比率不同，在 D 型中没有了氨气的挥发，改善了操作条件，降低了成本，并且处理材不变色。

商品 ACQ 原液为深蓝色，在进行防腐处理时，会有刺激性的气体挥发出来。ACQ 有较好的渗透性，对大规格木材处理十分有效，如对于较难浸透的杉木边材的浸润率可达 100%，注入量达 300kg/m^3（湿质量）以上；原木注入量达 500kg/m^3（湿质量）以上。另外，ACQ 还可用于铁路枕木的处理，效果很好。由于 ACQ 在处理过程中有挥发性气体，操作人员需要配载防护装备[19]。

ACQ 具有如下优点：①具有良好的防霉、防腐、防虫的性能；②对木材具有良好的渗透性，可用来处理大规格、难处理的木材和木制品；③抗流失性好，具有长效性；④低毒不含砷、铬、酚等对人畜有害的物质。

ACQ 已成为取代目前在世界各国广泛使用的 CCA 的新一代木材保护剂，已在美国、日本和东南亚等国家投入使用。国内一些学校和科研单位也在研制并投入应用。

9.3.1.2 烷基铵化物（AAC）

烷基铵化物（AAC）是第三级铵盐和第四级铵盐的总称，它对广泛的生物有效力、对环境的影响小、自然降解性好，处理后的木材外观和加工性能与未处理材相似，颇有应用潜力，该药剂于 1998 年再次列入 AWPA 标准 P8（AWPA，1998）。AAC 为水溶性的木材防腐剂，与铜铬砷类防腐剂价格相近，但其抗流失效力较铜铬砷类防腐剂低。

在烷基铵化物中，季铵盐用作木材防腐剂的研究较多。季铵盐本是一种阳离子表面活性剂，自从半个多世纪前 Domagk 发现含有长链烷基的季铵盐具有强力的杀菌性能以来，被逐步引入到木材保护行业。作为木材防腐剂用季铵盐的筛选围绕着以下几个方面进行：①杀菌的广谱性，即产品对多种木腐菌具有较强的杀灭和抑制能力；②产品的毒性要小，生物降解性要好，对环境没有不良影响；③产品在水中溶解性能要好，耐光和热，贮存稳定性要好；④表面张力要小，浸润、渗透性要强；⑤与其他防腐剂和杀虫剂的复配性要好。

目前季铵盐防腐剂已经发展了多代。在一些发达国家，广泛用作木材防腐剂和木材防变色剂，有些品种还可用作防虫剂。

9.3.1.3 硼化物

近年来，有关硼化合物的木材防腐剂日益增多。硼盐作为木材防腐剂，对危害木材的生物具有高毒性，同时对人畜低毒，且价格经济，已成为一类较为重要的防腐剂。AWPA 相关的防腐剂包括吡咯硼（CBA-A，1995 年收入 P5 标准）、无机硼（1995 年修正标准 P5）。硼化物处理后的木材表面洁净，无刺激性气味，对人畜和环境安全，其 pH 接近中性，处理后木材不变色，对力学强度影响较低，便于着色、油漆和胶合。

由于硼化物优点突出，在国内外已被广泛使用。但它单独使用时，很容易流失，处理后尺寸不稳定。人们一般在硼化物防腐剂中加入一些助剂来帮助硼固着在木材上，这些助剂大多为一些高分子单体和聚合物，如用乙烯单体、聚乙二醇和脲醛预缩液、高沸点树脂等，复配能提高硼的固着性能，抑制硼的流失，并对木材的其他性能也有一定的改善。还有用一些天然蛋白质和植物提取物使硼酸部分固定于木材上，提高了硼在木材中的持久性[20]。也有采用简单的物理方法，仅在木材表面涂上树脂、石蜡、醇酸树脂漆等防水剂，以防止或减少硼化物的流失。

9.3.1.4 二甲基二硫代氨基甲酸铜（CDDC）

有关 CDDC 的研究主要集中于美国和加拿大等国，于 1994 年列入 AWPA 标准 P5。CDDC 是通过先用乙醇胺铜或硫酸铜处理，接着再用二甲基二硫代氨基甲酸钠（SDDC）进行双重处理后，通过配位体交换与木材组分相互作用，在木材中形成不溶于水的螯合物，在这种螯合物中，铜与 SDDC 摩尔比为 1∶2。

CDDC 处理的木块防白腐和软腐的效果也较 CCA 好，抗流失性较 CCA 和 ACA 均强，且固着时间短（处理后 1 h 即固定）。CDDC 处理的木材高温干燥后不会降低其强度指标，与中碳钢接触时没有发现腐蚀。CDDC 的处理工艺较为简单，可以沿用 CCA 处理厂的设备，防腐厂在采用此药剂时，能降低设备投入费用[21]。

国外在 CDDC 与木材的化学作用和 CDDC 在木材中的微观分布研究方面较多，应用分析工具包括：环境扫描电子显微镜（ESEM）、X 光衍射法（XRD）、X 光光电子能谱（XPS）、傅里叶转换红外光谱（FTIR）和能量弥散 X 射线分析（EDXA）等[22]，国内还没有相关的研究和应用。

9.3.1.5 百菌清（CTL）

百菌清（2,4,5,6-四氯-1,3 苯二腈，CTL）是一种广泛使用的农用广谱杀菌剂。20 世纪 70 年代末期，为寻求油溶性木材防腐剂杂酚油（creosote）、五氯酚（PCP）的替代品，开始了对百菌清用于木材防腐的研究。1993 年，AWPA 将百菌清列入油溶性防腐剂标准 P8。百菌清乳剂防治某些木材真菌的效果较其他剂型好，对哺乳动物不会导致基因突变，能与土壤颗粒结合而难溶于水，不污染水环境，也不会在土壤中积累[23]。它对控制担子菌、白蚁和海生钻孔动物具有良好的效果。在英国，百菌清被认为是电杆防腐的首选药剂[24]。近年来，百菌清制剂广泛用于防止木材霉菌、变色菌、木腐菌、土栖白蚁及有关处理工艺研究。目前，我国已能生产百菌清，但由于成本等原因，作为木材防腐剂应用尚不多[25]。

9.3.1.6　有机碘化物

早在 20 世纪 80 年代即有采用 3-碘代-2-丙炔基甲氨酸丁酯（IPBC）作为防腐剂处理实木和复合材料，并于 1998 年再次修订列入 AWPA 标准 P8。目前，IPBC 油溶性配方主要用于浸渍细木工材。在美国的海滨城市夏威夷，采用 IPBC 和毒死蜱联合处理了包括细木工配件、层压板、胶合梁等。结果表明：在恶劣的暴露条件下，经 IPBC 和毒死蜱联合处理后，木材具有良好的抗腐朽和昆虫的侵害作用，IPBC 近期的研究集中于和其他药剂复合使用上[26]。作为与土壤接触的木材防腐剂，国内尚未生产。

9.3.2　木材防腐剂的发展方向

随着经济发展和人们环境意识的增强，木材保护技术面临着新的机遇和挑战，开发低毒、高效、不污染环境、具有选择性和经济的木材防腐剂是这一行业所急需解决的关键问题。目前，木材防腐剂的发展呈以下几个特点[27]。

（1）杀菌剂使用铜是一种重要趋势。铜对真菌有较好的抑制作用，防腐效果好，价格适中，对环境柔和，对人畜无害，故被广泛应用于木材防腐剂中。

（2）复合杀菌剂是新型木材防腐剂。具有广谱、使用量少等优点，但性能优良的杀菌剂复合配置需进行大量筛选实验。

（3）一些高毒防腐剂，国际上已被禁止使用或限制使用。例如，林丹在国际上已被禁止使用；五氯酚与五氯酚钠在大多数国家已被禁止使用，在一些国家被限制使用；CCA 由于含砷，美国、欧盟已颁布法规于 2003 年底禁止在民用场合中使用，以后应该逐步减少直至禁止使用这类有毒的防腐剂。

（4）提高水载型木材防腐剂的环保性能和抗流失性能。研究水载防腐剂中有效成分与木材成分之间的相互作用，开发新的水载防腐剂及其综合性能评价（耐腐性、抗虫蚁性、抗流失性、物理性能、力学性能、表面性能等）。

(5) 采用和木材组分以共价键结合固定机制的防腐剂是发展方向。这样，可以使防腐剂与木材各组分形成较牢固的化学键，降低其流失性，提高防腐剂的长效性。

(6) 防腐部门一般从相关行业的长效杀虫剂和防腐剂中筛选开发出优良的木材防腐剂，可以降低研究成本和开发费用。已经证明多种杀菌剂可以开发用作木材防腐剂，如 DDAC（季铵盐）、TCMTB（苯噻清）、三唑类、百菌清等。

(7) 具有天然防腐性能的植物化学成分提取和开发的生物防腐是 21 世纪木材防腐剂的重要特点，但有效成分的确定和大量提取的成本是这类防腐剂能否工业化生产面临的主要问题。

(8) 新型木材防腐剂开发速度加快，由于传统防腐剂存在诸多不足，迫使人们研究和寻找对人畜无害、对环境无污染、仅对微生物有毒的新型防腐剂。

总之，开发对人畜无毒，不污染环境，不易挥发和流失，不影响木材的物理力学性质，不改变木材的原有颜色，不影响木材加工性能、胶合性能及装饰性能，原料来源充沛，价格便宜，处理材易回收利用的木材防腐剂是木材防腐研究今后发展的目标[28]。

9.4 木材纳米防腐

自 20 世纪 60 年代，科学家提出纳米材料并将其作为研究对象以来，纳米科学技术研究取得了重大的进展。在一些领域，纳米技术已经得到应用，并向产业化进军。美国、日本等国已意识到纳米科学技术在新经济时代和综合国力竞争中的分量。为迎接纳米时代的到来，我国也加快了纳米科技的研究与产业化部署。发展纳米材料与技术应用对于我国科技和国民经济的进步具有重要意义。

纳米材料是指晶粒尺寸小于 100nm 的单晶体或多晶体[29]。它是介于宏观与微观之间的一种介质体系，既是物质的一种分散体系，又是一种新型的物质材料。当粉体超细化，尺寸达到纳米级时，纳米材料则具有表面效应、体积效应、量子尺寸效应、宏观量子隧道效应等基本物理效应，使其表现出独特的光学、电学、磁学、热学、催化和力学等性质。因此，纳米粉体可广泛用于新型陶瓷材料、催化材料、涂层材料、磁性材料、生物医药材料、有机/无机复合材料、功能纤维材料、润滑减磨材料等，与现代产业发展尤其是高新技术产业的发展密切相关。铜是与人类关系非常密切的有色金属，其氧化物——氧化铜有着广泛的应用。普通氧化铜是一种多功能精细无机材料，主要应用在印染、玻璃、陶瓷、医药、催化剂、载体及电极活性材料等领域。而纳米氧化铜在电学、光学、催化等方面表现出不寻常的特性，已被应用于催化材料、传感材料等领域，并显示出很好的应用前景[30]。

9.4.1 纳米氧化铜的性质和应用

9.4.1.1 纳米氧化铜的性质

氧化铜化学式为CuO，是一种棕黑色粉末，密度为6.3～6.49g/cm^3，熔点为1326℃，溶于稀酸，不溶于水和乙醇。氧化铜的晶体结构属单斜晶系，每个晶胞含有4个氧化铜单元。它是一种反磁性半导体，其能隙大约为1.5eV。

纳米氧化铜的粒径为1～100nm，具有表面效应、体积效应、量子尺寸效应和宏观量子隧道效应等特性，与普通氧化铜相比，它具有特殊的电学、光学、催化等性质。纳米氧化铜的电学性质使其对外界环境如温度、湿度、光等十分敏感，纳米氧化铜的光谱性质表现为其红外吸收峰明显宽化。对氧化铜进行纳米化制备，发现粒径较小、分散性较好的纳米氧化铜对高氯酸铵的催化性能更高。纳米氧化铜已引起人们的广泛关注，并成为用途更为广泛的无机材料之一[31]。

9.4.1.2 纳米氧化铜的用途

当普通氧化铜粉体的粒径达到纳米级时，它的功能更加独特，应用更加广泛。纳米氧化铜已被应用于防腐剂、催化剂、传感材料等领域，并显示出很好的应用前景。

1）纳米金属类木材防腐剂的优点

银、锌和铜等纳米金属具有高传播稳定性和低黏性，在物体表面上纳米金属微粒的分布非常均匀。这种传播稳定性加上对纳米金属微粒尺寸的可控性使得纳米金属类防腐剂具有以下优点：①渗透性非常好，能处理某些难以处理的树种；②能大大提高工程复合材料的耐久性；③可用于提高地面用材表面的抛光及涂饰处理的稳定性；④具有良好的抗流失性和防潮性[32]。

2）对推进剂热分解的催化作用

超细纳米级催化剂的应用是调节推进剂燃烧性能的重要途径之一。在国防领域，高氯酸铵是复合固体推进剂的高能组分，它在AP系推进剂中占有60%～80%的比例，其特性对推进剂的性能起着至关重要的作用。尤其是AP的热分解特性，它与推进剂的燃烧特性密切相关。在固体推进剂领域，氧化铜是一种重要的燃速催化剂。2000年，张汝冰等用喷雾热解法制备出了平均粒径为30～50nm的针状氧化铜，并用高能球磨法使纳米氧化铜附着于AP晶体表面而形成复合粒子，从而使AP的热分解温度降低，分解速度加快，分解的总放热量增加[33]。

纳米木材防腐剂是纳米技术的又一成果，与现有的木材防腐剂相比，其具有良好的渗透性、抗流失性以及有效成分释放的可控性等优异性能，使其可成为新一代的木材防腐剂，也引起了国内外研究者的特别关注。但对纳米木材防腐剂的研究尚处于起步阶段，还需要研究者们进行更多的试验探索。在我国，单一组分纳米粉体材料的应用已在全国范围内展开，纳米粉体制备的工艺技术尚存在广阔的创新空间。

9.4.2 纳米氧化铜粉体的制备和表征

9.4.2.1 纳米粉体的制备方法

纳米粉体的制备方法按性质可以分为两大类：物理法和化学法，或称粉碎法与造粒法。物理法主要是借用外力，如机械力，使常规的块状或粉状材料粉碎成超细纳米粉体。物理法中常用机械粉碎法，但机械粉碎法产品的粒度范围较宽，难以得到粒径小于100nm 的超微粉体，粉碎过程还易混入杂质，且粒子形状难以控制，较难达到工业应用的要求。化学法则是在控制条件下，通过化学反应，从原子或分子成核、生成或凝聚为具有一定尺寸和形状的粒子。与物理法相比，化学法具有产品纯度高，粒子形状可控，粒径均匀，设备简单，易于进行工业化放大生产等特点。化学法已形成纳米粉体制备的主要技术。

不同的制备方法通常会影响到晶体的形态、结构、结晶度及比表面积等性质。下面介绍直接沉淀法制备纳米氧化铜粉体的制备方法。

沉淀法是液相化学反应合成纳米金属氧化物粉体最常用的方法之一。它是指在含有一种或多种离子的可溶性盐中加入沉淀剂，或在一定温度下使盐溶液发生水解，使原料中的阳离子反应生成沉淀从溶液中析出，再将沉淀过滤、洗涤、干燥、焙烧制得纳米氧化物产品[34]。

与其他方法相比，沉淀法具有反应过程简单，生产成本低，适合工业化生产等优点；但沉淀法存在沉淀水洗、过滤困难，沉淀剂作为杂质易混入，水洗时部分沉淀重新发生溶解等缺点。沉淀法包括均匀沉淀法、直接沉淀法、沉淀转化法、络合沉淀法等。

直接沉淀法是在可溶性盐溶液中直接加入沉淀剂，于一定条件下生成沉淀，再将沉淀物过滤、洗涤、干燥、热分解得到纳米氧化物粉体。直接沉淀法制备纳米粉体具有以下优缺点：成本低、设备简单、操作简便易行，有良好的化学计量性；不易引入其他杂质，产品的纯度高，产品的粒度分布较宽，洗涤去除原溶液中的阴离子较困难。

9.4.2.2 沉淀法制备纳米粉体的基本过程分析

纳米材料的制备涉及物质形态、过程速率和生成条件等要素，而且材料的性能在很大程度上取决于产物形态。与无机化工、有机化工及高分子化工开发过程不同，纳米材料生成过程的开发及应用将产物形态作为控制指标[35]。

纳米粉体液相沉淀法合成过程一般由以下几个基本过程组成：①沉淀反应所需溶液的配制、净化以及操作条件的控制；②沉淀反应过程，即金属盐溶液和沉淀剂在液相中进行化学沉淀反应、单晶成核、粒子生长、粒子凝并等基元步骤组成的超细沉淀物制备过程；③超细沉淀物的过滤、洗涤和干燥，从而得到纳米粉体的前驱体；④纳米粉体前驱体焙烧过程，即前驱体高温热分解，得到纳米粉体产品。

反应过程是温度敏感过程。但一般沉淀反应均属飞速或快速反应，在瞬间即可完成。因此通常不考虑外界因素可能对反应本身所造成的影响。

成核过程是一个相变的过程。在体系中的某些局部小区域内，首先形成新相的核，依靠相界面逐渐向旧区域内推移而使得新相不断长大。相变要在一定的热力学、动力学条件下发生，影响新相生成的关键因素是过饱和度，只有溶质相对过饱和度超过异相临界相对过饱和度时才开始成核。纳米粒子单分散性要求成核阶段为一爆发式过程，即在瞬间完成全部晶核的生长，晶核形成以后，溶液浓度迅速降到低于成核浓度，不再生成新的晶核，但浓度仍略高于饱和浓度，使已有的晶核能因扩散而以不同的速度慢慢长大，获得单分散性粒子。如果在反应的不同阶段均有晶核的生成，将造成不同年龄的晶粒同步生长。过饱和度是温度和浓度的函数，因此理想的单分散粒子制备过程，是通过控制温度和浓度使成核和生长分期或分区进行。实际过程中过饱和度是很难控制的，粒子的生长、凝并与成核往往是相伴而生的，尤其是初级粒子的凝并在很大程度上使液相沉淀法与理想过程有很大差异。

经过上述过程得到超细沉淀物后，还需要进一步地过滤、洗涤、干燥和焙烧才可得到日标产品。对于纳米粉体制备来说，干燥和焙烧同样是需要精密控制的步骤。在干燥过程中，随温度升高小粒子有可能重新溶解于沉淀夹带的母液中，焙烧则是影响粒径大小的关键环节之一，在高温处理过程中，初级粒子的表面原子活性将进一步增强，有可能使粒子间的软团聚转化为硬团聚，晶粒长大。因此，在保证纳米粉体前驱体充分分解、崩裂、结晶化的基础上应降低焙烧温度。

1）沉淀反应过程的理论分析

在沉淀反应中，固体纳米粒子的形成包括两个过程，即成核过程和粒子生长过程。一般成核过程需要考虑热力学和动力学条件，而粒子生长过程主要考虑动力学条件。

2）纳米粒子成核的热力学分析

纳米粒子在溶液中析出，将形成一种高度分散体系，它是热力学不稳定的体系。在纳米粒子形成过程中，存在着相变，此相变是一个自发进行的过程，因而是一个降低体系自由能的过程，即 $\Delta G<0$。析晶过程一般为放热过程，$\Delta H<0$，因此要满足自发过程 $\Delta G<0$，必须保证实际温度低于平衡相变温度时才能使相变发生。所以，溶液的过饱和度 $\Delta C>0$，或过冷度 $\Delta T<0$，是晶粒析出的热力学条件。

晶核的形成是两个过程的综合效应：一方面是溶液中处于亚稳态的溶质分子在表面吉布斯自由能自发减小的驱动下，趋于凝聚的过程；另一方面是形成凝聚态增加表面积引起表面吉布斯函数增加的过程，即系统的吉布斯自由能由这两部分构成。新相形成的条件是系统的吉布斯自由能减小。

根据经典成核理论，在均相成核过程中存在临界晶核，这个临界晶核即为自由能较高的状态，只有晶核半径大于临界晶核半径时晶胚才能继续生长，以降低自由能，并最终形成稳定的晶核；而晶核半径小于临界晶核半径的晶胚将溶解。

由上式可知，影响临界晶核半径的因素有两个：一是物系本身的性质；二是由外界条件所决定的过冷度。因此增加溶液体系的过冷度，就能使临界晶核半径减小，从而有利于制得纳米粒子。热力学的分析仅提供了在溶液中形成纳米粒子的可能，实际工艺必须考虑过程的速率问题，这就涉及纳米粒子成核和生长的动力学问题。

3）纳米粒子成核的动力学分析

纳米粒子成核速率是指单位时间在单位体积内形成的晶核数。成核速率受两个因素的控制：一是相变过程中核胚的形成概率；二是扩散过程中分子向核胚跃迁的概率。当液态中分子具有足够的能量克服核化势垒的束缚，则可以凝聚成核胚。在晶胚上结晶成核，是液态中分子逐个向晶胚表面扩散的过程，即均相成核速率为晶胚产生概率与扩散概率的乘积。成核速率与相对过饱和度成指数关系，即成核速率对相对过饱和度极为敏感。当相对过饱和度大于相对过饱和度临界值时，成核速率将随相对过饱和度的提高而迅速增加。

4）纳米粒子的生长速率分析

在液相沉淀反应过程中，对于一定的相对过饱和度条件，一方面反应生成的溶质分子要生成新的晶核；另一方面生成的溶质分子要扩散到已生成的晶核表面，按照特定的晶体结构在晶核表面坐落，使晶体生长。由于相对过饱和度范围不同，晶体生长速率可以由构晶分子的扩散控制或构晶分子在晶面上进入晶格座位的反应控制。前者晶核生长速率正比于相对过饱和度，后者与晶体界面结构模型有关。对于沉淀法得到氧化物前驱体的晶体生长过程，由于溶解度低、过饱和度大，所以所生成的晶核表面符合粗糙突变界面生长模型。比较后可以发现：①要制得一定粒径的晶体粒子，必须使溶液中构晶粒子的浓度大于临界浓度；②成核速率对相对过饱和度的敏感程度远远大于核生长速率对相对过饱和度的敏感程度，即在较高的相对过饱和度下，构晶分子绝大多数形成新核致使晶核分子过度亏损，晶体生长受到抑制。

综上所述，高的相对过饱和度不仅是生成纳米粒子晶体的热力学条件，而且是抑制晶体生长使得粒径分布窄的动力学条件[36]。

9.4.2.3 沉淀物的过滤、洗涤、干燥

纳米粒子在溶液中凝结生成沉淀后，还需要经过过滤、洗涤、干燥、焙烧等过程，才能得到所需的纳米粉体产品。

沉淀物的过滤和洗涤过程，若采用传统的蒸馏水洗涤工艺，会使沉淀颗粒的团聚情况加剧，进而在粉体干燥和焙烧过程中很可能会转化为硬团聚。解决这一问题的一般方法是，用表面张力比水小的有机溶剂（常用乙醇）替代水进行洗涤。这样，胶体表面的羟基就被有机基团取代，在随后的干燥过程中，这些有机基团的存在可以避免硬团聚的产生。但是，这种方法的缺点是，需要消耗大量的有机溶剂，易造成污染[37]。

9.4.2.4 纳米粉体制备过程的团聚及其控制

1）纳米粉体的团聚

纳米粉体独特的表面效应、体积效应、量子尺寸效应和宏观量子隧道效应，使其具有很大的比表面积和高的表面活性、比表面能，从而使粒子间处于热力学非稳定状态，极易发生团聚。团聚过程是颗粒表面自由能减小的自发过程，因而一次粒子越细小，表面能就越大，团聚越容易发生。纳米粉体的团聚一般分为软团聚和硬团聚两种[38]。

粉体的软团聚主要是由于一次粒子之间的范德华力和库仑力所致，该团聚可以通过一些化学作用或施加机械能的方法消除，易于重新分散。粉体的硬团聚除了粒子间的范德华力和库仑力之外，还存在化学键作用，主要是由于一次粒子间在化学反应、干燥、焙烧等过程中引起的。硬团聚因颗粒间彼此以牢固的化学键连接，因而难以分散开。所以在纳米粉体的制备过程中，应尽可能减少硬团聚的发生。

2）沉淀反应过程团聚的控制

研究表明团聚体主要来源于液相反应过程，因此防止沉淀反应过程中的团聚十分重要。在沉淀反应过程中，解决纳米粒子团聚常用的方法是加入合适的分散剂。分散剂的加入，可以使其在结晶颗粒表面进行化学反应或将表面进行包覆处理，改变颗粒的表面形态；当干燥时，由于分散剂吸附或键合在颗粒表面，从而降低了表面羟基的作用，消除了颗粒间氢键的作用，阻止氧桥键的形成从而防止

了硬团聚；当温度升高到一定程度时，分散剂分解成气体放出，留下松散无硬团聚的纳米粉体。

3）焙烧过程团聚的控制

在纳米粉体前驱体的焙烧过程中，高温环境使得纳米粒子表面原子具有较高的能量和活性，容易形成固－固界面的稳定表层结构，使初级粒子间的软团聚转化为硬团聚，从而导致晶体粒径的长大。因此，在保证前驱体能充分分解的前提下，应尽量采用较低的焙烧温度。

9.4.2.5 纳米粉体制备工艺技术控制要点

由以上各节对纳米粉体制备过程的理论分析可知，理论上较为理想的液相沉淀法制备纳米粉体的过程需要控制以下几个技术要点。

（1）沉淀反应过程，在晶核形成的瞬间，溶液体系应具有较大的过饱和度。

（2）过滤洗涤、干燥过程，可采用有机溶剂（如乙醇）对超细沉淀物中的水进行置换，使得干燥过程溶剂挥发性增强，超细沉淀物周围的介质容易脱除。

（3）焙烧过程，在分析测定沉淀反应前驱体热分解温度的基础上，应尽可能降低焙烧温度，缩短焙烧时间。

9.4.2.6 纳米氧化铜粉体的制备试验[39]

试剂：无水硫酸铜，碳酸钠，无水乙醇，所用试剂均为分析纯。仪器：HH-S型恒温水浴锅（金坛市金南仪器厂），JJ-1型增力定时电动搅拌器（江苏金坛市中大仪器厂），TM-06120型马弗炉（北京盈安科技有限公司），SHZ-D（Ⅲ）型循环水真空泵（天津华鑫仪器厂），101-2A型鼓风干燥箱（上海锦凯科学仪器有限公司沪粤科学仪器厂），D/MAX2000型X射线衍射仪（日本理学公司），日本H-7650型透射电子显微镜。

按计量准确称量一定量的$CuSO_4$和Na_2CO_3，分别溶于蒸馏水中，用移液管移取一定量的$CuSO_4$溶液加入三口烧瓶中，将其置于恒温水浴槽中，再量取一定量的Na_2CO_3水溶液，在电动搅拌条件下，将Na_2CO_3水溶液缓慢滴加至$CuSO_4$水溶液中，反应生成沉淀，陈化3h以便充分反应生成前躯体。沉淀过滤，用蒸馏水充分洗涤，再用无水乙醇洗涤，置于80℃烘箱中4h，研磨后将前驱体放入400℃马弗炉内焙烧2h后得到样品。直接沉淀法制备纳米氧化铜的工艺流程如图9-14所示。

1）沉淀反应过程的单因素试验

选取沉淀反应过程中影响纳米氧化铜收率和产品粒径的主要因素：沉淀剂用量、沉淀剂浓度、反应温度、反应时间为研究对象，进行单因素试验。

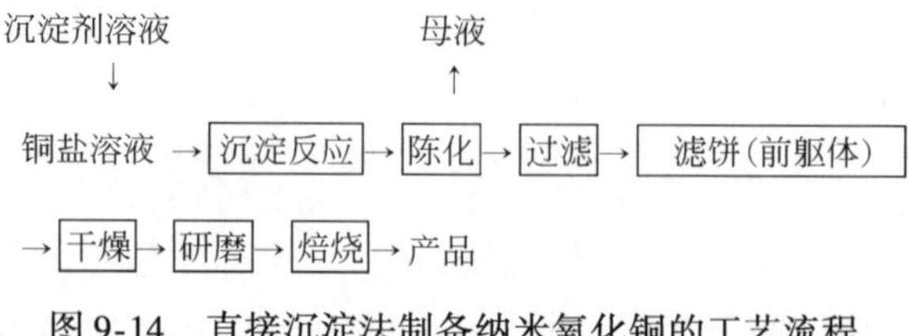

图 9-14　直接沉淀法制备纳米氧化铜的工艺流程

A. 沉淀剂用量对铜收率的影响

根据沉淀反应物质量的关系，理论上，沉淀剂 Na_2CO_3 与 $CuSO_4$ 的摩尔比为 1∶1 时可完全反应生成沉淀。但考虑到反应平衡，为使溶液中的铜离子析出更多以提高铜收率，一般选择沉淀剂过量。因此选取以下五点进行单因素试验，其他反应条件：$CuSO_4$ 水溶液浓度 0.5mol/L、沉淀剂浓度 0.4mol/L、反应温度 30℃、反应时间 30min。试验结果如表 9-10 所示。

表 9-10　沉淀剂用量对铜收率的影响

沉淀剂用量摩尔比	1.0∶1	1.2∶1	1.4∶1	1.6∶1	1.8∶1
铜收率/%	84.02	89.71	92.96	95.25	96.05

由表 9-10 可以看出，沉淀剂用量对铜收率的影响很大，随着沉淀剂用量提高，生成沉淀逐渐增多，铜收率提高；但是随着沉淀剂用量的增加，生成的沉淀量增加趋缓，铜收率变化不大。同时，沉淀剂的用量过高会浪费原料，并增加过滤和洗涤的难度。因此，本实验选择沉淀剂用量为（1.2∶1）~（1.6∶1）。

B. 沉淀剂浓度对铜收率的影响

根据沉淀法制备纳米粉体的特点，要求反应物的浓度较低，控制反应生成沉淀的速率，从而保证形成较小的粒子。本试验选取以下五点进行单因素试验，其他反应条件：$CuSO_4$ 水溶液浓度 0.5mol/L、沉淀剂用量 1.2∶1、反应温度 30℃、反应时间 30min。试验结果如表 9-11 所示。

表 9-11　沉淀剂浓度对铜收率的影响

沉淀剂浓度/(mol/L)	0.2	0.3	0.4	0.5	0.6
铜收率/%	91.46	91.02	89.71	89.05	88.27

由表 9-11 可以看出，沉淀剂浓度对铜收率的影响较小，当沉淀剂的浓度在 0.2 ~0.6mol/L 范围内变化时，铜收率随沉淀剂浓度的增加而减小，变化幅度不显著。因此，选择沉淀剂浓度为 0.3 ~0.5mol/L。

C. 反应温度对铜收率的影响

当温度很低时，晶核的生成速率很小；随着温度的升高，晶核的生成速率可以达到极值；而温度过高会使部分前躯体分解且不易形成稳定的晶核。因此选择以下五点进行单因素试验，其他反应条件：$CuSO_4$ 水溶液浓度 0.5mol/L、沉淀剂用量 1.2∶1、沉淀剂浓度 0.4mol/L、反应时间 30min。试验结果如表 9-12 所示。

表 9-12 反应温度对铜收率的影响

反应温度/℃	20	30	40	50	60
铜收率/%	85.94	89.71	92.85	94.76	95.13

由表 9-12 可知，反应温度对铜收率的影响较大，当反应温度在 20～60℃变化时，铜收率总体上随反应温度的增加而增大；当反应温度在 20～50℃变化时，铜收率随反应温度的增加变化较大。但是，反应温度的增加会增加能耗；另一方面，高温制得的沉淀物胶粒更细小，不易过滤洗涤。因此，反应温度又不宜过高，选择的适宜温度为 30～50℃。

D. 反应时间对铜收率的影响

在一定的反应温度和搅拌条件下，一般 20min 即可完成沉淀反应过程。反应时间过长会造成部分小粒子溶解，另一部分较大粒子再长大；在保证反应进行完全的条件下，应尽量缩短反应时间。但反应时间过短，晶型不稳定，所得中间产物为胶状物，过滤困难；干燥后形成硬块状固体，不易再次打开，且中间会夹带大量的无机盐溶液。因此本实验选取以下五点进行单因素试验。其他反应条件：$CuSO_4$ 水溶液浓度 0.5mol/L，沉淀剂用量 1.2∶1，沉淀剂浓度 0.4mol/L，反应温度 30℃。试验结果如表 9-13 所示。

表 9-13 反应时间对铜收率的影响

反应时间/min	20	30	40	50	60
铜收率/%	86.40	89.71	90.95	92.13	92.52

由表 9-13 可以看出，反应时间对铜收率的影响不显著，当时间由 20min 延长至 60min 时，铜收率由 86.40% 增加至 92.52%，增加了 6.12%；特别是当时间达到 40min 以后，铜收率变化很小，最后趋于稳定。因此，本试验反应时间选取为 30～50min。

2）沉淀反应过程的正交试验

通过对沉淀反应过程的单因素试验分析，初步确定了沉淀反应过程影响纳米氧化铜收率的四个主要因素的较优取值范围。进而采用正交试验 L_9（3^4）进行工艺条件的优化研究。正交试验设计如表 9-14 所示，以铜收率为目标函数的正交试验 L_9（3^4）数据及结果如表 9-14、表 9-15 所示。

表 9-14　L_9（3^4）正交试验因素与水平设计

水平	沉淀剂用量摩尔比	沉淀剂浓度/(mol/L)	反应温度/℃	反应时间/min
1	1.2∶1	0.3	30	30
2	1.4∶1	0.4	40	40
3	1.6∶1	0.5	50	50

表 9-15　L_9（3^4）正交试验结果

实验号	沉淀剂用量	沉淀剂浓度	反应温度	反应时间	铜收率/%
1	1	1	1	1	91.42
2	1	2	2	2	92.95
3	1	3	3	3	95.19
4	2	1	2	3	96.37
5	2	2	3	1	95.11
6	2	3	1	2	93.26
7	3	1	3	2	97.96
8	3	2	1	3	96.53
9	3	3	2	1	95.59
均值 1	93.187	95.250	93.737	94.040	
均值 2	94.913	94.863	94.970	94.723	
均值 3	96.693	94.680	96.087	96.030	
极差	3.506	0.570	2.350	1.990	

由表 9-14 和表 9-15 可知，铜收率影响因素的主次顺序为：沉淀剂用量对铜收率的影响最大，其次是反应温度、反应时间和沉淀剂浓度。以纳米氧化铜收率为目标函数时，其最佳工艺条件是：沉淀剂用量 1.6∶1、反应温度 50℃、反应时间 50min、沉淀剂浓度 0.3mol/L。

9.4.2.7　样品表征[40]

1）X 射线衍射（XRD）分析

XRD 可以分析样品的物相组成，测试最终产物的晶体结构，并用谢乐公式计算样品的平均晶粒度。将沉淀反应前驱体放入马弗炉中，在 400℃ 下焙烧 2h，对焙烧后的产品进行 X 射线衍射分析，其中样品 1 及最佳工艺条件制得的样品的 X 射线衍射分析如图 9-15 所示。

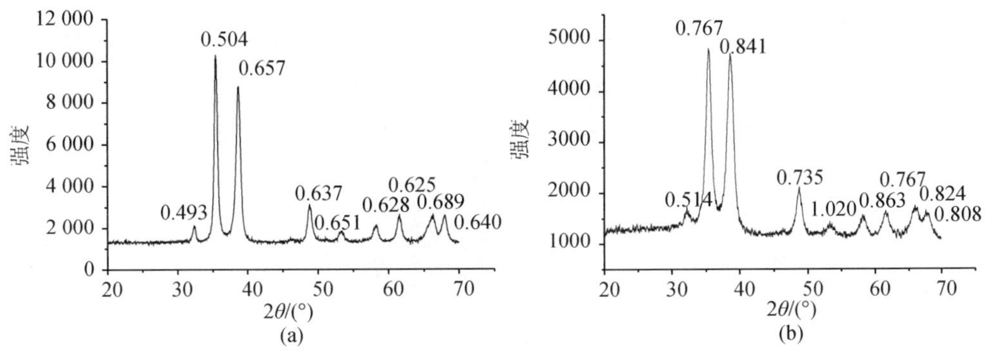

图 9-15　氧化铜粉体的 XRD 图

图 9-15（a）为正交试验中样品 1 的 XRD 谱图，图 9-15（b）为最佳工艺条件制备的样品 XRD 谱图。图 9-15 中所有衍射峰均与 CuO 的标准图谱对应，即说明所得产物为 CuO；X 射线分析图谱均未出现前躯体的衍射峰，说明前躯体已完全分解，产品纯度很高；样品 XRD 图谱上的峰形尖锐，说明结晶性能良好；由图中标记的衍射峰半高宽可知，图 9-15（a）衍射峰与图 9-15（b）衍射峰比较有明显的宽化，说明最佳工艺条件制备的样品晶粒更小。采用谢乐公式 $D=K\lambda/\beta\cos\theta$ 计算，样品 1 的平均晶粒度为 15nm，最佳工艺条件制备的样品平均晶粒度为 11nm。

2）透射电子显微镜分析

透射电子显微镜可以对最终产物形貌、粒径大小及分布情况进行分析，用以研究物质的微观形貌，定性评价粉体的分散程度。样品的透射电子显微镜照片如图 9-16 所示。

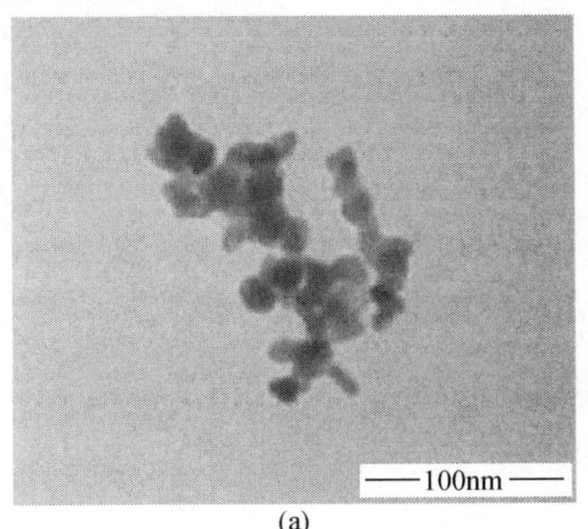

(a)

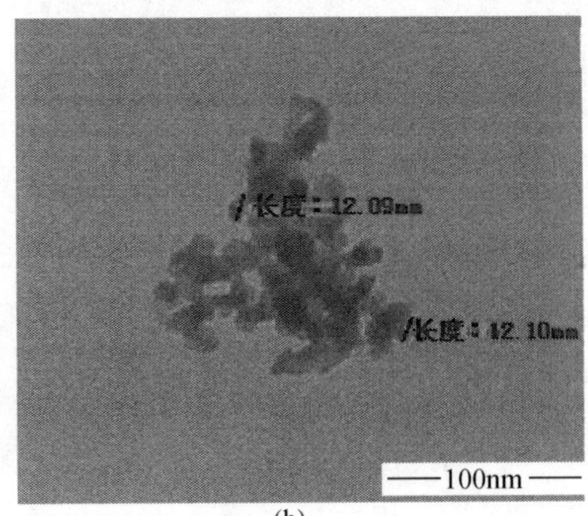

(b)

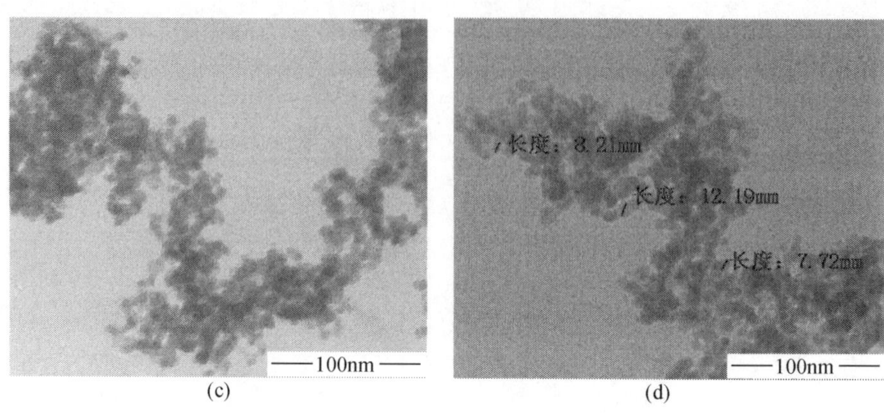

图 9-16　纳米 CuO 粉体的透射电子显微镜照片

图 9-16（a）和图 9-16（b）为正交试验中样品 1 放大 20 万倍时的 TEM 照片，图 9-16（c）和图 9-16（d）为最佳工艺条件制备的样品放大 20 万倍时的 TEM 照片。由图 9-16 可见两种反应条件下制得的 CuO 粉体均为球形，分散性良好。由图 9-16（b）和图 9-16（d）的长度标记可知样品 1 的平均粒径小于 15nm，最佳工艺条件制备的样品粒径小于 11nm，均与谢乐公式计算的结果一致。上述结果表明，采用本方法可成功制得粒度小、分散性良好的球形纳米 CuO 粉体。

3）扫描电子显微镜分析

选用马弗炉焙烧法和微波法制备纳米氧化铜粉体的工艺条件，制备出纳米氧化铜粉体，其扫描电子显微镜（SEM）照片如图 9-17 所示。

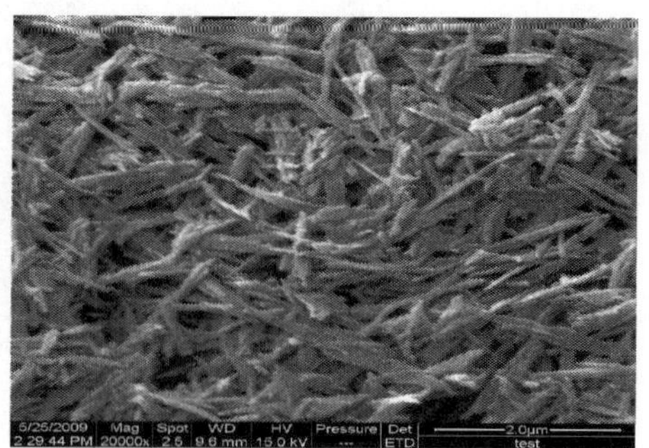

图 9-17　纳米 CuO 粉体的扫描电子显微镜照片

对沉淀反应所得前躯体进行马弗炉焙烧实验研究，马弗炉焙烧条件：400℃下焙烧 2h，见图 9-17 中左图。由 SEM 图分析可知，有团聚体存在，分析原因可能为发生团聚，由于纳米颗粒较高的表面能、羟基架桥等作用导致颗粒聚集形成疏松的软团聚。可以看出纳米氧化铜颗粒粒子分布较均匀，分散性较好。由于纳米颗粒有较高的表面能，易发生团聚产生少量的团聚体，向其中加入分散剂可以有效抑制团聚体的生成。

对沉淀反应所得前躯体进行微波实验研究，微波条件：中火条件下微波3min，见图9-17中右图。由SEM图分析可知：晶体生长不完全，晶型不好，分析原因为微波时间过短导致晶体生长不完全。

综上试验可以看到，以硫酸铜为原料、碳酸钠溶液为沉淀剂，采用直接沉淀方法，通过沉淀反应、过滤、洗涤、干燥、焙烧等工艺过程，制备纳米氧化铜的工艺技术是可行的，此工艺过程具有简单、成本低、易于实现工业化生产的特点；由正交试验分析得到铜收率影响因素的主次顺序为：沉淀剂用量对铜收率的影响最大，其次是反应温度、反应时间和沉淀剂浓度；通过对反应过程中影响纳米氧化铜收率的主要因素进行单因素和正交试验研究得到，沉淀反应过程适宜的工艺条件是：沉淀剂用量1.6∶1、反应温度50℃、反应时间50min、沉淀剂浓度为0.3mol/L，此时铜收率可达98%；通过XRD表征和谢乐公式计算可得，最佳工艺条件制备的样品平均晶粒度为11nm；对样品进行TEM图谱分析，结果与谢乐公式计算的结果一致。

9.4.3 纳米氧化铜改性试验

9.4.3.1 纳米氧化铜粉体表面改性及方法的选择

纳米粉体的表面改性是指用物理、化学方法对粒子表面进行处理，有目的地改变其表面的物理化学性质，如表面原子层结构和官能团、表面疏水性、电性化学吸附和反应特性等，以满足相关应用领域的需要。纳米粉体表面改性的目的是：改善或改变纳米粒子的分散性；提高纳米粉体粒子的表面活性；改善或增强粒子与其他物质之间的相容性；赋予纳米粉体材料新的物理、化学、力学性能及新的功能。

对纳米粉体进行表面改性，可以满足现代新材料、新工艺和新技术的需要，拓宽纳米粉体的工业应用范围。由于纳米粉体粒度小、比表面积大、表面原子数增多以及表面能较高，使得这些表面原子具有很高的活性，极不稳定，很容易团聚在一起形成尺寸较大的团聚体。这些团聚体的形成使得纳米颗粒不能单一地均匀分散，继而不能发挥其特殊的纳米粒子效应，影响纳米粉体的应用性能。因此，利用表面改性的方法改善纳米粉体的分散性具有重要的实际意义。

纳米粉体表面改性的方法有物理法和化学法。物理表面改性法是通过吸附、涂敷、包覆等物理作用，以及利用紫外线、等离子射线等，对粒子进行表面改性。化学表面改性法是通过纳米粒子表面与改性剂之间进行化学反应，改变纳米粒子的表面结构和状态。常用的表面改性法有：有机螯合剂改性、有机添加剂改性、表面活性剂改性和微波等离子体聚合法改性[41]。

9.4.3.2　纳米氧化铜改性试验[42]

本试验使用柠檬酸铵和十二烷基苯磺酸钠对纳米氧化铜进行改性，使用的主要仪器设备是数显恒温磁力搅拌器、电动搅拌器、恒温水浴槽、分析天平等。

纳米氧化铜粉体的表面改性试验主要包括以下几个步骤：①称取制备的氧化铜纳米粉 1g，放入 100mL 烧杯中；②将配置好的改性剂水溶液倒入烧杯中至 100mL，打开搅拌器进行搅拌；③反应结束后，将反应液倒入 100mL 量筒中，静置观察；④记录纳米氧化铜的沉降规律；⑤观察纳米氧化铜的沉降规律，绘制图表。

采用柠檬酸三铵和十二烷基苯磺酸钠两种表面活性剂对纳米氧化铜进行表面改性。分别采用不同的改性条件，并对这两种表面活性剂的改性性能进行比较，得到较优的改性剂：①在 20℃，反应时间 30min，分别加入的改性剂用量（水溶液质量分数）为 0.1%、0.2%、0.3%、0.5%；②在 20℃，改性剂加入量为 0.5%，反应时间分别为 20min、30min、40min、50min；③改性剂用量为 0.5%，反应时间为 30min，反应温度为 20℃、30℃、40℃、50℃。

通过实验发现纳米氧化铜经柠檬酸铵表面改性后分散效果好于十二烷基苯磺酸钠，故本文改性部分选用柠檬酸铵作为纳米氧化铜的表面改性剂。

1）分散剂用量对纳米氧化铜分散性的影响

选取 4 个点进行试验。分别选取改性剂水溶液的质量百分数为：0.1%、0.2%、0.3%、0.5% 的进行单因素试验，试验结果见表 9-16 和图 9-18。其他工艺条件为：改性时间 30min；改性温度 20℃。每隔 10h 观察液面高度，记下数据，画出改性剂用量对产品分散性影响的趋势图。

表 9-16　柠檬酸铵改性剂用量对产品分散性的影响

改性剂用量/% 液面高度/mL 观察时间/h	0.1	0.2	0.3	0.5
0	100.0	100.0	100.0	100.0
10	65.0	75.0	88.5	99.0
20	37.0	58.0	82.0	98.0
30	20.0	44.0	75.0	97.0
40	7.0	32.0	70.0	96.4
50	0	20.0	66.5	96.0
60	0	13.0	63.0	96.0

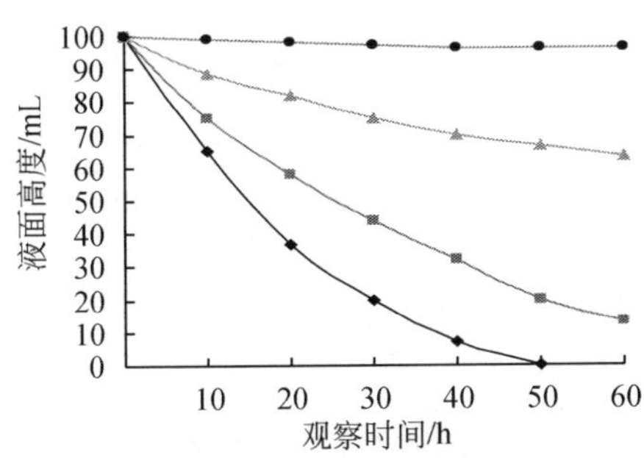

图 9-18 柠檬酸铵改性剂用量对产品分散性的影响趋势图

由表 9-16 和图 9-18 可以看出，改性剂用量对产品分散性影响较大；当柠檬酸铵用量为 0.1% 和 0.2%，放置时间为 60h 时基本已经沉淀，说明分散效果不好。当柠檬酸铵用量为 0.3%，放置时间为 60h 时溶液液面高度下降了 37mL；当柠檬酸铵用量为 0.5% 放置时间为 60h 时，溶液液面高度下降了 4mL，说明溶液分散效果较好。

2）反应时间对纳米氧化铜分散性的影响

理论上，改性时间越长，对产品的改性效果越好。由于表面活性剂在纳米体表面的吸附是有一定速率的，必须经过一定的时间才能达到吸附平衡，故达平衡后，吸附量不再增加，亲水性基本保持不变。本试验选择改性时间 20～50min，选取 4 个点进行试验。分别选取改性时间为：20min、30min、40min、50min，进行单因试验，每两天观察一次溶液沉降高度，记下数据。试验结果见表 9-17 和图 9-19。其他工艺条件为：改性剂含量 0.5%，改性温度 20℃。

表 9-17 反应时间对纳米氧化铜分散性的影响

液面高度/mL　反应时间/min 观察时间/h	20	30	40	50
0	100.0	100.0	100.0	100.0
10	94.0	99.0	99.7	99.9
20	89.0	98.0	99.4	99.6
30	85.0	97.0	99.2	99.4
40	82.0	96.4	99.1	99.3
50	80.0	96.0	99.0	99.2
60	79.0	96.0	99.0	99.1

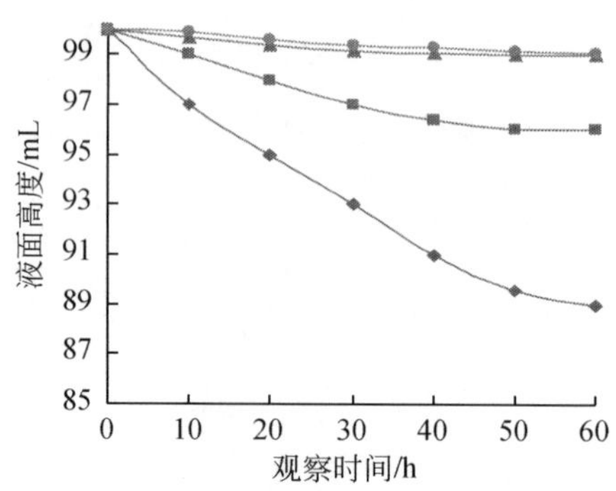

图 9-19　反应时间对纳米氧化铜分散性的影响趋势图

—◆— 反应时间20min; —■— 反应时间30min;
—▲— 反应时间40min; —●— 反应时间50min

由表 9-17 和图 9-19 可以看出，随着改性时间增加，产品分散性总体上不断变好，最后趋于稳定。故可认为改性时间较适宜的取值范围是 40 ~ 50min。由于考虑到生产效率的因素一般选择 40min 即可。

3）反应温度对纳米氧化铜分散性的影响

本试验分别选取改性温度为：20℃、30℃、40℃、50℃，进行单因素试验。试验结果见表 9-18 和图 9-20。其他工艺条件为：改性剂含量 0.5%，改性时间 30min。每隔 10h 记下液面高度。

表 9-18　反应温度对纳米氧化铜分散性的影响

观察时间/h ＼ 液面高度/mL ＼ 反应温度/℃	20	30	40	50
0	100. 0	100. 0	100. 0	100. 0
10	99. 0	97. 2	96. 0	92. 0
20	98. 0	95. 7	91. 0	84. 0
30	97. 0	94. 5	88. 0	77. 0
40	96. 4	93. 5	86. 0	73. 0
50	96. 0	92. 7	84. 2	70. 0
60	96. 0	92. 3	83. 0	68. 0

由表 9-18 和图 9-20 可以看出，随着改性温度的增加，产品分散性降低。因为该吸附是放热过程，温度升高不利于吸附，会使改性剂的吸附量减小，产品的分散性减小。改性温度越低越有利于纳米氧化铜的分散，当温度为 20℃时，水溶胶液面下降缓慢，下降 4mL 后液面基本保持不变，因此选择改性温度为 20℃。

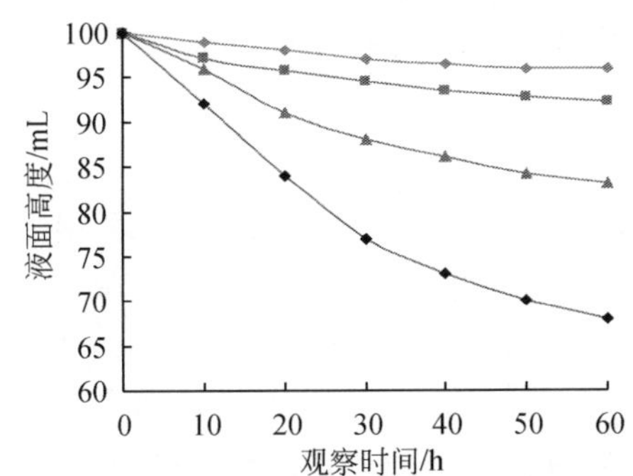

图9-20 反应温度对纳米氧化铜分散性的影响趋势图

—◆— 反应温度20℃; —■— 反应温度30℃;
—▲— 反应温度40℃; —◆— 反应温度50℃

9.4.4 纳米氧化铜防腐性能评价

防腐剂对腐朽菌的抗菌性是评价防腐剂性能的一个重要指标。本实验采用抑菌圈法分别测定纳米氧化铜水溶胶对密黏褶菌（褐腐）和彩绒革盖菌（白腐）的抑菌性。

抑菌圈法是在空白的培养皿平板上涂布菌丝，在其上放置有防腐剂的滤纸片，由于药剂对真菌的抑制作用，在滤纸片的附近会形成无丝生长的空白地带，即抑菌圈，通过测量抑菌圈的尺寸可以确定防腐剂的抗菌性能。由于抑菌圈法的试验周期短，并且不受试样本身差异的影响，可以对药剂进行快速的筛选；但无法将被处理材本身的性质考虑进去，只能做定性比较。

9.4.4.1 防腐剂、培养基的制备

主要设备及试剂有：恒温培养箱、无菌试验台、高压蒸汽灭菌器、试纸、培养皿、玻璃环、镊子、接种针、酒精灯、玻璃棒、烧杯、电炉、石棉网、量筒、直尺、营养琼脂、蒸馏水。

实验试菌：白腐菌选用彩绒革盖菌（*Trametes versicolor*），褐腐菌选用密黏褶菌［*Gloeophyllum trabeum*（Pers.：Fr.）Murr.］。

防腐剂为经柠檬酸铵改性后的纳米氧化铜水溶胶，将纳米氧化铜经柠檬酸铵改性后所得溶胶为抗菌性，本实验配制的纳米氧化铜水溶液浓度为0.5%、1%、2%、3.2%。

采用马铃薯、葡萄糖为营养物质制备细菌培养基，马铃薯、葡萄糖培养基用于细菌的培养效果好，价格便宜。取去皮洗净马铃薯200g，切成小块，加入1000mL水，煮沸30min，滤去马铃薯块，将滤液用蒸馏水补足到1000mL，倒入500mL细口锥形瓶中，加葡萄糖20g，琼脂15g，加热溶化后，瓶口塞硅胶塞并包防水纸。置于蒸汽灭菌锅中（0.1MPa、121℃）灭菌30min。取出后放入超净

工作台，趁热倒入若干培养皿中，待冷却后用于培养菌种[43]。

9.4.4.2 试验方法

采用滤纸片法。在超净工作台内，将灭菌后的马铃薯，葡萄糖培养基倒入已灭菌的培养皿中，制成平板，用接种针分别移取彩绒革盖菌和密黏褶菌均匀涂布于无菌的琼脂平板上，置于37℃恒温培养箱中培养。在菌体生长的同时，样品试液均匀扩散到琼脂平板上，抑制其周围的微生物生长，从而产生不长菌的透明抑菌圈。每个抗菌样重复3次，按互成45°的4个直径方向测量透明抑菌圈直径，取平均值。从而测量出密黏褶菌（褐腐）和彩绒革盖菌（白腐）的抑菌圈大小。以抑菌圈直径的平均值作为评价材料抗菌性能的依据，此试验可以定性地表征材料的抗菌性能。

测试步骤如下。①器具消毒灭菌：实验室预先蒸煮灭菌；无菌箱经擦洗干净后，打开紫外光杀菌；培养皿、镊子、玻璃杯、玻璃棒、加料漏斗、量筒等经清洗后放入高温蒸煮罐蒸煮杀菌；测定操作时尽量保持室内空气不流动。②抑菌圈试纸的制备：将试纸剪成直径约为8mm的圆纸片。将圆形试纸放入配置好的防腐剂中浸泡待用。③试验细菌悬浮液制备：按无菌操作要求，将培养好的白腐菌和褐腐菌，用接种针将彩绒革盖菌和密黏褶菌刮下放入装有无菌水的锥形瓶，并充分振荡以分散菌体。④琼脂平板制备：将加入一定比例去离子水的马铃薯葡萄糖培养基放在电炉上溶化、灭菌，稍冷（50~60℃）按无菌操作要求把预先制备的枯彩绒革盖菌和密黏褶菌悬浮液混入并充分摇匀，然后立即倒入无菌培养皿中，迅速旋动，后静置水平位置冷凝（要求表面光滑平整、厚薄均匀）。⑤试样装填：在无菌箱中用镊子夹取经防腐剂浸泡过的试纸轻轻放置培养皿内平板中央。⑥室温培养：盖好皿盖，用封口胶带将培养皿封好置于无菌箱内室温培养。⑦观察测量：取出观察，按互成45°的4个直径方向测量透明抑菌圈直径，计算平均值。

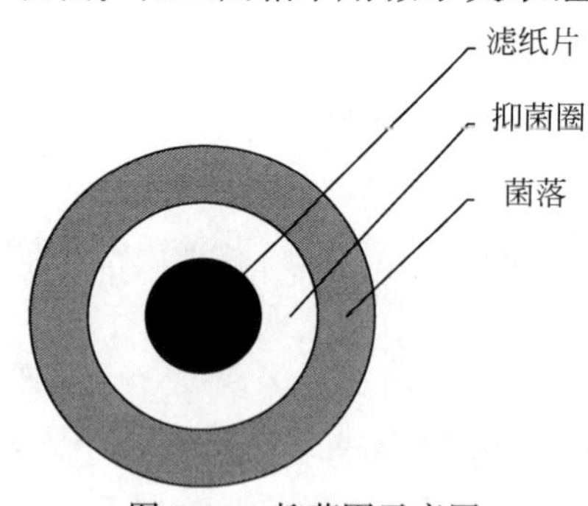

图9-21 抑菌圈示意图

细菌在培养皿中能够迅速生长，但由于材料具有抗菌能力，细菌在样品的周围会出现一个明显的细菌禁止圈，即抑菌圈，如图9-21所示。样品的抗菌性能由抑菌圈的大小来评价，抑菌圈的直径越大，表面该材料的抗菌效果越好；反之，则表明该材料的抗菌效果越好。

9.4.4.3 防腐剂对白腐菌和褐腐菌的试验结果

如图9-22和9-23所示，纳米氧化铜对白腐菌和褐腐菌都有较为明显的抑制

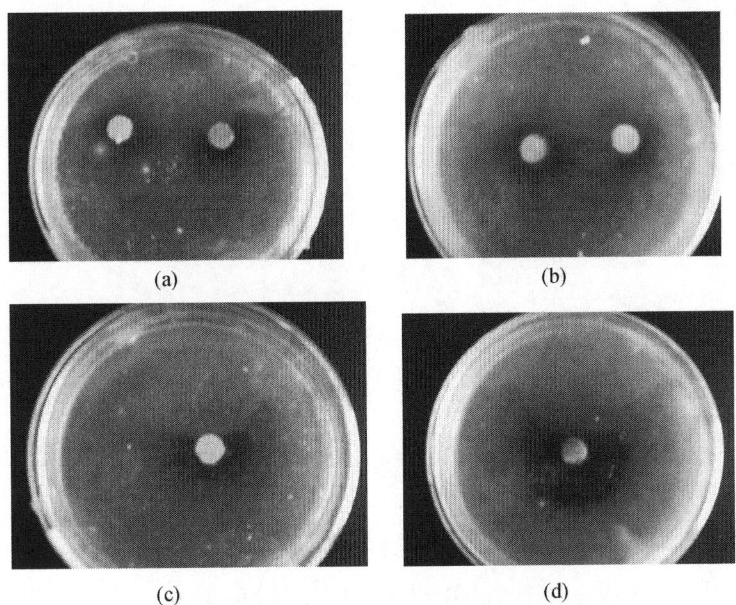

图9-22 不同防腐剂浓度下白腐菌抑菌圈实际效果图

(a) 防腐剂浓度为0.5%;(b) 防腐剂浓度为1%;

(c) 防腐剂浓度为2%;(d) 防腐剂浓度为3.2%

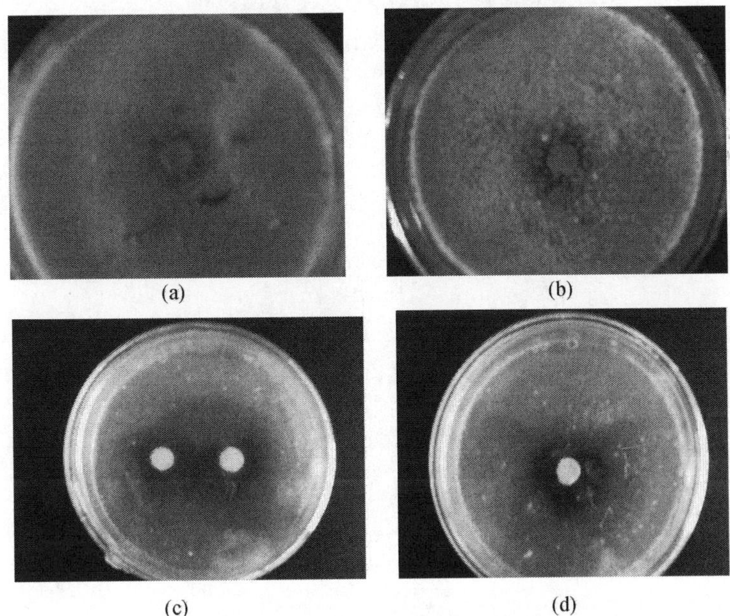

图9-23 不同防腐剂浓度下褐腐菌抑菌圈实际效果图

(a) 防腐剂浓度为0.5%;(b) 防腐剂浓度为1%;

(c) 防腐剂浓度为2%;(d) 防腐剂浓度为3.2%

作用。纳米氧化铜对各受试菌株的抑菌圈试验结果，如表9-19所示。

表9-19 不同浓度防腐剂白腐菌和褐腐菌抑菌圈直径

防腐剂浓度/%	抑菌圈直径/mm								滤纸片直径/mm
	白腐菌				褐腐菌				
	1	2	3	平均	1	2	3	平均	
0.5	17	19	18	18	10	11	9	10	8
1	23	20	21	21	18	19	17	18	8
2	27	26	25	26	24.5	24	25	24.5	8
3.2	38	38	37	38	28	27	29	28	8

从表9-19和图9-24可以看出，在相同处理条件下经柠檬酸铵改性的纳米氧化铜对两种受试菌株都产生了较为明显的抑菌圈，即纳米氧化铜对两种受试菌株都产生了较为明显的抑菌作用，随着防腐剂浓度的增加，防腐剂效果增强，当防腐剂浓度达到3.2%时，两种受试菌的抑菌圈直径都很大。这就定性地说明了纳米氧化铜对白腐彩绒革盖菌和褐腐密黏褶菌都具有很好的抑制效果，而这两种受试菌株是木材的主要腐朽菌，因此，实验结果较好地说明纳米氧化铜对木材具有很好的防腐性。纳米氧化铜对两种受试菌都具有良好的抑制杀灭作用，如果仅仅从白腐菌和褐腐菌之间实验数据的相互比较来看，纳米氧化铜对白腐菌要比对褐腐菌的作用效果稍好。在相同的纳米氧化铜浓度下，其对白腐菌的抑菌率都要比对褐腐菌的抑菌率稍高一点。究其原因，这可能与滤纸片在药剂中浸泡时间或菌体的细胞壁和细胞膜的不同结构有关系。

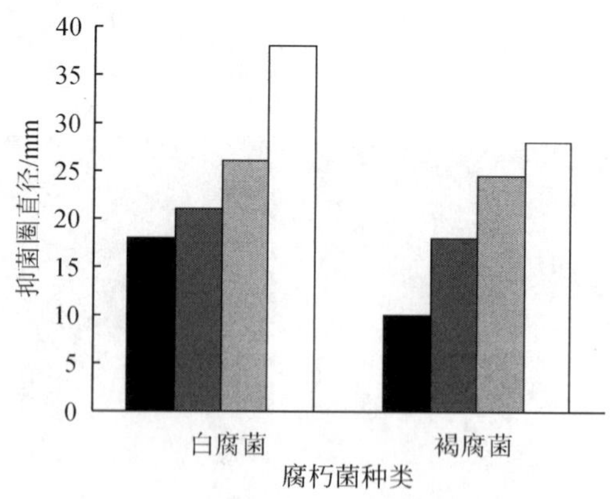

图9-24 不同浓度防腐剂对白腐菌和褐腐菌抑菌圈直径影响

■0.50%; ■1%; ■2%; □3.20%

通过对纳米氧化铜表面改性和抑菌性的研究，可以看出：①以柠檬酸铵为改性剂对纳米氧化铜粉体进行表面改性处理，各工艺条件较适宜的取值为：改性剂水溶液质量分数0.5%、改性时间40min、改性温度20℃。在该反应条件下可得到纳米粉含量1%水溶胶，放置20天未见沉降现象。②利用抑菌圈法定性测定了纳米氧化铜的抗菌效果，白腐彩绒革盖菌和褐腐密黏褶菌在纳米氧化铜的作用下都能产生明显的抑菌圈，证明了纳米氧化铜对白腐菌和褐腐菌都具有抑制杀灭作用。③纳米氧化铜对白腐彩绒革盖菌要比对褐腐密黏褶菌的作用效果稍好。在相同的纳米氧化铜浓度下，其对白腐菌的抑菌率都要比对褐腐菌的抑菌率要稍高一点。④纳米氧化铜的作用效果与其浓度成正比，浓度越高，抑菌效果越好。

9.5 木材生物防腐

9.5.1 生物防腐概念

木质材料生物防腐技术是目前国内外木质材料防腐研究的重点和热点之一。通过应用生物学调节对森林地和林产品工业的研究表明：对于防止立木、锯材和木片的真菌性破坏以及正在使用中的木制品的维护，生物学调节是一种可行的方法。一般说来，室外使用或在室内易腐环境条件下使用的木材都易遭受生物的损害。采用合理的设计，选择具有良好的天然耐腐性的树种，是防止木制品损害最简单的两种方法，然而这两种方法的使用常受到现实因素的限制。

在过去很长时间内，普遍采用化学药剂对木材进行防腐处理，使耐腐性能较差的树种获得了广泛利用。19世纪30年代加压处理技术诞生以来，防腐处理材以其较长的使用寿命而越来越受到人们的青睐，其使用范围及市场稳步扩大。然而，随着环保意识的不断增强以及对许多化学防腐剂安全性担忧的增大，人们越来越清楚地认识到，在努力寻求开发新的防腐处理方法和低毒防腐剂配方的同时，将带有新观念的木材防腐方法引入木材防腐领域是非常必要的。

木质材料生物防腐是通过调整或改变木质材料生存环境，使益菌健康生长并完全占据主导地位，从而有效地排除其他菌在木质材料表面的生长，或借助益菌的健康生长直接抑制有害菌的生长，赋予木质材料一种抵抗微生物侵害的能力，阻止木材蓝变或腐朽等作用的发生[44]。

生物性或综合性木材防腐（integrated wood preservation）法是指利用拮抗性生物（antagonistic organisms）对木材进行保护，使之免遭蓝变菌或腐朽菌侵害的一种方法，这些拮抗性生物通过减少有害微生物在木材上接种的机会，降低侵入木材造成严重损害的能力，来达到抑制引起木材生物损害的微生物生长的目的。

木材生物防腐（biological wood preservation）法类同于农林意义上的生物防

治，但两者是有区别的。在农林业领域，生物防治法的应用一般只在一个生长季节，其目的是在一定的时间范围内保护好一种作物免遭几种、通常是一种病原体的侵害。然而对木制品而言，可造成其损害的微生物有多种，它们的生理特性各异，木制品在其设计使用期间都必须得到很好的保护，这种在防治对象和防治时间上的差异可能是造成木材生物防腐法难以用于木材防腐实际工作中的一个主要原因。另外，从某种意义上讲，控制作物疾病就意味着接受作物在产量上的一定损失，这一点在木制品使用设计中往往不能为人们所接受。因为如果在规定时间内，所筛选出的对木材有保护性作用的微生物（以下简称木材益菌）不能起到很好的保护作用，那么这种未得到很好保护的木制品在很多情况下可能会危及人的安全。

9.5.2　生物防腐机制

生物防治的机制主要有竞争和拮抗。竞争是对某种环境因子有相同要求的两种生物生活在同一个环境中时发生的关系，主要包括营养竞争和空间竞争。拮抗则是一种微生物分泌不利于另一种微生物生存的代谢物质，改变微生物的生存环境，如氢离子浓度、氧和二氧化碳张力等，造成不适合其他微生物生长的环境。这些代谢产物可能是毒素或其他物质，能干扰其他微生物的代谢活动，以抑制其生长和繁殖，甚至造成死亡。

严格说来，木材生物防腐可分为生物保护和生物防治两种情形。生物保护通过调整或改变木材生长环境使益菌健康生长并完全占据主导地位，从而有效地排除其他菌在木材表面的种植。生物保护赋予木制品一种抵抗微生物侵害的能力，如同活的树木抵抗潜在的病菌一样。从狭义上讲，生物防治是通过直接抑制有害菌的生长来达到阻止蓝变或腐朽的发生的目的。有些人将两种方法都称作生物防治，但两者在概念上是不同的，它们代表了两种不同的抑制木材损害的方法。在两种方法中，微生物在作为木材保护物（wood protectants）时也是不同的。理想的保护性益菌只通过充分改变木材基质防止蓝变菌或腐朽菌形成菌落，而防治性益菌必须不仅能够在木材表面和木材内部健康地形成菌落，而且能够阻止靶子菌进一步蔓延。成功的保护性益菌具有很强的再生能力，但不一定能够抵抗高度特化的木腐菌施加的某些生理压力。相反，一般园林业中商业性使用的防治性益菌（或生物防治品）均具有生理上特化、耐受力强、能够运用竞争机制抑制拮抗物生长的强竞争性的特点。

9.5.3　国内外研究现状

与木质材料生物防腐相关的最早的和极少的研究报道见诸于 20 世纪四五十

年代，但是研究很不系统，研究目的、方法也不是十分明确[45]。

1963 年，研究者们首次开展了有关以微生物系统对木质产品进行保护的一般可行性调查。调查结果显示：*Scytalidium* spp.（柱链孢霉）能够产生可散发性抗生素，*Trichoderma* spp.（哈茨木霉）具有腐生、抗生和寄生三个方面综合竞争的能力。室内短期琼脂板或小块样品试验指出，这两属真菌具有良好的抑制木质材料腐朽的综合能力，是最有希望成为木质材料保护性或防治性的益菌。

1968 年，1970 年，J. L. Ricard 从未被腐朽的花旗松上分离出一个新的 *Scytalidium* 品系，称作 FY，在小规模野外试验和室内试验中该菌均表现出抑制卧孔菌生长和抑制由其引发的木质材料腐朽的能力。他开发出第一个商业性木质材料生物防腐品制剂 BinabFYT™，1975 年，J. L. Ricard 报道称用生物控制的方法对 7 年生花旗松的树干进行了防腐研究。

1973 年，A. E. Klingstrom 和 S. M. Johansson 对柱霉属菌的抑菌活性进行了研究和分析。1976 年，D. W. stranks 对 *Scytalidin* 和 *hyatodendrin* 菌以及 *cytosporiopsin* 抗生素的抑菌活性作了探索性研究，证明这些菌类对木材蓝变菌有一定的抑制作用。

1986 年，A. Bruce 等以经过杂酚油处理的木材杆柱为试材，采用生物控制的方法进行实验，以观察传统防腐剂和生物控制的协同效应。在体外研究中对来自杂酚油的真菌菌株进行人工操作，发现，包括枝孢菌、镰刀霉菌、青霉菌、曲霉菌和单一木霉菌在内的 5 种微生真菌均可以产生挥发性抗生素，这些抗生素可能对木材腐朽菌的生长起到抑制作用。

1997 年，E. J. B. Tueker，AlanBruce，H. J. stained 用相互作用的琼脂研究担子菌类的木材防腐剂时，发现 2 个木霉菌株杀死了 19 个目标菌类中的 16 个。这些菌株在木材中测试必须对其防腐性能进行评估，化学木材防腐剂的测试标准以前是确定防腐剂有毒成分的浓度，这种防腐剂能够保护木材不受衰变担子菌的侵害。由于没有相关生物防治剂的标准，两个修订的测试标准被用来评估木霉菌株的效果。一个是用于木块测试的琼脂系统标准，类似欧洲标准 EN113（1980），一个是用于土壤测试的标准，基于 AWPA 标准：MIO－77（1977），试材均用预先经过木霉处理的松树和云杉。结果表明，用任何一种木霉处理木板都能完全抵抗所有的担子菌引起的腐朽，与所用的接种体、木材种类和测试方法无关。

1997 年，JessieA. Micales 发表评论，称美国麦迪逊威斯康星林产品实验室、缅因大学的植物生物学所和病理学所、纽约的艺术博物馆和纽约大学、苏格兰木质材料技术研究所 4 个机构就木质材料腐朽机制和生物降解机理等进行了研究。评论认为：尽管经过 30 多年的研究，但依然还没有完全明白复杂的 brownrot（褐腐）腐朽。麦迪逊威斯康星林产品实验室一直集中研究这个话题。初步认识是：

褐腐真菌腐烂建筑木质材料的原因是能够快速降解纤维素和半纤维素，这种降解被认为是一个酶促化过程，它涉及生成一种高活性、低分子质量氧化剂。褐腐菌生产的大批量草酸，也被认为与腐朽过程有关。

1999 年，M. W. Sehoeman，J. F. webber，D. J. nickinson 报道：主要的生物防治机制已经在木材中发挥作用，养分竞争，抗生菌，霉菌和产生的胞外酶都被牵连进生物防治木材腐朽菌的范围，虽然这些潜在机制的重要关系现在可能仍不是特别清楚。但是试图应用担子菌类对工业化林产品进行生物防治已经取得了一些成绩，并且环境因素的影响也得到了证实。他们还报道了一种快速筛选生物控制木材衰变潜力的方法，并应用这种方法从新砍伐松树上得到经过筛选的 16 个株菌。这种筛选方法是用双分子层试验，所涉及成长生物防治菌株的潜力，这种防治是采用琼脂培养基或直接照射松树盘。这两个不同基质对快速表现生物控制有重要影响，筛选控制的技术正在被讨论。

2007 年，DianQing-Yang、Hui-Wan、XiangMing-Wang 和 ZhiMing – Liu 报道：在北美建筑工程中应用木质复合材料（如刨花板）是出于装饰美观的需要，但是，在潮湿的环境条件下这些材料经常受到霉菌的侵袭。通常防止霉菌在木板上生长的方法是应用各种防腐试剂或化学药品对木板进行防腐处理。近年来，因为环境问题，人们需要绿色环保的木质材料防腐新方法。这个研究的目的是发展一种防止刨花板被霉菌侵染的生物学技术，通过提取自然的真菌拮抗剂对木板进行处理。在这项研究中，对培养的抗菌代谢物进行抽提，并且对抗菌代谢物的抽提液进行抗生能力，即抑制各种腐朽菌能力的测试。向刨花板喷洒抽提液后将其放在潮湿环境中 8 周进行所有真菌的生长测试，结果表明：琼脂块上所有真菌的菌丝生长（霉菌、白腐菌、褐腐菌）均受到了抑制。在浸过丙酮真菌液的样本上霉菌几乎没有生长，而未处理过的和那些只用丙酮处理的样本则受到了各种霉菌的严重侵袭。

我们国内在这方面的研究还很少，因为木质材料生物防腐技术是涉及多学科的、复杂的技术，其中一些作用机制目前还不完全清楚，作用或反应过程还不能完全控制。目前，还没有见到木质材料生物防腐技术应用于工业生产的报道。

9.5.4 生物防腐作用

生物防治在很早就广泛应用于农业领域，如引起木材变色的木霉属真菌常被用于防治植物病害，近年来在林业领域的应用也逐渐普遍起来，主要用于森林病害的防治。

木材生物防腐一般包括防止新鲜锯材蓝变、防止腐朽菌在储存木材或木质产品上形成菌落和去除各种日用品上形成的早期真菌菌落三个方面内容。

9.5.4.1 防止木材蓝变

对于木材蓝变菌的生物防治研究，国外开始的比较早，尝试利用各种微生物，包括细菌、木腐菌、菌根真菌、蓝变菌的白化菌株、放线菌和类菌质体等抑制变色菌的生长，以达到防治木材蓝变的目的。经过多年的研究，有些生物防治菌株已经应用到防蓝变的生产实践中，如蓝变菌的白化菌株在加拿大已经商业化生产，用于防治木材蓝变。然而多数的生物防治研究还只处于试验阶段。用于防治蓝变的微生物可以从自然界中筛选；或用变色菌进行杂交或者进行单孢分离得到一些无色基因突变菌株；或改变变色菌的基因，使其突变，得到不产生色素的无色菌株[46]。

从砍伐到干燥的这一相对短的时间内，木材对蓝变菌非常敏感，益菌在木材表面形成菌落能够限制此间蓝变菌和木腐菌形成菌落。Klingstrom 和 Johansson 的平板试验、木块和树干试验表明，各种 *Scytalidium* 菌都对一种蓝变菌 *Leptographium lundbergii* Lagerb. &Melin 具有活性；Seifert 等测试了 8 个真菌品系，发现 Hypocreales 目成员都能抑制真菌的蓝变。除真菌外，细菌作为益菌，它对木材蓝变菌的抑制作用也是被肯定的。有报道指出，枯草芽孢杆菌（*Bacillus subtilis*）和假单胞菌（*Pseudomonas cepacia*）能够抑制各种主要木材蓝变菌的生长，虽然不清楚是抗生素还是竞争机制在起作用。加拿大 Forintek 公司分离到的一株白化蓝变菌 Cartapip 97™已经获得专利，并在 Alberta 和 British Columbia 两地进行了野外试验，效果良好。另外，新西兰的 Colleen Chittenden 等的试验进一步指出，采用土壤微生物混合种群（mixed population of microflora）加以相应的营养物（nutrient）和佐剂（adjuvant）也能有效地防止辐射松原木上蓝变菌的蔓延。有试验支持抗生素对蓝变菌的抑制作用，Stranks 指出几种抗生素，包括小柱孢菌素（scytalidin）、似隐孢菌素（cryptosporiopsin）和抗生素 hyalodendrin 都能对松木边材的蓝变起抑制作用，但直接用抗生素生产菌却行不通，因为这些真菌自身产生色素。

广义的生物法防治木材蓝变的研究近年来也非常活跃，新西兰的 Bernhard Kreber 等采用茶油和丁香油等天然物质对辐射松原木进行了熏蒸处理试验，证实这些天然产物能有效地控制 *L. procerum* 等蓝变菌的危害。由于要求对木材蓝变菌控制的时间相对较短等原因，一般说来，以生物方法防止木材蓝变是木材生物防腐法用于木材防腐处理时最有希望获成功的。

9.5.4.2 防止木材腐朽

为了以生物方法防止或控制木材腐朽，研究者们于 1963 年首次开展了有关以微生物系统对木质产品进行保护的一般可行性调查、调查分室内和野外试验 2 部分，是在先前开展的生产抗生素的半知菌（*Deuteromycotina*）潜在性应用研究和森林病理中关于竞争现象的研究基础上进行的。*Scytalidium* spp. 能够产生可散发性抗生素，木霉（*Trichoderma* spp.）具有腐生、抗生和寄生 3 个方面综合竞争的能力。室内短期琼脂板或小块样品试验指出，这 2 属真菌具有良好的抑制木材腐朽的综合能力，是最有希望成为木材保护性或防治性益菌的。一般说来，木材保护性益菌必须具有以下特性。

（1）能够产生化学性质稳定的具毒性的代谢物，代谢物多年具有活性。

（2）能够去除腐朽菌菌落形成所需要的基质。

（3）产生靶子腐朽菌开始在基质上形成菌落后能够萌发的生命结构。

保护木材要求保护性益菌在基质上均匀地形成菌落，以确保腐朽菌排除在外，而所产生的保护性屏障必须在产品的整个设计使用期间充分起到作用。

以生物方法防止腐朽菌在木材上形成菌落是极具挑战性的，因为对木材进行的完全保护需要的时间较长，有时长达 40 年或更长的时间，这期间必须充分地保护好木材，使其免遭白腐菌、褐腐菌或软腐菌的侵害。尽管存在着一定的难度，生物防腐法仍可被用来防治腐朽菌，特别是在环境上敏感的属中等朽害的区域。化学处理后进行生物防腐处理，理论和实践上都是可行的（这里化学处理需有利于菌落的形成和发展）。可以预见，化学保护和生物防腐相结合的综合保护木材的方法是今后一段时间内最为有效地保护木材的“环保型”方法。

有关以保护性益菌对未腐朽木制品进行预处理以防止以后的真菌侵害的报道不多，在英国，曾以木霉对未腐朽的经克里苏油处理过的电杆进行过这类处理。然而，园林业有些非常著名的生物防腐的例子，这些例子可以被用来评价木制品生物防腐情况。最著名的、商业上最为成功的抗腐朽菌生物防腐的例子就是将孢霉（*Phanerochaete gigantea* Rattan）接种于欧洲赤松上以防止 *Heterobasidion annosum* Bref 的侵害。在欧洲，*H. annosum* 是造成针叶树根部和残株腐朽的主要原因。这个例子的成功是因为 *P. gigantea* 有着很强的腐生竞争的能力，需要指出的是，如果 *H. annosum* 已经被建立起来，该孢霉只能部分地取代它。在英国，上述生物防腐法已经成为松树第一轮伐期时防止 *H. annosum* 传播的标准方法，很明显，这一特异性方法不能很容易地移植到木制品上，因为 *P. gigantea* 自身也可以引起腐朽。这一例子很具代表性地表现出生物保护系统一般所具有的局限性在于如下几点。

（1）仅仅一种靶子生物传播机制被抑制；

（2）寄主特异性：该系统在松树上工作良好，但在挪威云杉残株上却不然；

（3）众多被筛选真菌中，仅 *P. gigantea* 真正起作用。

另外，一个生物防腐的例子可以用来说明一种化学保护与生物防腐相结合的情况。柑橘园中 *Armillaria* spp 引起的柑橘树根部腐朽是造成柑橘生产减产的一个重要原因，首先用二硫化碳或溴甲烷亚致死量熏蒸土壤，削弱 *Armillaria* spp. 的菌丝活动，处理过的土壤使栖息的木霉属菌更有效地寄生于 *Armillaria* spp. 菌丝并最终使之溶解。用化学防腐剂处理，特别是熏蒸刺激木霉的菌丝活动，提高保护层效能，这代表了选择性刺激木材保护益菌的一种简单技术。

在经克里苏油处理过的电杆抗 *Neolentinus lepideus* Redh. &Ginns 野外生物防腐研究中，Bruce 等[47,48]发现接种商业性木材生物防腐品 Binab FYT™后，木霉可在未腐朽电杆内部建立其种群，保护木材持续达 7 年之久，说明如果能够改善木材生物防腐品的种植和菌落形成的情况，则一般的生物保护电杆免遭某一腐朽菌侵害的方法是可行的。

9.5.4.3 腐朽木补救处理

一般说来，抑制木材的早期腐朽比抑制腐朽菌菌落的早期形成更加困难。当已经出现了腐朽，保护或防治性益菌就会处于非常不利的地位，因此要有有效的竞争机制来去除腐朽菌的侵害。在俄勒冈，Ricard 从未被腐朽的花旗松上分离出一个过去未被描述过的 *Scytalidium* 品系，在小规模野外试验和室内试验中该菌均表现出抑制 *Antrodia carbonica* Ryv. &Gilbn 生长和抑制由其引发的木材腐朽的能力。Ricard 开发出的第一个商业性木材生物防腐品制剂 Binab FYT™，该制剂是一种混合液，在室内和野外条件下它被进行了全面的测试。室内研究表明，所有 3 种真菌都能独立地抑制 *N. lepideus* 的生长，在试块暴露给 *N. lepideus* 前用热水过滤试块，3 种菌均表现出后效作用（residual effect）。在北美，Binab FYT™在公用设施杆柱上对几种常见腐朽菌的抑制情况也被进行了测试，室内研究中褐腐菌得到抑制，白腐菌却似乎对 *Trichoderma* 和 *Scytalidium* 菌的作用具有抗性。可以看出，人们对木材系统内生物间的相互作用机制的实质还缺乏了解，不过优化采用几种对木材有益的生物（这些生物用不同的机制抑制多种木材降解生物）可能是成功地开发木材生物防腐途径和产品所必需的。

9.5.5 发展趋势

木材生物防腐是建立在微生物种间动态的相互作用基础上的。种间正面相互作用可分为偏利共栖（commensalism）、协同共栖（synergism）和互利共栖（又共生 mutualism）3 种，负面相互作用按照传统定义法分为竞争（competition）、抗生（antibiosis）和利用（exploitation 包括捕食和寄生），根据这 3 种作用机制种间相互作用结果可定义为无害、有益或有害。种间相互作用通常包含有几种作用机制，选择保护性或防治性益菌时进行竞争能力的区分是重要的，当期望对木制品进行长期保护时，益菌必须具有“积极”的竞争能力，以抑制真菌的进一步生长，去除蓝变菌或木腐菌[49]。

由于木质材料生物防腐技术是一个涉及木材科学、微生物学、生物化学、分析化学以及环境科学等多学科的新技术，目前研究的内容与方法等都还不够全面和深入，基础研究的资料和数据还不够系统和完整。因此，今后木质材料生物防腐研究的趋势和方向应该是如下几点。

（1）针对木材腐朽菌、蓝变菌等有害菌种的数量及种类进行全面调查和鉴别。对这些有害菌的生理生化、代谢产物以及与木材化学组分或结构之间的相互作用模式、作用机制等进行描述也将是重要的研究内容。

（2）筛选适宜的保护性或防治性益菌。目前常用的筛选方法是采用琼脂或液体培养基，这一方法与实际情况有一定的距离，应该代之以木质材料做基质的试验：土壤试块试验、琼脂试块试验、锯屑试管试验以及小尺寸木薄片试验等，后两种试验只在非常有限的几种腐朽菌和木质材料益菌测试中用过，而且这些方法与自然情况依旧有距离。

（3）深入研究益菌和有害菌之间的拮抗作用模式与机制。这将为筛选和培养高效的木质材料防护性益菌提供可能性。

（4）利用基因工程对“传统”生物防治制剂进行遗传改进和控制，提高益菌对有害菌的拮抗和防治效能，提高生物防治技术的可操控性，将会是今后一个长时期的研究重点。

（5）木材生物防腐与传统的化学保护有机的结合是今后一段时间内需重点进行研究的一个方面。木材益菌会与不能起生物防腐作用的非腐朽菌发生竞争，它可以以有利于其自身的方式改变木材生存环境，如促进其在木材上的种植、菌落形成或选择性地抑制腐朽菌等。如何抑制竞争性非腐朽菌的生长使益菌更有效地保护好木材？作为一种方法，可以在接种木材益菌前用“化学灭菌剂（chemosterilant)”抑制竞争性细菌和腐朽菌，这一综合防治的方法会减少化学品的用量。

（6）在上述基础研究的前提下，木质材料生物防腐技术的商业性开发也将会引起更多的重视和关注。

随着环境意识的不断增强，木材生物防腐研究越来越受到人们的重视，美国、加拿大、新西兰以及欧洲的许多国家都相继开展了这方面的研究。但目前木材生物防腐的研究与应用还很不成熟，许多方面的工作还有待于深入进行，如对木材保护性或防治性益菌的筛选及其评价标准的研究、木材生物防腐与化学保护相结合的所谓综合防治研究和生物防腐技术的研究等。

我国是一个人均木材资源极度贫乏、木材供求矛盾非常严峻、环境压力越来越大的国家，面对这样的国情，除了扩大人工林种植面积、做好木材进口工作外，在确保环境安全的同时，有效地利用木材资源、节约木材、延长其使用寿命也是同等重要的。木材生物防腐虽然较之于传统的化学处理还不很成熟，但它代表了一个方向，应积极着手开展这方面的工作，弥补我国在这方面研究的空白，这是符合我国长期的可持续全面协调发展要求的。

9.6 植物提取物及其对木材耐腐性的影响

9.6.1 树木提取物

植物在经过亿万年长期进化和完善的过程中逐渐生成了能够抵御外界侵害的化学物质，这就是植物的提取物。植物提取物经过提取、分离纯化得到产品，也可以不经分离纯化，而以混合物的形式直接使用。其用途非常广泛，大体可分为工业、农业、林业、医药卫生、保健、食品方面的应用。植物是生物活性化合物的天然宝库，其产生的次生代谢产物超过40万种，其中大多数化学元素物质，如萜烯类、生物碱、类黄酮、甾体、酚类、独特的氨基酸和多糖等均具有抗菌或杀虫活性。Mahadeven指出，591种植物提取物对真菌或细菌具有拮抗作用，173种植物含抗病毒物质[50]。

树木提取物（tree extractives）是植物提取物中的一个重要组成部分。其中含有低聚糖类、树脂酸、脂肪酸类、醇类、酚类、烯类、萜类以及果胶质类等化合物。木材是天然生长形成的一种有机物，除了含有数量较多的纤维素、半纤维素和木质素等主要成分外，还含有多种次要成分，其中比较重要的就是木材提取物（extraction）。

木材提取物是用乙醇、苯、乙醚、丙酮或二氯甲烷等有机溶剂以及水提取出来的物质的总称。其中包含许多种物质，目前经鉴定的700多种，主要有单宁、树脂、树胶、精油、生物碱、脂肪、色素和硅化物等，多数对木材腐朽真菌具有不同程度的毒杀和抑制作用。木材抗腐能力的强弱与其质量软硬无关，主要是体内所含化学成分的原因。已知单宁、生物碱、精油（如樟脑油、杉木油）等提取物成分是木材抵抗虫菌危害的主要物质。大量的提取物是在边材转变为心材的过程中形成的，心材形成时，分子小的提取物浸入细胞壁并沉积在微毛细管中。有些树种的心材和边材两者颜色差别明显，原因是色素具有抗菌性能，色素含量高、心材色深的木材较为耐腐。

因此，提取物含量越高意味着它的天然耐久性就越强。当然，不同的树种，其自然抗腐朽的能力不同。其原因除了木材各自的生物构造不同之外，就是来自于具有抗菌作用的木材提取物的化学组成及含量的差异。同一树种的木材，其心材比边材的抗腐能力要强，但不同树种间边材的抗腐能力存在着相当大的差别。心材的耐腐程度高的原因大部分是由于心材中存在有各种毒性物质，如精油、单宁和酚类物质，它们的存在达到一定量时，就可防止破坏性有机体腐蚀，在很大程度上减小危害的严重性。而边材内富含糖类、淀粉、含氮物质和微量矿物质，这些物质为菌类和害虫提供养料，所以抗腐性小。

植物提取物用于农业、林业和卫生行业的研究多集中在杀虫、杀菌和防治病虫害等方面，如防治森林、农作物病虫害，防治血吸虫等。用于食品行业多集中在食品防腐方面。黄文哲等曾经从医药角度对怀槐乙醇提取物的化学成分进行研究，于平儒等曾经测定了 62 种植物样品对菌丝的活性。于文喜、李障等曾对怀槐提取物的抗菌活性进行过研究。将植物提取物用于木材防腐的研究，国内外都有过报道，但为数甚少。

9.6.2 植物提取物在木材防腐方面的研究和利用

木材的败坏主要是由于生物侵袭，而各类真菌造成的木材腐朽是其中最重要的败坏。这些真菌主要包括木材腐朽菌（白腐菌、褐腐菌和软腐菌）及变色菌等。在适宜的条件下，它们以木质素、纤维素、半纤维素为营养，以孢子的形式进行传播、感染、发芽和菌丝蔓延，导致木材败坏。

经过亿万年的进化，自然界中的生物对于外界的侵袭都具有自然的应激反应，这种反应长期积累的结果造成了各种生物在组织、构造和化学组成与成分等方面的差异。同样，不同的树木，其自然抗腐朽的能力也有所不同。其原因除了木材各自的生物构造不同以外，普遍认为植物提取物的化学组成及含量的差异，是其自然抗腐朽能力不同的重要原因。德国杜宾根大学和慕尼黑大学多纳学院的化学家证实雪松提取物之所以具有极强的抗菌能力，是因为其提取物中含有愈创木酚。

传统防腐剂存在的诸多不足，迫使人们加强木材防腐的基础研究、加强无毒或低毒木材防腐剂的研究开发与推广应用、加强研究和寻找对人畜低毒、对环境少污染的新型防腐剂，以真正达到节约木材的目的和适应木材应用发展的需要。从 20 世纪 70 年代起，许多国家对木材天然产物的成分及天然防腐剂的筛选作了大量的研究，开展了天然高分子产物，如甲壳素、亚麻油、部分木材提取物、木质素的性能研究，鉴定了一些天然抗菌化学物质，探讨了用做木材防腐剂的可能性，并进入试验，以期得到应用。

9.6.2.1 国外研究进展

美国密执安州立大学的 Kamdem 选择具有耐久性很强的刺槐（*Robinap sen-*

doacacia)、桁橙（*Maclura promifera*）、北美红杉（*Sequoia sempervirens*）等的甲醇提取物处理杨木，处理后的杨木暴露在褐腐菌下的木材失重率下降95%；德国杜宾根大学和慕尼黑大学多纳学院的化学家研究发现，雪松木提取物中化学物质——愈创木酚具有防腐功能，且不会损坏肌体组织，古代埃及人就是通过这种方法保存木乃伊的。日本落叶松水提取中的类黄酮提取物实现了对白蚁的抑制作用；Eugene Ongekwe Onuorah 介绍了三种耐用木材心材提取物和两种专用木材防腐剂（CCA 和 Penta）作了对照实验，结果表明在最高存留量（144.167kg/m^3）的水平下，在0.05显著水平下每种心材提取物和任一种专用木材防腐剂之间的功效差异不显著；Haslam 等对多酚与蛋白质的反应机制进行了研究，认为植物多酚与蛋白质结合，能使生物体内的原生质凝固，具有较强的抗病毒和酶抑制等活性。

9.6.2.2 国内研究进展

据报道我国东北、内蒙古等地产的暴马丁香、山槐等的石油醚提取物对木材腐朽菌有良好的抑制作用。于文喜等对几种天然耐腐能力强的树种的耐腐性进行了研究，结果表明：山槐、暴马丁香、水曲柳等木材经白腐菌和褐腐菌腐朽试验后，均达到强耐腐等级，心材中含有抗腐朽的化学成分。中科院昆明植物所植物化学与西部植物资源持续利用国家重点实验室在研究古植物化学成分时，曾对三种古植物化石（华山松、银杏叶、云南铁杉）及其对应树种进行了化学成分研究，研究认为古华山松在真菌参与煤的形成过程中，由于其自身的某类成分具有较强的抗木材腐朽真菌的作用，因此在成煤过程中不被煤化而成化石。李障等以生物毒性试验为依据，对山槐心材中的有效杭菌成分进行了提取、分离及结构鉴定，初步证明了山槐心材提取物中的天然抗腐朽成分来自于麦地卡品、反-金合欢醇等物质。暴马丁香氯仿提取物中含有有效抗菌物质，该抗菌物质属类，与丁香酚结构相类似。苏文强和杨冬梅分别就长白落叶松和刺槐不同部位（心材、边材、树皮）不同溶剂提取物进行了对木材防腐作用的研究，结果表明这两种木材心材中均含有有效抑菌物质。金重为等在实验室中采用土壤-木块法测定了杉木、楠木、檫木、白栋、楸木等心材对彩绒革盖菌（白腐菌）和密黏褶菌（褐腐菌）的天然耐腐力，并分析了样品在腐朽过程中的主要化学成分变化。实验结果表明，上述心材对彩绒革盖菌和密黏褶菌具有很大的耐腐力，而作为对照样品的杨木却很容易腐朽。具有抗菌性质的植物种类很多，苦瓜、大蒜、辣椒等的提取液都对不同菌类有抑制作用，但这类植物提取物的有效抑菌成分一般具有挥发性、存在时间短、有强烈刺激气味并且易流失。

综上所述，虽然国内外对植物提取物的抑菌性能进行了大量的研究，也取得了一些成果，但大多数学者对木材天然耐久性与抗菌抗虫性的相关性只进行了初步探索，仍没有发现适于工业化生产的天然木材防腐剂。

9.6.3　植物提取物用作木材防腐剂存在的问题

根据目前用植物提取物作木材防腐剂的研究情况看，存在的主要问题：一是由于树木提取物含量较低，其中具有抗木材腐朽菌活性的化学成分含量则更低，因此直接应用存在来源不足的问题；二是树木提取物中有效抗木材腐朽菌的活性成分的鉴定与分离，需要做大量的检测分析与筛选工作，这部分工作属于基础性研究，需要耗费大量的人力、物力和财力[51]。

解决这两个问题的办法是加大基础研究的投入，在此基础上，对筛选出的有效抗菌成分及性质进行分析，之后采用合适的方法对其进行改性或作分子修饰，以提高其防腐性能，同时降低其成本，以利市场推广应用。

鉴于木材防腐剂的应用及开发现状，世界各国都在致力于新的高效、低毒、绿色环保型防腐剂的研究生产。具有天然防腐性能的植物化学成分的提取和开发是21世纪木材防腐剂发展的重要方向。与传统的防腐剂相比，它的优越性主要表现在以下几个方面：

（1）植物中的天然防腐成分对木材有着良好的自然防腐效果，而且本身具有天然可降解性；

（2）对败坏木材的生物有毒性、对周围的环境和人畜不造成污染和毒害；

（3）取之于自然用之于自然，是理论上的环保型防腐剂，实现了人与自然的和谐共处。

因此，对植物中的强耐腐树种心材提取物进行提取，研究其对木材腐朽真菌的抑制效果，可以为高效、低毒、绿色环保型木材防腐剂的开发应用提供理论基础，可以达到节约木材、减少森林采伐量，进而保护森林资源的目的，而且对木材保护科学与技术的进步以及对环境的保护都具有深远的影响和重大的意义。

由于我国木材保护工业的起步晚、规模小，一些木材保护标准刚形成或正在制定中，致使有些研究不够完善，带有一定的局限性。例如，在设计木材防腐剂对木材腐朽菌毒性实验室试验时，不区分木材腐朽的类别，一律采用现行的林业标准（木材防腐剂对腐朽菌毒性实验室实验方法）进行。在取材方面，进行植物提取物抑菌效果研究时，仅就一种树种进行抑菌效果试验，很少有人就多种树种进行试验和比较。

参考文献

[1] 陈人望，金重为，施振华．我国木材防腐工业现状和发展建议．林产工业，2003，30（4）：3-5.

[2] 蒋明亮，费本华．木材防腐的现状及研究开发方向，世界林业研究，2002，15（3）：44-47.
[3] Barnes H M，Murphy R J. Wood preservationthe classicsandthe new age. Forest Prod. J.，1995，45（9）：16-26.
[4] 李玉栋．我国木材防腐工业的状况、问题与对策．木材工业，2004，18（1）：20-23.
[5] 卫民，崔卫宁．木材防腐的现状与发展．林产化工通讯，1997，（6）：10-13.
[6] 周慧明．木材防腐．北京：中国林业出版社，1991：43-51.
[7] 李坚．木材科学．北京：高等教育出版社，2002：440-461.
[8] 李坚，栾树杰，李耀芬．等．生物木材学．哈尔滨：东北林业大学出版社，1993：42-49.
[9] 李坚．木材保护学．北京：科学出版社，2006：75-80.
[10] 李小清．白桦木材生物变色机理及防治研究．北京林业大学博士学位论文，2008：3-11.
[11] 成俊卿．木材学．北京：中国林业出版社，1985：3-7.
[12] 刘元，聂长明．木材光变色及其防止方法．木材工业，1995，9（4）：34-37.
[13] Zink P，Fengel D. Studies on the colouring matter of blue-stain fungi. Part Ⅰ：General characterization and the associated compounds. Holzforschung，1998，42：217-220.
[14] Zimmerman W C，Blanchette R A，Burnes T A，et al. Melanin and perithecial development in Ophiostoma Piliferum. Phytopatology，1992，82（10）：616.
[15] Blanchette R A，Farrell R L，Burnes T A，et al. Biological control of pitch in pulp and paper production by Ophiostoma Piliferum. Tappi J，1992，75（12）：102-106.
[16] 赵桂华，何文龙，宋桢．橡胶木变色菌和霉菌的研究－变色和接种试验．云南林业科技，1993，1：61-64.
[17] 刘秀英．橡胶木菌害及其防治技术研究概况．木材工业，1998，12（6）：21-30.
[18] 任世学．季铵盐类木材防腐剂的应用研究．东北林业大学硕士论文，2001：2-4.
[19] 雪竹靖弘．水溶性加压注入用防腐・防剂［マイトレックACQ］について．木材保存，1994，20（2）：28-30.
[20] 宋桢，尤纪雪．硼化物抗流失性能的改善．林产工业，1997，24（4）：12-14.
[21] Craciun R D. Characterization of CDDC（Copperdimethyldithioearbamate）treatment wood. Holzforschung. 1997，5：519-525.
[22] Kamdem D P，Mclntyre C R. Chemical investigation of 23-year-old CDDC-treated southern pine. Wood and Fiber Science，1998，30（1）：64-71.
[23] Woods T L，Laks P E，Fears R D. Wood preservaive effectiveness of combinations of chlorothalonil and chlorpyrifos. Proc. Am. Wood Preservers'Assoc，1994，90：22-24.
[24] Woods T L. Proceeding of the First Southeastern Pole Conference. *Madison*，1994：189-196.
[25] 蒋明亮．新型木材防腐剂—百菌清的研究近况．木材工业，1997. 11（4）：20-21.
[26] Nicholas D D，Schultz T P. Biocides That Have Potential as Wood Preservation-An Overview. Wood Preservation Beyond 90's. Madison WI：Forest Products Society，1995：169-173.
[27] 方桂珍，任世学，金钟玲．木材防腐剂的研究进展．东北林业大学学报，2001，29（5）：88-90.

[28] 曹金珍．国外木材防腐技术和研究现状．林业科学，2006，42（7）：120-126.

[29] 朱永法．纳米材料的表征与测试技术．北京：化学工业出版社，2006：9-10.

[30] 王世敏．纳米材料制备技术．北京：化学工业出版社，2002：9-10.

[31] Liu Y，Laks P，Heiden P. et al. Controlled release of biocides in solid wood . I. Efficacy against brown rot wood decay fungus. Journal of Applied Polymer Science，2002，86：596-607.

[32] Liu Y，Laks P，Heiden P. et al. Controlled release of biocides in solid wood . III. Preparation and characterization of surfactant-free nanoparticles. Journal of Applied Polymer Science，2002，86：615-621.

[33] 洪伟良，刘剑洪，陈沛，等．纳米 CuO 的制备及其对 RDX 热分解特性的影响．推进技术，2001，22（3）：254-257.

[34] 罗元香，李丹，杨娟，等．沉淀法制备纳米 CuO 及微结构控制．火炸药学报，2002，3：53-55.

[35] 吴树森．应用物理化学（第一分册）．北京：高等教育出版社，1993：36-42.

[36] Hong Z S，Cao Y，Deng J F. A convenient aleohothermal approach for low temperature synthesis of CuO nanoPartieles. Mater. Lett.，2002，52：34.

[37] Kumar R V，Diaman Y T，Gedanken A. Sonoehemieal synthesis and characterizationo of nanometer-size transition metal oxides from metal acetates. Chem. Mater.，2000，12：2301.

[38] 杨咏来，宁桂玲，吕秉玲．液相法制备纳米粉体时防团聚方法概述．材料导报，1998，12（2）：11-13.

[39] 赵喜华，许民．纳米氧化铜粉体制备的研究．中国林业科技大会，中国，南宁 2010：426-430.

[40] Zhao XH，Xu M. Prearation of Nanoscale CuO Powders. Advanced Materials Research，2010，113－114：1070-1073.

[41] 吕娟．纳米氧化铜直接沉淀法制备工艺及表面改性研究．西北大学硕士学位论文，2008：1-7.

[42] 夏文胜．纳米氧化铜的改性与抑菌性研究．东北林业大学学士论文，2010：8-12.

[43] 华金铭，刘平，林嘉霖．新型抗菌玻璃材料的研究．华侨大学学报（自然科版），2000，21（4）：435-440.

[44] 邢嘉琪．木材生物防腐研究的现状与展望．世界林业研究，2004，17（3）：32-35.

[45] 王志娟．木材变色菌的生物学特色及其防治．中国林科院博士后报告，2005：2-4.

[46] 孙薇，常建民，张柏林．木材变色生物防治技术研究进展．世界林业研究，2009，22（6）：49-54.

[47] Bruce A，King B. Biological control of decay in creosote treated distribution pole S. Ⅱ. Control of decay in poles by immunizing commensal fungi. Material and Organismen，1986，21：165-179.

[48] Bruce A，Fairnington A，King B. Biological control of decay in creosote treated distribution polos. Ⅲ. Control of decay in Poles by immunizing commensal fungi after extended incubation period. Material and Organismen，1990，25：15-28.

[49] 王艳艳. 杨木变色菌的研究及生防菌的筛选. 北京林业大学硕士论文，2007：3-10.
[50] 李素英. 强耐腐性树种心材提取物对木材防腐作用的研究. 河北农业大学硕士论文，2009：4-6.
[51] 苏文强. 树木提取物的功能性合成及其在木材防腐中的应用. 东北林业大学博士论文，2008：14-17.